# 中国国家标准汇编

2012年修订-8

中国标准出版社　编

中国标准出版社
北　京

**图书在版编目(CIP)数据**

中国国家标准汇编:2012年修订.8/中国标准出版社编.—北京:中国标准出版社,2013.9
ISBN 978-7-5066-7240-5

Ⅰ.①中… Ⅱ.①中… Ⅲ.①国家标准-汇编-中国-2012 Ⅳ.①T-652.1

中国版本图书馆CIP数据核字(2013)第186504号

中国标准出版社出版发行
北京市朝阳区和平里西街甲2号(100013)
北京市西城区三里河北街16号(100045)

网址 www.spc.net.cn
总编室:(010)64275323 发行中心:(010)51780235
读者服务部:(010)68523946

中国标准出版社秦皇岛印刷厂印刷
各地新华书店经销

*

开本 880×1230 1/16 印张 38.75 字数 1 190 千字
2013年9月第一版 2013年9月第一次印刷

*

定价 220.00 元

# 出 版 说 明

1.《中国国家标准汇编》是一部大型综合性国家标准全集。自1983年起，按国家标准顺序号以精装本、平装本两种装帧形式陆续分册汇编出版。它在一定程度上反映了我国建国以来标准化事业发展的基本情况和主要成就，是各级标准化管理机构，工矿企事业单位，农林牧副渔系统，科研、设计、教学等部门必不可少的工具书。

2.《中国国家标准汇编》收入我国每年正式发布的全部国家标准，分为"制定"卷和"修订"卷两种编辑版本。

"制定"卷收入上一年度我国发布的、新制定的国家标准，顺延前年度标准编号分成若干分册，封面和书脊上注明"20××年制定"字样及分册号，分册号一直连续。各分册中的标准是按照标准编号顺序连续排列的，如有标准顺序号缺号的，除特殊情况注明外，暂为空号。

"修订"卷收入上一年度我国发布的、被修订的国家标准，视篇幅分设若干分册，但与"制定"卷分册号无关联，仅在封面和书脊上注明"20××年修订-1,-2,-3,……"字样。"修订"卷各分册中的标准，仍按标准编号顺序排列(但不连续)；如有遗漏的，均在当年最后一分册中补齐。需提请读者注意的是，个别非顺延前年度标准编号的新制定的国家标准没有收入在"制定"卷中，而是收入在"修订"卷中。

读者配套购买《中国国家标准汇编》"制定"卷和"修订"卷则可收齐由我社出版的上一年度我国制定和修订的全部国家标准。

3. 由于读者需求的变化，自1996年起，《中国国家标准汇编》仅出版精装本。

4. 2012年我国制修订国家标准共2 101项。本分册为"2012年修订-8"，收入新制修订的国家标准34项。

中国标准出版社

2013年7月

# 目　录

ICS 91.100.30
Q 12

# 中华人民共和国国家标准

GB/T 8077—2012
代替 GB/T 8077—2000

# 混凝土外加剂匀质性试验方法

## Methods for testing uniformity of concrete admixture

2012-12-31 发布 2013-08-01 实施

中华人民共和国国家质量监督检验检疫总局
中国国家标准化管理委员会 发布

# 前 言

本标准按照 GB/T 1.1—2009 给出的规则起草。

本标准代替 GB/T 8077—2000《混凝土外加剂匀质性试验方法》。

本标准与 GB/T 8077—2000 的主要差异如下：

——本标准范围中增加了高性能减水剂，删除了膨胀剂(见第 1 章和 2000 版第 1 章)；

——增加了含固量测定方法和含水率测定方法，删除了固体含量测定方法(见第 5 章、第 6 章和 2000 版第 4 章)；

——表面张力试验方法中取消了界面张力仪(见第 10 章和 2000 版第 8 章)；

——增加了离子色谱法测定氯离子试验方法(见第 11 章)；

——删除了还原糖含量试验方法(见 2000 版第 11 章)；

——水泥净浆流动度试验方法中设备进行了调整(见第 13 章和 2000 版第 12 章)；

——增加了水泥胶砂减水率试验方法，删除了水泥砂浆工作性试验方法(见第 14 章和 2000 版第 13 章)；

——增加了总碱量空白试验(见第 15 章)。

本标准由中国建筑材料联合会提出。

本标准由全国水泥制品标准化技术委员会(SAC/TC 197)归口。

本标准负责起草单位：苏州混凝土水泥制品研究院有限公司、浙江五龙新材股份有限公司、上海市建筑科学研究院(集团)有限公司。

本标准参加起草单位：中国建筑材料科学研究总院、中冶建筑研究总院有限公司、浙江大东吴集团建设新材料有限公司、浙江省天和建材集团有限公司、江苏海润化工有限公司、江苏特密斯混凝土外加剂有限公司、江苏超力建材科技有限公司、江苏中凯新材料有限公司、广东瑞安科技实业有限公司、河北久强建材有限公司、四川柯帅外加剂有限公司、上海中技桩业股份有限公司、张家港市一达水泥混凝土外加剂有限公司、苏州市兴邦化学建材有限公司、安徽淮河化工股份有限公司、张家港嘉成建设材料有限公司、格雷斯中国有限公司、国家水泥混凝土制品质量监督检验中心。

本标准主要起草人：郭涛、王玲、王娜、田培、宋永良、姚利君、俞伟青、郎剑雷、刘恒坤、陈国忠、徐兆桐、陈宗达、沈鑫根、韩红良、丁继英、毛荣良、付长红、袁庆元、高军峰、邓成刚。

本标准所代替的历次版本发布情况为：

——GB/T 8077—1987、GB/T 8077—2000。

# 混凝土外加剂匀质性试验方法

## 1 范围

本标准规定了用于水泥混凝土中外加剂的匀质性试验方法。

本标准适用于高性能减水剂(早强型、标准型、缓凝型)、高效减水剂(标准型、缓凝型)、普通减水剂(早强型、标准型、缓凝型)、引气减水剂、泵送剂、早强剂、缓凝剂、引气剂、防水剂、防冻剂、和速凝剂共十一类混凝土外加剂。

## 2 规范性引用文件

下列文件对于本文件的应用是必不可少的。凡是注日期的引用文件,仅注日期的版本适用于本文件。凡是不注日期的引用文件,其最新版本(包括所有的修改单)适用于本文件。

GB/T 176　水泥化学分析方法

GB/T 2419　水泥胶砂流动度测定方法

JC/T 681　行星式水泥胶砂搅拌机

JC/T 729　水泥净浆搅拌机

## 3 术语和定义

下列术语和定义适用于本文件。

3.1

**重复性条件　repeatability conditions**

在同一实验室,由同一操作员使用相同的设备,按相同的测试方法,在短时间内对同一被测对象相互独立进行的测试条件。

3.2

**再现性条件　reproducibility conditions**

在不同的实验室,由不同的操作员使用不同设备,按相同的测试方法,对同一被测对象相互独立进行的测试条件。

3.3

**重复性限　repeatability limit**

一个数值,在重复性条件(3.1)下,两个测试结果的绝对差小于或等于此数的概率为95%。

3.4

**再现性限　reproducibility limit**

一个数值,在再现性条件(3.2)下,两个测试结果的绝对差小于或等于此数的概率为95%。

## 4 试验的基本要求

### 4.1 试验次数与要求

每项测定的试验次数规定为两次。用两次试验结果的平均值表示测定结果。

### 4.2 水

本标准所用的水为蒸馏水或同等纯度的水(水泥净浆流动度、水泥砂浆减水率除外)。

### 4.3 化学试剂

本标准所用的化学试剂除特别注明外,均为分析纯化学试剂。

### 4.4 空白试验

使用相同量的试剂,不加入试样,按照相同的测定步骤进行试验,对得到的测定结果进行校正。

### 4.5 灼烧

将滤纸和沉淀放入预先已灼烧并恒量的坩埚中,为避免产生火焰,在氧化性气氛中缓慢干燥、灰化,灰化至无黑色炭颗粒后,放入高温炉中,在规定的温度下灼烧。在干燥器中冷却至室温,称量。

### 4.6 恒量

经第一次灼烧、冷却、称量后,通过连续对每次 15 min 的灼烧,然后冷却、称量的方法来检查恒定质量,当连续两次称量之差小 0.000 5 g 时,即达到恒量。

### 4.7 检查氯离子($Cl^-$)(硝酸银检验)

按规定洗涤沉淀数次后,用数滴水淋洗漏斗的下端,用数毫升水洗涤滤纸和沉淀,将滤液收集在试管中,加几滴硝酸银溶液(5 g/L),观察试管中溶液是否浑浊。如果浑浊,继续洗涤并检验,直至用硝酸银检验不再浑浊为止。

## 5 含固量

### 5.1 方法提要

将已恒量的称量瓶内放入被测液体试样于一定的温度下烘至恒量。

### 5.2 仪器

要求如下:

a) 天平:分度值 0.000 1 g;
b) 鼓风电热恒温干燥箱:温度范围 0 ℃～200 ℃;
c) 带盖称量瓶:65 mm×25 mm;
d) 干燥器:内盛变色硅胶。

### 5.3 试验步骤

5.3.1 将洁净带盖称量瓶放入烘箱内,于 100 ℃～105 ℃烘 30 min,取出置于干燥器内,冷却 30 min 后称量,重复上述步骤直至恒量,其质量为 $m_0$。

5.3.2 将被测液体试样装入已经恒量的称量瓶内,盖上盖称出液体试样及称量瓶的总质量为 $m_1$。

液体试样称量:3.000 0 g～5.000 0 g。

5.3.3 将盛有液体试样的称量瓶放入烘箱内,开启瓶盖,升温至 100 ℃～105 ℃(特殊品种除外)烘干,盖上盖置于干燥器内冷却 30 min 后称量,重复上述步骤直至恒量,其质量为 $m_2$。

## 5.4 结果表示

含固量 $X_{固}$ 按式(1)计算：

$$X_{固}=\frac{m_2-m_0}{m_1-m_0}\times 100 \qquad \cdots\cdots(1)$$

式中：

$X_{固}$ ——含固量，%；

$m_0$ ——称量瓶的质量，单位为克(g)；

$m_1$ ——称量瓶加液体试样的质量，单位为克(g)；

$m_2$ ——称量瓶加液体试样烘干后的质量，单位为克(g)。

## 5.5 重复性限和再现性限

重复性限为 0.30%；

再现性限为 0.50%。

# 6 含水率

## 6.1 方法提要

将已恒量的称量瓶内放入被测粉状试样于一定的温度下烘至恒量。

## 6.2 仪器

要求如下：

a) 天平：分度值 0.000 1 g；

b) 鼓风电热恒温干燥箱：温度范围 0 ℃～200 ℃；

c) 带盖称量瓶：65 mm×25 mm；

d) 干燥器：内盛变色硅胶。

## 6.3 试验步骤

6.3.1 将洁净带盖称量瓶放入烘箱内，于 100 ℃～105 ℃烘 30 min，取出置于干燥器内，冷却 30 min 后称量，重复上述步骤直至恒量，其质量为 $m_0$。

6.3.2 将被测粉状试样装入已经恒量的称量瓶内，盖上盖称出粉状试样及称量瓶的总质量为 $m_1$。

粉状试样称量：1.000 0 g～2.000 0 g。

6.3.3 将盛有粉状试样的称量瓶放入烘箱内，开启瓶盖，升温至 100 ℃～105 ℃(特殊品种除外)烘干，盖上盖置于干燥器内冷却 30 min 后称量，重复上述步骤直至恒量，其质量为 $m_2$。

## 6.4 结果表示

含水率 $X_{水}$ 按式(2)计算：

$$X_{水}=\frac{m_1-m_2}{m_1-m_0}\times 100 \qquad \cdots\cdots(2)$$

式中：

$X_{水}$——含水率，%；

$m_0$——称量瓶的质量，单位为克(g)；

$m_1$——称量瓶加粉状试样的质量，单位为克(g)；

$m_2$——称量瓶加粉状试样烘干后的质量，单位为克(g)。

### 6.5 重复性限和再现性限

重复性限为0.30%；

再现性限为0.50%。

## 7 密度

### 7.1 比重瓶法

#### 7.1.1 方法提要

将已校正容积($V$值)的比重瓶，灌满被测溶液，在20 ℃±1 ℃恒温，在天平上称出其质量。

#### 7.1.2 测试条件

条件如下：

a) 被测溶液的温度为20 ℃±1 ℃；

b) 如有沉淀应滤去。

#### 7.1.3 仪器

要求如下：

a) 比重瓶：25 mL或50 mL；

b) 天平：分度值0.000 1 g；

c) 干燥器：内盛变色硅胶；

d) 超级恒温器或同等条件的恒温设备。

#### 7.1.4 试验步骤

##### 7.1.4.1 比重瓶容积的校正

比重瓶依次用水、乙醇、丙酮和乙醚洗涤并吹干，塞子连瓶一起放入干燥器内，取出，称量比重瓶之质量为$m_0$，直至恒量。然后将预先煮沸并经冷却的水装入瓶内，塞上塞子，使多余的水分从塞子毛细管流出，用吸水纸吸干瓶外的水。注意不能让吸水纸吸出塞子毛细管里的水，水要保持与毛细管上口相平，立即在天平称出比重瓶装满水后的质量$m_1$。

比重瓶在20 ℃时容积$V$按式(3)计算。

$$V=\frac{m_1-m_0}{0.998\ 2} \qquad \cdots\cdots(3)$$

式中：

$V$ ——比重瓶在20 ℃时容积，单位为毫升(mL)；

$m_0$ ——干燥的比重瓶质量，单位为克(g)；

$m_1$ ——比重瓶盛满20 ℃水的质量，单位为克(g)；

0.998 2——20 ℃时纯水的密度，单位为克每毫升(g/mL)。

##### 7.1.4.2 外加剂溶液密度$\rho$的测定

将已校正$V$值的比重瓶洗净、干燥、灌满被测溶液，塞上塞子后浸入20 ℃±1 ℃超级恒温器内，恒温20 min后取出，用吸水纸吸干瓶外的水及由毛细管溢出的溶液后，在天平上称出比重瓶装满外加剂溶液后的质量为$m_2$。

### 7.1.5 结果表示

外加剂溶液的密度 $\rho$ 按式(4)计算：

$$\rho=\frac{m_2-m_0}{V}=\frac{m_2-m_0}{m_1-m_0}\times 0.998\ 2 \quad \cdots\cdots(4)$$

式中：

$\rho$ ——20 ℃时外加剂溶液密度，单位为克每毫升(g/mL)；

$m_2$——比重瓶装满 20 ℃外加剂溶液后的质量，单位为克(g)。

### 7.1.6 重复性限和再现性限

重复性限为 0.001 g/mL；

再现性限为 0.002 g/mL。

## 7.2 液体比重天平法

### 7.2.1 方法提要

在液体比重天平的一端挂有一标准体积与质量之测锤，浸没于液体之中获得浮力而使横梁失去平衡，然后在横梁的 V 型槽里放置各种定量骑码使横梁恢复平衡，所加骑码之读数 $d$，再乘以 0.998 2 g/mL即为被测溶液的密度 $\rho$ 值。

### 7.2.2 测试条件

测试条件同 7.1.2。

### 7.2.3 仪器

要求如下：

a) 液体比重天平(构造示意见图 1)；

b) 超级恒温器或同等条件的恒温设备。

### 7.2.4 试验步骤

#### 7.2.4.1 液体比重天平的调试

将液体比重天平安装在平稳不受震动的水泥台上，其周围不得有强力磁源及腐蚀性气体，在横梁(2)的末端钩子上挂上等重砝码(8)，调节水平调节螺丝(9)，使横梁上的指针与托架指针成水平线相对，天平即调成水平位置；如无法调节平衡时，可将平衡调节器(3)的定位小螺丝钉松开，然后略微轻动平衡调节(3)，直至平衡为止。仍将中间定位螺丝钉旋紧，防止松动。

将等重砝码取下，换上整套测锤(6)，此时天平应保持平衡，允许有±0.000 5 的误差存在。

如果天平灵敏度过高，可将灵敏度调节(4)旋低，反之旋高。

#### 7.2.4.2 外加剂溶液密度 $\rho$ 的测定

将已恒温的被测溶液倒入量筒(7)内，将液体比重天平的测锤浸没在量筒中被测溶液的中央，这时横梁失去平衡，在横梁 V 形槽与小钩上加放各种骑码后使之恢复平衡，所加骑码之读数 $d$，再乘以 0.998 2 g/mL，即为被测溶液的密度 $\rho$ 值。

### 7.2.5 结果表示

将测得的数值 $d$ 代入式(5)计算出密度 $\rho$：

$$\rho = 0.998\,2 \times d \qquad \cdots\cdots(5)$$

式中：

$d$ ——20 ℃时被测溶液所加骑码的数值。

### 7.2.6 重复性限和再现性限

重复性限为 0.001 g/mL；

再现性限为 0.002 g/mL。

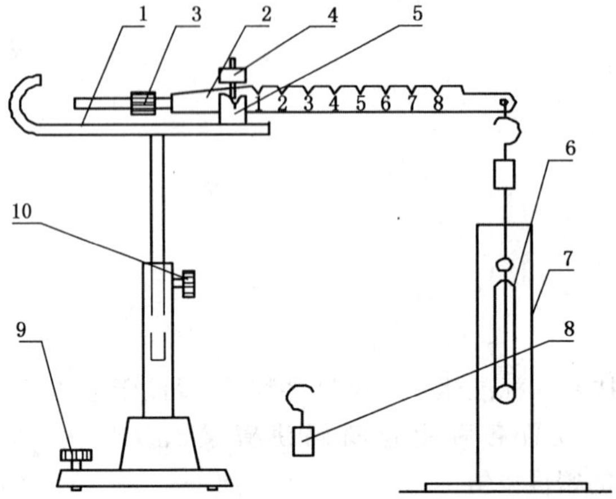


1 ——托架；
2 ——横梁；
3 ——平衡调节器；
4 ——灵敏度调节器；
5 ——玛瑙刃座；
6 ——测锤；
7 ——玻筒；
8 ——等重砝码；
9 ——水平调节；
10——紧固螺钉。

**图 1 液体比重天平**

## 7.3 精密密度计法

### 7.3.1 方法提要

先以波美比重计测出溶液的密度，再参考波美比重计所测的数据，以精密密度计准确测出试样的密度 $\rho$ 值。

### 7.3.2 测试条件

测试条件同 7.1.2。

### 7.3.3 仪器

要求如下：

a) 波美比重计；

b) 精密密度计；

c) 超级恒温器或同等条件的恒温设备。

### 7.3.4 试验步骤

将已恒温的外加剂倒入 500 mL 玻璃量筒内，以波美比重计插入溶液中测出该溶液的密度。

参考波美比重计所测溶液的数据，选择这一刻度范围的精密密度计插入溶液中，精确读出溶液凹液面与精密密度计相齐的刻度即为该溶液的密度 $\rho$。

7.3.5　结果表示

测得的数据即为 20 ℃时外加剂溶液的密度。

7.3.6　重复性限和再现性限

重复性限为 0.001 g/mL；
再现性限为 0.002 g/mL。

## 8　细度

### 8.1　方法提要

采用孔径为 0.315 mm 的试验筛，称取烘干试样倒入筛内，用人工筛样，称量筛余物质量，按式(6)计算出筛余物的百分含量。

### 8.2　仪器

要求如下：

a)　天平：分度值 0.001 g；
b)　试验筛：采用孔径为 0.315 mm 的铜丝网筛布。筛框有效直径 150 mm、高 50 mm。筛布应紧绷在筛框上，接缝应严密，并附有筛盖。

### 8.3　试验步骤

外加剂试样应充分拌匀并经 100 ℃～105 ℃(特殊品种除外)烘干，称取烘干试样 10 g，称准至 0.001 g 倒入筛内，用人工筛样，将近筛完时，应一手执筛往复摇动，一手拍打，摇动速度每分钟约 120 次。其间，筛子应向一定方向旋转数次，使试样分散在筛布上，直至每分钟通过质量不超过 0.005 g 时为止。称量筛余物，称准至 0.001 g。

### 8.4　结果表示

细度用筛余(%)表示按式(6)计算：

$$\text{筛余} = \frac{m_1}{m_0} \times 100 \qquad \cdots\cdots(6)$$

式中：

$m_1$ ——筛余物质量，单位为克(g)；
$m_0$ ——试样质量，单位为克(g)。

### 8.5　重复性限和再现性限

重复性限为 0.40%；
再现性限为 0.60%。

## 9　pH 值

### 9.1　方法提要

根据奈斯特(Nernst)方程 $E=E_0+0.059\ 15\lg[H^+]$，$E=E_0-0.059\ 15\ \text{pH}$，利用一对电极在不同

pH 值溶液中能产生不同电位差，这一对电极由测试电极(玻璃电极)和参比电极(饱和甘汞电极)组成，在 25 ℃时每相差一个单位 pH 值时产生59.15 mV的电位差，pH 值可在仪器的刻度表上直接读出。

### 9.2 仪器

要求如下：

a) 酸度计；

b) 甘汞电极；

c) 玻璃电极；

d) 复合电极；

e) 天平：分度值 0.000 1 g。

### 9.3 测试条件

条件如下：

a) 液体试样直接测试；

b) 粉体试样溶液的浓度为 10 g/L；

c) 被测溶液的温度为 20 ℃±3 ℃。

### 9.4 试验步骤

#### 9.4.1 校正

按仪器的出厂说明书校正仪器。

#### 9.4.2 测量

当仪器校正好后，先用水，再用测试溶液冲洗电极，然后再将电极浸入被测溶液中轻轻摇动试杯，使溶液均匀。待到酸度计的读数稳定 1 min，记录读数。测量结束后，用水冲洗电极，以待下次测量。

### 9.5 结果表示

酸度计测出的结果即为溶液的 pH 值。

### 9.6 重复性限和再现性限

重复性限为 0.2；

再现性限为 0.5。

## 10 表面张力

### 10.1 方法提要

铂环与液面接触后，在铂环内形成液膜，提起铂环时所需的力与液体表面张力相平衡，测定液膜脱离液面的力之大小。

### 10.2 测试条件

条件如下：

a) 液体试样直接测试；

b) 粉状试样溶液的浓度为 10 g/L；

c) 被测溶液的温度为 20 ℃±1 ℃;

d) 如有沉淀应滤去。

### 10.3 仪器

要求如下:

a) 自动界面张力仪;

b) 天平:分度值 0.000 1 g。

### 10.4 试验步骤

10.4.1 用比重瓶或液体比重天平测定该外加剂溶液的密度。

10.4.2 在测量之前,应把铂环和玻璃器皿很好进行清洗彻底去掉油污。

10.4.3 空白试验用无水乙醇作标样,测定其表面张力,测定值与理论值之差不得超过 0.5 mN/m。

10.4.4 被测液体倒入准备好的玻璃杯中约 20 mm~25 mm 高,将其放在仪器托盘的中间位置上。

10.4.5 按下操作面板的“上升”的按钮,铂环与被测溶液接触,并使铂环浸入到液体 5 mm~7 mm。

10.4.6 按下“停”的按钮,再按“下降” 按钮,托盘和被测液体开始下降。

10.4.7 直至环被拉脱离开液面,记录显示器上的最大值 $P$。

### 10.5 结果表示

溶液表面张力 $\sigma$ 按式(7)计算:

$$\sigma = F \cdot P \qquad \cdots\cdots (7)$$

式中:

$\sigma$ ——溶液的表面张力,单位为米牛顿每米(mN/m);

$P$ ——显示器上的最大值,单位为米牛顿每米(mN/m);

$F$ ——校正因子。

校正因子 $F$ 按式(8)计算:

$$F = 0.725\,0 + \sqrt{\frac{0.014\,52P}{C^2(\rho - \rho_0)} + 0.045\,34 - \frac{1.679}{R/r}} \qquad \cdots\cdots (8)$$

式中:

$C$ ——铂环周长 2 πR,单位为厘米(cm);

$R$ ——铂环内半径和铂丝半径之和,单位为厘米(cm);

$\rho_0$ ——空气密度,单位为克每毫升(g/mL);

$\rho$ ——被测溶液密度,单位为克每毫升(g/mL);

$r$ ——铂丝半径,单位为厘米(cm)。

### 10.6 重复性限和再现性限

重复性限为 1.0 mN/m;

再现性限为 1.5 mN/m。

## 11 氯离子含量

### 11.1 电位滴定法

#### 11.1.1 方法提要

用电位滴定法,以银电极或氯电极为指示电极,其电势随 Ag+浓度而变化。以甘汞电极为参比电极，用电位计或酸度计测定两电极在溶液中组成原电池的电势，银离子与氯离子反应生成溶解度很小的氯化银白色沉淀。在等当点前滴入硝酸银生成氯化银沉淀，两电极间电势变化缓慢，等当点时氯离子全部生成氯化银沉淀，这时滴入少量硝酸银即引起电势急剧变化，指示出滴定终点。

### 11.1.2 试剂

要求如下：

a) 硝酸(1+1)；

b) 硝酸银溶液(17 g/L)：准确称取约 17 g 硝酸银($AgNO_3$)，用水溶解，放入 1 L 棕色容量瓶中稀释至刻度，摇匀，用 0.100 0 mol/L 氯化钠标准溶液对硝酸银溶液进行标定。

c) 氯化钠标准溶液(0.100 0 mol/L)：称取约 10 g 氯化钠（基准试剂），盛在称量瓶中，于130 ℃～150 ℃烘干 2 h，在干燥器内冷却后精确称取 5.844 3 g，用水溶解并稀释至 1 L，摇匀。

标定硝酸银溶液(17 g/L)：

用移液管吸取 10 mL 0.100 0 mol/L 的氯化钠标准溶液于烧杯中，加水稀释至 200 mL，加 4 mL 硝酸(1+1)，在电磁搅拌下，用硝酸银溶液以电位滴定法测定终点，过等当点后，在同一溶液中再加入 0.100 0 mol/L氯化钠标准溶液 10 mL，继续用硝酸银溶液滴定至第二个终点，用二次微商法计算出硝酸银溶液消耗的体积 $V_{01}$，$V_{02}$，见附录 A。

体积 $V_0$，按式(9)计算：

$$V_0 = V_{02} - V_{01} \qquad (9)$$

式中：

$V_0$ ——10 mL 0.100 0 mol/L 氯化钠标准溶液消耗硝酸银溶液的体积，单位为毫升(mL)；

$V_{01}$ ——空白试验中 200 mL 水，加 4 mL 硝酸(1+1) 加 10 mL 0.100 0 mol/L 氯化钠标准溶液所消耗硝酸银溶液的体积，单位为毫升(mL)；

$V_{02}$ ——空白试验中 200 mL 水，加 4 mL 硝酸(1+1) 加 20 mL 0.100 0 mol/L 氯化钠标准溶液所消耗硝酸银溶液的体积，单位为毫升(mL)。

硝酸银溶液的浓度 $c$ 按式(10)计算：

$$c = \frac{c'V'}{V_0} \qquad (10)$$

式中：

$c$ ——硝酸银溶液的浓度，单位为摩尔每升(mol/L)；

$c'$ ——氯化钠标准溶液的浓度，单位为摩尔每升(mol/L)；

$V'$——氯化钠标准溶液的体积，单位为毫升(mL)。

### 11.1.3 仪器

要求如下：

a) 电位测定仪或酸度仪；

b) 银电极或氯电极；

c) 甘汞电极；

d) 电磁搅拌器；

e) 滴定管(25 mL)；

f) 移液管(10 mL)；

g) 天平：分度值 0.000 1 g。

### 11.1.4 试验步骤

11.1.4.1 准确称取外加剂试样 0.500 0 g～5.000 0 g，放入烧杯中，加 200 mL 水和 4 mL 硝酸

(1+1),使溶液呈酸性,搅拌至完全溶解,如不能完全溶解,可用快速定性滤纸过滤,并用蒸馏水洗涤残渣至无氯离子为止。

11.1.4.2 用移液管加入 10 mL 0.100 0 mol/L 的氯化钠标准溶液,烧杯内加入电磁搅拌子,将烧杯放在电磁搅拌器上,开动搅拌器并插入银电极(或氯电极)及甘汞电极,两电极与电位计或酸度计相连接,用硝酸银溶液缓慢滴定,记录电势和对应的滴定管读数。

由于接近等当点时,电势增加很快,此时要缓慢滴加硝酸银溶液,每次定量加入 0.1 mL,当电势发生突变时,表示等当点已过,此时继续滴入硝酸银溶液,直至电势趋向变化平缓。得到第一个终点时硝酸银溶液消耗的体积 $V_1$。

11.1.4.3 在同一溶液中,用移液管再加入 10 mL 0.100 0 mol/L 氯化钠标准溶液(此时溶液电势降低),继续用硝酸银溶液滴定,直至第二个等当点出现,记录电势和对应的 0.1 mol/L 硝酸银溶液消耗的体积 $V_2$。

11.1.4.4 空白试验 在干净的烧杯中加入 200 mL 水和 4 mL 硝酸(1+1)。用移液管加入 10 mL 0.100 0 mol/L氯化钠标准溶液,在不加入试样的情况下,在电磁搅拌下,缓慢滴加硝酸银溶液,记录电势和对应的滴定管读数,直至第一个终点出现。过等当点后,在同一溶液中,再用移液管加入 0.100 0 mol/L氯化钠标准溶液 10 mL,继续用硝酸银溶液滴定至第二个终点,用二次微商法计算出硝酸银溶液消耗的体积 $V_{01}$ 及 $V_{02}$。

#### 11.1.5 结果表示

用二次微商法计算结果,见附录 A。通过电压对体积二次导数(即 $\Delta^2 E/\Delta V^2$)变成零的办法来求出滴定终点。假如在邻近等当点时,每次加入的硝酸银溶液是相等的,此函数($\Delta^2 E/\Delta V^2$)必定会在正负两个符号发生变化的体积之间的某一点变成零,对应这一点的体积即为终点体积,可用内插法求得。

外加剂中氯离子所消耗的硝酸银体积 $V$ 按式(11)计算:

$$V=\frac{(V_1-V_{01})+(V_2-V_{02})}{2} \qquad (11)$$

式中:

$V_1$ ——试样溶液加 10 mL 0.100 0 mol/L 氯化钠标准溶液所消耗的硝酸银溶液体积,单位为毫升(mL);

$V_2$ ——试样溶液加 20 mL 0.100 0 mol/L 氯化钠标准溶液所消耗的硝酸银溶液体积,单位为毫升(mL)。

外加剂中氯离子含量 $X_{Cl^-}$ 按式(12)计算:

$$X_{Cl^-}=\frac{c\times V\times 35.45}{m\times 1\ 000}\times 100 \qquad (12)$$

式中:

$X_{Cl^-}$ ——外加剂中氯离子含量,%;

$V$ ——外加剂中氯离子所消耗硝酸银溶液体积,单位为毫升(mL);

$m$ ——外加剂样品质量,单位为克(g)。

#### 11.1.6 重复性限和再现性限

重复性限为 0.05%;

再现性限为 0.08%。

### 11.2 离子色谱法

#### 11.2.1 方法提要

离子色谱法是液相色谱分析方法的一种,样品溶液经阴离子色谱柱分离,溶液中的阴离子 $F^-$、$Cl^-$、$SO_4^{2-}$、$NO_3^-$ 被分离,同时被电导池检测。测定溶液中氯离子峰面积或峰高。

#### 11.2.2 试剂和材料

要求如下：

a) 氮气：纯度不小于 99.8%。

b) 硝酸：优级纯。

c) 实验室用水：一级水（电导率小于 18 MΩ·cm，0.2 μm 超滤膜过滤）。

d) 氯离子标准溶液（1 mg/mL）：准确称取预先在 550 ℃～600 ℃加热 40 min～50 min 后，并在干燥器中冷却至室温的氯化钠（标准试剂）1.648 g，用水溶解，移入 1 000 mL 容量瓶中，用水稀释至刻度。

e) 氯离子标准溶液（100 μg/mL）：准确移取上述标准溶液 100 mL 至 1 000 mL 容量瓶中，用水稀释至刻度。

f) 氯离子标准溶液系列：准确移取 1 mL，5 mL，10 mL，15 mL，20 mL，25 mL（100 μg/mL 的氯离子的标准溶液）至 100 mL 容量瓶中，稀释至刻度。此标准溶液系列浓度分别为：1 μg/mL，5 μg/mL，10 μg/mL，15 μg/mL，20 μg/mL，25 μg/mL。

#### 11.2.3 仪器

要求如下：

a) 离子色谱仪：包括电导检测器，抑制器，阴离子分离柱，进样定量环（25 μL，50 μL，100 μL）。

b) 0.22 μm 水性针头微孔滤器。

c) On Guard Rp 柱：功能基为聚二乙烯基苯。

d) 注射器：1.0 mL、2.5 mL。

e) 淋洗液体系选择

碳酸盐淋洗液体系：阴离子柱填料为聚苯乙烯、有机硅、聚乙烯醇或聚丙烯酸酯阴离子交换树脂。

氢氧化钾淋洗液体系：阴离子色谱柱 IonPacAs18 型分离柱（250 mm×4 mm）和IonPacAG18 型保护柱（50 mm×4 mm）；或性能相当的离子色谱柱。

f) 抑制器：连续自动再生膜阴离子抑制器或微填充床抑制器。

g) 检出限：0.01 μg/mL。

#### 11.2.4 试验步骤

##### 11.2.4.1 称量和溶解

准确称取 1g 外加剂试样，精确至 0.1 mg。放入 100 mL 烧杯中，加 50 mL 水和 5 滴硝酸溶解试样。试样能被水溶解时，直接移入 100 mL 容量瓶，稀释至刻度；当试样不能被水溶解时，采用超声和加热的方法溶解试样，再用快速滤纸过滤，滤液用 100 mL 容量瓶承接，用水稀释至刻度。

##### 11.2.4.2 去除样品中的有机物

混凝土外加剂中的可溶性有机物可以用 On Guard RP 柱去除。

##### 11.2.4.3 测定色谱图

将上述处理好的溶液注入离子色谱中分离，得到色谱图，测定所得色谱峰的峰面积或峰高。

##### 11.2.4.4 氯离子含量标准曲线的绘制

在重复性条件下进行空白试验。将氯离子标准溶液系列分别在离子色谱中分离，得到色谱图，测定所得色谱峰的峰面积或峰高。以氯离子浓度为横坐标，峰面积或峰高为纵坐标绘制标准曲线。

11.2.5 结果表示

将样品的氯离子峰面积或峰高对照标准曲线，求出样品溶液的氯离子浓度 $c_1$，并按照式(13)计算出试样中氯离子含量。

$$X_{Cl^-}=\frac{c_1\times V_1\times 10^{-6}}{m}\times 100 \quad\cdots\cdots(13)$$

式中：

$X_{Cl^-}$ ——样品中氯离子含量，%；

$c_1$ ——由标准曲线求得的试样溶液中氯离子的浓度，单位为微克每毫升(μg/mL)；

$V_1$ ——样品溶液的体积，单位数值为100毫升(mL)；

$m$ ——外加剂样品质量，单位为克(g)。

11.2.6 重复性限

表 1

| $Cl^-$ 含量范围/% | <0.01 | 0.01～0.1 | 0.1～1 | 1～10 | >10 |
|---|---|---|---|---|---|
| 重复性限/% | 0.001 | 0.02 | 0.10 | 0.20 | 0.25 |

## 12 硫酸钠含量

### 12.1 重量法

12.1.1 方法提要

氯化钡溶液与外加剂试样中的硫酸盐生成溶解度极小的硫酸钡沉淀，称量经高温灼烧后的沉淀来计算硫酸钠的含量。

12.1.2 试剂

要求如下：

a) 盐酸(1+1)；
b) 氯化铵溶液(50 g/L)；
c) 氯化钡溶液(100 g/L)；
d) 硝酸银溶液(1 g/L)。

12.1.3 仪器

要求如下：

a) 电阻高温炉：最高使用温度不低于900 ℃；
b) 天平：分度值0.000 1 g；
c) 电磁电热式搅拌器；
d) 瓷坩埚：18 mL～30 mL；
e) 烧杯：400 mL；
f) 长颈漏斗；
g) 慢速定量滤纸，快速定性滤纸。

#### 12.1.4 试验步骤

12.1.4.1 准确称取试样约 0.5 g，于 400 mL 烧杯中，加入 200 mL 水搅拌溶解，再加入氯化铵溶液 50 mL，加热煮沸后，用快速定性滤纸过滤，用水洗涤数次后，将滤液浓缩至 200 mL 左右，滴加盐酸(1+1)至浓缩滤液显示酸性，再多加 5 滴～10 滴盐酸，煮沸后在不断搅拌下趁热滴加氯化钡溶液 10 mL，继续煮沸 15 min，取下烧杯，置于加热板上，保持 50 ℃～60 ℃静置 2 h～4 h 或常温静置 8 h。

12.1.4.2 用两张慢速定量滤纸过滤，烧杯中的沉淀用 70 ℃水洗净，使沉淀全部转移到滤纸上，用温热水洗涤沉淀至无氯根为止(用硝酸银溶液检验)。

12.1.4.3 将沉淀与滤纸移入预先灼烧恒重的坩埚中，小火烘干，灰化。

12.1.4.4 在 800 ℃电阻高温炉中灼烧 30 min，然后在干燥器里冷却至室温(约 30 min)，取出称量，再将坩埚放回高温炉中，灼烧 20 min，取出冷却至室温称量，如此反复直至恒量。

#### 12.1.5 结果表示

外加剂中硫酸钠含量 $X_{Na_2SO_4}$ 按式(14)计算：

$$X_{Na_2SO_4}=\frac{(m_2-m_1)\times 0.6086}{m}\times 100 \qquad \cdots\cdots(14)$$

式中：

$X_{Na_2SO_4}$ ——外加剂中硫酸钠含量，%；

$m$ ——试样质量，单位为克(g)；

$m_1$ ——空坩埚质量，单位为克(g)；

$m_2$ ——灼烧后滤渣加坩埚质量，单位为克(g)；

0.608 6 ——硫酸钡换算成硫酸钠的系数。

#### 12.1.6 重复性限和再现性限

重复性限为 0.50%；

再现性限为 0.80%。

### 12.2 离子交换重量法

#### 12.2.1 方法提要

同 12.1.1。

#### 12.2.2 试剂

同 12.1.2 并增加预先经活化处理过的 717-OH 型阴离子交换树脂。

#### 12.2.3 仪器

同 12.1.3

#### 12.2.4 试验步骤

12.2.4.1 采用重量法测定，试样加入氯化铵溶液沉淀处理过程中，发现絮凝物而不易过滤时改用离子交换重量法。准确称取外加剂样品 0.200 0 g～0.500 0 g，置于盛有 6 g 717-OH 型阴离子交换树脂的 100 mL 烧杯中，加入 60 mL 水和电磁搅拌棒，在电磁电热式搅拌器上加热至 60 ℃～65 ℃，搅拌 10 min，进行离子交换。

12.2.4.2 将烧杯取下，用快速定性滤纸于三角漏斗上过滤，弃去滤液。

12.2.4.3 然后用50 ℃～60 ℃氯化铵溶液洗涤树脂五次，再用温水洗涤五次，将洗液收集于另一干净的300 mL烧杯中，滴加盐酸(1+1)至溶液显示酸性，再多加5滴～10滴盐酸，煮沸后在不断搅拌下趁热滴加氯化钡溶液10 mL，继续煮沸15 min，取下烧杯，置于加热板上保持50 ℃～60 ℃，静置2 h～4 h或常温静置8 h。

12.2.4.4 重复12.1.4.2～12.1.4.4的步骤。

#### 12.2.5 结果表示

同12.1.5。

#### 12.2.6 重复性限和再现性限

同12.1.6。

## 13 水泥净浆流动度

### 13.1 方法提要

在水泥净浆搅拌机中，加入一定量的水泥、外加剂和水进行搅拌。将搅拌好的净浆注入截锥圆模内，提起截锥圆模，测定水泥净浆在玻璃平面上自由流淌的最大直径。

### 13.2 仪器

要求如下：

a) 双转双速水泥净浆搅拌机：符合JC/T 729的要求；

b) 截锥圆模：上口直径36 mm，下口直径60 mm，高度为60 mm，内壁光滑无接缝的金属制品；

c) 玻璃板：400 mm×400 mm×5 mm；

d) 秒表；

e) 钢直尺：300 mm；

f) 刮刀；

g) 天平：分度值0.01 g；

h) 天平：分度值1 g。

### 13.3 试验步骤

13.3.1 将玻璃板放置在水平位置，用湿布抹擦玻璃板、截锥圆模、搅拌器及搅拌锅，使其表面湿而不带水渍。将截锥圆模放在玻璃板的中央，并用湿布覆盖待用。

13.3.2 称取水泥300 g，倒入搅拌锅内。加入推荐掺量的外加剂及87 g或105 g水，立即搅拌(慢速120 s，停15 s，快速120 s)。

13.3.3 将拌好的净浆迅速注入截锥圆模内，用刮刀刮平，将截锥圆模按垂直方向提起，同时开启秒表计时，任水泥净浆在玻璃板上流动，至30 s，用直尺量取流淌部分互相垂直的两个方向的最大直径，取平均值作为水泥净浆流动度。

### 13.4 结果表示

表示净浆流动度时，应注明用水量，所用水泥的强度等级标号、名称、型号及生产厂和外加剂掺量。

### 13.5 重复性限和再现性限

重复性限为 5 mm；

再现性限为 10 mm。

## 14 水泥胶砂减水率

### 14.1 方法提要

先测定基准胶砂流动度的用水量，再测定掺外加剂胶砂流动度的用水量，经计算得出水泥胶砂减水率。

### 14.2 仪器

要求如下：

a) 胶砂搅拌机：符合 JC/T 681 的要求；

b) 跳桌、截锥圆模及模套、圆柱捣棒、卡尺均应符合 GB/T 2419 的规定；

c) 抹刀；

d) 天平：分度值 0.01 g；

e) 天平：分度值 1 g。

### 14.3 材料

要求如下：

a) 水泥；

b) 水泥强度检验用 ISO 标准砂；

c) 外加剂。

### 14.4 试验步骤

#### 14.4.1 基准胶砂流动度用水量的测定

**14.4.1.1** 先使搅拌机处于待工作状态，然后按以下程序进行操作：把水加入锅里，再加入水泥 450 g，把锅放在固定架上，上升至固定位置，然后立即开动机器，低速搅拌 30 s 后，在第二个 30 s 开始的同时均匀地将砂子加入，机器转至高速再拌 30 s。停拌 90 s，在第一个 15 s 内用一抹刀将叶片和锅壁上的胶砂刮入锅中，在高速下继续搅拌 60 s，各个阶段搅拌时间误差应在±1 s 以内。

**14.4.1.2** 在拌和胶砂的同时，用湿布抹擦跳桌的玻璃台面，捣棒、截锥圆模及模套内壁，并把它们置于玻璃台面中心，盖上湿布，备用。

**14.4.1.3** 将拌好的胶砂迅速地分两次装入模内，第一次装至截锥圆模的三分之二处，用抹刀在相互垂直的两个方向各划 5 次，并用捣棒自边缘向中心均匀捣 15 次，接着装第二层胶砂，装至高出截锥圆模约 20 mm，用抹刀划 10 次，同样用捣棒捣 10 次，在装胶砂与捣实时，用手将截锥圆模按住，不要使其产生移动。

**14.4.1.4** 捣好后取下模套，用抹刀将高出截锥圆模的胶砂刮去并抹平，随即将截锥圆模垂直向上提起置于台上，立即开动跳桌，以每秒一次的频率使跳桌连续跳动 25 次。

**14.4.1.5** 跳动完毕用卡尺量出胶砂底部流动直径，取互相垂直的两个直径的平均值为该用水量时的胶砂流动度，用 mm 表示。

**14.4.1.6** 重复上述步骤，直至流动度达到(180±5) mm。当胶砂流动度为(180±5) mm 时的用水量即为基准胶砂流动度的用水量 $M_0$。

14.4.2 **掺外加剂胶砂流动度用水量的测定**

将水和外加剂加入锅里搅拌均匀，按 14.4.1 的操作步骤测出掺外加剂胶砂流动度达(180±5) mm 时的用水量 $M_1$。

### 14.5 结果表示

14.5.1 胶砂减水率(%)按式(15)计算：

$$胶砂减水率=\frac{M_0-M_1}{M_0}\times 100 \quad \cdots\cdots(15)$$

式中：

$M_0$ ——基准胶砂流动度为(180±5) mm 时的用水量，单位为克(g)；

$M_1$ ——掺外加剂的胶砂流动度为(180±5) mm 时的用水量，单位为克(g)。

14.5.2 注明所用水泥的标号、名称、型号及生产厂。

### 14.6 重复性限和再现性限

重复性限为 1.0%；

再现性限为 1.5%。

## 15 总碱量

### 15.1 火焰光度法

15.1.1 **方法提要**

试样用约 80 ℃的热水溶解，以氨水分离铁、铝；以碳酸钙分离钙、镁。滤液中的碱(钾和钠)，采用相应的滤光片，用火焰光度计进行测定。

15.1.2 **试剂与仪器**

要求如下：

a) 盐酸(1+1)；

b) 氨水(1+1)；

c) 碳酸铵溶液(100 g/L)；

d) 氧化钾、氧化钠标准溶液：精确称取已在 130 ℃～150 ℃烘过 2 h 的氯化钾(KCl 光谱纯) 0.792 0 g及氯化钠(NaCl 光谱纯)0.943 0 g，置于烧杯中，加水溶解后，移入 1 000 mL 容量瓶中，用水稀释至标线，摇匀，转移至干燥的带盖的塑料瓶中。此标准溶液每毫升相当于氧化钾及氧化钠 0.5 mg；

e) 甲基红指示剂(2 g/L 乙醇溶液)；

f) 火焰光度计；

g) 天平：分度值 0.000 1 g。

### 15.1.3 试验步骤

15.1.3.1 分别向 100 mL 容量瓶中注入 0.00 mL;1.00 mL;2.00 mL;4.00 mL;8.00 mL;12.00 mL 的氧化钾、氧化钠标准溶液(分别相当于氧化钾、氧化钠各 0.00 mg;0.50 mg;1.00 mg;2.00 mg;4.00 mg;6.00 mg),用水稀释至标线,摇匀,然后分别于火焰光度计上按仪器使用规程进行测定,根据测得的检流计读数与溶液的浓度关系,分别绘制氧化钾及氧化钠的工作曲线。

15.1.3.2 准确称取一定量的试样置于 150 mL 的瓷蒸发皿中,用 80 ℃左右的热水润湿并稀释至 30 mL,置于电热板上加热蒸发,保持微沸 5 min 后取下,冷却,加 1 滴甲基红指示剂,滴加氨水(1+1),使溶液呈黄色;加入 10 mL 碳酸铵溶液,搅拌,置于电热板上加热并保持微沸 10 min,用中速滤纸过滤,以热水洗涤,滤液及洗液盛于容量瓶中,冷却至室温,以盐酸(1+1)中和至溶液呈红色,然后用水稀释至标线,摇匀,以火焰光度计按仪器使用规程进行测定。称样量及稀释倍数见表 2。

15.1.3.3 同时进行空白试验。

**表 2**

| 总碱量/% | 称样量/g | 稀释体积/mL | 稀释倍数($n$) |
|---|---|---|---|
| 1.00 | 0.20 | 100 | 1 |
| 1.00～5.00 | 0.10 | 250 | 2.5 |
| 5.00～10.00 | 0.05 | 250 或 500 | 2.5 或 5 |
| 大于 10.00 | 0.05 | 500 或 1 000 | 5 或 10 |

### 15.1.4 结果表示

#### 15.1.4.1 氧化钾与氧化钠含量计量

氧化钾百分含量 $X_{K_2O}$ 按式(16)计算:

$$X_{K_2O}=\frac{c_1\times n}{m\times 1\,000}\times 100 \qquad (16)$$

式中:

$X_{K_2O}$ ——外加剂中氧化钾含量,%;

$c_1$ ——在工作曲线上查得每 100 mL 被测定液中氧化钾的含量,单位为毫克(mg);

$n$ ——被测溶液的稀释倍数;

$m$ ——试样质量,克(g)。

氧化钠百分含量 $X_{Na_2O}$ 按式(17)计算:

$$X_{Na_2O}=\frac{c_2\times n}{m\times 1\,000}\times 100 \qquad (17)$$

式中:

$X_{Na_2O}$ ——外加剂中氧化钠含量,%;

$c_2$ ——在工作曲线上查得每 100 mL 被测溶液中氧化钠的含量,单位为毫克(mg)。

15.1.4.2 $X_{总碱量}$ 按式(18)计算:

$$X_{总碱量}=0.658\times X_{K_2O}+X_{Na_2O} \qquad (18)$$

式中:

$X_{总碱量}$ ——外加剂中的总碱量,%。

15.1.5 重复性限和再现性限

表 3

| 总碱量 /% | 重复性限 /% | 再现性限 /% |
|---|---|---|
| 1.00 | 0.10 | 0.15 |
| 1.00～5.00 | 0.20 | 0.30 |
| 5.00～10.00 | 0.30 | 0.50 |
| 大于 10.00 | 0.50 | 0.80 |

15.2 原子吸收光谱法

见 GB/T 176—2008 中第 34 章。

# 附 录 A
## （资料性附录）
## 二次微商法计算混凝土外加剂中氯离子百分含量实例

### A.1 空白试验及硝酸银浓度的标定

空白试验记录格式见表 A.1。

表 A.1

| 加 10 mL 0.100 0 mol/L 氯化钠 | | | | 加 20 mL 0.100 0 mol/L 氯化钠 | | | |
|---|---|---|---|---|---|---|---|
| 滴加硝酸银体积 $V_{01}$/mL | 电势 E/mV | $\Delta E/\Delta V$/(mV/mL) | $\Delta^2 E/\Delta V^2$/(mV/mL$^2$) | 滴加硝酸银体积 $V_{02}$/mL | 电势 E/mV | $\Delta E/\Delta V$/(mV/mL) | $\Delta^2 E/\Delta V^2$/(mV/mL$^2$) |
| 10.30 | 242 | | | 20.20 | 240 | | |
| 10.40 | 253 | 110 | | 20.30 | 251 | 110 | |
| 10.50 | 267 | 140 | 300 | 20.40 | 264 | 130 | 200 |
| 10.60 | 280 | 130 | −100 | 20.50 | 276 | 120 | −100 |

计算：

$$V_{01}=10.40+0.10\times\frac{300}{300+100}=10.48(\text{mL})$$

$$V_{02}=20.30+0.10\times\frac{200}{200+100}=20.37(\text{mL})$$

$$C_{\text{AgNO}_3}=\frac{10.00\times0.100\ 0}{20.37-10.48}=0.101\ 1(\text{mol/L})$$

### A.2 外加剂样品的试验

称取外加剂样品 0.769 6 g，加 200 mL 蒸馏水，溶解后加 4 mL 硝酸(1+1)，用硝酸银溶液滴定，外加剂样品试验记录格式见表 A.2。

表 A.2

| 加 10 mL 0.100 0 mol/L 氯化钠 | | | | 加 20 mL 0.100 0 mol/L 氯化钠 | | | |
|---|---|---|---|---|---|---|---|
| 滴加硝酸银体积 $V_1$/mL | 电势 E/mV | $\Delta E/\Delta V$/(mV/mL) | $\Delta^2 E/\Delta V^2$/(mV/mL$^2$) | 滴加硝酸银体积 $V_2$/mL | 电势 E/mV | $\Delta E/\Delta V$/(mV/mL) | $\Delta^2 E/\Delta V^2$/(mV/mL$^2$) |
| 13.20 | 244 | | | 23.20 | 241 | | |
| 13.30 | 256 | 120 | | 23.30 | 252 | 110 | |
| 13.40 | 269 | 130 | 100 | 23.40 | 264 | 120 | 100 |
| 13.50 | 280 | 110 | −200 | 23.50 | 275 | 110 | −100 |

计算：

$$V_1 = 13.30 + 0.1 \times \frac{100}{100 + 200} = 13.33(\text{mL})$$

$$V_2 = 23.30 + 0.1 \times \frac{100}{100 + 100} = 23.35(\text{mL})$$

$$V = \frac{(13.33 - 10.48) + (23.35 - 20.37)}{2} = 2.92(\text{mL})$$

$$\text{Cl}^- = \frac{35.45 \times 0.101\,1 \times 2.92}{0.769\,6 \times 1\,000} \times 100 = 1.36(\%)$$

ICS 23.100.50
J 20

# 中华人民共和国国家标准

GB/T 8107—2012
代替 GB/T 8107—1987

# 液压阀 压差-流量特性的测定

Hydraulic fluid power—Valves—Determination of pressure differential/flow characteristics

(ISO 4411:2008,MOD)

2012-12-31 发布 2013-10-01 实施

中华人民共和国国家质量监督检验检疫总局
中国国家标准化管理委员会 发布

# 前　言

本标准依据 GB/T 1.1—2009 给出的规则起草。

本标准代替 GB/T 8107—1987《液压阀　压差-流量特性试验方法》。

本标准与前版相比的主要技术变化如下：

——将标准名称改为《液压阀　压差-流量特性的测定》；

——修改了“范围”一章，章标题改为“范围”，增加适用性叙述；

——增加了“规范性引用文件”、“术语和定义”两章的内容；

——第 4 章标题改为“符号和单位”，对其中内容按 ISO 4411:2008 进行了调整；

——“试验装置”一章内容和图 1 按 ISO 4411:2008 内容调整；

——“试验测量”的章标题改为“测量方法”，其中内容作了修改和补充；

——将原“试验结果的表达”一章调整后作为“测量方法”一章的条款“试验结果的表达”；内容也作了修改，删除了“有因次表达”和“无因次表达”以及相应的图示，增加了“试验结果表达图例”等；

——删除原附录 A“测试等级”和附录 B“管道损失计算方法”；

——增加附录 A“实用单位”和附录 B“试验前的核对清单”。

本标准采用重新起草法修改采用 ISO 4411:2008《液压阀　压差-流量特性的测定》(英文版)。

本标准与 ISO 4411:2008 的技术性差异及其原因如下：

——关于规范性引用文件，本标准做了具有技术性差异的调整，以适应我国的技术条件。调整情况集中反映在第 2 章“规范性引用文件”中，具体调整如下：

- 用等同采用国际标准的 GB/T 786.1 代替了 ISO 1219-1(见 4.2)；
- 用修改采用国际标准的 GB/T 2514 代替了 ISO 4401(见 5.2.2)；
- 用修改采用国际标准的 GB/T 8098 代替了 ISO 6263(见 5.2.2)；
- 用修改采用国际标准的 GB/T 8100 代替了 ISO 5781(见 5.2.2)；
- 用修改采用国际标准的 GB/T 8101 代替了 ISO 6264(见 5.2.2)；
- 用等同采用国际标准的 GB/T 17446 代替了 ISO 5598(见第 3 章)；
- 用等同采用国际标准的 GB/T 17487 代替了 ISO 10372(见 5.2.2)；
- 用修改采用国际标准的 JB/T 7033 代替了 ISO 9110-1(见 5.1.2、6.1)。

——5.2.6 的叙述将“被试阀上、下游测压点……”改为“被试阀上游测压点……”。原文与 5.2.7 的叙述矛盾且不符合图 1 的表达；

——图 2 修改：删除沟槽宽度尺寸前的 $\phi$ 标记，尺寸公差用符号“±”标注为一行；密封圈增加剖面线；各零件引出编号并增加说明；测压板上的 $\phi A$ 孔与被试阀油口接通。修正原图中的错误并符合我国机械制图的规定；

——表 2、表 3 中“温度(K)”修改为“温度(℃)”，原文与表 1 规定不一致。

本标准做了下列编辑性修改：

——“1 范围”一章增加适用性叙述；

——删除“规范性引用文件”一章中 ISO 5598 的脚注；

——表 1 的脚注 a，增加“Θ——温度”；

——图 1 修改：图形符号按 GB/T 786.1 规范，管路接点的空心圆改为实心圆点，修改了液压油源的符号，油箱的画法改为带盖的整体油箱。

本标准由中国机械工业联合会提出。

本标准由全国液压气动标准化技术委员会(SAC/TC 3)归口。

本标准起草单位:上海立新液压有限公司、海门市油威力液压工业有限责任公司、北京华德液压工业集团有限责任公司。

本标准主要起草人:彭沪海、朱剑根、陆曼卿、林广、杨晓东、肖国庆。

本标准所代替标准的历次版本发布情况为:

——GB/T 8107—1987。

# 引　言

在流体传动系统中，功率是通过封闭回路内的受压液体传递和控制的，液压阀控制系统中液体的方向、压力及流量。

当液体通过液压阀时遭受阻力，导致压力损失，这种损失称为压差。

本标准旨在统一液压阀的压差-流量特性的测定方法，以便于不同阀的性能比较。

# 液压阀　压差-流量特性的测定

## 1　范围

本标准规定了在稳态工况下工作介质流经液压阀任何特定通道所产生压差的测定方法，以及对试验装置、步骤和结果表达的要求。

本标准适用于以液压油液为工作介质的液压阀压差-流量特性的测定。

## 2　规范性引用文件

下列文件对于本文件的应用是必不可少的。凡是注日期的引用文件，仅注日期的版本适用于本文件。凡是不注日期的引用文件，其最新版本（包括所有的修改单）适用于本文件。

GB/T 786.1　流体传动系统及元件图形符号和回路图　第1部分：用于常规用途和数据处理的图形符号（GB/T 786.1—2009，ISO 1219-1：2006，IDT）

GB/T 2514　液压传动　四油口方向控制阀安装面（GB/T 2514—2008，ISO 4401：2005，MOD）

GB/T 8098　液压传动　带补偿的流量控制阀　安装面（GB/T 8098—2003，ISO 6263：1997，MOD）

GB/T 8100　液压传动　减压阀、顺序阀、卸荷阀、节流阀和单向阀　安装面（GB/T 8100—2006，ISO 5781：2000，MOD）

GB/T 8101　液压溢流阀　安装面（GB/T 8101—2002，ISO 6264：1998，MOD）

GB/T 17446　流体传动系统及元件　词汇（GB/T 17446—2012，ISO 5598：2008，IDT）

GB/T 17487　四油口和五油口液压伺服阀　安装面（GB/T 17487—1998，idt ISO 10372：1992）

JB/T 7033　液压传动　测量技术通则（JB/T 7033—2007，ISO 9110-1：1990，MOD）

ISO 9110-2　液压传动　测量技术　第2部分：密闭回路中平均稳态压力的测量（Hydraulic fluid power—Measurement techniques—Part 2：Measurement of average steady-state pressure in a closed conduit）

## 3　术语和定义

GB/T 17446 界定的以及下列术语和定义适用于本文件。

3.1

**管路压差　tare pressure differential**

除被试阀外由试验装置产生的两个测压点之间的压力损失。

3.2

**测量压差　measured pressure differential**

在两个测压点之间测得的压力损失，包括被试阀和试验装置的压力损失。

3.3

**流量　flow rate**

$q_V$

在测量点单位时间内通过流道横截面的流体体积。

3.4

压差 **pressure differential**

Δ*p*

由被试阀引起的压力损失。

## 4 符号和单位

4.1 适用于本标准的符号和单位见表1。

4.2 图1～图3中使用的图形符号符合GB/T 786.1的规定。

表1 符号和单位

| 条款 | 参量 | 符号 | 量纲[a] | 单位[b] |
|---|---|---|---|---|
| 3.3 | 流　量 | $q_V$ | $L^3T^{-1}$ | $m^3/s$ |
| 3.4 | 压　差 | $\Delta p$ | $ML^{-1}T^{-2}$ | Pa[c] |
| — | 管路内径 | $d$ | L | m |
| — | 温　度 | $\theta$ | $\Theta$ | ℃ |
| — | 运动黏度 | $\nu$ | $L^2T^{-1}$ | $m^2/s$ |
| — | 质量密度 | $\rho$ | $ML^{-3}$ | $kg/m^3$ |

[a] M——质量；L——长度；T——时间；Θ——温度。

[b] 实用单位按附录A规定。

[c] 1 Pa=1 N/$m^2$。

## 5 试验装置

注：附录B中提供了一份试验前的核对清单，建议相关方在试验前协商选择适用的项目。

### 5.1 装置的选择、校准和安装

5.1.1 试验装置的选择应符合ISO 9110-2的规定。

5.1.2 试验装置的校准应符合JB/T 7033的规定。

5.1.3 试验装置的安装应符合ISO 9110-2的规定。

### 5.2 试验回路

5.2.1 应使用图1所示的适用于试验液压阀的回路。图1中所示以及在5.2.5至5.2.9提及的测压点连接和流量计位置的要求，仅适用于A级测量准确度。

图1所示的是一个基本回路，其未包含在元件失效而造成损害时起保护作用所必需的安全装置。进行试验的相关责任人应对保护人员和设备安全予以足够的重视。

5.2.2 板式安装的液压阀和叠加式安装的液压阀，宜使用如图2所示的标准测压板(过渡板)进行测量。此时，5.2.5至5.2.8及5.3所提及的要求不适用。

尺寸 $\phi A$ 应是GB/T 2514、GB/T 8100、GB/T 8098、GB/T 8101或GB/T 17487所规定的被试阀的最大油口尺寸。

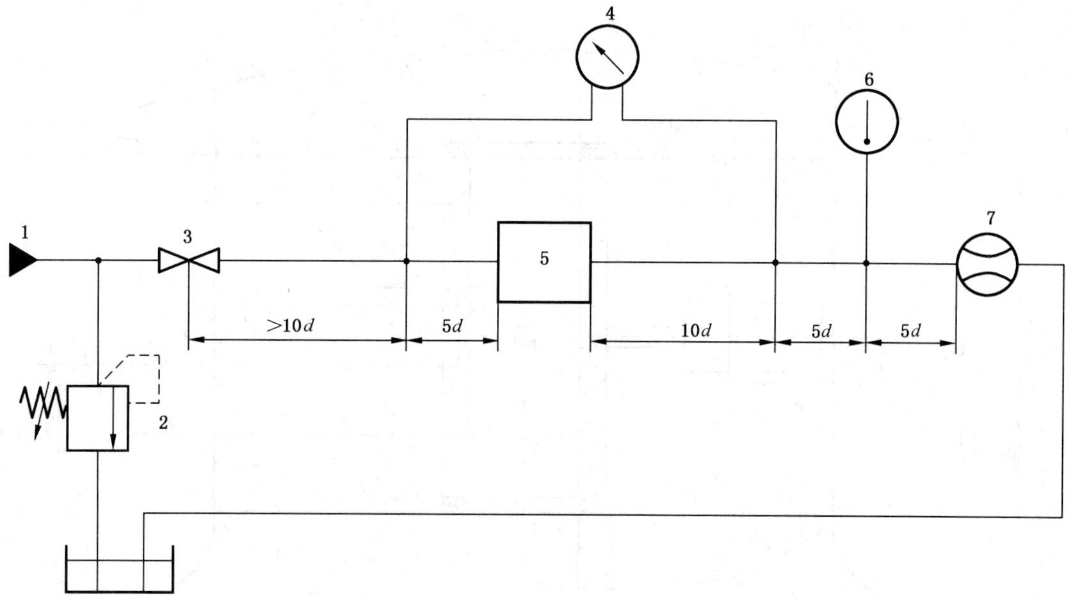


说明：

1——可控的液压源，同时控制油液温度；

2——溢流阀(回路保护)；

3——截止阀(常开)；

4——压差计；

5——被试阀；

6——温度计；

7——流量计。

**图 1 试验回路图**

尺寸 $\phi B$ 应适合所选 O 形圈的槽口尺寸。

螺纹油口尺寸应适合被试阀的流量要求。

图 2 仅表示了一个油口，代表 P、T、A 和 B 油口。

5.2.3 应使用流量可控的液压源。

5.2.4 回路中应安装溢流阀，防止系统压力过载。

5.2.5 为在被试阀上游测压点建立稳态液流，被试阀上游测压点与前端扰动源之间的距离应大于 10$d$，且管路平直内径一致。

5.2.6 被试阀上游测压点与被试阀之间的距离应至少为 5$d$，且管路平直内径一致。

5.2.7 为确保液流受扰动后在下游管路处的压力恢复正常，被试阀和下游测压点之间的距离应至少为 10$d$，且管路平直内径一致。

5.2.8 温度测量点与被试阀下游测压点之间的距离应至少为 5 $d$，且管路平直内径一致。

5.2.9 流量计应设置在如 5.2.8 所描述的温度测量点下游至少为 5 $d$ 的位置。不含流量调整功能的涡轮式或热式流量计宜安装在被试阀下游距测压点至少为 10 $d$ 处。

5.2.10 应使用与被试阀油口尺寸相同的管路和管接头。

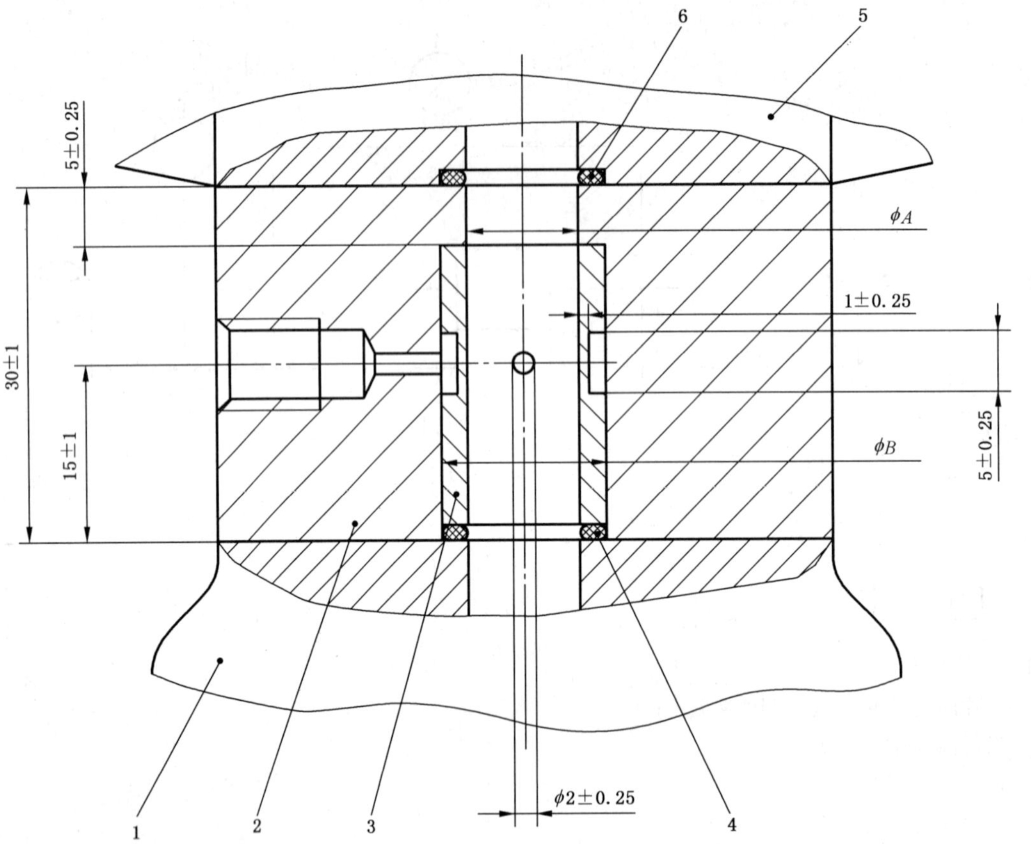


说明：

1 ——连接底板；

2 ——标准测压板；

3 ——测压套管；

4,6——密封圈；

5 ——被试阀。

**图 2 标准测压板**

## 5.3 测压点

5.3.1 静态测压点应符合 ISO 9110-2 的规定。

5.3.2 对于测量准确度的所有等级应使用同一测压点。

5.3.3 测压点不应设置在管路的最低点。

# 6 测量方法

## 6.1 测量准确度

试验应选择 JB/T 7033 规定的 A、B、C 三种测量准确度等级中的一种进行。测量准确度等级应由相关方商定。各测量准确度等级的允许系统误差应符合表 2 的规定。

表 2 测量仪器校准范围内的允许系统误差

| 测量仪器参数 | 各测量准确度等级的允许系统误差 | | |
|---|---|---|---|
| | A | B | C |
| 流量 $q_V$/% | ±1.0 | ±2.0 | ±3.0 |
| 压差 $\Delta p$/% | ±1.0 | ±3.0 | ±5.0 |
| 温度/℃ | ±0.5 | ±1.0 | ±2.0 |

## 6.2 试验用油液

6.2.1 试验时，应使用被试阀制造商认可的试验用油液。应记录试验油液的类型，并说明在试验期间温度变化范围内油液的质量密度($\rho$)及运动黏度($\nu$)。

6.2.2 试验用油液的污染度应控制在被试阀制造商所推荐的范围内。

6.2.3 对于测量准确度等级 A 或 B，在试验前应从试验装置中提取液样，直接测量其质量密度($\rho$)和运动黏度($\nu$)。

6.2.4 对于测量准确度等级 C，可以采用油液供应商提供的油液质量密度($\rho$)和运动黏度($\nu$)。

## 6.3 温度

6.3.1 试验时油液温度的允许变化量应控制在表 3 的范围内。

表 3 试验时油液温度的允许变化量

| 测量准确度等级 | A | B | C |
|---|---|---|---|
| 允许温度变化量/℃ | ±1.0 | ±2.0 | ±4.0 |

6.3.2 试验应在被试阀制造商根据阀的应用要求所推荐的油液温度范围内进行。

## 6.4 稳态工况

6.4.1 应在稳态工况下记录所有读数。

6.4.2 当达到规定试验条件下的稳态工况时，数据采集的时间周期应相同，每次采集应只取一组读数，该读数为各个量多次测量值的平均值。

## 6.5 步骤

6.5.1 根据需要，利用阀或标准测压板的进、出接口将被试阀安装在试验回路上。

6.5.2 必要时可设置控制流向(或流量)的液压阀。

6.5.3 应选择测量点数量及其在试验流量全范围内的分布，以代表性地反映被试阀在所选试验流量全范围内的性能。

6.5.4 对应 6.5.3 所选定的每个测量点的流量，应分别测量被试阀上游和下游的压力。如果被试阀是板式安装的，且采用标准测压板连接，则跳过 6.5.5 和 6.5.6。

6.5.5 如果被试阀是管式安装的，或是板式安装但未采用标准测压板连接的，应将被试阀从试验回路中拆除并连接管路，形成无被试阀的试验回路。当采用 5.2.2 所规定的试验回路时，则不必采用此步骤。

6.5.6 重复 6.5.4 压力测量。

### 6.6 压差计算

6.6.1 在适当情况下，按 ISO 9910-2 的规定对受压力头影响的每个压力读数进行修正。

6.6.2 用 6.5.4 中测得的上游压力值减去下游压力值计算出每个测量压差。如果被试阀是板式安装的，则跳过 6.6.3 和 6.6.4。

6.6.3 如果被试阀是管式连接的，应用 6.5.6 中测得的上游压力值减去下游压力值计算出管路压差。使用 5.2.2 的试验回路时，则管路压差值为零。

6.6.4 如果被试阀是管式连接的，应用 6.6.2 中计算的压差减去 6.6.3 中计算的管路压差，得出被试阀的各个压差 $\Delta p$。

### 6.7 试验结果的表达

#### 6.7.1 一般要求

试验机构应将所有试验测量数据和由此计算出的结果制成表格，最好同时提供 6.7.2 所述的图形。

#### 6.7.2 表达

试验结果应采用压差 $\Delta p$ 和流量 $qv$ 的关系曲线来表达，实用单位见附录 A。应同时说明试验油液在受控温度下的运动黏度和质量密度，如图 3 所示。

对于插装式液控单向阀、先导式溢流阀或带外泄油口的多功能阀，应确保其特性曲线普遍有效且与测试系统无关，这一点是很重要的。

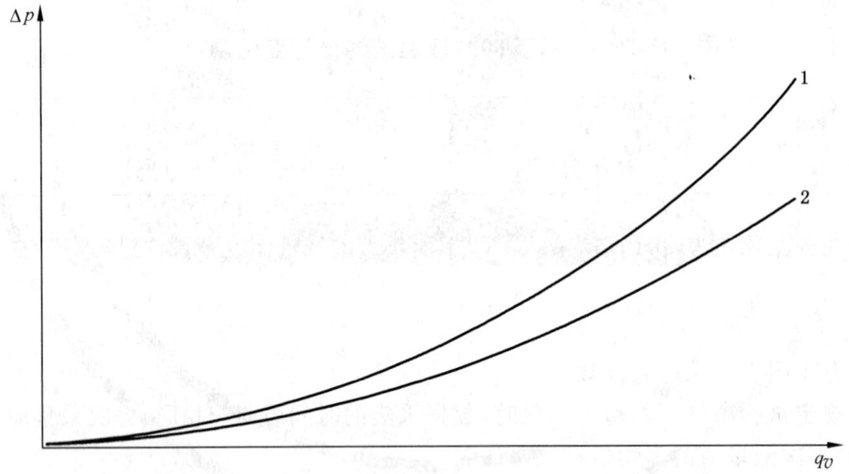


阀制造商：
阀类型：
阀型号：
试验油液：
油液运动黏度：
油液质量密度：
油液温度：
测量准确度等级：
阀状态：
说明：
1——从工作油口 B 到油口 T 的压差-流量特性曲线；
2——从油口 P 到工作油口 A 的压差-流量特性曲线。

**图 3 试验结果的表达图例**

## 7 标注说明(引用本文件)

当选择遵守本文件时,建议制造商在试验报告、产品目录和销售文件中使用以下说明:“液压阀压差-流量特性的测定符合 GB/T 8107—2012《液压阀　压差-流量特性的测定》”。

# 附 录 A
# （规范性附录）
# 实 用 单 位

无论是以表格还是曲线图形式表达，都可采用表 A.1 所给出的实用单位。

**表 A.1 实用单位**

| 参量名称 | 符 号 | 实用单位 |
|---|---|---|
| 阀的公称通径 | $D$ | mm |
| 流 量 | $qv$ | L/min |
| 压 差 | $\Delta p$ | kPa(bar) |
| 管路长度 | $l$ | m |
| 管路内径 | $d$ | mm |
| 温 度 | $\theta$ | ℃ |
| 运动黏度 | $\nu$ | $mm^2/s$(cSt) |
| 密 度 | $\rho$ | $kg/m^3$ |

# 附　录　B
（资料性附录）
# 试验前的核对清单

核对清单包含以下内容，建议相关方在试验前协商选择适当项目：

a) 阀制造商名称；

b) 制造商的标识(型号、编号)；

c) 制造商对阀的说明；

d) 阀的油口尺寸；

e) 试验回路(见 5.2.2)；

f) 管路内径；

g) 测压点位置(见 5.3)；

h) 试验油液的污染度(见 6.2.2)；

i) 试验油液(名称和说明)(见 6.2.1)；

j) 试验温度下的油液运动黏度(见 6.2.1 和 6.2.4)；

k) 试验温度下的油液质量密度(见 6.2.1 和 6.2.4)；

l) 试验过程中的油液温度(见 6.3)；

m) 试验的流量范围(见 6.5.3)；

n) 试验结果的表达(见 6.1 和附录 A)；

o) 测量准确度等级(见 6.1)。

ICS 25.200
J 36

# 中华人民共和国国家标准

GB/T 8121—2012
代替 GB/T 8121—2002

# 热处理工艺材料　术语

## The terminology of technological materials for heat treatment

2012-09-03 发布　　2013-03-01 实施

中华人民共和国国家质量监督检验检疫总局
中国国家标准化管理委员会　发布

# 前　言

本标准按 GB/T 1.1—2009 给出的规则起草。

本标准代替 GB/T 8121—2002《热处理工艺材料　术语》。

本标准与 GB/T 8121—2002 相比，主要内容变化如下：

——增加并修改了部分术语和定义(见 3.10～3.14)；

——修改了部分术语的英文名称；

——调整了部分术语的类别划分。

本标准由全国热处理标准化技术委员会(SAC/TC 75)提出并归口。

本标准起草单位：武汉材料保护研究所、广东世创金属科技有限公司、南京科润工业介质有限公司、北京机电研究所。

本标准主要起草人：张良界、董小虹、聂晓霖、邵周俊、杨闽红、王桂茂、左永平、吕东显、李朋。

本标准所代替标准的历次版本发布情况为：

——GB/T 8121—1987、GB/T 8121—2002。

# 热处理工艺材料　术语

## 1　范围

本标准规定了与热处理有关的加热介质、淬火冷却介质、化学热处理渗剂、热处理保护涂料等热处理工艺材料主要名词术语、定义及英文对照。

本标准适用于热处理专业技术相关标准及技术文件等。

## 2　总类

2.1

**热处理工艺材料　technological materials for heat treatment**

为了保证对金属材料或工件(以下简称工件)进行加热、保温、冷却及化学热处理等工艺过程的实施,使其获得预期的化学成分、组织结构与性能以及表面状态所需要的各类物质。

2.2

**加热介质　heating medium**

工件进行加热、保温所使用的吸收、传递热能的物质。如各种气氛、盐类、碱类或金属浴,以及油和其他一些固态颗粒物质等。

2.3

**淬火冷却介质　quenching medium**

工件进行淬火冷却所使用的吸收、传递热能的物质。如水和水溶性盐类、碱类或有机物的水溶液,以及油、熔盐、氮气、氩气、空气等。

2.4

**化学热处理渗剂　thermo-chemical treatment agent**

在给定温度下能产生一种或几种活性原子,并能渗入工件的表层以改变其化学成分、组织结构和性能的化学热处理工艺所使用的物质。

2.5

**热处理保护涂料　protective paints for heat treatment**

在给定温度下,能保护被加热工件表面不发生氧化、脱碳或其他化学成分变化的涂料。如防氧化,防渗碳、防渗硼涂料等。

2.6

**表面改性材料　surface modification material**

以等离子体、激光、电子束、离子束等技术,对工件表面改性使用的物质。

## 3　热处理常用气氛类

3.1

**保护气氛　protective atmosphere**

在给定温度下,能保护被加热工件表面不氧化、不脱碳或其他化学成分不发生变化的气氛。

3.2

**活性气氛　active atmosphere**

在给定温度下，能与工件表面发生化学反应的气氛。

3.3

**中性气氛　neutral atmosphere**

在给定温度下，不与被加热工件发生氧化或还原、脱碳或渗碳反应的气氛。

3.4

**惰性气氛　inert atmosphere**

化学性质极不活泼，一般不与其他物质反应的气氛。如氩、氖、氦等。

3.5

**还原气氛　reducing atmosphere**

在给定条件下，可使金属氧化物还原的气氛。

3.6

**氧化气氛　oxidizing atmosphere**

在给定温度下，与被加热工件发生氧化反应的气氛。

3.7

**渗碳气氛　carburizing atmosphere**

在给定温度下，使工件表面增加碳含量的气氛。

3.8

**渗氮气氛　nitriding atmosphere**

在给定温度下，使工件表面增加氮含量的气氛。

3.9

**可控气氛　controlled atmosphere**

成分可按氧化-还原、增碳-脱碳效果控制的炉中混合气体。

3.10

**吸热式气氛　endothermic atmosphere**

将燃料气和空气以一定比例($\alpha=0.2\sim0.4$)混合，在一定的温度于催化剂作用下通过吸热反应裂解生成的气氛。可燃、易爆，具有还原性。一般用作工件的无脱碳加热介质或渗碳时的载气。

3.11

**放热式气氛　exothermic atmosphere**

将燃料气和空气以接近完全燃烧的比例($\alpha=0.55\sim0.95$)混合，通过燃烧、冷却、除水等过程而制备的气氛。根据 $H_2$、CO 的含量可分为浓型和淡型两种。

3.12

**放热-吸热式气氛　exo-endothermic atmosphere**

用吸热式气氛发生器原理制备，吸热式气氛的热源是放热式的燃烧。燃烧的产物添加少量燃料即可进行吸热式反应。

3.13

**滴注式气氛　drip feed atmosphere**

把含碳有机液体定量滴入到处于一定温度、密封良好的炉内，在炉内直接裂解形成的气氛。

3.14

**氮基气氛　nitrogen-based atmosphere**

一般指含氮在90%以上的混合气体、净化放热式气氛、氨燃烧净化气氛、空气液化分馏氮气，用碳分子筛常温空气分离氮和薄膜空气制氮的气氛。一般需添加少量甲醇裂解气氛以消除残余影响的气氛。氮基气氛可用作工件无氧化加热保护气氛，也可用作渗碳载气。

3.15

**直生式气氛　direct prepared atmosphere**

将燃料气和空气按吸热式气氛的比例配好，直接通入渗碳炉中，在炉内裂解成所需成分的气氛。

3.16

**氨分解气氛　dissociated ammonia**

液氨在一定温度于催化剂作用下裂解成分氢75%和氮25%的混合气氛。

3.17

**氨燃烧气氛　burned ammonia**

氨气在催化剂作用下接近完全燃烧后除水含氮在98%以上的气氛。

3.18

**富化气　enrich gas**

通常为了增加气氛的碳势而加入的富碳气体（或滴入可在高温裂解的有机液体）。

3.19

**载气　carrier gas**

作为化学热处理的载运活性组分的稀释气体。

## 4　热处理盐浴用盐类

4.1

**低温盐　salt for low-temperature bath**

使用温度低于600 ℃的混合盐。如硝酸盐、亚硝酸盐或其混合盐。

4.2

**中温盐　salt for medium-temperature bath**

使用温度在650 ℃～950 ℃之间的混合盐。

4.3

**高温盐　salt for high-temperature bath**

使用温度在950 ℃以上的混合盐。

4.4

**盐浴校正剂　rectifier**

脱氧剂　deoxidant；deoxidizer

为除去盐浴中的氧化物而加入对氧或氧化物有高亲和力或对其有还原作用的物质。

4.5

**中温盐浴校正剂　medium-temperature salt bath rectifier**

中温盐浴脱氧剂　medium-temperature salt bath deoxidizer

使用温度在650 ℃～950 ℃之间的盐浴校正剂。

4.6

**高温盐浴校正剂　high-temperature salt bath rectifier**

高温盐浴脱氧剂　high-temperature salt bath deoxidizer

使用温度在950 ℃以上的盐浴校正剂。

4.7

**氧化剂　oxidizer；oxidizing agent**

在给定温度下，使工件表面产生氧化膜或氧化层的介质。

4.8

**发蓝剂　bluing agent**

在给定温度下，能在钢铁表面生成以四氧化三铁($Fe_3O_4$)为主要成分氧化膜的碱性溶液。

4.9

**还原剂　reducing agent**

在给定温度下，使工件表面的氧化膜通过还原反应发生分解的介质。

4.10

**中性盐　neutral salt**

在给定温度下，在盐浴中主要起传热作用，一般不与工件发生化学反应的盐。

4.11

**覆盖剂　coverture agent**

为避免氧化或减少热损失，覆盖在熔融金属或盐浴液面上的物质。

## 5　渗碳剂、渗氮剂及其共渗剂类

5.1

**渗碳剂　carburizer;carburizing agent**

在给定条件下能将其中的碳渗入工件表层的介质。

5.2

**固体渗碳剂　pack carburizer;solid carburizer;solid carburizing compound**

由供碳剂及催渗剂等组成，在渗碳过程中能产生活性碳原子的固体介质。

5.3

**膏体渗碳剂　carburizing paste**

由供碳剂、催渗剂及粘结剂组成，在渗碳过程中能产生活性碳原子的膏剂。

5.4

**盐浴渗碳剂　salt bath carburizer**

液体渗碳剂　liquid carburizer

含有能产生活性碳原子组分的渗碳混合盐。

5.5

**气体渗碳剂　gas carburizer**

含有富碳组分，在渗碳过程中能产生活性碳原子的气体介质。

5.6

**滴注渗碳剂　drip feed carburizer**

直接滴入一定温度的渗碳炉中，裂解能产生渗碳气氛的有机液体。

5.7

**催渗剂　energizer**

活化剂　activator

在化学热处理过程中，为了增加渗剂的活性，加快化学反应而加入的化学物质。

5.8

**渗氮剂　nitriding agent**

在给定温度下，能产生活性氮原子使工件渗氮的介质。

5.9

**液体渗氮剂　liquid nitriding agent**

盐浴渗氮剂　salt bath nitriding agent

含有能产生活性氮原子组分的渗氮混合盐。

5.10

**气体渗氮剂　gas nitriding agent**

含有富氮组分，在渗氮过程中能产生活性氮原子的气体介质。

5.11

**碳氮共渗剂　carbonitriding agent**

含有富碳、富氮组分，在给定温度下能产生活性碳、氮原子使工件实现碳氮共渗，并以渗碳为主的介质。

5.12

**液体碳氮共渗剂　liquid carbonitriding salt**

盐浴碳氮共渗剂　salt bath carbonitriding agent

在碳氮共渗温度下，含有能产生活性碳、氮原子组分的碳氮共渗混合盐。

5.13

**气体碳氮共渗剂　gas carbonitriding agent**

含有富碳、富氮组分，在碳氮共渗温度下，能产生活性碳、氮原子的气体介质。

5.14

**氮碳共渗剂　nitrocarburizing agent**

含有富氮、富碳组分，在给定温度下能产生活性氮、碳原子使工件实现氮碳共渗，并以渗氮为主的介质。

5.15

**液体氮碳共渗剂　liquid nitrocarburizing agent**

盐浴氮碳共渗剂　salt bath nitrocarburizing agent

含有富氮、富碳组分，在氮碳共渗温度下，含有产生活性氮、碳原子的氮碳共渗混合盐。

5.16

**气体氮碳共渗剂　gas nitrocarburizing agent**

含有富氮、高碳组分，在氮碳共渗温度下，能产生活性氮、碳原子的气体介质。

5.17

**硫氮共渗盐　sulpho-nitriding salt**

在给定温度下，能产生活性硫、氮原子的混合盐。

5.18

**硫氮碳共渗剂　sulphonitrocarburizing agent**

在给定温度下，能产生活性硫、氮、碳原子的共渗盐，通常由基盐（工作盐浴）和再生盐组成。

5.19

**气体硫氮碳共渗剂　sulphonitrocarburizing gas**

在给定温度下，含有能产生活性硫、氮、碳原子组分的混合气氛。

5.20

**渗硫盐　sulphurizing salt**

在给定温度下，能产生活性硫原子将硫渗入工件表面层的混合盐。

5.21

**氧氮共渗剂　oxynitriding agent**

在给定温度下，能进行氧氮共渗的混合介质。

5.22

**氧氮碳共渗剂　oxynitrocarbruizing agent**

在给定温度下，能进行氧氮碳共渗的混合介质。

5.23

**基盐　base salt**

在给定温度下，能在盐浴氮碳共渗盐浴中产生活性氮、碳元素的混合盐。

5.24

**再生盐　regeneration salt**

调整盐

调整盐浴成分，使老化的化学热处理盐浴恢复活性的添加(再生)盐。

5.25

**氧化盐　oxidizing salt**

在给定温度下，能在盐浴氮碳共渗工件表面产生氧化反应的混合盐。

## 6　渗其他非金属剂与渗金属剂及其共渗剂类

6.1

**渗硼剂　boriding agent；boronizing agent**

在给定温度下，能产生活性硼原子的介质。

6.2

**固体渗硼剂　pack boronizing agent；solid boronizing agent**

由供硼剂、催渗剂及填充剂组成，在渗硼过程中能产生活性硼原子的固体(粉末状或粒状)介质。

6.3

**膏体渗硼剂　boronizing paste**

膏状渗硼剂

由供硼剂、催渗剂、填充剂及粘结剂等组成，在渗硼过程中能产生活性硼原子的膏剂。

6.4

**熔盐渗硼剂　molten bath boronizing agent**

液体渗硼剂　liquid boronizing agent

由供硼剂、中性盐及催渗剂或以硼砂为基，添加其他成分所组成的渗硼用混合盐。

6.5

**渗硅剂　siliconizing agent**

由供硅剂、中性盐及催渗剂或以硼砂为基，添加其他成分所组成的渗硼用混合盐。

6.6

**渗铝剂　aluminizing agent**

在给定温度下，渗铝过程中能产生活性铝原子的介质。

6.7

**固体渗铝剂　pack aluminizing agent；solid aluminizing agent**

由供铝剂、催渗剂及填充剂所组成，在渗铝过程中，能产生活性铝原子的固体介质。

6.8

**热浸铝浴　aluminium dipping baths**

**热浸镀铝浴**

在给定温度下，能使工件表面形成铝及铝合金的熔融铝浴。

6.9

**固体渗铬剂　pack chromizing agent**

由供铬剂、催渗剂与填充剂所组成，在渗铬过程中，能产生活性铬原子的固体（粉末状或粒状）介质。

6.10

**气体渗铬剂　gas chromizing agent**

由气体及其他组分组成，在渗铬过程中，能产生活性铬原子的气体介质。

6.11

**固体渗锌剂　sherardizing agent**

由锌粉或添加催渗剂与填充剂所组成的，能产生活性锌原子的介质。

6.12

**热浸锌浴　zinc dipping baths**

**热浸镀锌浴**

在给定温度下，能使工件表面形成锌及锌合金层的熔融锌浴。

6.13

**热浸金属浴　metallic dipping baths**

在给定温度下，能使工件表面形成金属及合金层的熔融金属浴。

6.14

**硼砂熔盐渗金属剂　borax bath metal agent**

以硼砂为主要成分，分别加入含铬、钒、铌或钛等金属粉末及其化合物与还原剂所组成，并在给定温度下，能使工件渗金属的混合盐。

6.15

**多元共渗剂　multicomponent diffusion agent**

对工件进行两种以上元素共渗时所用的介质。

6.16

**铬铝共渗剂　chromaluminizing agent**

由含铬、铝的物质组成，在给定温度下，能产生活性铬、铝原子的介质。

6.17

**硼铝共渗剂　boroaluminizing agent**

由含硼和铝的物质所组成，在给定温度下，能产生活性硼、铝原子的介质。

6.18

**铬铝硅共渗剂　chromaluminosiliconizing agent**

由含铬、铝、硅的物质所组成，在给定温度下，能产生活性铬、铝、硅原子的介质。

6.19

**填充剂　packing material**

在装箱热处理时，能保护工件不氧化、减小变形、抗粘结及起稀释作用的粉末状或粒状材料。

## 7　淬火冷却介质类

7.1

**无机盐水溶液淬火介质　inorganic salt solution quenching medium**

用于淬火冷却的不同浓度无机盐（如氯化钠、氧化钙、硝盐及水玻璃等）的水溶液。

7.2

**碱水溶液淬火介质　alkali solution quenching medium**

用于淬火冷却的不同浓度碱的水溶液，如氢氧化钠等。

7.3

**聚合物淬火剂　polymer quenchant**

由有机聚合物加少量防腐剂、防锈剂及消泡剂而制成的水溶液淬火介质。

7.4

**普通淬火油　conventional quenching oil**

不含添加剂，用于工件淬火冷却的矿物油。

7.5

**快速淬火油　fast quenching oil**

为了改善普通淬火油冷却能力或其他性能，加入速冷剂等添加剂的淬火油。

7.6

**真空淬火油　vacuum quenching oil**

真空淬火使用的饱和蒸汽压极低、冷却能力稳定的特种油品。

7.7

**光亮淬火油　bright quenching oil**

含有光亮剂及抗氧化剂，用于淬火冷却的矿物油为基的油品。

7.8

**回火油　tempering oil**

加有抗氧化剂并具有高闪点的矿物油为基的油品。

7.9

**贝氏体等温淬火介质　austempering medium**

贝氏体等温淬火处理时的淬火介质。

7.10

**马氏体分级淬火介质　marquenching medium**

马氏体分级淬火处理时用的淬火介质。如分级淬火油、硝盐等。

7.11

**淬火碱浴　alkali bath**

用于淬火冷却的苛性碱水溶液。

7.12

**气体淬火介质　gas quenching medium**

用于工件淬火冷却的气体。如空气、氮气和氩、氦惰性气体等。

7.13

**流态床淬火介质　fluidized bed quenching medium**

由气流和悬浮的固体颗粒构成的流态床淬火物质。

7.14

**致冷剂　sub-zero treatment agent**

使淬火工件冷却于 0 ℃或更低温度(如在 −78 ℃～−196 ℃)所使用的介质。如固体 $CO_2$(干冰)＋乙醇、干冰＋丙酮、低温空气、液氮或液氮蒸气等。

## 8　热处理保护涂料类

8.1

**防氧化保护涂料　anti-oxidizer paint**

**防氧化涂料**

涂敷于工件表面，保护加热工件不发生氧化的涂料。

8.2

**高温保护涂料　high-temperature protective paint**

由低温成膜材料、高温成膜材料、添加剂及粘结剂等按一定比例组成，能使高温(≥950 ℃)加热的工件防止氧化与脱碳的涂料。

8.3

**防渗涂料　anti-diffusion paint**

由阻渗剂、成膜剂、粘结剂及松散剂等组成，涂敷在工件局部，在化学热处理过程中起防渗作用的涂料。

8.4

**防渗碳涂料　anti-carburizing paint**

涂敷于工件局部(不需渗碳的部位)，在渗碳过程中起防渗作用的涂料。

8.5

**防渗氮涂料　anti-nitriding paint**

涂敷于工件局部，在渗氮过程中起防渗作用的涂料。

8.6

**防碳氮共渗涂料　anti-carbonitriding paint**

涂敷于工件局部，在碳氮共渗过程中起防渗作用的涂料。

8.7

**防渗硼涂料　anti-boronizing paint**

涂敷于工件局部，在渗硼过程中起防渗作用的涂料。

8.8

**防渗金属涂料　anti-metallizing paint**

涂敷于工件局部，在渗金属过程中起防渗作用的涂料。

8.9

**包装热处理保护材料　pack heat treatment material; package metal-foil heat treatment material**

工件进行包装热处理时使用的包装材料，如不锈钢箔，耐热钢箔等。

## 9　表面改性材料类

9.1

**激光表面熔覆材料　laser cladding material**

用激光的方法将之熔化在金属表面，成为熔覆体主体合金的合金粉末。

9.2

**离子注入材料　ion implantation material**

用离子注入方法使金属表面陶瓷化和金刚石化，能提供离子注入所需各种元素的材料。

# 附 录 A
（规范性附录）
# 中文索引

# 附 录 B
（规范性附录）
# 英 文 索 引

## A



## B



## C

L



M



N



O



P

Q



R



S



T



V



Z

ICS 77.120.60
H 13

# 中华人民共和国国家标准

GB/T 8151.1—2012
代替 GB/T 8151.1—2000

# 锌精矿化学分析方法 第1部分:锌量的测定 沉淀分离 $Na_2EDTA$ 滴定法和萃取分离 $Na_2EDTA$ 滴定法

**Methods for chemical analysis of zinc concentrates—Part 1:Determination of zinc content—Precipitate separation-$Na_2$EDTA titrimetric method and extractive separation-$Na_2$EDTA titrimetric method**

(ISO 13291:2006(E),Zinc sulfide concentrates—Determination of zinc—Solvent extraction and EDTA titrimetric method,NEQ)

2012-12-31 发布 2013-10-01 实施

中华人民共和国国家质量监督检验检疫总局
中国国家标准化管理委员会 发布

# 前 言

GB/T 8151《锌精矿化学分析方法》分为20个部分：

——第1部分：锌量的测定　沉淀分离 $Na_2EDTA$ 滴定法和萃取分离 $Na_2EDTA$ 滴定法；

——第2部分：硫量的测定　燃烧中和滴定法；

——第3部分：铁量的测定　$Na_2EDTA$ 滴定法；

——第4部分：二氧化硅量的测定　钼蓝分光光度法；

——第5部分：铅量的测定　火焰原子吸收光谱法；

——第6部分：铜量的测定　火焰原子吸收光谱法；

——第7部分：砷量的测定　氢化物发生-原子荧光光谱法和溴酸钾滴定法；

——第8部分：镉量的测定　火焰原子吸收光谱法；

——第9部分：氟量的测定　离子选择电极法；

——第10部分：锡量的测定　氢化物发生-原子荧光光谱法；

——第11部分：锑量的测定　氢化物发生-原子荧光光谱法；

——第12部分：银量的测定　火焰原子吸收光谱法；

——第13部分：锗量的测定　氢化物发生-原子荧光光谱法和苯芴酮分光光度法；

——第14部分：镍量的测定　火焰原子吸收光谱法；

——第15部分：汞量的测定　原子荧光光谱法；

——第16部分：钴量的测定　火焰原子吸收光谱法；

——第17部分：锌量的测定　氢氧化物沉淀-$Na_2EDTA$ 滴定法；

——第18部分：锌量的测定　离子交换-$Na_2EDTA$ 滴定法；

——第19部分：金和银含量的测定　铅析或灰吹火试金和火焰原子吸收光谱法；

——第20部分：铜、铅、铁、砷、镉、锑、钙、镁量的测定　电感耦合等离子体原子发射光谱法。

本部分为GB/T 8151的第1部分。

本部分按照GB/T 1.1—2009给出的规则起草。

本部分代替GB/T 8151.1—2000《锌精矿化学分析方法　锌量的测定》。与GB/T 8151.1—2000相比，主要有如下变动：

——对文本格式进行了修改；

——补充了精密度和试验报告；

——增加了附录A。

本部分方法1为沉淀分离 $Na_2EDTA$ 滴定法；方法2为萃取分离 $Na_2EDTA$ 滴定法。测定范围交叉部分，以方法1作为仲裁方法。

本部分方法2与ISO 13291:2006(E)《硫化锌精矿　锌量的测定　溶剂萃取EDTA滴定法》的一致性程度为非等效。

本部分由全国有色金属标准化技术委员会(SAC/TC 243)归口。

本部分负责起草单位：中冶葫芦岛有色金属集团有限公司。

本部分起草单位：中冶葫芦岛有色金属集团有限公司。

本部分参加起草单位：株洲冶炼集团有限公司、北京矿冶研究总院、湖南水口山有色金属集团有限公司、巴彦淖尔紫金有色金属有限公司、湖南有色金属研究院、河南豫光金铅股份有限公司、大冶有色金属集团控股有限公司。

本部分主要起草人:单素芳、李世然、李遵义、彭海姣、龚燕、崔敏、汤淑芳、范丽新、颜建斌、黄智晓华、王东、邝淑云、庞文林、马金梅、杨林娟、刘艳、潘晓玲。

本部分所代替标准的历次版本发布情况为:

——GB/T 8151.1—1987、GB/T 8151.1—2000。

# 锌精矿化学分析方法 第1部分:锌量的测定 沉淀分离 $Na_2EDTA$ 滴定法和 萃取分离 $Na_2EDTA$ 滴定法

## 1 范围

GB/T 8151 的本部分规定了锌精矿中锌量的测定方法。

本部分适用于锌精矿中锌量的测定。方法1测定范围:30.00%～60.00%;方法2测定范围:11.00%～62.00%。

## 2 方法1 沉淀分离 $Na_2EDTA$ 滴定法

### 2.1 方法提要

试料用盐酸、硝酸和硫酸溶解,沉淀分离铁、锰、铅等共存元素。滤液中加入掩蔽剂掩蔽少量干扰元素。在pH5～6的乙酸-乙酸钠缓冲溶液中,以二甲酚橙为指示剂,用 $Na_2EDTA$ 标准滴定溶液滴定。测得结果为锌、镉合量,扣除镉量,即为锌量。

### 2.2 试剂

除非另有说明,在分析中仅使用确认为分析纯试剂和蒸馏水或去离子水或相当纯度的水。

2.2.1 金属锌($w_{Zn}$≥99.99%)使用前表面无氧化,锌用盐酸(1+9)清洗1 min,再用水和丙酮冲洗,并在50 ℃烘箱中烘干。

2.2.2 氯化铵。

2.2.3 抗坏血酸。

2.2.4 无水乙酸钠。

2.2.5 盐酸($\rho$1.19 g/mL)。

2.2.6 硝酸($\rho$1.42 g/mL)。

2.2.7 硫酸($\rho$1.84 g/mL)。

2.2.8 高氯酸($\rho$1.67 g/mL)。

2.2.9 氨水($\rho$0.90 g/mL)。

2.2.10 乙酸($\rho$1.049 g/mL)。

2.2.11 盐酸(1+1)。

2.2.12 硫酸(1+1)。

2.2.13 硫酸(1+9)。

2.2.14 硫酸(2+98)。

2.2.15 氨水(1+1)。

2.2.16 洗涤液:2 g氯化铵(2.2.2)溶于100 mL水中,加3滴～4滴氨水(2.2.9),混匀。

2.2.17 过硫酸铵溶液(200 g/L),当日配制。

2.2.18 氟化钾溶液(200 g/L),贮于塑料瓶中。

2.2.19 硫代硫酸钠溶液(100 g/L)。

2.2.20 乙酸-乙酸钠缓冲溶液(pH 5.5):150 g 乙酸钠(2.2.4)溶于水中,加入 18 mL 乙酸(2.2.10),用水稀释至 1 000 mL,混匀。

2.2.21 硫酸铁贮存溶液(100 g/L):称取 100 g 硫酸铁溶解于 1 000 mL 硫酸(2.2.13)中。

2.2.22 乙二胺四乙酸二钠($Na_2$EDTA)标准滴定溶液[$c(C_{10}H_{14}N_2O_8Na_2 \cdot 2H_2O)=0.05$ mol/L]。

2.2.22.1 配制:称取 18.6 g 乙二胺四乙酸二钠,加水微热溶解,冷至室温,移入 1 000 mL 容量瓶中,用水稀释至刻度,混匀放置 3 d 后标定。

2.2.22.2 标定:称取 3 份 0.100 0 g 金属锌(2.2.1)置于 400 mL 烧杯中,加入 10 mL 盐酸(2.2.11),盖上表皿,低温溶解,取下放冷,加入 20 mL 水、1 mL 硫酸铁贮存溶液(2.2.21),以下按 2.4.4.2～2.4.4.7 进行。随同标定作空白试验。

按式(1)计算 $Na_2$EDTA 标准滴定溶液的浓度:

$$c=\frac{m_1}{65.38\times(V_1-V_0)} \qquad \cdots\cdots(1)$$

式中:

$c$ ——$Na_2$EDTA 标准滴定溶液的浓度,单位为摩尔每毫升(mol/mL);

$m_1$ ——称取金属锌质量,单位为克(g);

65.38——锌的摩尔质量,单位为克每摩尔(g/mol);

$V_1$ ——标定时消耗 $Na_2$EDTA 标准滴定溶液的体积,单位为毫升(mL);

$V_0$ ——标定时滴定空白试验溶液所消耗 $Na_2$EDTA 标准滴定溶液的体积,单位为毫升(mL)。

平行标定 3 份,结果保留 4 位有效数字,其极差值不大于 $8\times10^{-8}$ mol/mL 时,取其平均值。否则重新标定。

2.2.23 甲基橙指示剂(0.5 g/L)。

2.2.24 二甲酚橙指示剂(5 g/L),限 2 周内使用。

### 2.3 试样

2.3.1 样品应通过 0.100 mm 孔筛。

2.3.2 样品预先在 105 ℃±5 ℃烘 1 h,置于干燥器中冷至室温。

### 2.4 分析步骤

#### 2.4.1 试料

称取 0.20 g 试样,精确至 0.000 1 g。

#### 2.4.2 测定次数

独立地进行 2 次测定,取其平均值。

#### 2.4.3 空白试验

随同试料做空白试验。

#### 2.4.4 测定

2.4.4.1 将试料(2.4.1)置于 400 mL 烧杯中,加少量水湿润(如果样品中含有较高的二氧化硅,加入 1 g氟化铵),加入 10 mL 盐酸(2.2.5),加盖表皿低温溶解驱赶硫化氢 5 min～10 min,加入 5 mL 硝酸(2.2.6)至试料分解完全,取下表皿。

2.4.4.2 当铅量小于4%时,加入5 mL硫酸(2.2.12),继续加热至呈湿盐状[如试料含碳较高,可在蒸至冒白烟时取下,放冷,加入1 mL～2 mL高氯酸(2.2.8)继续加热至湿盐状]取下放冷。加入20 mL硫酸(2.2.13),盖上表皿,加热溶解盐类,稍冷,用水吹洗表皿及杯壁,并稀释体积至60 mL左右[如溶液中含铁较低,适当补加硫酸铁贮存溶液(2.2.21)使溶液中含铁约20 mg]。

2.4.4.3 当铅量大于4%时,加入5 mL硫酸(2.2.7)加热至冒浓白烟,并蒸至体积约2 mL,取下冷却。用水吹洗表皿及杯壁,并稀释体积至50 mL左右,加热微沸10 min,冷却至室温,放置1 h。用慢速定量滤纸过滤,滤液用烧杯承接,用硫酸(2.2.14)洗涤烧杯及沉淀各5次,水洗烧杯及沉淀各1次,保留滤液。

2.4.4.4 将2.4.4.2或2.4.4.3加入3 g～5 g氯化铵(2.2.2)、5 mL过硫酸铵溶液(2.2.17),用氨水(2.2.9)中和至沉淀完全再过量10 mL,加热微沸1 min～2 min,趁热用快速定性滤纸过滤,用热的洗涤液洗涤烧杯和沉淀各2次～3次,滤液保留。

2.4.4.5 将沉淀用热的洗涤液洗到原沉淀的烧杯中,加入盐酸(2.2.11)溶解沉淀,加入5 mL过硫酸铵溶液(2.2.17),用氨水(2.2.9)中和至沉淀完全,再过量10 mL,加热微沸1 min～2 min,取下,经原滤纸过滤于保留液的烧杯中,用热的洗涤液洗涤烧杯和沉淀各3次～4次。

2.4.4.6 将滤液(2.4.4.5)煮沸并浓缩至体积约100 mL,彻底破坏过剩的过硫酸铵,取下放冷。

2.4.4.7 加入0.1 g抗坏血酸(2.2.3)、1滴甲基橙指示剂(2.2.23),用氨水(2.2.15)和盐酸(2.2.11)调至溶液恰变红色,加入20 mL乙酸-乙酸钠缓冲溶液(2.2.20)、5 mL氟化钾溶液(2.2.18),10 mL硫代硫酸钠溶液(2.2.19)混匀。滴加2滴二甲酚橙指示剂(2.2.24)用$Na_2EDTA$标准滴定溶液(2.2.22.2)滴定至溶液由紫红色变为亮黄色为终点。

## 2.5 分析结果的计算

锌含量以锌的质量分数$w_{Zn}$计,数值以%表示,按式(2)计算:

$$w_{Zn}=\frac{c\times 65.38\times (V_3-V_2)}{m_2}\times 100-w_{Cd}\times 0.5816 \qquad (2)$$

式中:

$c$ ——$Na_2EDTA$标准滴定溶液的浓度,单位为摩尔每毫升(mol/mL);

65.38 ——锌的摩尔质量,单位为克每摩尔(g/mol);

$V_3$ ——试液消耗$Na_2EDTA$标准滴定溶液的体积,单位为毫升(mL);

$V_2$ ——空白试验消耗$Na_2EDTA$标准滴定溶液的体积,单位为毫升(mL);

$m_2$ ——试料的质量,单位为克(g);

0.581 6 ——镉量换算为锌量的系数;

$w_{Cd}$ ——由GB/T 8151.8测得的镉的质量分数。

计算结果表示到小数点后2位。

## 2.6 精密度

### 2.6.1 重复性

在重复性条件下获得的2次独立测试结果的测定值,在以下给出的平均值范围内,这2个测试结果的绝对差值不超过重复性限($r$),超过重复性限($r$)的情况不超过5%,重复性限($r$)按表1数据采用线性内插法求得。

表 1 重复性限

| $w_{Zn}$/% | 29.63 | 37.01 | 45.57 | 52.65 | 60.68 |
|---|---|---|---|---|---|
| $r$/% | 0.21 | 0.22 | 0.23 | 0.24 | 0.28 |

#### 2.6.2 再现性

在再现性条件下获得的2次独立测试结果的绝对差值不大于再现性限($R$),超过再现性限($R$)的情况不超过5%,再现性限($R$)按表2数据采用线性内插法求得。

表 2 再现性限

| $w_{Zn}$/% | 29.63 | 37.01 | 45.57 | 52.65 | 60.68 |
|---|---|---|---|---|---|
| $R$/% | 0.41 | 0.47 | 0.49 | 0.53 | 0.58 |

### 2.7 试验报告

本条规定试验报告所包括的内容。至少应给出以下几个方面的内容:

——试样;

——本部分编号 GB/T 8151.1—2012;

——使用方法1;

——分析结果及其表示;

——与基本分析步骤的差异;

——测定中观察到的异常现象;

——试验日期。

## 3 方法2 萃取分离 $Na_2EDTA$ 滴定法

### 3.1 方法提要

试料用液溴和硝酸溶解,部分不溶的残渣用硝酸、硫酸和氢氟酸溶解,用硫脲和柠檬酸盐掩蔽杂质元素,用甲基异丁基甲酮萃取复杂的锌化合物并与杂质分离,滴定前用碘离子掩蔽镉,在pH5.5时用 $Na_2EDTA$ 溶液滴定锌。

### 3.2 试剂

分析过程中,采用分析纯试剂和 GB/T 6682 规定的二级水。

3.2.1 金属锌($w_{Zn}$≥99.99%)使用前表面无氧化,锌用盐酸(3.2.2)(1+9)清洗1 min,再用水和丙酮冲洗,并在50 ℃烘箱中烘干。

3.2.2 盐酸($\rho_{20}$ 1.16 g/mL~1.19 g/mL)。

3.2.3 液溴。

3.2.4 硝酸($\rho_{20}$ 1.42 g/mL)。

3.2.5 氢氟酸($\rho_{20}$ 1.13 g/mL~1.15 g/mL)。

3.2.6 盐酸(1+4)。

3.2.7 硫酸(1+1)。

3.2.8　氨水($\rho_{20}$ 0.89 g/mL)。

3.2.9　甲基异丁基甲酮(4-甲基-2-戊酮)。

3.2.10　无水乙醇。

3.2.11　掩蔽剂:将60 g硫脲、100 g柠檬酸氢二铵、200 g硫氰酸铵溶解在水中并稀释到1 L,必要时需过滤。

3.2.12　氟化钠溶液(20 g/L)。

3.2.13　硫脲溶液(100 g/L)。

3.2.14　碘化钾溶液(1 000 g/L),当天配制。

3.2.15　缓冲溶液:将250 g六亚甲基四胺(乌洛托品)溶解在水中,加入60 mL乙酸($\rho_{20}$ 1.05 g/mL),然后稀释至1 L。

3.2.16　铁贮存溶液(45 g/L):将45 g硝酸铁[$Fe(NO_3)_3 \cdot 9H_2O$]溶解在水中,稀释至1 L。

3.2.17　二甲酚橙:将1 g二甲酚橙与99 g硝酸钾晶体混合均匀,用杵在陶瓷器皿中研磨,当颜色一致时认为混合均匀。

3.2.18　乙二胺四乙酸二钠($Na_2EDTA$)标准滴定溶液[$c(C_{10}H_{14}N_2O_8Na_2 \cdot 2H_2O)=0.05$ mol/L]。

3.2.18.1　配制:称取18.6 g乙二胺四乙酸二钠,加水溶解,稀释至1 L。

3.2.18.2　标定:在0.25 g～1.625 g范围内称取三份金属锌(3.2.1),精确至0.000 1 g,质量大小应与试料中锌的含量相近,放在三个不同的300 mL锥形瓶中,记下质量$m_1$、$m_2$、$m_3$,加15 mL水、15 mL硝酸(3.2.4)、5 mL铁贮存溶液(3.2.16),溶解,煮沸驱除氮的氧化物,冷却,移入500 mL容量瓶中并稀释至刻度,以下按3.4.4.3～3.4.4.4进行,记下消耗$Na_2EDTA$标准滴定溶液的体积分别为$V_1$、$V_2$、$V_3$,计算$Na_2EDTA$标准滴定溶液对锌的滴定系数$f_{ix}$。

按式(3)计算滴定系数,结果用$f_{ix}$表示:

$$f_{ix}=\frac{m_x}{V_x} \qquad x=1 \sim 3 \quad \cdots\cdots(3)$$

式中:

$f_{ix}$——$Na_2EDTA$标准滴定溶液对锌的滴定系数,单位为克每毫升(g/mL);

$V_x$——标定时消耗$Na_2EDTA$标准滴定溶液的体积,单位为毫升(mL);

$m_x$——金属锌的质量,单位为克(g)。

若$f_1$、$f_2$、$f_3$的极差超过0.000 01 g/mL,则需重新标定,否则按式(4)计算平均滴定系数,结果用$f$表示:

$$f=\frac{f_1+f_2+f_3}{3} \quad \cdots\cdots(4)$$

### 3.3　试样

3.3.1　样品应通过0.100 mm孔筛。

3.3.2　样品预先在105 ℃±5 ℃烘1 h,置于干燥器中冷却至室温。

### 3.4　分析步骤

#### 3.4.1　试料

称取2.50 g试样,精确至0.000 1 g。

#### 3.4.2　测定次数

独立地进行2次测定,取其平均值。

#### 3.4.3 空白试验

随同试料做空白试验(加入 5 mL 铁贮存溶液,有助于浊度分析)。

#### 3.4.4 测定

3.4.4.1 将试料(3.4.1)放入 300 mL 圆锥烧杯中,用 20 mL 水润湿,加入 2 mL～3 mL 液溴(3.2.3),在室温下反应 15 min 并不时地摇动,加入 15 mL 硝酸(3.2.4),放置 15 min,将锥形瓶放入电炉盘上加热,煮沸赶走溴蒸气,冷却后加 100 mL 水,加热煮沸,冷却。

3.4.4.2 若试料溶解完全,将试液移入 500 mL 容量瓶中,用水稀释至刻度;否则用中速滤纸将溶液过滤到 500 mL 容量瓶中,用水洗涤滤纸上的不溶残渣,将过滤后的不溶残渣和滤纸置于 25 mL 铂坩埚中,放进 800 ℃马弗炉中进行灰化,加 2 mL 硫酸(3.2.7)、2 mL 硝酸(3.2.4)和 2 mL 氢氟酸(3.2.5),蒸发溶液至近干,冷却。加少量水溶解可溶性盐,用中速滤纸将溶液过滤,将滤液和清洗液并入上述同一容量瓶中,用水稀释至刻度。

如果试料中含有铅,铂坩埚可能发生损坏。在这种情况下,不溶残渣应按如下方式进行处理:

用细流水冲洗不溶残渣至聚四氟乙烯的大烧杯中。然后将滤纸置于一个陶瓷坩埚中,放入 600 ℃～700 ℃马弗炉中进行灰化,冷却坩埚至室温。

用少量的水清洗坩埚中的料至上面用的聚四氟乙烯的大烧杯中,再加 2 mL 硫酸(3.2.7)、2 mL 硝酸(3.2.4)和 2 mL 氢氟酸(3.2.5),然后蒸发该溶液至近干,取下冷却。加少量水溶解可溶性盐,用中速滤纸将溶液过滤,将滤液和清洗液并入上述同一容量瓶中,用水稀释至刻度。

如果滤纸中确定不含有锌,灰化的过程可以省略。

3.4.4.3 移取 50.00 mL 溶液(3.4.4.2)至 250 mL 分液漏斗中,滴加氨水(3.2.8)直至有少量浑浊产生,加入 5 mL 盐酸(3.2.6)、50 mL 掩蔽剂(3.2.11),混匀,加入 80 mL 甲基异丁基甲酮(3.2.9),振荡 1 min,待物相分离后,缓慢地将下层水相放入另一分液漏斗中,加入 20 mL 甲基异丁基甲酮 (3.2.9),进行第二次萃取,待物相分离后,弃去水相,合并两次有机相,放入 400 mL 烧杯中,分别向两个分液漏斗中加入 1 mL 盐酸(3.2.6)和 70 mL 乙醇(3.2.10),振荡,将两个漏斗中的液体放入上述烧杯中。

3.4.4.4 滴定:加入 10 mL 氟化钠溶液(3.2.12)、10 mL 硫脲溶液(3.2.13)、20 mL 缓冲溶液(3.2.15)、5 mL 碘化钾溶液(3.2.14)、0.1 g 二甲酚橙(3.2.17),用 $Na_2EDTA$ 标准滴定溶液滴定溶液颜色由红色变为黄色为终点,记下消耗的体积数 $V_t$。

### 3.5 分析结果的计算

锌含量以锌的质量分数 $w_{Zn}$ 计,数值以%表示,按式(5)计算:

$$w_{Zn}=\frac{f\times(V_t-V_b)}{m}\times 100 \qquad\qquad (5)$$

式中:

$V_t$ ——试样溶液消耗 $Na_2EDTA$ 标准溶液的体积,单位为毫升(mL);

$V_b$ ——空白试液消耗 $Na_2EDTA$ 标准溶液的体积,单位为毫升(mL);

$f$ ——锌的滴定系数,单位为克每毫升(g/mL);

$m$ ——试料的质量,单位为克(g)。

计算结果表示到小数点后 2 位。

### 3.6 精密度

实验室间分析结果的差值应不大于式(6)所规定允许差 $P$:

$$P=2.8\times\sqrt{{S_L}^2+\frac{{S_r}^2}{2}} \qquad\qquad (6)$$

实验室间标准偏差：

$$S_L = 0.0016\mu_{12} + 0.0539 \quad \cdots\cdots(7)$$

实验室内标准偏差：

$$S_r = 0.0008\mu_{12} + 0.0382 \quad \cdots\cdots(8)$$

最终结果平均值：

$$\mu_{12} = (\mu_1 + \mu_2)/2 \quad \cdots\cdots(9)$$

范围：

$$E = |\mu_1 - \mu_2| \quad \cdots\cdots(10)$$

式中：

$\mu_1$——实验室1报告的锌含量的最终结果，以质量分数表示；

$\mu_2$——实验室2报告的锌含量的最终结果，以质量分数表示。

### 3.7 试验报告

本条规定试验报告所包括的内容。至少应给出以下几个方面的内容：

——试样；

——本部分编号GB/T 8151.1—2012；

——使用方法2；

——分析结果及其表示；

——与基本分析步骤的差异；

——测定中观察到的异常现象；

——试验日期。

# 附 录 A
# （资料性附录）
# 潜在干扰元素的影响

## A.1 镉

在萃取锌的同时，镉被大量萃取。在最终的滴定之前，镉必须用碘化钾进行掩蔽。

## A.2 钴

当有机相变成蓝色表明试样中的大部分钴随同锌被萃取。如果钴含量不大于0.05%，其影响可忽视。否则，应在EDTA滴定后用原子吸收光谱法进行测定，然后从分析所得的锌值中减去钴量。

## A.3 铅

铅含量在大于7%时会有干扰。在溶解阶段中，它将以硫酸铅的形式沉淀，可通过过滤将其分离。

## A.4 锰

锰含量在大于2%时有干扰，降低分析结果。但国际贸易中的锌精矿很少有此含量的锰。

## A.5 镁

镁含量大于5%时有干扰，降低分析结果，但在国际贸易中所报告的锌精矿的镁含量最高为0.8%。

## A.6 钛和钒

钛和钒含量只有在大于0.2%时才会有干扰，但在国际贸易中的锌精矿中没有这样的含量。

## A.7 其他元素

不大于如下含量的其他元素对方法2没有干扰：

| | | | |
|---|---|---|---|
| Al：2% | Ba：10% | Cu：10% | Ni：1% |
| As：0.5% | Ca：5% | Fe：15% | Sr：2% |

ICS 77.120.60
H 13

# 中华人民共和国国家标准

GB/T 8151.2—2012
代替 GB/T 8151.2—2000

# 锌精矿化学分析方法 第2部分:硫量的测定 燃烧中和滴定法

Methods for chemical analysis of zinc concentrates—
Part 2: Determination of sulfur content—
The combustion neutralization titrimetric method

2012-12-31 发布

2013-10-01 实施

中华人民共和国国家质量监督检验检疫总局
中国国家标准化管理委员会
发布

# 前　言

GB/T 8151《锌精矿化学分析方法》分为20个部分：

——第1部分：锌量的测定　沉淀分离 $Na_2EDTA$ 滴定法和萃取分离 $Na_2EDTA$ 滴定法；

——第2部分：硫量的测定　燃烧中和滴定法；

——第3部分：铁量的测定　$Na_2EDTA$ 滴定法；

——第4部分：二氧化硅量的测定　钼蓝分光光度法；

——第5部分：铅量的测定　火焰原子吸收光谱法；

——第6部分：铜量的测定　火焰原子吸收光谱法；

——第7部分：砷量的测定　氢化物发生-原子荧光光谱法和溴酸钾滴定法；

——第8部分：镉量的测定　火焰原子吸收光谱法；

——第9部分：氟量的测定　离子选择电极法；

——第10部分：锡量的测定　氢化物发生-原子荧光光谱法；

——第11部分：锑量的测定　氢化物发生-原子荧光光谱法；

——第12部分：银量的测定　火焰原子吸收光谱法；

——第13部分：锗量的测定　氢化物发生-原子荧光光谱法和苯芴酮分光光度法；

——第14部分：镍量的测定　火焰原子吸收光谱法；

——第15部分：汞量的测定　原子荧光光谱法；

——第16部分：钴量的测定　火焰原子吸收光谱法；

——第17部分：锌量的测定　氢氧化物沉淀-$Na_2EDTA$ 滴定法；

——第18部分：锌量的测定　离子交换-$Na_2EDTA$ 滴定法；

——第19部分：金和银量的测定　铅析或灰吹火试金和火焰原子吸收光谱法；

——第20部分：铜、铅、铁、砷、镉、锑、钙、镁量的测定　电感耦合等离子体原子发射光谱法。

本部分为GB/T 8151的第2部分。

本部分按照GB/T 1.1—2009给出的规则起草。

本部分代替GB/T 8151.2—2000《锌精矿化学分析方法　硫量的测定》。与GB/T 8151.2—2000相比，主要有如下变动：

——对文本格式进行了修改；

——补充了精密度和试验报告。

本部分由全国有色金属标准化技术委员会(SAC/TC 243)归口。

本部分负责起草单位：中冶葫芦岛有色金属集团有限公司。

本部分起草单位：中冶葫芦岛有色金属集团有限公司。

本部分参加起草单位：北京矿冶研究总院、湖南水口山有色金属集团有限公司、巴彦淖尔紫金有色金属有限公司、湖南有色金属研究院、河南豫光金铅股份有限公司。

本部分主要起草人：李兴凤、郁志铭、奚红杰、徐晓艳、姜求韬、罗永锋、刘亚玲、朝鲁、郭新玲、杨笑晴、庞文林、苏雪梅、张亚敏。

本部分所代替标准的历次版本发布情况为：

——GB/T 8151.2—1987、GB/T 8151.2—2000。

# 锌精矿化学分析方法
# 第2部分：硫量的测定
# 燃烧中和滴定法

## 1 范围

GB/T 8151的本部分规定了锌精矿中硫量的测定。

本部分适用于锌精矿中硫量的测定。测定范围：20.00%～40.00%。

## 2 方法提要

试料在高温氧气流中燃烧，使其中硫化物氧化、硫酸盐分解成二氧化硫，以过氧化氢溶液吸收并氧化成硫酸。以甲基红与次甲基蓝为混合指示剂，用氢氧化钠标准滴定溶液滴定至溶液由紫色变为绿色为终点。

技术条件规定量的共存元素不干扰硫的测定。

## 3 试剂

除非另有说明，在分析中仅使用确认为分析纯试剂和蒸馏水或去离子水或相当纯度的水。

3.1 氢氧化钠。

3.2 变色硅胶。

3.3 氧化铜，粉状。

3.4 铅粉（$w_{Pb}\geqslant 99.99\%$）。

3.5 硫酸（$\rho$1.84 g/mL）。

3.6 硫酸（1+1），优级纯。

3.7 硝酸（1+3），优级纯。

3.8 高锰酸钾-氢氧化钠溶液：称取3.0 g高锰酸钾溶于100 mL水中，加入10 g氢氧化钠（3.1），溶解，装入洗气瓶中。

3.9 过氧化氢吸收液：1 000 mL溶液中含50 mL过氧化氢[30%（质量分数）]，加1 mL混合指示剂（3.12），用氢氧化钠标准滴定溶液（3.11）和硫酸（1+19）调至溶液刚呈绿色（限1周内使用）。

3.10 硫酸铅基准试剂：称取20 g铅粉（3.4）于500 mL的烧杯中，加入30 mL硝酸（3.7）溶解，待反应完全后过滤除去悬浮物，加入20 mL硫酸（3.6），沉降2 h后用中速定量滤纸过滤，用蒸馏水洗至中性，在烘箱内烘干，放到瓷坩埚中，于马弗炉780 ℃灼烧1 h，取出稍冷放入干燥器中。待室温后取出放入研钵中研磨，再放入马弗炉780 ℃灼烧1 h后取出，放入干燥器中作为基准物。

3.11 氢氧化钠标准滴定溶液（约0.1 mol/L）。

3.11.1 配制：取7 mL氢氧化钠溶液（400 g/L）放入1 L的塑料桶中，用煮沸并冷却的蒸馏水稀释至1 L，混匀。

3.11.2 标定：准确称取0.400 0 g硫酸铅基准试剂（3.10）于瓷舟中，覆盖0.5 g氧化铜（3.3），按分析方法同时进行标定，记录消耗氢氧化钠的体积。

按式（1）计算氢氧化钠标准滴定溶液的浓度：

$$c = \frac{m_1 \times 2}{303.26 \times (V_1 - V_0)} \quad \cdots\cdots\cdots\cdots (1)$$

式中：

$c$ ——氢氧化钠标准滴定溶液的浓度，单位为摩尔每毫升(mol/mL)；

$m_1$ ——称取硫酸铅的质量，单位为克(g)；

$V_1$ ——标定时所消耗氢氧化钠标准滴定溶液的体积，单位为毫升(mL)；

$V_0$ ——标定时滴定空白试验溶液所消耗氢氧化钠标准滴定溶液的体积，单位为毫升(mL)；

303.26 ——硫酸铅的摩尔质量，单位为克每摩尔(g/mol)。

平行标定3份，结果保留4位有效数字，其极差值不大于$7\times10^{-7}$ mol/mL时，取其平均值。否则重新标定。

3.12 混合指示剂：次甲基蓝溶液(1.6 g/L)和甲基红乙醇溶液(1.2 g/L)，使用前按等体积混合。

## 4 仪器

4.1 高温管式电炉：最高温度1 350 ℃，常用温度1 250 ℃。

4.2 定硫装置见图1。

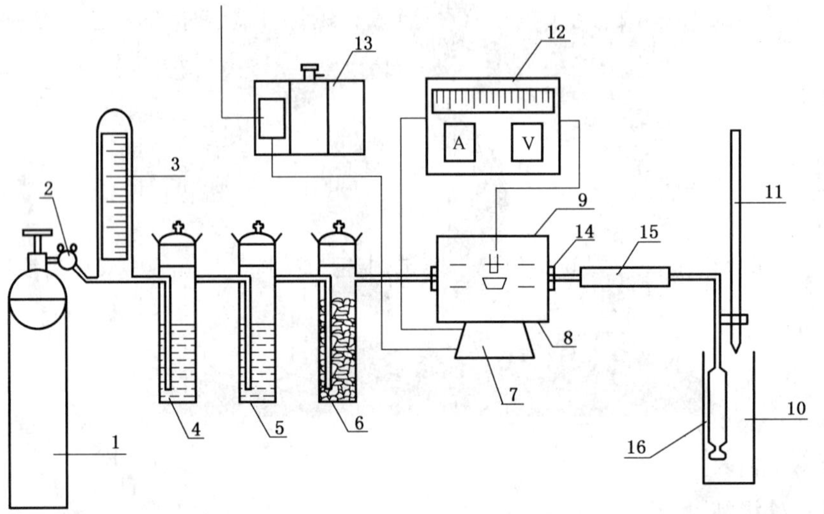


说明：

1——氧气瓶；
2——减压阀；
3——转子流量计(0～1 L/min)；
4——洗气瓶[内装高锰酸钾-氢氧化钠溶液(3.8)，液面高约1/3瓶高]；
5——洗气瓶[内装硫酸(3.5)，液面高约1/3瓶高口]；
6——干燥塔(装变色硅胶)；
7——高温管式电炉；
8——锥形瓷管(内径18 mm，外径22 mm，总长600 mm)；
9——瓷舟(88 mm，预先在1 000 ℃灼烧2 h)；
10——150 mL吸收管；
11——滴定管；
12——温度控制器；
13——可控硅电源；
14——橡胶塞；
15——乳胶管；
16——多孔气体扩散管。

**图1 燃烧中和滴定法定硫装置示意图**

## 5 试样

5.1 样品应通过 0.100 mm 孔筛。
5.2 样品预先在 105 ℃±5 ℃烘 1 h,置于干燥器中冷至室温。

## 6 分析步骤

### 6.1 试料

称取 0.15 g 试样,精确至 0.000 1 g 。

### 6.2 测定次数

独立地进行 2 次测定,取其平均值。

### 6.3 空白试验

随同试料做空白试验。

### 6.4 测定

6.4.1 准备工作。
6.4.1.1 接通电源,分 2 次～3 次逐渐加大电压升温至 1 250 ℃,并恒温。
6.4.1.2 将瓷管锥形头移至炉膛中间灼烧各部分至无气体逸出,按规定位置固定。
6.4.1.3 在 150 mL 的吸收管内加入 80 mL 的过氧化氢吸收液,按图 1 接好全部装置后在通气的条件下,检查装置的气密性,当关闭进气端时吸收瓶内应无气泡产生。如发现漏气,必须调至不漏气为止。
6.4.2 将试料(6.1)均匀铺于瓷舟中,覆盖 0.5 g 的氧化铜(3.3),用镍铬丝钩将盛有试料的燃烧瓷舟迅速推入锥形瓷管的温度最高处。立即塞紧胶塞通入氧气助燃,调整氧气的流量在 0.15 L/min～0.20 L/min 之间,吸收 5 min 后,调整氧气的流量在 0.40 L/min～0.50 L/min 之间开始滴定,吸收液以氢氧化钠标准滴定溶液(3.11)滴定至刚呈绿色为终点。

## 7 分析结果的计算

硫含量以硫的质量分数 $w_S$ 计,数值以%表示,按式(2)计算:

$$w_S = \frac{c \times 32.06 \times (V_2 - V_3)}{m \times 2} \times 100 \quad \cdots\cdots(2)$$

式中:

$c$ ——氢氧化钠标准滴定溶液的浓度,单位为摩尔每毫升(mol/mL);
32.06——硫的摩尔质量,单位为克每摩尔(g/mol);
$V_2$ ——测定时滴定试料溶液消耗氢氧化钠标准滴定溶液的体积,单位为毫升(mL);
$V_3$ ——测定时滴定空白试验溶液消耗氢氧化钠标准滴定溶液的体积,单位为毫升(mL);
$m$ ——试料的质量,单位为克(g)。

计算结果表示到小数点后 2 位。

# 8 精密度

## 8.1 重复性

在重复性条件下获得的2次独立测试结果的测定值，在以下给出的平均值范围内，这2个测试结果的绝对差值不超过重复性限($r$)，超过重复性限($r$)的情况不超过5%，重复性限($r$)按表1数据采用线性内插法求得。

表1 重复性限

| $w_S$/% | 20.90 | 26.58 | 31.86 | 36.15 | 39.67 |
|---|---|---|---|---|---|
| $r$/% | 0.25 | 0.30 | 0.34 | 0.41 | 0.45 |

## 8.2 再现性

在再现性条件下获得的2次独立测试结果的绝对差值不大于再现性限($R$)，超过再现性限($R$)的情况不超过5%，再现性限($R$)按表2数据采用线性内插法求得。

表2 再现性限

| $w_S$/% | 20.90 | 26.58 | 31.86 | 36.15 | 39.67 |
|---|---|---|---|---|---|
| $R$/% | 0.32 | 0.35 | 0.45 | 0.55 | 0.60 |

# 9 试验报告

本章规定试验报告所包括的内容。至少应给出以下几个方面的内容：

——试样；

——本部分编号GB/T 8151.2—2012；

——分析结果及其表示；

——与基本分析步骤的差异；

——测定中观察到的异常现象；

——试验日期。

ICS 77.120.60
H 13

# 中华人民共和国国家标准

GB/T 8151.3—2012
代替 GB/T 8151.3—2000

# 锌精矿化学分析方法 第3部分:铁量的测定 $Na_2EDTA$ 滴定法

Methods for chemical analysis of zinc concentrates—
Part 3: Determination of iron content—
$Na_2EDTA$ titrimetric method

2012-12-31 发布　　　　2013-10-01 实施

中华人民共和国国家质量监督检验检疫总局
中国国家标准化管理委员会　发布

# 前　言

GB/T 8151《锌精矿化学分析方法》分为20个部分：

——第1部分：锌量的测定　沉淀分离 $Na_2EDTA$ 滴定法和萃取分离 $Na_2EDTA$ 滴定法；

——第2部分：硫量的测定　燃烧中和滴定法；

——第3部分：铁量的测定　$Na_2EDTA$ 滴定法；

——第4部分：二氧化硅量的测定　钼蓝分光光度法；

——第5部分：铅量的测定　火焰原子吸收光谱法；

——第6部分：铜量的测定　火焰原子吸收光谱法；

——第7部分：砷量的测定　氢化物发生-原子荧光光谱法和溴酸钾滴定法；

——第8部分：镉量的测定　火焰原子吸收光谱法；

——第9部分：氟量的测定　离子选择电极法；

——第10部分：锡量的测定　氢化物发生-原子荧光光谱法；

——第11部分：锑量的测定　氢化物发生-原子荧光光谱法；

——第12部分：银量的测定　火焰原子吸收光谱法；

——第13部分：锗量的测定　氢化物发生-原子荧光光谱法和苯芴酮分光光度法；

——第14部分：镍量的测定　火焰原子吸收光谱法；

——第15部分：汞量的测定　原子荧光光谱法；

——第16部分：钴量的测定　火焰原子吸收光谱法；

——第17部分：锌量的测定　氢氧化物沉淀-$Na_2EDTA$ 滴定法；

——第18部分：锌量的测定　离子交换-$Na_2EDTA$ 滴定法；

——第19部分：金和银量的测定　铅析或灰吹火试金和火焰原子吸收光谱法；

——第20部分：铜、铅、铁、砷、镉、锑、钙、镁量的测定　电感耦合等离子体原子发射光谱法。

本部分为GB/T 8151的第3部分。

本部分按照GB/T 1.1—2009给出的规则起草。

本部分代替GB/T 8151.3—2000《锌精矿化学分析方法　铁量的测定》。与GB/T 8151.3—2000相比，主要有如下变动：

——对文本格式进行了修改；

——补充了精密度和试验报告。

本部分由全国有色金属标准化技术委员会(SAC/TC 243)归口。

本部分负责起草单位：中冶葫芦岛有色金属集团有限公司。

本部分起草单位：湖南水口山有色金属集团有限公司、中冶葫芦岛有色金属集团有限公司。

本部分参加起草单位：株洲冶炼集团有限公司、北京矿冶研究总院、巴彦淖尔紫金有色金属有限公司、湖南郴州金贵银业股份有限公司。

本部分主要起草人：曾光明、罗永锋、岳英萍、王艳华、戴琴雯、熊方祥、陈岩、姜求韬、晓华、万有岳、刘伟、段群英。

本部分所代替标准的历次版本发布情况为：

——GB/T 8151.3—1987、GB/T 8151.3—2000。

# 锌精矿化学分析方法<br>第3部分:铁量的测定<br>$Na_2EDTA$ 滴定法

## 1 范围

GB/T 8151 的本部分规定了锌精矿中铁量的测定方法。

本部分适用于锌精矿中铁量的测定。测定范围:2.00%~20.00%。

## 2 方法提要

试料用盐酸、硝酸低温溶解,蒸至近干。加少量盐酸溶解盐类,加水保持一定体积用氨水沉淀。用盐酸溶解沉淀,控制体积 120 mL 左右,保持温度于 50 ℃~90 ℃,以磺基水杨酸为指示剂,以 $Na_2EDTA$ 标准滴定溶液滴定至溶液由红色变为黄色为终点。

## 3 试剂

除非另有说明,在分析中仅使用确认为分析纯试剂和蒸馏水或去离子水或相当纯度的水。

3.1 氯化铵。

3.2 盐酸($\rho$1.19 g/mL)。

3.3 硝酸($\rho$1.42 g/mL)。

3.4 氨水($\rho$0.90 g/mL)。

3.5 盐酸(1+1)。

3.6 盐酸(1+11)。

3.7 氨水(1+1)。

3.8 洗液:25 g 氯化铵(3.1)以 500 mL 水溶解,加 20 mL 氨水(3.4),混匀。

3.9 磺基水杨酸溶液(100 g/L)。

3.10 乙二胺四乙酸二钠($Na_2EDTA$)标准滴定溶液。

3.10.1 配制:称取 20 g $Na_2EDTA$($C_{10}H_{14}N_2O_8Na_2 \cdot 2H_2O$)于烧杯中,加 400 mL 左右热水溶解,冷至室温。移入 1 000 mL 容量瓶中,用水稀释至刻度,混匀,放置 3 d 后标定。

3.10.2 标定。

3.10.2.1 金属铁丝的预处理:将金属铁丝($w_{Fe} \geqslant 99.9\%$)截成小段(每段小于 80 mg),放入稀硝酸(1+3)中浸泡 1 min~2 min,取出放在乙醇(无水)中浸泡 1 min~2 min,取出,用滤纸反复吸干后立即称取。

3.10.2.2 标定:称取经预处理的金属铁丝约 0.06 g(精确至 0.000 1 g)分别置于 300 mL 烧杯中,加 20 mL 硝酸(1+1),加热溶解后蒸发至近干,加入 10 mL 盐酸(3.2),以水洗表皿及杯壁,再于低温处蒸至近干,用 10 滴左右盐酸(3.2)溶解盐类,加水至约 120 mL,用氨水(3.7)中和至氢氧化铁出现,再加 10 mL 盐酸(3.6),加热至近沸,取下,加入约 1 mL 磺基水杨酸溶液(3.9),用 $Na_2EDTA$ 标准滴定溶液(3.10)滴定至溶液由红色变为黄色为终点。

随同标定做空白试验。

按式(1)计算 $Na_2EDTA$ 标准滴定溶液的浓度:

$$c = \frac{m_1}{55.85 \times (V_2 - V_1)} \qquad \cdots\cdots\cdots\cdots (1)$$

式中：

$c$ ——$Na_2EDTA$ 标准滴定溶液的浓度，单位为摩尔每毫升(mol/mL)；

$m_1$ ——铁丝称取质量，单位为克(g)；

$V_2$ ——标定时消耗 $Na_2EDTA$ 标准滴定溶液的体积，单位为毫升(mL)；

$V_1$ ——标定时空白试验溶液消耗 $Na_2EDTA$ 标准滴定溶液的体积，单位为毫升(mL)；

55.85——铁的摩尔质量，单位为克每摩尔(g/mol)。

平行标定 3 份，结果保留 4 位有效数字，其极差值不大于 $2\times10^{-7}$ mol/mL 时，取其平均值。否则重新标定。

## 4 试样

4.1 样品应通过 0.100 mm 孔筛。

4.2 样品预先在 105 ℃±5 ℃烘 1 h，置于干燥器中冷至室温。

## 5 分析步骤

### 5.1 试料

按表 1 称取试样，精确至 0.000 1 g。

**表 1 试料质量**

| 铁质量分数/% | 试料质量/g |
|---|---|
| ＜5.00 | 0.50 |
| 5.00～20.00 | 0.20 |

### 5.2 测定次数

独立地进行 2 次测定，取其平均值。

### 5.3 空白试验

随同试料做空白试验。

### 5.4 测定

5.4.1 将试料(5.1)置于 300 mL 烧杯中，以少量水润湿(如果样品中含有较高的二氧化硅，加入 1 g 氟化铵)，加入 10 mL 盐酸(3.2)低温溶解 5 min，加 10 mL 硝酸继续加热溶解，低温蒸至近干。加 2 mL～3 mL 盐酸(3.2)，用水洗表皿及杯壁，加热溶解盐类，加 4 g～5 g 氯化铵，加水至体积 70 mL～80 mL，以氨水(3.4)中和至氢氧化铁沉淀完全再过量 3 mL，加热微沸 3 min～5 min 取下，加 3 mL 氨水(3.4)，用快速滤纸过滤，用热洗液洗烧杯与滤纸各 4 次，再用水各洗一次。

5.4.2 用热盐酸(3.5)溶解沉淀于原烧杯中，然后用水及盐酸(3.5)交替洗至滤纸无色，将溶液放在低温处蒸至 1 mL～2 mL，取下，加水至 120 mL 左右，用氨水(3.7)中和至有氢氧化铁沉淀出现，加 10 mL 盐酸(3.6)，加热至近沸，取下，加入约 1 mL 磺基水杨酸溶液(3.9)，用 $Na_2EDTA$ 标准滴定溶液(3.10)滴定至溶液由红色变为黄色为终点。

## 6 分析结果的计算

铁含量以铁的质量分数 $w_{Fe}$ 计，数值以%表示，按式(2)计算：

$$w_{Fe}=\frac{c\times 55.85\times (V_3-V_0)}{m}\times 100 \quad\cdots\cdots(2)$$

式中：

$c$ ——$Na_2EDTA$ 标准滴定溶液的浓度，单位为摩尔每毫升(mol/mL)；

$V_3$ ——滴定试料溶液消耗 $Na_2EDTA$ 标准滴定溶液的体积，单位为毫升(mL)；

$V_0$ ——滴定空白试验溶液消耗 $Na_2EDTA$ 标准滴定溶液的体积，单位为毫升(mL)；

55.85——铁的摩尔质量，单位为克每摩尔(g/mol)；

$m$ ——试料的质量，单位为克(g)。

计算结果表示到小数点后 2 位。

## 7 精密度

### 7.1 重复性

在重复性条件下获得的 2 次独立测试结果的测定值，在以下给出的平均值范围内，这 2 个测试结果的绝对差值不超过重复性限($r$)，超过重复性限($r$)的情况不超过 5%，重复性限($r$)按表 2 数据采用线性内插法求得。

表 2 重复性限

| $w_{Fe}$/% | 1.97 | 5.08 | 11.08 | 16.09 | 21.57 |
|---|---|---|---|---|---|
| $r$/% | 0.13 | 0.17 | 0.24 | 0.30 | 0.35 |

### 7.2 再现性

在再现性条件下获得的 2 次独立测试结果的绝对差值不大于再现性限($R$)，超过再现性限($R$)的情况不超过 5%，再现性限($R$)按表 3 数据采用线性内插法求得。

表 3 再现性限

| $w_{Fe}$/% | 1.97 | 5.08 | 11.08 | 16.09 | 21.57 |
|---|---|---|---|---|---|
| $R$/% | 0.17 | 0.25 | 0.30 | 0.35 | 0.40 |

## 8 试验报告

本章规定试验报告所包括的内容。至少应给出以下几个方面的内容：

——试样；

——本部分编号 GB/T 8151.3—2012；

——分析结果及其表示；

——与基本分析步骤的差异；

——测定中观察到的异常现象；

——试验日期。

ICS 77.120.60
H 13

# 中华人民共和国国家标准

GB/T 8151.4—2012
代替 GB/T 8151.4—2000

# 锌精矿化学分析方法 第4部分:二氧化硅量的测定 钼蓝分光光度法

**Methods for chemical analysis of zinc concentrates—Part 4: Determination of silicon dioxide content—Molybdenum blue spectrophotometry**

2012-12-31 发布　　2013-10-01 实施

中华人民共和国国家质量监督检验检疫总局
中国国家标准化管理委员会　发布

# 前　言

GB/T 8151《锌精矿化学分析方法》分为20个部分：
——第1部分：锌量的测定　沉淀分离 $Na_2EDTA$ 滴定法和萃取分离 $Na_2EDTA$ 滴定法；
——第2部分：硫量的测定　燃烧中和滴定法；
——第3部分：铁量的测定　$Na_2EDTA$ 滴定法；
——第4部分：二氧化硅量的测定　钼蓝分光光度法；
——第5部分：铅量的测定　火焰原子吸收光谱法；
——第6部分：铜量的测定　火焰原子吸收光谱法；
——第7部分：砷量的测定　氢化物发生-原子荧光光谱法和溴酸钾滴定法；
——第8部分：镉量的测定　火焰原子吸收光谱法；
——第9部分：氟量的测定　离子选择电极法；
——第10部分：锡量的测定　氢化物发生-原子荧光光谱法；
——第11部分：锑量的测定　氢化物发生-原子荧光光谱法；
——第12部分：银量的测定　火焰原子吸收光谱法；
——第13部分：锗量的测定　氢化物发生-原子荧光光谱法和苯芴酮分光光度法；
——第14部分：镍量的测定　火焰原子吸收光谱法；
——第15部分：汞量的测定　原子荧光光谱法；
——第16部分：钴量的测定　火焰原子吸收光谱法；
——第17部分：锌量的测定　氢氧化物沉淀-$Na_2EDTA$ 滴定法；
——第18部分：锌量的测定　离子交换-$Na_2EDTA$ 滴定法；
——第19部分：金和银量的测定　铅析或灰吹火试金和火焰原子吸收光谱法；
——第20部分：铜、铅、铁、砷、镉、锑、钙、镁量的测定　电感耦合等离子体原子发射光谱法。

本部分为GB/T 8151的第4部分。

本部分按照GB/T 1.1—2009给出的规则起草。

本部分代替GB/T 8151.4—2000《锌精矿化学分析方法　二氧化硅量的测定》。与GB/T 8151.4—2000相比，主要有如下变动：
——测定范围由1.00%～10.00%扩展至1.00%～15.00%；
——对文本格式进行了修改；
——补充了精密度和试验报告。

本部分由全国有色金属标准化技术委员会(SAC/TC 243)归口。

本部分负责起草单位：中冶葫芦岛有色金属集团有限公司。

本部分起草单位：株洲冶炼集团股份有限公司。

本部分参加起草单位：大冶有色金属集团控股有限公司、湖南有色金属研究院、湖南郴州金贵银业股份有限公司、北京矿冶研究总院、铜陵有色金属集团控股有限公司。

本部分主要起草人：张艳云、罗甘、向德磊、刘艳、胡军凯、邹智、庞文林、廖小辉、段群英、高颖剑、王晋平、张万兴。

本部分所代替标准的历次版本发布情况为：
——GB/T 8151.4—1987、GB/T 8151.4—2000。

# 锌精矿化学分析方法 第4部分:二氧化硅量的测定 钼蓝分光光度法

## 1 范围

GB/T 8151 的本部分规定了锌精矿中二氧化硅量的测定。

本部分适用于锌精矿中二氧化硅量的测定。测定范围:1.00%～15.00%。

## 2 方法提要

试料用氢氧化钠熔融分解,在硫酸介质中,硅与钼酸铵生成硅钼杂多酸,以抗坏血酸还原硅钼杂多酸为钼蓝。于分光光度计波长 650 nm 处测量其吸光度。

## 3 试剂

除非另有说明,在分析中仅使用确认为分析纯试剂和二次蒸馏水。实验所用玻璃器皿均用稀硝酸浸泡后,用二次蒸馏水彻底清洗。

3.1 氢氧化钠,优级纯。

3.2 硫酸(1+1)。

3.3 硫酸(1+9)。

3.4 氨水(1+1)。

3.5 钼酸铵溶液(80 g/L),过滤后使用。

3.6 抗坏血酸溶液(20 g/L),当天配制。

3.7 对硝基苯酚溶液(1 g/L)。

3.8 还原液:抗坏血酸(3.6)与硫酸(3.2)按 1∶2 比例混匀,用时现配。

3.9 二氧化硅标准贮存溶液:称取 0.500 0 g 优级纯二氧化硅(预先于 950 ℃灼烧 30 min,置于干燥器中冷至室温)于盛有 5 g 混合熔剂(二份无水碳酸钠与一份碳酸钾混匀)的铂坩埚中,混匀后,再覆盖 2 g 混合熔剂,置于 900 ℃～950 ℃高温炉中熔融 1 h,稍冷,将坩埚外部用水吹洗干净后置于 300 mL 聚四氟乙烯烧杯中,加 150 mL 热水浸出,洗净坩埚,冷却,以水稀释至 500 mL,此溶液 1 ml 含 1 mg 二氧化硅。贮存于塑料瓶中。

3.10 二氧化硅标准溶液:移取 50.00 mL 二氧化硅标准贮存溶液(3.9)于 500 mL 容量瓶中,以水稀释至刻度,混匀。此溶液 1 mL 含 100 μg 二氧化硅。贮存于塑料瓶中。

## 4 仪器

分光光度计。

## 5 试样

5.1 样品应通过 0.100 mm 孔筛。

5.2 样品预先在105 ℃±5 ℃烘1 h,置于干燥器中冷至室温。

## 6 分析步骤

### 6.1 试料

按表1称取试样,精确至0.000 1 g。

表1 试料质量

| 二氧化硅质量分数/% | 试料质量/g |
|---|---|
| 1.00～10.00 | 0.25 |
| >10.00～15.00 | 0.15 |

### 6.2 测定次数

独立地进行2次测定,取其平均值。

### 6.3 空白试验

随同试料做空白试验。

### 6.4 测定

6.4.1 将试料(6.1)置于预先盛有2 g氢氧化钠(3.1)的30 mL银坩埚中,再覆盖3 g氢氧化钠(3.1),置于马弗炉中,由低温逐渐升温至680 ℃,熔融30 min后取出,冷却。

6.4.2 将坩埚外部用水吹洗干净后放入300 mL聚四氟乙烯烧杯中,加入150 mL热水、20 mL硫酸(3.2)浸出完全后洗出坩埚,冷至室温。将溶液移入250 mL容量瓶中,用水稀释至刻度,混匀,静置澄清。

6.4.3 吸取上清液5.00 mL于100 mL容量瓶中。

6.4.4 加入1滴对硝基苯酚溶液(3.7),用氨水(3.4)和硫酸(3.3)调至溶液黄色恰好褪去,加2 mL硫酸(3.3)、30 mL水、5 mL钼酸铵溶液(3.5),每加一种试剂均需混匀,放置10 min ～20 min,加15 mL还原液(3.8),用水稀释至刻度,混匀。放置30 min。

6.4.5 移取部分溶液于1 cm吸收皿中,以随同试料的空白溶液为参比,于分光光度计波长650 nm处测量吸光度。从工作曲线上查得相应的二氧化硅量。

### 6.5 工作曲线的绘制

6.5.1 移取0 mL、0.50 mL、1.00 mL、2.00 mL、3.00 mL、4.00 mL、5.00 mL二氧化硅标准溶液(3.10)分别于一组100 mL容量瓶中,吹入少量水。以下按6.4.4进行。

6.5.2 移取部分溶液于1 cm吸收皿中,以试剂空白为参比,于分光光度计波长650 nm处测量吸光度,以二氧化硅量为横坐标,吸光度为纵坐标,绘制工作曲线。

## 7 分析结果的计算

二氧化硅量以二氧化硅的质量分数 $w_{SiO_2}$ 计,数值以%表示,按式(1)计算:

$$w_{SiO_2}=\frac{m_1 \cdot V_0 \times 10^{-6}}{m_0 \cdot V_1} \quad \cdots\cdots(1)$$

式中：

$m_1$——自工作曲线上查得的二氧化硅量，单位为微克(μg)；

$V_0$——试液的总体积，单位为毫升(mL)；

$V_1$——试液分取体积，单位为毫升(mL)；

$m_0$——试料的质量，单位为克(g)。

计算结果表示到小数点后2位。

## 8 精密度

### 8.1 重复性

在重复性条件下获得的2次独立测试结果的测定值，在以下给出的平均值范围内，这2个测试结果的绝对差值不超过重复性限($r$)，超过重复性限($r$)的情况不超过5%，重复性限($r$)按表2数据采用线性内插法求得。

表2 重复性限

| $w_{SiO_2}$/% | 0.74 | 3.69 | 5.27 | 7.56 | 9.30 | 14.82 |
|---|---|---|---|---|---|---|
| $r$/% | 0.14 | 0.28 | 0.30 | 0.32 | 0.33 | 0.39 |

### 8.2 再现性

在再现性条件下获得的2次独立测试结果的绝对差值不大于再现性限($R$)，超过再现性限($R$)的情况不超过5%，再现性限($R$)按表3数据采用线性内插法求得。

表3 再现性限

| $w_{SiO_2}$/% | 0.74 | 3.69 | 5.27 | 7.56 | 9.30 | 14.82 |
|---|---|---|---|---|---|---|
| $R$/% | 0.16 | 0.34 | 0.32 | 0.35 | 0.50 | 0.60 |

## 9 试验报告

本章规定试验报告所包括的内容。至少应给出以下几个方面的内容：

——试样；

——本部分编号GB/T 8151.4—2012；

——分析结果及其表示；

——与基本分析步骤的差异；

——测定中观察到的异常现象；

——试验日期。

ICS 77.120.60
H 13

# 中华人民共和国国家标准

GB/T 8151.5—2012
代替 GB/T 8151.5—2000

# 锌精矿化学分析方法 第5部分：铅量的测定 火焰原子吸收光谱法

**Methods for chemical analysis of zinc concentrates—Part 5: Determination of lead content—The flame atomic absorption spectrometric method**

2012-12-31 发布　　2013-10-01 实施

中华人民共和国国家质量监督检验检疫总局
中国国家标准化管理委员会　发布

# 前　言

GB/T 8151《锌精矿化学分析方法》分为20个部分：

——第1部分：锌量的测定　沉淀分离 $Na_2EDTA$ 滴定法和萃取分离 $Na_2EDTA$ 滴定法；

——第2部分：硫量的测定　燃烧中和滴定法；

——第3部分：铁量的测定　$Na_2EDTA$ 滴定法；

——第4部分：二氧化硅量的测定　钼蓝分光光度法；

——第5部分：铅量的测定　火焰原子吸收光谱法；

——第6部分：铜量的测定　火焰原子吸收光谱法；

——第7部分：砷量的测定　氢化物发生-原子荧光光谱法和溴酸钾滴定法；

——第8部分：镉量的测定　火焰原子吸收光谱法；

——第9部分：氟量的测定　离子选择电极法；

——第10部分：锡量的测定　氢化物发生-原子荧光光谱法；

——第11部分：锑量的测定　氢化物发生-原子荧光光谱法；

——第12部分：银量的测定　火焰原子吸收光谱法；

——第13部分：锗量的测定　氢化物发生-原子荧光光谱法和苯芴酮分光光度法；

——第14部分：镍量的测定　火焰原子吸收光谱法；

——第15部分：汞量的测定　原子荧光光谱法；

——第16部分：钴量的测定　火焰原子吸收光谱法；

——第17部分：锌量的测定　氢氧化物沉淀-$Na_2EDTA$ 滴定法；

——第18部分：锌量的测定　离子交换-$Na_2EDTA$ 滴定法；

——第19部分：金和银量的测定　铅析或灰吹火试金和火焰原子吸收光谱法；

——第20部分：铜、铅、铁、砷、镉、锑、钙、镁量的测定　电感耦合等离子体原子发射光谱法。

本部分为GB/T 8151的第5部分。

本部分按照GB/T 1.1—2009给出的规则起草。

本部分为仲裁方法。

本部分代替GB/T 8151.5—2000《锌精矿化学分析方法　铅量的测定》。与GB/T 8151.5—2000相比，主要有如下变动：

——溶样酸由盐酸改为硝酸；

——铅量由0.50%～4.00%扩展到0.50%～6.00%；

——对文本格式进行了修改；

——补充了精密度和试验报告。

本部分由全国有色金属标准化技术委员会(SAC/TC 243)归口。

本部分负责起草单位：中冶葫芦岛有色金属集团有限公司。

本部分起草单位：中冶葫芦岛有色金属集团有限公司。

本部分参加起草单位：昆明冶金研究院、湖南水口山有色金属集团有限公司、豫光金铅集团股份有限公司、北京矿冶研究总院、巴彦淖尔紫金有色金属有限公司。

本部分主要起草人：李遵义、姜莉、奚红杰、刘维理、李菁菁、郑雪英、毛艳玲、孔建敏、赵敏、汤淑芳、刘春峰、郭新玲、李琼莉。

本部分所代替标准的历次版本发布情况为：

——GB/T 8151.5—1987、GB/T 8151.5—2000。

# 锌精矿化学分析方法
# 第5部分：铅量的测定
# 火焰原子吸收光谱法

## 1 范围

GB/T 8151的本部分规定了锌精矿中铅含量的测定方法。

本部分适用于锌精矿中铅含量的测定。测定范围：0.50%～6.00%。

## 2 方法提要

试料用盐酸、硝酸溶解。在稀硝酸介质中，于原子吸收光谱仪波长283.3 nm处，以空气-乙炔火焰，测量铅的吸光度。

## 3 试剂

除非另有说明，在分析中仅使用确认为分析纯试剂和蒸馏水或去离子水或相当纯度的水。

3.1 盐酸（$\rho$1.19 g/mL）。

3.2 硝酸（$\rho$1.42 g/mL）。

3.3 硝酸（1+1）。

3.4 铅标准溶液：称取0.400 0 g金属铅（$w_{Pb}\geq$99.99%）于250 mL烧杯中，加20 mL硝酸（3.3）盖上表皿，加热至完全溶解，煮沸除去氮的氧化物，冷至室温。移入1 000 mL容量瓶中，用水稀释至刻度，混匀。此溶液1 mL含400 μg铅。

## 4 仪器

原子吸收光谱仪，附铅空心阴极灯。

在仪器工作条件下，凡能达到下列指标的原子吸收光谱仪均可使用：

——特征浓度：在与试料溶液基体相一致的溶液中，铅的特征浓度应不大于0.50 μg/mL；

——精密度：用最高浓度的标准溶液测量10次吸光度，其标准偏差应不超过其平均吸光度的1.50%；用最低浓度的标准溶液（不是“零”标准溶液）测量10次吸光度，其标准偏差应不超过最高浓度标准溶液平均吸光度的0.50%；

——工作曲线线性：将工作曲线按浓度等分成五段，最高段的吸光度差值与最低段的吸光度差值之比，应不小于0.90。

## 5 试样

5.1 样品应通过0.100 mm孔筛。

5.2 样品预先在105 ℃±5 ℃烘1 h，置于干燥器中冷至室温。

## 6 分析步骤

### 6.1 试料

称取 0.20 g 试样，精确至 0.000 1 g 。

### 6.2 测定次数

独立地进行 2 次测定，取其平均值。

### 6.3 空白试验

随同试料做空白试验。

### 6.4 测定

6.4.1 将试料(6.1)置于 200 mL 烧杯中，(如果样品中含有较高的二氧化硅，加入 1 g 氟化铵)，加 15 mL 盐酸(3.1)，低温煮沸 10 min，加 5 mL 硝酸(3.2)，蒸至近干，取下放冷，加入 25 mL 硝酸(3.3)，煮沸溶解盐类，取下冷至室温。将溶液移入 250 mL 容量瓶中，以水稀释至刻度，混匀。干过滤部分溶液。

6.4.2 当铅的质量分数大于 2.50%，分取 20.00 mL 试液于 100 mL 容量瓶中，加入 10 mL 硝酸(3.3)，用水稀释至刻度，混匀。

6.4.3 于原子吸收光谱仪波长 283.3 nm 处，用空气-乙炔火焰，以水调零，测量溶液吸光度，减去随同试料的空白溶液吸光度，从工作曲线上查出相应的铅浓度。

### 6.5 工作曲线的绘制

6.5.1 移取 0 mL、1.00 mL、2.00 mL、3.00 mL、4.00 mL、5.00 mL 铅标准溶液(3.4)分别于一组 100 mL容量瓶中，加入 10 mL 硝酸(3.3)，用水稀释至刻度，混匀。

6.5.2 使用空气-乙炔火焰，于原子吸收光谱仪波长 283.3 nm 处，以水调零，测量系列标准溶液吸光度，减去系列标准溶液中"零"浓度溶液的吸光度，以铅浓度为横坐标，吸光度为纵坐标，绘制工作曲线。

## 7 分析结果的计算

铅含量以铅的质量分数 $w_{Pb}$ 计，数值以%表示，按式(1)计算：

$$w_{Pb}=\frac{\rho \cdot V_0 \cdot V_2 \times 10^{-6}}{m \cdot V_1}\times 100 \quad \cdots\cdots(1)$$

式中：

$\rho$ ——自工作曲线上查得的铅浓度，单位为微克每毫升(μg/mL)；

$V_0$——试液的总体积，单位为毫升(mL)；

$V_1$——试液分取体积，单位为毫升(mL)；

$V_2$——试液定容体积，单位为毫升(mL)；

$m$ ——试料的质量，单位为克(g)。

计算结果表示到小数点后 2 位。

## 8 精密度

### 8.1 重复性

在重复性条件下获得的2次独立测试结果的测定值，在以下给出的平均值范围内，这2个测试结果的绝对差值不超过重复性限($r$)，超过重复性限($r$)的情况不超过5%，重复性限($r$)按表1数据采用线性内插法求得。

表1 重复性限

| $w_{Pb}$/% | 0.52 | 1.42 | 3.11 | 4.31 | 5.98 |
|---|---|---|---|---|---|
| $r$/% | 0.04 | 0.08 | 0.16 | 0.20 | 0.30 |

### 8.2 再现性

在再现性条件下获得的2次独立测试结果的绝对差值不大于再现性限($R$)，超过再现性限($R$)的情况不超过5%，再现性限($R$)按表2数据采用线性内插法求得。

表2 再现性限

| $w_{Pb}$/% | 0.52 | 1.42 | 3.11 | 4.31 | 5.98 |
|---|---|---|---|---|---|
| $R$/% | 0.06 | 0.14 | 0.24 | 0.30 | 0.35 |

## 9 试验报告

本章规定试验报告所包括的内容。至少应给出以下几个方面的内容：

——试样；

——本部分编号GB/T 8151.5—2012；

——使用的方法；

——分析结果及其表示；

——与基本分析步骤的差异；

——测定中观察到的异常现象；

——试验日期。

ICS 77.120.60
H 13

# 中华人民共和国国家标准

GB/T 8151.6—2012
代替 GB/T 8151.6—2000

# 锌精矿化学分析方法 第6部分:铜量的测定 火焰原子吸收光谱法

**Methods for chemical analysis of zinc concentrates—Part 6: Determination of copper content—The flame atomic absorption spectrometric method**

2012-12-31 发布　　2013-10-01 实施

中华人民共和国国家质量监督检验检疫总局
中国国家标准化管理委员会　发布

# 前　言

GB/T 8151《锌精矿化学分析方法》分为20个部分：

——第1部分：锌量的测定　沉淀分离 $Na_2EDTA$ 滴定法和萃取分离 $Na_2EDTA$ 滴定法；

——第2部分：硫量的测定　燃烧中和滴定法；

——第3部分：铁量的测定　$Na_2EDTA$ 滴定法；

——第4部分：二氧化硅量的测定　钼蓝分光光度法；

——第5部分：铅量的测定　火焰原子吸收光谱法；

——第6部分：铜量的测定　火焰原子吸收光谱法；

——第7部分：砷量的测定　氢化物发生-原子荧光光谱法和溴酸钾滴定法；

——第8部分：镉量的测定　火焰原子吸收光谱法；

——第9部分：氟量的测定　离子选择电极法；

——第10部分：锡量的测定　氢化物发生-原子荧光光谱法；

——第11部分：锑量的测定　氢化物发生-原子荧光光谱法；

——第12部分：银量的测定　火焰原子吸收光谱法；

——第13部分：锗量的测定　氢化物发生-原子荧光光谱法和苯芴酮分光光度法；

——第14部分：镍量的测定　火焰原子吸收光谱法；

——第15部分：汞量的测定　原子荧光光谱法；

——第16部分：钴量的测定　火焰原子吸收光谱法；

——第17部分：锌量的测定　氢氧化物沉淀-$Na_2EDTA$ 滴定法；

——第18部分：锌量的测定　离子交换-$Na_2EDTA$ 滴定法；

——第19部分：金和银量的测定　铅析或灰吹火试金和火焰原子吸收光谱法；

——第20部分：铜、铅、铁、砷、镉、锑、钙、镁量的测定　电感耦合等离子体原子发射光谱法。

本部分为GB/T 8151的第6部分。

本部分按照GB/T 1.1—2009给出的规则起草。

本部分为仲裁方法。

本部分代替GB/T 8151.6—2000《锌精矿化学分析方法　铜量的测定》。与GB/T 8151.6—2000相比，主要有如下变动：

——溶样酸由盐酸改为硝酸；

——对文本格式进行了修改；

——补充了精密度和试验报告。

本部分由全国有色金属标准化技术委员会(SAC/TC 243)归口。

本部分负责起草单位：中冶葫芦岛有色金属集团有限公司。

本部分起草单位：中冶葫芦岛有色金属集团有限公司。

本部分参加起草单位：大冶有色金属集团控股有限公司、中条山有色金属集团有限公司、巴彦淖尔紫金有色金属有限公司、昆明冶金研究院、河南豫光金铅股份有限公司、北京矿冶研究总院。

本部分主要起草人：王洪刚、贡海燕、邓飞、李晓瑜、李海琼、张光华、马丽君、李琼莉、万有岳、赵德平、施宏娟、李莉君、赵敏、汤淑芳、刘春峰。

本部分所代替标准的历次版本发布情况为：

——GB/T 8151.6—1987、GB/T 8151.6—2000。

# 锌精矿化学分析方法
# 第 6 部分：铜量的测定
# 火焰原子吸收光谱法

## 1 范围

GB/T 8151 的本部分规定了锌精矿中铜量的测定方法。

本部分适用于锌精矿中铜量的测定。测定范围：0.50%～3.00%。

## 2 方法提要

试料用盐酸、硝酸和氟化铵溶解。在稀硝酸介质中，于原子吸收光谱仪波长 324.7 nm 处，以空气-乙炔火焰，测量铜的吸光度。

## 3 试剂

除非另有说明，在分析中仅使用确认为分析纯试剂和蒸馏水或去离子水或相当纯度的水。

3.1 盐酸（ρ1.19 g/mL）。

3.2 硝酸（ρ1.42 g/mL）。

3.3 硝酸（1+1）。

3.4 氟化铵饱和溶液，贮存于塑料瓶中。

3.5 铜标准贮存溶液：称取 1.000 0 g 金属铜（$w_{Cu} \geq 99.99\%$）于 250 mL 烧杯中，加 20 mL 硝酸（3.3），盖上表皿，加热至完全溶解，冷却至室温。移入 1 000 mL 容量瓶中，用水稀释至刻度，混匀。此溶液 1 mL 含 1 mg 铜。

3.6 铜标准溶液：移取 10.00 mL 铜标准贮存溶液（3.5）于 100 mL 容量瓶中，加入 10 mL 硝酸（3.3），用水稀释至刻度，混匀。此溶液 1 mL 含 100 μg 铜。

## 4 仪器

原子吸收光谱仪，附铜空心阴极灯。

在仪器工作条件下，凡能达到下列指标的原子吸收光谱仪均可使用：

——特征浓度：在与试料溶液基体相一致的溶液中，铜的特征浓度应不大于 0.15 μg/mL；

——精密度：用最高浓度的标准溶液测量 10 次吸光度，其标准偏差应不超过其平均吸光度的 1.50%。用最低浓度的标准溶液（不是“零”标准溶液）测量 10 次吸光度，其标准偏差应不超过最高浓度标准溶液平均吸光度的 0.50%；

——工作曲线线性：将工作曲线按浓度等分成五段，最高段的吸光度差值与最低段的吸光度差值之比应不低于 0.90。

## 5 试样

5.1 样品应通过 0.100 mm 孔筛。

5.2 样品预先在105 ℃±5 ℃烘1 h，置于干燥器中冷至室温。

## 6 分析步骤

### 6.1 试料

称取0.10 g试样，精确至0.000 1 g。

### 6.2 测定次数

独立地进行2次测定，取其平均值。

### 6.3 空白试验

随同试料做空白试验。

### 6.4 测定

6.4.1 将试料(6.1)置于200 mL烧杯中，加5滴～10滴氟化铵溶液(3.4)，混匀，加15 mL盐酸(3.1)，低温煮沸10 min，加5 mL硝酸(3.2)，蒸至近干，取下放冷，加入20 mL硝酸(3.3)，煮沸溶解盐类，取下冷至室温，将溶液移入200 mL容量瓶中，用水稀释至刻度，混匀。干过滤部分溶液。

6.4.2 当铜的质量分数大于1.00%，分取20.00 mL试液于100 mL容量瓶中，加入10 mL硝酸(3.3)，用水稀释至刻度，混匀。

6.4.3 于原子吸收光谱仪波长324.7 nm处，用空气-乙炔火焰，以水调零，测量溶液吸光度，减去随同试料的空白溶液吸光度，从工作曲线上查出相应的铜浓度。

### 6.5 工作曲线的绘制

6.5.1 移取0 mL、1.00 mL、2.00 mL、3.00 mL、4.00 mL、5.00 mL铜标准溶液(3.6)分别于一组100 mL容量瓶中，加入10 mL硝酸(3.3)，用水稀释至刻度，混匀。

6.5.2 使用空气-乙炔火焰，于原子吸收光谱仪波长324.7 nm处，以水调零，测量系列标准溶液吸光度，减去系列标准溶液中“零”浓度溶液的吸光度，以铜浓度为横坐标，吸光度为纵坐标，绘制工作曲线。

## 7 分析结果的计算

铜含量以铜的质量分数$w_{Cu}$计，数值以%表示，按式(1)计算：

$$w_{Cu}=\frac{\rho \cdot V_0 \cdot V_2 \times 10^{-6}}{m \cdot V_1}\times 100 \qquad \cdots\cdots(1)$$

式中：

$\rho$ ——自工作曲线上查得的铜浓度，单位为微克每毫升(μg/mL)；

$V_0$——试液的总体积，单位为毫升(mL)；

$V_1$——试液分取体积，单位为毫升(mL)；

$V_2$——试液测定体积，单位为毫升(mL)；

$m$ ——试料的质量，单位为克(g)。

计算结果表示到小数点后2位。

# 8 精密度

## 8.1 重复性

在重复性条件下获得的2次独立测试结果的测定值，在以下给出的平均值范围内，这2个测试结果的绝对差值不超过重复性限($r$)，超过重复性限($r$)的情况不超过5%，重复性限($r$)按表1数据采用线性内插法求得。

表1 重复性限

| $w_{Cu}$/% | 0.33 | 0.76 | 1.30 | 1.95 | 3.06 |
|---|---|---|---|---|---|
| $r$/% | 0.02 | 0.05 | 0.06 | 0.09 | 0.12 |

## 8.2 再现性

在再现性条件下获得的2次独立测试结果的绝对差值不大于再现性限($R$)，超过再现性限($R$)的情况不超过5%，再现性限($R$)按表2数据采用线性内插法求得。

表2 再现性限

| $w_{Cu}$/% | 0.33 | 0.76 | 1.30 | 1.95 | 3.06 |
|---|---|---|---|---|---|
| $R$/% | 0.04 | 0.08 | 0.11 | 0.14 | 0.20 |

# 9 试验报告

本章规定试验报告所包括的内容。至少应给出以下几个方面的内容：

——试样；

——本部分编号 GB/T 8151.6—2012；

——分析结果及其表示；

——与基本分析步骤的差异；

——测定中观察到的异常现象；

——试验日期。

ICS 77.120.60
H 13

# 中华人民共和国国家标准

GB/T 8151.7—2012
代替 GB/T 8151.7—2000

# 锌精矿化学分析方法 第7部分:砷量的测定 氢化物发生-原子荧光光谱法和溴酸钾滴定法

**Methods for chemical analysis of zinc concentrates—
Part 7: Determination of arsenic content—
Hydride generation-atomic fluorescence spectrometry and the
potassium bromate titrimetric method**

2012-12-31 发布 2013-10-01 实施

中华人民共和国国家质量监督检验检疫总局
中国国家标准化管理委员会 发布

# 前　言

GB/T 8151《锌精矿化学分析方法》分为20个部分：

——第1部分：锌量的测定　沉淀分离 $Na_2EDTA$ 滴定法和萃取分离 $Na_2EDTA$ 滴定法；

——第2部分：硫量的测定　燃烧中和滴定法；

——第3部分：铁量的测定　$Na_2EDTA$ 滴定法；

——第4部分：二氧化硅量的测定　钼蓝分光光度法；

——第5部分：铅量的测定　火焰原子吸收光谱法；

——第6部分：铜量的测定　火焰原子吸收光谱法；

——第7部分：砷量的测定　氢化物发生-原子荧光光谱法和溴酸钾滴定法；

——第8部分：镉量的测定　火焰原子吸收光谱法；

——第9部分：氟量的测定　离子选择电极法；

——第10部分：锡量的测定　氢化物发生-原子荧光光谱法；

——第11部分：锑量的测定　氢化物发生-原子荧光光谱法；

——第12部分：银量的测定　火焰原子吸收光谱法；

——第13部分：锗量的测定　氢化物发生-原子荧光光谱法和苯芴酮分光光度法；

——第14部分：镍量的测定　火焰原子吸收光谱法；

——第15部分：汞量的测定　原子荧光光谱法；

——第16部分：钴量的测定　火焰原子吸收光谱法；

——第17部分：锌量的测定　氢氧化物沉淀-$Na_2EDTA$ 滴定法；

——第18部分：锌量的测定　离子交换-$Na_2EDTA$ 滴定法；

——第19部分：金和银量的测定　铅析或灰吹火试金和火焰原子吸收光谱法；

——第20部分：铜、铅、铁、砷、镉、锑、钙、镁量的测定　电感耦合等离子体原子发射光谱法。

本部分为GB/T 8151的第7部分。

本部分按照GB/T 1.1—2009给出的规则起草。

本部分方法1为氢化物发生-原子荧光光谱法；方法2为溴酸钾滴定法。测定范围交叉部分，以方法1作为仲裁方法。

本部分代替GB/T 8151.7—2000《锌精矿化学分析方法　砷量的测定》。与GB/T 8151.7—2000相比，主要有如下变动：

——对文本格式进行了修改；

——补充了精密度和试验报告。

本部分由全国有色金属标准化技术委员会(SAC/TC 243)归口。

本部分负责起草单位：中冶葫芦岛有色金属集团有限公司。

本部分方法1起草单位：中冶葫芦岛有色金属集团有限公司。

本部分方法2起草单位：北京矿冶研究总院。

本部分方法1参加起草单位：巴彦淖尔紫金有色金属有限公司、河南豫光金铅股份有限公司、北京矿冶研究总院、中华人民共和国辽宁出入境检验检疫局。

本部分方法2参加起草单位：中冶葫芦岛有色金属集团有限公司、中条山有色金属集团有限公司、昆明冶金研究院、大冶有色金属集团控股有限公司。

本部分方法 1 主要起草人：李合庆、李杰、赵红艳、李琼莉、余伟、王芳、张亚兵、马丽、张威、李岩、董秀文。

本部分方法 2 主要起草人：陈殿耿、王皓莹、曹艳、赵红艳、张光华、常冀湘、刘英波、王建琴、潘晓玲、李玉琴。

本部分所代替标准的历次版本发布情况为：

——GB/T 8151.7—1987、GB/T 8151.7—2000。

# 锌精矿化学分析方法 第7部分：砷量的测定 氢化物发生-原子荧光光谱法和溴酸钾滴定法

## 1 范围

GB/T 8151的本部分规定了锌精矿中砷量的测定方法。

本部分适用于锌精矿中砷量的测定。方法1测定范围：0.005 0%～0.80%；方法2测定范围：0.10%～2.00%。

## 2 方法1 氢化物发生-原子荧光光谱法

### 2.1 方法提要

试料以硝酸、硫酸溶解。在10%盐酸介质中，用硫脲-抗坏血酸将砷预还原，同时也掩蔽铜、铁、银等杂质元素，在氢化物发生器中，砷被硼氢化钾还原为氢化物，用氩气导入石英炉原子化器中，于原子荧光光谱仪上测量其荧光强度。

### 2.2 试剂

除非另有说明，在分析中仅使用确认为分析纯试剂和蒸馏水或去离子水或相当纯度的水。

2.2.1 氯酸钾。

2.2.2 盐酸($\rho$1.19 g/mL)。

2.2.3 硝酸($\rho$1.42 g/mL)。

2.2.4 硫酸(1+1)。

2.2.5 硫酸(1+4)。

2.2.6 盐酸(1+9)。

2.2.7 氢氧化钾(5 g/L)。

2.2.8 氢氧化钾(100 g/L)。

2.2.9 硫脲-抗坏血酸溶液(50 g/L)，当天配制。

2.2.10 硼氢化钾溶液(20 g/L)：称取10.0 g硼氢化钾溶解于500 mL氢氧化钾溶液(2.2.7)中，当天配制。

2.2.11 砷标准贮存溶液：称取0.132 0 g已于硫酸干燥器中干燥过的三氧化二砷($w_{As_2O_3}\geqslant$99.99%)于300 mL烧杯中，加20 mL氢氧化钾(2.2.8)，加热溶解，加5 mL硫酸(2.2.4)，以硫酸(2.2.5)稀释至1 000 mL。此溶液1 mL含100 $\mu$g砷。

2.2.12 砷标准溶液：移取5.00 mL砷标准贮存溶液(2.2.11)于500 mL容量瓶中，加入75 mL盐酸(2.2.2)，用水稀释至刻度，混匀。此溶液1 mL含1 $\mu$g砷。

### 2.3 仪器

原子荧光光谱仪，附砷特制高强度空心阴极灯。

在仪器最佳工作条件下，凡能达到下列指标的原子荧光光谱仪均可使用：

——检出限：不大于 1 ng/mL；

——精密度：最高浓度标准溶液荧光强度及“零”浓度溶液荧光强度相对于最高浓度标准溶液荧光强度平均值的变异系数应分别不大于 5.0%和 1.0%；

——工作曲线线性：将工作曲线按浓度等分成五段，最高段的荧光强度差值与最低段的荧光强度差值之比，应不小于 0.90。

## 2.4 试样

2.4.1 样品应通过 0.100 mm 孔筛。

2.4.2 样品预先在 105 ℃±5 ℃烘 1 h，置于干燥器中冷至室温。

## 2.5 分析步骤

### 2.5.1 试料

按表 1 称取试样，精确至 0.000 1 g。

**表 1 试料质量、试液总体积、分取体积、测定体积、补加盐酸体积和补加硫脲-抗坏血酸溶液体积**

| 砷质量分数<br>% | 试料质量<br>g | 试液总体积<br>mL | 分取试液体积<br>mL | 测定溶液体积<br>mL | 补加盐酸体积<br>mL | 补加硫脲-抗坏血酸溶液体积<br>mL |
|---|---|---|---|---|---|---|
| 0.005 0～0.050 | 0.20 | 100 | 10.00 | 100 | 10 | 10 |
| >0.050～0.20 | 0.20 | 200 | 10.00 | 200 | 20 | 20 |
| >0.20～0.50 | 0.10 | 200 | 10.00 | 250 | 25 | 25 |
| >0.50～0.80 | 0.10 | 200 | 5.00 | 250 | 25 | 25 |

### 2.5.2 测定次数

独立地进行 2 次测定，取其平均值。

### 2.5.3 空白试验

随同试料做空白试验。

### 2.5.4 测定

2.5.4.1 将试料(2.5.1)置于 300 mL 的烧杯中，加少量水润湿，加入 10 mL 硝酸，低温加热溶解，稍冷后，加入 5 mL 硫酸(2.2.4)，少量氯酸钾(2.2.1)，加热至冒硫酸烟，取下冷却后，加 20 mL 硫酸(2.2.5)，加热溶解盐类，冷却后，按表 1 移入容量瓶中，用水稀释至刻度，混匀。

2.5.4.2 按表 1 分取试液，并按测定溶液体积补加盐酸(2.2.2)、硫脲-抗坏血酸溶液(2.2.9)，用水稀释至刻度，混匀，放置 30 min。

2.5.4.3 在原子荧光光谱仪上，以盐酸(2.2.6)为载流，硼氢化钾溶液(2.2.10)为还原剂，随同试料的空白溶液为参比，测量其荧光强度。从工作曲线上查得相应的砷浓度。

### 2.5.5 工作曲线的绘制

2.5.5.1 移取 0 mL、1.00 mL、2.00 mL、4.00 mL、6.00 mL、8.00 mL、10.00 mL 砷标准溶液

(2.2.12)分别于一组 100 mL 的容量瓶中，加入 10 mL 盐酸(2.2.2)、10 mL 硫脲-抗坏血酸溶液(2.2.9)，用水稀释至刻度，混匀。

2.5.5.2 在与测定试料溶液相同的条件下，以盐酸(2.2.6)为载流，硼氢化钾溶液(2.2.10)为还原剂，试剂空白为参比，测量系列标准溶液的荧光强度。以砷浓度为横坐标，荧光强度为纵坐标，绘制工作曲线。

## 2.6 分析结果的计算

砷含量以砷的质量分数 $w_{As}$ 计，数值以%表示，按式(1)计算：

$$w_{As}=\frac{\rho \cdot V_0 \cdot V_2 \times 10^{-9}}{m_1 \cdot V_1}\times 100 \qquad \cdots\cdots(1)$$

式中：

$\rho$ ——自工作曲线上查得的砷浓度，单位为纳克每毫升(ng/mL)；

$V_0$——试液总体积，单位为毫升(mL)；

$V_1$——分取试液体积，单位为毫升(mL)；

$V_2$——测定溶液体积，单位为毫升(mL)；

$m_1$——试料的质量，单位为克(g)。

计算结果保留 2 位有效数字。

## 2.7 精密度

### 2.7.1 重复性

在重复性条件下获得的 2 次独立测试结果的测定值，在以下给出的平均值范围内，这 2 个测试结果的绝对差值不超过重复性限($r$)，超过重复性限($r$)的情况不超过 5%，重复性限($r$)按表 2 数据采用线性内插法求得。

**表 2 重复性限**

| $w_{As}$/% | 0.006 4 | 0.043 | 0.15 | 0.43 | 0.84 |
|---|---|---|---|---|---|
| $r$/% | 0.001 1 | 0.006 | 0.02 | 0.05 | 0.06 |

### 2.7.2 再现性

在再现性条件下获得的 2 次独立测试结果的绝对差值不大于再现性限($R$)，超过再现性限($R$)的情况不超过 5%，再现性限($R$)按表 3 数据采用线性内插法求得。

**表 3 再现性限**

| $w_{As}$/% | 0.006 4 | 0.043 | 0.15 | 0.43 | 0.84 |
|---|---|---|---|---|---|
| $R$/% | 0.001 2 | 0.009 | 0.03 | 0.09 | 0.12 |

## 2.8 试验报告

本条规定试验报告所包括的内容。至少应给出以下几个方面的内容：

——试样；

——本部分编号 GB/T 8151.7—2012；

——使用方法 1；
——分析结果及其表示；
——与基本分析步骤的差异；
——测定中观察到的异常现象；
——试验日期。

## 3 方法 2 溴酸钾滴定法

### 3.1 方法提要

试料用硝酸、氯酸钾溶解。在盐酸(1+1)溶液中，以溴化钾为催化剂，用硫酸肼将五价砷还原为三价砷。利用三氯化砷易挥发的特性，借蒸馏与其他元素分离。三氯化砷用水吸收，以甲基橙作指示剂，用溴酸钾标准滴定溶液滴定，测定砷量。

### 3.2 试剂

除非另有说明，在分析中仅使用确认为分析纯的试剂和蒸馏水或去离子水或相当纯度的水。

3.2.1 盐酸($\rho$1.19 g/mL)。

3.2.2 硝酸($\rho$1.42 g/mL)。

3.2.3 盐酸(1+1)。

3.2.4 硫酸(1+1)。

3.2.5 氢氧化钠溶液(20 g/L)。

3.2.6 砷标准溶液：称取 0.264 1g 已于硫酸干燥器中干燥过的三氧化二砷($w_{As_2O_3}\geqslant 99.99\%$)于 200 mL 烧杯中，加入 20 mL 氢氧化钠溶液(3.2.5)，低温加热至完全溶解，加 20 mL 水、2 滴酚酞指示剂(3.2.8)，用盐酸(3.2.3)中和至红色刚褪并过量 2 滴，移入 1 000 mL 容量瓶中，用水稀释至刻度，混匀。此溶液 1 mL 含 200 $\mu$g 砷。

#### 3.2.7 溴酸钾标准滴定溶液

3.2.7.1 配制：称取 0.278 4 g 溴酸钾、1.4 g 溴化钾置于 200 mL 烧杯中，加入少量水，加热溶解，冷至室温，移入 2 000 mL 容量瓶中，用水稀释至刻度，混匀。

3.2.7.2 标定：移取 3 份 10.00 mL 砷标准溶液(3.2.6)，分别置于 250 mL 三角烧瓶中，用水稀释至 100 mL，加入 15 mL 盐酸(3.2.1)，加热至 40 ℃～50 ℃，加入 1 滴甲基橙指示剂(3.2.9)，用溴酸钾标准滴定溶液(3.2.7)滴定至红色刚消失为终点。

随同标定做空白试验。

按式(2)计算溴酸钾标准滴定溶液的浓度：

$$c=\frac{\rho_1 \cdot V_5 \times 10^{-6}}{(V_4-V_3)\times 3\times 74.92} \quad \cdots\cdots (2)$$

式中：

$c$ ——溴酸钾标准滴定溶液的浓度，单位为摩尔每毫升(mol/mL)；

$\rho_1$ ——砷标准溶液的质量浓度，单位为微克每毫升($\mu$g/mL)；

$V_5$ ——加入砷标准溶液的体积，单位为毫升(mL)；

$V_4$ ——标定时消耗溴酸钾标准滴定溶液体积，单位为毫升(mL)；

$V_3$ ——空白所消耗溴酸钾标准滴定溶液体积，单位为毫升(mL)；

74.92——砷的摩尔质量，单位为克每摩尔(g/mol)。

平行标定3份，结果保留4位有效数字，其极差值不大于$5\times10^{-9}$ mol/mL时，取其平均值。否则重新标定。

3.2.8 酚酞指示剂(1 g/L，乙醇溶液)。

3.2.9 甲基橙指示剂(1 g/L)。

## 3.3 仪器

砷蒸馏装置见图1。

单位为毫米

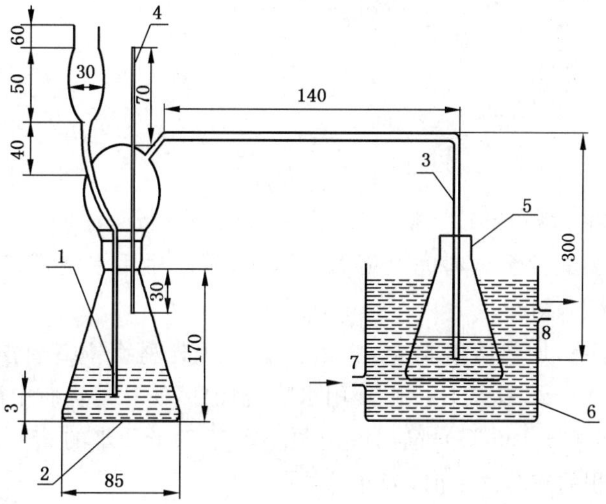


说明：

1——安全管(内径3 mm)；

2——30 mL标准磨口三角烧瓶(瓶口内径29 mm)；

3——蒸馏导管(内径6 mm)；

4——温度计套管(内径8 mm)；

5——250 mL吸收瓶；

6——冷却水槽；

7——冷却水槽进水管；

8——冷却水槽出水管。

**图1 砷蒸馏装置示意图**

## 3.4 试样

3.4.1 样品应通过0.100 mm孔筛。

3.4.2 样品预先在105 ℃±5 ℃烘1 h，置于干燥器中冷至室温。

## 3.5 分析步骤

### 3.5.1 试料

按表4称取试料，精确至0.000 1 g。

表 4 试料质量

| 砷质量分数/% | 试料质量/g |
| --- | --- |
| 0.10～1.00 | 0.50 |
| ＞1.00～2.00 | 0.20 |

3.5.2 测定次数

独立地进行 2 次测定，取其平均值。

3.5.3 空白试验

随同试料做空白试验。

3.5.4 测定

3.5.4.1 将试料(3.5.1)置于 150 mL 烧杯中，加入 10 mL～15 mL 硝酸(3.2.2)，低温加热 5 min，稍冷，分次加入 0.5 g～2 g 氯酸钾至试料完全溶解。取下，稍冷后用水洗表皿及杯壁，加入 5 mL 硫酸(3.2.4)，加热至冒浓烟，取下，稍冷。

3.5.4.2 用少量水吹洗杯壁，加热溶解盐类，将溶液移入预先盛有 0.3 g 溴化钾及 0.3 g 硫酸肼的 300 mL 三角烧瓶中，加入 40 mL 盐酸(3.2.1)，用水吹洗烧杯，使三角烧瓶中溶液总体积为 80 mL。连接蒸馏装置，加热蒸馏(108 ℃～109 ℃)，馏出液用预先盛有 50 mL 水的 250 mL 吸收瓶吸收。待蒸馏至残留液的体积约为原体积的三分之一时，停止蒸馏。

3.5.4.3 取下蒸馏瓶，用水吹洗蒸馏导管的内外壁。将吸收液加热至 40 ℃～50 ℃，加入 1 滴甲基橙指示剂(3.2.9)，用溴酸钾标准滴定溶液(3.2.7)滴定至红色消失为终点。

3.6 分析结果的计算

砷含量以砷的质量分数 $w_{As}$ 计，数值以%表示，按式(3)计算：

$$w_{As}=\frac{c\times(V_7-V_6)\times3\times74.92}{m_2}\times100 \qquad (3)$$

式中：

$c$ ——溴酸钾标准滴定溶液的浓度，单位为摩尔每毫升(mol/mL)；

$V_7$ ——试液消耗溴酸钾标准滴定溶液的体积，单位为毫升(mL)；

$V_6$ ——空白试验所消耗溴酸钾标准滴定溶液的体积，单位为毫升(mL)；

$m_2$ ——试料的质量，单位为克(g)；

74.92——砷的摩尔质量，单位为克每摩尔(g/mol)。

计算结果表示到小数点后 2 位。

3.7 精密度

3.7.1 重复性

在重复性条件下获得的 2 次独立测试结果的测定值，在以下给出的平均值范围内，这 2 个测试结果的绝对差值不超过重复性限($r$)，超过重复性限($r$)的情况不超过 5%，重复性限($r$)按表 5 数据采用线性内插法求得。

表 5 重复性限

| $w_{As}$/% | 0.09 | 0.42 | 0.85 | 1.29 | 2.19 |
|---|---|---|---|---|---|
| $r$/% | 0.02 | 0.04 | 0.05 | 0.09 | 0.12 |

### 3.7.2 再现性

在再现性条件下获得的 2 次独立测试结果的绝对差值不大于再现性限($R$),超过再现性限($R$)的情况不超过 5%,再现性限($R$)按表 6 数据采用线性内插法求得。

表 6 再现性限

| $w_{As}$/% | 0.09 | 0.42 | 0.85 | 1.29 | 2.19 |
|---|---|---|---|---|---|
| $R$/% | 0.03 | 0.07 | 0.11 | 0.20 | 0.24 |

## 3.8 试验报告

本条规定试验报告所包括的内容。至少应给出以下几个方面的内容:

——试样;

——本部分编号 GB/T 8151.7—2012;

——使用方法 2;

——分析结果及其表示;

——与基本分析步骤的差异;

——测定中观察到的异常现象;

——试验日期。

ICS 77.120.60
H 13

# 中华人民共和国国家标准

GB/T 8151.8—2012
代替 GB/T 8151.8—2000

# 锌精矿化学分析方法 第8部分：镉量的测定 火焰原子吸收光谱法

Methods for chemical analysis of zinc concentrates—
Part 8: Determination of cadmium content—
The flame atomic absorption spectrometric method

2012-12-31 发布　　　　2013-10-01 实施

中华人民共和国国家质量监督检验检疫总局
中国国家标准化管理委员会　发布

# 前　言

GB/T 8151《锌精矿化学分析方法》分为20个部分：

——第1部分：锌量的测定　沉淀分离 $Na_2EDTA$ 滴定法和萃取分离 $Na_2EDTA$ 滴定法；

——第2部分：硫量的测定　燃烧中和滴定法；

——第3部分：铁量的测定　$Na_2EDTA$ 滴定法；

——第4部分：二氧化硅量的测定　钼蓝分光光度法；

——第5部分：铅量的测定　火焰原子吸收光谱法；

——第6部分：铜量的测定　火焰原子吸收光谱法；

——第7部分：砷量的测定　氢化物发生-原子荧光光谱法和溴酸钾滴定法；

——第8部分：镉量的测定　火焰原子吸收光谱法；

——第9部分：氟量的测定　离子选择电极法；

——第10部分：锡量的测定　氢化物发生-原子荧光光谱法；

——第11部分：锑量的测定　氢化物发生-原子荧光光谱法；

——第12部分：银量的测定　火焰原子吸收光谱法；

——第13部分：锗量的测定　氢化物发生-原子荧光光谱法和苯芴酮分光光度法；

——第14部分：镍量的测定　火焰原子吸收光谱法；

——第15部分：汞量的测定　原子荧光光谱法；

——第16部分：钴量的测定　火焰原子吸收光谱法；

——第17部分：锌量的测定　氢氧化物沉淀-$Na_2EDTA$ 滴定法；

——第18部分：锌量的测定　离子交换-$Na_2EDTA$ 滴定法；

——第19部分：金和银量的测定　铅析或灰吹火试金和火焰原子吸收光谱法；

——第20部分：铜、铅、铁、砷、镉、锑、钙、镁量的测定　电感耦合等离子体原子发射光谱法。

本部分为GB/T 8151的第8部分。

本部分按照GB/T 1.1—2009给出的规则起草。

本部分为仲裁方法。

本部分代替GB/T 8151.8—2000《锌精矿化学分析方法　镉量的测定》。与GB/T 8151.8—2000相比，主要有如下变动：

——溶样酸由盐酸改为硝酸；

——对文本格式进行了修改；

——补充了精密度和试验报告。

本部分由全国有色金属标准化技术委员会(SAC/TC 243)归口。

本部分负责起草单位：中冶葫芦岛有色金属集团有限公司。

本部分起草单位：中冶葫芦岛有色金属集团有限公司。

本部分参加起草单位：湖南水口山有色金属集团有限公司、巴彦淖尔紫金有色金属有限公司、昆明冶金研究院、河南豫光金铅股份有限公司、北京矿冶研究总院。

本部分主要起草人：池凤华、李遵义、康志强、谭谦、房定、万有岳、余伟、李菁菁、程婧娴、许艳、邱培辉、汤淑芳、刘春峰。

本部分所代替标准的历次版本发布情况为：

——GB/T 8151.8—1987；GB/T 8151.8—2000。

# 锌精矿化学分析方法 第8部分:镉量的测定 火焰原子吸收光谱法

## 1 范围

GB/T 8151 的本部分规定了锌精矿中镉量的测定方法。

本部分适用于锌精矿中镉量的测定。测定范围:0.10%~2.00%。

## 2 方法提要

试料用盐酸、硝酸溶解。在稀硝酸介质中,于原子吸收光谱仪波长 228.8 nm 处,以空气-乙炔火焰,测量镉的吸光度。

## 3 试剂

除非另有说明,在分析中仅使用确认为分析纯试剂和蒸馏水或去离子水或相当纯度的水。

3.1 盐酸(ρ1.19 g/mL)。

3.2 硝酸(ρ1.42 g/mL)。

3.3 硝酸(1+1)。

3.4 镉标准贮存溶液:称取 1.000 0 g 金属镉($w_{Cd}\geqslant$99.995%)于 250 mL 烧杯中,加入 20 mL 硝酸(3.3),盖上表皿,加热至完全溶解,冷至室温。移入 1 000 mL 容量瓶中,用水稀释至刻度,混匀。此溶液 1 mL 含 1 mg 镉。

3.5 镉标准溶液:移取 5.00 mL 镉标准贮存溶液(3.4)于 250 mL 容量瓶中,加入 25 mL 硝酸(3.3),用水稀释至刻度,混匀。此溶液 1 mL 含 20 μg 镉。

## 4 仪器

原子吸收光谱仪,附镉空心阴极灯。

在仪器工作条件下,凡能达到下列指标的原子吸收光谱仪均可使用:

——特征浓度:在与试料溶液基体相一致的溶液中,镉的特征浓度应不大于 0.03 μg/mL;

——精密度:用最高浓度的标准溶液测量 10 次吸光度,其标准偏差应不超过其平均吸光度的 1.50%;用最低浓度的标准溶液(不是“零”标准溶液)测量 10 次吸光度,其标准偏差应不超过最高浓度标准溶液平均吸光度的 0.50%;

——工作曲线线性:将工作曲线按浓度等分成五段,最高段的吸光度差值与最低段的吸光度差值之比,应不小于 0.90。

## 5 试样

5.1 样品应通过 0.100 mm 孔筛。

5.2 样品预先在105 ℃±5 ℃烘1 h，置于干燥器中冷至室温。

## 6 分析步骤

### 6.1 试料

按表1称取试样，精确至0.000 1 g。

**表1 试料质量、加入硝酸量和试液总体积**

| 镉质量分数/% | 试料质量/g | 加入硝酸体积/mL | 试液总体积/mL |
|---|---|---|---|
| 0.10～0.50 | 0.20 | 10 | 100 |
| ＞0.50～2.00 | 0.10 | 20 | 200 |

### 6.2 测定次数

独立地进行2次测定，取其平均值。

### 6.3 空白试验

随同试料做空白试验。

### 6.4 测定

6.4.1 将试料(6.1)置于200 mL烧杯中，(如果样品中含有较高的二氧化硅，加入1 g氟化铵)，加15 mL盐酸(3.1)，低温煮沸10 min，加5 mL硝酸(3.2)蒸至近干，取下放冷，按表1要求加入硝酸(3.3)，煮沸溶解盐类，取下冷至室温。将溶液按表1要求移入容量瓶中，以水稀释至刻度，混匀。

6.4.2 分取试液10.00 mL于100 mL容量瓶中，加入硝酸(3.3)，以水稀释至刻度，混匀。

6.4.3 于原子吸收光谱仪波长228.8 nm处，用空气-乙炔火焰，以水调零，测量溶液吸光度，减去随同试料空白溶液吸光度，从工作曲线上查出相应的镉浓度。

### 6.5 工作曲线的绘制

6.5.1 移取0 mL、1.00 mL、2.00 mL、3.00 mL、4.00 mL、5.00 mL镉标准溶液(3.5)，于一组100 mL容量瓶中，加入10 mL硝酸(3.3)，用水稀释至刻度，混匀。

6.5.2 使用空气-乙炔火焰，于原子吸收光谱仪波长228.8 nm处，以水调零，测量系列标准溶液吸光度，减去系列标准溶液中"零"浓度溶液的吸光度，以镉浓度为横坐标，吸光度为纵坐标，绘制工作曲线。

## 7 分析结果的计算

镉含量以镉的质量分数 $w_{Cd}$ 计，数值以%表示，按式(1)计算：

$$w_{Cd}=\frac{\rho\cdot V_0\cdot V_2\times 10^{-6}}{m\cdot V_1}\times 100 \qquad \cdots\cdots(1)$$

式中：

$\rho$ ——自工作曲线上查得的镉浓度，单位为微克每毫升(μg/mL)；

$V_0$——试液的总体积，单位为毫升(mL)；

$V_1$——试液分取体积，单位为毫升(mL)；

$V_2$——试液定容体积,单位为毫升(mL);

$m$ ——试料的质量,单位为克(g)。

计算结果表示到小数点后2位。

## 8 精密度

### 8.1 重复性

在重复性条件下获得的2次独立测试结果的测定值,在以下给出的平均值范围内,这2个测试结果的绝对差值不超过重复性限($r$),超过重复性限($r$)的情况不超过5%,重复性限($r$)按表2数据采用线性内插法求得。

表2 重复性限

| $w_{Cd}$/% | 0.060 | 0.15 | 0.50 | 1.18 | 2.30 |
|---|---|---|---|---|---|
| $r$/% | 0.004 | 0.02 | 0.03 | 0.05 | 0.07 |

### 8.2 再现性

在再现性条件下获得的2次独立测试结果的绝对差值不大于再现性限($R$),超过再现性限($R$)的情况不超过5%,再现性限($R$)按表3数据采用线性内插法求得。

表3 再现性限

| $w_{Cd}$/% | 0.060 | 0.15 | 0.50 | 1.18 | 2.30 |
|---|---|---|---|---|---|
| $R$/% | 0.006 | 0.03 | 0.06 | 0.09 | 0.12 |

## 9 试验报告

本章规定试验报告所包括的内容。至少应给出以下几个方面的内容:

——试样;

——本部分编号GB/T 8151.8—2012;

——分析结果及其表示;

——与基本分析步骤的差异;

——测定中观察到的异常现象;

——试验日期。

ICS 77.120.60
H 13

# 中华人民共和国国家标准

GB/T 8151.9—2012
代替 GB/T 8151.9—2000

# 锌精矿化学分析方法 第9部分:氟量的测定 离子选择电极法

Methods for chemical analysis of zinc concentrates—
Part 9:Determination of fluorine content—
The ion selective electrode method

2012-12-31 发布　　2013-10-01 实施

中华人民共和国国家质量监督检验检疫总局
中国国家标准化管理委员会 发布

# 前　　言

GB/T 8151《锌精矿化学分析方法》分为20个部分：
——第1部分：锌量的测定　沉淀分离 $Na_2EDTA$ 滴定法和萃取分离 $Na_2EDTA$ 滴定法；
——第2部分：硫量的测定　燃烧中和滴定法；
——第3部分：铁量的测定　$Na_2EDTA$ 滴定法；
——第4部分：二氧化硅量的测定　钼蓝分光光度法；
——第5部分：铅量的测定　火焰原子吸收光谱法；
——第6部分：铜量的测定　火焰原子吸收光谱法；
——第7部分：砷量的测定　氢化物发生-原子荧光光谱法和溴酸钾滴定法；
——第8部分：镉量的测定　火焰原子吸收光谱法；
——第9部分：氟量的测定　离子选择电极法；
——第10部分：锡量的测定　氢化物发生-原子荧光光谱法；
——第11部分：锑量的测定　氢化物发生-原子荧光光谱法；
——第12部分：银量的测定　火焰原子吸收光谱法；
——第13部分：锗量的测定　氢化物发生-原子荧光光谱法和苯芴酮分光光度法；
——第14部分：镍量的测定　火焰原子吸收光谱法；
——第15部分：汞量的测定　原子荧光光谱法；
——第16部分：钴量的测定　火焰原子吸收光谱法；
——第17部分：锌量的测定　氢氧化物沉淀-$Na_2$ EDTA滴定法；
——第18部分：锌量的测定　离子交换-$Na_2$ EDTA滴定法；
——第19部分：金和银量的测定　铅析或灰吹火试金和火焰原子吸收光谱法；
——第20部分：铜、铅、铁、砷、镉、锑、钙、镁量的测定　电感耦合等离子体原子发射光谱法。

本部分为GB/T 8151的第9部分。

本部分按照GB/T 1.1—2009给出的规则起草。

本部分代替GB/T 8151.9—2000《锌精矿化学分析方法　氟量的测定》。与GB/T 8151.9—2000相比，主要有如下变动：

——对文本格式进行了修改；
——补充了精密度和试验报告。

本部分由全国有色金属标准化技术委员会(SAC/TC 243)归口。

本部分负责起草单位：中冶葫芦岛有色金属集团有限公司。

本部分起草单位：北京矿冶研究总院、中冶葫芦岛有色金属集团有限公司。

本部分参加起草单位：大冶有色金属集团控股有限公司、株洲冶炼集团股份有限公司、中华人民共和国辽宁出入境检验检疫局。

本部分主要起草人：姜求韬、阮桂色、曹艳、赵红艳、胡丽娜、李晓瑜、魏文、龙玉瑜、梁宁宁、李岩、董秀文。

本部分所代替标准的历次版本发布情况为：

——GB/T 8151.9—1987、GB/T 8151.9—2000。

# 锌精矿化学分析方法 第9部分:氟量的测定 离子选择电极法

## 1 范围

GB/T 8151的本部分规定了锌精矿中氟量的测定方法。

本部分适用于锌精矿中氟量的测定。测定范围:0.050%~0.50%。

## 2 方法提要

试料以氢氧化钾熔融分解,用水浸出熔融物后过滤,使氟与铁、铅等元素分离,然后用硝酸调节溶液的酸度,用柠檬酸铵调节离子强度,采用电极电位仪,以饱和甘汞电极为参比电极,氟离子选择性电极为指示电极测定氟。

## 3 试剂

除非另有说明,在分析中仅使用确认为分析纯试剂和蒸馏水或相当纯度的水。

3.1 氢氧化钾,优级纯。

3.2 硝酸(1+1)。

3.3 柠檬酸铵溶液:称取243 g柠檬酸铵,溶解于约700 mL水中,用硝酸(3.2)调至pH6.0~6.5,用水稀释至1 000 mL,混匀。

3.4 氟标准贮存溶液:称取2.211 0 g预先在120 ℃干燥2 h的氟化钠(优级纯),溶于水并转至1 000 mL容量瓶中,以水定容,混匀,移入干燥塑料瓶中保存。此溶液1 mL含1 mg氟。

3.5 氟标准溶液A:移取50.00 mL氟标准贮存溶液(3.4)于500 mL容量瓶中,用水稀释至刻度,混匀,移入干燥的塑料瓶中。此溶液1 mL含100 μg氟。

3.6 氟标准溶液B:移取50.00 mL氟标准溶液(3.5)于500 mL容量瓶中,用水稀释至刻度,混匀,移入干燥的塑料瓶中此溶液1 mL含10 μg氟。

3.7 溴甲酚绿指示剂:称取0.1 g溴甲酚绿,溶于20 mL无水乙醇中,用水稀释至100 mL,混匀。

## 4 仪器

4.1 氟离子选择电极:要求氟含量在$10^{-1}$ mol/L~$10^{-5}$ mol/L内,电极电位与浓度的负对数呈良好线性关系。电极在使用前,应在$10^{-3}$ mol/L的氟化钠溶液中浸泡1 h进行活化,然后以水洗至含氟不大于$10^{-5}$ mol/L后方能进行测定。

4.2 饱和甘汞电极。

4.3 电位测量仪:精度0.1 mV。

4.4 电磁搅拌器。

## 5 试样

5.1 样品应通过 0.100 mm 孔筛。
5.2 样品预先在 105 ℃±5 ℃烘 1 h，置于干燥器中冷至室温。

## 6 分析步骤

### 6.1 试料

称取 0.50 g 试样，精确至 0.000 1 g。

### 6.2 测定次数

独立进行 2 次测定，取其平均值。

### 6.3 空白试验

随同试料做空白试验。
在不含试料的 30 mL 镍坩埚中，按 6.4.1～6.4.3 进行。

### 6.4 测定

6.4.1 将试料(6.1)置于 30 mL 镍坩埚中，加入 6 g 氢氧化钾，加盖，在围有石棉圈的小电炉上加热熔化、混匀。置于已升温至 600 ℃～650 ℃的高温炉中熔融 10 min，取出稍冷。
6.4.2 将坩埚与熔融物置于预先盛有 50 mL 热水的 250 mL 烧杯中，盖上表皿，加热浸取熔融物，用水洗净表皿、坩埚及坩埚盖后冷至室温。
6.4.3 将溶液连同沉淀一起移入 100 mL 容量瓶中，用水稀释至刻度，混匀，干过滤。
6.4.4 移取 10.00 mL 滤液，置于 50 mL 容量瓶中，加 1 滴溴甲酚绿指示剂(3.7)，用硝酸中和至溶液呈稳定黄色，加 20 mL 柠檬酸铵溶液(3.3)，用水稀释至刻度，混匀。
6.4.5 将溶液全部移入干燥的 100 mL 烧杯中，放进搅拌棒，插入氟离子选择电极和饱和甘汞电极，在电磁搅拌下，于电位测量仪上测量平衡电位值(平衡电位是指电极电位每分钟的变化不大于 0.2 mV)。

### 6.5 工作曲线的绘制

移取 0 mL、1.00 mL、2.50 mL、5.00 mL 氟标准溶液 B(3.6)和 0 mL、1.00 mL、2.50 mL 氟标准溶液 A(3.5)，分别于一组 50 mL 容量瓶中，加 10 mL 试料空白溶液(6.2)，加 1 滴溴甲酚绿指示剂，用硝酸中和至溶液呈稳定黄色，加 20 mL 柠檬酸铵溶液，用水稀释至刻度，混匀后按 6.4.5 进行。按氟浓度由低到高的次序与试料同时进行测定，在半对数坐标纸上，以氟离子浓度值为横坐标，电位值为纵坐标绘制工作曲线。

## 7 分析结果的计算

氟含量以氟的质量分数 $w_F$ 计，数值以%表示，按式(1)计算：

$$w_F = \frac{\rho \cdot V_0 \cdot V_2 \times 10^{-3}}{m_0 \cdot V_1} \times 100 \qquad \cdots\cdots(1)$$

式中：

$\rho$ ——自工作曲线上查得的氟浓度，单位为毫克每毫升(mg/mL)；

$V_0$——试液的总体积，单位为毫升(mL)；
$V_1$——分取试液的体积，单位为毫升(mL)；
$V_2$——测定溶液的体积，单位为毫升(mL)；
$m_0$——试料的质量，单位为克(g)。

计算结果保留2位有效数字。

## 8 精密度

### 8.1 重复性

在重复性条件下获得的2次独立测试结果的测定值，在以下给出的平均值范围内，这2个测试结果的绝对差值不超过重复性限($r$)，超过重复性限($r$)的情况不超过5%，重复性限($r$)按表1数据采用线性内插法求得。

**表1 重复性限**

| | | | | | |
|---|---|---|---|---|---|
| $w_F$/% | 0.047 | 0.12 | 0.23 | 0.34 | 0.65 |
| $r$/% | 0.009 | 0.02 | 0.03 | 0.04 | 0.05 |

### 8.2 再现性

在再现性条件下获得的2次独立测试结果的绝对差值不大于再现性限($R$)，超过再现性限($R$)的情况不超过5%，再现性限($R$)按表2数据采用线性内插法求得。

**表2 再现性限**

| | | | | | |
|---|---|---|---|---|---|
| $w_F$/% | 0.047 | 0.12 | 0.23 | 0.34 | 0.65 |
| $R$/% | 0.015 | 0.03 | 0.04 | 0.06 | 0.15 |

## 9 试验报告

本章规定试验报告所包括的内容。至少应给出以下几个方面的内容：

——试样；
——本部分编号GB/T 8151.9—2012；
——分析结果及其表示；
——与基本分析步骤的差异；
——测定中观察到的异常现象；
——试验日期。

ICS 77.120.60
H 13

# 中华人民共和国国家标准

GB/T 8151.10—2012
代替 GB/T 8151.10—2000

# 锌精矿化学分析方法 第10部分:锡量的测定 氢化物发生-原子荧光光谱法

**Methods for chemical analysis of zinc concentrates—
Part 10: Determination of tin content—
Hydride generation－atomic fluorescence spectrometry**

2012-12-31 发布　　2013-10-01 实施

中华人民共和国国家质量监督检验检疫总局
中国国家标准化管理委员会　发布

# 前言

GB/T 8151《锌精矿化学分析方法》分为20个部分：

——第1部分：锌量的测定 沉淀分离 $Na_2EDTA$ 滴定法和萃取分离 $Na_2EDTA$ 滴定法；

——第2部分：硫量的测定 燃烧中和滴定法；

——第3部分：铁量的测定 $Na_2EDTA$ 滴定法；

——第4部分：二氧化硅量的测定 钼蓝分光光度法；

——第5部分：铅量的测定 火焰原子吸收光谱法；

——第6部分：铜量的测定 火焰原子吸收光谱法；

——第7部分：砷量的测定 氢化物发生-原子荧光光谱法和溴酸钾滴定法；

——第8部分：镉量的测定 火焰原子吸收光谱法；

——第9部分：氟量的测定 离子选择电极法；

——第10部分：锡量的测定 氢化物发生-原子荧光光谱法；

——第11部分：锑量的测定 氢化物发生-原子荧光光谱法；

——第12部分：银量的测定 火焰原子吸收光谱法；

——第13部分：锗量的测定 氢化物发生-原子荧光光谱法和苯芴酮分光光度法；

——第14部分：镍量的测定 火焰原子吸收光谱法；

——第15部分：汞量的测定 原子荧光光谱法；

——第16部分：钴量的测定 火焰原子吸收光谱法；

——第17部分：锌量的测定 氢氧化物沉淀-$Na_2EDTA$ 滴定法；

——第18部分：锌量的测定 离子交换-$Na_2EDTA$ 滴定法；

——第19部分：金和银量的测定 铅析或灰吹火试金和火焰原子吸收光谱法；

——第20部分：铜、铅、铁、砷、镉、锑、钙、镁量的测定 电感耦合等离子体原子发射光谱法。

本部分为GB/T 8151的第10部分。

本部分按照GB/T 1.1—2009给出的规则起草。

本部分代替GB/T 8151.10—2000《锌精矿化学分析方法 锡量的测定》。与GB/T 8151.10—2000相比，主要有如下变动：

——删除了方法2；

——对文本格式进行了修改；

——补充了精密度和试验报告。

本部分由全国有色金属标准化技术委员会(SAC/TC 243)归口。

本部分负责起草单位：中冶葫芦岛有色金属集团有限公司。

本部分起草单位：中冶葫芦岛有色金属集团有限公司、北京矿冶研究总院。

本部分参加起草单位：湖南有色金属研究院、株洲冶炼集团股份有限公司、中华人民共和国辽宁出入境检验检疫局。

本部分主要起草人：李合庆、段越、李遵义、汤淑芳、刘春峰、邹智、庞文林、张萍、肖娟、李岩、董秀文。

本部分所代替标准的历次版本发布情况为：

——GB/T 8151.10—1987、GB/T 8151.10—2000。

# 锌精矿化学分析方法
# 第10部分:锡量的测定
# 氢化物发生-原子荧光光谱法

## 1 范围

GB/T 8151 的本部分规定了锌精矿中锡量的测定方法。

本部分适用于锌精矿中锡量的测定。测定范围:0.003 0%~0.50%。

## 2 方法提要

试料用碳酸钠、过氧化钠熔融分解。在2%盐酸介质中,于氢化物发生器中,锡被硼氢化钾还原为氢化物,用氩气导入石英炉原子化器中,于原子荧光光谱仪上测量其荧光强度。

## 3 试剂

除非另有说明,在分析中仅使用确认为分析纯试剂和蒸馏水或去离子水或相当纯度的水。

3.1 无水碳酸钠。

3.2 过氧化钠。

3.3 硫酸(ρ1.84 g/mL)。

3.4 盐酸(ρ1.19 g/mL)。

3.5 盐酸(1+1)。

3.6 盐酸(1+49)。

3.7 硫酸(1+9)。

3.8 氢氧化钾溶液(5 g/L)。

3.9 硼氢化钾溶液(20 g/L):称取10.0 g硼氢化钾溶解于500 mL氢氧化钾溶液(3.8)中,当日配制。

3.10 锡标准贮存溶液:称取0.100 0 g金属锡($w_{Sn}$≥99.99%)于250 mL烧杯中,加5 mL硫酸(3.3),加热溶解并蒸至冒三氧化硫白烟,冷却后,加5 mL硫酸(3.7),加热使盐类溶解,冷却后,移入1 000 mL容量瓶中,用硫酸(3.7)稀释至刻度,混匀。此溶液1 mL含100 μg锡。

3.11 锡标准溶液:移取5.00 mL锡标准贮存溶液(3.10)于500 mL容量瓶中,加入75 mL盐酸(3.4),用水稀释至刻度,混匀。此溶液1 mL含1 μg锡。

## 4 仪器

原子荧光光谱仪,附锡高强度空心阴极灯。

在仪器最佳工作条件下,凡能达到下列指标的原子荧光光谱仪均可使用:

——检出限:不大于1 ng/mL;

——精密度:最高浓度标准溶液荧光强度及"零"浓度溶液荧光强度相对于最高浓度标准溶液荧光强度平均值的变异系数应分别不大于5.0%和1.0%;

——工作曲线线性：将工作曲线按浓度等分成五段，最高段的荧光强度差值与最低段的荧光强度差值之比，应不小于 0.90。

## 5 试样

5.1 样品应通过 0.100 mm 孔筛。

5.2 样品预先在 105 ℃±5 ℃烘 1 h，置于干燥器中冷至室温。

## 6 分析步骤

### 6.1 试料

按表 1 称取试样，精确至 0.000 1 g。

**表 1 试料质量、试液总体积、补加盐酸体积、分取试液体积和测定试液体积**

| 锡质量分数<br>% | 试料质量<br>g | 试液总体积<br>mL | 补加盐酸(3.5)体积<br>mL | 分取试液体积<br>mL | 测定试液体积<br>mL | 补加盐酸(3.5)体积<br>mL |
|---|---|---|---|---|---|---|
| 0.003 0～0.010 | 0.20 | 100 | 10.0 | 20.00 | 100 | 2.0 |
| >0.010～0.050 | 0.20 | 100 | 10.0 | 10.00 | 100 | 3.0 |
| >0.050～0.10 | 0.20 | 100 | 10.0 | 5.00 | 100 | 3.5 |
| >0.10～0.50 | 0.10 | 200 | 20.0 | 10.00 | 250 | 9.0 |

### 6.2 测定次数

独立地进行 2 次测定，取其平均值。

### 6.3 空白试验

随同试料做空白试验。

### 6.4 测定

6.4.1 于 30 mL 高铝坩埚底部铺上 1 g 无水碳酸钠(3.1)，3 g 过氧化钠(3.2)，加入试料(6.1)，再加 1 g 过氧化钠(3.2)覆盖在上面，置于马弗炉中，缓慢升温至 650 ℃熔融 10 min，取出冷却，移入预先盛有 30 mL～40 mL 水的 300 mL 烧杯中，加热浸出，稍冷，用盐酸中和至溶液刚透明，然后按表 1 试液总体积补加盐酸并移入容量瓶中，用水稀释至刻度，混匀。

6.4.2 按表 1 分取试液体积于测定试液容量瓶中，并按测定试液体积补加盐酸(3.5)，用水稀释至刻度，混匀。

6.4.3 在原子荧光光谱仪上，以盐酸(3.6)为载流，硼氢化钾溶液(3.9)为还原剂，随同试料的空白溶液为参比，测量其荧光强度，从工作曲线上查得相应的锡浓度。

### 6.5 工作曲线的绘制

6.5.1 移取 0 mL、1.00 mL、2.00 mL、4.00 mL、6.00 mL、8.00 mL、10.00 mL 锡标准溶液(3.11)分别于一组 100 mL 的容量瓶中，分别补加 100 mL、90 mL、85 mL、70 mL、50 mL、40 mL、25 mL 盐酸(3.6)，用水稀释至刻度，混匀。

6.5.2 在与测定溶液相同的条件下，以盐酸(3.6)为载流，硼氢化钾溶液(3.9)为还原剂，试剂空白为参比，测量标准溶液的荧光强度。以锡浓度为横坐标，荧光强度为纵坐标，绘制工作曲线。

## 7 分析结果的计算

锡含量以锡的质量分数 $w_{Sn}$ 计，数值以%表示，按式(1)计算：

$$w_{Sn}=\frac{\rho \cdot V_0 \cdot V_2 \times 10^{-9}}{m \cdot V_1}\times 100 \quad \cdots\cdots(1)$$

式中：

$\rho$ ——自工作曲线上查得的锡浓度，单位为纳克每毫升(ng/mL)；

$V_0$——试液的总体积，单位为毫升(mL)；

$V_1$——分取试液的体积，单位为毫升(mL)；

$V_2$——测定试液的体积，单位为毫升(mL)；

$m$ ——试料的质量，单位为克(g)。

计算结果保留2位有效数字。

## 8 精密度

### 8.1 重复性

在重复性条件下获得的2次独立测试结果的测定值，在以下给出的平均值范围内，这2个测试结果的绝对差值不超过重复性限($r$)，超过重复性限($r$)的情况不超过5%，重复性限($r$)按表2数据采用线性内插法求得。

表2 重复性限

| $w_{Sn}$/% | 0.001 5 | 0.019 | 0.065 | 0.26 | 0.53 |
|---|---|---|---|---|---|
| $r$/% | 0.000 7 | 0.004 | 0.008 | 0.03 | 0.04 |

### 8.2 再现性

在再现性条件下获得的2次独立测试结果的绝对差值不大于再现性限($R$)，超过再现性限($R$)的情况不超过5%，再现性限($R$)按表3数据采用线性内插法求得。

表3 再现性限

| $w_{Sn}$/% | 0.001 5 | 0.019 | 0.065 | 0.26 | 0.53 |
|---|---|---|---|---|---|
| $R$/% | 0.001 0 | 0.006 | 0.013 | 0.06 | 0.08 |

## 9 试验报告

本章规定试验报告所包括的内容。至少应给出以下几个方面的内容：

——试样；

——本部分编号 GB/T 8151.10—2012；

——分析结果及其表示；
——与基本分析步骤的差异；
——测定中观察到的异常现象；
——试验日期。

ICS 77.120.60
H 13

# 中华人民共和国国家标准

GB/T 8151.11—2012
代替 GB/T 8151.11—2000

# 锌精矿化学分析方法 第11部分：锑量的测定 氢化物发生-原子荧光光谱法

Methods for chemical analysis of zinc concentrates—
Part 11: Determination of antimony content—
Hydride generation-atomic fluorescence spectrometry

2012-12-31 发布　　　　2013-10-01 实施

中华人民共和国国家质量监督检验检疫总局
中国国家标准化管理委员会　发布

# 前言

GB/T 8151《锌精矿化学分析方法》分为20个部分：

——第1部分：锌量的测定　沉淀分离 $Na_2EDTA$ 滴定法和萃取分离 $Na_2EDTA$ 滴定法；

——第2部分：硫量的测定　燃烧中和滴定法；

——第3部分：铁量的测定　$Na_2EDTA$ 滴定法；

——第4部分：二氧化硅量的测定　钼蓝分光光度法；

——第5部分：铅量的测定　火焰原子吸收光谱法；

——第6部分：铜量的测定　火焰原子吸收光谱法；

——第7部分：砷量的测定　氢化物发生-原子荧光光谱法和溴酸钾滴定法；

——第8部分：镉量的测定　火焰原子吸收光谱法；

——第9部分：氟量的测定　离子选择电极法；

——第10部分：锡量的测定　氢化物发生-原子荧光光谱法；

——第11部分：锑量的测定　氢化物发生-原子荧光光谱法；

——第12部分：银量的测定　火焰原子吸收光谱法；

——第13部分：锗量的测定　氢化物发生-原子荧光光谱法和苯芴酮分光光度法；

——第14部分：镍量的测定　火焰原子吸收光谱法；

——第15部分：汞量的测定　原子荧光光谱法；

——第16部分：钴量的测定　火焰原子吸收光谱法；

——第17部分：锌量的测定　氢氧化物沉淀-$Na_2EDTA$ 滴定法；

——第18部分：锌量的测定　离子交换-$Na_2EDTA$ 滴定法；

——第19部分：金和银量的测定　铅析或灰吹火试金和火焰原子吸收光谱法；

——第20部分：铜、铅、铁、砷、镉、锑、钙、镁量的测定　电感耦合等离子体原子发射光谱法。

本部分为GB/T 8151的第11部分。

本部分按照GB/T 1.1—2009给出的规则起草。

本部分代替GB/T 8151.11—2000《锌精矿化学分析方法　锑量的测定》。与GB/T 8151.11—2000相比，主要有如下变动：

——删除了方法2；

——对文本格式进行了修改；

——补充了精密度和试验报告。

本部分由全国有色金属标准化技术委员会(SAC/TC 243)归口。

本部分负责起草单位：中冶葫芦岛有色金属集团有限公司。

本部分起草单位：中冶葫芦岛有色金属集团有限公司。

本部分参加起草单位：北京矿冶研究总院、巴彦淖尔紫金有色金属有限公司、株洲冶炼集团股份有限公司、河南豫光金铅股份有限公司。

本部分主要起草人：奚红杰、李杰、李遵义、陈殿耿、马丽、郭新玲、李琼莉、张东光、刘艳菁、张亚兵、王芳。

本部分所代替标准的历次版本发布情况为：

——GB/T 8151.11—1987、GB/T 8151.11—2000。

# 锌精矿化学分析方法 第11部分：锑量的测定 氢化物发生-原子荧光光谱法

## 1 范围

GB/T 8151的本部分规定了锌精矿中锑量的测定方法。

本部分适用于锌精矿中锑量的测定。测定范围：0.005 0%～0.20%。

## 2 方法提要

试料用硝酸、酒石酸溶解。在10%盐酸介质中，用硫脲-抗坏血酸溶液将锑预还原为三价，在氢化物发生器中，锑被硼氢化钾还原生成氢化物，用氩气导入石英炉原子化器中，于原子荧光光谱仪上测量其荧光强度。

## 3 试剂

除非另有说明，在分析中仅使用确认为分析纯试剂和蒸馏水或去离子水或相当纯度的水。

3.1 酒石酸。

3.2 硝酸($\rho$1.42 g/mL)。

3.3 盐酸($\rho$1.19 g/mL)。

3.4 盐酸(1+1)。

3.5 盐酸(1+9)。

3.6 硫脲-抗坏血酸溶液(50 g/L-50 g/L)，当天配制。

3.7 硼氢化钾溶液(20 g/L)：称取10.0 g硼氢化钾溶解于500 mL氢氧化钾溶液(5 g/L)中，当天配制。

3.8 锑标准贮存溶液：称取0.100 0 g金属锑($w_{Sb}$≥99.9%)于300 mL烧杯中，加入30 mL硝酸(3.2)，4 g酒石酸(3.1)，低温加热溶解，并蒸至近干，取下稍冷，加入50 mL盐酸(3.4)，加热溶解，煮沸除去氮的氧化物，取下冷却后，用盐酸稀释至1 000 mL。此溶液1 mL含100 $\mu$g锑。

3.9 锑标准溶液：移取10.00 mL锑标准贮存溶液(3.8)于500 mL容量瓶中，用盐酸(3.4)稀释至刻度，混匀。此溶液1 mL含2 $\mu$g锑。

## 4 仪器

原子荧光光谱仪，附锑特制高强度空心阴极灯。

在仪器最佳工作条件下，凡能达到下列指标者均可使用：

——检出限：不大于2 ng/mL；

——精密度：工作曲线中最高浓度标准溶液荧光强度与“零”浓度溶液荧光强度相对于最高浓度标准溶液荧光强度平均值的变异系数，应分别不大于5.0%和1.0%；

——工作曲线线性:将工作曲线按浓度等分成五段,最高段的吸光度差值与最低段的吸光度差值之比应不小于0.9。

## 5 试样

5.1 样品应通过0.100 mm孔筛。

5.2 样品预先在105 ℃±5 ℃烘1 h,置于干燥器中冷却至室温。

## 6 分析步骤

### 6.1 试料

按表1称取试样,精确至0.000 1 g。

**表1 试料质量、测定体积、补加盐酸体积和补加硫脲-抗坏血酸溶液体积**

| 锑质量分数<br>% | 试料质量<br>g | 测定溶液体积<br>mL | 补加盐酸体积<br>mL | 补加硫脲-抗坏血酸溶液体积<br>mL |
|---|---|---|---|---|
| 0.005 0~0.050 | 0.20 | 50 | 4 | 4 |
| >0.050~0.10 | 0.10 | 50 | 4 | 4 |
| >0.10~0.20 | 0.10 | 100 | 9 | 9 |

### 6.2 测定次数

独立地进行2次测定,取其平均值。

### 6.3 空白试验

随同试料做空白试验。

### 6.4 测定

6.4.1 将试料(6.1)置于200 mL烧杯中,加入0.5 g酒石酸(3.1),15 mL硝酸(3.2),低温溶解,蒸至体积约2 mL,取下放冷,加入20 mL盐酸(3.4),10 mL硫脲-抗坏血酸溶液(3.6),用水吹洗杯壁,低温煮沸5 min,取下冷至室温。将溶液移入100 mL容量瓶中,以水稀释至刻度,混匀。

6.4.2 按表1将试液分取10.00 mL于相应的容量瓶中,并按测定溶液体积补加盐酸(3.3)及硫脲-抗坏血酸溶液(3.6),用水稀释至刻度,混匀,干过滤部分溶液至50 mL烧杯中。

6.4.3 在原子荧光光谱仪上,以盐酸(3.5)为载流,硼氢化钾溶液(3.7)为还原剂,以随同试料的空白溶液为参比,测量其荧光强度,从工作曲线上查得相应的锑浓度。

### 6.5 工作曲线的绘制

6.5.1 移取0 mL、1.00 mL、2.00 mL、4.00 mL、6.00 mL、8.00 mL、10.00 mL锑标准溶液(3.9)分别于一组200 mL烧杯中,加入20 mL盐酸(3.4),10 mL硫脲-抗坏血酸溶液(3.6),低温加热,煮沸5 min,取下冷至室温,移入一组100 mL容量瓶中,以水稀释至刻度,混匀。

6.5.2 在与测定试料溶液相同的条件下，以盐酸(3.5)为载流，硼氢化钾溶液(3.7)为还原剂，以试剂空白为参比，测定标准溶液的荧光强度。以锑浓度为横坐标，荧光强度为纵坐标，绘制工作曲线。

## 7 分析结果的计算

锑含量以锑的质量分数 $w_{Sb}$ 计，数值以%表示，按式(1)计算：

$$w_{Sb}=\frac{\rho \cdot V_0 \cdot V_2 \times 10^{-9}}{m \cdot V_1}\times 100 \quad \cdots\cdots(1)$$

式中：

$\rho$ ——自工作曲线上查得的锑浓度，单位为纳克每毫升(ng/mL)；

$V_0$——试液总体积，单位为毫升(mL)；

$V_1$——分取试液体积，单位为毫升(mL)；

$V_2$——测定试液体积，单位为毫升(mL)；

$m$ ——试料的质量，单位为克(g)。

计算结果保留2位有效数字。

## 8 精密度

### 8.1 重复性

在重复性条件下获得的2次独立测试结果的测定值，在以下给出的平均值范围内，这2个测试结果的绝对差值不超过重复性限($r$)，超过重复性限($r$)的情况不超过5%，重复性限($r$)按表2数据采用线性内插法求得。

表2 重复性限

| $w_{Sb}$/% | 0.006 1 | 0.028 | 0.073 | 0.11 | 0.22 |
|---|---|---|---|---|---|
| $r$/% | 0.001 1 | 0.004 | 0.011 | 0.02 | 0.04 |

### 8.2 再现性

在再现性条件下获得的2次独立测试结果的绝对差值不大于再现性限($R$)，超过再现性限($R$)的情况不超过5%，再现性限($R$)按表3数据采用线性内插法求得。

表3 再现性限

| $w_{Sb}$/% | 0.006 1 | 0.028 | 0.073 | 0.11 | 0.22 |
|---|---|---|---|---|---|
| $R$/% | 0.002 0 | 0.006 | 0.015 | 0.03 | 0.05 |

## 9 试验报告

本章规定试验报告所包括的内容。至少应给出以下几个方面的内容：

——试样；

——本部分编号GB/T 8151.11—2012；

——分析结果及其表示；

——与基本分析步骤的差异；

——测定中观察到的异常现象；

——试验日期。

ICS 77.120.60
H 13

# 中华人民共和国国家标准

GB/T 8151.12—2012
代替 GB/T 8151.12—2000

# 锌精矿化学分析方法 第12部分:银量的测定 火焰原子吸收光谱法

## Methods for chemical analysis of zinc concentrates—Part 12: Determination of sliver content—The flame atomic absorption spectrometric method

2012-12-31 发布　　2013-10-01 实施

中华人民共和国国家质量监督检验检疫总局
中国国家标准化管理委员会　发布

# 前　言

GB/T 8151《锌精矿化学分析方法》分为20个部分：

——第1部分：锌量的测定　沉淀分离 $Na_2EDTA$ 滴定法和萃取分离 $Na_2EDTA$ 滴定法；

——第2部分：硫量的测定　燃烧中和滴定法；

——第3部分：铁量的测定　$Na_2EDTA$ 滴定法；

——第4部分：二氧化硅量的测定　钼蓝分光光度法；

——第5部分：铅量的测定　火焰原子吸收光谱法；

——第6部分：铜量的测定　火焰原子吸收光谱法；

——第7部分：砷量的测定　氢化物发生-原子荧光光谱法和溴酸钾滴定法；

——第8部分：镉量的测定　火焰原子吸收光谱法；

——第9部分：氟量的测定　离子选择电极法；

——第10部分：锡量的测定　氢化物发生-原子荧光光谱法；

——第11部分：锑量的测定　氢化物发生-原子荧光光谱法；

——第12部分：银量的测定　火焰原子吸收光谱法；

——第13部分：锗量的测定　氢化物发生-原子荧光光谱法和苯芴酮分光光度法；

——第14部分：镍量的测定　火焰原子吸收光谱法；

——第15部分：汞量的测定　原子荧光光谱法；

——第16部分：钴量的测定　火焰原子吸收光谱法；

——第17部分：锌量的测定　氢氧化物沉淀-$Na_2EDTA$ 滴定法；

——第18部分：锌量的测定　离子交换-$Na_2EDTA$ 滴定法；

——第19部分：金和银量的测定　铅析或灰吹火试金和火焰原子吸收光谱法；

——第20部分：铜、铅、铁、砷、镉、锑、钙、镁量的测定　电感耦合等离子体原子发射光谱法。

本部分为GB/T 8151的第12部分。

本部分按照GB/T 1.1—2009给出的规则起草。

本部分为仲裁方法。

本部分代替GB/T 8151.12—2000《锌精矿化学分析方法　银量的测定》。与GB/T 8151.12—2000相比，主要有如下变动：

——对文本格式进行了修改；

——补充了精密度和试验报告。

本部分由全国有色金属标准化技术委员会(SAC/TC 243)归口。

本部分负责起草单位：中冶葫芦岛有色金属集团有限公司。

本部分起草单位：湖南水口山有色金属集团有限公司、北京矿冶研究总院、中冶葫芦岛有色金属集团有限公司。

本部分参加起草单位：中条山有色金属集团有限公司、巴彦淖尔紫金有色金属有限公司、铜陵有色金属集团控股有限公司。

本部分主要起草人：曾光明、谭谦、王皓莹、陈殿耿、贡海燕、李杰、马丽君、秦玉英、余伟、王东、赵晓配、樊占芳。

本部分所代替标准的历次版本发布情况为：

——GB/T 8151.12—1987、GB/T 8151.12—2000。

# 锌精矿化学分析方法 第12部分:银量的测定 火焰原子吸收光谱法

## 1 范围

GB/T 8151的本部分规定了锌精矿中银量的测定方法。

本部分适用于锌精矿中银量的测定。测定范围:20 g/t～1 000 g/t。

## 2 方法提要

试料用盐酸、硝酸溶解。在稀盐酸介质中,于原子吸收光谱仪波长328.1 nm处,以空气-乙炔火焰,测量银的吸光度。

## 3 试剂

除非另有说明,在分析中仅使用确认为分析纯试剂和蒸馏水或去离子水或相当纯度的水。

3.1 盐酸($\rho$1.19 g/mL),优级纯。

3.2 硝酸($\rho$1.42 g/mL),优级纯。

3.3 盐酸(1+1)。

3.4 硝酸(1+1)。

3.5 银标准贮存溶液:称取0.500 0 g金属银($w_{Ag}$≥99.99%)于100 mL烧杯中,加入20mL硝酸(3.4),微热溶解完全,煮沸除去氮的氧化物,冷却至室温,移入1 000 mL容量瓶中,加入20 mL硝酸(3.4),用不含氯离子的水稀释至刻度,混匀。此溶液1 mL含0.5 mg银。

3.6 银标准溶液:移取5.00 mL银标准贮存溶液(3.5)于100 mL容量瓶中,加入4 mL硝酸(3.4),用不含氯离子的水稀释至刻度,混匀。此溶液1 mL含25 μg银。

## 4 仪器

原子吸收光谱仪及银空心阴极灯。

在仪器最佳工作条件下,凡能达到下列指标者均可使用:

——特征浓度:在与测量试料溶液的基体相一致的溶液中,银的特征浓度应不大于0.06 μg/mL;

——精密度:用最高浓度的标准溶液测量10次吸光度,其标准偏差应不超过平均吸光度的1.50%;用最低浓度的标准溶液(不是"零"浓度的标准溶液)测量10次吸光度,其标准偏差应不超过最高浓度的标准溶液平均吸光度的0.50%;

——工作曲线线性:将工作曲线按浓度等分成五段,最高段的吸光度差值与最低段的吸光度差值之比,应不小于0.7。

## 5 试样

5.1 样品应通过0.100 mm孔筛。

5.2　样品预先在105 ℃±5 ℃烘1 h,置于干燥器中冷至室温。

## 6　分析步骤

### 6.1　试料

按表1称取试样,精确至0.000 1 g。

**表1　试料质量、加入盐酸体积和试液总体积**

| 银的质量分数<br>g/t | 试料质量<br>g | 加入盐酸(3.3)体积<br>mL | 试液总体积<br>mL |
|---|---|---|---|
| 20～50 | 1.00 | 10 | 50 |
| >50～200 | 1.00 | 20 | 100 |
| >200～400 | 0.50 | 20 | 100 |
| >400～1 000 | 0.50 | 40 | 200 |

### 6.2　测定次数

独立地进行2次测定,取其平均值。

### 6.3　空白试验

随同试料做空白试验。

### 6.4　测定

6.4.1　将试料(6.1)置于200 mL烧杯中,以少许水润湿摇散,加入15 mL～20 mL盐酸(3.1),加热溶解,低温蒸发溶液体积至3 mL～5 mL,加入5 mL～10 mL硝酸(3.2),继续加热蒸至近干。取下,稍冷,按表1加入盐酸(3.3)用水洗表皿及杯壁,加热溶解盐类。取下冷至室温,按表1移入容量瓶中,用水稀释至刻度,混匀。干过滤部分溶液。

6.4.2　于原子吸收光谱仪波长328.1 nm处,用空气-乙炔火焰,以水调零测量试液的吸光度(银小于50 g/t时采用氘灯扣除背景)减去随同试料空白吸光度,从工作曲线上查出相应的银浓度。

### 6.5　工作曲线的绘制

6.5.1　移取0 mL、1.00 mL、2.00 mL、4.00 mL、6.00 mL、8.00 mL、10.00 mL银标准溶液(3.6)置于100 mL容量瓶中,加入20 mL盐酸(3.3),用水稀释至刻度,混匀。

6.5.2　使用空气-乙炔火焰,于原子吸收光谱仪波长328.1 nm处,以水调零,测量系列标准溶液吸光度,减去系列标准溶液中“零”浓度溶液的吸光度,以银浓度为横坐标,吸光度为纵坐标,绘制工作曲线。

## 7　分析结果的计算

银含量以银的质量分数$w_{Ag}$计,数值以g/t表示,按式(1)计算:

$$w_{Ag}=\frac{\rho \cdot V}{m} \qquad \cdots\cdots(1)$$

式中:

$\rho$ ——自工作曲线上查得的银浓度，单位为微克每毫升(μg /mL)；
$V$ ——试液总体积，单位为毫升(mL)；
$m$ ——试料的质量，单位为克(g)。
计算结果表示至整数位。

## 8 精密度

### 8.1 重复性

在重复性条件下获得的2次独立测试结果的测定值，在以下给出的平均值范围内，这2个测试结果的绝对差值不超过重复性限($r$)，超过重复性限($r$)的情况不超过5%，重复性限($r$)按表2数据采用线性内插法求得。

**表2 重复性限**

| $w_{Ag}$/% | 19 | 75 | 204 | 535 | 1 031 |
|---|---|---|---|---|---|
| $r$/% | 2 | 5 | 18 | 25 | 43 |

### 8.2 再现性

在再现性条件下获得的2次独立测试结果的绝对差值不大于再现性限($R$)，超过再现性限($R$)的情况不超过5%，再现性限($R$)按表3数据采用线性内插法求得。

**表3 再现性限**

| $w_{Ag}$/% | 19 | 75 | 204 | 535 | 1 031 |
|---|---|---|---|---|---|
| $R$/% | 3 | 9 | 30 | 50 | 58 |

## 9 试验报告

本章规定试验报告所包括的内容。至少应给出以下几个方面的内容：
——试样；
——本部分编号GB/T 8151.12—2012；
——分析结果及其表示；
——与基本分析步骤的差异；
——测定中观察到的异常现象；
——试验日期。

ICS 77.120.60
H 13

# 中华人民共和国国家标准

GB/T 8151.13—2012
代替 GB/T 8151.13—2000

# 锌精矿化学分析方法 第13部分:锗量的测定 氢化物发生-原子荧光光谱法和苯芴酮分光光度法

**Methods for chemical analysis of zinc concentrates—Part 13:Determination of germanium content—Hydride generation-atomic fluorescence spectrometry and the phenyl fluorone spectrophptometric method**

2012-12-31 发布　　　　2013-10-01 实施

中华人民共和国国家质量监督检验检疫总局
中国国家标准化管理委员会　发布

# 前　言

GB/T 8151《锌精矿化学分析方法》分为20个部分：
——第1部分：锌量的测定　沉淀分离 $Na_2EDTA$ 滴定法和萃取分离 $Na_2EDTA$ 滴定法；
——第2部分：硫量的测定　燃烧中和滴定法；
——第3部分：铁量的测定　$Na_2EDTA$ 滴定法；
——第4部分：二氧化硅量的测定　钼蓝分光光度法；
——第5部分：铅量的测定　火焰原子吸收光谱法；
——第6部分：铜量的测定　火焰原子吸收光谱法；
——第7部分：砷量的测定　氢化物发生-原子荧光光谱法和溴酸钾滴定法；
——第8部分：镉量的测定　火焰原子吸收光谱法；
——第9部分：氟量的测定　离子选择电极法；
——第10部分：锡量的测定　氢化物发生-原子荧光光谱法；
——第11部分：锑量的测定　氢化物发生-原子荧光光谱法；
——第12部分：银量的测定　火焰原子吸收光谱法；
——第13部分：锗量的测定　氢化物发生-原子荧光光谱法和苯芴酮分光光度法；
——第14部分：镍量的测定　火焰原子吸收光谱法；
——第15部分：汞量的测定　原子荧光光谱法；
——第16部分：钴量的测定　火焰原子吸收光谱法；
——第17部分：锌量的测定　氢氧化物沉淀-$Na_2EDTA$ 滴定法；
——第18部分：锌量的测定　离子交换-$Na_2EDTA$ 滴定法；
——第19部分：金和银量的测定　铅析或灰吹火试金和火焰原子吸收光谱法；
——第20部分：铜、铅、铁、砷、镉、锑、钙、镁量的测定　电感耦合等离子体原子发射光谱法。

本部分为GB/T 8151的第13部分。

本部分按照GB/T 1.1—2009给出的规则起草。

本部分代替GB/T 8151.13—2000《锌精矿化学分析方法　锗量的测定》。与GB/T 8151.13—2000相比，主要有如下变动：
——对文本格式进行了修改；
——补充了精密度和试验报告。

本部分方法1为氢化物发生-原子荧光光谱法；方法2为萃取分离苯芴酮分光光度法。以方法1作为仲裁方法。

本部分由全国有色金属标准化技术委员会(SAC/TC 243)归口。

本部分负责起草单位：中冶葫芦岛有色金属集团有限公司。

本部分方法1起草单位：中冶葫芦岛有色金属集团有限公司、河南豫光金铅股份有限公司。

本部分方法2起草单位：中冶葫芦岛有色金属集团有限公司。

本部分方法1参加起草单位：北京矿冶研究总院、株洲冶炼集团股份有限公司、中华人民共和国辽宁出入境检验检疫局。

本部分方法2参加起草单位：北京矿冶研究总院、巴彦淖尔紫金有色金属有限公司、昆明冶金研究院、陕西东岭冶炼有限公司。

本部分方法1主要起草人：王洪刚、李杰、赵红艳、孔建敏、张应喜、王皓莹、袁玉霞、龙诗明、袁艺平、李岩、董秀文。

本部分方法2主要起草人：李遵义、陈雪、王向红、王皓莹、马丽、朝鲁、王东、刘维理、张灏宇、车红芳、徐雅维。

本部分所代替标准的历次版本发布情况为：

——GB/T 8151.13—1987、GB/T 8151.13—2000。

# 锌精矿化学分析方法 第13部分:锗量的测定 氢化物发生-原子荧光光谱法和苯芴酮分光光度法

## 1 范围

GB/T 8151的本部分规定了锌精矿中锗量的测定方法。

本部分适用于锌精矿中锗量的测定。方法1测定范围:0.000 50%～0.10%;方法2测定范围:0.000 50%～0.10%。

## 2 方法1 氢化物发生-原子荧光光谱法

### 2.1 方法提要

试料用氢氟酸、硝酸溶解。于磷酸-硫酸介质中,在氢化物发生器中,锗被硼氢化钾还原生成氢化物,用氩气导入石英炉原子化器中,于原子荧光光谱仪上测量其荧光强度。

### 2.2 试剂

除非另有说明,在分析中仅使用确认为分析纯试剂和蒸馏水或去离子水或相当纯度的水。

2.2.1 硝酸(ρ1.42 g/mL)。

2.2.2 硫酸(ρ1.84 g/mL)。

2.2.3 磷酸(ρ1.69 g/mL)。

2.2.4 氢氟酸(ρ1.13 g/mL)。

2.2.5 过氧化氢。

2.2.6 氨水(ρ0.90 g/mL)。

2.2.7 硫酸(1+1)。

2.2.8 磷酸(1+1)。

2.2.9 混合酸溶液:于500 mL烧杯中加入100 mL水,然后加入50 mL硫酸(2.2.2),再加入200 mL磷酸(2.2.8),冷却后,用水稀释至500 mL。

2.2.10 氢氧化钾溶液(5 g/L)。

2.2.11 硼氢化钾溶液(40 g/L):称取20.0 g硼氢化钾溶解于500 mL氢氧化钾溶液(2.2.10)中,当天配制。

2.2.12 锗标准贮存溶液:准确称取0.100 0 g金属锗($w_{Ge}$≥99.9%)于150 mL烧杯中,加入15 mL过氧化氢(2.2.5),2 mL氨水(2.2.6)及少量水,沸水浴加热溶解,取下冷至室温后,用水洗入1 000 mL容量瓶中,稀释至刻度,混匀。此溶液1 mL含100 μg锗。

2.2.13 锗标准溶液:移取5.00 mL锗标准贮存溶液(2.2.12)于500 mL容量瓶中,加入25 mL磷酸(2.2.8),用水稀释至刻度,混匀。此溶液1 mL含1 μg锗。

### 2.3 仪器

原子荧光光谱仪,附锗高强度空心阴极灯。

在仪器最佳工作条件下，凡能达到下列指标者均可使用：

——检出限：不大于 2 ng/mL；

——精密度：工作曲线中最高浓度标准溶液荧光强度与“零”浓度溶液荧光强度相对于最高浓度标准溶液荧光强度平均值的变异系数，应分别不大于 5.0%和 1.0%；

注：本实验“零”浓度溶液为混合酸溶液(2.2.9)。

——工作曲线线性：将工作曲线按浓度等分成五段，最高段的吸光度差值与最低段的吸光度差值之比应不小于 0.9。

## 2.4 试样

2.4.1 样品应通过 0.100 mm 孔筛。

2.4.2 样品预先在 105 ℃±5 ℃烘 1 h，置于干燥器中冷却至室温。

## 2.5 分析步骤

### 2.5.1 试料

按表 1 称取试样，精确至 0.000 1 g。

**表 1 试料质量、试液总体积、分取试液体积、测定试液体积、补加磷酸体积和补加硫酸体积**

| 锗质量分数<br>% | 试料质量<br>g | 试液总体积<br>mL | 分取试液体积<br>mL | 测定试液体积<br>mL | 补加磷酸体积<br>mL | 补加硫酸体积<br>mL |
|---|---|---|---|---|---|---|
| 0.000 50～0.002 5 | 0.20 | 50 | — | — | — | — |
| >0.002 5～0.010 | 0.10 | 100 | — | — | — | — |
| >0.010～0.050 | 0.10 | 100 | 20 | 100 | 16 | 4.0 |
| >0.050～0.10 | 0.10 | 100 | 10 | 100 | 18 | 4.5 |

### 2.5.2 测定次数

独立地进行 2 次测定，取其平均值。

### 2.5.3 空白试验

随同试料做空白试验。

### 2.5.4 测定

2.5.4.1 将试料(2.5.1)置于 100 mL 聚四氟乙烯烧杯中，加入 5 mL 氢氟酸(2.2.4)，10 mL 硝酸(2.2.1)，低温溶解，蒸至体积约 1 mL 时取下，稍冷后用水冲洗杯壁，加入 5 mL 硫酸(2.2.7)(稀释至 100 mL 容量瓶时加 10 mL)，20 mL 磷酸(2.2.8)(稀释至 100 mL 容量瓶时加 40 mL)，低温加热溶解盐类，取下冷却，以水稀释至 50 mL，混匀，干过滤部分溶液至 50 mL 烧杯中。

2.5.4.2 若锗的质量分数大于 0.010%时，按表 1 分取试液至容量瓶中，按测定溶液体积补加相应的硫酸、磷酸，以水稀释至刻度，混匀，干过滤部分溶液于 50 mL 烧杯中。

2.5.4.3 在原子荧光光谱仪上，以混合酸(2.2.9)为载流，硼氢化钾溶液(2.2.11)为还原剂，以随同试料的空白溶液为参比，测量其荧光强度。从工作曲线上查得相应的锗浓度。

### 2.5.5 工作曲线的绘制

2.5.5.1 移取 0 mL、2.00 mL、4.00 mL、6.00 mL、8.00 mL、10.00 mL 锗标准溶液(2.2.13)分别于一

组 100 mL 的容量瓶中，加入 10 mL 硫酸(2.2.7)，40 mL 磷酸(2.2.8)，用水稀释至刻度，混匀。

2.5.5.2 在与测定试样溶液相同的条件下，以混合酸(2.2.9)为载流，硼氢化钾溶液(2.2.11)为还原剂，以试剂空白为参比，测量锗标准溶液的荧光强度，以锗浓度为横坐标，荧光强度为纵坐标，绘制工作曲线。

### 2.6 分析结果的计算

锗含量以锗的质量分数 $w_{Ge}$ 计，数值以%表示，按式(1)计算：

$$w_{Ge}=\frac{\rho \cdot V_0 \cdot V_2 \times 10^{-9}}{m \cdot V_1}\times 100 \qquad \cdots\cdots(1)$$

式中：

$\rho$ ——自工作曲线上查得的锗浓度，单位为纳克每毫升(ng/mL)；

$V_0$——试液总体积，单位为毫升(mL)；

$V_1$——分取试液体积，单位为毫升(mL)；

$V_2$——测定试液体积，单位为毫升(mL)；

$m$ ——试料的质量，单位为克(g)。

计算结果保留 2 位有效数字。

### 2.7 精密度

#### 2.7.1 重复性

在重复性条件下获得的 2 次独立测试结果的测定值，在以下给出的平均值范围内，这 2 个测试结果的绝对差值不超过重复性限($r$)，超过重复性限($r$)的情况不超过 5%，重复性限($r$)按表 2 数据采用线性内插法求得。

表 2 重复性限

| $w_{Ge}$/% | 0.000 51 | 0.004 1 | 0.011 | 0.055 | 0.11 |
|---|---|---|---|---|---|
| $r$/% | 0.000 08 | 0.000 6 | 0.003 | 0.006 | 0.02 |

#### 2.7.2 再现性

在再现性条件下获得的 2 次独立测试结果的绝对差值不大于再现性限($R$)，超过再现性限($R$)的情况不超过 5%，再现性限($R$)按表 3 数据采用线性内插法求得。

表 3 再现性限

| $w_{Ge}$/% | 0.000 51 | 0.004 1 | 0.011 | 0.055 | 0.11 |
|---|---|---|---|---|---|
| $R$/% | 0.000 10 | 0.001 3 | 0.005 | 0.012 | 0.02 |

### 2.8 试验报告

本条规定试验报告所包括的内容。至少应给出以下几个方面的内容：

——试样；

——本部分编号 GB/T 8151.13—2012；

——使用方法 1；

——分析结果及其表示；
——与基本分析步骤的差异；
——测定中观察到的异常现象；
——试验日期。

## 3 方法2 萃取分离苯芴酮分光光度法

### 3.1 方法提要

试料用硝酸和磷酸溶解，在盐酸介质中，用四氯化碳萃取锗与杂质元素分离，在有机相中锗与苯芴酮形成橙黄色络合物，于分光光度计波长516 nm处测量其吸光度。

### 3.2 试剂

3.2.1 氢氧化钠。
3.2.2 四氯化碳。
3.2.3 无水乙醇。
3.2.4 盐酸(ρ1.19 g/mL)。
3.2.5 硝酸(ρ1.42 g/mL)。
3.2.6 磷酸(ρ1.69 g/mL)。
3.2.7 硫酸(1+6)。
3.2.8 亚硫酸钠水溶液(100 g/L)：3 d内使用。
3.2.9 苯芴酮乙醇溶液(0.3 g/L)：称取0.15 g苯芴酮于500 mL烧杯中，加入200 mL无水乙醇(3.2.3)，15 mL硫酸(3.2.7)，溶解后过滤，以无水乙醇(3.2.3)稀释至500 mL，避光贮存。
3.2.10 锗标准贮存溶液：称取0.144 1 g二氧化锗($w_{GeO_2}$≥99.99%)，加0.5 g氢氧化钠(3.2.1)，加水溶解后，加5 mL硫酸(3.2.7)，移入1 000 mL容量瓶中，用水稀释至刻度，混匀。此溶液1 mL含100 μg锗。
3.2.11 锗标准溶液：移取10.00 mL锗标准贮存溶液(3.2.10)于500 mL容量瓶中，用水稀释至刻度，混匀。此溶液1 mL含2 μg锗。

### 3.3 仪器

分光光度计。

### 3.4 试样

3.4.1 样品应通过0.100 mm孔筛。
3.4.2 样品预先在105 ℃±5 ℃烘1 h，置于干燥器中冷却至室温。

### 3.5 分析步骤

#### 3.5.1 试样

按表4称取试样，精确至0.000 1 g。

表 4 试料质量、试液总体积和分取试液体积

| 锗质量分数/% | 试料质量/g | 试液总体积/mL | 分取试液体积/mL |
|---|---|---|---|
| 0.000 50～0.004 0 | 0.20 | — | — |
| >0.004 0～0.020 | 0.20 | 50 | 10.00 |
| >0.020～0.10 | 0.20 | 50 | 5.00 |

### 3.5.2 测定次数

独立地进行 2 次测定，取其平均值。

### 3.5.3 空白试验

随同试料做空白试验。

### 3.5.4 测定

3.5.4.1 将试料(3.5.1)置于 100 mL 烧杯中，加 15 mL 硝酸(3.2.5)，5 mL 磷酸(3.2.6)，低温溶解试料至体积近 10 mL，用少量水吹洗烧杯壁，蒸至糊状，取下稍冷，再次用少量水吹洗烧杯壁，继续蒸至糊状，取下稍冷，加少量水溶解盐类，冷至室温。加 10 滴亚硫酸钠溶液(3.2.8)(锰高时，加至紫红色褪去并过量 10 滴)。

3.5.4.2 按表 4 用少量水将试料(3.5.1)洗入或以水稀释后分取至 125 mL 分液漏斗中，用水补至体积 10 mL。

3.5.4.3 加 30 mL 盐酸(3.2.4)于上述分液漏斗中，立即加入 20.0 mL 四氯化碳(3.2.2)，振荡 1 min～2 min，静置 10 min 后，弃去数毫升有机相，分液漏斗颈内溶液用滤纸吸干，放出 10.0 mL 有机相于 10 mL 干燥的比色管内，加入 2.0 mL 无水乙醇(3.2.3)和 1.0 mL 苯芴酮乙醇溶液(3.2.9)，混匀，放置 15 min。

3.5.4.4 移取部分溶液于 1 cm 干燥的吸收皿中，以随同试料的空白溶液为参比，于分光光度计波长 516 nm 处测量其吸光度。从工作曲线上查得相应的锗量。

### 3.5.5 工作曲线的绘制

3.5.5.1 移取 0 mL、1.00 mL、2.00 mL、3.00 mL、4.00 mL、5.00 mL 锗标准溶液(3.2.11)分别于一组 125 mL 分液漏斗中，加 3 mL 磷酸(3.2.6)，以水稀释至体积 10 mL，以下按 3.5.4.3 进行。

3.5.5.2 移取部分溶液于 1 cm 干燥的吸收皿中，以试剂空白为参比，于分光光度计波长 516 nm 处测量其吸光度，以锗量为横坐标，吸光度为纵坐标，绘制工作曲线。

## 3.6 分析结果的计算

锗含量以锗的质量分数 $w_{Ge}$ 计，数值以%表示，按式(2)计算：

$$w_{Ge}=\frac{m_1 \cdot V_3 \times 10^{-6}}{m_0 \cdot V_4}\times 100 \qquad \cdots\cdots(2)$$

式中：

$m_1$——自工作曲线上查得的锗量，单位为微克(μg)；

$V_3$——试液总体积，单位为毫升(mL)；

$V_4$——分取试液体积，单位为毫升(mL)；

$m_0$——试料的质量，单位为克(g)。

计算结果保留 2 位有效数字。

## 3.7 精密度

### 3.7.1 重复性

在重复性条件下获得的 2 次独立测试结果的测定值，在以下给出的平均值范围内，这 2 个测试结果的绝对差值不超过重复性限($r$)，超过重复性限($r$)的情况不超过 5%，重复性限($r$)按表 5 数据采用线性内插法求得。

表 5 重复性限

| $w_{Ge}$/% | 0.000 51 | 0.004 0 | 0.012 | 0.057 | 0.11 |
|---|---|---|---|---|---|
| $r$/% | 0.000 10 | 0.000 6 | 0.003 | 0.005 | 0.02 |

### 3.7.2 再现性

在再现性条件下获得的 2 次独立测试结果的绝对差值不大于再现性限($R$)，超过再现性限($R$)的情况不超过 5%，再现性限($R$)按表 6 数据采用线性内插法求得。

表 6 再现性限

| $w_{Ge}$/% | 0.000 51 | 0.004 0 | 0.012 | 0.057 | 0.11 |
|---|---|---|---|---|---|
| $R$/% | 0.000 12 | 0.001 0 | 0.004 | 0.010 | 0.03 |

## 3.8 试验报告

本条规定试验报告所包括的内容。至少应给出以下几个方面的内容：

——试样；

——本部分编号 GB/T 8151.13—2012；

——使用方法 2；

——分析结果及其表示；

——与基本分析步骤的差异；

——测定中观察到的异常现象；

——试验日期。

ICS 77.120.60
H 13

# 中华人民共和国国家标准

GB/T 8151.14—2012
代替 GB/T 8151.14—2000

# 锌精矿化学分析方法 第14部分:镍量的测定 火焰原子吸收光谱法

Methods for chemical analysis of zinc concentrates—
Part 14: Determination of nickel content—
The flame atomic absorption spectrometric method

2012-12-31 发布 2013-10-01 实施

中华人民共和国国家质量监督检验检疫总局
中国国家标准化管理委员会 发布

# 前　言

GB/T 8151《锌精矿化学分析方法》分为20个部分：

——第1部分：锌量的测定　沉淀分离 $Na_2EDTA$ 滴定法和萃取分离 $Na_2EDTA$ 滴定法；

——第2部分：硫量的测定　燃烧中和滴定法；

——第3部分：铁量的测定　$Na_2EDTA$ 滴定法；

——第4部分：二氧化硅量的测定　钼蓝分光光度法；

——第5部分：铅量的测定　火焰原子吸收光谱法；

——第6部分：铜量的测定　火焰原子吸收光谱法；

——第7部分：砷量的测定　氢化物发生-原子荧光光谱法和溴酸钾滴定法；

——第8部分：镉量的测定　火焰原子吸收光谱法；

——第9部分：氟量的测定　离子选择电极法；

——第10部分：锡量的测定　氢化物发生-原子荧光光谱法；

——第11部分：锑量的测定　氢化物发生-原子荧光光谱法；

——第12部分：银量的测定　火焰原子吸收光谱法；

——第13部分：锗量的测定　氢化物发生-原子荧光光谱法和苯芴酮分光光度法；

——第14部分：镍量的测定　火焰原子吸收光谱法；

——第15部分：汞量的测定　原子荧光光谱法；

——第16部分：钴量的测定　火焰原子吸收光谱法；

——第17部分：锌量的测定　氢氧化物沉淀-$Na_2EDTA$ 滴定法；

——第18部分：锌量的测定　离子交换-$Na_2EDTA$ 滴定法；

——第19部分：金和银量的测定　铅析或灰吹火试金和火焰原子吸收光谱法；

——第20部分：铜、铅、铁、砷、镉、锑、钙、镁量的测定　电感耦合等离子体原子发射光谱法。

本部分为GB/T 8151的第14部分。

本部分按照GB/T 1.1—2009给出的规则起草。

本部分代替GB/T 8151.14—2000《锌精矿化学分析方法　镍量的测定》。与GB/T 8151.14—2000相比，主要有如下变动：

——对文本格式进行了修改；

——补充了精密度和试验报告。

本部分由全国有色金属标准化技术委员会(SAC/TC 243)归口。

本部分负责起草单位：中冶葫芦岛有色金属集团有限公司。

本部分起草单位：中华人民共和国辽宁出入境检验检疫局、中冶葫芦岛有色金属集团有限公司。

本部分参加起草单位：湖南水口山有色金属集团有限公司、北京矿冶研究总院、株洲冶炼集团股份有限公司。

本部分主要起草人：李岩、董秀文、张宁、姜莉、段越、房定、任石宁、刘春峰、汤淑芳、徐燕、雷素函。

本部分所代替标准的历次版本发布情况为：

——GB/T 8151.14—1987、GB/T 8151.14—2000。

# 锌精矿化学分析方法 第14部分:镍量的测定 火焰原子吸收光谱法

## 1 范围

GB/T 8151的本部分规定了锌精矿中镍量的测定方法。

本部分适用于锌精矿中镍量的测定。测定范围:0.003 0%~0.050%。

## 2 方法提要

试料用盐酸、硝酸、硫酸溶解,在柠檬酸铵溶液中,用三氯甲烷萃取镍与丁二酮肟生成的络合物而与锌、铁等元素分离。在盐酸介质中,于原子吸收光谱仪波长232.0 nm处,用空气-乙炔火焰,测量镍的吸光度。

## 3 试剂

除非另有说明,在分析中仅使用确认为分析纯试剂和蒸馏水或去离子水或相当纯度的水。

3.1 三氯甲烷。

3.2 盐酸($\rho$1.19 g/mL)。

3.3 硝酸($\rho$1.42 g/mL)。

3.4 硫酸($\rho$1.84 g/mL)。

3.5 盐酸(1+1)。

3.6 盐酸(1+20)。

3.7 硝酸(1+1)。

3.8 氨水(1+1)。

3.9 柠檬酸铵溶液(250 g/L)。

3.10 丁二酮肟乙醇溶液(10 g/L)。

3.11 镍标准贮存溶液:称取0.500 0 g金属镍($w_{Ni}$≥99.9%),置于250 mL烧杯中,加入10 mL硝酸(3.7),加热溶解完全,冷却,移入1 000 mL容量瓶中,用水稀释至刻度,混匀。此溶液1 mL含500 μg镍。

3.12 镍标准溶液:移取5.00 mL镍标准贮存溶液(3.11)于100 mL容量瓶中,加入5 mL盐酸(3.5),用水稀释到刻度,混匀。此溶液1 mL含25 μg镍。

3.13 酚酞乙醇溶液(5 g/L)。

## 4 仪器

原子吸收光谱仪,附镍空心阴极灯。

在仪器最佳工作条件下,凡能达到下列指标的原子吸收光谱仪均可使用:

——特征浓度：在与试料溶液基体相一致的溶液中，镍的特征浓度应不大于0.05 μg/mL；
——精密度：用最高浓度的标准溶液测量10次吸光度，其标准偏差不超过平均吸光度的1.50%；用最低浓度的标准溶液(不是“零”标准溶液)测量10次吸光度，其标准偏差应不超过最高浓度标准溶液平均吸光度的0.50%；
——工作曲线线性：将工作曲线按浓度等分为五段，最高段的吸光度差值与最低段的吸光度差值之比，应不小于0.7。

## 5 试样

5.1 样品应通过0.100 mm孔筛。
5.2 样品预先在105 ℃±5 ℃烘1 h，置于干燥器中冷至室温。

## 6 分析步骤

### 6.1 试料

按表1称取试样，精确至0.000 1 g。

表1 试料质量与试液体积

| 镍质量分数/% | 试料质量/g | 试液总体积/mL |
|---|---|---|
| 0.003 0～0.010 | 0.50 | 25 |
| >0.010～0.050 | 0.50 | 50 |

### 6.2 测定次数

独立地进行2次测定，取其平均值。

### 6.3 空白试验

随同试料做空白试验。

### 6.4 测定

6.4.1 将试料(6.1)置于150 mL烧杯中，以少许水润湿摇散，加入10 mL盐酸(3.2)，盖上表皿，低温溶解5 min，加入5 mL硝酸(3.3)，加热溶解并蒸至2 mL～3 mL，加入5 mL硫酸(3.4)，加热冒烟至近干，加入2 mL盐酸(3.5)，吹少许水洗表皿及杯壁，加热溶解盐类，取下冷却。将溶液移入250 mL分液漏斗中，加水至30 mL左右。
6.4.2 加入10 mL柠檬酸铵溶液(3.9)，2滴酚酞乙醇溶液(3.13)，用氨水(3.8)中和至出现微红色并过量4滴，加入5 mL丁二酮肟乙醇溶液(3.10)，混匀，放置5 min。
6.4.3 加入10 mL三氯甲烷(3.1)，振荡2 min，静置分层，将有机相移入另一个60 mL分液漏斗中，水相再加入10 mL三氯甲烷(3.1)，振荡2 min，静置分层，合并有机相，弃去水相。
6.4.4 向有机相中加入15 mL盐酸(3.6)反萃取，振荡1 min，静置分层，弃去有机相，水相按表1移入相应容量瓶中，以水稀释至刻度，混匀，干过滤。
6.4.5 使用空气-乙炔火焰，于原子吸收光谱仪波长232.0 nm处，以水调零，测量干过滤试液的吸光度，减去随同试料的空白溶液的吸光度，从工作曲线上查得相应的镍浓度。

### 6.5 工作曲线的绘制

6.5.1 移取 0 mL、1.00 mL、2.00 mL、4.00 mL、6.00 mL、8.00 mL、10.00 mL 镍标准溶液(3.12)分别于一组 250 mL 分液漏斗中，加水至 30 mL 左右。以下按 6.4.2～6.4.4 进行。

6.5.2 使用空气-乙炔火焰，于原子吸收光谱仪波长 232.0 nm 处，以水调零，测量系列标准溶液吸光度，减去系列标准溶液中“零”浓度溶液的吸光度，以镍浓度为横坐标，吸光度为纵坐标，绘制工作曲线。

## 7 分析结果的计算

镍含量以镍的质量分数 $w_{Ni}$ 计，数值以%表示，按式(1)计算：

$$w_{Ni}=\frac{\rho \cdot V_0 \times 10^{-6}}{m}\times 100 \qquad \cdots\cdots(1)$$

式中：

$\rho$ ——自工作曲线上查得的镍浓度，单位为微克每毫升(μg/mL)；

$V_0$——试液的总体积，单位为毫升(mL)；

$m$——试料的质量，单位为克(g)。

计算结果保留 2 位有效数字。

## 8 精密度

### 8.1 重复性

在重复性条件下获得的 2 次独立测试结果的测定值，在以下给出的平均值范围内，这 2 个测试结果的绝对差值不超过重复性限($r$)，超过重复性限($r$)的情况不超过 5%，重复性限($r$)按表 2 数据采用线性内插法求得。

表 2 重复性限

| $w_{Ni}$/% | 0.001 5 | 0.005 2 | 0.023 | 0.039 | 0.052 |
|---|---|---|---|---|---|
| $r$/% | 0.000 4 | 0.000 8 | 0.003 | 0.004 | 0.005 |

### 8.2 再现性

在再现性条件下获得的 2 次独立测试结果的绝对差值不大于再现性限($R$)，超过再现性限($R$)的情况不超过 5%，再现性限($R$)按表 3 数据采用线性内插法求得。

表 3 再现性限

| $w_{Ni}$/% | 0.001 5 | 0.005 2 | 0.023 | 0.039 | 0.052 |
|---|---|---|---|---|---|
| $R$/% | 0.000 6 | 0.001 4 | 0.004 | 0.005 | 0.006 |

## 9 试验报告

本章规定试验报告所包括的内容。至少应给出以下几个方面的内容：

——试样；
——本部分编号 GB/T 8151.14—2012；
——分析结果及其表示；
——与基本分析步骤的差异；
——测定中观察到的异常现象；
——试验日期。

ICS 77.120.60
H 13

# 中华人民共和国国家标准

GB/T 8151.17—2012/ISO 13658:2000

# 锌精矿化学分析方法 第17部分:锌量的测定 氢氧化物沉淀-$Na_2EDTA$滴定法

**Methods for chemical analysis of zinc concentrates—Part 17: Determination of zinc content—Hydroxide precipitation and $Na_2EDTA$ titrimetric method**

(ISO 13658:2000, Zinc sulfide concentrates—Determination of zinc content—Hydroxide precipitation and EDTA titrimetric method, IDT)

2012-12-31 发布　　2013-10-01 实施

中华人民共和国国家质量监督检验检疫总局
中国国家标准化管理委员会　发布

# 前　言

GB/T 8151《锌精矿化学分析方法》分为20个部分：

——第1部分：锌量的测定　沉淀分离$Na_2EDTA$滴定法和萃取分离$Na_2EDTA$滴定法；

——第2部分：硫量的测定　燃烧中和滴定法；

——第3部分：铁量的测定　$Na_2EDTA$滴定法；

——第4部分：二氧化硅量的测定　钼蓝分光光度法；

——第5部分：铅量的测定　火焰原子吸收光谱法；

——第6部分：铜量的测定　火焰原子吸收光谱法；

——第7部分：砷量的测定　氢化物-原子荧光光谱法和溴酸钾滴定法；

——第8部分：镉量的测定　火焰原子吸收光谱法；

——第9部分：氟量的测定　离子选择电极法；

——第10部分：锡量的测定　氢化物-原子荧光光谱法；

——第11部分：锑量的测定　氢化物-原子荧光光谱法；

——第12部分：银量的测定　火焰原子吸收光谱法；

——第13部分：锗量的测定　氢化物-原子荧光光谱法和苯芴酮分光光度法；

——第14部分：镍量的测定　火焰原子吸收光谱法；

——第15部分：汞量的测定　原子荧光光谱法；

——第16部分：钴量的测定　火焰原子吸收光谱法；

——第17部分：锌量的测定　氢氧化物沉淀-$Na_2EDTA$滴定法；

——第18部分：锌量的测定　离子交换-$Na_2EDTA$滴定法；

——第19部分：金和银含量的测定　铅析或灰吹火试金和火焰原子吸收光谱法；

——第20部分：铜、铅、铁、砷、镉、锑、钙、镁量的测定　电感耦合等离子体原子发射光谱法。

本部分为GB/T 8151的第17部分。

本部分按照GB/T 1.1—2009给出的规则起草。

本部分等同翻译ISO 13658:2000《硫化锌精矿　锌量的测定　氢氧化物沉淀EDTA滴定法》，与ISO 13658:2000的一致性程度为等同。

本部分与ISO 13658:2000的主要差异如下：

——用小数点"."代替在国际标准中作为小数点的"，"；

——用句号"。"代替在国际标准中作为句号的"."；

——用"本部分"代替"本标准"；

——按中文习惯改动了标准名称；

——删除了国际标准中的封面、目录、前言。

本部分由全国有色金属标准化技术委员会(SAC/TC 243)归口。

本部分负责起草单位：中冶葫芦岛有色金属集团有限公司、中国有色金属工业标准计量质量研究所。

本部分参加起草单位：株洲冶炼集团股份有限公司、河南豫光金铅集团股份有限公司、铜陵有色金属集团控股有限公司、大冶有色金属集团控股有限公司、中条山有色金属集团有限公司、北京矿冶研究总院。

本部分主要起草人：李遵义、单素芳、李冬梅、赵军锋、崔敏、彭海姣、孔建敏、李琴美、程浩宇、刘艳、潘晓玲、马丽君、张光华、汤淑芳、荣惠萱。

# 锌精矿化学分析方法
# 第17部分:锌量的测定
# 氢氧化物沉淀-$Na_2$EDTA滴定法

## 1 范围

GB/T 8151的本部分规定了硫化锌精矿中锌含量的测定方法。

本部分适用于硫化锌精矿中锌含量的测定。测定范围:10.00%~60.00%。

## 2 规范性引用文件

下列文件对于本文件的应用是必不可少的。凡是注日期的引用文件,仅注日期的版本适用于本文件。凡是不注日期的引用文件,其最新版本(包括所有的修订单)适用于本文件。

GB/T 8151.18—2012 锌精矿化学分析方法 第18部分:锌量的测定 离子交换-$Na_2$EDTA滴定法(ISO 12739:1997)

ISO 385-1:1984 实验室玻璃器皿 滴定管 第1部分:一般要求(Laboratory glassware—Burettes—Part 1:General requirements)

ISO 648:1977 实验室玻璃器皿 单刻度移液管(Laboratory glassware—One-mark pipettes)

ISO 1042:1998 实验室玻璃器皿 单刻度容量瓶(Laboratory glassware—One-mark volumetric flasks)

ISO 3696:1987 实验室分析用水 规范及试验方法(Water for analytical laboratory use—Specification and test methods)

ISO 4787:1984 实验室玻璃器皿 容量器皿 测试容量和使用方法(Laboratory glassware—Volumetric glassware— Methods for use and testing of capacity)

ISO 5725-2:1994 实验方法和试验结果的精密度 第2部分:测定一个方法的重现性和再现性的基本方法(Accuracy(trueness and precision) of measurement methods and results—Parts 2: Basic method for the determination of repeatability and reproducibility of a standard measurement method)

ISO 9599:1991 硫化铜、铅、锌精矿中吸湿水分的测定 重量法(Copper, lead and zinc sulfide concentrates—Determination of hygroscopic moisture in the analysis sample—Gravimetric method)

ISO 13291:1997 硫化锌精矿 锌量的测定 萃取分离EDTA滴定法(Zinc sulfide concentrates—Determination of zinc content—Solvent extraction and EDTA titrimetric method)

ISO指南35:1989 标准样品的鉴定 总则和统计原理(Certification of reference materials—General and statistical principles)

## 3 方法提要

用溴与硝酸溶解试样,用硫酸和氢氟酸溶解剩余的不溶残渣。铅以硫酸盐的形式分离,用氨水、氯化铵和过硫酸铵使铝、锰、铁以氢氧化物沉淀的形式分离,掩蔽铜。用二甲酚橙作指示剂,用配位滴定法(pH5.5~5.7)测定锌和镉的合量。独立的测定镉量,扣除镉量即为锌的含量。

注:潜在干扰元素的影响见附录A。

## 4 试剂

分析过程中，试剂均为分析纯，水符合 ISO 3696 中二级要求。

4.1 金属锌($w_{Zn} \geqslant 99.99\%$)：使用前表面无氧化。将锌表面浸入盐酸(4.6)清洗 1 min，然后用水冲洗，再用丙酮冲洗，并在 50 ℃烘箱中烘干。

4.2 氯化铵。

4.3 溴。

4.4 硝酸($\rho_{20}$ 1.42 g/mL)。

4.5 盐酸($\rho_{20}$ 1.16 g/mL～1.19 g/mL )。

4.6 盐酸(1+1)：向 500 mL 水中加入 500 mL 盐酸(4.5)。

4.7 硫酸($\rho_{20}$ 1.84 g/mL)。

4.8 硫酸(1+1)：在搅拌下向 500 mL 水中小心缓慢加入 500 mL 硫酸(4.7)。

4.9 硫酸(1+99)：向 980 mL 水中加入 20 mL 硫酸(4.8)。

4.10 氨水($\rho_{20}$ 0.89 g/mL)。

4.11 过硫酸铵。

4.12 氨水洗涤液：溶解 20 g 氯化铵于 1 000 mL 氨水(1+100)溶液中。

4.13 乙醇。

4.14 乙酸($\rho_{20}$ 1.05 g/mL)。

4.15 溴百里酚蓝指示剂(1 g/L)：溶解 0.1 g 溴百里酚蓝于乙醇(4.13)中，稀释至 100 mL。

4.16 六亚甲基四胺缓冲溶液(250 g/L)：溶解 250 g 六亚甲基四胺于水中，加入 60 mL 乙酸(4.14)，稀释至 1 L。

4.17 掩蔽溶液：溶解 50 g 氟化铵和 100 g 硫代硫酸钠于水中，稀释至 1 L。

4.18 二甲酚橙指示剂(1 g/L)：溶解 0.1 g 二甲酚橙钠盐于水中，稀释至 100 mL。

4.19 三价铁溶液(10 mg/mL)：溶解 72.3 g 九水硝酸铁 [$Fe(NO_3)_3 \cdot 9H_2O$]于水中，稀释至 1 L。

4.20 $Na_2EDTA$ 标准滴定溶液(0.1 mol/L)：

4.20.1 配制：溶解 37.2 g 乙二胺四乙酸二钠盐和 2 g 氢氧化钠于水中，稀释至 1 L。

4.20.2 标定：

注 1：为获得 0.1%～0.2%相对准确度，必须在分析时，在同样条件下用锌标定 $Na_2EDTA$ 标准滴定溶液。因此建议分析采用下面的操作条件。另外，为了提高重复性，通常应准备好几种锌标准溶液。

依据试样中锌含量，称取质量在 0.055 g～0.31 g 的 3 份金属锌(4.1)，精确至 0.1 mg，分别置于 3 个 500 mL 烧杯中，记录锌质量为 $m_1$、$m_2$ 和 $m_3$。

在每个烧杯中加 10 mL 稀盐酸(4.6)，逐渐加热使金属锌溶解，冷却，加入 50 mL 水和 20 g 氯化铵(4.2)振荡溶解，用水稀释至约 200 mL。加 4 滴溴百里酚蓝指示剂(4.15)，逐渐加入氨水(4.10)中和，直到黄色消失。再加入 7 滴盐酸(4.5)。

注 2：也可不用溴百里酚蓝指示剂，而用 pH 计指示 pH 为 5.6。但在继续操作前，一定用水将电极冲洗净。

加入 20 mL 缓冲溶液(4.16)和 20 mL 掩蔽溶液(4.17)，加入 10 滴二甲酚橙指示剂(4.18)，摇匀。用 $Na_2EDTA$ 标准滴定溶液(4.20)滴定，直到溶液变成黄色。记录所耗 $Na_2EDTA$ 的体积 $V_1$、$V_2$ 和 $V_3$。

按式(1)计算每个烧杯的 $Na_2EDTA$ 溶液对锌的滴定系数 $f_{ix}$：

$$f_{ix} = m_x / V_x,\ x = 1 \sim 3 \qquad (1)$$

式中：

$f_{ix}$——滴定系数；

$m_x$——称取金属锌的质量，单位为克(g)；

$V_x$——$Na_2EDTA$ 标准滴定溶液的体积，单位为毫升(mL)。

$f_{i1}$、$f_{i2}$和 $f_{i3}$的极差应不超过 0.000 01 g/mL，否则重新标定。

按式(2)计算 $Na_2EDTA$ 溶液对锌平均滴定系数：

$$f=(f_{i1}+f_{i2}+f_{i3})/3 \qquad \cdots\cdots\cdots\cdots(2)$$

## 5 仪器

5.1 A 级容量玻璃器皿，符合 ISO 385-1、ISO 648、ISO 1042 的标准要求，按 ISO 4787 操作使用。

5.2 分析天平，感量 0.1 mg。

5.3 电热板。

5.4 pH 计。

## 6 样品

### 6.1 试样

按 ISO 9599 的要求制备试样。

注：如果用预干试料(见附录 B)，则不需要制备试样。

### 6.2 试料

采用多点多次取样的方式从试样中分取试料，保证其代表性。称取 0.5 g 试料，精确至 0.1 mg。同时，按 ISO 9599 测定吸湿水分。也可以使用附录 B 规定的方法直接从实验室样品中制备预干试料。

## 7 步骤

### 7.1 测定次数

在重复性试验条件下，每个试样至少重复测定 2 次。

注：重复性条件是指采用同样的方法，同样的试验材料，在同样试验室，由同一个人使用同样仪器在短时间内测得的独立结果。

### 7.2 空白试验

每次对实验室试样进行分析时，都应平行进行空白试验，空白试验除不加入试料外所有操作与试样分析相同。所消耗 $Na_2EDTA$ 的体积为 $V_b$。

### 7.3 试料溶解

将试料(6.2)放入 300 mL 圆锥烧杯中，用 5 mL 水润湿，加入 1 mL 溴(4.3)，放置 15 min，不时地摇动烧杯。小心地加入15 mL 硝酸(4.4)，将烧杯放到电热板(5.3)上，缓慢加热，驱除氮的氧化物和溴。加入 15 mL 硫酸(4.8)加热蒸发至冒硫酸烟(溶液约剩下 5 mL)。

注：要小心确保包括含碳物料的试样蒸发时，不会由于试样粘到烧杯壁上而造成质量损失。

冷却，小心地加入约 50 mL 水，加热溶液至沸腾。冷却至室温，用中速定量滤纸过滤到 500 mL 圆锥烧杯中，用硫酸(4.9)洗净烧杯和滤纸。收集滤液与清洗溶液并入同一烧杯。

保留滤纸和酸不溶解的残渣，用原子吸收光谱法测定其中的锌量(见附录 C)，除非统计显示，先前的试验中锌被完全溶解。如果这一步骤不经常做，则每个分析人员对每个精矿类型都要进行常规检验，以确认其不需要的有效性。同样的，所有的文件需要注明检测中哪一步不需要。

### 7.4 用氢氧化物分离铝、铁、锰

向溶液中加入 15 g 氯化铵(4.2)振荡溶解。

注 1：如果试样中的铁量很少，则加入三价铁溶液(4.19)，使溶液中的铁的含量达到 50 mg。

加热至近沸，加入氨水(4.10)直至沉淀完全，并过量 30 mL。向溶液中加入 1 g 过硫酸铵(4.11)，加热至沸腾，并持续 1 min。静置沉淀。用中速定量滤纸滤至另外的 500 mL 烧杯中，用热的氨水洗涤液(4.12)清洗沉淀几次。将滤液和洗液并入同一个烧杯中。

注 2：含铅高的试样过滤时要慢。

在不破坏滤纸的情况下将沉淀冲洗入原烧杯中，并用 10 mL 盐酸(4.6)将其溶解。向溶液中加入 5 g 氯化铵(4.2)，加入氨水(4.10)和过硫酸铵(4.11)使溶液再次沉淀。煮沸，用原来的滤纸按上面的方法进行过滤和清洗。

收集滤液和清洗液并入第一次分离时收集滤液的烧杯中，将烧杯放在电热板上，逐渐加热，将溶液蒸至近 200 mL，冷却至室温。保留氢氧化物沉淀用于后处理。

### 7.5 滴定

向 7.4 制备的试液中加入 4 滴溴百里酚蓝指示剂(4.15)，然后逐渐加入盐酸(4.5)中和，直至溶液蓝色消失。过量 7 滴。

注 1：也可不用溴百里酚蓝指示剂，而用 pH 计指示 pH 为 5.6。但在继续操作前，一定要用水将电极冲洗净。

加入 20 mL 缓冲溶液(4.16)和 20 mL 掩蔽溶液(4.17)，加 10 滴二甲酚橙指示剂(4.18)，摇匀。用 $Na_2EDTA$ 标准滴定溶液(4.20)滴定，直到溶液变成黄色。记录所消耗 $Na_2EDTA$ 的体积 $V_t$。

注 2：如果在试样中含有镉，则 7.5 步骤中镉不会消除。需要对镉量单独测定，并对它的存在进行修正。镉量的测定方法见附录 D。

### 7.6 测定酸不溶物残渣中和氢氧化物沉淀中的锌量

按附录 C 测定溶解步骤(7.3)中的酸不溶物残渣和分离步骤(7.4)中的氢氧化物沉淀中的锌量($m_{Zn}$)。

### 7.7 测定试样中的镉量

按附录 D 测定试样中的镉含量($w_{Cd}$)。

## 8 结果的表示

### 8.1 试样中锌量的计算

按式(3)计算试料中锌的质量分数 $w_{Zn}$，数值以%表示：

$$w_{Zn}=\left[\frac{(V_t-V_b)\times f+m_{Zn}}{m}\times 100\times\frac{100}{100-H}\right]-0.581w_{Cd} \quad\cdots\cdots\cdots\cdots(3)$$

式中：

$V_t$ ——滴定试料时消耗的 $Na_2EDTA$ 的体积，单位为毫升(mL)；

$V_b$ ——滴定试剂空白试验中消耗 $Na_2EDTA$ 的体积，单位为毫升(mL)；

$f$ —— $Na_2EDTA$ 对锌的滴定系数，单位为克每毫升(g/mL)；

$m_{Zn}$ ——按附录 C 测定的残渣中锌的质量，单位为克(g)；

$m$ ——试料的质量，单位为克(g)；

$H$ ——试料中吸湿水分的质量分数,%;

$w_{Cd}$ ——按附录D测得的镉量,以质量分数表示(%)。

注:如果采用预干试料,$H=0$。

## 8.2 试验结果的处理

试验结果的处理按附录E进行。如果需要,按附录E的要求重新分析。

注:按下式计算重复性限 $r$:

$$r=2.8\sqrt{2s_r^2}=0.16$$

式中:

$s_r$——重复性标准偏差,以质量分数表示(%)。(见10.1)

# 9 锌精矿的贸易应用

实验室间精密度是假定所有实验室采取同样步骤的前提下,用来测定2个以上实验室报告结果的一致性。

计算下列值:

极差 $$R=0.34$$

范围 $$E=|\mu_1-\mu_2|$$

式中:

$\mu_1$——实验室1报告的最终结果,以质量分数表示(%);

$\mu_2$——实验室2报告的最终结果,以质量分数表示(%)。

注:极限偏差是导出分裂限的因素之一。

如果 $E$ 不大于 $R$,则表明结果一致,其2个结果的平均值可以用于贸易。

# 10 准确度

## 10.1 精密度的表示

本次试验方法的精密度可以用下面的方程表示:

注:详细表示见附录F。

$$s_r=0.041$$

$$s_R=0.12$$

式中:

$s_r$ ——重复性标准偏差,以质量分数表示(%);

$s_R$ ——再现性标准偏差,以质量分数表示(%)。

## 10.2 校核准确度

通常用标准样品(CRM)来校核分析方法的准确度。当精密度确认以后,最终的试验结果将与标定值 $A_c$ 对比,有下列两种可能:

$$|\mu_c-A_c|\leqslant C \quad \cdots\cdots(4)$$

此结果表示报告结果与定值无显著偏差。

$$|\mu_c-A_c|>C \quad \cdots\cdots(5)$$

此结果表示报告结果与定值有显著偏差。

式中：

$\mu_c$ ——标准样品最终测试结果，以质量分数表示(%)；

$A_c$ ——标准样品定值结果，以质量分数表示(%)；

$C$ ——依据规定的标准样品类型确定锌含量常数值，以质量分数表示(%)。

按 ISO 指南 35 来制备和定值标准样品。

如果由多个实验室定值标准样品：

$$C=2\sqrt{[s_R^2-s_r^{2*}(n-1/n)+s^2\{A_c\}]} \quad \cdots\cdots(6)$$

式中：

$s^2\{A_c\}$——定值方差；

$n$ ——平行测定次数。

如果由单个实验室定值标准样品：

$$C=2\sqrt{[2s_R^2-s_r^{2*}(n-2/n)]} \quad \cdots\cdots(7)$$

式中：

$n$——平行测定次数。

**注：** 尽量避免使用该种标准样品，除非 CRM 标准样品是一个无偏差定值。

## 11 试验报告

试验报告应包括下列信息：

a) 样品标识；

b) 使用的国家标准，如 GB/T 8151.17—2012/ISO 13658:2000；

c) 试样中锌含量，以质量分数表示；

d) 测试日期；

e) 测定过程中发生的可能影响试验结果的现象。

# 附 录 A
（资料性附录）
潜在干扰元素的影响

## A.1 范围

本附录描述了潜在干扰元素的影响和如何使干扰最小化的步骤。

## A.2 镉

镉不能从沉淀中被分离，它必须单独测定，以修正锌含量(见 7.7)。

## A.3 铅

在锌精矿中通常都含有大量的铅。在溶解步骤中(见 7.3)大部分以硫酸铅形式除去，少量铅在过滤阶段可以完全清除。

## A.4 铁和锰

铁和锰可以在分离阶段被清除(见 7.4)。

## A.5 铜

铜在滴定阶段由掩蔽溶液掩蔽(见 7.5)。

## A.6 镍和钴

如果锌精矿中镍和钴的量少于 0.03%，则它们的影响可以忽略。在国际贸易中大于该值的锌精矿还不存在。

## A.7 钙和铝

钙以硫酸钙的形式在溶解阶段部分沉淀(见 7.3)。铝可在分离阶段以沉淀形式大量地清除(见 7.4)。剩余的钙和铝在滴定阶段在滤液中被掩蔽(见 7.5)。

# 附　录　B
（规范性附录）
预干试料的制备和质量测定方法

## B.1　范围

本附录规定了分析硫化锌精矿时预干试样的制备和质量的测定方法。

本附录适用于不易氧化、吸湿水分含量范围0.05%～2%的硫化锌精矿。

## B.2　方法提要

用于分析的试料在105 ℃±5 ℃的烘箱中，于空气中干燥，干燥的试料称量后用于分析，这样就不需要校正吸湿水分含量。

## B.3　试剂

B.3.1　干燥剂，如变色硅胶或无水高氯酸镁。

**警告：处理废弃的高氯酸镁一定要小心，必须用流水冲入水槽。**

## B.4　仪器

B.4.1　分析天平，感量为0.1 mg。

B.4.2　称量容器，由玻璃或硅或其他耐蚀金属制成，具有密封盖。盛少量试样时（不大于3 g），其质量总和也不大于20 g。

B.4.3　烘箱，能保持温度105 ℃±5 ℃。

## B.5　步骤

### B.5.1　称量容器的准备

在105 ℃±5 ℃的烘箱（B.4.3）中干燥称量容器和密封盖（B.4.2）1 h。然后将称量容器和密封盖移至干燥器中，冷却至室温。

### B.5.2　试料

称重干燥称量容器和盖（B.4.2），在保证获取合适的预干试料的前提下，尽快加入实验室样料。此情况下并不需要确定试样和称量容器准确的总质量。

### B.5.3　干试料质量的测定

将不盖盖的称量容器、试样及密封盖放烘箱（B.4.3）中，在105 ℃±5 ℃的情况下干燥2 h。2 h后，从烘箱中取出称量容器和干试料，盖上密封盖，置于干燥器中冷却至室温。冷却后，取出称量容器、试样及密封盖，轻轻开盖后，立即盖上，称重记为$m_{1a}$，精确至0.1 mg。

将试样置于合适的分析容器中，立即称重空的称重容器和密封盖，记录为 $m_2$，精确至 0.1 mg。

**注**：对于不知特性的锌精矿，建议在 105 ℃±5 ℃再次干燥 2 h，称量容器、试样和密封盖($m_{1b}$)，精确至 0.1 mg。如果 $m_{1a}$ 和 $m_{1b}$ 的差值不大于 0.5 mg，则可认为试料质量不变。如果达不到要求，则干燥和称重必须再次进行。

## B.6 干试料质量的计算

按式(B.1)计算干试料质量 $m_3$：

$$m_3 = m_{1a} - m_2 \qquad \text{(B.1)}$$

式中：

$m_{1a}$——称量容器、试料和密封盖的总质量，单位为克(g)；

$m_2$——称量容器和密封盖的总质量，单位为克(g)；

$m_3$——干试样的质量，单位为克(g)。

干试料质量常常用来计算干试料中元素含量，此时不需要进行水分修正。

# 附　录　C
（规范性附录）
# 原子吸收光谱法测定酸不溶物和氢氧化物沉淀中的锌量

## C.1　范围

本附录规定了酸不溶物和氢氧化物沉淀中残余锌量的制备和测量方法。测量范围：0.000 1 g～0.000 5 g。

## C.2　方法提要

用盐酸溶解氢氧化物沉淀，保留滤纸，与残留有酸不溶残渣的滤纸合并、灰化。用过氧化钠熔融。用盐酸浸取熔料，与溶解的氢氧化物混合。用原子吸收光谱仪或电感耦合等离子体原子发射光谱仪测定混合溶液中的锌量。

## C.3　试剂

在分析过程中，仅使用分析纯试剂，水应符合 ISO 3696 中的二级要求。

**C.3.1**　盐酸（$\rho_{20}$ 1.16～1.19 g/mL）。

**C.3.2**　盐酸（1+1）：向 500 mL 水中加入 500 mL 盐酸（C.3.1）。

**C.3.3**　硝酸（$\rho_{20}$ 1.42 g/mL ）。

**C.3.4**　氢氟酸（$\rho_{20}$ 1.13 g/mL）。

**C.3.5**　硫酸（$\rho_{20}$ 1.84 g/mL）。

**C.3.6**　硫酸（1+1）：在小心、缓慢地搅拌下将 500 mL 硫酸（C.3.5）加入到 500 mL 水中。

**C.3.7**　铁溶液：用 20 mL 盐酸（C.3.2）溶解 1 g 金属铁，加入 5 mL 硝酸（C.3.3）移入 100 mL 容量瓶中，用水稀释至刻度，混匀。

**C.3.8**　锌标准贮存溶液（1 000 μg/mL）：溶解 1.000 0 g 高纯锌于 100 mL 盐酸（C.3.2）中，冷却移入 1 000 mL 容量瓶中。用水稀释至刻度，混匀。此溶液 1 mL 含 1 000 μg 锌。

**C.3.9**　锌标准溶液（100 μg/mL）：移取 25.00 mL 锌标准贮存溶液（C.3.8）到 250 mL 容量瓶中，用水稀释至刻度，混匀。此溶液 1 mL 含 100 μg 锌。

**C.3.10**　过氧化钠。

**C.3.11**　氯化钠。

## C.4　仪器

**C.4.1**　原子吸收光谱仪或电感耦合等离子体原子发射光谱仪。

**C.4.2**　A 级容量玻璃器皿：符合 ISO 385-1、ISO 648 及 ISO 1042 的标准要求，按 ISO 4787 操作使用。

**C.4.3**　电热板。

**C.4.4**　马弗炉，可以维持温度在 800 ℃±10 ℃。

**C.4.5**　锆坩埚，容量 30 mL。

**C.4.6**　铂坩埚，容量 50 mL。

## C.5 分析步骤

### C.5.1 氢氧化物沉淀的处理

将步骤7.4中包含有氢氧化物沉淀的滤纸，用少量的水将沉淀洗入原烧杯中，交替用热盐酸(C.3.2)和水清洗滤纸，收集洗液于原来装有沉淀的烧杯，加入15 mL盐酸(C.3.2)煮沸溶液，冷却。

保留滤纸以备后处理，除非通过以后的试验证明，清洗后的滤纸上已经没有锌存在。如果此步骤不经常做，则每个分析人员对每个精矿类型都要进行常规检验，以确认其不需要的有效性。同样的，所有的文件需要注明检测中哪一步不需要。

### C.5.2 酸不溶物及氢氧化物沉淀滤纸的处理

用下列的任一种方法处理含有酸不溶物残渣的滤纸和过滤氢氧化物沉淀的滤纸。

a) 将滤纸放入锆坩埚(C.4.5)，放入800 ℃马弗炉(C.4.4)中，逐渐灰化，将坩埚和残渣冷却。加入2 g过氧化钠(C.3.10)低温熔融。通过逐渐加热，使熔融物完全熔化，当熔化后，停止加热，冷却。将坩埚和熔融物放入装有50 mL热水的400 mL烧杯中，沉浸坩埚，使坩埚中的大部分熔融物溶解，然后加入25 mL盐酸(C.3.2)。盖上表皿，逐渐加热溶解所有的熔融物。冷却，拿出坩埚，用水彻底清洗。收集洗液并入溶解熔融物的烧杯中。

b) 将滤纸放入铂坩埚(C.4.6)中，于800 ℃马弗炉中逐渐灰化，将坩埚和残渣冷却至室温。加入2 mL硫酸(C.3.6)，2 mL硝酸(C.3.3)和2 mL氢氟酸(C.3.4)，将溶液蒸至近干，冷却，加少量的水溶解盐类。

注1：如果试样中含有铅，可能破坏铂坩埚，则在锆坩埚中用过氧化钠熔融更好。

### C.5.3 测定锌量

将从C.5.1和C.5.2溶解的溶液移入一个250 mL容量瓶中，用水稀释至刻度，混匀。

标准溶液的制备：定量移取0 mL、0.50 mL、2.00 mL、5.00 mL锌标准溶液(C.3.9)于一组250 mL容量瓶中。加入40 mL盐酸溶液(C.3.2)，5.0 mL铁溶液(C.3.7)，如果使用了过氧化钠，则加入3 g氯化钠(C.3.11)用水稀释至刻度，混匀。

仪器应该使用电流在7 mA的锌空心阴极灯，提供必需的背景修正，波长213.8 nm，狭缝宽0.5 nm，使用空气-乙炔火焰。

注2：用于锌量测定的仪器设置应该遵循仪器生产商的说明，上述的说明仅是指导原则。

吸取标准溶液于原子吸收光谱仪，绘制锌量与吸光度的标准曲线，标准曲线应具有良好的线性关系且相关系数达到0.999。吸取试验溶液测量，并在标准曲线上确定其锌含量。

注3：电感耦合等离子体原子发射光谱仪也能用于锌量的测定。

## C.6 结果的表示

按式(C.1)计算混合残渣中的锌量，单位以g表示：

$$m_{Zn} = c_{Zn} \times \frac{250}{10^6} \qquad \cdots\cdots (C.1)$$

式中：

$m_{Zn}$——混合残渣中锌的质量，单位为克(g)；

$c_{Zn}$——试验溶液中锌的含量，单位为微克每毫升(μg/mL)；

250——试验溶液的体积，单位为毫升(mL)；

$10^6$——克与微克的转换系数。

# 附　录　D
# （规范性附录）
# 原子吸收光谱法测定镉量

## D.1　范围

本附录规定了硫化锌精矿中镉含量的测定方法。

本附录适用于硫化锌精矿中镉含量的测定。测定范围：0.05%～0.20%。

## D.2　方法提要

在盐酸、硝酸和硫酸中溶解试料，并蒸至近干，再用盐酸溶解，用原子吸收光谱仪或电感耦合等离子体原子发射光谱仪测定镉量。

## D.3　试剂

在本次分析中，仅使用分析纯试剂，水应符合 ISO 3696 中的二级要求。

**D.3.1**　盐酸（$\rho_{20}$ 1.16 g/mL～1.19 g/mL）。

**D.3.2**　盐酸（1+1）：加 500mL 盐酸（D.3.1）至 500 mL 水中。

**D.3.3**　硝酸（$\rho_{20}$ 1.42 g/mL）。

**D.3.4**　硝酸（1+1）：加 500 mL 硝酸（D.3.3）至 500 mL 水中。

**D.3.5**　硫酸（$\rho_{20}$ 1.84 g/mL）。

**D.3.6**　硫酸（1+1）：缓慢小心地在搅拌下加入 100 mL 硫酸（D.3.5）至 100 mL 水中。

**D.3.7**　镉标准贮存溶液（500 μg/mL）：将 0.500 0 g 高纯金属镉加入 20 mL 硝酸（D.3.4）中，逐渐加热溶解，冷却，移至 1 000 mL 容量瓶中，加水稀释至刻度，混匀。此溶液 1 mL 含 500 μg 镉。

**D.3.8**　镉标准溶液（20 μg/mL）：移取 10.00 mL 镉标准贮存溶液（D.3.7）至 250 mL 容量瓶中，加水稀释至刻度，混匀。用时现配。此溶液 1 mL 含 20 μg 镉。

## D.4　仪器

**D.4.1**　A 级容量玻璃器皿，符合 ISO 385-1、ISO 648 和 ISO 1042 标准要求，按 ISO 4787 操作使用。

**D.4.2**　天平，感量 0.1 mg。

**D.4.3**　电热板。

**D.4.4**　原子吸收光谱仪或电感耦合等离子体原子发射光谱仪。

## D.5　分析步骤

采用多点多次取样的方式从预干样（见附录 B）中分取试料，称取 0.5 g 试料（$m_{Cd}$），精确至 0.1 mg，放入 200 mL 烧杯中。

加入 10 mL 盐酸（D.3.1）溶解片刻，再加入 5 mL 硝酸（D.3.3）盖上表皿，逐渐煮沸，冷却，加入 5 mL 硫酸（D.3.6）移去表皿，蒸至近干。

冷却，加入 10 mL 盐酸(D.3.2)和 30 mL 水。逐渐加热溶解可溶的盐类。取下冷却至室温，移至 100 mL 容量瓶中，加水至刻度，混匀。

## D.6 测定

标准溶液的制备：移取 0 mL、10.00 mL、20.00 mL、50.00 mL 镉标准溶液(D.3.8)于一组 100 mL 容量瓶中。加入 10 mL 盐酸溶液(D.3.2)，用水稀释至刻度，混匀。

仪器条件：镉空心阴极灯，灯电流 4 mA，波长 228.8 nm，狭缝宽 0.5 nm，使用空气-乙炔火焰。

注 1：用于镉量测定的仪器设置应该遵循仪器生产商的说明，上述说明仅是指导原则。

轻轻旋转燃烧头直至含有 10μg/mL 镉的标准溶液给出 0.4 个单位的吸光度。

吸取标准溶液于原子吸收光谱仪，绘制镉量与吸光度的标准曲线，标准曲线应具有良好的线性关系且相关系数达到 0.999。吸取试验溶液测量，并在标准曲线上确定其镉含量。

注 2：电感耦合等离子体发射光谱仪也能用于镉量的测定。

## D.7 结果的表示

按式(D.1)计算试料中的镉的质量分数：

$$w_{Cd}=\frac{c_{Cd}}{m_{Cd}}\times\frac{100}{10^4} \quad\cdots\cdots\text{(D.1)}$$

式中：

$w_{Cd}$——试样中的镉质量分数，%；

$c_{Cd}$——试验溶液的镉含量，单位为微克每毫升(μg/mL)；

$m_{Cd}$——试料的质量，单位为克(g)；

100——试料溶液的体积，单位为毫升(mL)；

$10^4$——微克与质量分数的转换系数。

# 附 录 E
（规范性附录）
试验结果判定程序图

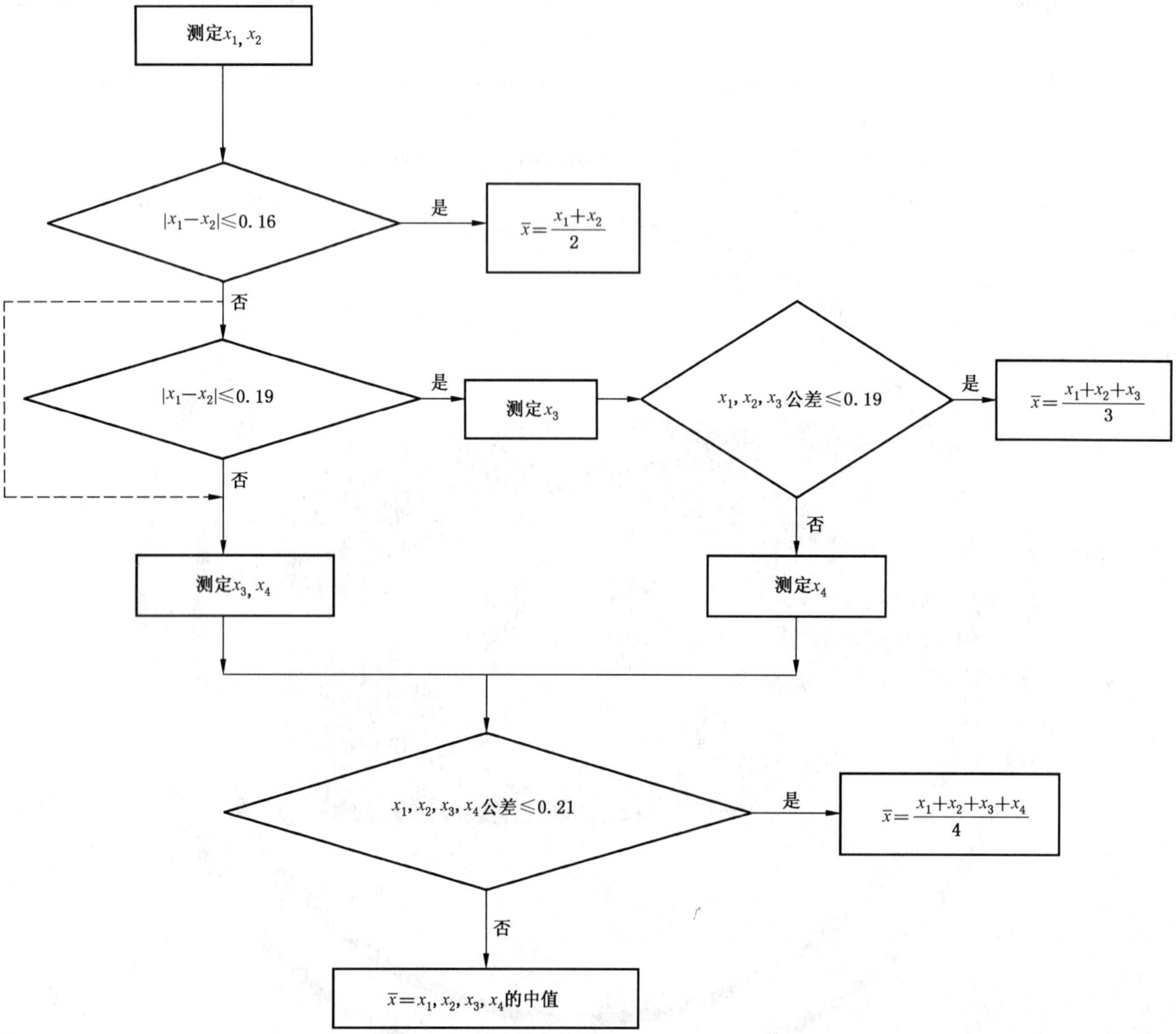


图 E.1 试验结果判定程序图

# 附 录 F
（规范性附录）
精密度方程的推导

## F.1 范围

本附录给出了精密度方程的推导。

## F.2 引言

本附录有 9 个国家的 22 个实验室参与试验，有 5 种锌精矿样品用于锌含量的测定，锌含量范围 10%～60%。按 ISO 5725-2 来设计试验方案测定重复性和室内、室间再现性。

## F.3 试验方案的设计

试验方案的设计就是要获取关于方法准确度的可靠信息。每个实验室应当对每个试验按照完整的方法平行进行分析。这包括在附录 E 的要求中。实验室应对每个份样按照试验方法和附录 E 的要求进行至少 2 次测定，选择一种精矿，两个样品，而每个样品独立分析 2 次。分析应当在重复性条件下执行。

## F.4 试验样

方案选择 7 种锌精矿，这些样品的化学成分见表 F.1。

## F.5 统计计算

ISO 5725-2 给出了统计计算程序。统计计算结果汇总见表 F.2 和 F.3。

图 F.1 中显示精密度估计值（$s_r$、$s_R$）与相应样品的平均值对应关系。

这些回归方程的计算和表示见表 F.4 和图 F.1。

本方法获得结果与 ISO 12739 和 ISO 13291 进行的精度比较见表 F.5。

表 F.1 锌精矿样品化学成分

| 元素 | 单位 | 样品号 | | | | | | |
|---|---|---|---|---|---|---|---|---|
| | | 90-1 | 90-2 | 91-9 | 96-1 | 96-2 | 96-3 | 96-4 |
| Zn | % | 50 | 33 | 11 | 60 | 12 | 20 | 45 |
| S | % | 30 | 30 | 20 | 30 | 21 | — | 30 |
| Fe | % | 10 | 14 | 8 | 5 | 7 | — | 11 |
| Pb | % | 3 | 14 | 53 | 1 | 50 | 7 | 7 |
| $SiO_2$ | % | 2 | 2 | 2 | 1 | 3 | — | 1 |
| $Al_2O_3$ | % | 0.5 | 0.6 | 0.2 | 0.5 | 0.1 | — | 0.3 |
| Cu | % | 0.2 | 0.5 | 0.8 | 0.2 | 0.1 | 0.1 | 0.1 |
| CaO | % | 0.4 | 0.5 | 0.1 | 0.4 | 0.01 | — | 0.3 |
| MgO | % | 0.3 | 0.3 | 0.8 | 0.2 | 0.02 | — | 0.3 |
| Cd | % | 0.2 | 0.1 | 0.02 | — | — | — | 0.1 |
| As | g/t | 300 | 550 | 250 | — | — | 10 | 250 |
| Sb | g/t | 250 | 700 | 300 | 10 | 10 | — | 500 |
| Ag | g/t | 125 | 400 | 380 | — | — | — | 100 |
| Co | g/t | 40 | 90 | 60 | 200 | 140 | — | — |
| Tl | g/t | 25 | 60 | — | — | — | — | — |
| Ni | g/t | 2 | 8 | — | — | — | — | — |
| Bi | g/t | <1 | <1 | 1 600 | — | — | — | 50 |

样品来源：
90-1：Mount Lsa，澳大利亚；
90-2：Mount Lsa，澳大利亚；
91-9：Cobar，澳大利亚；
96-1：日本；
96-2：日本；
96-3：加拿大；
96-4：British，哥伦比亚。

**表 F.2 所有样品的精密度汇总**

| 样品 | 参加试验的实验室数 | 采用数据的实验室数 | 递交的分析结果数 | 不采用的结果数 | 平均值[a] | 重复性标准偏差 $s_r$ | 再现性标准偏差 $s_R$ | 重复性允许偏差 $r$ | 再现性允许偏差 $R$ |
|---|---|---|---|---|---|---|---|---|---|
| 90-1 | 16 | 11 | 32 | 10 | 49.35 | 0.031 | 0.1 | 0.09 | 0.28 |
| 90-2 | 16 | 13 | 32 | 6 | 32.85 | 0.038 | 0.06 | 0.11 | 0.18 |
| 91-9 | 12 | 9 | 24 | 6 | 10.88 | 0.045 | 0.08 | 0.13 | 0.22 |
| 96-1 | 16 | 13 | 32 | 6 | 59.1 | 0.042 | 0.19 | 0.12 | 0.54 |
| 96-2 | 15 | 13 | 30 | 4 | 11.88 | 0.037 | 0.06 | 0.1 | 0.17 |
| 96-3 | 7 | 6 | 14 | 2 | 19.59 | 0.027 | 0.05 | 0.08 | 0.15 |
| 96-4 | 6 | 4 | 12 | 4 | 44.54 | 0.033 | 0.05 | 0.09 | 0.14 |
| 平均精密度 | | | | | | 0.036 | 0.09 | 0.1 | 0.24 |
| 精密度标准偏差 | | | | | | 0.006 | 0.05 | 0.02 | 0.14 |
| 置信度大于 95% | | | | | | 0.041 | 0.12 | 0.11 | 0.34 |

[a] 平均值和精密度用锌的质量分数表示。

**表 F.3 离群值汇总**

| 样品 | Cochran 精密度 | Grubbs 准确性 | Mandel's h 准确性 | Mandel's k 精密度 | 未按程序操作的实验室 |
|---|---|---|---|---|---|
| 90-1 | | | | | 实验室 9,10,11,13,14 |
| 90-2 | | 实验室 1 | | | 实验室 13,14 |
| 91-9 | | | | 实验室 1 | 实验室 10,13 |
| 96-1 | | | | | 实验室 11,13,14 |
| 96-2 | | | | | 实验室 11,14 |
| 96-3 | | | | | 实验室 1 |
| 96-4 | 实验室 9 | | | | 实验室 11 |

**注：** 如果实验结果不符合附录 E 中的方法，则实验室没有按照程序进行试验。发生此情况是因为实验室没有提供每次测试样品的结果或者测量的结果不符合附录 E 的要求，而且实验室也没有按照附录 E 的要求重新进行分析试验。

采用 Mandel 图解回顾未编辑的数据，表明有 13 个离群值和怪异值。11 个值不符合附录 E 的要求。为了保持一致，所有不符合附录 E 的结果都从统计分析去除。

表 F.4 回归方程

| 采用平均值 | 采用95%的置信度 |
| --- | --- |
| $r=0.10$ | $r=0.11$ |
| $R=0.24$ | $R=0.34$ |
| $s_r=0.036$ | $s_r=0.041$ |
| $s_R=0.09$ | $s_R=0.12$ |

表 F.5 准确度比较

| 样品 | 本方法 | ISO 12739 离子交换 | ISO 13291 萃取分离 | 鉴定值 |
| --- | --- | --- | --- | --- |
| 90-1 | 49.35 | 49.29 | 49.44 | |
| 90-2 | 32.82 | 32.77 | 32.81 | |
| 91-9 | 10.88 | 10.88 | 10.85 | |

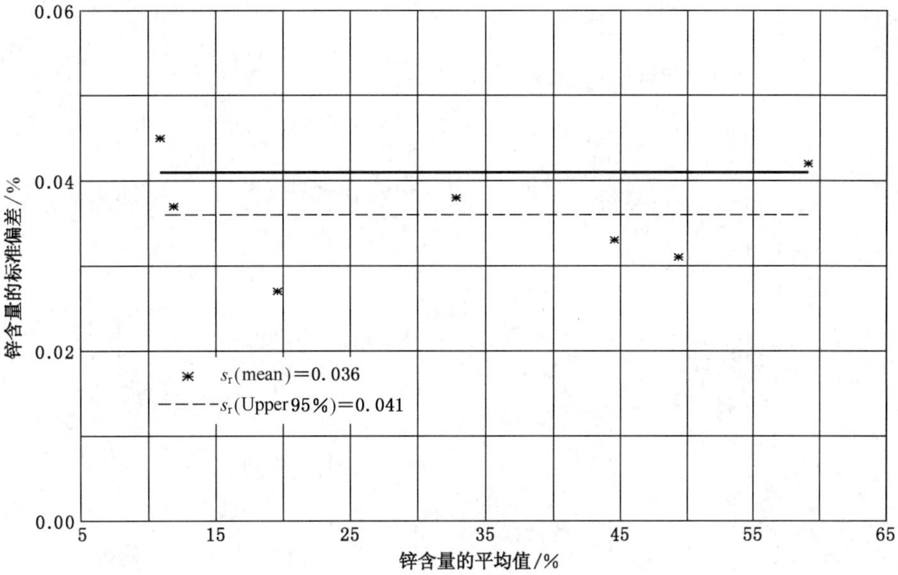


a） 重复性标准偏差

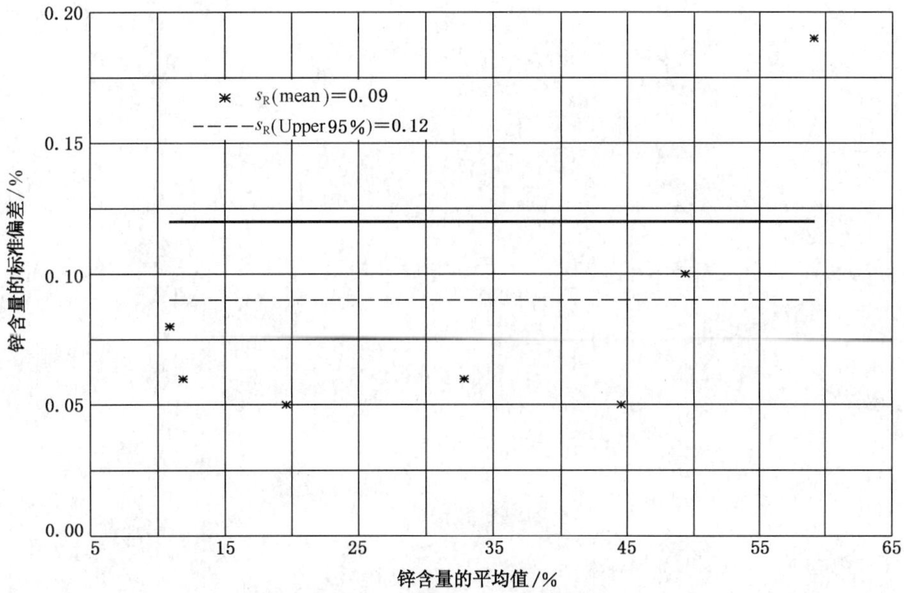


b） 再现性标准偏差

图 F.1 精密度方程与锌含量平均值的比较

ICS 77.120.60
H 13

# 中华人民共和国国家标准

GB/T 8151.18—2012/ISO 12739:2006

---

# 锌精矿化学分析方法 第18部分:锌量的测定 离子交换-$Na_2EDTA$滴定法

**Methods for chemical analysis of zinc concentrates—Part 18: Determination of zinc content—Ion-exchange/$Na_2EDTA$ titrimetric method**

(ISO 12739:2006, Zinc sulfide concentrates—Determination of zinc—Ion-exchange/EDTA titrimetric method, IDT)

2012-12-31 发布 2013-10-01 实施

---

中华人民共和国国家质量监督检验检疫总局
中国国家标准化管理委员会 发布

# 前　言

GB/T 8151《锌精矿化学分析方法》分为20个部分：

——第1部分：锌量的测定　沉淀分离 $Na_2EDTA$ 滴定法和萃取分离 $Na_2EDTA$ 滴定法；

——第2部分：硫量的测定　燃烧中和滴定法；

——第3部分：铁量的测定　$Na_2EDTA$ 滴定法；

——第4部分：二氧化硅量的测定　钼蓝分光光度法；

——第5部分：铅量的测定　火焰原子吸收光谱法；

——第6部分：铜量的测定　火焰原子吸收光谱法；

——第7部分：砷量的测定　氢化物-原子荧光光谱法和溴酸钾滴定法；

——第8部分：镉量的测定　火焰原子吸收光谱法；

——第9部分：氟量的测定　离子选择电极法；

——第10部分：锡量的测定　氢化物-原子荧光光谱法；

——第11部分：锑量的测定　氢化物-原子荧光光谱法；

——第12部分：银量的测定　火焰原子吸收光谱法；

——第13部分：锗量的测定　氢化物-原子荧光光谱法和苯芴酮分光光度法；

——第14部分：镍量的测定　火焰原子吸收光谱法；

——第15部分：汞量的测定　原子荧光光谱法；

——第16部分：钴量的测定　火焰原子吸收光谱法；

——第17部分：锌量的测定　氢氧化物沉淀-$Na_2EDTA$ 滴定法；

——第18部分：锌量的测定　离子交换-$Na_2EDTA$ 滴定法；

——第19部分：金和银含量的测定　铅析或灰吹火试金和火焰原子吸收光谱法；

——第20部分：铜、铅、铁、砷、镉、锑、钙、镁量的测定　电感耦合等离子体原子发射光谱法。

本部分为GB/T 8151的第18部分。

本部分按照GB/T 1.1—2009给出的规则起草。

本部分等同采用ISO 12739:2006《硫化锌精矿　锌量的测定　离子交换/EDTA滴定法》。

本部分与ISO 12739:2006的主要差异如下：

——用小数点“.”代替在国际标准中作为小数点的“,”；

——用句号“。”代替在国际标准中作为句号的“.”；

——用“本部分”代替“本标准”；

——按中文习惯改动了标准名称；

——删除了国际标准中的封面、目录、前言。

本部分由全国有色金属标准化技术委员会(SAC/TC 243)归口。

本部分起草单位：中冶葫芦岛有色金属集团有限公司、中国有色金属工业标准计量质量研究所。

本部分主要起草人：李遵义、刘立敏、赵军锋。

# 锌精矿化学分析方法 第18部分:锌量的测定 离子交换-$Na_2EDTA$滴定法

## 1 范围

GB/T 8151的本部分规定了硫化锌精矿中锌量的测定方法。

本部分适用于硫化锌精矿中锌量的测定。测定范围:11.00%~62.00%。

## 2 规范性引用文件

下列文件对于本文件的应用是必不可少的。凡是注日期的引用文件,仅注日期的版本适用于本文件。凡是不注日期的引用文件,其最新版本(包括所有的修订单)适用于本文件。

ISO 385 实验室玻璃器皿 滴定管(Laboratory glassware—Burettes)

ISO 648 实验室玻璃器皿 单刻度移液管(Laboratory glassware—One-mark pipettes)

ISO 1042 实验室玻璃器皿 单刻度容量瓶(Laboratory glassware—One-mark volumetric flasks)

ISO 3696 实验室分析用水 规范及试验方法(Water for analytical laboratory use—Specification and test methods)

ISO 4787 实验室玻璃器皿 容量器皿 测试容量和使用方法(Laboratory glassware—Volumetric glassware—Methods for use and testing of capacity)

ISO 9599 硫化铜、铅、锌精矿中吸湿水分的测定 重量法(Copper, lead and zinc sulfide concentrates—Determination of hygroscopic moisture in the analysis sample—Gravimetric method)

## 3 方法提要

试料用盐酸、硝酸和硫酸溶解。盐酸浓度大约2 mol/L,锌被强碱阴离子交换树脂吸附,此条件下其他干扰离子被分离除去。用氨-氯化铵溶液把锌洗脱,以二甲酚橙作指示剂,在pH大约5.6条件下用$Na_2EDTA$标准滴定溶液滴定洗脱液中的锌量。

## 4 试剂

分析过程中,仅使用经认可的分析纯试剂和符合ISO 3696二级水标准的水。

4.1 金属锌($w_{Zn}$≥99.99%):使用前表面无氧化。将锌表面浸入以盐酸(4.3)稀释至(1+9)的溶液中清洗1 min,然后用水冲洗,再用丙酮冲洗,并在50 ℃烘箱中烘干。

4.2 二甲酚橙指示剂(0.1%):将0.1 g二甲酚橙钠盐与100 g硝酸钾晶体混合,在陶瓷研钵中用杵轻轻研磨,混匀至颜色完全一致。

4.3 盐酸($\rho_{20}$ 1.16 g/mL~1.19 g/mL)。

4.4 盐酸(1+1):将500 mL盐酸(4.3)加入到500 mL水中。

4.5 盐酸(1+5):将100 mL盐酸(4.3)加入到500 mL水中。

4.6 硝酸($\rho_{20}$1.42 g/mL)。

4.7 硝酸(1+1):将500 mL硝酸(4.6)加入到500 mL水中。

4.8 硫酸(1+1):边搅拌边缓慢将500 mL硫酸($\rho_{20}$1.84 g/mL)加入到500 mL水中。

4.9 硫酸(1+100):将20 mL硫酸(4.8)加入到980 mL水中。

4.10 氢氟酸($\rho_{20}$1.15 g/mL)。

4.11 氨溶液(7+100):将70 mL氨水($\rho_{20}$0.89 g/mL)加入到1 000 mL水中。

4.12 氨-氯化铵溶液:将20 g氯化铵溶解于1 L氨溶液(4.11)中。

4.13 盐酸-抗坏血酸溶液:将0.25 g抗坏血酸溶解于100 mL盐酸(4.5)中。用时现配。

4.14 氟化铵溶液(50 g/L):将50 g氟化铵溶解于水中并稀释至1 L。

4.15 硫代硫酸钠溶液(100 g/L):将100 g硫代硫酸钠溶解于水中并稀释至1 L。

4.16 缓冲溶液(pH 5.5):将250 g乙酸铵和25 mL冰乙酸($\rho_{20}$1.05 g/mL)溶解于水中并稀释至1 L。

4.17 对位硝基酚指示剂(2 g/L):将0.2 g对位硝基酚溶解于水中并稀释至100 mL。

4.18 $Na_2EDTA$标准滴定溶液(0.1 mol/L)

4.18.1 配制:将37.2 g乙二胺四乙酸二钠盐($Na_2EDTA$)溶解于水中并稀释至1 L。

4.18.2 标定:

注:为获得0.1%~0.2%相对准确度,必须在分析的同时,在相同条件下用锌标定$Na_2EDTA$标准滴定溶液。建议标定应严格按照分析采用的操作条件。为了提高标定的重现性,通常应准备多种锌标准溶液。

依据试样中锌含量,称取质量在0.055 g~0.31 g之间的3份金属锌(4.1),精确至0.000 1 g,分别置于3个500 mL烧杯中,其质量分别记录为$m_1$、$m_2$和$m_3$。

在每个烧杯中加入15 mL盐酸(4.4),微热溶解金属锌,冷却,加入150 mL氨-氯化铵溶液(4.12)。

加2滴~3滴对位硝基酚指示剂(4.17),加盐酸(4.4)直到颜色从黄色变为无色。也可以选择用pH计按7.7中的第2段进行。

依次加入20 mL缓冲溶液(4.16)、3 mL氟化铵溶液(4.14)和5 mL硫代硫酸钠溶液(4.15),再加0.5 g二甲酚橙指示剂(4.2),摇动溶解。用$Na_2EDTA$标准滴定溶液(4.18)进行滴定,直到溶液从红色变为黄色,所消耗的体积分别记录为$V_1$、$V_2$和$V_3$。

按式(1)计算$Na_2EDTA$标准滴定溶液对锌的滴定系数$f_{ix}$:

$$f_{ix}=m_x/V_x,x=1\sim3 \qquad\cdots\cdots(1)$$

式中:

$f_{ix}$——滴定系数;

$m_x$——金属锌的质量,单位为克(g);

$V_x$——消耗$Na_2EDTA$标准滴定溶液的体积,单位为毫升(mL)。

$f_{i1}$、$f_{i2}$和$f_{i3}$的极差不应超过0.000 01 g/mL,否则重新标定。

按式(2)计算$Na_2EDTA$标准滴定溶液对锌平均滴定系数:

$$f=(f_{i1}+f_{i2}+f_{i3})/3 \qquad\cdots\cdots(2)$$

## 5 仪器

5.1 A级容量玻璃器皿,符合ISO 385、ISO 648、ISO 1042标准,按ISO 4787使用。

5.2 天平,感量0.1 mg。

5.3 电热板。

5.4 马弗炉,工作温度800 ℃。

5.5 铂坩埚,容积25 mL。

5.6 离子交换柱，典型尺寸见附录A。

## 6 样品

### 6.1 试样

按ISO 9599的要求制备试样。

注：如果使用预先干燥的试料，则不要求制备试样(见附录B)。

### 6.2 试料

采用多点多次取样的方式从试样中分取试料，保证其代表性。称取0.5 g试料，精确到0.1 mg。同时，按ISO 9599测定吸湿水分。也可以使用附录B规定的方法直接从实验室样品中制备预干试料。

## 7 步骤

### 7.1 测定次数

在重复性试验条件下，每个试样至少重复测定2次。

注：重复性条件指对同一样品，用同一方法，由同一个人在同一实验室，使用同一种试剂和仪器在较短的时间间隔内，进行独立操作得出的分析结果。

### 7.2 空白试验

分析测试时平行进行空白试验，除不加试料外所有的步骤与试样分析相同。所消耗的体积为$V_b$。

### 7.3 试料溶解

将试料置于300 mL锥形烧杯中，加入25 mL盐酸(4.3)，盖上表皿，缓慢加热5 min。

加入20 mL硝酸(4.7)和15 mL硫酸(4.8)，加热蒸发溶液至约5 mL。冷却，小心加入50 mL水，煮沸溶液。

冷却溶液至室温，通过中速滤纸过滤于300 mL烧杯中，用硫酸(4.9)充分冲洗烧杯和滤纸，并收集在同一烧杯中。

如果有酸不溶物存在，置滤纸和不溶残余物于铂坩埚(5.5)中，在800 ℃马弗炉中灰化。将坩埚冷至室温，加入2 mL硫酸(4.8)、2 mL硝酸(4.6)和2 mL氢氟酸(4.10)，蒸至近干。冷却，加少量水溶解可溶盐。用中速滤纸过滤，将滤液和洗涤液并入原滤液中。

加热蒸发混合滤液至60 mL～80 mL，冷却，加入16 mL盐酸(4.3)，用水稀释至100 mL。

如果试样中含铅，有可能损害铂坩埚。在这种情况下，酸不溶物应按如下方式进行处理：

用少量水将不溶物冲洗于一聚四氟乙烯烧杯中。然后将滤纸置于一个陶瓷坩埚中，放入600 ℃～700 ℃马弗炉中进行灰化，冷却坩埚至室温。

用少量的水将坩埚中物料洗入上述聚四氟乙烯烧杯中，加入2 mL硫酸(4.8)、2 mL硝酸(4.6)和2 mL氢氟酸(4.10)，然后蒸至近干。

冷却，加少量水溶解可溶性盐，用中速滤纸将溶液过滤。将滤液和洗涤液并入上述同一烧杯中。

如果滤纸中确定不含有锌，灰化的过程可以省略。

### 7.4 离子交换柱的制备

适合使用的离子交换柱示例见附录A。放置吸水棉或玻璃棉垫于柱底部，厚度约5 mm，以防柱中的树脂在使用过程中流失。

用蒸馏水浸泡树脂一夜，使其成浆状。打开柱活塞，小心地将浆状树脂移入柱中形成固定层。当形成为约 16 mL 膨胀树脂固定层时关闭活塞，再在树脂顶部装入厚度约 5 mm 的吸水棉或玻璃棉。

任何时候，必须用液体覆盖树脂，因为树脂中混入空气会引起“沟流”，即在离子交换时会出现流速不均匀和效率降低。如果空气进入树脂层，建议倒空柱体，重新装填。

用活塞控制流速约 5 mL/min，将 100 mL 盐酸(4.5)通过柱体，要保证总是覆盖树脂。在任何情况下，先后将 100 mL 和 100 mL 盐酸(4.5)通过柱体，随时可以很快地将树脂再生。

### 7.5 离子交换柱中锌的吸附

将 7.3 获取的试液，以 5 mL/min 流速定量地通过离子交换柱。

用盐酸(4.5)冲洗烧杯，控制体积不超过 100 mL，将冲洗液也通过交换柱。连续排干柱体直到液体在顶部棉塞上只有 5 mm。

慢速将 100 mL 盐酸-抗坏血酸溶液(4.13)通过柱体，然后将 100 mL 盐酸(4.5)通过柱体。洗出液收集在 500 mL 烧杯中，废弃。

### 7.6 离子交换柱中锌的洗脱

在小于 5 mL/min 的流速下，用 180 mL 氨-氯化铵溶液(4.12)通过柱体，从树脂中洗脱出吸附的锌。收集洗脱液于 500 mL 烧杯中。下次使用前，应按 7.4 步骤将离子交换柱再生。

### 7.7 滴定

向 7.6 获取的交换柱洗脱液中加入 2 滴～3 滴对位硝基酚指示剂(4.17)，再加盐酸(4.4)，直到溶液颜色从黄至无色。

也可以用 pH 计代替对硝基酚指示剂来指示 pH 5.5～5.7。但在继续操作前，一定要用水将电极冲洗干净。

向溶液中依次加入 20 mL 缓冲溶液(4.16)、3 mL 氟化铵溶液(4.14)和 5 mL 硫代硫酸钠溶液(4.15)，再加入 0.5 g 二甲酚橙指示剂(4.2)，摇动溶解。用 $Na_2EDTA$ 标准滴定溶液(4.18)滴定至颜色由红色变为黄色，记录所耗 $Na_2EDTA$ 标准滴定溶液的体积 $V_t$。

**注：**如果试料中含有镉，将与锌一起被洗脱，并参与 7.7 步骤中的滴定，因此必须单独测定镉，以便对锌结果进行校正。测定镉的方法见附录 C。锌精矿中其他常见元素的影响在附录 E 中讨论。

## 8 结果的表示

按式(3)计算试料中锌的质量分数 $w_{Zn}$，数值以%表示：

$$w_{Zn}=\left[\frac{(V_t-V_b)\times f\times 100}{m}-0.581w_{Cd}\right]\times\frac{100}{100-H} \quad\cdots\cdots(3)$$

式中：

$V_t$ ——试液所消耗 $Na_2EDTA$ 标准滴定溶液(4.18)的体积，单位为毫升(mL)；

$V_b$ ——空白试液所消耗 $Na_2EDTA$ 标准滴定溶液(4.18)的体积，单位为毫升(mL)；

$f$ ——$Na_2EDTA$ 标准滴定溶液(4.18)对锌的滴定系数，单位为克每毫升(g/mL)；

$m$ ——试料的质量，单位为克(g)；

$w_{Cd}$——试料中镉含量，以质量分数表示(%)；

$H$ ——试料吸湿水分含量，以质量分数表示(%)(如果是预干试料，$H=0$)。

计算结果保留至第 2 位小数。

## 9 精密度

### 9.1 精密度的表示

该分析方法的精密度用式(4)和式(5)表示：

$$s_r = 0.000\,2\,\bar{x} + 0.054\,3 \qquad \cdots\cdots(4)$$

$$s_L = 0.002\,0\,\bar{x} + 0.052\,4 \qquad \cdots\cdots(5)$$

式中：

$\bar{x}$ ——试样中锌平均含量，以质量分数表示(%)；

$s_r$ ——实验室内锌的标准偏差，以质量分数表示(%)；

$s_L$ ——实验室间锌的标准偏差，以质量分数表示(%)。

见附录F。

### 9.2 获取最终结果的方法

见附录D。

按附录F流程图，从平行结果 $x_1$ 和 $x_2$ 求出下列结果：

两组结果的平均值：

$$\bar{x} = \frac{x_1 + x_2}{2} \qquad \cdots\cdots(6)$$

室内标准偏差(重复性)：

$$s_r = 0.000\,2\,\bar{x} + 0.054\,3 \qquad \cdots\cdots(4)$$

重复性限：

$$r = 2.8 s_r \qquad \cdots\cdots(7)$$

### 9.3 实验室间精密度

实验室间精密度是假定所有实验室采取同样步骤的前提下，用来测定2个以上实验室报告结果的一致性。

按式(8)～式(12)计算：

最终结果的平均值：

$$\mu_{12} = (\mu_1 + \mu_2)/2 \qquad \cdots\cdots(8)$$

实验室间标准偏差：

$$s_L = 0.002\,0\mu_{12} + 0.052\,4 \qquad \cdots\cdots(9)$$

实验室内标准偏差：

$$s_r = 0.002\,0\mu_{12} + 0.054\,3 \qquad \cdots\cdots(10)$$

允许差：

$$P = 2.8\sqrt{s_L^2 + (s_r^2/2)} \qquad \cdots\cdots(11)$$

范围：

$$E = |\mu_1 - \mu_2| \qquad \cdots\cdots(12)$$

式中：

$\mu_1$——实验室1报告的锌最终结果，以质量分数表示(%)；

$\mu_2$——实验室2报告的锌最终结果，以质量分数表示(%)。

如果 $E \leqslant P$，则最终结果一致、有效。

### 9.4 准确度检查

#### 9.4.1 概要

通常用经过认证的标准样品(CRM)来校核分析方法的准确度。当精密度确认后，最终试验结果将与标准值 $A_c$ 对比。

有下列两种可能：

$$|\mu_c - A_c| \leqslant C \qquad (13)$$

此情况表示报告结果与标准值无显著性差异。

$$|\mu_c - A_c| > C \qquad (14)$$

此情况表示报告结果与标准值有显著性差异。

式中：

$\mu_c$ ——标准样品中锌的最终测定结果，以质量分数表示(%)；

$A_c$ ——标准样品中锌的标准值，以质量分数表示(%)；

$C$ ——依据 9.4.2 规定的标准样品类型确定锌的常数量，以质量分数表示(%)。

#### 9.4.2 认证标准物质(CRM)或标准物质(RM)类型

##### 9.4.2.1 简介

按 ISO 指南 35 来制备和认证标准物质。

9.4.2.2 多个实验室认证的标准物质：

$$C = 2\sqrt{s_L^2 + (s_r^2/n) + s^2\{A_c\}} \qquad (15)$$

式中：

$s^2\{A_c\}$——定值方差；

$n$ ——平行测定次数。

9.4.2.3 单个实验室认证的标准样品：

$$C = 2\sqrt{s_L^2 + (s_r^2/n)} \qquad (16)$$

尽量避免使用这种类型的标准样品，除非已知这种特殊类型的认证标准样品是一个无偏差定值。

### 10 试验报告

试验报告应包括下列信息：

a) 试样标识；

b) 采用的国家标准，如 GB/T 8151.18—2012/ISO 12739:2006；

c) 试样中锌的含量，以质量分数表示(%)；

d) 测试日期；

e) 测定过程中发生的可能影响试验结果的现象。

# 附 录 A
（规范性附录）
# 离子交换树脂和离子交换柱

## A.1 离子交换树脂

本附录必须使用强基氯离子交换树脂，其粒度范围 150 μm～300 μm(50 目～100 目)。

许多化学公司都生产这种树脂。以下列出比较著名的几种树脂：

Bio-Rad Analytical Grade Resin AG 1-X8；

Mitsubishi Chemical Co. -"Diaion"S. A. 100；

Dow Chemical Co. -"Dowex"1-X8；

Rohm & Haas Co. -"Amberlite"IRA 401；

Permutit-"Zerolit"FF；

Bayer"Lewatit"M5080；

Fisher "Rexyn"111；

Akzo Chemical Co. -"Imac"S5-50。

## A.2 离子交换柱

代表性的离子交换柱见图 A.1。内径尺寸一般为 10 mm～12 mm，储存容器(嘴)体积约为 100 mL，树脂层的上下端使用吸水棉或玻璃棉塞，塞棉厚度为 5 mm。测定锌时，流速必须是 5 mL/min。测定前，为取得合适的流速，必须预先旋转活塞进行测定。

单位为毫米

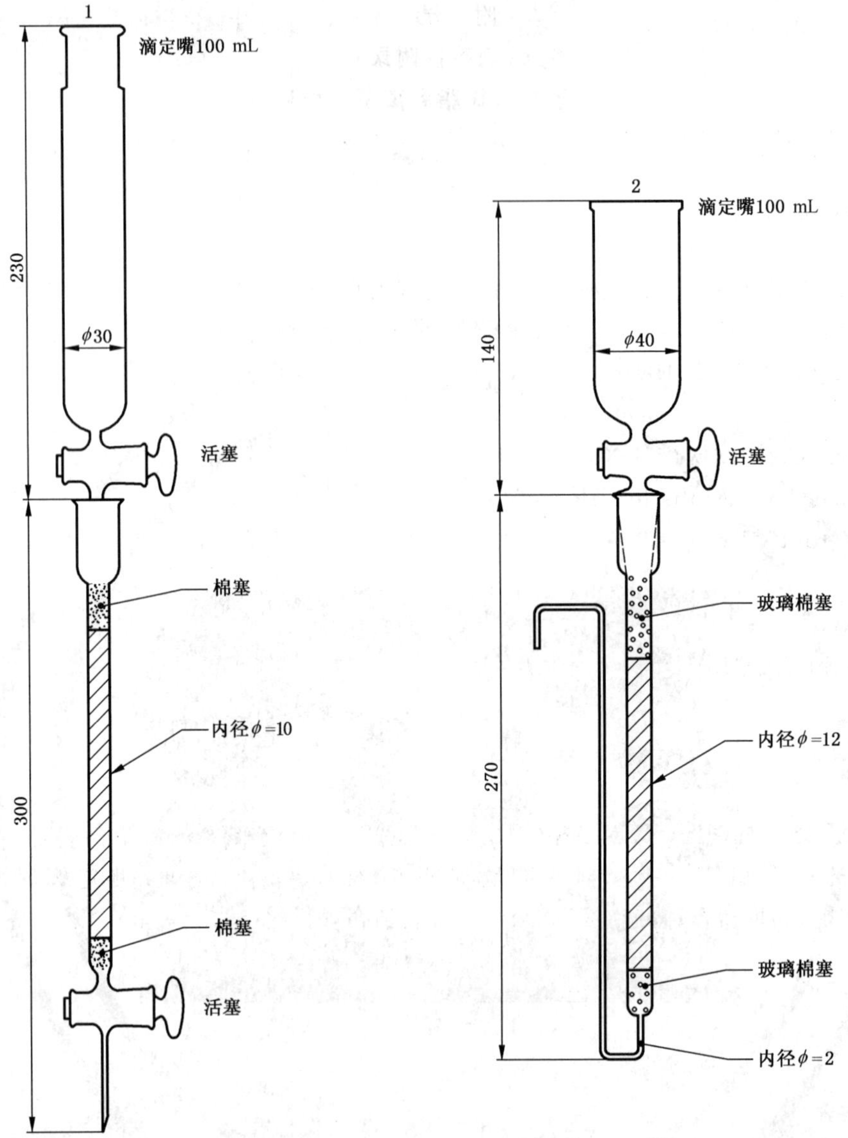


图 A.1 离子交换柱的类型和尺寸

# 附 录 B
（规范性附录）
# 预干试料的制备和质量测定方法

## B.1 范围

本附录规定了硫化锌精矿分析中预干试料的制备和质量测定方法。

本附录适用于不易氧化的且吸湿水分为0.05%～2%的硫化锌精矿。

## B.2 方法提要

用于分析的试料在105 ℃±5 ℃的烘箱中，于空气中干燥，干燥的试料称量后用于分析，这样就不需要校正吸湿水分含量。

## B.3 试剂

**B.3.1** 干燥剂，如变色硅胶或无水高氯酸镁。

**警告：处理废弃的高氯酸镁一定要小心，必须用流水冲入水槽中。**

## B.4 仪器

除普通实验室仪器外，还包括：

**B.4.1** 分析天平，感量0.1 mg。

**B.4.2** 称量器皿，由玻璃或硅或其他耐蚀金属制成，具有密封盖。用于少量试料（小于3 g），其质量总和也尽可能小（如小于20 g）。

**B.4.3** 烘箱，能保持温度105 ℃±5 ℃。

## B.5 步骤

### B.5.1 称量器皿的准备

在105 ℃±5 ℃的烘箱（B.4.3）中干燥称量器皿和密封盖（B.4.2）1 h。然后将称量器皿和密封盖移至干燥器中，冷却至室温。

### B.5.2 试料

称量干燥的称量器皿和盖（B.5.1），迅速地加入一定量用于分析的试样。这里不需要精确的试料和称量器皿的总质量。

### B.5.3 干试料质量的测定

将盛有试料的未加盖的称量器皿和密封盖放入烘箱（B.4.3）中，在105 ℃±5 ℃的情况下干燥2 h。

2 h后，将称量器皿和干燥试料从烘箱中移出，盖上密封盖，置于干燥器中冷却至室温。将盛有干燥试料的称量器皿和密封盖移出干燥器，轻轻开盖后，立即关上，称重，质量记录为 $m_4$，精确至 0.1 mg。将试样转移至合适的分析器皿中，立即称重空的称重器皿和密封盖，记录为 $m_5$，精确至 0.1 mg。

对于新的不知特性精矿，建议在 105 ℃±5 ℃再次烘干 2 h，再称取包含试料的称量器皿及密封盖的质量($m_4'$)，精确至 0.1 mg。如果 $m_4$ 与 $m_4'$的差值不大于 0.5 mg，则认为试料已恒重。否则干燥和称重步骤须再次重复进行。

## B.6 干试料质量的计算

干试料质量 $m_6$(用 g 表示)由式(B.1)给出：

$$m_6 = m_4 - m_5 \qquad \text{(B.1)}$$

式中：

$m_4$——干燥试料和称量器皿及密封盖的总质量，单位为克(g)；

$m_5$——称量容器和密封盖的总质量，单位为克(g)。

干燥试料的质量用于干燥试料分析中元素含量计算，不需要进行吸湿水分校正。

# 附 录 C
（规范性附录）
# 原子吸收光谱法测定镉量

## C.1 范围

本附录规定了硫化锌精矿中镉含量的测定方法。

本附录适用于硫化锌精矿中镉含量的测定。测定范围：0.05%～0.20%。

## C.2 原理

用盐酸、硝酸和硫酸溶解试料，将溶液蒸发至干。用稀盐酸溶解可溶性盐，原子吸收光谱法测定镉量。

## C.3 试剂

**C.3.1** 盐酸（$\rho_{20}$ 1.16 g/mL～1.19 g/mL）。

**C.3.2** 盐酸（1+1）：将 500 mL 盐酸（C.3.1）加入到 500 mL 水中。

**C.3.3** 硝酸（$\rho_{20}$ 1.42 g/mL）。

**C.3.4** 硝酸（1+1）：将 500 mL 硝酸（C.3.3）加入到 500 mL 水中。

**C.3.5** 硫酸（1+1）：边搅拌边缓慢将 100 mL 硫酸（$\rho_{20}$ 1.84 g/mL）加入到 100 mL 水中。

**C.3.6** 镉标准贮存溶液：微热溶解 0.500 0 g 高纯镉于 20 mL 稀硝酸（C.3.4）中。冷却，移入 1 000 mL 容量瓶中，用水稀释至刻度，混匀。此溶液 1 mL 含 0.5 mg 镉。

**C.3.7** 镉标准溶液：用移液管移取 10.00 mL 镉标准贮存溶液（C.3.6）至 250 mL 容量瓶中，用水稀释至刻度，混匀。此溶液 1 mL 含 20 μg 镉。当天配制。

## C.4 仪器

**C.4.1** A 级容量玻璃器皿，符合 ISO 385、ISO 648、ISO 1042 标准，按 ISO 4787 使用。

**C.4.2** 天平，感量 0.1 mg。

**C.4.3** 电热板。

**C.4.4** 原子吸收光谱仪。

## C.5 步骤

称取 0.5 g 试料，精确至 0.1 mg。置于 200 mL 烧杯中，加入 10 mL 盐酸（C.3.1）和 5 mL 硝酸（C.3.3），盖上表皿，轻微煮沸。冷却，加入 5 mL 硫酸（C.3.5）。取下表皿，蒸发溶液至干。

冷却，加入 10 mL 稀盐酸（C.3.2）和 30 mL 水。微热溶解可溶性盐。用中速滤纸过滤于 100 mL 容量瓶中，再用约 10 mL 水洗涤滤纸三次。冷至室温，加水稀释至刻度，用原子吸收光谱法测定镉含量。

## C.6 原子吸收光谱法测定镉

根据仪器说明书设定仪器条件。仪器参考条件如下。

镉空心阴极灯电流约 4 mA，狭缝宽 0.5 nm，波长 228.8 nm，使用氧化性乙炔-空气火焰。

轻轻旋转燃烧室直至 10 μg/mL 的镉校准溶液给出 0.4 个单位的吸光度。

通过稀释镉标准溶液（C.3.7），配制出浓度分别为 2.00 μg/mL、4.00 μg/mL 和 10.00 μg/mL 的三个标准校准溶液，用来校准仪器吸光度和含量间关系。吸取未知溶液就可以确定其镉含量，镉含量记为 $w_{Cd}$，用来校正步骤 7 计算时的锌量。

# 附 录 D
（规范性附录）
# 接受试样分析值流程图

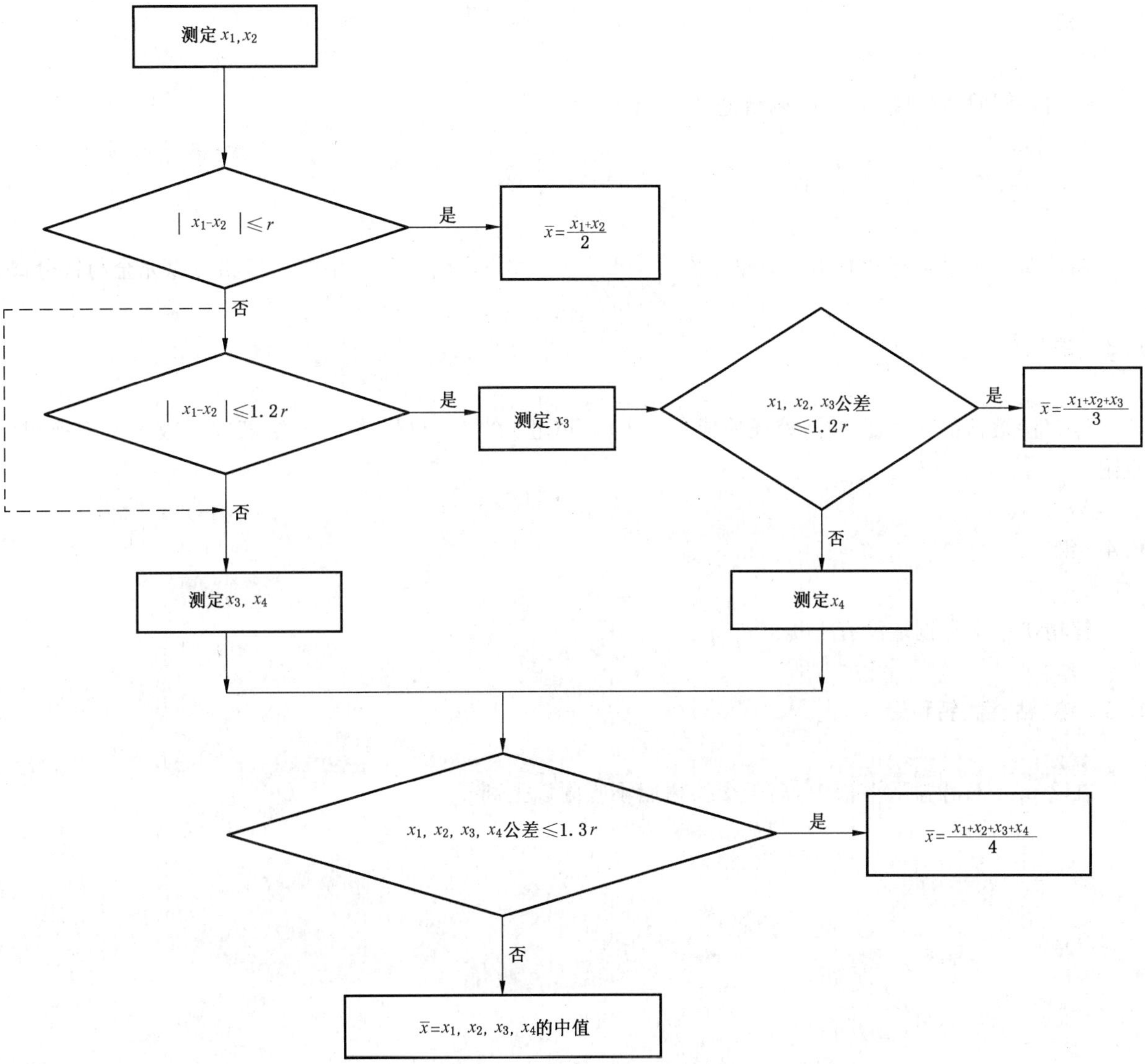


说明：

$r$ ——在 9.2 中定义。

图 D.1 接受试样分析值流程图

# 附 录 E
（资料性附录）
潜在干扰元素的影响

## E.1 镉

镉与锌同时被洗脱，必须单独测定，以校正锌含量。

## E.2 铅

在锌精矿中通常都含有铅。大量铅在7.3步骤过滤时被除去，滤液中的少量铅可以完全与锌分离。

## E.3 铁

Fe(Ⅲ)被盐酸-抗坏血酸溶液还原成Fe(Ⅱ)，Fe(Ⅱ)在2 mol/L稀盐酸溶液中不被离子交换树脂吸附。

## E.4 铜

锌精矿中常见铜量没有干扰。

## E.5 镍、钴、锰、钙和铝

在2 mol/L稀盐酸溶液中，离子交换树脂不吸附以上离子。

# 附 录 F
（资料性附录）
精密度方程的推导

## F.1 引言

本附录有9个国家的22个试验室参与试验，有5种含量范围在11%～62%（质量分数）的锌精矿样品用于锌含量测定。本试验程序确定了一般情况下的重复性与实验室内部、实验室之间的分析结果的再现性要求，执行标准为ISO 5725:1986。

## F.2 试验方案的设计

设计试验方案必须最大限度获取信息。每个精矿提供2个（两袋）样品给每个实验室，每个样品独立分析2次。

## F.3 试验样品

本试验方案使用了5种锌精矿，其成分见表F.1。

## F.4 统计计算

统计计算过程在图F.1中图解说明。统计计算结果在表F.2和表F.3中进行扼要概述。相关试样对应的精密度（$s_r$、$s_L$、$r$ 和 $P$）评价参见图F.2。这些样品对应的回归方程已计算出并在表F.2中列出。

**表 F.1 锌精矿样品成分**

| 元素 | 单位 | 样品号 | | | | |
|---|---|---|---|---|---|---|
| | | 90-1 | 90-2 | 90-3 | 91-9 | 91-10 |
| Zn | % | 50 | 33 | 62 | 11 | 55 |
| S | % | 30 | 30 | 30 | 20 | 31 |
| Fe | % | 10 | 14 | 2 | 8 | 8 |
| Pb | % | 3 | 14 | 1 | 53 | 2 |
| Si | % | 2 | 2 | — | 2 | 1 |
| Al | % | 0.5 | 0.6 | 0.3 | 0.2 | 0.1 |
| Cu | % | 0.2 | 0.5 | 0.1 | 0.8 | 0.1 |
| Ca | % | 0.4 | 0.5 | 0.3 | 0.1 | 0.1 |
| Mg | % | 0.3 | 0.3 | 0.2 | 0.8 | 0.2 |
| Cd | % | 0.2 | 0.1 | 0.2 | 0.02 | 0.2 |
| As | g/t | 300 | 550 | — | 250 | 100 |
| Sb | g/t | 250 | 700 | — | 300 | 20 |
| Ag | g/t | 125 | 400 | 60 | 380 | 160 |
| Co | g/t | 40 | 90 | <1 | 60 | 20 |
| Tl | g/t | 25 | 60 | 1 | — | 10 |
| Ni | g/t | 2 | 8 | 2 | — | 8 |
| Bi | g/t | <1 | <1 | <1 | 1600 | <1 |

样品来源：
90-1 Mount Isa，澳大利亚；
90-2 Mount Isa，澳大利亚；
90-3 Polartis，加拿大；
91-9 Cobar，澳大利亚；
91-10 Hilton，澳大利亚。

**表 F.2 所有样品的精密度统计汇总**

| 样品号 | $K_0$ | $K$ | $N_0$ | $N$ | $\bar{x}$ | $r$ | $P$ | $s_r$ | $s_L$ | $s_L/s_r$ |
|---|---|---|---|---|---|---|---|---|---|---|
| 90-1 | 20 | 20 | 74 | 73 | 49.292 | 0.184 | 0.495 | 0.065 | 0.169 | 2.59 |
| 90-2 | 20 | 20 | 74 | 74 | 32.768 | 0.214 | 0.362 | 0.076 | 0.116 | 1.53 |
| 90-3 | 20 | 18 | 74 | 66 | 62.031 | 0.136 | 0.536 | 0.048 | 0.187 | 3.90 |
| 91-9 | 20 | 20 | 74 | 73 | 10.878 | 0.128 | 0.320 | 0.045 | 0.075 | 1.66 |
| 91-10 | 20 | 20 | 74 | 74 | 55.387 | 0.205 | 0.428 | 0.072 | 0.142 | 1.97 |

| 回归方程 | 相关系数 |
|---|---|
| $r=0.000\,5\,\bar{x}+0.153\,6$ | 0.241 7 |
| $P=0.005\,6\,\bar{x}+0.157\,1$ | 0.952 3 |

表 F.2(续)

| 样品号 | $K_0$ | $K$ | $N_0$ | $N$ | $\overline{x}$ | $r$ | $P$ | $s_r$ | $s_L$ | $s_L/s_r$ |
|---|---|---|---|---|---|---|---|---|---|---|
| | | | $s_r=0.0002\overline{x}+0.0543$ | | | | 0.241 7 | | | |
| | | | $s_L=0.0020\overline{x}+0.0524$ | | | | 0.944 2 | | | |

$K$:用于精密度计算的实验室个数;
$K_0$:参与实验室的总个数;
$N$:用于精密度计算的分析结果个数;
$N_0$:分析结果总个数;
$P$:实验室之间允许的绝对差,以质量分数表示(%);
$r$:实验室内允许的绝对差(重复性),以质量分数表示(%);
$s_L$:实验室之间的标准偏差,以质量分数表示(%);
$s_r$:实验室内部的标准偏差,以质量分数表示(%);
$\overline{x}$:样品中锌含量平均值,以质量分数表示(%)。

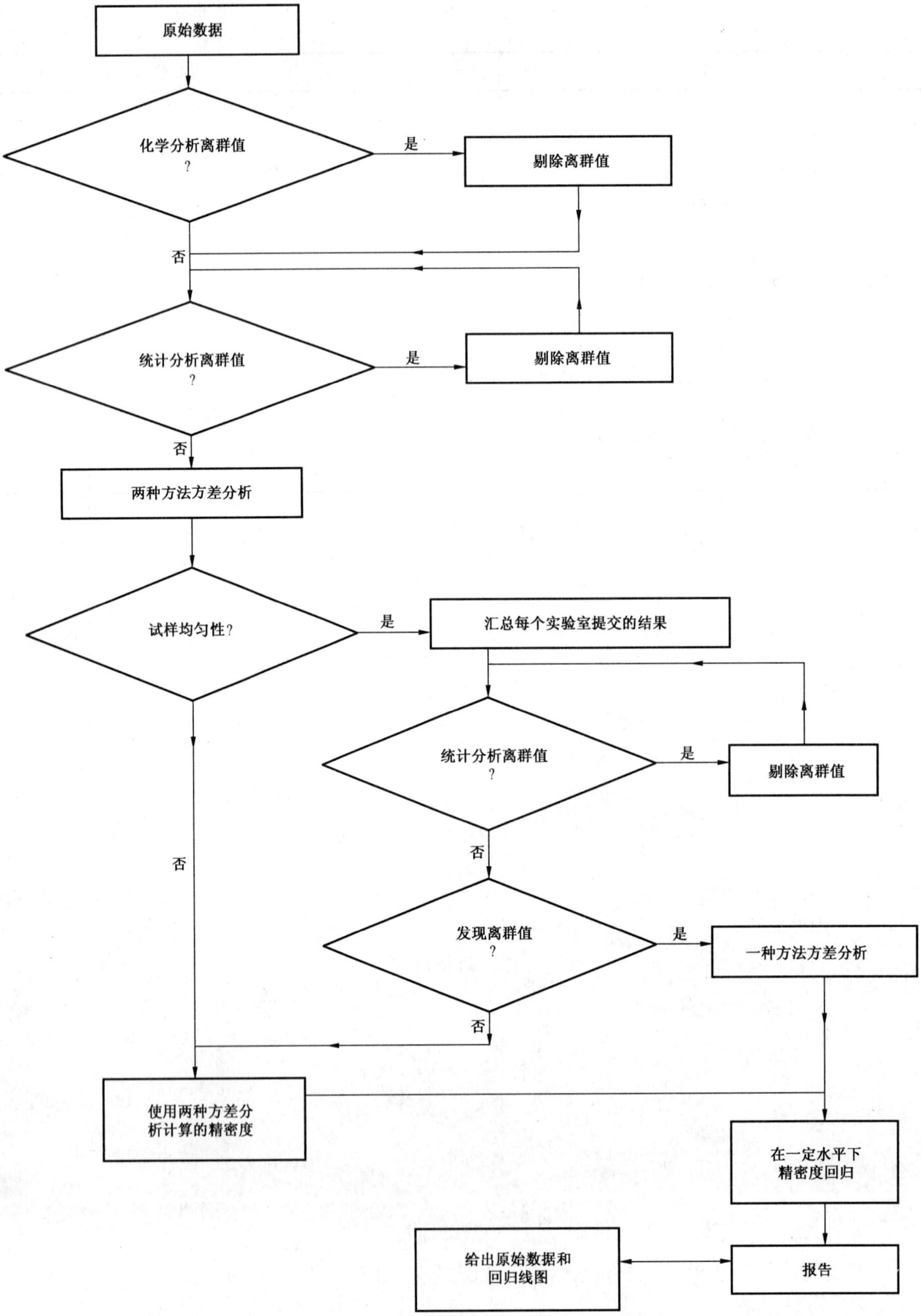


图 F.1 国际试验中分析数据统计计算流程图

**表 F.3 离群值汇总**

| 样品号 | 精密度<br>(科可伦统计) | 准确度<br>(格拉布斯) | 仅有一个结果的实验室 | 单个结果<br>(狄克逊) |
|---|---|---|---|---|
| 90-1 | — | — | — | DE3 |
| 90-2 | AU4,DE3 | — | — | — |
| 90-3 | — | — | — | — |
| 91-9 | — | — | — | — |
| 91-10 | — | — | — | — |

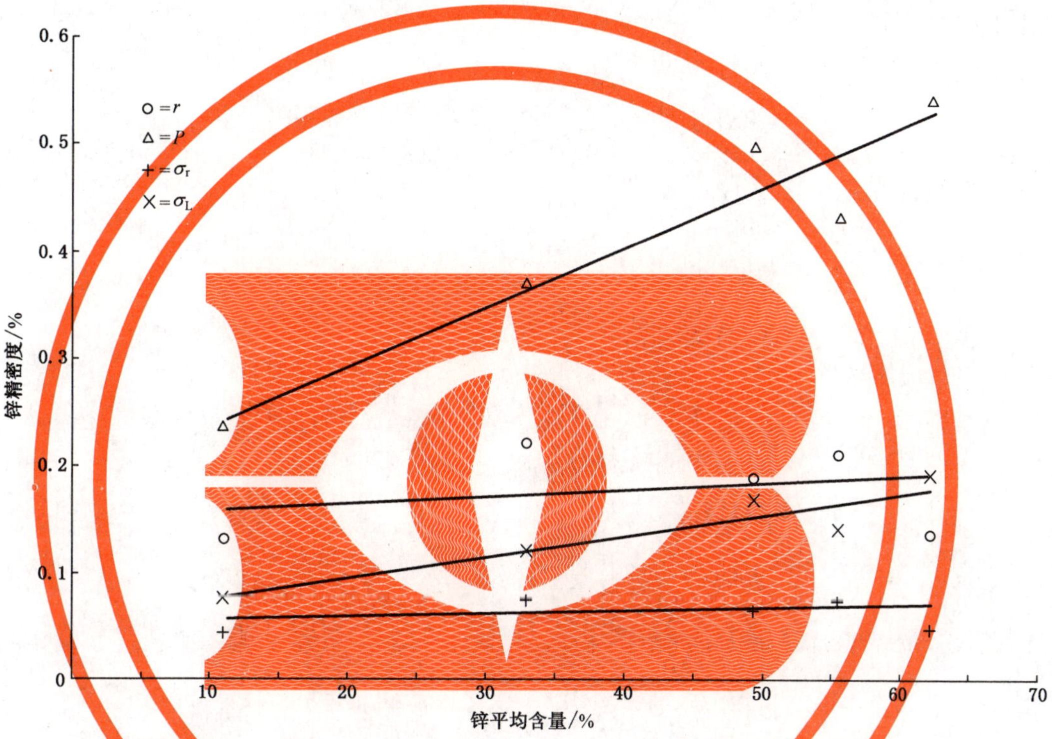


图 F.2 最小二乘法得出的精密度与锌平均含量的对应关系

ICS 77.120.60
H 13

# 中华人民共和国国家标准

GB/T 8151.19—2012/ISO 15248:1998

# 锌精矿化学分析方法 第19部分:金和银含量的测定 铅析或灰吹火试金和火焰原子吸收光谱法

**Methods for chemical analysis of zinc sulfide concentrates—Part 19:Determination of silver and gold contents—Fire assay and flame atomic absorption spectrometric method using scorification or cupellation**

(ISO 15248:1998,Zinc sulfide concentrates—Determination of silver and gold contents—Fire assay and flame atomic absorption spectrometric method using scorification or cupellation,IDT)

2012-12-31 发布　　2013-10-01 实施

中华人民共和国国家质量监督检验检疫总局
中国国家标准化管理委员会　发布

# 前　言

GB/T 8151《锌精矿化学分析方法》分为20个部分：

——第1部分：锌量的测定　沉淀分离 $Na_2EDTA$ 滴定法和萃取分离 $Na_2EDTA$ 滴定法；

——第2部分：硫量的测定　燃烧中和滴定法；

——第3部分：铁量的测定　$Na_2EDTA$ 滴定法；

——第4部分：二氧化硅量的测定　钼蓝分光光度法；

——第5部分：铅量的测定　火焰原子吸收光谱法；

——第6部分：铜量的测定　火焰原子吸收光谱法；

——第7部分：砷量的测定　氢化物-原子荧光光谱法和溴酸钾滴定法；

——第8部分：镉量的测定　火焰原子吸收光谱法；

——第9部分：氟量的测定　离子选择电极法；

——第10部分：锡量的测定　氢化物-原子荧光光谱法；

——第11部分：锑量的测定　氢化物-原子荧光光谱法；

——第12部分：银量的测定　火焰原子吸收光谱法；

——第13部分：锗量的测定　氢化物-原子荧光光谱法和苯芴酮分光光度法；

——第14部分：镍量的测定　火焰原子吸收光谱法；

——第15部分：汞量的测定　原子荧光光谱法；

——第16部分：钴量的测定　火焰原子吸收光谱法；

——第17部分：锌量的测定　氢氧化物沉淀-$Na_2EDTA$ 滴定法；

——第18部分：锌量的测定　离子交换-$Na_2EDTA$ 滴定法；

——第19部分：金和银含量的测定　铅析或灰吹火试金和火焰原子吸收光谱法；

——第20部分：铜、铅、铁、砷、镉、锑、钙、镁量的测定　电感耦合等离子体原子发射光谱法。

本部分为GB/T 8151第19部分。

本部分按照GB/T 1.1—2009给出的规则起草。

本部分等同采用ISO 15248:1998《硫化锌精矿　金和银含量的测定　铅析或灰吹火试金和火焰原子吸收光谱法》。

本部分与ISO 15248:1998的主要差异如下：

——用小数点“.”代替在国际标准中作为小数点的“,”；

——用句号“。”代替在国际标准中作为句号的“.”；

——用“本部分”代替“本标准”；

——按中文习惯改动了标准名称；

——删除了国际标准中的封面、目次、前言。

本部分由全国有色金属标准化技术委员会(SAC/TC 243)归口。

本部分起草单位：中冶葫芦岛有色金属集团有限公司、中国有色金属工业标准计量质量研究所。

本部分主要起草人：奚红杰、李合庆、赵红艳、赵军锋。

# 锌精矿化学分析方法
# 第19部分:金和银含量的测定
# 铅析或灰吹火试金和火焰原子吸收光谱法

## 1 范围

GB/T 8151的本部分规定了火试金和火焰原子吸收光谱法测定硫化锌精矿中金量和银量的方法。

本部分适用于锌含量不大于60%(质量分数)的硫化锌精矿中金和银含量的测定。测定范围:银10 g/t～500 g/t,金0.1 g/t～12.0 g/t。

## 2 规范性引用文件

下列文件对于本文件的应用是必不可少的。凡是注日期的引用文件,仅注日期的版本适用于本文件。凡是不注日期的引用文件,其最新版本(包括所有的修订单)适用于本文件。

ISO 385 实验室玻璃器皿 滴定管(Laboratory glassware—Burettes)

ISO 648 实验室玻璃器皿 单刻度移液管(Laboratory glassware—One-mark pipettes)

ISO 1042 实验室玻璃器皿 单刻度容量瓶(Laboratory glassware—One-mark volumetric flasks)

ISO 3696 实验室分析用水 规范及试验方法(Water for analytical laboratory use—Specification and test methods)

ISO 4787 实验室玻璃器皿 容量器皿 测试容量和使用方法(Laboratory glassware—Volumetric glassware—Methods for use and testing of capacity)

ISO 9599 硫化铜、铅、锌精矿中吸湿水分的测定 重量法(Copper, lead and zinc sulfide concentrates—Determination of hygroscopic moisture in the analysis sample—Gravimetric method)

## 3 方法提要

### 3.1 铅析法

试料通过火法熔融、造渣,产生的铅扣质量减小到2 g～5 g。

对初熔渣和造渣过程中产生的渣进行重处理,产生低含量银的铅扣,通过造渣,铅扣质量减小到2 g～5 g。

将两次得到的铅扣用硝酸溶解,过滤溶液。溶解滤纸及金,用火焰原子吸收光谱法测定金和银量。

### 3.2 灰吹法

试料通过火法熔融、灰吹,得到金银合粒。

对初熔渣和灰吹灰皿进行重处理得到另一个金银合粒。

两个金银合粒用硝酸溶解,过滤溶液。溶解滤纸和金,用火焰原子吸收光谱法测定金和银量。

## 4 试剂

分析过程中，仅使用经认可的分析纯试剂和符合 ISO 3696 二级水标准的水。先用混合酸(4.13)清洗所有的玻璃器皿，然后用水和氨水(1+3)清洗。推荐在无氯环境下操作。

4.1 无水碳酸钠。

4.2 氧化铅，分析纯（银<0.2 g/t，金<0.01 g/t）。

4.3 二氧化硅，工业纯。

4.4 硝酸钾或硝酸钠。

4.5 面粉。

4.6 硝酸($\rho_{20}$ 1.42 g/mL，$c_{Cl^-}$<0.5 μg/mL)。

4.7 硝酸洗液(5+995)：往 995 mL 水中小心加入 5 mL 硝酸(4.6)。

4.8 硝酸(1+3)：往 1 500 mL 水中小心加入 500 mL 硝酸(4.6)，边加边搅拌，冷却。

4.9 盐酸($\rho_{20}$ 1.16 g/mL～1.19 g/mL)。

4.10 硼砂，熔融无水四硼酸钠。

4.11 金属银($w_{Ag}$≥99.99%)。

4.12 金属金($w_{Au}$≥99.99%)。

4.13 混合酸：将 3 份盐酸(4.9)和 1 份硝酸(4.6)混合，用时配制。

4.14 氨水溶液(1+1)：将 500 mL 氨水($\rho_{20}$ 0.89 g/mL)加到 500 mL 水中。

### 4.15 标准溶液

注：配制标准溶液的环境温度应与实际测定时的环境温度相同。

#### 4.15.1 银标准溶液

4.15.1.1 银标准贮存溶液(1 000 μg/mL)：

称取 0.500 0 g 金属银(4.11)于 400 mL 烧杯中，加入 100 mL 硝酸(4.8)，盖上表皿，微热至银溶解完全，继续加热去除氮的氧化物。冷却，移入 500 mL 容量瓶中，用水稀释至刻度，混匀。溶液应贮存在棕色瓶中。此溶液 1 mL 含 1 000 μg 银。

4.15.1.2 银标准溶液(50 μg/mL)：

移取 10.00 mL 银标准溶液(4.15.1.1)于 200 mL 容量瓶中，加 40 mL 硝酸(4.8)，用水稀释至刻度，混匀。溶液应贮存在棕色瓶中。此溶液 1 mL 含 50 μg 银。

#### 4.15.2 金标准溶液

4.15.2.1 金标准贮存溶液(1 000 μg/mL)：

称取 0.100 g 金属金(4.12)于 50 mL 烧杯中，加入 5 mL 混合酸(4.13)，盖上表皿，加热溶解完全，冲洗并移去表皿，蒸至近干(不允许蒸干，否则金可能析出)。冷却，加入 5 mL 盐酸(4.9)，定量转移到 100 mL 容量瓶中，用水稀释至刻度，混匀。溶液应贮存在棕色瓶中。此溶液 1 mL 含 1 000 μg 金。

4.15.2.2 金标准溶液(100 μg/mL)：

移取 10.00 mL 金标准溶液(4.15.2.1)于 100 mL 容量瓶中，加入 10 mL 盐酸(4.9)，用水稀释至刻度，混匀。此溶液 1 mL 含 100 μg 金。

### 4.16 校准溶液

注：配制校准溶液的环境温度应与实际测定时的环境温度相同。

#### 4.16.1 银校准溶液

用滴定管(5.6)分别移取 0 mL、2.00 mL、4.00 mL、6.00 mL 和 8.00 mL 银标准溶液(4.15.1.2)于一组 100 mL 容量瓶中,分别加入 20 mL 硝酸(4.8),用水稀释至刻度,混匀。

此组标准溶液含银分别为:0 μg/mL、1.00 μg/mL、2.00 μg/mL、3.00 μg/mL 和 4.00 μg/mL。用时现配。

#### 4.16.2 金校准溶液

用滴定管(5.6)分别移取 0 mL、2.00 mL、4.00 mL、6.00 mL、8.00 mL 和 10.00 mL 金标准溶液(4.15.2.2)于一组 100 mL 容量瓶中,分别加入 10 mL 混合酸(4.13),用水稀释至刻度,混匀。

此组标准溶液含金分别为:0 μg/mL、2.00 μg/mL、4.00 μg/mL、6.00 μg/mL、8.00 μg/mL 和 10.00 μg/mL。用时现配。

## 5 仪器

除普通的实验设备,还应具备下列仪器设备。

5.1 容量玻璃器皿:符合 ISO 385-1、ISO 648、ISO 1042 的 A 级标准,按 ISO 4787 使用。

5.2 常规火试金分析设备。

5.2.1 试金炉,最高操作温度在 1 100 ℃。

5.2.2 马弗炉,最大操作温度 1 100 ℃,带温度显示,自动温度控制,空气流动控制。

5.2.3 坩埚,用耐火黏土制成,标称容量为 300 mL ~500 mL,在 1 050 ℃下能够抵抗试样和助熔剂的侵蚀。坩埚装料时不得超过坩埚深度的 3/4。

5.2.4 铅析坩埚,用耐火黏土制成,直径大约 75 mm,最好不要太浅。

5.2.5 灰皿,由氧化镁或骨灰制成,标称容量应能容纳 50 g 的熔融铅,内底部为凹面。

5.2.6 圆锥模,由铸铁制成,应能容纳所有的熔融铅和熔融渣。

5.2.7 粉磨机。

5.3 天平。

5.3.1 天平,感量为 1 mg。

5.3.2 分析天平,感量为 0.1 mg。

5.4 原子吸收光谱仪(AAS),带有背景校正装置。

5.5 过滤装置。

5.5.1 薄膜过滤器-硝酸纤维素/醋酸纤维素,直径 25 mm,孔径 0.45 μm。

5.5.2 真空瓶,250 mL,广口的毕希纳过滤瓶。

5.5.3 薄膜过滤漏斗,适合 25 mm 薄膜过滤器使用。

5.6 滴定管,A 级,10 mL 容量,能读到 0.02 mL。

## 6 样品

### 6.1 试样

按 ISO 9599 标准制备一份空气平衡的试样。

注:如果使用预先干燥的试料,则不要求制备试样(见附录 A)。

### 6.2 试料

采用多点多次取样的方式，从试样中分取试料，保证其代表性。称取 20 g 试料，精确到 0.1 mg。同时，按 ISO 9599 测定吸湿水分。

也可选择附录 A 提供的方法，直接从实验室试样中准备预先干燥试料。

## 7 步骤

### 7.1 测定次数

重复性试验条件下，每个试样至少重复测定 2 次。

注：重复性条件指对同一样品，用同一方法，由同一个人在同一实验室，使用同一种试剂和仪器在较短的时间间隔内，进行独立操作得出的分析结果。

### 7.2 熔融试验

按附录 B 进行熔融试验以保证铅扣质量在 28 g～35 g 之间。

注：熔融试验是必须的。

### 7.3 空白试验

每批样品必须平行进行空白试验，加入的所有试剂量跟样品一致，不加入试料和硝酸钾，应加入足够的面粉(4.5)保证铅扣质量在 28 g～35 g 之间，按附录 C 进行空白试验。

注：如果空白溶液(附录 C)的金含量超过 0.05 μg/mL，应检查试剂。否则从结果中扣除空白。

### 7.4 配料准备

根据熔融试验(附录 B)得出需用硝酸钾的质量，并将其加入熔剂混合物中(见表 1)。

按表 1 指定的熔剂组分和试料充分混合。将混合物放入试金坩埚(5.2.3)内。

**表 1 熔剂组分推荐配比**

| 熔剂组分 | 质量/g |
|---|---|
| 碳酸钠(4.1) | 30 |
| 氧化铅(4.2) | 120 |
| 二氧化硅(4.3) | 10 |
| 硼砂(4.10) | 10 |
| 硝酸钾(4.4) | — |

注 1：将试料和熔剂混合物充分混合是非常重要的。所有的助熔剂混合物应当处于精细分离状态，粒度应小于 0.5 mm。

注 2：混合物中氧化剂的用量取决于试料的还原能力。熔融试验(见附录 B)决定产生 28 g～35 g 之间的铅扣所需硝酸钾的质量。氧化剂不应包含在混合熔剂中，应单独称量以保证铅扣质量的重现性，如果熔融条件一致性好，铅扣质量误差应在±1 g 以内，因而减少了铅析或灰吹的完成次数。

注 3：如果铅扣质量不是预期值或重现性不好，使用坩埚盖可能会有帮助。

### 7.5 初熔

将坩埚放入预先加热到 900 ℃左右的试金炉中(5.2.1)。

缓慢升温至 1 050 ℃，维持该温度，直至熔融平静下来至少 10 min 以上。

将熔融物倒入干燥的圆锥模(5.2.6)中，小心操作，确保铅和熔渣没有损失。保留坩埚，以备熔融物的重处理。

待熔融物冷却，小心将铅扣和熔渣分离。如有必要，用锤击铅扣以便分离粘附着的小颗粒熔渣。保留熔渣待重处理。

称量铅扣质量，如果质量小于 28 g 或者大于 35 g，则弃去铅扣和熔渣，使用较少的氧化剂或者增加面粉重复上述过程(见附录 B)。

注 1：如果使用的是油炉或气炉，在炉门打开之前应该关闭燃料开关。

注 2：为减小对坩埚的腐蚀和降低铅扣内杂质，整个熔融时间应不超过 40 min。

注 3：铅扣质量小于 28 g，则回收率偏低；大于 35 g 则说明杂质(如铜)含量太高，同时可能影响铅析后获得的铅量。

## 7.6 回收过程的选择

可以选择铅析法(见 7.7)或者灰吹法(见 7.8)回收铅扣中的银和金。分析人员应根据实际情况选择合适的方法。不管采用什么方法，银和金的原子吸收测定过程是一样的。

## 7.7 铅析法

### 7.7.1 总则

加入 0.5 g 二氧化硅(4.3)于铅析坩埚中，放入马弗炉(5.2.2)中预热至 900 ℃，再把初熔铅扣(见 7.5)放入坩埚中。

控制马弗炉温度约 900 ℃，在稳定的空气流动中进行铅析，直至可见的铅熔体直径大约 10 mm(时间因铅扣质量而异，大约 30 min)。

铅析快完成时，将马弗炉温度提高到 950 ℃，以降低黏度，便于铅熔体干净的倒出。要求铅的质量是 2 g～5 g。

将熔体混合物倒入干燥的圆锥模(5.2.6)中，冷却，取出铅扣并称重。保留熔渣以便重熔融处理，弃去铅析坩埚。

### 7.7.2 重熔

将初熔渣(见 7.5)和铅析过程产生的渣(见 7.7.1)放入粉磨机(5.2.7)中，粉碎约 20 s。每磨完一个样品，需磨一个不含金和银的物料，以便完全清洁粉磨机。

将磨好的渣和下列组分的物料完全混合：

——氧化铅(4.2)50 g；

——碳酸钠(4.1)50 g；

——二氧化硅(4.3)50 g；

——硼砂(4.10)50 g；

——面粉(4.5)使用的量要保证足够产生 28 g～35 g 的铅扣(通常约 4 g)。

将混合物放入初熔时用过的原坩埚(见 7.5)中。

按 7.5 进行熔融处理。

将熔融物倒入干燥的圆锥模(5.2.6)中，小心，不要损失铅。弃去坩埚和熔渣。

### 7.7.3 铅析

加入约 0.5 g 二氧化硅(4.3)于另一个铅析坩埚中，放入马弗炉(5.2.2)中预热至 950 ℃，再把重熔铅扣(7.7.2)加到坩埚中。

按 7.7.1 操作，弃去熔渣和坩埚。

## 7.8 灰吹法

### 7.8.1 总则

将灰皿在马弗炉(5.2.2)于900 ℃进行预热，再把初熔铅扣(见7.5)放入灰皿中。

控制马弗炉温度大约860 ℃，在稳定的空气流动中于较低温度处进行灰吹，直至可见的铅熔体直径大约10 mm(时间因铅扣的质量而异，大约30 min)。

提高马弗炉温度至900 ℃完成灰吹。

移出灰皿，冷却。取出金银合粒，用刷子除去粘附的灰皿杂质。称得合粒。保留灰皿以便重熔融。

### 7.8.2 重熔

将初熔融渣(见7.5)和回收过程中的灰皿(7.8.1)放入粉磨机(5.2.7)中，粉碎约20 s，磨至物料粒度小于150 μm。更长的磨样时间会导致物料结块。

每磨完一个样品，需磨一个不含金和银的物料，以便完全清洁粉磨机。

将磨好的渣和下列组分的物料完全混合：

——氧化铅(4.2)50 g；

——碳酸钠(4.1)50 g；

——二氧化硅(4.3)50 g；

——硼砂(4.10)50 g；

——面粉(4.5)使用的量要保证足够产生28 g～35 g的铅扣(通常约4 g)。

将混合物放入初熔时用过的原坩埚(见7.5)中。

按7.5进行熔融处理。

将熔融物倒入干燥的圆锥模(5.2.6)中，小心，不要损失铅。弃去坩埚和熔渣。

### 7.8.3 灰吹

将另一个灰皿放入马弗炉(5.2.2)中预热至900 ℃，再把重熔铅扣(7.8.2)放入灰皿中。按7.8.1操作。弃去灰皿。

## 7.9 铅扣或金银合粒的处理

将铅扣(见7.7.1和7.7.3)或金银合粒(见7.8.1和7.8.3)置于250 mL烧杯中。

加入100 mL硝酸(4.8)，盖上表皿，加热，溶解所有的铅或合粒。微沸除去氮的氧化物。

注：铅或合粒溶解后剩余的任何黑色残留物都是除银以外的贵金属。

从电热板上取下烧杯，稍冷，清洗并移去表皿，用直径25 mm、孔径0.45 μm的过滤器(5.5.1)进行真空过滤，滤液进入250 mL毕希纳过滤瓶(5.5.2)。用约50 mL热的硝酸(4.7)清洗烧杯和滤纸，再用10 mL热的氨水溶液(4.14)洗涤以溶解微量的氯化银，再用水洗涤一次。

取下过滤器的上半部分，仔细洗涤其底部，以便洗下可能粘附的金粒，洗液进入原250 mL烧杯中。

将滤纸移入原烧杯中，加入2 mL硝酸(4.6)，低温加热蒸至近干，不要蒸干。保留烧杯用于金的测定。

## 7.10 火焰原子吸收光谱法测定测试溶液中的银

使用硝酸(4.7)定量转移滤液(见7.9)到500 mL容量瓶中，稀释至刻度，混匀。

如果银量超过100 g/t，移取20.00 mL测试溶液到100 mL容量瓶中，加入10 mL硝酸(4.8)，用水稀释至刻度，混匀。

使用火焰原子吸收光谱法测定银浓度，校准溶液为4.16.1。应当优化仪器条件使灵敏度最高，且吸光度与浓度之间的线性关系良好。推荐使用下列条件：

火焰：空气-乙炔(氧化性)；

波长：328.1 nm；

灯电流：5 mA；

背景校正：关；

雾化效率：优化到最大信号；

积分时间：3 s；

积分次数：5。

对每个校准溶液进行3次平行测定，如果吸光度差值不超过0.003时，计算平均值，保留3位有效数字，否则重新进行校正。

在相同条件下进行测试溶液的测定。绘制吸光度对浓度的校正曲线。

注：在所有火焰原子吸收光谱法测定中，试样溶液与校准溶液应保持相同的温度和酸度。

### 7.11 火焰原子吸收光谱法测定测试溶液中的金

往烧杯(见7.9)中加入5 mL混合酸(4.13)，盖上表皿，微热至金完全溶解，移入25 mL容量瓶中。用水稀释至刻度，混匀。

使用火焰原子吸收光谱法测定金浓度，校准溶液为4.16.2。应当优化仪器条件使灵敏度最高，且吸光度与浓度之间的线性关系良好。推荐使用下列条件：

火焰：空气-乙炔(氧化性)；

波长：242.8 nm；

灯电流：4 mA；

背景校正：开；

雾化效率：优化到最大信号；

积分时间：3 s；

积分次数：5。

对每个校准溶液进行3次平行测定，如果吸光度差值不超过0.003时，计算平均值，保留3位有效数字，否则重新进行校正。

在相同条件下进行测试溶液的测定。绘制吸光度对浓度的校正曲线。

注：在所有火焰原子吸收光谱法测定中，试样溶液与校准溶液应保持相同的温度和酸度。

## 8 结果的表示

### 8.1 银含量

按式(1)或(2)计算试样中银含量 $w_{Ag}$，以g/t表示：

$$w_{Ag}=\frac{(c_1-B_1)\times 500}{m}\times\frac{100}{100-H} \quad\cdots\cdots(1)$$

或

$$w_{Ag}=\frac{(c_1-B_1)\times 500\times 100}{m\times 20}\times\frac{100}{100-H} \quad\cdots\cdots(2)$$

式中：

$c_1$——分析溶液中的银浓度，单位为微克每毫升(μg/mL)；

$B_1$——空白溶液中的银浓度，单位为微克每毫升(μg/mL)；

$m$——试料的质量,单位为克(g);

$H$——试料吸湿水分含量,以质量分数表示(%)(如果是预先干燥试料,$H=0$)。

### 8.2 金含量

按式(3)计算试样中金含量 $w_{Au}$,以 g/t 表示:

$$w_{Au}=\frac{(c_2-B_2)\cdot V}{m}\times\frac{100}{100-H} \qquad \cdots\cdots(3)$$

式中:

$c_2$ ——分析溶液中的金浓度,单位为微克每毫升(μg/mL);

$B_2$ ——空白溶液中的金浓度,单位为微克每毫升(μg/mL);

$V$ ——分析溶液的体积(见 7.11),单位为毫升(mL);

$m$ ——试料的质量,单位为克(g);

$H$ ——试料吸湿水分含量,以质量分数表示(%)(如果是预先干燥试料,$H=0$)。

## 9 精密度

### 9.1 精密度的表示

该分析方法的精密度用式(4)～式(7)表示:

9.1.1 银:

$$s_r=0.010\,5x+0.321\,7 \qquad \cdots\cdots(4)$$

$$s_L=0.016x+3.475\,6 \qquad \cdots\cdots(5)$$

9.1.2 金:

$$s_r=0.025\,5x+0.027\,1 \qquad \cdots\cdots(6)$$

$$s_L=0.057\,1x+0.084 \qquad \cdots\cdots(7)$$

式中:

$s_r$ ——实验室内银或金的标准偏差,单位为克每吨(g/t);

$s_L$ ——实验室间银或金的标准偏差,单位为克每吨(g/t);

$x$ ——试样中银或金平均含量,单位为克每吨(g/t)。

见附录 E。

### 9.2 获取最终结果的方法

见附录 D。

按附录 D 流程图,从平行结果 $x_1$ 和 $x_2$ 求出结果:

两组结果的平均值:

$$x=(x_1+x_2)/2 \qquad \cdots\cdots(8)$$

实验室内标准偏差:

银的测定:

$$s_r=0.010\,5x+0.321\,7 \qquad \cdots\cdots(4)$$

金的测定:

$$s_r=0.025\,5x+0.027\,1 \qquad \cdots\cdots(6)$$

重复性限:

$$r = 2.8s_r \quad \cdots\cdots (9)$$

## 9.3 实验室间的精密度

实验室间精密度是假定所有实验室采取同样步骤的前提下，用来表示两个或两个以上实验室报告结果的一致性。

按下式计算：

最终结果的平均值：

$$\mu_{12} = (\mu_1 + \mu_2)/2 \quad \cdots\cdots (10)$$

实验室间标准偏差：

银的测定：

$$s_L = 0.016x + 3.475\,6 \quad \cdots\cdots (5)$$

金的测定：

$$s_L = 0.057\,1x + 0.084 \quad \cdots\cdots (7)$$

实验室内标准偏差：

银的测定：

$$s_r = 0.010\,5x + 0.321\,7 \quad \cdots\cdots (4)$$

金的测定：

$$s_r = 0.025\,5x + 0.027\,1 \quad \cdots\cdots (6)$$

允许差：

$$P = 2.8\sqrt{(s_L^2 + s_r^2/2)} \quad \cdots\cdots (11)$$

极差：

$$E = |\mu_1 - \mu_2| \quad \cdots\cdots (12)$$

式中：

$\mu_1$——实验室 1 报告的金或银最终结果，单位为克每吨(g/t)；

$\mu_2$——实验室 2 报告的金或银最终结果，单位为克每吨(g/t)。

如果 $E \leqslant P$，则最终结果一致、有效。

## 9.4 准确度检查

通常用经过认证的标准样品(CRM)来校核分析方法的准确度。方法步骤与第 7 部分相同，当精密度确认后，最终试验结果与标准值 $A_c$ 对比。

有下列两种可能：

$$|\mu_c - A_c| \leqslant C \quad \cdots\cdots (13)$$

此情况表示报告结果与标准值无显著性差异。

$$|\mu_c - A_c| > C \quad \cdots\cdots (14)$$

此情况表示报告结果与标准值有显著性差异。

式中：

$\mu_c$——标准样品中金或银的最终测定结果，单位为克每吨(g/t)；

$A_c$——标准样品中金或银的标准值，单位为克每吨(g/t)；

$C$——依据所用标准样品的类型确定金或银的常数量，单位为克每吨(g/t)。

**注**：这里使用的标准样品应按 ISO 指南 35 的要求进行制备和认证。

如果该标准样品由多个实验室认证，则 $C$ 值由式(15)确定，单位为克每吨(g/t)。

$$C = 2\sqrt{s_L^2 + (s_r^2/n) + s^2\{A_c\}} \quad \cdots\cdots (15)$$

式中：

$s^2\{A_c\}$——定值方差；

$n$ ——平行测定次数。

如果该标准样品由单个实验室认证，则 $C$ 值由式(16)确定，单位为克每吨(g/t)：

$$C=2\sqrt{s_L^2+(s_r^2/n)} \qquad (16)$$

注：应避免使用这种类型的认证标准样品，除非已知这种特殊的认证标准样品是一个无偏差的定值。

## 10 试验报告

试验报告应包括下列信息：

a) 试样标识；

b) 采用的国家标准，如 GB/T 8151.19—2012/ISO 15248:1998；

c) 试样中银的含量，以 g/t 表示；

d) 试样中金的含量，以 g/t 表示；

e) 测试日期；

f) 测定过程中发生的可能影响试验结果的现象。

# 附 录 A
（规范性附录）
预干燥试料的制备和质量测定方法

## A.1 范围

本附录规定了硫化锌精矿分析中预干燥试料的制备和质量测定方法。

本附录适用于不易氧化的且吸湿水分为0.05%～2%的硫化锌精矿。

## A.2 原理

用于分析的试料在105 ℃±5 ℃的烘箱中，于空气中干燥，然后将干燥的试料称量和用于分析，这样就不需要校正吸湿水分含量。

## A.3 试剂

A.3.1 干燥剂，如变色硅胶或无水高氯酸镁。

**警告：处理废弃的高氯酸镁一定要小心，必须用流水冲入水槽中。**

## A.4 仪器

除普通实验室仪器外，还包括：

A.4.1 分析天平，感量0.1 mg。

A.4.2 称量器皿，由玻璃或硅或其他耐蚀金属制成，具有密封盖。用于少量试料（小于3 g），其质量总和也尽可能小（如小于20 g）。

A.4.3 烘箱，能保持温度105 ℃±5 ℃。

## A.5 步骤

### A.5.1 称量器皿的准备

在105 ℃±5 ℃的烘箱（A.4.3）中干燥称量器皿和密封盖（A.4.2）1 h。然后将称量器皿和密封盖移至干燥器中，冷却至室温。

### A.5.2 试料

称量干燥的称量器皿和盖（A.5.1），迅速地加入一定量用于分析的试样。这里不需要精确的试料和称量器皿的总质量。

### A.5.3 干试料质量的测定

将盛有试料的未加盖的称量器皿和密封盖放入烘箱（A.4.3）中，在105 ℃±5 ℃的情况下干燥2 h。2 h后，将称量器皿和干燥试料从烘箱中移出烘箱，盖上密封盖，置于干燥器中冷却至室温。将盛有干燥试料的称量器皿和密封盖移出干燥器，轻轻开盖后，立即关上，称重，质量记录为$m_1$，精确至0.1 mg。

将试样转移至合适的分析器皿中,立即称重空的称重器皿和密封盖,记录为 $m_2$,精确至 0.1 mg。

注:对于新的不知特性的精矿,建议在 105 ℃±5 ℃再次烘干 2 h,再称取包含试料的称量器皿及密封盖的质量($m_1'$),精确至 0.1 mg。如果 $m_1$ 与 $m_1'$ 的差值不大于 0.5 mg,则认为试料已恒重。否则干燥和称重步骤须再次重复进行。

## A.6 干试料质量的计算

干试料质量 $m_3$ 由式(A.1)给出:

$$m_3 = m_1 - m_2 \qquad \text{(A.1)}$$

式中:

$m_1$——干燥试料和称量器皿及密封盖的总质量,单位为克(g);

$m_2$——称量容器和密封盖的总质量,单位为克(g)。

干燥试料的质量用于干燥试料分析中元素含量计算,不需要进行吸湿水分校正。

# 附 录 B
（规范性附录）
熔融试验

## B.1 引言

根据试样的还原能力，确定配料中硝酸钾或硝酸钠(4.4)等氧化剂的用量，进行熔融试验是为了保证熔融完成后的铅扣质量在28 g～35 g之间。

## B.2 步骤

将10 g试料与表1所列熔剂组分进行混合。

按步骤7.5的规定进行熔融试验。

称量熔融后得到的铅扣的质量。如果铅扣质量小于28 g或者大于35 g，可以通过下列途径来调节熔融物的氧化或还原性。

a) 增加1 g硝酸钾可以使铅扣质量减少4 g。

b) 1 g面粉可以增加大约10 g铅。

# 附　录　C
（规范性附录）
空白试验

## C.1　引言

空白试验是测定分析试剂尤其氧化铅中金和银含量的方法。建议随同试料做空白试验。

## C.2　步骤

将 2.5 g～3 g 面粉(4.5)与表 1 熔剂组分充分混合，使还原剂生成质量为 28 g～35 g 的铅扣。此过程不加入硝酸钾(4.4)。

按照 7.5～7.9 的步骤进行空白试验。

按照 7.10 和 7.11 步骤分别测定空白溶液中的金量和银量。

# 附　录　D
（规范性附录）
接受试样分析值流程图

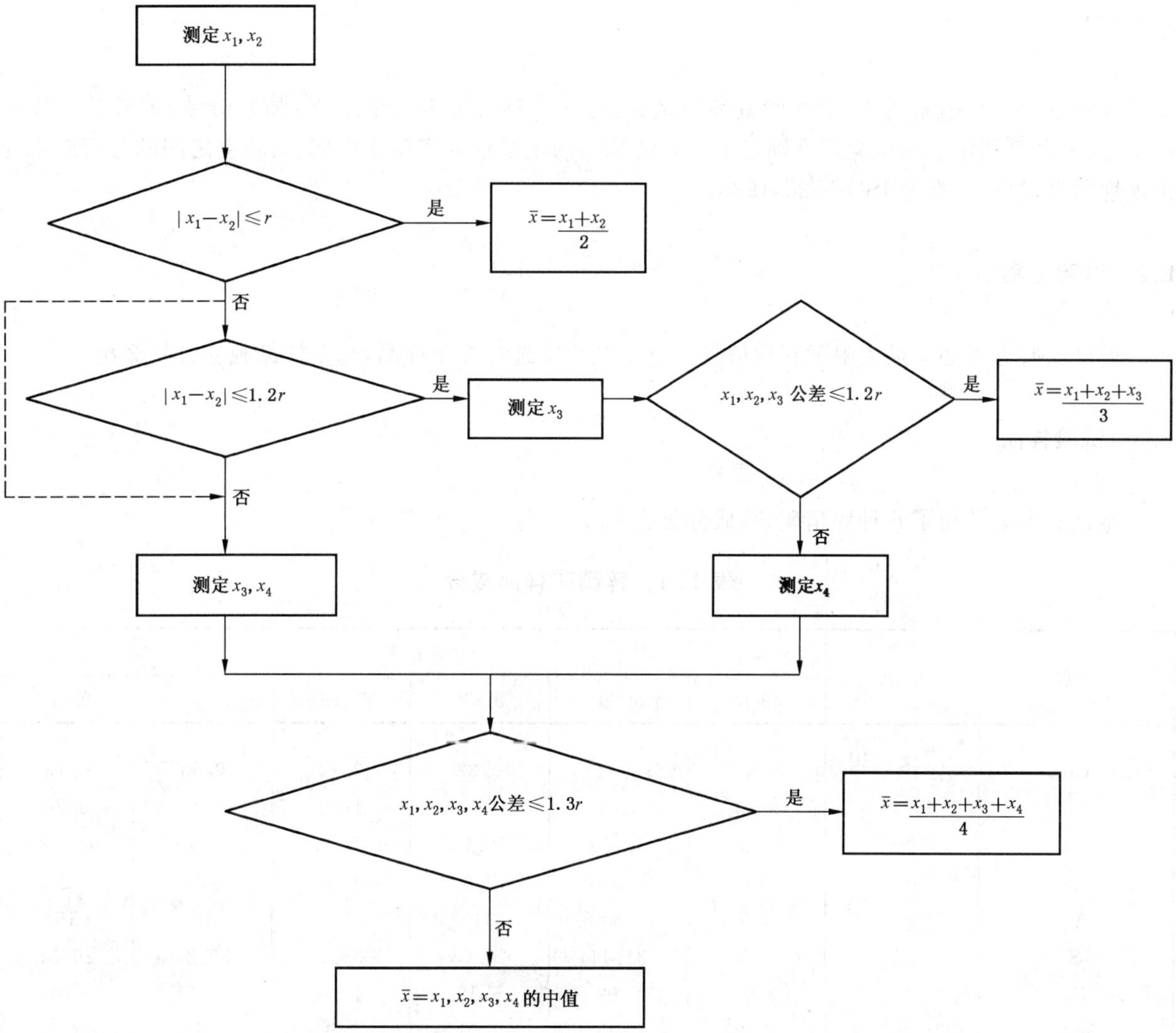


说明：

$r$——在 9.2 中定义。

图 D.1　接受试样分析值流程图

# 附 录 E
# （资料性附录）
# 精密度方程的推导

## E.1 引言

本附录由5个国家的15个实验室参与试验，有6个锌含量不大于60%（质量分数）的锌精矿样品用于金、银含量测定。本试验程序确定了一般情况下的重复性与实验室内部、实验室之间的分析结果的再现性要求，执行标准为ISO 5725:1986。

## E.2 试验方案的设计

设计试验方案必须最大限度获取信息。每个试验室选择2个样品，每个样品独立分析2次。

## E.3 试验样品

本试验方案使用了6种锌精矿，其成分见表E.1。

**表 E.1 锌精矿样品成分**

| 元素 | 单位 | 样品号 | | | | | |
|---|---|---|---|---|---|---|---|
| | | 89-1[a] | 89-2[a] | 89-3[a] | 89-10[b] | 91-16[c] | 93-1[b] |
| Cu | % | 0.61 | 0.34 | 0.22 | 0.12 | 0.53 | 0.23 |
| Pb | % | 3.50 | 3.01 | 5.54 | 1.32 | 3.72 | 3.24 |
| Zn | % | 47.14 | 53.69 | 50.15 | 52.0 | 46.76 | 46.68 |
| Au | g/t | 10 | 3 | 0.5 | 0.2 | 7 | 2 |
| Ag | g/t | 300 | 130 | 340 | 30 | 19 | 15 |
| S | % | 31.25 | 31.44 | 26.68 | 33.0 | 30.28 | 26.51 |
| Fe | % | 8.83 | 5.09 | 5.18 | 11.6 | 10.51 | 6.70 |
| $SiO_2$ | % | 3.42 | 4.35 | 7.33 | 1.0 | 3.78 | 12.74 |
| $Al_2O_3$ | % | 0.73 | 0.31 | 0.46 | 0.00 | 0.42 | 1.20 |
| CaO | % | 0.78 | 0.86 | 0.78 | 0.26 | 0.60 | 0.72 |
| MgO | % | 1.15 | 1.00 | 1.08 | 0.03 | 1.18 | 1.51 |
| $K_2O$ | % | 0.32 | 0.16 | 0.16 | 0.00 | 0.22 | 0.31 |
| MnO | % | 0.55 | 0.64 | 0.30 | 0.00 | 0.14 | 0.15 |

样品来源：

[a] Cominco，加拿大。

[b] Zinc Corporation，澳大利亚。

[c] Peak，澳大利亚。

## E.4 统计计算

统计计算过程在图 E.1 中图解说明。统计计算结果在表 E.2、表 E.3 中进行扼要概述。

相关试样对应的精密度($s_r$、$s_L$、$r$ 和 $P$)评价参见图 E.2、图 E.3,这些样品对应的回归方程已计算出并在表 E.2、表 E.3 中列出。

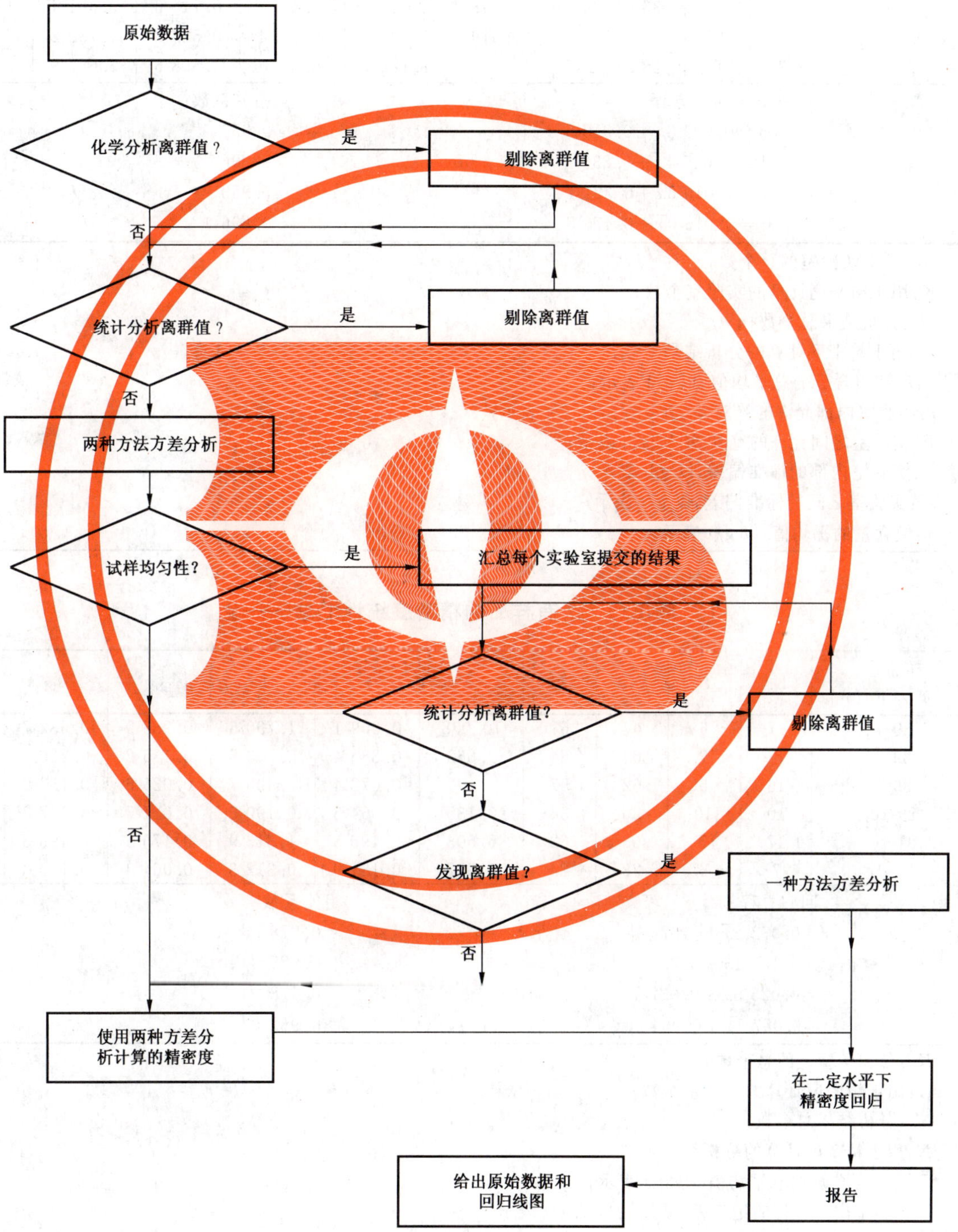


图 E.1 国际试验中分析数据统计计算流程图

表 E.2 所有样品的精密度统计汇总——银

| 样品号（见表 E.1） | $K_0$ | $K$ | $N_0$ | $N$ | $\overline{\overline{x}}$ | $r$ | $P$ | $s_r$ | $s_L$ | $s_L/s_r$ |
|---|---|---|---|---|---|---|---|---|---|---|
| 89-1 | 17 | 12 | 64 | 46 | 303.069 | 7.553 6 | 21.833 5 | 2.669 1 | 7.715 0 | 2.89 |
| 89-2 | 17 | 15 | 64 | 58 | 135.110 | 5.196 3 | 13.449 8 | 1.836 1 | 4.752 6 | 2.59 |
| 89-3 | 16 | 14 | 62 | 54 | 343.643 | 13.124 3 | 27.974 6 | 4.637 6 | 9.885 0 | 2.13 |
| 89-10 | 10 | 9 | 36 | 33 | 23.748 | 20.223 | 10.135 4 | 0.714 6 | 3.581 4 | 5.01 |
| 91-16 | 17 | 13 | 64 | 49 | 20.619 | 1.485 1 | 7.743 4 | 0.524 8 | 2.736 2 | 5.21 |
| 93-1 | 7 | 6 | 28 | 24 | 14.957 | 1.128 1 | 16.065 6 | 0.398 6 | 5.676 9 | 14.24 |

| 回归方程 | 相关系数 |
|---|---|
| $r=0.029\,8\overline{x}+0.910\,5$ | 0.953 |
| $P=0.045\,4\overline{x}+9.836$ | 0.896 |
| $s_r=0.010\,5\overline{x}+0.321\,7$ | 0.953 |
| $s_L=0.016\,0\overline{x}+3.476\,5$ | 0.896 |

$K_0$:参加实验室的总个数；
$K$:用于精密度计算的实验室个数；
$N_0$:分析结果总个数；
$N$:用于精密度计算的分析结果个数；
$\overline{\overline{x}}$:所有银含量的总平均值，以 g/t 表示；
$r$:实验室内部允许的绝对差(重复性)，以 g/t 表示；
$P$:实验室之间允许的绝对差，以 g/t 表示；
$s_r$:实验室内部的标准偏差，以 g/t 表示；
$s_L$:实验室之间的标准偏差，以 g/t 表示；
$\overline{x}$:银含量的平均值，以 g/t 表示。

表 E.3 所有样品的精密度统计汇总——金

| 样品号（见表 E.1） | $K_0$ | $K$ | $N_0$ | $N$ | $\overline{\overline{x}}$ | $r$ | $P$ | $s_r$ | $s_L$ | $s_L/s_r$ |
|---|---|---|---|---|---|---|---|---|---|---|
| 89-1 | 17 | 6 | 64 | 61 | 10.038 | 0.809 1 | 1.790 6 | 0.285 9 | 0.632 7 | 2.21 |
| 89-2 | 17 | 7 | 64 | 64 | 2.663 | 0.385 4 | 0.753 5 | 0.136 2 | 0.266 3 | 1.96 |
| 89-3 | 16 | 5 | 62 | 57 | 0.493 | 0.072 4 | 0.435 7 | 0.025 6 | 0.153 9 | 6.01 |
| 89-10 | 10 | 10 | 36 | 36 | 0.135 | 0.064 5 | 0.190 5 | 0.021 7 | 0.067 3 | 3.10 |
| 91-16 | 17 | 7 | 63 | 62 | 6.503 | 0.496 5 | 1.313 9 | 0.175 5 | 0.496 5 | 2.83 |
| 93-1 | 7 | 6 | 28 | 24 | 1.547 | 0.181 9 | 0.312 3 | 0.064 3 | 0.110 3 | 1.72 |

| 回归方程 | 相关系数 |
|---|---|
| $r=0.072\,2\overline{x}+0.076\,7$ | 0.978 |
| $P=0.158\,1\overline{x}+0.235\,1$ | 0.985 |
| $s_r=0.025\,5\overline{x}+0.027\,1$ | 0.978 |
| $s_L=0.057\,1\overline{x}+0.084$ | 0.982 |

$K_0$:参加实验室的总个数；
$K$:用于精密度计算的实验室个数；
$N_0$:分析结果总个数；
$N$:用于精密度计算的分析结果个数；
$\overline{\overline{x}}$:所有金含量的总平均值，以 g/t 表示；
$r$:实验室内部允许的绝对差(重复性)，以 g/t 表示；
$P$:实验室之间允许的绝对差，以 g/t 表示；
$s_r$:实验室内部的标准偏差，以 g/t 表示；
$s_L$:实验室之间的标准偏差，以 g/t 表示；
$\overline{x}$:金含量的平均值，以 g/t 表示。

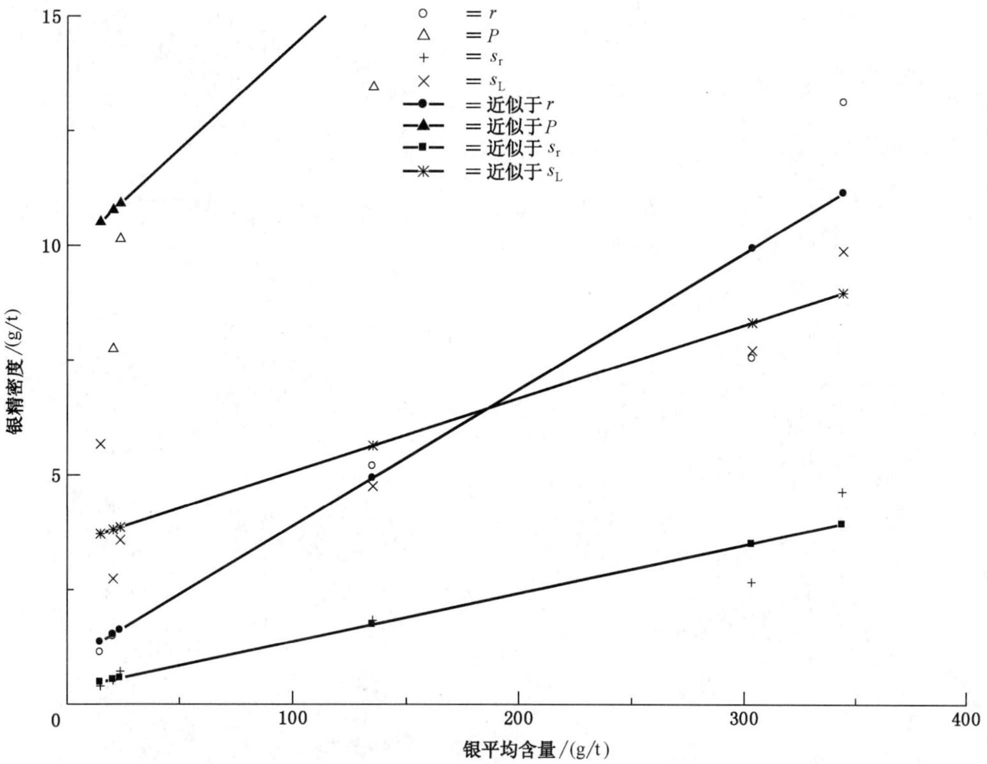


图 E.2 最小二乘法得出的精密度与银平均含量的对应关系

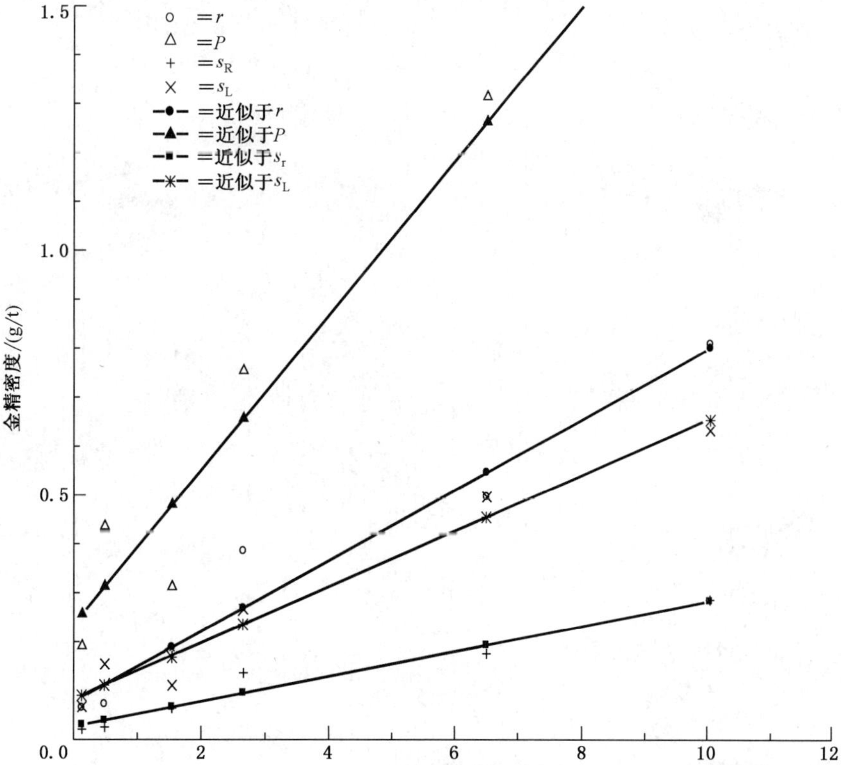


图 E.3 最小二乘法得出的精密度与金平均含量的对应关系

ICS 77.120.60
H 13

# 中华人民共和国国家标准

GB/T 8151.20—2012

# 锌精矿化学分析方法 第20部分：铜、铅、铁、砷、镉、锑、钙、镁量的测定 电感耦合等离子体原子发射光谱法

Methods for chemical analysis of zinc concentrates—
Part 20: Determination of copper, lead, iron, arsenic, cadmium antimony, calcium, magnesium contents—
Inductively coupled plasma atomic emission spectrometry

2012-12-31 发布　　　　2013-10-01 实施

中华人民共和国国家质量监督检验检疫总局
中国国家标准化管理委员会　发布

# 前　言

GB/T 8151《锌精矿化学分析方法》分为20个部分：

——第1部分：锌量的测定　沉淀分离 $Na_2EDTA$ 滴定法和萃取分离 $Na_2EDTA$ 滴定法；

第2部分：硫量的测定　燃烧中和滴定法；

——第3部分：铁量的测定　$Na_2EDTA$ 滴定法；

——第4部分：二氧化硅量的测定　钼蓝分光光度法；

——第5部分：铅量的测定　火焰原子吸收光谱法；

——第6部分：铜量的测定　火焰原子吸收光谱法；

——第7部分：砷量的测定　氢化物发生-原子荧光光谱法和溴酸钾滴定法；

——第8部分：镉量的测定　火焰原子吸收光谱法；

——第9部分：氟量的测定　离子选择电极法；

——第10部分：锡量的测定　氢化物发生-原子荧光光谱法；

——第11部分：锑量的测定　氢化物发生-原子荧光光谱法；

——第12部分：银量的测定　火焰原子吸收光谱法；

——第13部分：锗量的测定　氢化物发生-原子荧光光谱法和苯芴酮分光光度法；

——第14部分：镍量的测定　火焰原子吸收光谱法；

——第15部分：汞量的测定　原子荧光光谱法；

——第16部分：钴量的测定　火焰原子吸收光谱法；

——第17部分：锌量的测定　氢氧化物沉淀-$Na_2EDTA$ 滴定法；

——第18部分：锌量的测定　离子交换-$Na_2EDTA$ 滴定法；

——第19部分：金和银量的测定　铅析或灰吹火试金和火焰原子吸收光谱法；

——第20部分：铜、铅、铁、砷、镉、锑、钙、镁量的测定　电感耦合等离子体原子发射光谱法。

本部分为GB/T 8151的第20部分。

本部分按照GB/T 1.1—2009给出的规则起草。

本部分由全国有色金属标准化技术委员会(SAC/TC 243)归口。

本部分负责起草单位：中冶葫芦岛有色金属集团有限公司。

本部分起草单位：北京矿冶研究总院。

本部分参加起草单位：巴彦淖尔紫金有色金属有限公司、株洲冶炼集团股份有限公司、陕西东岭冶炼有限公司、湖南有色金属研究院。

本部分主要起草人：阮桂色、姜求韬、高颖剑、冯先进、余伟、王东、万有岳、廖大梅、刘嫣、何胜、杨艳、宁平莉、谭平生、庞文林。

# 锌精矿化学分析方法<br>第20部分：铜、铅、铁、砷、<br>镉、锑、钙、镁量的测定<br>电感耦合等离子体原子发射光谱法

## 1 范围

GB/T 8151的本部分规定了锌精矿中铜、铅、铁、砷、镉、锑、钙、镁量的测定方法。

本部分适用于锌精矿中铜、铅、铁、砷、镉、锑、钙、镁量的测定。各元素测定范围见表1。

表1 各元素的测定范围

| 测定元素 | 质量分数/% |
|---|---|
| 钙 | 0.10～5.00 |
| 镁 | 0.10～5.00 |
| 镉 | 0.050～2.00 |
| 砷 | 0.10～5.00 |
| 锑 | 0.030～0.50 |
| 铜 | 0.10～5.00 |
| 铅 | 0.10～5.00 |
| 铁 | 1.00～10.00 |

## 2 方法提要

试料用硝酸、盐酸、氢氟酸、高氯酸分解，在5%的盐酸介质中，用电感耦合等离子体原子发射光谱法，于各元素选定的波长处测定其发射强度，按标准工作曲线法计算各元素的质量分数。

## 3 试剂

除非另有说明，在分析中仅使用确认为优级纯的试剂和蒸馏水或去离子水或相当纯度的水。

3.1 盐酸（$\rho$1.19 g/mL）。

3.2 硝酸（$\rho$1.42 g/mL）。

3.3 氢氟酸（$\rho$1.15 g/mL）。

3.4 高氯酸（$\rho$1.67 g/mL）。

3.5 盐酸（1+1）。

3.6 硝酸（1+1）。

3.7 钙标准贮存溶液：称取2.497 1 g预先在120 ℃烘干的碳酸钙（$w_{CaCO_3}$≥99.99%）置于400 mL烧杯中，加入20 mL水，然后滴加盐酸（3.5）至完全溶解，再加入10 mL盐酸（3.1），煮沸除去二氧化碳，取

下冷却，移入 1 000 mL 容量瓶中，用水稀释至刻度，混匀。此溶液 1 mL 含 1 mg 钙。

3.8 镁标准贮存溶液：称取 1.658 4 g 预先在 700 ℃灼烧 4 h 后冷却至室温的氧化镁（$w_{MgO}$≥99.99%）置于 300 mL 烧杯中，加入 20 mL 水，然后滴加盐酸（3.5）至完全溶解，再加入 10 mL 盐酸（3.1），加热除去氮的氧化物，取下冷却。移入 1 000 mL 容量瓶中，用水稀释至刻度，混匀。此溶液 1 mL 含 1 mg镁。

3.9 铁标准贮存溶液：称取 1.000 0 g 金属铁（$w_{Fe}$≥99.99%）置于 300 mL 烧杯中，加入 40 mL 盐酸（3.5），加热使其溶解，加热除去氮的氧化物，取下冷却。移入 1 000 mL 容量瓶中，加入 30 mL 盐酸（3.1），用水稀释至刻度，混匀。此溶液 1 mL 含 1 mg 铁。

3.10 铜标准贮存溶液：称取 1.000 0 g 金属铜（$w_{Cu}$≥99.99%）置于 300 mL 烧杯中，加入 40 mL 硝酸（3.6），低温溶解，加热除去氮的氧化物，取下冷却。移入 1 000 mL 容量瓶中，加入 30 mL 硝酸（3.2），用水稀释至刻度，混匀。此溶液 1 mL 含 1 mg 铜。

3.11 铅标准贮存溶液：称取 1.000 0 g 金属铅（$w_{Pb}$≥99.99%）置于 300 mL 烧杯中，加入 40 mL 硝酸（3.6），低温溶解，加热除去氮的氧化物，取下冷却。移入 1 000 mL 容量瓶中，加入 30 mL 硝酸（3.2），用水稀释至刻度，混匀。此溶液 1 mL 含 1 mg 铅。

3.12 镉标准贮存溶液：称取 1.000 0 g 金属镉（$w_{Cd}$≥99.99%）置于 300 mL 烧杯中，加入 40 mL 硝酸（3.6），低温溶解，加热除去氮的氧化物，取下冷却。移入 1 000 mL 容量瓶中，加入 30 mL 硝酸（3.2），用水稀释至刻度，混匀。此溶液 1 mL 含 1 mg 镉。

3.13 砷标准贮存溶液：称取 1.000 0 g 砷（$w_{As}$≥99.99%）置于 300 mL 烧杯中，加入 50 mL 硝酸（3.6），低温加热溶解，冷却，移入 1 000 mL 容量瓶中，加入 30 mL 硝酸（3.2），用水稀释至刻度，混匀。此溶液 1 mL 含 1 mg 砷。

3.14 锑标准贮存溶液：称取 1.000 0 g 金属锑（$w_{Sb}$≥99.99%）置于 300 mL 烧杯中，加入 60 mL 盐酸（3.1）、20 mL 硝酸（3.2），低温加热溶解，冷却，移入 1 000 mL 容量瓶中，用水稀释至刻度，混匀。此溶液 1 mL 含 1 mg 锑。

3.15 钙、镁、铁、铜、铅、镉、砷、锑混合标准溶液：分别移取 10.00 mL 钙标准贮存溶液（3.7）、镁标准贮存溶液（3.8）、铁标准贮存溶液（3.9）、铜标准贮存溶液（3.10）、铅标准贮存溶液（3.11）、镉标准贮存溶液（3.12）、砷标准贮存溶液（3.13）、锑标准贮存溶液（3.14）于 100 mL 容量瓶中，加入 10 mL 硝酸（3.6），用水稀释至刻度，混匀。此溶液 1 mL 分别含 100 μg 钙、镁、铁、铜、铅、镉、砷、锑。

3.16 氩气（$w_{Ar}$≥99.99%）。

## 4 仪器

4.1 电感耦合等离子体原子发射光谱仪。

——仪器的实际分辨率：200 nm 处光谱分辨率应小于 0.01 nm。

——仪器的短期稳定性：测量 11 次标准溶液中各元素的净光强，计算其标准偏差，其相对标准偏差应小于 0.8%。

4.2 各元素的推荐分析线见表 2。

**表 2 待测元素分析线**

| 元　素 | Ca | Mg | Cd | As | Sb | Cu | Pb | Fe |
|---|---|---|---|---|---|---|---|---|
| 谱线波长 λ/nm | 317.9 | 285.2 | 226.5 | 193.7 | 206.8 | 324.7 | 220.3 | 259.9 |

## 5 试样

5.1 样品应通过 0.100 mm 孔筛。

5.2 样品预先在 105 ℃±5 ℃烘 1 h，置于干燥器中冷至室温。

## 6 分析步骤

### 6.1 试料

称取 0.10 g 试样，精确至 0.000 1 g。

### 6.2 测定次数

独立进行 2 次测定，取其平均值。

### 6.3 空白试验

随同试料做空白试验。

### 6.4 测定

6.4.1 将试料(6.1)置于 400 mL 聚四氟乙烯烧杯中，加入 15 mL 硝酸(3.2)，低温加热溶解 10 min～20 min，加入 5 mL 盐酸(3.1)，2 mL 氢氟酸(3.3)，1 mL 高氯酸(3.4)，低温加热冒白烟至湿盐状，加入 5 mL 盐酸(3.1)，加热溶解盐类，冷却后移入 100 mL 容量瓶中，用水稀释至刻度，混匀。

6.4.2 按表 3 分取试液，并补加盐酸(3.1)于 100 mL 容量瓶中，用水稀释至刻度，混匀。

**表 3 试液总体积、分取体积、测定体积及补加盐酸体积**

| 质量分数/% | 试液总体积/mL | 分取体积/mL | 测定体积/mL | 补加盐酸体积/mL |
|---|---|---|---|---|
| $0.1 \leqslant w_{Ca,Mg,As,Cu,Pb} \leqslant 0.5$<br>$0.05 \leqslant w_{Cd} \leqslant 0.5$<br>$0.03 \leqslant w_{Sb} \leqslant 0.5$ | 100 | 全量 | 100 | — |
| $0.5 < w_{Ca,Mg,As,Cu,Pb} \leqslant 5$<br>$0.5 < w_{Cd} \leqslant 2$<br>$1.0 \leqslant w_{Fe} \leqslant 10.0$ | 100 | 10 | 100 | 4.5 |

6.4.3 将试液(6.4.2)于电感耦合等离子体原子发射光谱仪上，在选定的各元素的波长处，与标准溶液系列同时测定各元素的发射强度，由工作曲线计算出各测定元素的质量浓度。

### 6.5 工作曲线的绘制

分别移取 0 mL、0.50 mL、1.00 mL、5.00 mL、10.00 mL 混合标准溶液(3.15)于一组 100 mL 的容量瓶中，加入 5 mL 盐酸(3.1)，用水稀释至刻度，混匀。

按选定的各元素的分析线，于电感耦合等离子体发射光谱仪上测量工作曲线溶液中待测元素的发射强度，并由计算机自动绘制工作曲线。

## 7 分析结果的计算

待测元素($x$)含量以待测元素($x$)的质量分数 $w_x$ 计，数值以%表示，按式(1)计算：

$$w_x = \frac{(\rho_1 - \rho_0) \times V_0 \cdot V_2 \times 10^{-6}}{m \cdot V_1} \times 100 \quad \cdots\cdots (1)$$

式中：

$\rho_0$ ——空白溶液的质量浓度，单位为微克每毫升(μg/mL)；

$\rho_1$ ——试样溶液的质量浓度，单位为微克每毫升(μg/mL)；

$V_0$ ——试液总体积，单位为毫升(mL)；

$V_1$ ——分取试液的体积，单位为毫升(mL)；

$V_2$ ——测定试液的体积，单位为毫升(mL)；

$m$ ——试料的质量，单位为克(g)。

计算结果表示到小数点后2位，小于0.10%时，表示到小数点后3位。

## 8 精密度

### 8.1 重复性

在重复性条件下获得的2次独立测试结果的测定值，在以下给出的平均值范围内，这2个测试结果的绝对差值不超过重复性限($r$)，超过重复性限($r$)的情况不超过5%，重复性限($r$)按表4数据采用线性内插法求得。

表4 重复性限

| | | | | | |
|---|---|---|---|---|---|
| $w_{Ca}$/% | 0.22 | 0.93 | 1.81 | 3.34 | 4.88 |
| $r$/% | 0.03 | 0.05 | 0.07 | 0.12 | 0.16 |
| $w_{Mg}$/% | 0.21 | 1.17 | 2.92 | 4.09 | 5.09 |
| $r$/% | 0.03 | 0.05 | 0.09 | 0.12 | 0.14 |
| $w_{Cd}$/% | 0.12 | 0.15 | 0.60 | 1.17 | 2.18 |
| $r$/% | 0.01 | 0.02 | 0.04 | 0.06 | 0.08 |
| $w_{As}$/% | 0.18 | 0.57 | 1.68 | 2.64 | 4.67 |
| $r$/% | 0.02 | 0.04 | 0.07 | 0.10 | 0.17 |
| $w_{Sb}$/% | 0.11 | 0.21 | 0.31 | 0.40 | 0.51 |
| $r$/% | 0.01 | 0.02 | 0.03 | 0.04 | 0.05 |
| $w_{Cu}$/% | 0.10 | 0.55 | 1.10 | 2.40 | 4.56 |
| $r$/% | 0.03 | 0.04 | 0.05 | 0.08 | 0.12 |
| $w_{Pb}$/% | 0.12 | 1.68 | 2.82 | 4.07 | 4.43 |
| $r$/% | 0.02 | 0.07 | 0.11 | 0.16 | 0.17 |
| $w_{Fe}$/% | 1.10 | 3.07 | 5.56 | 8.36 | 10.88 |
| $r$/% | 0.05 | 0.08 | 0.13 | 0.19 | 0.24 |

## 8.2 再现性

在再现性条件下获得的2次独立测试结果的绝对差值不大于再现性限($R$),超过再现性限($R$)的情况不超过5%,再现性限($R$)按表5数据采用线性内插法求得。

**表5 再现性限**

| | | | | | |
|---|---|---|---|---|---|
| $w_{Ca}$/% | 0.22 | 0.93 | 1.81 | 3.34 | 4.88 |
| $R$/% | 0.04 | 0.08 | 0.15 | 0.25 | 0.35 |
| $w_{Mg}$/% | 0.21 | 1.17 | 2.92 | 4.09 | 5.09 |
| $R$/% | 0.06 | 0.16 | 0.35 | 0.48 | 0.59 |
| $w_{Cd}$/% | 0.12 | 0.15 | 0.60 | 1.17 | 2.18 |
| $R$/% | 0.02 | 0.03 | 0.05 | 0.08 | 0.14 |
| $w_{As}$/% | 0.18 | 0.57 | 1.68 | 2.64 | 4.67 |
| $R$/% | 0.04 | 0.06 | 0.14 | 0.21 | 0.35 |
| $w_{Sb}$/% | 0.11 | 0.21 | 0.31 | 0.40 | 0.51 |
| $R$/% | 0.02 | 0.04 | 0.05 | 0.06 | 0.07 |
| $w_{Cu}$/% | 0.10 | 0.55 | 1.10 | 2.40 | 4.56 |
| $R$/% | 0.03 | 0.08 | 0.13 | 0.26 | 0.47 |
| $w_{Pb}$/% | 0.12 | 1.68 | 2.82 | 4.07 | 4.43 |
| $R$/% | 0.03 | 0.13 | 0.20 | 0.28 | 0.30 |
| $w_{Fe}$/% | 1.10 | 3.07 | 5.56 | 8.36 | 10.88 |
| $R$/% | 0.12 | 0.17 | 0.25 | 0.33 | 0.41 |

## 9 试验报告

本章规定试验报告所包括的内容。至少应给出以下几个方面的内容:

——试样;

——本部分编号GB/T 8151.21—2012;

——分析结果及其表示;

——与基本分析步骤的差异;

——测定中观察到的异常现象;

——试验日期。

ICS 25.010
J 32

# 中华人民共和国国家标准

GB 8176—2012
代替 GB/T 8176—1997

# 冲压车间安全生产通则

Safety production codes for presswork

2012-11-05 发布　　2013-06-01 实施

中华人民共和国国家质量监督检验检疫总局
中国国家标准化管理委员会　发布

# 前言

**本标准的第4章、第5章、第7章、第8章为强制性的，其余为推荐性的。**

本标准按照GB/T 1.1—2009给出的规则起草。

本标准代替GB/T 8716—1997《冲压车间安全生产通则》，与GB/T 8716—1997相比，除编辑性修改外，主要技术变化如下：

——修改了本标准的英文名称(见封面，见1997年版的封面)；

——修改了“规范性引用文件”(见第2章，1997年版的第2章)；

——将作业环境和条件，平面布置，设备、机械化装置和安全装置，以及安全操作改为强制性条款(见第4、5、7、8章，1997年版的第4、5、7、8章)；

——修改了平面布置要求(见第5章，1997年版的第5章)；

——增加了起重机的安全距离要求(见5.3.2)；

——修改了有关大、中、小型压力机的吨位范围(见5.2，1997年版的5.1.8)。

本标准由全国锻压标准化技术委员会(SAC/TC 74)提出并归口。

本标准起草单位：机械工业第九设计研究院。

本标准主要起草人：李延春、陆振东、杜庆辉。

本标准所代替标准的历次版本发布情况为：

——GB/T 8716—1987、GB/T 8716—1997。

# 冲压车间安全生产通则

## 1 范围

本标准规定了金属冷冲压车间安全生产的一般方法、要求和准则。在人身保护方面，本标准兼有工业卫生的内容，规定了提供符合劳动卫生，保障劳动者人体健康的生产环境和条件。

本标准适用于所有企业的新建冷冲压车间的设计、原有冷冲压车间的改造、施工安装、验收及在实施生产时的安全技术及其管理。

## 2 规范性引用文件

下列文件对于本文件的应用是必不可少的。凡是注日期的引用文件，仅注日期的版本适用于本文件。凡是不注日期的引用文件，其最新版本(包括所有的修改单)适用于本文件。

GB 2893 安全色

GB 2894 安全标志及其使用导则

GB 4584 压力机用光电保护装置技术条件

GB 5083 生产设备安全卫生设计总则

GB 5091 压力机用安全防护装置技术要求

GB 5092 压力机用感应式安全装置技术条件

GB 6077 剪切机械安全规程

GB/T 6441 企业职工伤亡事故分类

GB/T 8196 机械安全 防护装置 固定式和活动式防护装置设计与制造一般要求

GB 12801 生产过程安全卫生要求总则

GB/T 13379 视觉工效学原则 室内工作场所照明

GB/T 13441.1 机械振动与冲击 人体暴露于全身振动的评价 第1部分：一般要求

GB 13495 消防安全标志

GB/T 13547 工作空间人体尺寸

GB 13887—2008 冷冲压安全规程

GB/T 14774 工作座椅一般人类工效学要求

GB/T 14776 人类工效学 工作岗位尺寸 设计原则及其数值

GB 17120 锻压机械 安全技术条件

GB 24388 折弯机械 噪声限值

GB 24389 剪切机械 噪声限值

GB/T 25295 电气设备安全设计导则

GB 50019 采暖通风与空气调节设计规范

GB 50033—2001 建筑采光设计标准

GB 50034 建筑照明设计标准

GB 50037 建筑地面设计规范

GB 50040 动力机器基础设计规范

GB 50231 机械设备安装工程施工及验收通用规范

GBZ 1　工业企业设计卫生标准

GBJ 87　工业企业噪声控制设计规范

JB/T 2960　巷道堆垛起重机　型式与基本参数

JB 3350　机械压力机　安全技术要求

JB 3915　液压机　安全技术条件

JB/T 5062　信息显示装置　人机工程一般要求

JB/T 6056　冲压车间环境保护导则

JB 9962—1999　联合冲剪机　安全技术条件

## 3　术语和定义

下列术语和定义适用于本文件。

3.1

**工厂　works;factory**

使用压力机冲制或装配冲压零(部)件的生产单元,本标准中的"工厂"一词,具有特定含义,可指企业的总负责者,也可指企业中某一部门的负责人员。

3.2

**车间　shop;workshop**

工厂的一个组成部分,本标准中的"车间"一词,泛指采用压力机械,应执行本标准的生产单元,它可能是独立的工厂(工场),也可能是车间(工部或工段)。

3.3

**工艺设备平面布置　layout of manufacturing equipment**

车间内压力机和其他生产及辅助设备按照工艺流程和生产区域组织的排列。

3.4

**工位　position of work**

操作者工作时所占据的空间范围。

3.5

**工位器具　instruments of position**

为工位服务的器具,如盛放毛坯、工件或废料的料架、料台、料箱及托盘等。

3.6

**操作工　operator**

指操作压力机和其他生产或辅助设备的工人,泛指生产工人。

3.7

**辅助工　helper**

指协助或帮助操作者进行工作的工人。

3.8

**冲压工　stamping worker**

操作压力机(剪切机除外)并完成冲压工序的工人。

3.9

**剪切工　shearing worker**

操作剪切机并完成切料工序的工人。

3.10

**操作危险区 point of operation**

操作者工作时可能受到伤害的区域，这个区域是指在压力机上安装调试冲模(或剪切刀片)，对放置的材料进行剪切、冲压成形或组装等零部件加工的区域。

3.11

**夹紧点 pinch point**

指压力机或辅助装置运动部件之间，或压力机与辅助装置的运动部件和固定部件之间，或材料与压力机或辅助装置的运动部件之间的区域范围。在该区域范围内的任意点上，人体或人体的任何一部分有可能被夹住或挤压而受到伤害，但其伤害的性质有别于操作危险区。

3.12

**工作面 work plane**

完成主要劳动动作实际存在的或假设的平面，一般距地面高度为 800 mm。

3.13

**模具存放区 die area**

存放、保管冲模、辅具和夹具的区域。

3.14

**材料存放区 raw material area**

存放、保管钢板、钢卷、型材和其他金属及非金属材料的区域。

3.15

**冲压件存放区 stamping parts area**

存放、保管冲压成品或在制品的区域。

## 4 作业环境和条件

### 4.1 一般要求

工厂应为操作者创造和提供在生理和心理上的良好作业环境，即车间的温度、通风、照度、振动和噪声等应符合劳动卫生要求。

### 4.2 温度

4.2.1 车间内工作地点空气温度应符合 GBZ 1 的有关规定。

4.2.2 室内工作地点的夏季空气温度，一般不应超过 32 ℃，当超过 32 ℃时，工厂应采取有效的降温措施。当超过 35 ℃时，工厂应采取有效的防暑降温措施，确保操作安全的前提下，才能让压力机操作者继续工作。

### 4.3 通风

4.3.1 室内工作地点须有良好的空气循环，并应符合 GB 50019 的有关规定。

4.3.2 经常有人通行的地道应有自然通风或机械通风设施，地道内不应敷设有害气体(包括易燃气体)管道。

4.3.3 当发现压力机基础内有损害健康的气体时，应在操作者(如检修时)进入之前进行通风。

4.3.4 车间内有烟雾、粉尘和其他污秽空气时，应在污染源处设置有效的局部通风装置，必要时加以净化处理。

4.3.5 对加热、清洗、烘干设备和产生废气、粉尘的设备应装设通风装置。

4.3.6 车间空气中有害物质的浓度不能超过 GBZ 1 标准的规定。

## 4.4 照度

4.4.1 车间工作空间应有良好的照度。照度值应符合 GB 50034 和 GB/T 13379 中的有关规定。

4.4.2 采用自然光时，不允许阳光直接照射工作空间，工作面上的采光系数标准值按 GB 50033—2001 表 3.1.3 规定的采光等级Ⅲ级处理。

4.4.3 采用人工照明时，不应干扰光电保护装置，并应防止产生频闪效应，工作面上的照度标准值应符合 GB 50034 中的规定。

4.4.4 除安全灯和指示灯外，不应采用有色光源照明。

4.4.5 在室内照度不足的情况下，应采用局部照明，具体要求如下：

a) 局部照明光源的色调，应与整体光源相一致。

b) 局部照明的均匀度：工作点最大为 1∶5，工作地最大为 1∶3。

c) 局部照明的亮度对比：冲压件（冲模工作面）与压力机底部的比为 3∶1，压力机与周围环境的比为 10∶1，灯光与周围环境的比为 20∶1。

4.4.6 与采光和照明无关的发光体（如电弧焊、气焊光及燃烧火焰等）不应直接或经反射进入压力机操作者的视野。

4.4.7 需要在压力机基础内工作（如检修等）时，应装设照明装置。

4.4.8 照明器应经常维护和保持清洁。

## 4.5 振动与噪声

4.5.1 车间噪声级应符合 GBJ 87 的规定。车间振动级应符合 GB/T 13441.1 和 JB/T 6056 的规定。

4.5.2 工厂应采取有效措施消减车间振动和噪声，具体要求如下：

a) 车间内的压力机、剪板机等，空运转时的噪声值不应超过 85 dB。

b) 应避免剪切或冲裁时产生的强烈振动和噪声。使用公称压力较大的压力机时，冲裁力不应超过设备公称压力的 2/3；采用斜刃或者波浪刃口冲模，装设避振器等。采用液压机进行厚板料冲裁时，设备要设有冲裁缓冲装置。

c) 采取措施，减少噪声源及其传播。控制压缩空气吹扫的气压和流量；采用吸音墙或隔音板吸收噪声并防止其向周围传播；采用减振基础吸收振动，压力机基础的设计应符合 GB 50040 的规定；把产生强烈噪声的压力机封闭在隔音室或隔音罩中等。

4.5.3 噪声级超过 90 dB 的工作场所，应采取措施加以改造。

## 4.6 人机工程

4.6.1 工位的设置应符合人机工程学、生理学的要求，工作空间尺寸要求应符合 GB/T 13547 和 GB/T 14776 的有关规定。

4.6.2 工厂应使操作者舒适地坐或立，或坐立交替在压力机旁进行操作，但不允许剪板机操作工坐着工作。采用坐着操作时，座椅要满足 GB/T 14774 的有关要求。

4.6.3 信息显示装置及其安装位置应符合 JB/T 5062 规定。

## 4.7 工作地面

4.7.1 车间各部分工作地面（包括通道）应平整，并经常保持整洁。地面应坚固，能承受规定的荷重，并应符合 GB 50037 有关规定。

4.7.2 工位附近的地面上，不允许存放与生产无关的障碍物，不允许有黄油、油液和水存在。其他经常有液体的地面，不应渗水，并设置坡度流到排泄系统。

4.7.3 大型压力机基础应有液体贮存器，以收集由管路泄漏的液体。贮存器可以专门制作，也可以与基础底部连成一体，形成坑或槽。贮存器底部应有一定坡度，以便排除废液。

4.7.4 车间工作地面应防滑。压力机基础或地坑的盖板应防滑，如果是钢盖板，应是花纹钢板，或在平板上焊以防滑筋。

## 5 平面布置

### 5.1 一般要求

5.1.1 车间工艺设备平面布置除满足工艺要求外，还应符合有关安全、卫生和环境保护标准规定。

5.1.2 有害物质的发生源应布置在机械通风或自然通风的下风侧。酸洗间应与主厂房分开一段距离，如应位于主厂房内，则应采用隔墙将其封闭。

5.1.3 布置压力机时，应留有宽敞的通道和充足的出料空间，并应考虑操作时材料的摆放。设备工作场地应畅通无阻和便于存放材料、半成品、成品和废料。设备和工作场地应适合于产品特点，使操作者的动作不致干扰其他操作者。

5.1.4 在使用带驾驶室起重机的厂房，压力机的布置应使操作工和起重机司机易于彼此相望。

5.1.5 车间工艺流程应顺畅，各功能区域之间应以区域线分开。区域线应用白色或黄色涂料或其他材料涂覆或镶嵌在车间地坪上。区域线的宽度须在 50 mm～100 mm 范围之内。区域线可以是连续或断续的。镶嵌材料不应高出地面。

### 5.2 车间通道

车间通道应畅通，通道宽度应符合表 1 的规定(见图 1)。通道边缘 200 mm 以内不允许存放任何物体。

表 1 车间通道

| 通道名称 | | 通道宽度 | 数值/mm |
|---|---|---|---|
| 车间主通道 | | $L$ | ≥3 000 |
| 压力机生产线之间的通道 | 大型压力机[a] | $L_1$ | ≥2 500 |
| | 中型压力机[b] | $L_2$ | ≥2 000 |
| | 小型压力机[c] | $L_3$ | ≥1 500 |
| 从通道边界到厂房构件的距离 | | $L_4$ | ≥200 |
| 从通道边界到设备边缘的距离 | | $L_5$ | ≥800 |
| 工部(工段)之间的通道 | | — | ≥2 500 |
| 车间过道 | | — | ≥1 000 |

[a] 大型压力机指≥8 000 kN 单点，≥5 000 kN 双点、四点压力机。

[b] 中型压力机指 2 500～6 300 kN 单点，2 500～4 000 kN 双点压力机。

[c] 小型压力机指≤2 000 kN 压力机。

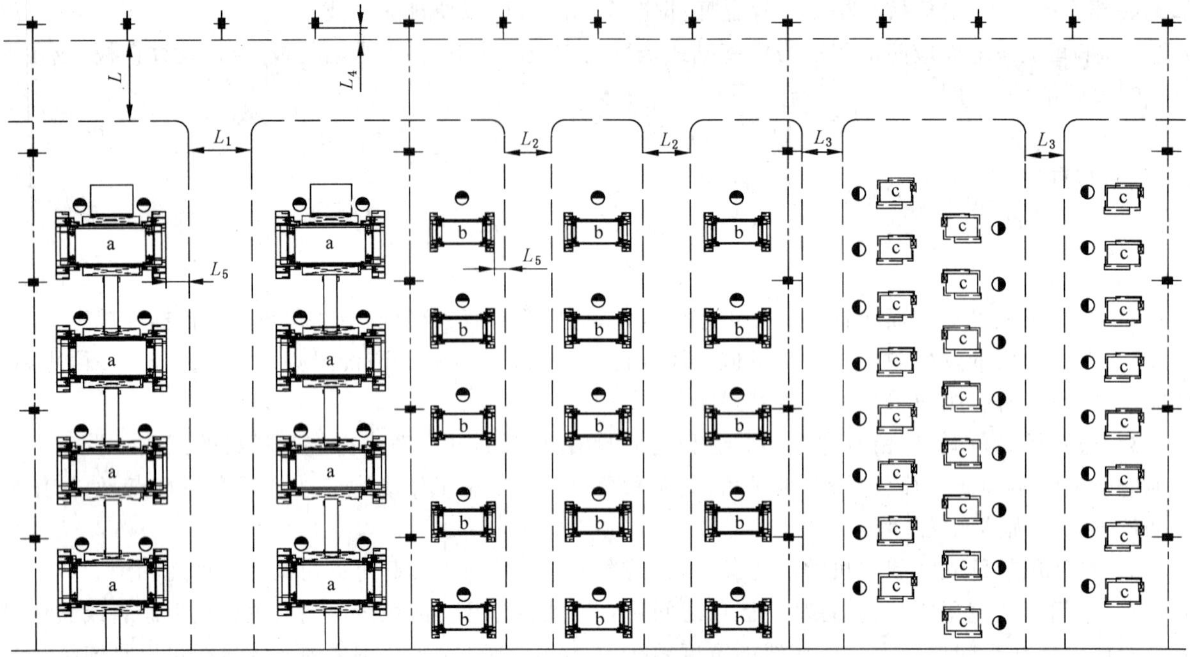


说明：

a——大型压力机；

b——中型压力机；

c——小型压力机。

图1　车间通道及过道

## 5.3　设备的布置

5.3.1　压力机和其他工艺设备，最大工作范围的边缘距建筑物的墙壁、支柱和通道≥800 mm，这个工作范围不包括工位器具、模具、箱柜、挂物架和类似可以移动的物体。

5.3.2　有起重机的厂房，设备上维修人员可以到达的最高点（或平台）距起重机横梁下面边缘的距离≥2 300 mm，确保起重机行走时不会威胁设备维修人员的人身安全。维修人员不可到达的设备最高点距起重机横梁下面边缘的距离≥1 000 mm。现有厂房距离不足时，应有相应的防护措施。

## 5.4　模具存放区

5.4.1　各种模具应稳定地水平放置，不应直接垛放在地坪上。

5.4.2　大型模具应垛放在垫木或垫铁上，根据模具的大小堆放2层～3层，垛高不应超过3 000 mm。垫木或垫铁应平整、坚固、承载后不允许产生变形和破裂。有下列情况之一者，不宜多层存放：

a）　拉延模；

b）　没有导柱或导块的冲模；

c）　夹具；

d）　经常使用的冲模；

e）　对精度有影响的冲模；

f）　无安全栓或限位器的冲模等。

垛堆排列整齐，每排之间应有≥800 mm宽的通道，禁止行人跨越垛堆。

5.4.3　小型冲模应存放在专用模具存放架上，模具存放架应用金属制造，结构应坚固、稳定。模具存放架底层平面离地间隙以100 mm为宜。在无起重设备时，模具存放架最上一层平面不应高于

1 700 mm。

模架每排之间应有≥800 mm 宽的通道。

采用高架仓库存放冲模时,巷道堆垛起重机型式、作业方式和仓库高度的选择应符合 JB/T 2960 的有关规定。

5.4.4 中型冲模视其体积和质量,分别按照大型和小型冲模存放方法和要求进行存放。但垛放高度不应超过 2 500 mm。

5.4.5 运送总质量超过 50 kg 的模具,应采用起重运输设备。

## 5.5 材料存放区

5.5.1 材料(包括卷料和板料,下同)应按品种、规格分别存放于材料库。存放的有效载荷不应超过地坪设计规定的数值。材料库地坪应平坦,并有一定荷载能力,钢板垛放时,应垫以垫木或垫铁。垫木或垫铁应平整,并具有足够的强度。

5.5.2 入库的板料应符合包装的有关规定。

5.5.3 成包的板料应堆垛存放。垛间应有通道。当垛高不超过 2 000 mm 时,通道宽度应≥800 mm;当垛高超过 2 000 m 时,通道宽度应≥1 000 mm。采用起重机并用钢丝绳起吊垛包时,存放高度不应超过 2 400 mm。采用堆垛叉车举升垛包时,可不受此限。同一垛堆的板料,每包之间应垫以垫木。包装中已带有垫木者,可不再加垫木。

5.5.4 散装的板料堆放,应每隔 200 mm~400 mm 垫以垫木。板料长度在 2 000 mm 以下,每层垫至少以两根垫木;板料长度在 2 000 mm~3 000 mm 之间,每层至少垫以 3 根垫木;板料长度大于 3 000 mm,每层至少垫以 4 根垫木。垫木间距应相等,并均匀地支承钢板。垛堆上下层的垫木的投影应重合。垫木的厚度应≥80 mm,长度应与板料宽度相等。垫木应平整、坚固,承载时不应变形和破裂。

5.5.5 成包和散装的板料垛堆,其错位和倾斜不应超过以下允许范围:当垛高在 2 000 mm 以下时,沿长度方向最大为 1∶25,沿宽度方向最大为 1∶20;当垛高超过 2 000 mm 时,沿长度方向最大为 1∶30,沿宽度方向最大为 1∶25。

5.5.6 卷料以存放在垫木或钢制的存放架上为宜,卷径中心线应平行于地坪面,具体要求如下:

a) 同一垛堆的钢卷料,每层卷径应一致,并应沿卷径中心线平行排列。为防止卷料滚动,在垛堆底层每个卷料的两侧卷垫以专门的止推块。止推块应具有同卷料外径一致的接触面或使其断面是等腰三角形,高度不应小于卷径的 1/4,长度应不小于卷料宽度 2/3。止推块应坚固、平整,与卷料接触的部位应镶有橡胶板(或聚氨酯)等弹性材料,防止卷料外表材料损伤。

b) 多层存放时,总高不应超过 4 000 mm,底层卷料按照 5.5.6 a)要求放置止推块。卷料端面应同地面保持垂直,其倾斜度不应超过 1∶20。

c) 存放单个卷料时,应在卷料两侧沿外径放置止推块。

d) 多列存放时,列间应有通道。当卷料垛堆高度在 2 000 mm 以下时,通道宽度应≥800 mm;当垛高超过 2 000 mm 时,通道宽度应≥1 000 mm。

5.5.7 其他金属或非金属材料存放和贮存,参照采用 5.5.1~5.5.6。当材料数量不多时,应采用金属货架型式存放。

5.5.8 材料库内材料的堆垛和运输,应采用专门的起重运输设备。

## 5.6 冲压件存放区

5.6.1 采用专用箱架多层贮存冲压件时,箱架应结构牢固,不易变形。多层叠放的箱架,应由专门的起重运输设备进行堆垛和运输。

5.6.2 在高架仓库内存放冲压件时,巷道堆垛起重机型式、作业方式和仓库高度,应按 JB/T 2960 有关规定选择。

5.6.3 各种方法贮存的冲压件的质量(包括箱架的质量)不应超过设计规定的地坪允许有效载荷。
5.6.4 垛堆或箱架之间,应有≥800 mm宽的人行通道。

## 6 工艺和冲模设计

### 6.1 一般要求

6.1.1 工厂在指令有关人员进行工艺或冲模设计时,应同时指令设计审查人,以避免可能危及操作者的工序(或工步)或冲模结构。
6.1.2 同一人进行工艺和冲模设计或者同一人进行工艺和冲模设计审查时,设计者和审查者均应同时具有工艺和冲模设计和审查的技能。
6.1.3 工艺和冲模设计时,应遵照GB 13887—2008第4章和第7章的要求。

### 6.2 工艺设计

6.2.1 工艺设计人员应对冲制的零件正确地排列流程,并合理地选择冲压设备。设计者应对冲压设备的技术参数、性能和结构极为熟悉。
6.2.2 工艺设计应根据实际情况和具体条件,尽可能考虑实现自动冲压,如采用各种自动进给料机构、多工位连续冲压和工序间自动传输等。当不能或不便实现自动冲压时,应考虑各种安全保护装置和措施,包括使用手用工具等。
6.2.3 工艺设计时,应考虑工件定位稳定,便于上、下料,使操作者动作次数少、动作难度小。
6.2.4 工艺设计人员应熟悉生产现场经常出现的各种情况,并妥善地布置工作地。
6.2.5 工艺设计时,应考虑下列可能给操作者带来危害和伤害的因素,在设计中采取有效措施加以预防:

a) 原材料或毛坯状态;
b) 废料排除和处理方式;
c) 工件进给或取出方式;
d) 吹扫工件时的噪音;
e) 工件或成品摆放方式和器具;
f) 冲裁时产生的振动和噪声;
g) 工件尖棱和毛刺;
h) 劳动生产率;
i) 工件质量和移动距离等。

6.2.6 工艺文件(例如工艺卡或工艺过程卡)中除注明一般工艺过程外,还应包括有关安全内容,如每小时产量(或班产量)、作业要点、采用的保护装置或措施等。

### 6.3 冲模设计

6.3.1 设计冲模时,应按照6.2的要求,同时在冲模结构和强度上避免和减少对操作者可能产生伤害的因素。
6.3.2 冲模中相对运动的零部件(如压料板、弹簧、气缸活塞、废料切断刀等),在压力机上无防护罩(或不便使用防护罩)的情况下,应设防护装置。
6.3.3 手工上、下料时,冲模上、下料部位应尽可能开设避免压手的让位槽。
6.3.4 冲模中的可动零部件,如压料圈、打料装置、斜楔滑块等,要有行程限位装置,防止工作时弹出或被其他零件带出。大型冲裁模具压料板要同时设有行程限位和安全限位装置。
6.3.5 冲模各部件应有防止松动和脱落的安全措施。

6.3.6 冲模下模在工作时应保证良好的视野，不应有突出物遮挡下模工作表面和工件。

6.3.7 质量超过 15 kg 时的冲模，应设有合适的起吊孔、吊环(钩)或吊耳。当需要上、下模合为一体时，应有连接件。

6.3.8 模具总图上应标注质量：包括上模质量、下模质量和总质量。标识模具质量的文字要铸(或刻)在模具明显部位，并用不同于模具基色的醒目颜色标识。

## 7 设备、机械化装置和安全装置

### 7.1 一般要求

7.1.1 工厂采用的生产设备、冲模和机械化装置(包括自动化装置)应互相匹配、协调，在生产过程中应有机地融为一体，不应构成危险或不安全因素。

7.1.2 选择生产设备冲模和机械化装置时，应首先考虑安全，并应符合 GB 13887—2008 第 5 章和第 6 章规定。

### 7.2 设备

7.2.1 工厂使用的压力机，应符合 GB 5083、JB 3350、JB 3915 和 GB 17120 的规定，其中，有关电气设备应符合 GB/T 25295 的规定，并应有完整的设备说明书。压力机的噪声限值应符合 GB 24388、GB 24389 和相关行业的规定。

7.2.2 压力机的安装和验收应符合 GB 50231 的规定。

7.2.3 剪切长度为 2 000 mm 以上(含 2 000 mm)的剪板机和工作台宽度为 2 000 mm 以上(含 2 000 mm)的板料折弯压力机，在每个立柱上应装设紧急开关装置。

7.2.4 剪板机应在压料器前面装设防护隔栏。防护隔栏应符合 GB 6077 的规定。

7.2.5 联合冲剪机各剪切位置都应装有防护罩或隔栏，防护装置应符合 JB 9962—1999 附录 A 和附录 B 的规定。

7.2.6 鳄式剪切机的可动部分应装防护罩。

7.2.7 装设各种防护罩或隔栏的压力机，须能防止人体或人体某一部分进入危险区。防护罩应符合 GB/T 8196 的规定。

### 7.3 机械化装置

7.3.1 工厂采用的机械化装置应视为机械设备的一部分或全部。本身不应出现夹紧点，也不应与压力机和冲模出现夹紧点。

7.3.2 机械化装置的传动部分和运转零部件，在可能危及人身安全的地方，应设置防护隔栏。

7.3.3 机械化装置的设计和制造，除符合一般机械和传送设备的规定外，应符合下列各项要求：

a) 涂色应协调、和谐，并与压力机和冲模的颜色有所区别，并符合 GB 2893 的规定；

b) 在安装、使用、拆卸和维修时，不应构成伤害人身的因素；

c) 机械化装置本身运转及与工件撞击时，均不应产生强噪声；

d) 可单独运转，必要时也能与压力机联动或互锁。

7.3.4 与压力机配套使用的机械手、机器人，应在其工作范围外缘设置防护隔栏。

### 7.5 安全装置

7.5.1 工厂应在压力机危险区内，为操作者选择、提供并强制使用安全装置。安全装置包括安全保护装置(如各种防护罩、防护隔栏等)与安全控制装置(如双手控制装置、光控式保护装置等)两大类。当压力机操作危险区的开口尺寸小于等于 6 mm 时，则不在此限。

7.5.2 安全保护装置除应符合 JB 3350 各项规定外，还应满足下列各项要求：

a) 安全保护装置不应与压力机滑块或其他运动部件之间出现夹紧点；

b) 应用紧固装置紧固于压力机适当位置上。紧固装置应可靠，只有使用专用工具和在足够外力的作用下，方能拆卸；

c) 有足够的强度；

d) 便于检查和维修；

e) 有良好的可见度。

7.5.3 防护罩和防护隔栏，应用透明材料制成。当用金属材料制造时应具有垂直透明孔，如采用铁丝编织网或拉伸网片，透明孔不应采用菱形斜孔。

7.5.4 防护罩和防护隔栏在压力机上的安装位置应满足图 2 所示的尺寸要求。例如：安全保护装置的开口尺寸 $A$ 是 30 mm，保护装置则应安装在距离危险区域线 $B>190$ mm～320 mm 的地方。保护装置的开口尺寸愈大，保护装置离危险区域线的距离愈远。只有在十分必要时，才允许用试验的办法确定保护装置的安装尺寸。

单位为毫米

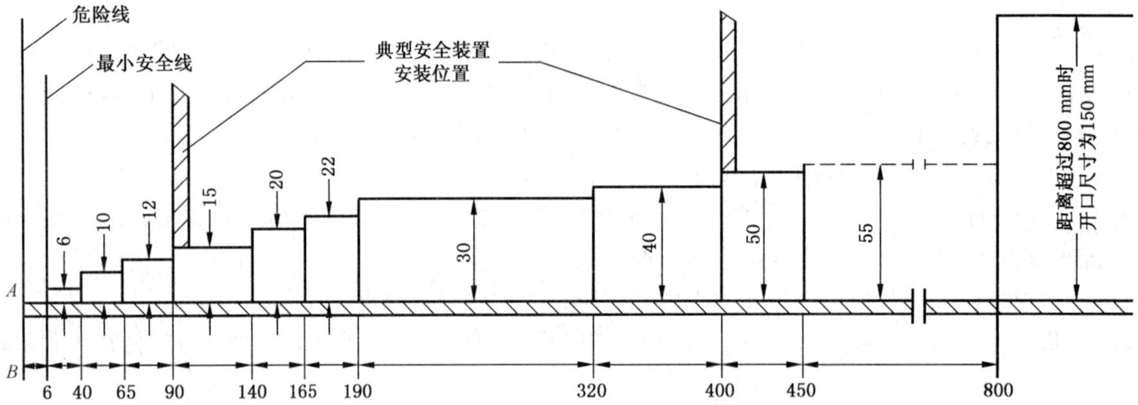


图 2 防护罩或防护隔栏的安装位置

7.5.5 安全控制装置本身虽并不直接对人身进行保护，但应能对操作者实现间接保护。当操作者的手或身体其他部分误入操作危险区时，安全控制装置即对压力机制动器进行控制，使滑块停止运行。

7.5.6 安全装置和其他各项要求应符合 GB 4584、GB 5091、GB 5092 和 JB 3350 的规定。

## 8 安全操作

8.1 压力机操作工、冲模安装调整工以及压力机的维修人员，在进入车间工作前 4 h，不应饮酒。

8.2 生产工人和辅助工人工作前应按规定穿好戴好工作服、工作鞋和工作帽(包括安全帽)。女工的发辫不应露于工作帽之外。

8.3 不应穿凉鞋、拖鞋或赤脚进入车间。工作时不应穿高跟鞋。

8.4 设备运转时，操作者不应与他人直接或间接闲谈，不应拨打或接听移动电话。

8.5 剪切工、冲压工和其他有关工人，工作时应戴好防护手套。

8.6 工作时严禁吸烟。

8.7 工作前应仔细检查工位是否布置妥当，工作区域有无异物，设备和工装的状况等，在确认无误后方可工作或启动设备。

8.8 一台设备有多人操作时，应使用多人操作按钮进行工作。

8.9 小型压力机手工生产使用脚踏开关时，严禁手伸入冲模内放置或取出工件；在冲模内取放工件应使用辅助工具。大中型压力机手工生产时要使用双手按钮，机床滑块上行到上死点时，手进入冲模内放置或取出工件。

8.10　工作前应将设备空运转 1 min～3 min。严禁操作有故障的设备。

8.11　冲模安装调整、设备检修，以及需要停机排除各种故障时，应使用安全栓，并在设备起动开关旁挂示警告牌。警告牌的色调、字体应醒目易见。必要时应有人监护开关。

8.12　工厂应按照本标准和 GB 13887—2008 第 8 章和第 11 章要求结合本企业具体情况，为车间各工种制定安全操作细则。工人应严格遵守工厂制定的安全操作细则。

## 9　安全管理、教育和检查

### 9.1　安全标志、信号

9.1.1　车间各区域(空间)、部门和设备，凡可能危及人身安全时应于醒目处设标志牌。标志牌应平整清楚，其图形符号、大小、比例和颜色应符合 GB 2894 的规定。在有可能引起火灾之处，应设置消防安全标志，标志应符合 GB 13495 规定。

9.1.2　大型压力机的检修平台须用标牌注明允许的最大承载质量(kg)。

9.1.3　不安全或禁止使用的压力机(包括检修、安装和正在调整冲模的压力机)，应在启动装置附近挂示标牌，并用醒目字体标注“危险，禁止启动”等字样。标牌的颜色应与设备基本色调有显著区别。

9.1.4　对多人操作的设备、与辅助工人相关的设备以及经常有人穿行的传送设备，当每天工作开始、换班启动以及停机后重新启动时，应有发灯光和音响信号进行提醒，保证所有相关人员的安全。

9.1.5　依据冲模的技术安全状态，按照 GB 2893 的规定，在上、下模座正面和背面应涂以安全色以示区别。安全模具为绿色，一般模具为黄色，应使用手动送料的模具为蓝色，危险模具为红色。不同涂色的模具在使用中应采取的防护措施和允许的行程操作规范如表 2 所列。

**表 2　冲模涂色、相应的含义和防护措施以及允许的行程操作规范**

| 涂色标志 | 相应含义和防护措施 | 允许的行程操作规范 |
|---|---|---|
| 绿色 | 安全状态<br>有保护装置或双手无进入操作危险区的可能 | 连续行程<br>单次行程 |
| 蓝色 | 指令，应采用手工具 | 单次行程<br>连续行程 |
| 黄色和绿色 | 注意，有防护装置 | 单次行程<br>连续行程 |
| 黄色 | 警告，有防护装置 | 单次行程 |
| 红色 | 危险，无防护装置且不能使用手工具 | 禁止使用 |

9.1.6　在可能危及人身安全的地方，应设防护栏杆，禁止跨越。防护栏杆(包括大型压力机的防护栏杆)和起重机吊钩的滑轮架，应按 GB 2893 规定，涂以间隔条纹标志。

### 9.2　安全运行

9.2.1　禁止非机电维护人员在大型压力机运转时登上机梯并在机器平台上停留。

9.2.2　操作工人应经常注意设备的工作状态，发现异常声音和振动，应及时停机检查。

9.2.3　在对机器进行擦洗、注油、检查和修理过程中，发现可能导致人身事故的危险时，工厂应迫令停机进行检查并排除故障。若检修，应在机器运转时进行，应对危险场所采取有效的保护措施。停止运转的机器，应锁闭启动装置，并挂上“禁止启动”字样的标牌。

9.2.4 压力机操作工应在上、下午各有一次 10 min～20 min 的工间休息时间。夜班工作时，也应安排相应的工间休息时间。工间休息时，工厂应强制停止机器转动。

9.2.5 冲压工每班连续工作不应超 8 h。

### 9.3 动力管制

9.3.1 机器运转中，不应中断电力和压缩空气的供应。

9.3.2 车间供电电压的波动范围应在额定值的±10%以内。

9.3.3 供给压力机的压缩空气压力，不应小于最低的额定值。

9.3.4 膨胀介质应使用空气或惰性气体。

9.3.5 动能在输送管线中不应漏损。

### 9.4 检查和修理

9.4.1 除经常性检查(日检、周检、月检)外，工厂应对使用中的设备(包括其安全装置)、模具每隔半年或一年进行一次定期的全面检查。对压力机应着重检查下列部位：

a) 曲轴、飞轮及其他传动装置；
b) 离合器、制动器及其控制系统；
c) 行程停止装置和紧急停止装置；
d) 滑块连杆、平衡缸和与滑块有关的部件；
e) 电磁阀、压力调节阀和其他气、液系统；
f) 限位开关、继电器和其他电控系统；
g) 气液装置(气液垫、气液平衡装置)；
h) 滑块防护机构；
i) 快速夹紧机构；
j) 油压机油缸与滑块连接螺栓等；
k) 安全装置。

9.4.2 定期检查应有记录。检查记录至少保存二年。记录中应包括下列内容：

a) 检查时间(年、月、日)；
b) 检查地点；
c) 检查方法；
d) 检查结果；
e) 检查者姓名；
f) 根据检查结果而采取的维修措施和内容等。

9.4.3 经过检查的压力机，应在明显处设置铭牌，标明检查日期。

9.4.4 压力机的定期检查，须由专门检查人员担任。

9.4.5 工厂对定期检查中发现的异常情况应采取修理或其他必要的措施，并保存修理或处理记录。

### 9.5 安全教育和培训

9.5.1 工厂应对新工人进行(与操作有关的)卫生和安全教育。工厂应编制新工人安全教育大纲。

9.5.2 没有操作合格证的工人不能单独操作压力机，只能在专门技术熟练工的指导下，从事辅助工作。

9.5.3 工厂应对新冲压工进行为期 3～6 个月的培训。

9.5.4 当操作者改变作业内容时，重新进行培训。

9.5.5 工厂应对压力机操作者每年至少组织一次安全培训,考核操作者对压力机安全操作知识理解和掌握程度。培训合格的操作者,应进行登记并发证。

工厂(车间)管理人员和其他有关人员,同样应受安全操作知识和实际操作技能的培训。

9.5.6 工厂对进入冲压车间的参观者、实习学生以及为外厂培训的工人(包括冲模安装和调整工)应按9.5.1和9.5.3有关规定,分别指定专人对其进行安全教育或培训。

## 9.6 青工和女工

9.6.1 工厂不应招收18周岁以下人员操作和学习操作压力机或从事辅助工作。也不应让其从事和学习冲模和刀片的安装和调整工作。

9.6.2 工厂不应安排女工从事8 mm以上(含8 mm)厚度的钢板冲压和剪切工作。

9.6.3 工厂不应安排怀孕三个月的女工从事冲压工及其辅助工作。

## 9.7 工长或班长

9.7.1 工厂应从经过冲压技术专门培训的熟练操作工人和从事本专业两年以上的技术人员中选拔工长或班长。

9.7.2 工长或班长应对操作机器和劳动组织负责,并对各项工作任务提出正确的要求。

9.7.3 工厂应赋予冲压工长或班长下列职权:

a) 检查压力机及其安全装置;

b) 在确定压力机和安全装置出现异常情况时,立即采取必要的措施;

c) 直接指挥冲模的安装、拆卸和调整工作。

## 9.8 安全检查机构

9.8.1 工厂应设置冲压车间安全检查机构。

安全检查机构由专职安全检查人员和兼职安全检查人员组成。压力机操作人数在50人～300人之间的车间应设专职安全检查员1名,300人以上的应设专职安全检查员2名。兼职安全检查员,其人数应与车间规模相适应,一般可按表3规定。

**表3 车间兼职安全检查人员配备规定**

| 车间规模 | | 应配备的兼职安全检查员人数 |
|---|---|---|
| 分类 | 指标 | |
| 压力机操作人数 | ≤50 | 1 |
| | >50～100 | 2 |
| | >100～200 | 3 |
| | >200～300 | 4 |
| | >300 | 5 |
| 压力机数量/台 | ≤20 | 1 |
| | >20～50 | 2 |
| | >50～100 | 3 |
| | >100 | 4 |
| 冲模数/套 | ≤200 | 1 |
| | >200 | 2 |

9.8.2 工厂应让车间的安全检查机构行使下列职权：

a) 检查和督促本标准和 GB 12801 的实施情况；

b) 制止违反卫生和安全规定的操作；

c) 提出安全生产奖惩办法；

d) 按 GB/T 6441 规定参与事故调查，提出分析处理报告和意见；

e) 向国家有关机构报告重大事故的责任者；

f) 组织安全宣传、教育和培训并提供资料、信息；

g) 对工艺设备及其工艺装备进行安全验收；

h) 对车间厂房及其公用设施进行检查等。

9.8.3 车间安全检查人员应经专门培训。

## 参 考 文 献


[1] GB 3096 声环境质量标准
[2] GB/T 3222.1 声学 环境噪声的描述、测量与评价 第1部分:基本参量与评价方法
[3] GB/T 3222.2 声学 环境噪声的描述、测量与评价 第2部分:环境噪声级测定
[4] GB 3869 体力劳动强度分级
[5] GB/T 4205 人机界面标志标识的基本和安全规则 操作规则
[6] GB 4387 工业企业厂内铁路、道路运输安全规程
[7] GB/ T 5697 人类工效学照明术语
[8] GB/T 5699 采光测量方法
[9] GB/T 5700 照明测量方法
[10] GB/T 10000 中国成年人人体尺寸
[11] GB 10070 城市区域环境振动标准
[12] GB/T 10071 城市区域环境振动测量方法
[13] GB/T 12984 人类工效学 视觉信息作业基本术语
[14] GB/T 12985 在产品设计中应用人体尺寸百分位数的通则
[15] GB 23821 机械安全 防止上下肢触及危险区的安全距离
[16] GBJ 122 工业企业噪声测量规范
[17] JBJ 16 机械工业环境保护设计规范
[18] JBJ 18 机械工业职业安全卫生设计规范
[19] JB/T 3240 锻压机械 操作指示形象化符号
[20] JB 9967 液压机 噪声限值
[21] JB 9968 开式压力机 噪声限值
[22] JB 9969 棒料剪断机、鳄鱼式剪断机、剪板机 噪声限值
[23] JB 9970 冲型剪切机、联合冲剪机 噪声限值
[24] JB 9971 弯管机、三辊卷板机 噪声限值
[25] JB 9972 滚丝机、卷簧机、制钉机 噪声限值
[26] JB 9973 空气锤 噪声限值
[27] JB 9974 闭式压力机 噪声限值
[28] JB 9975 自动镦锻机、自动切边机、自动搓丝机、自动弯曲机 噪声限值
[29] JB 9976 板料折弯机、折边机 噪声限值
[30] JB 9977 双盘摩擦压力机 噪声限值

ICS 27.020
J 95

# 中华人民共和国国家标准

GB/T 8243.9—2012/ISO 4548-9:2008
代替 GB/T 8243.9—2006

# 内燃机全流式机油滤清器试验方法 第9部分:进、出口止回阀试验

## Methods of test for full-flow lubricating oil filters for internal combustion engines—Part 9: Inlet and outlet anti-drain valve tests

(ISO 4548-9:2008,IDT)

2012-05-01 发布　　2012-10-01 实施

中华人民共和国国家质量监督检验检疫总局
中国国家标准化管理委员会　发布

# 前　言

GB/T 8243《内燃机全流式机油滤清器试验方法》分为12部分：

——第1部分：压差-流量特性；

——第2部分：滤芯旁通阀特性；

——第3部分：耐高压差和耐高温特性；

——第4部分：原始滤清效率、寿命和累积效率(重量法)；

——第5部分：冷起动模拟和液压脉冲耐久试验；

——第6部分：静压耐破度试验；

——第7部分：振动疲劳试验；

——第9部分：进、出口止回阀试验；

——第10部分：机油含水时的寿命和累积效率；

——第11部分：自净式滤清器；

——第12部分：采用颗粒计数法测定滤清效率和容灰量。

本部分是GB/T 8243的第9部分。

本部分按照GB/T 1.1—2009给出的规则起草。

本部分代替GB/T 8243.9—2006《内燃机全流式机油滤清器试验方法　第9部分：进出口止回阀试验》。本部分与GB/T 8243.9—2006的主要区别是：

——修改了试验程序和部分试验参数(见第7章，2006版第7章)。

——对文本进行了重新编排。

本部分使用翻译法等同采用国际标准ISO 4548-9:2008《内燃机全流式机油滤清器试验方法　第9部分：进、出口止回阀试验》(英文版)。

与本部分规范性引用的国际文件ISO 4548-1有一致性对应关系的我国文件为：

GB/T 8243.1—2003　内燃机全流式机油滤清器试验方法　第1部分：压差-流量特性(ISO 4548-1:1997，IDT)

本部分由中国机械工业联合会提出。

本部分由全国内燃机标准化技术委员会(SAC/TC 177)归口。

本部分起草单位：上海内燃机研究所、广西玉柴机器股份有限公司、雪龙集团有限公司、临海市环流汽配制造有限公司。

本部分主要起草人：陈云清、刘益军、计维斌、贺财霖、钟瀚、王以多、谢亚平、郭华、宋国婵。

本部分于2006年12月首次发布，本次为第一次修订。

# 引　　言

ISO 4548 规定了测量内燃机全流式机油滤清器性能的标准试验规程。该标准由各个单独部分汇编而成，每一部分涉及某一工作特性。

整套试验可为评定滤清器特性提供必要的信息，但如果用户和厂商双方同意，亦可分开单独进行试验。

# 内燃机全流式机油滤清器试验方法
# 第9部分:进、出口止回阀试验

## 1 范围

GB/T 8243 的本部分规定了内燃机“旋装式”或“可更换式”全流式机油滤清器进、出口止回阀有效性的试验方法。

## 2 规范性引用文件

下列文件对于本文件的应用是必不可少的。凡是注日期的引用文件,仅注日期的版本适用于本文件。凡是不注日期的引用文件,其最新版本(包括所有的修改单)适用于本文件。

ISO 4548-1 内燃机全流式机油滤清器试验方法 第1部分:压差-流量特性

## 3 术语和定义

ISO 4548-1 界定的术语和定义适用于本文件。

## 4 试验原理

### 4.1 进口止回阀

评定进口止回阀在发动机停机时防止滤清器内机油从进油口流出的能力。

### 4.2 出口止回阀

评定出口止回阀在发动机停机时防止滤清器内机油从出油口流出的能力。

## 5 试验装置

推荐的试验装置如图1～图3所示。图1和图2是供基本试验用的简易试验装置。而图3是一种比较复杂的试验装置,可以在离试验台0 mm～1 500 mm的油位高度内以0.5 m/min的固定速度升降高位油筒。该装置仅用于需要测量开启压力和流量/压差数据的场合。

注:图1～图3使用ISO 1219-1[1]规定的图形符号。

试验装置应由下列零部件,以及必需的管道、接头和支承所组成。

a) 油箱;

b) 油泵(推荐采用叶片泵);

c) 网式滤清器;

d) 停油开关(见图1～图3);

e) 三通阀(见图1～图3);

f) 试验滤座;

g) 高位油筒(例如分液漏斗);

h) 量筒;

i) 秒表或时钟(未示出)。

如要进行本部分所规定的所有试验,则可采用集图1～图3所有特性于一体的单一试验装置。

## 6 试验液

试验液应为矿物油,20 ℃时的运动黏度为8 $mm^2/s \pm 2\ mm^2/s$[1)](黏度等级为ISO VG 5[2])。

## 7 试验程序

### 7.1 通则

本部分规定了进、出口止回阀的两种试验程序。试验A是按照止回阀功能而应进行的基本性能试验。试验B是为确定某些辅助性能数据而推荐进行的基本试验和附加试验程序。

### 7.2 进口止回阀——试验A:基本性能试验

7.2.1 试验所需装置的示例见图1,图1中的具体元件在7.2.2～7.2.13中涉及时用数字粗体加括号表示。

7.2.2 如果滤清器还装有出口止回阀,则应在试验前采用适宜的方法将该阀锁定在开启状态,以便能从滤清器出口侧进油。

7.2.3 试验时环境温度为25 ℃±5 ℃。

7.2.4 将试验滤座(**6**)倒置在试验台上(即与图1所示位置成180°)。

7.2.5 将待试滤清器安装在试验滤座上,用合适的垫圈密封以防止螺纹处渗油。

如试验目的仅是为评定止回阀的性能,而不是要检查滤清器总成的制造完整性,则应将螺纹盖板和密封圈固定板之间可能出现的漏油处封死。

7.2.6 打开滤清器的进油开关(**4**)和高位油筒(**9**)下的出油开关(**8**)。

7.2.7 将试验液泵入系统中,直至系统内所有空气都被排出,并使滤清器下部的油位高度达到600 mm±10 mm。然后,关闭进油开关(**4**)和高位油筒(**9**)下部的出油开关(**8**)。

**注**:滤清器安装在上述位置是为了将空气彻底排除干净。

7.2.8 拆开滤清器下部的进油管,将滤清器翻转180°至图1所示位置。

7.2.9 打开高位油筒(**9**)下部的出油开关(**8**),拆下试验滤座上的放气螺钉(**5**)。排出试验滤座内的剩余试验液,历时5 min。

7.2.10 重新拧上放气螺钉,在出油管(**11**)下方放置一合适量筒(**10**),并按下秒表开始计时。

7.2.11 历时1 h,测量在此时间内从滤清器中泄漏的试验液总量。

7.2.12 保持高位油筒(**9**)中试验液液面高度为600 mm±10 mm。

7.2.13 记录试验结果(见第8章)。

### 7.3 进口止回阀——试验B:基本和辅助性能试验

7.3.1 试验B所需装置的示例见图3,图3中的具体元件在下面7.3.2～7.3.20中涉及时用数字粗体加括号表示。

---

1) 1 $mm^2/s$=1 cSt。

7.3.2 如要测量流量/压差和开启压力，可采用本试验方法。

必要时，可在下列条件下重复进行试验：

a) 滤清器安装位置不在垂直方向(安装角度应由用户和厂商共同商定)。

b) 滤清器根据 ISO 4548-3[3] 的规定，在垂直位置和倾斜位置对滤清器进行时效试验后。

7.3.3 试验环境温度为 25 ℃±5 ℃。

7.3.4 将试验滤座(**8**)倒置在试验台上，即与图 3 所示位置成 180°。

7.3.5 将待试滤清器安装在试验滤座上，用合适的垫圈密封以防止螺纹处渗油。

7.3.6 打开进油开关(**4**)和出油开关(**11**)。调节三通阀(**5**)、三通阀(**6**)和三通阀(**10**)，使机油流经滤清器，并经高位油筒(**12**)流回。

7.3.7 启动油泵(**2**)，调节进油开关(**4**)，使机油以足够的流量流经滤清器将止回阀打开，并使机油继续流动，直至机油中没有气泡存在。

如试验目的仅是为评定止回阀的性能，而不是要检查滤清器总成的制造完整性，则应将螺纹盖板和密封圈固定板之间可能出现的漏油处封死。

7.3.8 停止油泵(**2**)，关闭进油开关(**4**)和出油开关(**11**)，并调节三通阀(**6**)，使滤座的进油口关闭。

7.3.9 调节高位油筒(**12**)的位置，使油位达到 600 mm±10 mm，或另行规定的高度。将滤清器翻转 180°至图 3 所示位置。

调节三通阀(**5**)，使只对高位油筒(**12**)供油，打开进油开关(**4**)，并启动油泵使高位油筒中的油位保持不变。

7.3.10 打开出油开关(**11**)和放油开关(**13**)。将进口止回阀下游的机油排放到一合适容器中[不是(**15**)]。排出试验滤座内的剩余试验液，历时 5min。

7.3.11 在放油开关(**13**)的油管下端放置量筒(**15**)，同时按下秒表开始计时。

7.3.12 向量筒(**15**)放油 1 h，测量从进口止回阀泄漏的试验液总量。

7.3.13 关闭放油开关(**13**)，记录试验结果(见第 8 章)。

7.3.14 降低高位油筒(**12**)，使油位高度近似降为零。

7.3.15 调节三通阀(**10**)和三通阀(**6**)，使高位油筒的机油改为流向滤座进口。

7.3.16 打开放油开关(**14**)，使机油排入一合适容器中[不是(**16**)]，历时 5 min。

7.3.17 逐渐升高高位油筒直至看见机油从放油开关(**14**)中流出，这说明进口止回阀已经打开。注意此时的油位高度。重新降低油位高度，使进口止回阀关闭。在放油开关处放置一干净量筒(**16**)。

7.3.18 以 0.5 m/min 的速度升高高位油筒，使油位高度增加到有机油从放油开关(**14**)中流出。这表明已经达到止回阀的开启压力。记录此时的油位高度。

7.3.19 以 0.5 m/min 的速度将高位油筒升高到下一个 100 mm 处，使机油稳定流动 2 min。在放油开关(**14**)下方放置一干净量筒(**16**)，同时按下秒表测量机油流量。油位高度每增加 100 mm 重复上述程序，直至达到 1 500 mm 的高度。

7.3.20 画出机油流量与油位高度的关系曲线。由该曲线求出流量为 0.05 L/min 时止回阀的开启压力。

### 7.4 出口止回阀——试验 A：基本性能试验

7.4.1 试验所需装置的示例见图 2，图 2 中的具体元件在 7.4.2～7.4.11 中涉及时用数字粗体加括号表示。

如果滤清器还装有进口止回阀，则应在试验前采用适宜的方法将该止回阀锁定在开启状态，以便能从滤清器进口侧进油。

7.4.2 按 7.2.3～7.2.5 所述程序进行。

7.4.3 关闭出油开关(**7**),打开进油开关(**4**)和放油开关(**10**),并启动油泵(**2**)使机油流经滤清器直至所有空气都被排出。

如试验目的仅是为评定止回阀的性能,而不是要检查滤清器总成的制造完整性,则应将螺纹盖板和密封圈固定板之间可能出现的漏油处封死。

7.4.4 关闭放油开关(**10**),将滤清器翻转 180°至图 2 所示位置。

7.4.5 打开出油开关(**7**),向高位油筒(**8**)加注机油使油位达到 150 mm±10 mm,或另行规定的高度。

7.4.6 关闭进油开关(**4**),并停止油泵。

7.4.7 打开放油开关(**10**),排出试验滤座内的剩余试验液,历时 5 min。

7.4.8 在放油开关(**10**)下方放置一量筒(**11**),同时按下秒表开始计时。

7.4.9 历时 1 h,测量在此时间内从滤清器中泄漏的试验液总量。

7.4.10 保持高位油筒中试验液液面为 150 mm±10 mm,或另行规定的高度(见 7.4.5)。

7.4.11 记录试验结果(见第 8 章)。

### 7.5 出口止回阀——试验 B:基本和辅助性能试验

7.5.1 试验所需装置的示例见图 3,图 3 中的具体元件在下面 7.5.2～7.5.13 中涉及时用数字粗体加括号表示。

7.5.2 按 7.3.3～7.3.8 所述程序进行。

7.5.3 调节高位油筒位置,使油位达到 1 500 mm±10 mm,或另行规定的高度。将滤清器翻转 180°至图 3 所示位置。

7.5.4 调节三通阀(**6**)和三通阀(**10**),打开出油开关(**11**),使机油从高位油筒(**12**)直接流向滤清器进口。打开放油开关(**14**)。

7.5.5 将出口止回阀下游的机油排放到一合适容器中[不是(**16**)],排出试验滤座内的剩余试验液,历时 5 min。

7.5.6 在放油开关(**14**)的油管下方放置一量筒(**16**),同时按下秒表开始计时。

7.5.7 向量筒(**16**)放油 1 h,测量从出口止回阀泄漏的试验液总量。

7.5.8 关闭放油开关(**14**),记录试验结果(见第 8 章)。

7.5.9 降低高位油筒(**12**),使油位高度近似降为 0。打开放油开关(**14**)。

7.5.10 逐渐升高高位油筒直至看见机油从放油开关(**14**)中流出,这说明出口止回阀已经打开。重新降低油位高度,使止回阀关闭。在放油开关处放置一干净量筒(**16**)。

7.5.11 以 0.5 m/min 的速度升高高位油筒,使油位高度增加到有机油从放油开关(**14**)中流出,这表明已经达到出口止回阀的开启压力。记录此时的油位高度。

7.5.12 以 0.5 m/min 的速度将高位油筒提高到下一个 100 mm 处。使机油稳定流动 2 min。在放油开关(**14**)下方放置一干净量筒(**16**),同时按下秒表测量机油流量。油位高度每增加 100 mm 重复上述程序,直至达到 1 500 mm 的高度。

7.5.13 画出机油流量与油位高度的关系曲线。由该曲线求出流量为 0.05 L/min 时止回阀的开启压力。

单位为毫米

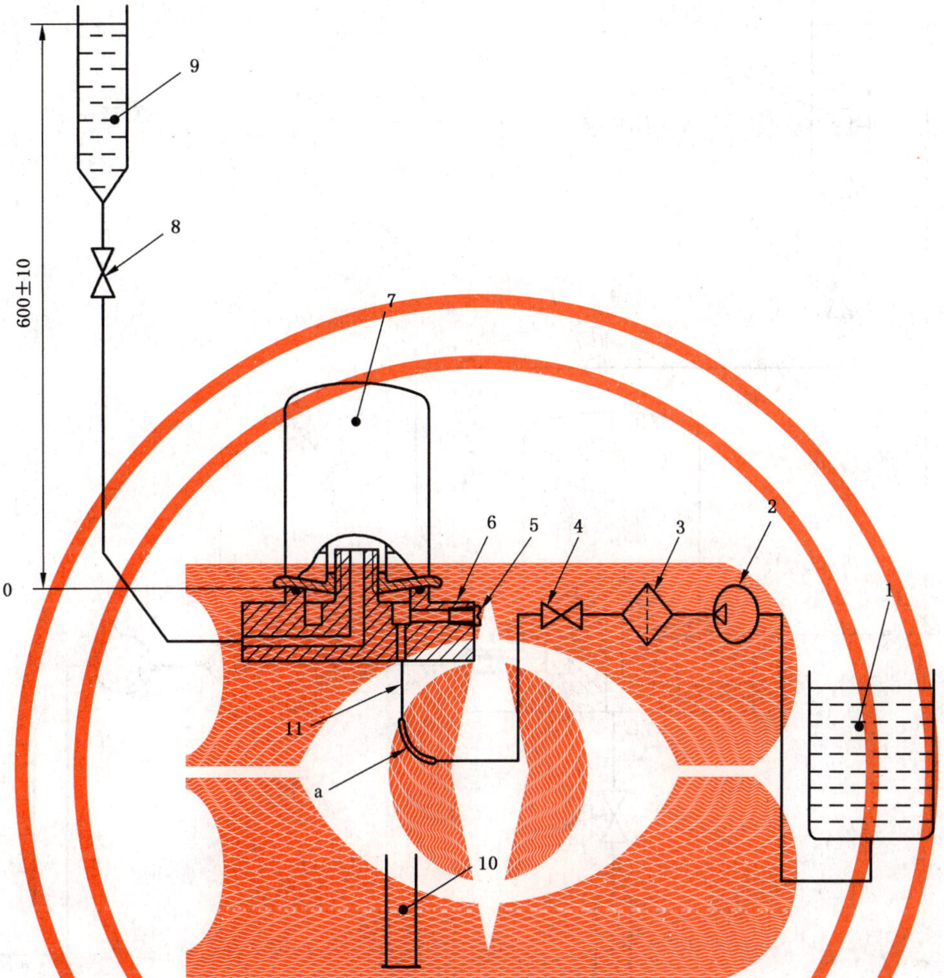


1——油箱；

2——油泵；

3——网式滤清器；

4——进油开关；

5——放气螺钉；

6——试验滤座；

7——受试滤清器；

8——出油开关；

9——高位油筒；

10——量筒；

11——出油管。

[a] 此处断开。

**图 1　进口止回阀试验装置**

单位为毫米

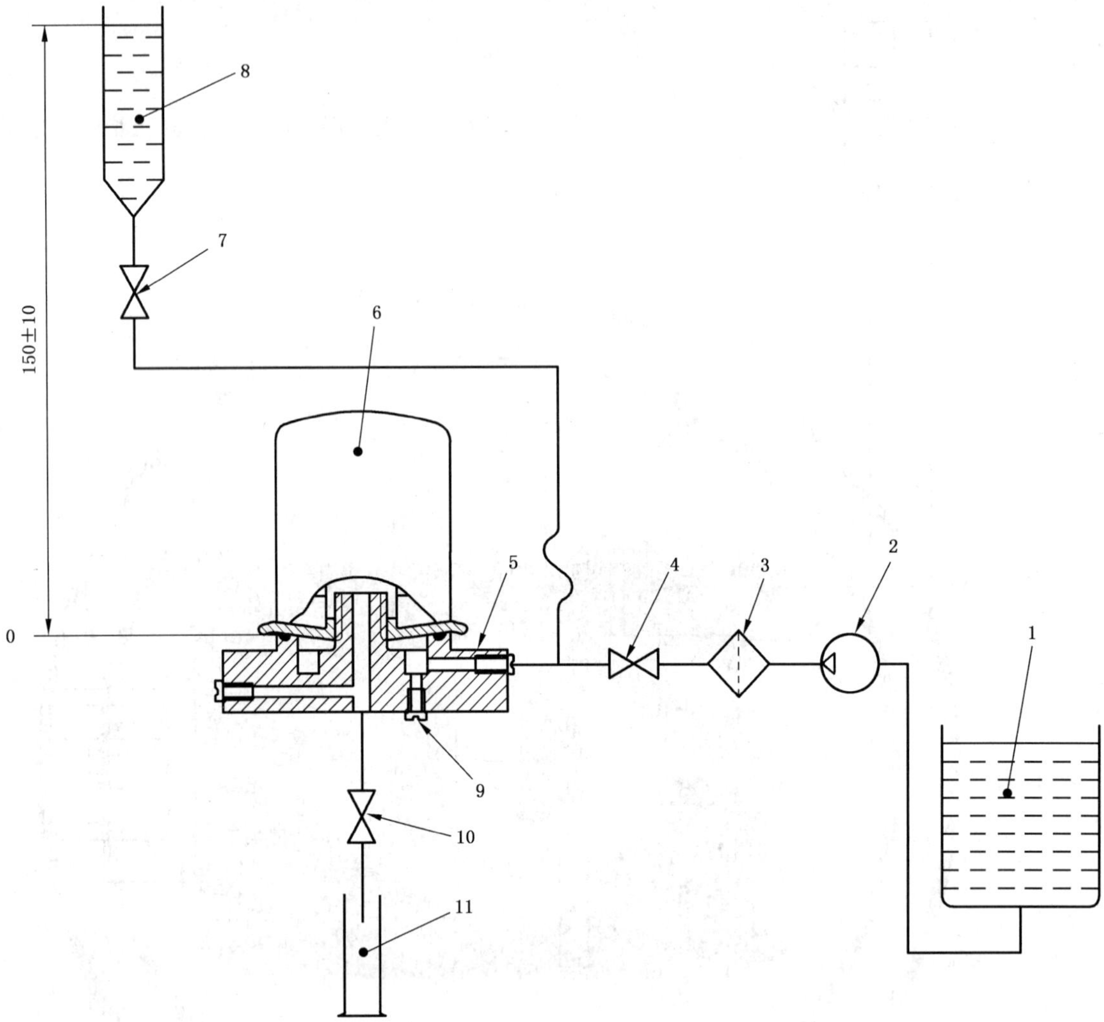


1——油箱；
2——油泵；
3——网式滤清器；
4——进油开关；
5——试验滤座；
6——受试滤清器；
7——出油开关；
8——高位油筒；
9——放气螺钉；
10——放油开关；
11——量筒。

图 2　出口止回阀试验装置

单位为毫米

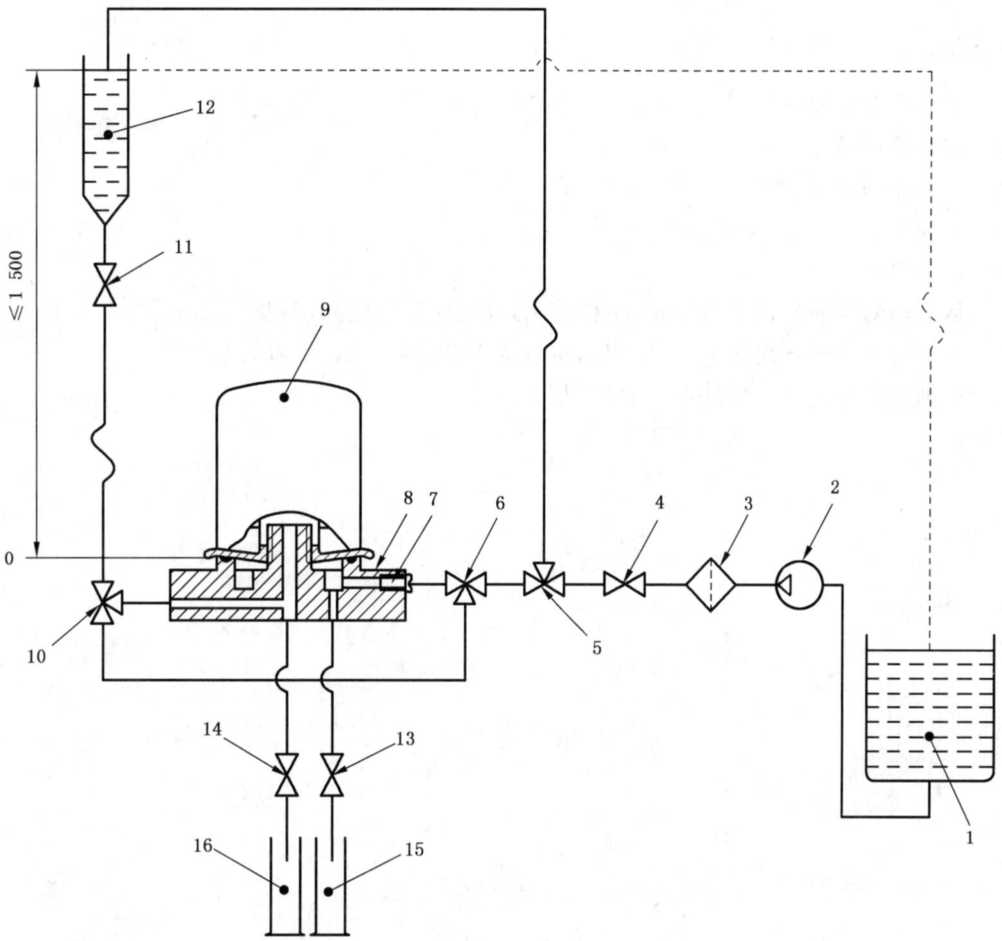


1——油箱；

2——油泵；

3——网式滤清器；

4——进油开关；

5——三通阀；

6——三通阀；

7——进油口；

8——试验滤座；

9——受试滤清器；

10——三通阀；

11——出油开关；

12——高位油筒；

13——放油开关；

14——放油开关；

15——量筒；

16——量筒。

图 3　进、出口止回阀试验装置

## 8 试验报告

试验报告应包括下列内容：

a) 执行标准编号；

b) 试验单位名称；

c) 滤清器型式(制造厂、型号和批号)；

d) 试验日期；

e) 试验温度；

f) 从滤清器泄漏的试验液总量(单位为L)及相应的油位高度(见7.2.11和7.3.10)；

g) 求得的止回阀开启压力(如适用)，单位为MPa(见7.3.20和7.5.13)；

h) 机油流量与油位高度的关系曲线(如适用)。

## 参 考 文 献

[1] ISO 1219-1 液压传动系统和元器件 图形符号和原理图 第1部分:图形符号
[2] ISO 3448:1992 工业用液体润滑剂 ISO黏度分类
[3] ISO 4548-3 内燃机全流式机油滤清器试验方法 第3部分:耐高压差和耐高温特性

ICS 77.140.85,25.020,25.010
J 32

# 中华人民共和国国家标准

GB/T 8541—2012
代替 GB/T 8541—1997

# 锻 压 术 语

## Terminology of forging and stamping

2012-05-11 发布 2012-12-01 实施

中华人民共和国国家质量监督检验检疫总局
中国国家标准化管理委员会 发布

# 前　言

本标准按照 GB/T 1.1—2009 给出的规则起草。

本标准代替 GB/T 8541—1997《锻压术语》，与 GB/T 8541—1997 相比，除编辑性修改外，主要技术变化如下：

——增加了目次(见目次)；

——删除了“模具”中的一些词条(见 1997 年版的 14.1,14.3,14.4,14.7 和 14.8)；

——删除了 36 个词条(1997 年版的 3.2.2.6,3.2.2.7,3.2.2.12,3.4.4.1,3.5.8,4.4.19.1,4.4.20.1,4.5.13.1,4.5.13.2,4.25.1,5.2.4.2,5.2.4.4,5.2.18.1,5.2.22.1,5.2.30,5.2.31,5.2.32,12.3.1,12.3.2,12.6.1,12.6.2,13.2.37,13.2.38,13.2.8,13.2.9,13.2.7.1,13.2.14,13.2.16,13.2.17,13.2.35 和 13.5.7.1,16.3.11.1,16.4.20,16.7.37,16.4.24,16.4.25)；

——将 13.5.8.1 和 13.5.8.2 两条合并为一条，改为：“控制冷却”(见 13.5.8.1,1997 年版的 13.5.8.1 和 13.5.8.2)；

——增加了 15 个新词条(见 3.2.2.6,5.1.36,5.2.30,6.4.22,6.4.23,6.4.24,8.27,8.28,11.1.4,11.10,12.3,12.4,12.7,16.4.20 和 16.4.33)；

——修改了 7 幅图(6.5.15 中图 47,1997 年版的 6.5.15 中图 47;10.1 中图 68,1997 年版的 10.1 中图 66;11.1.5 中图 69,1997 年版的 11.1.2 中图 67;11.1.9 中图 71,1997 年版的 11.1.4 中图 69;11.1.10 中图 72,1997 年版的 11.1.8 中图 71;11.1.14 中图 76,1997 年版的 11.1.14 中图 75;11.17 中图 78,1997 年版的 11.2.2 中图 77)；

——增加了 4 幅图(8.27 中图 66;8.28 中图 67;11.1.3 和 11.1.4 中图 70;11.2.12 中图 84)；

——增加了所有图的图题；

——修改了附录 A 和附录 B(见附录 A 和附录 B,1997 年版的附录 A 和附录 B)。

本标准由全国锻压标准化技术委员会(SAC/TC 74)提出并归口。

本标准起草单位：北京机电研究所。

本标准主要起草人：张倩生、魏巍、金红、刘竹楠、周林。

本标准所代替标准的历次版本发布情况为：

——GB/T 8541—1987;GB/T 8541—1997。

# 锻 压 术 语

## 1 范围

本标准规定了锻造、冲压、轧制、挤压、镦锻、拉拔、旋压及其他成形工艺、锻造工模具、锻压机器以及成形前后相关工序的术语和定义。

## 2 规范性引用文件

下列文件对于本文件的应用是必不可少的。凡是注日期的引用文件，仅注日期的版本适用于本文件。凡是不注日期的引用文件，其最新版本(包括所有的修改单)适用于本文件。

GB/T 7232—1999 金属热处理工艺术语

GB/T 8845—2006 冲模术语

GB/T 9453—2008 锻模术语

## 3 基本术语

### 3.1 一般术语

3.1.1

**锻压 forging and stamping**

对坯料施加外力，使其产生塑性变形、改变尺寸、形状及改善性能，用以制造机械零件、工件或毛坯的成形加工方法。它是锻造与冲压的总称。

3.1.2

**金属塑性加工 metal plastic working; metal technology of plasticity**

利用金属的塑性，使其改变形状、尺寸和改善性能，获得型材、棒材、板材、线材或锻压件的加工方法。它包括锻造、冲压、挤压、轧制、拉拔等。

3.1.3

**金属压力加工 pressworking of metal; mechanical metalworking**

利用压力使金属产生塑性变形，使其改变形状、尺寸和改善性能，获得型材、棒材、板材、线材或锻压件的加工方法。

3.1.4

**无屑加工 chipless working; chipless machining**

金属坯料经铸造、锻压或其他金属加工方法直接得到的制件，不需再切削加工的工艺方法。

3.1.5

**金属回转加工 rotary metalworking**

仅金属坯回转或仅工具回转或两者都回转的塑性加工方法。包括纵轧、斜轧、摆辗、楔横轧、辊弯、辊锻、旋压等。

3.1.6

**板料成形 sheet forming**

用板料、薄壁管、薄型材等作为原材料进行塑性加工的方法。

3.1.7

**体积成形　bulk forming**

用棒料或铸锭作为原材料进行塑性加工的方法。

3.1.8

**热锻　hot forging**

在金属再结晶温度以上进行的锻造工艺。

3.1.9

**温锻　warm forging**

一般情况下，指在高于室温和低于再结晶温度范围内进行的锻造工艺。

3.1.10

**冷锻　cold forging**

在室温下进行的锻造工艺。包括冷挤、冷镦、冷压印等。

3.1.11

**等温锻　isothermal forging**

在锻造全过程中，温度保持恒定不变的锻造方法。此法需要将模具、坯料都加热到锻造温度。

3.1.12

**初次成形加工　primary metalworking**

用于制造板材、棒材、型材等原材料的加工过程的统称。

3.1.13

**二次成形加工　secondary metalworking**

对于已经过初次成形加工获得的原材料(板材、棒材、型材等)进行再次塑性加工，以制造机械零件、工件或毛坯的成形加工方法。

3.1.14

**成形　forming**

将固体材料进行塑性变形，而获得所要求形状和尺寸的制品的过程。

3.1.15

**预成形　preforming**

使坯料形状产生部分变化以获得更适合于进一步塑性变形的形状。

3.1.16

**热成形　hot forming**

金属在再结晶温度以上进行的成形过程。对金属材料而言，该温度约为金属溶解温度(K，开氏温度)的40%。

3.1.17

**温成形　warm forming**

一般情况下，指材料在高于室温和低于再结晶温度范围内进行的成形过程。

3.1.18

**冷成形　cold forming**

材料在成形前不进行任何预热，即在室温下的一种成形过程。

3.1.19

**锻造　forging**

在加压设备及工(模)具的作用下，使坯料、铸锭产生局部或全部的塑性变形，以获得一定几何尺寸、形状和质量的锻件的加工方法。

3.1.20

**冲压 stamping;pressing;sheet forming**

使板料经分离或成形而得到制件的工艺统称。

3.1.21

**轧制 rolling**

金属材料(或非金属材料)在旋转轧辊的压力作用下,产生连续塑性变形,获得所要求的截面形状并改变其性能的方法,按轧辊轴线与轧制线间和轧辊转向的关系不同可分为纵轧、斜轧和横轧三种。

3.1.22

**挤压 extrusion**

坯料在封闭模腔内受三向不均匀压应力作用下,从模具的孔口或缝隙挤出,使之横截面积减小,成为所需制品的加工方法。

3.1.23

**镦锻 heading;upsetting**

在坯料轴向加压或锤击使金属产生局部镦粗变形。

3.1.24

**拉拔 drawing**

坯料在牵引力作用下通过模孔拉出,使之产生塑性变形而得到截面减小、长度增加的工艺。

3.1.25

**旋压 metal spinning**

一种加工金属空心回转体件的工艺方法。在旋压模具或旋压工具绕坯料转动中,旋压工具与坯料相对进给,使坯料受压并产生连续的局部变形或分离,它包括普通旋压、变薄旋压和分离旋压等。

## 3.2 原材料

3.2.1

**棒料 bar**

一种截面均匀的轧材,其截面为圆形或多边形。

3.2.1.1

**热轧棒料 black bar;hot rolled bar stock**

按热轧工艺生产的棒料。

3.2.1.2

**光亮棒料 bright bar**

按一定的设计公差对棒料进行冷拔或光车、光磨、剥皮等机械加工之后表面光亮的棒料。

3.2.1.3

**拔材 drawing bar**

冷拔棒钢。通常热轧棒材供冷拔用。

3.2.1.4

**挤压型材 extruded shape**

用热挤压的方法制造出来的长型材。

3.2.2

**板料 sheet material;sheet metal;sheet**

由板坯轧制而成的光滑的、平面的金属半制品,其长度和宽度均远大于厚度。

3.2.2.1

**带料　strip material;strip**

一种金属板料,宽度和其长度相比是相当小的。长度可以大到必须卷起,这就成为通常所说的卷料。

3.2.2.2

**卷料　coil;coiled strip;coil stock;coil strip;coil metal**

紧紧地卷绕成圆柱状的连续带料。

3.2.2.3

**条料　sheared strip**

从板料剪下来的,其宽度小于长度的板料。

3.2.2.4

**冷轧钢板　cold-rolled steel sheet;cold rolling steel sheet**

最后的精加工工序是冷轧的钢板。

3.2.2.5

**深拉深钢板　deep drawing steel sheet**

专门轧制的适合于深拉深变形的钢板。

3.2.2.6

**表面处理钢板　surface treated steel sheet**

经由表面处理,表面具有一定厚度镀(渗)、涂层表面的钢板,如镀锌板、镀锡板、镀铝板、镀铅锡合金板、镀铬板、镀铜板、彩涂板、渗铌板、渗钛板等。

3.2.2.7

**厚板　plate**

厚度为 5 mm 以上的板料。

3.2.2.8

**中板　medium plate**

厚度为 3 mm～5 mm 的板料。

3.2.2.9

**薄板　thin plate;sheet;thin sheet**

厚度在 3 mm 以下的板料。

3.2.2.10

**板厚　sheet gauge;sheet thickness**

按照某一标准体系测出板料的厚度。

3.2.3

**线材　wire**

用拉拔或轧制方法将金属棒制成圆形或任意截面的、长度很长的细丝,其直径约为 15 mm 以下,卷成盘状,可供很大的长度。

## 3.3　毛坯(坯料)

3.3.1

**冲切坯料　cropped piece**

由扁钢分离下来的一段材料,冲切时无材料损失。

3.3.2

平板坯料　flat blank

从板材或带材切下或冲下来的一块金属材料。

3.3.3

圆片坯　circular blank

作为成形工序坯料的圆形落料件。

3.3.4

废料　scrap;sheet scrap

落料、剪切、冲槽、切边等工序后所剩的材料,或不能用于进一步加工的边角料。

3.3.4.1

废料侧边　selvedge

条料或带料经过落料工序后所剩下废料的外缘侧边。

## 3.4　冲压件

3.4.1

落料件　blanked part;blank

由板料或条料上冲切下来的平面件,其轮廓线全部包围在板料或条料的内部,既可以作为预成形件,也可以作为成品零件。

3.4.2

弯曲件　bent part;bent component;bending part

通过弯曲工序成形的工件。

3.4.3

压印件　coin part;coining part

通过压印工序成形的工件。

3.4.4

拉深件　drawn part;drawing part;drawn component;draw piece

通过对板料进行拉深工序而获得的工件。

3.4.5

杯形件　deep drawn cup

在压力机上进行深拉深工序所获得的一端封闭的圆柱形空心件。

3.4.6

剪切件　shear part;blank

从板材上剪下来的产品零件。

3.4.7

精密冲裁件　fine blanking part

板料用精密冲裁工艺制成的工件。

## 3.5　锻件

3.5.1

预锻件　interstage of the forging

部分成形的锻件,其形状介于坯料和终锻件之间。

3.5.2

**终锻件 finished forging**

最后一个变形工步成形的锻件。

3.5.3

**普通精度锻件 commercial tolerance forging**

可以经济地达到其公差的锻件。

3.5.4

**精密锻件 close-tolerance forging**

尺寸公差比普通精度锻件小的锻件。

3.5.5

**自由锻件 open-die forging;free forging**

只用简单的通用性工具,或在锻造设备的上、下砧间直接对坯料施加外力,使坯料产生变形而获得所需的几何形状及内部质量的锻件。

3.5.6

**胎模锻件 loose tooling die forging**

金属材料经胎模锻造获得的工件或毛坯。

3.5.7

**模锻件 die forging**

金属材料通过模具锻造变形而得到的工件或毛坯。

3.5.7.1

**钢质模锻件 steel die forging**

钢质材料通过模具锻造变形而得到的工件或毛坯。

3.5.8

**冷锻件 cold forging**

在室温下金属材料经过锻造变形而得到的工件或毛坯。

3.5.9

**冷挤压件 cold extrusion**

用冷挤压方法制造出来的零件或坯料。

3.5.10

**冷镦件 cold heading**

金属材料通过冷镦工艺制成的零件。

3.5.11

**辊锻件 roll forging**

用辊锻工艺制造出来的工件或毛坯。

## 4 塑性成形理论

4.1

**理想刚塑性体 rigid-perfectly plastic body**

在大变形条件下,为了使分析问题简化而对变形体提出的一种假设。这种材料在屈服点前处于刚体状态,一旦至屈服点,即进入塑性流动状态,流动应力不随应变量而变化。

4.1.1

**刚塑性材料 plastic-rigid material**

当外力低于屈服点应力时,这种材料是刚性的,即弹性模量为无穷大。

4.2

**理想弹塑性体 elastic-perfectly plastic body**

为分析弹塑性变形而提出的一种简化假设。这种材料在屈服点前应力与应变按线性关系变化,一旦至屈服点,即进入塑性流动状态,且流动应力不随应变量变化。

4.2.1

**弹塑性材料 elastic plastic material**

能产生弹性与塑性变形的材料。

4.2.2

**弹塑性体 elastic plastic body**

对材料施以外力,当外力较小,产生弹性变形;当外力达到屈服应力后发生塑性变形的材料。

4.3

**变形 deformation;deforming;forming**

在外力作用下所引起固体的形状和尺寸的改变。

4.3.1

**塑性变形 plastic deformation**

当作用在物体上的外力取消后,物体的变形不完全恢复,而产生一部分永久变形。

4.3.2

**永久变形 permanent deformation**

当作用在物体上的外力超过一定限度并将其移去后,若物体不能恢复到原状而保留下来的变形。

4.3.3

**均匀变形 homogeneous deformation**

当变形体内各点的位移是坐标的线性函数,而且相对应变是一常数时,这种变形称为均匀变形。均匀变形时,原来的平面与直线在变形后仍为平面与直线,平行线或平行平面在变形后仍保持平行,两个几何相似的单元体,变形后仍保持几何相似。

4.3.4

**不均匀变形 non-homogeneous deformation**

不满足均匀变形特征的变形称为不均匀变形。塑性加工中的变形严格说几乎都属于不均匀变形,这是因为不均匀的外部条件产生不均匀应力场,各点的应力状态满足屈服准则先后不一,变形大小不等。

4.3.5

**单向变形 uniaxial deformation**

在单向拉力(或压力)作用下,伴有横截面积均匀减小(或增大)的单向伸长(或缩短)。

4.3.6

**弹性变形 elastic deformation**

弹性限度内的变形称弹性变形。或者说除去外力后,物体完全恢复原状的变形。

4.3.7

**弹性极限 elastic limit**

在外力作用下使物体产生的变形能够完全地恢复原状,在这个限度上再加外力就会留下永久变形,即塑性变形,这个限度称弹性极限。

4.3.8

**稳定变形过程　steady deformation process**

在物体变形过程中，变形区的大小、形状及其应力分布、速度分布都不随时间而变化的过程，亦称定常塑性流动过程。

4.3.9

**非稳定变形过程　non-steady deformation process**

在物体变形过程中，变形区的大小、形状及其应力分布、速度分布都随时间而变化过程。目前，这类问题用非线性有限元法可获得有效的数值解。

4.3.10

**变形程度　degree of deformation**

初始尺寸和最终尺寸之差对初始尺寸之比。

4.3.10.1

**临界变形程度　critical deformation**

温度一定时，再结晶后的晶粒大小随变形程度而变化，对应出现最大晶粒度的变形程度（如碳钢为2%～10%，高合金钢一般为0～15%）。

4.3.11

**变形抗力　deformation stress**

单位面积上对抗变形的阻力。

4.3.12

**变形区　deformed area**

工件上承受变形的区域。

4.3.13

**变形比　deformation ratio**

某一尺寸在变形后和变形前的数值之比。

4.3.13.1

**对数变形比　logarithmic deformation ratio**

某一尺寸变形前后的对数之比，即 $I_n = \ln(h/h_0)$。

4.3.14

**变形效率　efficiency of deformation**

在均匀变形条件下，特定工序所需的功与实际上所耗的功之比率。

4.3.15

**不变形锥　invariable cone**

高度与直径（或宽度）大约相同时的镦粗，因上下砧的作用，靠底边的坯料到中心形成锥状的不变形部分，是金属死区的一种（如图1所示）。

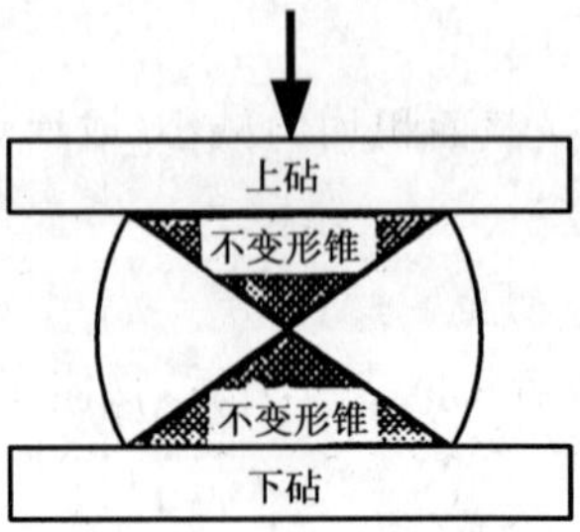


图1　不变形锥

4.3.16

**死区　dead zone; dead metal zone**

塑性加工时，工件内部不变形的刚性区。

4.4

**应力　stress**

在外力作用下，物体内部将产生内力，过所分析点某一方向微元面积 $\Delta F$ 上作用的内力 $\Delta p$，则极限值 $S=\lim(\Delta p/\Delta F)$ 称为所取截面上该点处的应力。对于同一点，应力是随所截平面的方位变化的。

4.4.1

**主应力　principal stress**

变形体内任一单元体总可以找到三个互相垂直的平面，在这些平面上只有正应力而没有剪应力，这些平面称为主平面，作用在主平面上的正应力就是主应力。三个主应力用 $\sigma_1$、$\sigma_2$、$\sigma_3$ 来表示，习惯上它们是按代数值大小顺序排列的，即 $\sigma_1>\sigma_2>\sigma_3$。

4.4.2

**正应力　normal stress**

正应力（法向应力）$\sigma$ 是垂直地作用在指定平面的应力分量。

4.4.2.1

**八面体正应力　octahedral normal stress**

作用在八面体平面（与三主应力主轴呈等倾斜的平面）上的正应力，用 $\sigma_8$ 表示，其数值等于平均应力。即

$$\sigma_8=1/3(\sigma_1+\sigma_2+\sigma_3)=1/3(\sigma_x+\sigma_y+\sigma_z)=\sigma_m \quad \cdots\cdots(1)$$

4.4.3

**剪切应力　shear stress**

剪切应力 $\tau$ 是作用在指定平面内的应力分量，例如 $\tau_{xy}$ 就是沿着 $y$ 方向作用垂直于 $x$ 方向平面内的应力分量。

4.4.3.1

**最大剪应力　maximum shear stress**

过一点不同方位平面上的剪应力是变化的，其中存在一最大值即为最大剪应力。其数值为

$$\tau_{max}=1/2(\sigma_1-\sigma_3) \quad \cdots\cdots(2)$$

式中：

$\sigma_1$——最大主应力；

$\sigma_3$——最小主应力。

它所作用平面的法线方向与中间主应力 $\sigma_2$ 方向垂直，与 $\sigma_1$ 及 $\sigma_3$ 方向呈 45°。

4.4.3.2

**八面体剪应力　octahedral shear stress**

在过一点的应力单元体中，与三应力主轴等倾斜的平面有四对，构成了具有四组平行平面的八面体，作用在八面体平面上的剪应力称为八面体剪应力，用 $\tau_8$ 表示，即

$$\tau_8=\pm\frac{1}{3}\sqrt{(\sigma_1-\sigma_2)^2+(\sigma_2-\sigma_3)^2+(\sigma_3-\sigma_1)^2} \quad \cdots\cdots(3)$$

式中：

$\sigma_1$、$\sigma_2$、$\sigma_3$——主应力。

4.4.3.3

**极限剪切强度　ultimate shear strength**

在冲裁、剪切等工艺中，最大剪切力对初始横截面积之比。

4.4.4

**名义应力　nominal (conventional) stress**

试件单向拉伸(压缩)时变形力与原始截面积(而不是当时截面积)之比,又称条件应力。即

$$\sigma = P/F_0 \qquad (4)$$

式中:

$P$——载荷;

$F_0$——试件原始横截面积。

4.4.5

**真实应力　true stress**

拉伸(或压缩)试验时,变形力与当时实际截面积(而不是初始截面积)之比。其数值是随变形量、温度与应变速率而变化的。

4.4.6

**等效应力　equivalent (effective) stress**

又称应力强度,代表复杂应力状态折合成单向应力状态的当量应力。一般用式(5)表示:

$$\sigma_i = \frac{1}{\sqrt{2}}\sqrt{(\sigma_1 - \sigma_2)^2 + (\sigma_2 - \sigma_3)^2 + (\sigma_3 - \sigma_1)^2} \qquad (5)$$

式中:

$\sigma_1$、$\sigma_2$、$\sigma_3$——主应力。

等效应力 $\sigma_i$ 随应力状态不同而变化,即

$$\sigma_i = \left(1 \sim \frac{1}{1.155}\right)(\sigma_{max} - \sigma_{min}) \qquad (6)$$

4.4.7

**附加应力　additional stress;secondary stress**

变形过程中,由于变形不均匀,变形体的各个部分有不同的尺寸变化倾向。力图增大尺寸变化的区域(相对于平均值)将对力图减少尺寸变化的区域施加一个使后者尺寸变化增加的内力,同时后者对前者施一相反的内力,从而相应地在不同区域产生不同的应力。这种由于变形不均匀而产生的应力为附加应力。

4.4.8

**过盈应力　interference fit stress**

由过盈配合引起的法向应力。

4.4.9

**破坏应力　fracture stress**

破坏载荷除以破坏面积。

4.4.10

**静液应力　hydrostatic stress**

应力状态的平均压应力,其绝对值等于三个主应力 $\sigma_1$、$\sigma_2$、$\sigma_3$ 之和的1/3,其符号以压应力为正,与平均应力的符号相反。

4.4.11

**平均应力　mean stress**

三个主应力 $\sigma_1$、$\sigma_2$、$\sigma_3$ 的平均值,即$\frac{1}{3}(\sigma_1 + \sigma_2 + \sigma_3)$。

4.4.12

**残余应力　residual stress**

金属塑性加工过程中由于不均匀的应力场、应变场、温度场和组织不均匀性,在变形后的变形体内

保留下来的应力。

4.4.13

**平面应力状态　plane stress state**

通过一点的单元体上的所有应力分量位于某一平面内，即在垂直于该平面方向上的应力分量为零(该方向应变不为零)的应力状态。板料冲压及薄管成形的多数工序可近似视为平面应力状态。

$$\sigma_{ij}=\begin{pmatrix}\sigma_x & \tau_{xy} & 0\\ \tau_{yx} & \sigma_y & 0\\ 0 & 0 & 0\end{pmatrix} \qquad \cdots\cdots(7)$$

4.4.14

**热应力　thermal stress**

物体内部温度不均匀产生的应力。

4.4.15

**屈服应力　yield stress**

抗拉试验中，试件最初出现塑性变形的应力，用 $\sigma_s$ 表示。

4.4.16

**球张量　spherical(hydrostatic)stress tensor**

在连续介质力学中常把应力张量分解为球张量与应力偏张量，即 $\sigma_{ij}=\sigma_m\delta_{ij}+S_{ij}$。其中 $\sigma_m\sigma_{ij}$ 称为球形应力张量，简称球张量。球张量所决定的是各向等压(或等位)应力状态，这种应力状态不能引起物体形状的变化，只决定物体体积的弹性变化。球张量 $\sigma_m\delta_{ij}$ 为

$$\sigma_m\delta_{ij}=\begin{pmatrix}\sigma_m & 0 & 0\\ 0 & \sigma_m & 0\\ 0 & 0 & \sigma_m\end{pmatrix} \qquad \cdots\cdots(8)$$

$$\delta_{ij}=\begin{pmatrix}1 & 0 & 0\\ 0 & 1 & 0\\ 0 & 0 & 1\end{pmatrix} \qquad \cdots\cdots(9)$$

式中：

$\sigma_m$——平均应力，$\sigma_m=1/3(\sigma_x+\sigma_y+\sigma_z)=1/3(\sigma_1+\sigma_2+\sigma_3)$。

4.4.17

**应力莫尔圆　Mohr(Mohr's)circle of stress**

用图形描述了一点的应力状态(如图2所示)。在以正应力 $\sigma$ 和剪应力 $\tau$ 为轴的 $\sigma$-$\tau$ 坐标系中，应力莫尔圆给出了单元体上任一斜面上的正应力与剪应力变化的全貌。图中阴影内一点的坐标代表单元体某一斜面上的正应力和剪应力。

4.4.18

**应力状态　stress state**

通过物体内一点的各个截面上的应力状况简称为物体内一点处的应力状态。过一点的一个截面上的应力情况不足以反映一点的应力状态，一点的应力状态是用张量表示的。

4.4.18.1

**三向应力状态　three-dimensional stress state**

从受力物体中取出任意一个单元体，总可以找到三个互相垂直的主平面，面上作用有主应力，因而每一点都有三个主应力。三个主应力均不为零的应力状态称为三向应力状态，按应力符号有四个三向主应力图(如图3所示)。

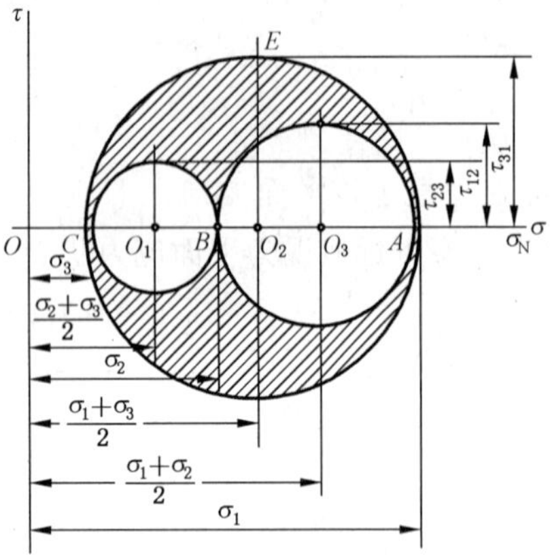

图 2　应力莫尔圆

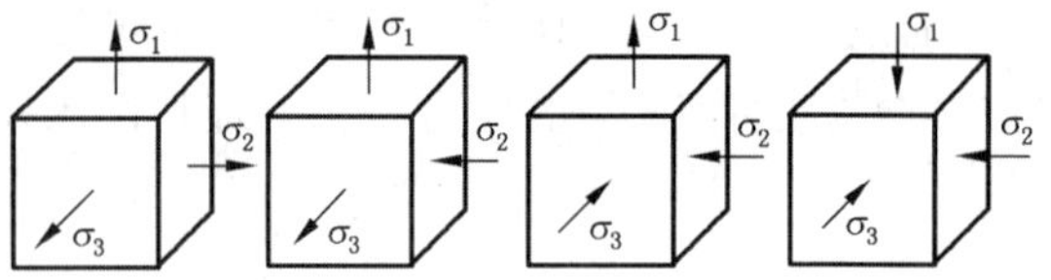

图 3　三向应力状态

4.4.19

**应力张量　stress tensor**

一点的应力状态可用互相垂直的三个坐标面上的九个应力分量(其中六个是独立的)来描述。当坐标系绕原点旋转一定角度后,各个应力分量按照一定规律变化,即满足张量所要求的关系。所以一点的应力可写成状态张量形式,称为应力张量,即

$$\sigma_{ij}=\begin{pmatrix}\sigma_{11} & \sigma_{12} & \sigma_{13}\\ \sigma_{21} & \sigma_{22} & \sigma_{23}\\ \sigma_{31} & \sigma_{32} & \sigma_{33}\end{pmatrix} \quad \cdots\cdots(10)$$

应力张量是二阶对称张量。

4.4.20

**应力偏量　deviatoric stress tensor; stress deviator**

在应力张量各正应力分量中减去平均应力 $\sigma_m$ 所得的张量,即

$$S_{ij}=\begin{pmatrix}\sigma_x-\sigma_m & \tau_{xy} & \tau_{xz}\\ \tau_{yx} & \sigma_y-\sigma_m & \tau_{yz}\\ \tau_{zx} & \tau_{zy} & \sigma_z-\sigma_m\end{pmatrix} \quad \cdots\cdots(11)$$

应力偏量 $S_{ij}$ 也是二阶对称张量。应力偏量决定物体的形状变化。

4.5

**应变　strain**

物体在外力作用下,内部质点将产生相对位置的改变。设想从物体中取一正六面单元体,当其变形时,不仅改变了位置,也改变了自己的形状和尺寸。一般情况下,正六面体的棱边单位长度和夹角都将改变,两者统称为应变。

4.5.1

**名义应变　nominal strain**

**工程应变　engineering strain**

材料单向拉伸(压缩)试验或在分析其他变形时,常用 $\varepsilon=\Delta l/l_0$ 表示应变,$\Delta l$ 为试件工作段(标距)的伸长(缩短),$l_0$ 为工作段原长。当变形量大时,试件的长度已有较显著的变化,因此,$\varepsilon=\Delta l/l_0$ 并不能代表试件的真实应变,故称名义应变。

4.5.2

**真实应变　true strain**

其数值为 $d\varepsilon=dl/l$,式中 $dl$ 为试件瞬时长度 $l$ 的变化量。当试件从 $l_0$ 拉伸到 $l_1$ 时,总的真实应变为

$$\varepsilon=\int_{l_0}^{l_1}(\mathrm{d}l/l)=\ln(l_1/l_0) \qquad \cdots\cdots(12)$$

当 $\varepsilon\leqslant 0.1$ 时，其数值与工程应变很近似。当变形量大时，用真实应变表达更准确。

4.5.3

**等效应变　equivalent strain**

又称应变强度，代表复杂应变状态折合成单向拉伸（或压缩）状态的当量应变。可用式(13)表示：

$$\varepsilon_{\mathrm{eff}}=\sqrt{2}/3\left[(\varepsilon_1-\varepsilon_2)^2+(\varepsilon_2-\varepsilon_3)^2+(\varepsilon_3-\varepsilon_1)^2\right]^{1/2} \qquad \cdots\cdots(13)$$

式中：

$\varepsilon_1$、$\varepsilon_2$、$\varepsilon_3$——主应变。

4.5.4

**主应变　principal strain**

对于各向同性材料来说，是指在主应力方向上的应变 $\varepsilon_1$、$\varepsilon_2$、$\varepsilon_3$。

4.5.4.1

**主应变速率　principal strain rate**

对于各向同性材料来说，是指在主应力方向上的应变速率。

4.5.5

**塑性应变　plastic strain**

表示塑性变形程度的工程应变、对数应变等。

4.5.6

**纵向应变　longitudinal strain**

沿着材料长度方向产生的应变。

4.5.7

**平面应变　plane strain**

公式(14 所示的应变（即第三方向无应变）。

$$\varepsilon_{ij}=\begin{vmatrix}\varepsilon_x & 0.5\sigma_{xy} & 0\\ 0.5\sigma_{yx} & \varepsilon_x & 0\\ 0 & 0 & 0\end{vmatrix} \qquad \cdots\cdots(14)$$

4.5.8

**弹性应变　elastic strain**

材料在弹性范围内的应变。另外在塑性变形中，卸载时，回复的应变也是弹性应变。

4.5.9

**伸长应变　elongation strain**

由于外力的作用而产生的伸长变形，以每一单位初始尺寸的变化来表示。

4.5.10

**压缩应变　compression strain**

由于外力作用而产生的压缩变形，以每一单位初始尺寸的变化来表示。

4.5.11

**应力应变曲线　stress-strain curve**

为了寻求材料的应力与应变间的关系，通常用实验的方法在一定的温度及应变速率条件下获得与一定应变量 $\varepsilon$ 相对应的真实应力值 $\sigma$，若以图形表示 $\sigma$ 与 $\varepsilon$ 之间的关系，则称为应力应变曲线，或变形抗力曲线。室温下对于多数金属有加工硬化现象，这样的 $\sigma$-$\varepsilon$ 曲线又称为硬化曲线。

4.5.12

**应变状态　strain state**

通过受力物体内的一点，沿各个方向可作任意条线段，每条线段有其自身的线应变，线段间的夹角，变形后亦改变，即有角应变。过一点的各个方向上这些应变的整个状况称为该点的应变状态。一点的应变状态用应变张量表示。

4.5.12.1

**平面应变状态　plane strain state**

若物体在变形过程中，各点的位移都在相互平行的平面内发生而在垂直这些平面的方向上应变为零，这种应变状态称平面应变状态。应变为零的方向也是该点中间主应力的方向。

4.5.13

**应变速率　strain rate**

应变对时间的变化率称为应变速率或简称应变率(单位为 $s^{-1}$)。

如 $\dot{\varepsilon}_x=\frac{\partial}{\partial t}(\varepsilon_x)=\frac{\partial}{\partial t}\left(\frac{\partial u}{\partial x}\right)=\frac{\partial u}{\partial x}$。相应地可写出 $\dot{\varepsilon}_y$、$\dot{\varepsilon}_z$、$\dot{\upsilon}_{zx}$、$\dot{\upsilon}_{yx}$、$\dot{\upsilon}_{xy}$ 与应变张量类似有应变率张量。应变速率与工具的运动速度有区别。应变速率亦称应变速度。

4.6

**变形功　deformation work**

使工件产生变形而需消耗的功，即

$$A=\iiint\sigma_i\varepsilon_i\,dV \qquad (15)$$

式中：

$\sigma_i$ ——应力强度或等效应力；

$\varepsilon_i$ ——等效应变。

4.6.1

**塑性变形功　plastic work**

材料在塑性变形时，消耗在应变时所做的功。

4.6.2

**理想变形功　ideal work of deformation**

在理想无摩擦条件下，工件变形所需要的功。

4.6.3

**单向变形功　work of uniaxial deformation**

在拉伸(或压缩)过程，面积减小(或增大)一定值所需要的功。

4.6.4

**单位体积变形功　work of deformation per unit volume**

在塑性变形的材料中，某一点上的单位体积变形功的增量是诸应变增量的应力分量与相应的应变增量的乘积。用张量表示法时，总的变形功/单位体积，可用在相应应变轨迹上的 $\int\sigma_{ij}\cdot d\varepsilon_{ij}$ 来表示。用主应力表示法时，则为 $\int(\sigma_1\cdot d\varepsilon_1+\sigma_2\cdot d\varepsilon_2+\sigma_3\cdot d\varepsilon_3)$。

4.6.5

**多耗功　redundant work**

在使用大锥角模具进行挤压的过程中，毛坯材料的各个部分在进入变形区时，为了向模孔运动必然要通过剪切作用变化其方向。与此类似，出口处也要发生相反方向变化。这些反向塑性剪切变形所做功就是多耗功。

4.6.6

**损耗功 lost work of deformation**

工件变形过程中为了克服内外摩擦而消耗的功。

4.7

**变形力 deformation force; deformation load**

为使坯料产生塑性变形，在工具运动方向上所需要施加的力称为变形力。

4.7.1

**单位变形力 deformation pressure**

当变形力为拉力时(如拉拔、拉深等)，单位变形力是指工件通过模口部分单位面积上承受的变形力。当变形力为压力时(如镦粗、挤压等)，单位变形力就是指平均压力。

4.7.2

**变形力作用线 axis of deformation**

变形合力的作用线的轨迹。

4.7.3

**平均压力 mean pressure**

塑性加工时，工(模)具与工件接触面上的平均压强。其值为

$$p = P/F \qquad (16)$$

式中：

$P$ ——压力；

$F$ ——接触面的投影面积。

4.8

**金属流动 metal flow**

变形过程中材料的运动。

4.8.1

**皮尔逊 A 型金属流动 Pearson type A metal flow**

当坯料有良好润滑时，在挤压过程中，坯料在无变形的情况下，轻易地通过挤压筒，直到金属进入凹模一段短距离，此时，由于侧边被模具的凸肩阻挡，中心比侧边流动较快。

4.8.2

**皮尔逊 B 型金属流动 Pearson type B metal flow**

除了挤压筒与坯料接触面上的摩擦限制作用外，与上一条是相似的。摩擦导致了在靠近坯料表面的一个狭窄区域内发生剪切，这一剪切区是和模具台肩上的剪切区相连续的。其影响是提高中心部分(相同于外面金属)的金属进入凹模的运动速度，并增大材料外层的剧烈变形。

4.8.3

**塑性流动 plastic flow**

因塑性变形而产生的金属材料的流动。

4.8.4

**自由流动状态 free-flow condition**

当金属从成形模或模孔中流出时不受限制的状态。

4.8.5

**非自由流动状态 restricted-flow condition**

金属从成形模或凹模孔中流出后，其流动受到限制的状态。

4.8.6

**临界面　critical plane**

材料由该处向两个或更多方向流动的区域。

4.9

**塑性　plasticity**

金属在外力作用下能稳定地改变自己的形状和尺寸而各质点间的联系不被破坏的性能。塑性可用变形体在不破坏条件下所获得的塑性最大变形值来评定。

4.9.1

**延性　ductility**

材料受外力超过了弹性极限,不发生破裂的塑性变形的性质。

4.9.2

**展性　malleability**

表示金属的力学性能指标之一,容易使金属扩展成薄箔状的性质。

4.9.3

**成形性　formability**

材料经过塑性变形不产生裂纹和破裂,获得所需要形状的加工性能。

4.9.4

**可锻性　forgeability**

材料在锻造过程中经受塑性变形而不开裂的性能。

4.9.4.1

**冷锻性　cold forgeability**

材料在室温状态下的可塑性。

4.9.5

**超塑性　superplasticity**

金属在特定的组织、温度条件和变形速度下变形时,塑性比常态提高几倍到几百倍(如有的延伸率$\delta > 1\ 000\%$),而变形抗力降低到常态的几分之一甚至几十分之一的异乎寻常的性质。超塑性有细晶超塑性(又称恒温超塑性)和相变超塑性等。

4.9.6

**塑性力学　theory of plasticity**

研究塑性变形和作用力之间的关系,以及在塑性变形后物体内部应力分布规律的学科。

4.9.7

**塑性势　plastic potential**

材料进入塑性状态时,需满足屈服准则,它可以用方程$F(\sigma_{ij})=C$来描述。式中$F$是$\sigma_{ij}$的对称函数,该式称为屈服函数,这一屈服函数就是塑性位势,简称塑性势。由于引入塑性势的概念,使得屈服准则与塑性应力应变关系有直接的联系,即

$$d\varepsilon P_{ij} = \partial F / \partial \sigma_{ij} (d\lambda) \quad \cdots\cdots\cdots\cdots (17)$$

4.9.8

**塑性铰　plastic hinge**

塑性弯曲中的一种现象。在简支梁中部,在集中力作用的截面上,最大弯矩$M_{max}=PL/4$,当$P$增大到某一数值时,梁的上、下面各点进入塑性变形。如继续加载,该部分就会丧失承载能力,如同跨中截面处形成一个不能承受弯矩的铰链。

4.9.9

**塑性图　diagram of forgeability behaviour**

在不同温度时,试验所得到的塑性指标(如 $\delta$、$\Psi$、$\varepsilon$ 及 $a_k$ 等)随温度变化的曲线(即以温度为横坐标、塑性指标为纵坐标绘成的函数曲线)。

4.9.10

**光塑性　photoplasticity**

显示塑性的透明均质等方体,在受到外力作用时具有双折射性质。选择与金属的应力-应变关系相类似的高分子材料,用跟光弹性解析相同的方法,来推定塑性应变分布。

4.9.11

**光弹性　photoelasticity**

在光学中,等方体材料在受外力作用下,引起双折射现象,利用这种现象能够解析材料内产生的弹性应力。

4.10

**脆性　brittleness**

材料不发生塑性变形破断的性质。

4.10.1

**热脆　hot brittleness**

金属材料在高温时出现脆裂的现象。这是由于晶界处存在低熔点相(如 FeS 等)熔化的缘故。

4.10.2

**冷脆　cold brittleness**

在低于室温下,有些钢的塑性显著下降,呈脆性状态的现象。通常认为这与钢中含磷、砷等元素有关。

4.10.3

**蓝脆　blue brittleness**

钢在 200 ℃～300 ℃时,表面氧化膜呈蓝色,抗拉强度及硬度比常温高,塑性及韧性比常温低的现象。

4.10.4

**高速脆性　high velocity brittleness**

某些金属在相当高的速度下变形时,由于滑移等变形过程得不到充分发挥,而导致塑性降低的现象。

4.11

**加工硬化　strain hardening; work hardening**

金属低于再结晶温度时,由于塑性应变而产生强度和硬度增加的现象。

4.11.1

**冷变形强化　cold deformation strengthening**

在冷变形时,随着变形程度的增加,金属材料的所有强度指标(弹性极限、比例极限、屈服点限和强度极限)和硬度都有所提高,但塑性有所下降的现象。

4.11.2

**应变时效硬化　strain age-hardening**

在塑性变形后进行时效时,材料硬度增加而延展性降低的现象。

4.11.3

**加工硬化指数(*n* 值)　work-hardening exponent (*n*)**

用指数表达式表示冷变形强化材料的流动应力 $\sigma_n$ 与断面收缩率 $\Psi$ 间关系时,$\sigma_n = C \cdot \Psi^n$,式中 $n$

称为加工硬化指数，或叫 $n$ 值。它用刚产生缩颈时的断面收缩率 $\Psi_n$ 来计算 $n=\Psi_n/(1-\Psi_n)$。

4.11.4

**硬化曲线　curve of hardening**

塑性变形时流动应力数值与变形量间的关系曲线。当应变以伸长率、断面减缩率、对数应变表示时，分别称第一、二、三类硬化曲线。

4.12

**加工软化　work softening**

塑性加工过程中，变形能转化成热能，金属温度上升，强度和硬度下降的现象。

4.13

**时效　ageing;aging**

随着时间的推移使材料力学性能变化的一种方法。

4.13.1

**自然时效　natural ageing**

在室温下逐渐进行的时效处理。

4.13.2

**人工时效　artifical ageing**

在较高温度下较快地进行的时效处理。

4.13.3

**时效硬化　age hardening**

金属坯料在处理后，随时间的增长而硬度增加的现象。

4.14

**力学性能　mechanical property;mechanical behaviour**

材料在外力作用下表现出来的特性，如弹性、强度、硬度、韧性和塑性等，也称为机械性能。

4.15

**各向同性　isotropy**

材料在各个方向上的力学性能和物理性能指标都相同。

4.16

**各向异性　anisotropy**

材料的力学性能(包括强度指标及塑性指标)和物理性能在各个方向上呈现差异。

4.16.1

**厚向异性指数($r$ 值)　coefficient of normal anisotropy ($r$)**

板料试件在拉伸试验中宽度应变与厚度应变之比，也称板厚方向系数。由于板平面内也有异向性，取与轧制方向成0°、45°、90°的试件拉伸，在其相对伸长率为20%时分别测出 $r_0$、$r_{45}$、$r_{90}$，再求平均值 $\bar{r}=\frac{1}{4}(r_0+2r_{45}+r_{90})$。$\bar{r}$ 值是代表板材冲压性能的一项重要指标。

4.17

**抗氧化性　oxidation resistance**

钢中含有 Cr、Ni 等合金元素时，能阻止 Fe 氧化的能力。

4.18

**热强性　heat resistance**

材料在高温和外加载荷同时作用下的强度指标。它包括高温蠕变极限、高温持久极限，高温疲劳极限以及在高温下的屈服极限、强度极限。

4.19

**断裂韧性　fracture toughness**

反映材料抵抗断裂的能力。在断裂力学中，用临界应力强度因子等来表示材料的断裂韧性。

4.20

**应力松弛　relaxation of stress**

随着时间的延续，维持恒定变形所需的应力自行减小的现象。

4.21

**回复　recovery**

将冷变形后的金属加热至一定温度[约为(0.25～0.30)$T_{熔}$，$T_{熔}$ 为开氏温度的熔点]后，使原子回复到平衡位置，晶内残余应力大大减小的现象(或称为恢复)。回复时不改变晶粒形状。

4.22

**再结晶　recrystallization**

塑性变形后金属被拉长了的晶粒重新生核、结晶，变为等轴晶粒。再结晶可分为退火再结晶(静态再结晶)及动态再结晶，前者是指冷变形后的金属在退火时形成的再结晶，后者是在热变形情况下形成的再结晶，再结晶温度一般为 $0.4T_{熔}$ 以上。

4.22.1

**再结晶温度　recrystallization temperature**

开始产生再结晶现象的最低温度。对纯金属，再结晶温度为

$$T_{再} \approx 0.4T_{熔} \qquad (18)$$

式中：

$T_{熔}$——开氏温度的熔点，单位为开氏度(K)。

4.23

**锻造流线　forging flow line**

在锻造时，金属的脆性杂质被打碎，顺着金属主要伸长方向呈碎粒状或链状分布；塑性杂质随着金属变形沿主要伸长方向呈带状分布，这样热锻后的金属组织就具有一定的方向性，通常称为锻造流线，也称流纹。它使金属性能呈现异向性。

4.24

**滑移线　sliding line；slip line**

在塑性力学中，变形体塑变区最大切应力的迹线，对晶体它是指滑移后某滑移平面的滑移痕迹。

4.24.1

**滑移线场理论　slip line field theory**

滑移线是塑性变形体内最大剪应力的迹线。滑移线场理论是利用滑移线的几何特性及力学特性来求解变形体内及工具接触面上的应力分布及速度分布。严格说来，它仅适用于求解理想刚塑性体的平面应变问题。

4.25

**速度场　velocity field**

包含在境界内的各质点速度分布状态。

4.26

**速度间断　velocity discontinuity**

塑性变形时变形体中相邻区域界面上的速度不连续(即界面两侧金属的速度不等)现象。

4.27

**形变织构　deformation texture**

当塑性变形量足够大时，晶轴方向的差别减小，晶粒趋向于整齐排列，使多晶体呈现很突出的方向

性的现象。

4.28

**变形力计算的工程计算法　engineering method of deformation force calculation; engineering method of solution of the deformation load**

联立近似平衡方程与近似塑性条件方程计算塑性加工各工艺过程的变形力的方法。其要点是:把问题归结为轴对称问题或平面问题,只确定接触面上的正应力分布,微分平衡方程按相应问题坐标选取并化简,塑性条件采用近似塑性条件。

4.29

**变形力计算的上限法　upper-bound method of deformation force calculation; upper-bound method of solution of the deformation load**

变形力计算的一种高估法,按此法可得到高于真实值的近似解。此法是建立在数学上的变分原理、力学上的虚功原理、最大散逸功原理基础上的一种极限载荷计算法。要求变形体内的速度满足边界条件而应力不一定满足微分平衡方程。这一方法简称为上限法。

4.30

**变形力计算的下限法　lower-bound method of deformation force calculation; lower-bound method of solution of the deformation load**

变形力计算的一种低估法。根据求极限载荷的下限定理(在速度面 $S_n$ 上,任一静可容的应力场对应的表面力所作的功率总是小于或等于真实表面力所作的功率),只要应力状态是静力容许的即可通过这样的应力状态求得极限载荷,这一方法称为下限法。

4.31

**变形力计算的主应力法　slab method of deformation force calculation; slab method of solution of the deformation load**

求塑性加工变形力的一种近似方法,又称初等解析法或切块法。该法所切取的平衡体不是微元体而是沿整个高度(包括接触表面在内)切取厚块,求解时假定有摩擦力存在接触面上的正应力为主应力,用此方法可以得到接触面上正应力分布。

4.32

**变形力计算的变分法　variational method of deformation force calculation; variational method of solution of the deformation load**

变形力计算的一种近似解法,实质上就是通过求塑性变形能量(功)的极值来计算变形力。

4.33

**弹塑性有限元法　elasto-plastic finite element method**

有限元法是随着电子计算机的出现而迅速发展起来的一种离散化数值计算方法。用有限元法研究弹塑性体的问题就是弹塑性有限元法。由于弹塑性本构关系的非线性,要用适当方法把问题线性化,计算方法有变刚度法、初应力法与初应变法。

4.34

**刚塑性有限元法　rigid-plastic finite element method**

用有限元法研究刚塑性体的问题就称为刚塑性有限元法。

4.35

**莫尔云纹法　Moire method**

**密栅云纹法**

一种力学实验分析方法。该方法是利用两块印有很密的栅线板(密栅),其一粘贴在试件表面(试件栅),另一为不随试件变形的基准栅,根据两栅片重叠后由于几何干涉造成明暗相间的条纹(云纹),可以推算出试件各处的应变及应力分布情况。

4.36

**直观塑性法　visioplasticity method**

一种实验分析方法。变形前先在试件上制出网格，通过实测网格变形确定位移矢量场，进而算出实际的速度场与应力场。

4.37

**光塑性法　photoplasticity method**

一种利用偏振光的透射来研究塑性变形的实验分析方法，所用材料要有较高的塑性，无论在弹性区还是在塑性区，光学效应和应力(或应变)都有确定的关系，此法可用于研究塑性体中应力和应变分布以及伴随塑性流动时发生的各种物理现象(如流动和破坏机理、松驰、蠕变等)。

4.38

**坐标网格法　coordinate grid method**

研究塑性变形分布的一种常用实验方法，变形前在试样上用刻划或腐蚀等方法制成网格，根据网格的变化计算相应的应变，也可由此推算应力分布。

4.39

**体积不变条件　constancy of volume；incompressibility**

由于塑性变形时金属密度的变化很小，所以可认为变形前后的体积相等。此假设称为体积不变条件，常用 $\varepsilon_x+\varepsilon_y+\varepsilon_z=0$ 表示($\sigma_x$、$\sigma_y$、$\sigma_z$ 分别代表沿 $x$、$y$ 及 $z$ 方向的应变)。又称不可压缩条件。

4.40

**最小阻力定律　minimum resistance law；the law of minimum resistance**

描述塑性变形流动规律的一种理论，苏联 C. U. 古布金于 1947 年将其表述如下：“如果物体在变形过程中其质点有各种方向移动的可能性时，则物体各质点将向着阻力最小的方向移动”。

4.41

**屈服准则　yield criterion**

受力物体内质点由弹性状态过渡到塑性状态的判据称为塑性条件，亦称屈服准则，或屈服条件。常用的两个屈服准则为最大剪应力屈服准则与能量屈服准则。

4.42

**最大剪应力准则　maximum shear stress criterion；Tresca yield criterion**

判别变形体内一点是否进入塑性状态的一种理论。这个准则认为，当一点的最大剪应力值达到流动应力值之半时，该点即进入塑性状态。其表达式为

$\tau_{max}=1/2\sigma_s$ 或 $\sigma_1-\sigma_3=\sigma_s$(此时 $\sigma_1>\sigma_s>\sigma_3$)。

该准则由屈雷斯加(Tresca)首先提出，故又称屈雷斯加准则，其特点为只考虑最大及最小主应力而不考虑中间主应力的影响。

4.43

**能量准则　energy criterion；Mises yield criterion**

此准则认为当受力物体内一点处形状改变的弹性比能达到某一定值时，该点处即由弹性状态过渡到塑性状态。

4.44

**最佳取向　preferred orientation**

多晶材料的晶体按某一个最佳的方向和平面排列定向。

4.45

**完全光滑表面　perfectly smooth surface**

在这个表面上没有摩擦的作用，两个以这种表面相接触的物体可以彼此间毫无阻碍地进行滑动。

4.46

**完全粗糙表面　perfectly rough surface**

两个物体之间的一个接触面。在这个面上不会发生相对运动。

4.47

**瞬时形状　instantaneous shape**

工件在成形工序中某一瞬时的形状。

4.48

**弹性力学　theory of elasticity**

研究一个弹性体在外力作用下所产生的应力和变形的学科。

## 5　锻造

5.1

**自由锻　open-die forging; flat die forging; free forging**

只用简单的通用性工具,或在锻造设备的上、下砧间直接使坯料变形而获得所需的几何形状及内部质量锻件的方法。

5.1.1

**镦粗　upsetting; compression**

使毛坯高度减小,横断面积增大的锻造工序。

5.1.1.1

**局部镦粗　local upsetting**

在坯料上某一部分进行的镦粗。

5.1.1.2

**平砧间镦粗　compression between flat platens**

坯料在上、下平砧间进行的镦粗。

5.1.1.3

**铆镦　mushroom upsetting**

避免产生鼓肚、裂纹的一种镦粗方法。铆镦时先将坯料两端局部变形,再重击镦粗,把内凹部分镦出,然后镦成圆柱形。对于小毛坯,可以先将坯料斜放,轻击、旋转打棱,呈图 4a)所示的形状;对于较大的毛坯,可先用赶铁赶成图 4c)所示的形状。

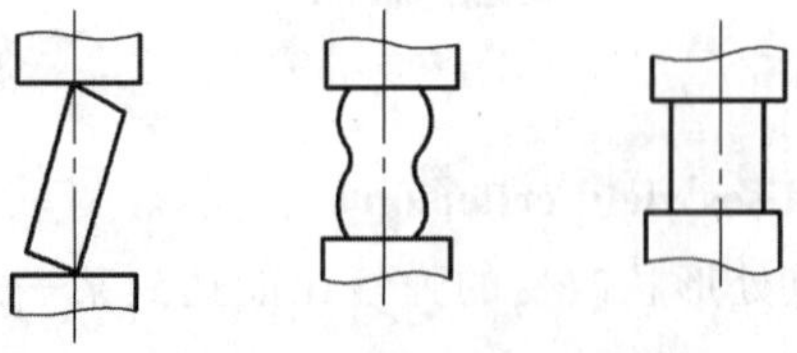

a)　　b)　　c)

图 4　铆镦

5.1.2

**拔长　drawing out; stretching; swaging; fullering**

使毛坯横断面积减小,长度增加的锻造工序。

5.1.2.1

**芯棒拔长　mandrel forging; drawing out with the core bar**

空心毛坯中加芯轴进行拔长以减小空心毛坯外径(壁厚)而增加其长度的锻造工序,用于锻造长筒类锻件,也称做芯棒上拔长。

5.1.3

**(锻造)冲孔　punching; piercing**

在坯料上冲出透孔或不透孔的锻造工序。

5.1.3.1

**漏孔　punching on a supporting ring**

利用垫环在坯料上直接冲出通孔的一种冲孔方法。

5.1.4

**扩孔　expanding**

减小空心毛坯壁厚而增加其内、外径的锻造工序。

5.1.4.1

**冲头扩孔　expanding with a punch**

利用冲头锥面引起的径向分力而进行扩孔的一种扩孔方法(如图 5 所示)。冲头扩孔时,由于坯料切向受拉应力,容易胀裂,每次扩孔量不宜太大。

5.1.4.2

**马杠扩孔　saddle forging**

利用上砧和马杠对空心坯料沿圆周依次连续压缩而实现扩孔的方法(如图 6 所示)。也称为芯轴扩孔。在马杠上扩孔时由于切向拉应力很小,不易破裂,故可锻制薄壁的锻件。

5.1.4.3

**楔块扩孔　expanding with wedge block**

利用楔块式模具增大环形件内外径的锻造方法。

5.1.4.4

**液压胀形扩孔　hydraulic expanding**

直接利用液压使空心件受径向内压应力而进行扩孔的方法。

5.1.5

**(锻造)弯曲　bending**

采用一定的工模具将坯料弯成规定外形的锻造工序。

5.1.6

**错移　offset**

将坯料的一部分相对另一部分错移开,但仍保持轴心平行的锻造工序(如图 7 所示)。

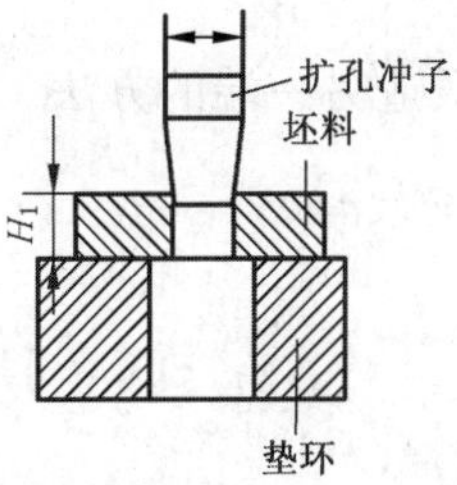


图 5　冲头扩孔

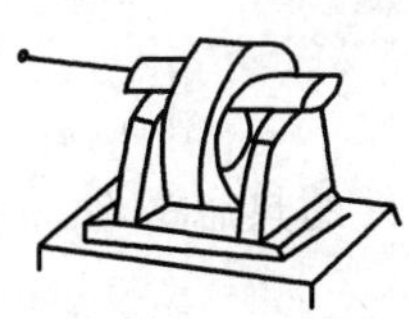

图 6　马杠扩孔

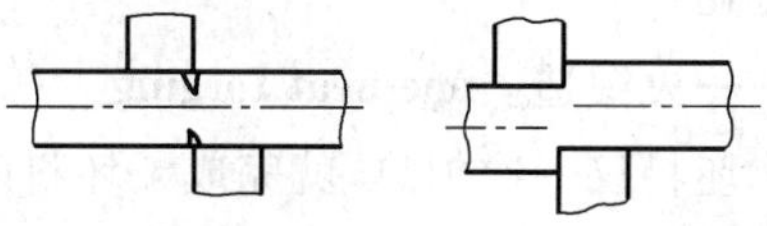

图 7　错移

5.1.7

**扭转　twisting**

将毛坯的一部分相对另一部分绕其轴线旋转一定角度的锻造工序。

5.1.8

**切割　cutting**

将坯料分成几部分或部分地割开,或从坯料的外部割掉一部分,或从内部割出一部分的锻造工序。

5.1.9

**锻接　forging welding**

坯料在炉内加热至高温后,用锤快击,使两者在固相状态结合的方法。锻接的方法主要有:搭接、对接、咬接等。

5.1.10

**压肩　necking**

把已压出的痕线扩大为一定尺寸的凹槽的工序。它根据不同的断面要求可采用圆形、椭圆形、三角形、梯形等压铁。

5.1.11

**压痕　indentation**

在毛坯表面上压出痕线,以便后续压肩工序进行的一种辅助工序。

5.1.12

**倒棱　chamfering**

对钢锭的棱边轻轻锻压,以清除棱角的工序。

5.1.13

**滚圆　rolling**

用工具、模具、锤砧等使坯料绕轴线一边旋转、一边进行锻造的工序。

5.1.14

**压钳口　tong-hold forging;tongs hold**

为了便于操作时夹持,将钢锭的冒口部分锻成一定长度的方形或圆形的工序。

5.1.15

**展宽　spreading**

用工具、模具来减少材料的厚度,使它变成扁平状的锻造方法。

5.1.16

**棒料锻造　bar forging**

在棒料的一端进行锻造,终锻完成后将锻件从棒料上切下。

5.1.17

**调头锻造　turnover forging**

夹住坯料的一端,锻造坯料的另一端,而后调转180°,夹住锻过的一端,锻造另一端的方法。

5.1.18

**一火锻造　one-heat forging**

坯料仅一次加热,就完成了坯料锻成锻件的热态锻造。

5.1.19

**两次加热锻造　twice heat forging**

锻件从材料到终锻成形,需进行两次加热的锻造。又称二火锻造。

5.1.20

**纵向锻造 forging with the grain; longitudinal forging**

顺着坯料轧制方向的锻造。

5.1.21

**横向锻造 forging normal to the grain; horizontal forging**

垂直于坯料轧制方向的锻造。

5.1.22

**法兰 flange**

在锻件上的台阶部分长度为直径的0.25～0.5倍，而此直径至少为其邻接部分最大直径的1.5倍时，该部分称为法兰。

5.1.23

**凹挡 recess**

锻件的某一部分直径(或非圆形锻件的尺寸)小于其邻接两部分的直径(或尺寸)，该部分称为凹挡。

5.1.24

**台阶 step**

轴类锻件的某一段直径(或非圆形锻件的尺寸)大于邻接的一段或两段的直径(或尺寸)时，则大直径(尺寸)部分称为台阶。

5.1.25

**凸肩 hub**

非轴类锻件的某一段直径(或尺寸)小于邻接的直径(或尺寸)的部分。

5.1.26

**余面 lap**

在锻件台阶处邻接的圆角及端部的斜度等称为余面。

5.1.27

**余块 excess metal**

在锻件的某些难以锻出的部位加添一些大于余量的金属体积，以简化锻件的外形及锻件的制造过程，这种加添的金属体积称为余块。

5.1.28

**钳夹头 tong-hold; bar hold**

棒料或经过棒料锻细的一端，以便在锻造时用钳子夹住该端进行操作，此部位称钳夹头。

5.1.29

**黑皮锻件 surface as forged; as-forged; forging without machining**

不留加工余量的锻件。带黑皮的锻件不再切削加工，直接供装配和使用。

5.1.30

**中心压实法 JTS(Janpaness Tateno and Sikano)forging**

一种用以焊合大型锻件内部孔隙的锻造工艺。它是将加热好的大型坯料表层迅速冷却到700 ℃～800 ℃之后即快速锻造，由于利用坯料内的不均匀温度场和局部加载(如图8所示)，使坯料轴心区在较大静水压力下承受较大的塑性变形，以利于焊合轴心区的孔隙。这种方法也称为硬壳锻造及JTS锻造。

5.1.31

**RR锻造 RR forging**

借助模具斜面的作用，使圆棒料在模具中受轴向压缩的同时，实现横向弯曲形成曲拐。是曲轴的一种特殊锻造方法之一，这种方法也叫曲轴镦锻法。所用的模具结构如图9所示。

5.1.32

**TR 锻造　TR forging**

借助于压杆机构作用,使坯料在模具中同时受到镦粗和弯曲变形,是曲轴的一种特殊锻造方法之一,这种方法也叫曲轴镦锻法。所用的模具结构如图 10 所示。

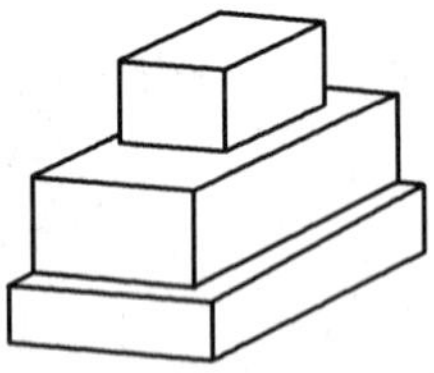

图 8　中心压实法

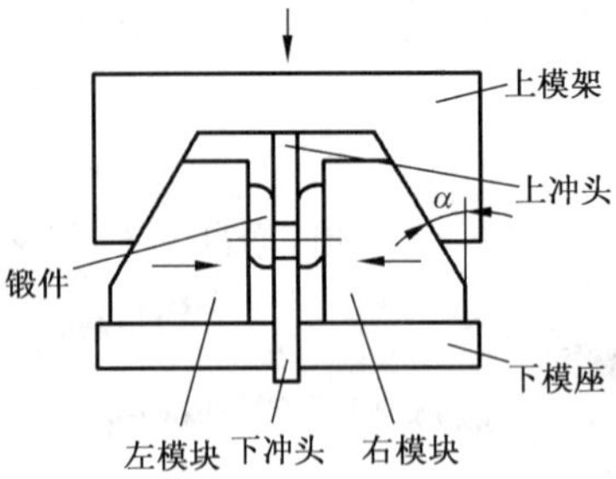


图 9　**RR 锻造**

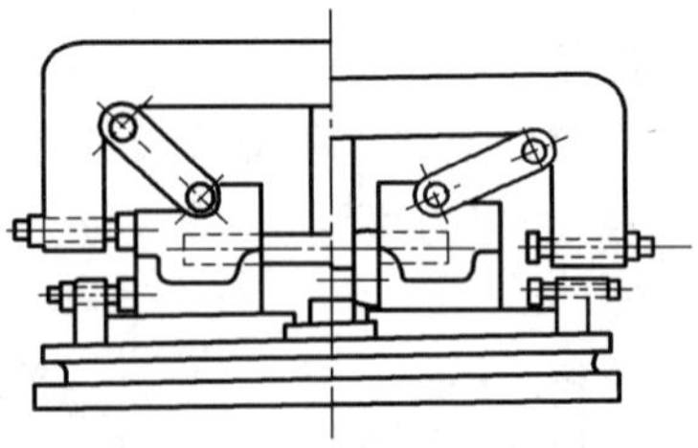

图 10　**TR 锻造**

5.1.33

**α+β 锻造　α+β forging**

α 钛合金和 α+β 钛合金在(α+β)相区加热和进行的锻造。

5.1.34

**β 锻造　β forging**

α+β 钛合金在 β 相变点以上加热后用大变形量进行的锻造(终锻往往在(α+β)相区完成)。

5.1.35

**FM 锻造　free from Mannesman effect**

FM 法即无曼内斯曼效应的锻造法。FM 法的变形实质是利用上平砧,下平台的非对称变形,下平台对锻件的摩擦阻力较大,变形由上到下逐步进行,使拉应力移到了变形体与下平台接触面附近,增加了锻件心部压应力。

5.1.36

**WHF 锻造　wide die heavy blow forging**

用宽砧、强力打击的锻造方法,锻件心部受三向压应力,致使锻造缺陷愈合的高效锻造方法。

5.1.37

**锻件公差　forging tolerance**

锻件尺寸允许有一定限度的偏差,大于基本尺寸的称上偏差,小于基本尺寸的称下偏差,上、下偏差的代数差的绝对值为锻件公差。

5.1.38

**锻件基本尺寸　nominal dimension of forging**

在零件尺寸上加上加工余量所得的尺寸。

5.1.39

**锻造比　forging ratio**

锻造时变形程度的一种表示方法。通常用变形前后的截面比、长度比或高度比 $y$ 来表示。例如,拔长时,$y=F_0/F=L/L_0$;镦粗时,$y=F\ /\ F_0=H_0/\ H$(式中:$F_0$、$F$——锻坯变形前后截面积;$L_0$、$L$——锻坯变形前后长度;$H_0$、$H$——锻坯变形前后高度)。

5.1.40

**送进量　feed**

拔长工序中,每次压缩前送到下砧或者上砧上去的坯料的最小长度 $L$(如图 11 所示)。

5.1.41

**高径比　ratio of height to diameter**

坯料高度与其直径之比。

5.1.42

**压缩量　reduction**

压缩前后坯料高度的差值,亦即高度方向被压缩而减小的尺寸。

5.1.43

**相对压下量　relative reduction**

压缩量与原始高度的比值。一般以 ε 表示。按式(19)确定:

$$\varepsilon=(h_0-h_1)/h_0\%=\Delta h/h_0\% \quad \cdots\cdots(19)$$

式中:

$h_0$——原始坯料高度;

$h_1$——压缩后坯料高度。

5.1.44

**延伸系数　coefficient of stretching**

每次拔长后坯料的增长量 $\Delta l$ 与拔长前的长度 $l_0$ 的比值 $\Delta l/l_0$。

5.2

**模锻　die forging; closed-die forging; drop forging**

利用模具使毛坯变形而获得锻件的锻造方法。

5.2.1

**开式模锻　closed-die forging**

**有飞边模锻　impression die forging**

两模间间隙的方向与模具运动的方向相垂直,在模锻过程中间隙不断减小的模锻方式称为开式模锻。开式模锻过程中飞边桥口部分的阻力是逐渐增大的,这种阻力是保证金属充满模腔所必需的,因此开式模锻又叫有飞边模锻。

5.2.2

**闭式模锻　no-flash die forging**

**无飞边模锻　flashless die forging**

两模间间隙的方向与模具运动方向相平行。在模锻过程中间隙大小不变化的模锻方式(如图12所示)。由于闭式模锻时不设置飞边槽,所以也叫无飞边模锻。

5.2.3

**多向模锻　multi-ram forging; cored forging**

在多个方向同时进行加载的锻造方法。它是在具有多个分模面的闭式模膛内进行的。

5.2.4

**精密锻造　precision forging; net-shape forging**

锻造方法之一。其锻件精度高不需或只需少量切削加工。

5.2.4.1

**闭塞锻造　core forging**

具有锻件外轮廓形状的模膛先闭合,然后将冲头压进模瞠内部,使金属充满模膛,同时冲出锻件孔部。如图13所示。

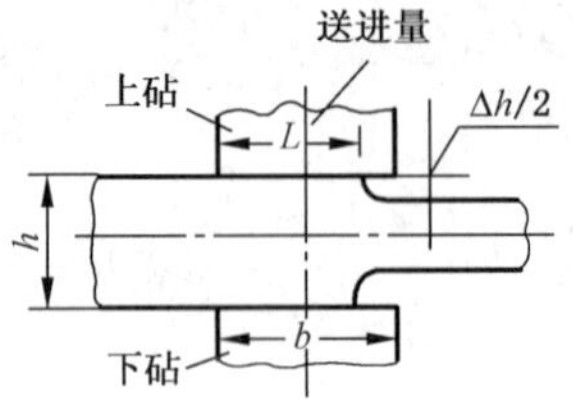


图 11 送进量

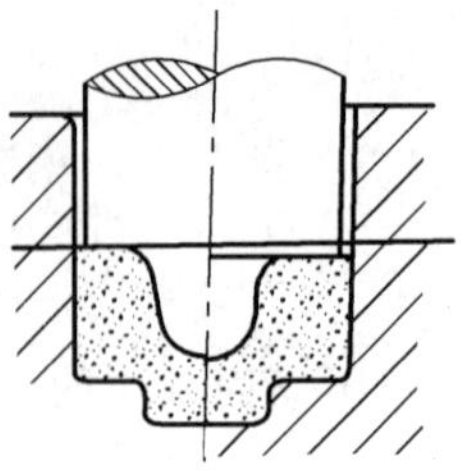

图 12 闭式模锻,无飞边模锻

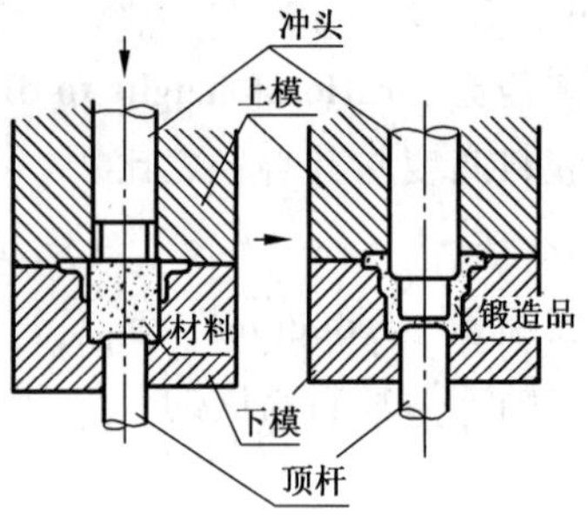


图 13 闭塞锻造

5.2.4.2

**复合锻造 compound forging;composite forging**

将热锻、温锻、冷锻等工艺进行组合的锻造。

5.2.5

**制坯工序 preforming**

用以初步改变毛坯形状,合理分配金属,以适应锻件横截面积和形状的要求,使金属能更好地充满模锻模膛的工序。制坯工序包括拔长、滚压、压肩、弯曲、成形等工步。

5.2.5.1

**滚压工步;滚挤工步;积聚工步 gathering**

用以减小长轴类锻件坯料某一部分的截面积,增大另一部分截面积,以获得接近计算毛坯形状和尺寸的模锻制坯工步。

5.2.5.2

**体积分配 volume distribution**

改变金属沿轴向的各部分的横断面积的成形工序。

5.2.6

**预锻 preforging;blocking**

使毛坯变形,以获得为终锻所需要的材料分布状态。

5.2.7

**终锻 finish forging**

在模锻过程中得到锻件最终几何尺寸的工步(除少数锻件在终锻后尚需附加弯曲、扭转等工步外),将预锻件或毛坯锻成最终的锻件形状。

5.2.8

**精压 sizing;coining**

在模具中将零件加工成准确尺寸的最终工序。

5.2.9

**终锻模校正 restriking in finish forging die;straightening in finish forging die;setting in finish forging die**

在模锻和切边工序完成后,再将锻件放回终锻模内矫正其形状。

5.2.10

**上充 upward displacement**

金属向上模或动模内流动。

5.2.11

**锻件图 forging drawing**

它是根据零件图绘制的。自由锻件的锻件图是在零件图的基础上考虑了加工余量、锻造公差,工艺余块等之后绘制的图。模锻件的锻件图还应考虑分模面的选择、模锻斜度和圆角半径等。

5.2.11.1

**冷锻件图　cold forging drawing**

供冷态锻件的检验和生产管理使用的锻件图。

5.2.11.2

**热锻件图　hot forging drawing;heat forging drawing**

按冷锻件图增加收缩量后绘的锻件图。它是制造和检验终锻模膛的依据。

5.2.11.3

**横截面线图　cross section drawing**

以带有飞边的锻件或毛坯的轴为基准，并沿着轴向多点截取相当于该截面面积的线图。

5.2.12

**锻件圆角　rounded corner of forgings**

模锻件中断面形状和平面形状变化部位棱角的圆角和拐角处的圆角。

5.2.13

**模锻斜度;拔模斜度　draft angle**

为了使锻件易于从模膛中取出，锻件与模膛侧壁接触部分需带一定斜度。锻件上的这一斜度称为模锻斜度。

5.2.14

**盲孔　blind hole;non-penetrated hole**

锻件成形后，留在成品锻件上面不用冲透的凹孔。

5.2.15

**连皮　wad;web;slug**

带孔的模锻件在模锻时不能直接获得透孔，在该部位留有一层较薄的金属。

5.2.16

**飞边　flash**

经模锻后，在锻件周边形成的一圈多余金属。

5.2.16.1

**分模线　parting line;die parting line**

在切去飞边后，围绕锻件轮廓所出现的一条线。

5.2.16.2

**飞边厚度　flash thickness**

带飞边的模锻件，其飞边桥部的厚度。

5.2.17

**胎模锻　loose tooling forging**

在自由锻设备上使用可移动模具生产模锻件的一种锻造方法。

5.2.18

**试锻　trial forging**

对于新的锻模，要确认其形状、尺寸、表面粗糙度等是否合乎要求所进行的试锻造。

5.2.19

**单坯锻造　forging from one billet (slug,piece)**

用足够锻出一个锻件的一定长度的材料进行锻造。

5.2.20

**一锻多件　multiple forging**

在一副模具中同时成形两个以上锻件的锻造。

5.2.21

**机械加工余量　machining allowance**

成形时为了保证机械加工最终获得所需要的尺寸而允许保留的多余金属。

5.2.22

**加工精度　machining accuracy**

加工件的尺寸和形状的精度。

5.2.23

**材料利用率　stock utilization**

锻件重量 $G$ 与为制作锻件所投入的材料重量 $G_0$ 的百分比，即 $G/G_0 \times 100\%$。

5.2.24

**形状复杂系数　shape complexity factor**

表示锻件几何形状复杂程度的尺度。用 $S$ 来表示，是锻件重量 $G_f$ 与相应的锻件外廓包容体重量 $G_n$ 之比。

$$S = G_f / G_n \qquad \cdots\cdots (20)$$

5.2.25

**脱模　die releasing**

成形后坯料与锻模的分离过程。

5.2.26

**换模　die change**

更换模具的作业。

5.2.27

**锻件设计　design of forgings**

根据零件图来设定锻件形状、尺寸、组织性能等，并绘制锻件图的过程。

5.2.28

**锻造方案　forging design**

从原材料到制成锻件的必要的变形工序及形状的详细方案。

5.2.29

**锻造批量　forging lot quantity**

在生产管理和质量管理上需要锻件的数量。或者是用一副模具锻造的数量，或者一个班生产的锻件的数量，或者按照目的和目标来随时划分数量。

5.2.30

**偏心　eccentricity**

锻件形状的中心偏移。如筒形件横截面的内外圆心不重合。

## 6　冲压

6.1

**冲裁　blanking**

利用冲模将板料以封闭的轮廓与坯料分离的一种冲压方法。

6.1.1

**精密冲裁　fine blanking;precision blanking**

用压边圈使板料冲裁区处于三向压应力作用下，抑制剪裂纹的发生，实现塑性变形分离的冲裁方法。

6.1.2

**小间隙圆角刃口冲裁　small clearance-round edge blanking**

冲裁间隙很小，凸模（冲孔）或凹模（落料）刃口带有小圆角的冲裁方法（如图 14 所示）。

6.1.3

**负间隙冲裁　negative clearance blanking**

在凸模直径大于凹模直径的模具内进行冲裁的方法。

6.1.4

**对向凹模冲裁　blanking with opposed dies**

利用一个平端面凹模和一个带凸台的凹模使材料实现分离与整修的冲裁方法（如图 15 所示）。

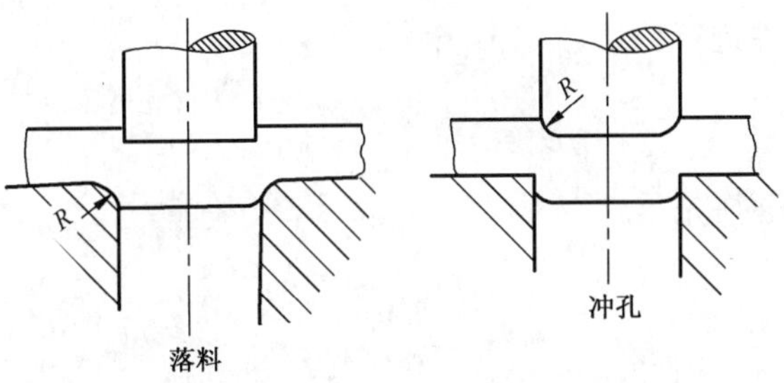


图 14　小间隙四角刃口冲裁

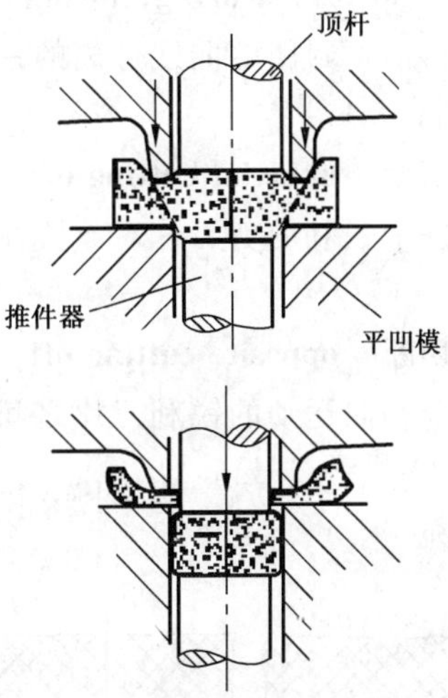


图 15　对向凹模冲裁

6.1.5

**橡皮冲裁　rubber-pad-blanking;rubber-die-blanking**

用橡皮作为通用的凸（或凹）模，而凹（或凸）模仍为刚性模的冲裁方法（如图 16 所示）。

6.1.6

**聚氨酯冲裁　polyurethane pad blanking**

用聚氨酯硅橡胶作为冲模的凸（或凹）模，而凹（或凸）模仍为刚性模的冲裁方法（如图 16 所示）。

6.1.7

**复合冲裁　compound blanking and piercing**

用落料和冲孔的复合模具在压力机上的一次行程中同时冲出工件的内外形状。

6.1.8

**无废料冲裁　scrap-free blanking**

在板料上对同样的坯料进行落料时，对坯料进行合理设计和排料，以避免产生废料的冲裁。

6.1.9

**冲裁力　blanking force**

冲裁时所需的凸模压力。

6.1.10

**落料　blanking**

利用冲裁取得一定外形的制件或坯料的冲压方法(如图17所示)。

6.1.11

**冲孔　punching;piercing**

将冲压坯内的材料以封闭的轮廓分离开来,得到带孔制件的一种冲压方法。

6.1.11.1

**预冲孔　prepiercing**

先在金属板料上冲出若干个孔,然后再对该冲孔部分进行其他加工而成工件的方法。

6.1.11.2

**最小冲孔直径　minimum diameter of piercing**

在凸模强度、刚度允许的情况下,对一定厚度的板料所能冲出的最小孔的直径。

6.1.12

**切断　cut-off;shearing;cutting off**

将材料沿不封闭的曲线分离的一种冲压方法。

6.1.12.1

**单向切断　uniaxial cutting off**

只用一个锐利的剪刀片对放置在固定台板上的工件进行剪切。

6.1.12.2

**对向切断　opposite cutting off**

在两个相向运动的锐利刀片之间进行剪切(如图18所示)。

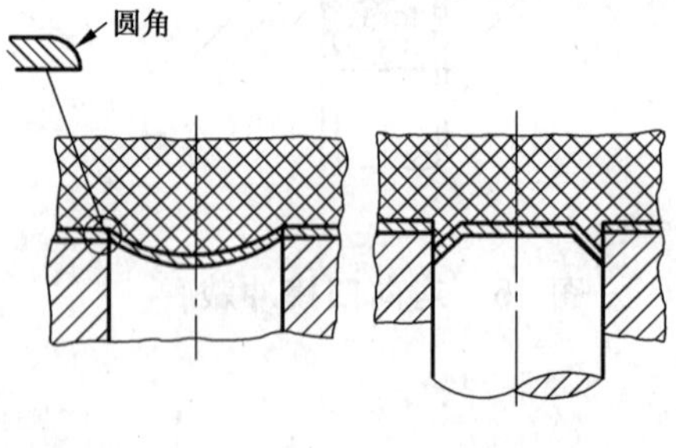


a)　不带顶杆　　b)　带顶杆

图16　橡皮冲裁

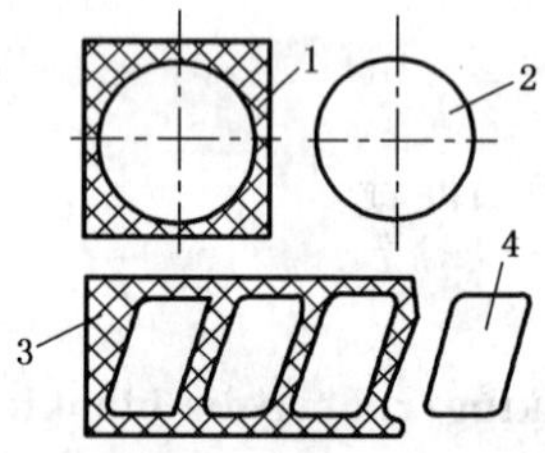


1、3——坯料;
2、4——制件。

图17　落料

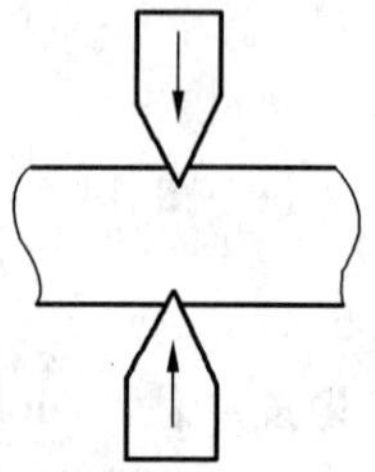

图18　对向切断

6.1.12.3

**二次剪断　secondary shearing**

当剪切间隙过小,第一切刃不能将材料切断时,在工具面上设置第二切刃使材料剪断的过程。

6.1.12.4

**切断力　cutting force;shearing force**

在压力机上进行切断(剪切)工序所需的力。

6.1.12.5

**切断功　cutting work;shearing work**

在进行切断(剪切)工序中所做的功,即切断力和切断距离的乘积。

6.1.13

**剪切　shearing**

以两个相互平行或交叉的刀片对金属材料进行切断。

6.1.13.1

**斜刃剪切　oblique cutting;oblique shearing**

剪切时切刃法线和剪刀运动方向之间的夹角大于0°。

6.1.13.2

**定长剪切　cut to length**

将棒料切断成一定的长度或一定重量的剪切。

6.1.13.3

**滚剪　rotary shearing**

用一对带有环带的切刃,进行曲线、圆形等的剪切。

6.1.13.4

**剪断面　shearing surface**

剪切加工,材料被分离的面。

6.1.13.5

**剪切抗力　shear resistance**

材料对切断和剪切工序的抗力。

6.1.13.6

**剪切速度　shearing speed**

在剪切加工中,冲头、模具、刃具等的驱动速度。

6.1.14

**切口　lancing**

将材料沿不封闭的曲线部分地分离开,其分离部分的材料发生弯曲,此种冲压方法称为切口。

6.1.15

**冲槽　notching**

从坯料或预成形件的内外轮廓上,沿着一条不封闭的切割线冲切下来一块或若干块小片金属,又称冲缺口。

6.1.16

**剖切　parting**

将冲压成形的各种制品分离成两部分或几部分的冲切方法(如图19所示)。

6.1.16.1

**有废料剖切　cropping**

将一个预成形件分离为两件以上的零件,同时产生废料(如图20所示)。

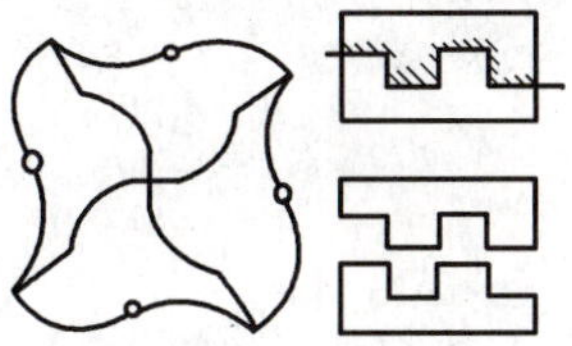

图19　剖切

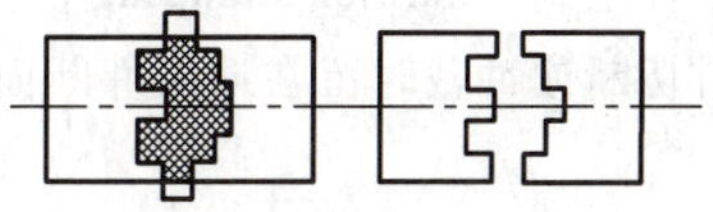

图20　有废料剖切

6.1.17

**整修　shaving;trimming**

利用整修模沿冲裁件的外缘或内孔刮去一层薄薄的切屑,以提高冲裁件的加工精度和剪断面光洁度的冲压方法。

6.1.17.1

**修边　shaving;trimming**

利用模具从冲压件的内外轮廓上修切下小量材料,以获得规整的棱边、光洁的剪切面和较高的尺寸精度之工序。

6.1.17.2

**振动修边　shaving with reciprocating punch**

凸模的冲切运动和往复振动相结合的一种修边方法。

6.1.17.3

**修边余量　trimming allowance;shaving allowance**

对拉深等冲压工序,在进行毛坯计算时要加上一定的余量,成形后切边时修去这部分,以得到尺寸准确制作的余量。

6.1.18

**步冲　nibbling**

借助于快速往复运动的凸模沿着预定的路线在板料上进行逐步冲切。

6.1.19

**搭边　scrap;web;scrap bridge**

冲裁排样时零件与零件之间、零件与条料边缘之间的板料。

6.1.20

**排样　layout**

冲裁件在板料或带料上的布置方法。

6.1.20.1

**单行两次冲裁排样　single-row double-run layout**

冲裁排样的方法之一。板料冲裁的排样如图21所示。先单行排料间距冲裁,然后反转继续冲裁。

6.1.20.2

**两行式排样　double-row layout**

带板冲裁排样,按两行排列。

6.1.21

**套裁　nest cutting**

将板条分离为若干个小坯料并使各小坯料外廓之间没有空隙(如图22所示)。

6.1.22

**冲裁间隙　blanking clearance;die clearance**

凹模与凸模工作部分水平投影尺寸之差。

6.1.23

**冲压件毛刺　burr of stamping**

板料切断或冲裁时留在冲压件断面上的毛刺。

6.1.24

**冲压方向　pressing direction;stamping direction**

冲压力的方向。

6.2

**弯曲　bending**

将板料、型材或管材在弯矩作用下弯成具有一定曲率和角度的制件的成形方法。

6.2.1

**校正弯曲　bending with sizing**

在弯曲工序末期,凹模与凸模使毛坯的直边与圆角部分产生一定压缩变形的弯曲方法。

6.2.2

**弹塑性弯曲　elasto-plastic bending**

在毛坯变形区同时存在塑性变形和弹性变形的弯曲。

6.2.3

**纯塑性弯曲　pure plastic bending**

弯曲毛坯变形区整个断面都已进入屈服状态的弯曲。

6.2.3.1

**线性纯塑性弯曲　linear pure plastic bending**

对纯塑性弯曲作应力分析时,忽略板厚和板宽方向的应力,只考虑沿长度方向的应力。

6.2.3.2

**立体纯塑性弯曲　three-dimensional pure plastic bending**

对纯塑性弯曲作应力分析时考虑沿板厚、板宽和长度等三个应力的作用。

6.2.4

**折边　folding**

在折边机上进行弯曲的工序。制件的角度取决于凸模的压下深度。

6.2.5

**拉弯　stretch bending;tensile bending**

坯料在受拉状态下沿模具弯曲成形的方法。

6.2.6

**辊弯　roll bending**

板料受辊轴旋转时摩擦力的作用,连续进入辊轴之间而产生塑性弯曲的方法(如图 23 所示)。

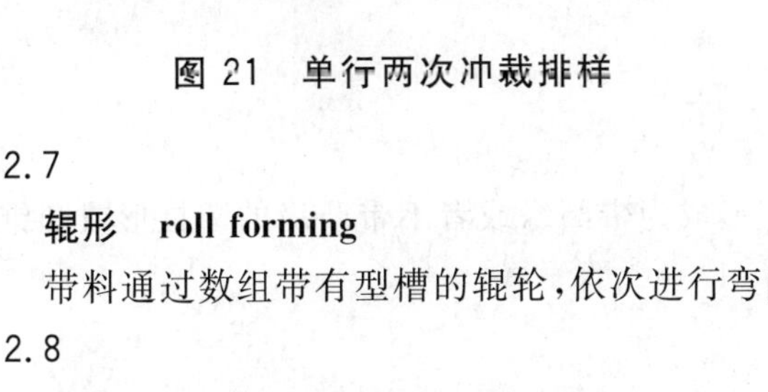


图 21　单行两次冲裁排样

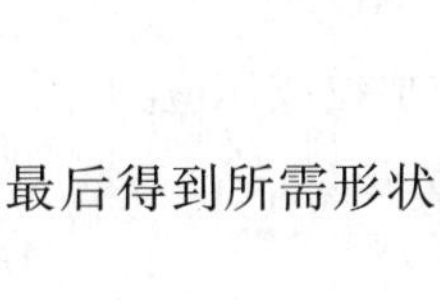

图 22　套裁

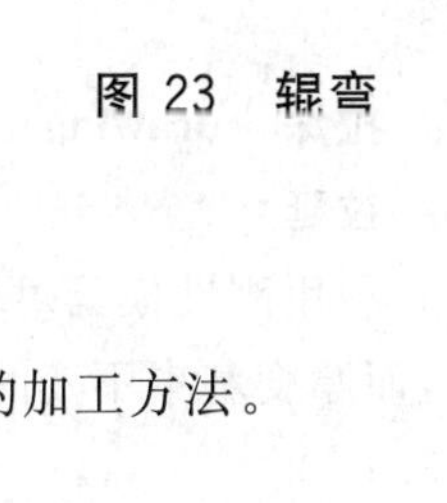

图 23　辊弯

6.2.7

**辊形　roll forming**

带料通过数组带有型槽的辊轮,依次进行弯曲成形,最后得到所需形状制品的加工方法。

6.2.8

**卷圆　edge rolling;edge coiling;curling**

把板料端部弯曲成接近封闭圆筒的成形方法。

6.2.9

**直线弯曲　straight bending**

用 V 形或 U 形的凸模和凹模将板坯沿直线进行的弯曲工序。

6.2.10

**直角弯曲　right-angle bending**

用V形的凹模和凸模弯曲板坯，使其角度为90°的弯曲工序。

6.2.11

**矫直　straightening**

使挠曲的板料、型材和管料变为平直状态的塑性加工方法。常用的矫直方法有辊式矫直和拉伸矫直等。

6.2.12

**弯曲力　bending force**

进行弯曲加工所需的压力。

6.2.13

**回弹　spring back**

塑性弯曲时，材料产生的变形由塑性变形和弹性变形两部分组成。外载荷去除后，塑性变形保留下来，弹性变形消失，使形状和尺寸发生与加载时变形方向相反的变化，从而消去一部分弯曲变形效果的现象。

6.2.14

**弯曲性能　bendability**

弯曲成形时，金属薄板抵抗变形区外层拉应力引起破裂的能力。

6.2.15

**相对弯曲半径　relative bending radius**

弯曲件内表面圆角半径与材料厚度的比值。

6.2.15.1

**最小弯曲半径　minimum bending radius**

弯曲时最外层纤维濒于拉裂时内表面的弯曲半径。生产中常用它的相对值来表示弯曲时的成形极限。

6.2.16

**弯曲件展开长度　blank length of bends**

弯曲件直线部分的长度与弯曲部分中性层长度之和。

6.2.17

**中性层　neutral axis; neutral line; neutral layer**

弯曲变形区内切向应力或切向应变为零的金属层，相应地称为应力中性层或应变中性层之统称。

6.3

**拉深　drawing**

**拉延**

利用刚性模具对坯料施加拉或压应力，使平板毛坯形成为带凸缘或者不带凸缘的圆柱形或圆锥形件，而厚度基本不变的加工方法。

6.3.1

**反拉深　reverse drawing**

凸模从拉深件的底部反向加压，使毛坯内表面翻转为外表面，从而形成更深的零件的拉深方法。

6.3.2

**变薄拉深　ironing**

把空心坯用间隙小于壁厚的模具加工成侧壁厚度小于底部厚度的薄壁制品的加工方法。

6.3.3

**局部加热拉深　locally-heated drawing**

拉深过程中把变形区的毛坯加热到一定温度，降低其变形抗力，同时传力区通水冷却，保持传力区的强度从而提高极限变形程度的拉深方法（如图 24 所示）。

6.3.4

**局部冷却拉深　locally-cooled drawing**

拉深过程中，材料与处于低温的凸模接触部分被冷却，使其强度提高而大大提高承载能力，从而提高极限变形程度的拉深方法（如图 25 所示）。

6.3.5

**液压拉深　hydro-drawing; hydraulic drawing**

利用流体作为拉深凸模（或凹模）进行拉深成形的方法（如图 26 所示）。

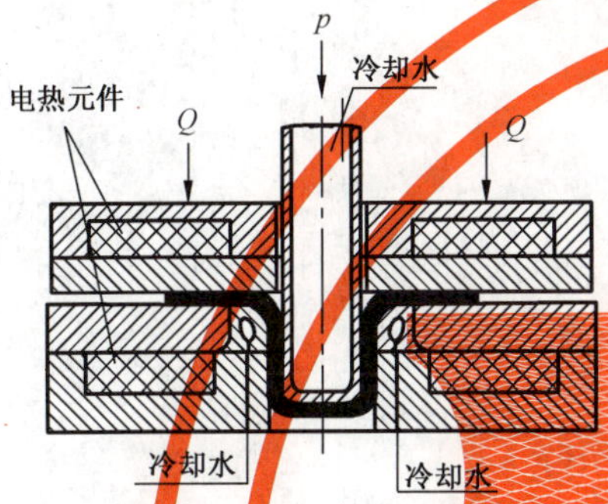


图 24　局部加热拉深

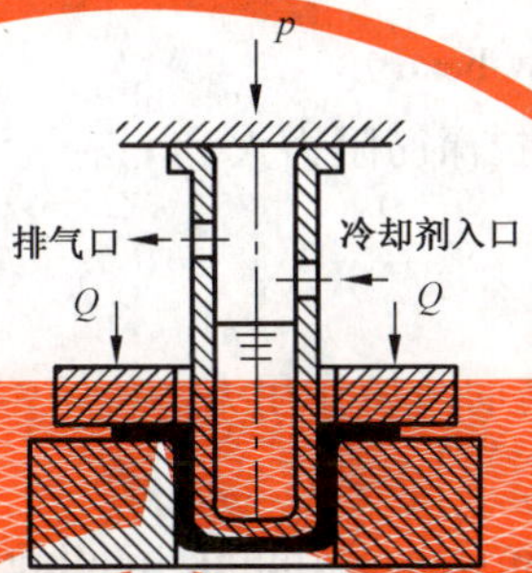


图 25　局部冷却拉深

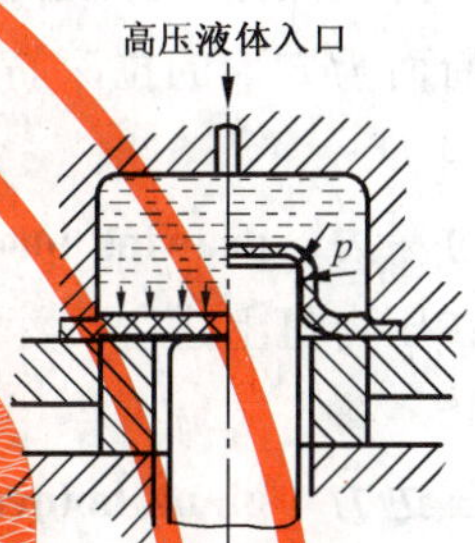


图 26　液压拉深

6.3.6

**橡皮拉深　rubber pad drawing**

利用橡皮作拉深凸模（或凹模）进行拉深成形的方法。

6.3.7

**圆筒拉深　cup drawing**

用平板坯料通过拉深成形，制成带底的圆筒状容器的方法。

6.3.7.1

**圆筒拉深试验　cup drawing test**

在规定的拉深模中，用一系列不同直径的板坯进行圆筒拉深，找出破裂时板坯的直径，并计算极限拉深比（LDR）值，来评价材料拉深性能的试验方法。

6.3.8

**圆锥形拉深　conical cup drawing**

拉深成圆锥形容器的拉深方法。

6.3.9

**方筒拉深　rectangular shell drawing**

用平板坯料制成方形或长方形直壁空心容器的拉深成形方法。

6.3.10

**底孔拉深法　bottom hole drawing**

用带孔的板坯进行拉深制成底部有孔的拉深零件的方法。

6.3.11

**浅拉深　shallow recessing; shallow drawing**

较浅的拉深成形方法。

6.3.12

**深拉深　deep drawing**

通常用压边圈将板料四周压紧,凸模将板料压入凹模,制成较深的空心零件的拉深方法。

6.3.13

**拉深筋　draw bead;break bead**

为了增加进料阻力,调节金属沿变形区周边的径向流动,扩大压边力调节范围等而在压边圈的压料面上装置突出的筋条,在凹模面上开有相应的凹槽,该筋条称为拉深筋。

6.3.13.1

**圆形拉深筋　round draw bead**

断面形状为半圆形和圆弧状的拉深筋。

6.3.13.2

**方形拉深筋　rectangular draw bead**

断面为方形的拉深筋,比圆形拉深筋阻力大。

6.3.14

**拉深力　drawing load**

在压力机上进行拉深工序所需的凸模作用力。

6.3.15

**压边力　blank holder force (pressure);blank holding force**

拉深时为了防止变形区起皱,压边圈作用于法兰部分的压力。

6.3.15.1

**最小压边力　minimum blank holder force (pressure)**

拉深时防止凸缘起皱所需的最小的压边力。

6.3.16

**拉深垫压紧力　blank holder force (pressure) of cushion;blank holding force of cushion**

为防止拉深过程中工件起皱,利用拉深垫将工件边缘压紧的力。

6.3.17

**拉深垫顶出压力　knocking-out force of cushion;knockout capacity of cushion**

拉深垫最大顶件压力。

6.3.18

**拉深间隙　drawing clearance;drawing gap**

拉深模具中凸模和凹模之间的单边径向间隙。

6.3.19

**拉深深度　depth of drawing**

在拉深工序中凸模进入凹模的深度。

6.3.20

**拉深性能　drawability**

板材的可拉深成形能力。在规定条件下,用一道拉深工序中原始坯料直径和所能获得的最深杯体的直径之比来表示。

6.3.21

**拉深系数　drawing coefficient**

拉深变形后制件的直径与其毛坯直径之比,保证危险断面不被拉裂的拉深系数的最小值又称为极限拉深系数。

6.3.22

**拉深比　drawing ratio**

拉深系数的倒数。

6.3.23

**拉深次数　number of drawing**

受极限拉深系数的限制，所需要的拉深不能一次完成而需要分几次逐步成形的道次数。

6.3.24

**拉深相对转角半径　relative radius**

***r/B***

拉深盒形件时，转角半径 $r$ 与其宽度 $B$ 的比值(如图 27 所示)。

6.3.25

**拉深相对高度　relative height**

***H/B***

盒形件拉深高度 $H$ 与宽度 $B$ 的比值(如图 27 所示)。

6.3.26

**相对厚度　relative thickness**

***t/D***

坯料厚度 $t$ 与其直径 $D$ 的比值。

6.3.27

**起皱　wrinkling;wrinkles**

拉深变形区的毛坯相对厚度较小时，在切向应力作用下，引起毛坯失稳而形成折皱的现象。

6.3.27.1

**内皱　internal wrinkle (s)**

曲面零件拉深时，不在有效压边区，例如坯料悬空部分，所形成的折皱以及模具圆角处形成的折皱。

6.3.27.2

**外皱　external wrinkle (s)**

拉深成形时，在法兰变形区(即有效压边区)形成的折皱。

6.3.27.3

**口边皱纹　edge wrinkle**

拉深终了，在拉深件的筒口周边产生的折皱。

6.3.28

**凸耳　ear;earing**

在板平面内具有各向异性的坯料，拉深成形的制件边沿凹凸不平，突出部分称之为凸耳。

6.3.29

**危险断面　critical section**

拉深变形时，在凸模圆角附近材料变薄最严重的地方。

6.3.30

**底拉破　bottom break**

拉深比过大，拉深加工时，底部破裂。

## 6.4　其他成形方法

6.4.1

**缩口　necking**

将管件或空心制件的端部加压，使其径向尺寸缩小的加工方法。

6.4.1.1

**缩口系数　necking coefficient**

表示管口缩径的变形程度，其值为管口缩径后与缩径前直径之比。

6.4.2

**压印　coining**

模具端面挤入板坯，使板坯的局部或全部表面受到压挤，改变厚度而充满模腔，形成花纹、沟槽或字符的成形方怯。

6.4.3

**起伏　raising；embossing**

在板坯或制品表面上通过局部变薄获得各种形状的凸起与凹陷的成形方法(如图 28 所示)。

6.4.4

**扭曲　twisting**

将冲压制件在扭矩的作用下，扭转成一定角度零件的成形方法。

6.4.5

**翻边　flanging**

在毛坯的平面部分或曲面部分的边缘，沿一定曲线翻起竖立直边的成形方法(如图 29 所示)。

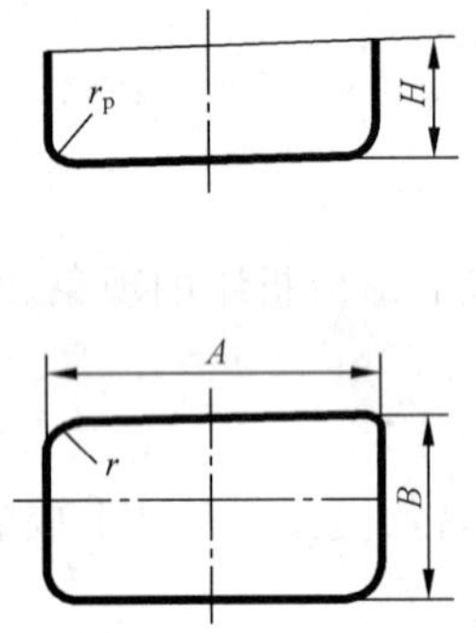


图 27　拉深相对转角半径与高度

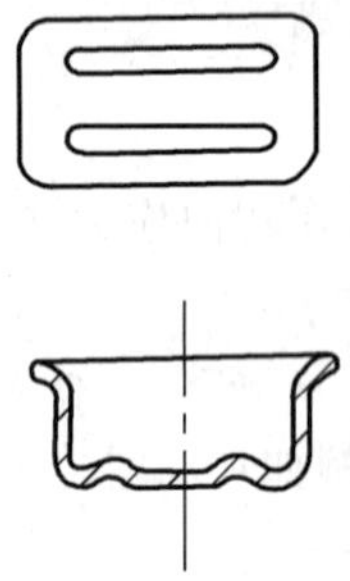

图 28　起伏

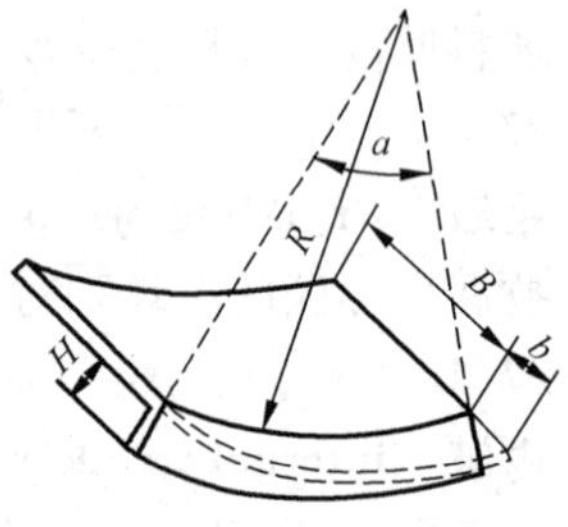


图 29　翻边

6.4.5.1

**翻边系数　flanging coefficient**

表示翻边变形程度的参数。伸长类平面翻边系数用 $k=\alpha/180°$ 表示[如图 30a)所示]，其中 $k$ 为圆孔翻边系数。压缩类平面翻边系数实质为拉深系数，用 $k=r/R$ 表示[如图 30b)所示]。

6.4.5.2

**平面翻边　plane flanging**

在平面坯料或坯料的平面部分进行翻边的成形方法。

6.4.5.3

**翻孔　hole flanging；plunging**

在预先制好孔的半成品上或未经制孔的板料上冲制出竖直边缘的成形方法，是平面翻边的一种。

6.4.5.4

**翻孔系数　hole flanging coefficient**

孔翻边时的变形程度，其值为翻孔前后孔径之比。

6.4.5.5

**变薄翻边　thinning flanging**

翻边时，在模具的作用下使翻边的竖边变薄的翻边方法(如图 31 所示)。

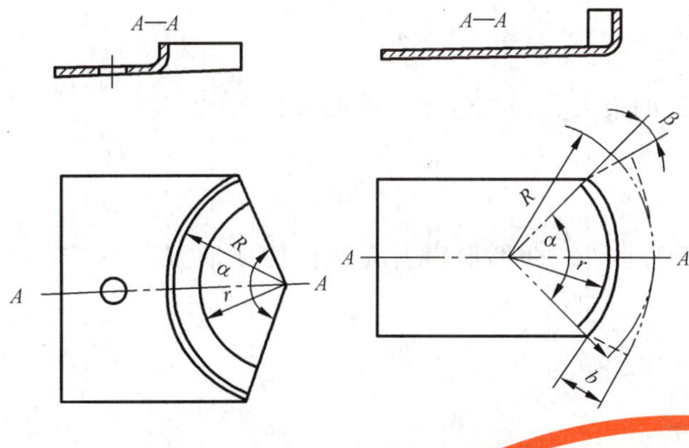


a)　　　　b)

图 30　翻边系数

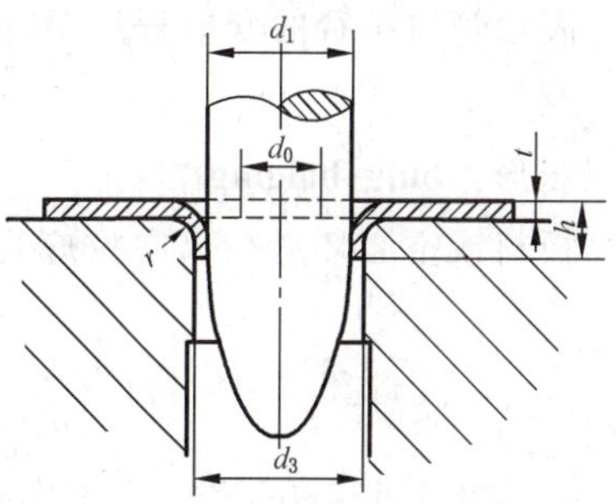


图 31　变薄翻边

6.4.5.6

**曲面翻边　curved flanging**

在曲面坯料或坯料的曲面部分进行翻边的成形方法。

6.4.5.7

**伸长类曲面翻边　elongation type of curved flanging**

坯料或零件的曲面部分，沿其边缘向曲面的曲率中心相反的方向翻起与曲面垂直竖边的成形方法（如图 32 所示）。

6.4.5.8

**压缩类曲面翻边　compression type of curved flanging**

坯料或零件的曲面部分，沿其边缘向曲面的曲率中心方向翻起竖边的成形方法（如图 33 所示）。

6.4.5.9

**外凸缘　flanged edge**

工件在弯曲或拉深后所产生的上沿外缘的翻边，它在多数情况下和工件主体之间成一直角（如图 34 所示）。

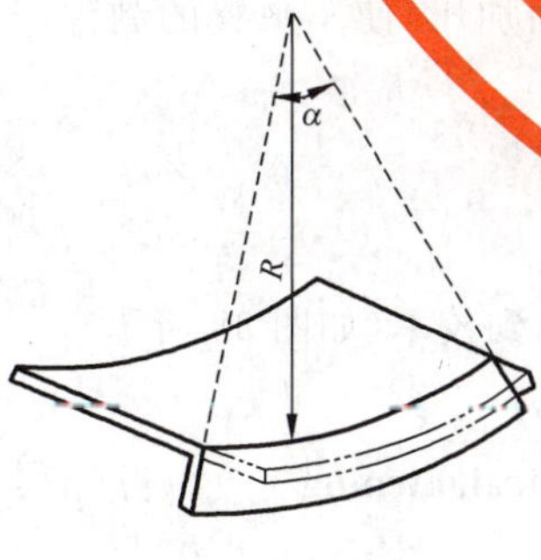


图 32　伸长类曲面翻边

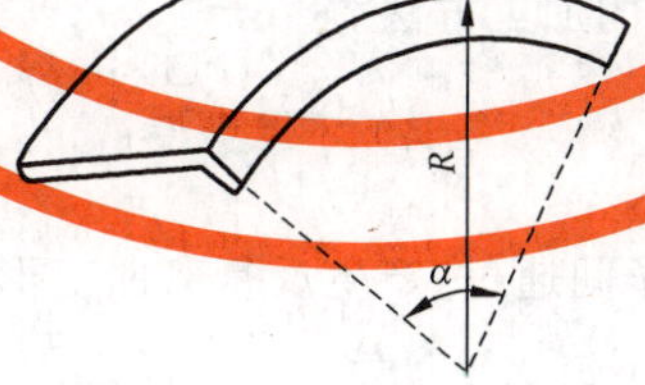


图 33　压缩类曲面翻边

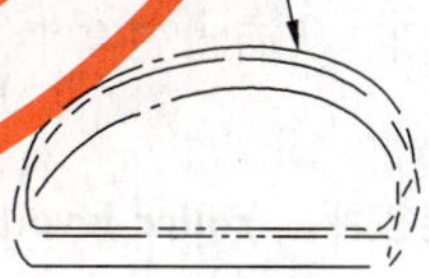

图 34　外凸缘

6.4.5.10

**内凸缘　plunged boss**

围绕着孔（预冲或未经预冲）的周围一种突起的唇状物（如图 35 所示）。

6.4.6

**扩口　expanding; flaring**

使空心坯料或管状坯料的端部径向尺寸扩大的成形方法（如图 36 所示）。

6.4.6.1

**扩口系数　expanding coefficient**

表示管口扩径的变形程度,其值为管子扩口后的最大直径与管子的原始直径之比。

6.4.7

**胀形　bulg;bulging**

板料或空心坯料在双向拉应力作用下,使其产生塑性变形取得所需制件的成形方法(如图37所示)。

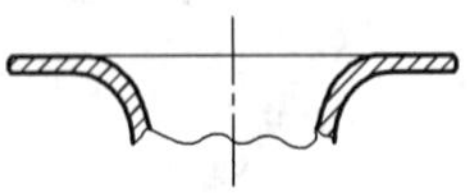

图35　内凸缘

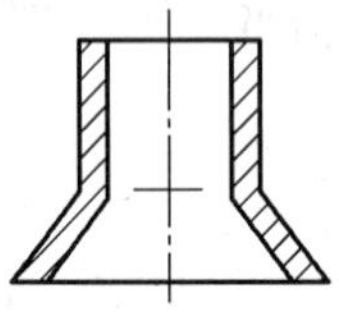

图36　扩口

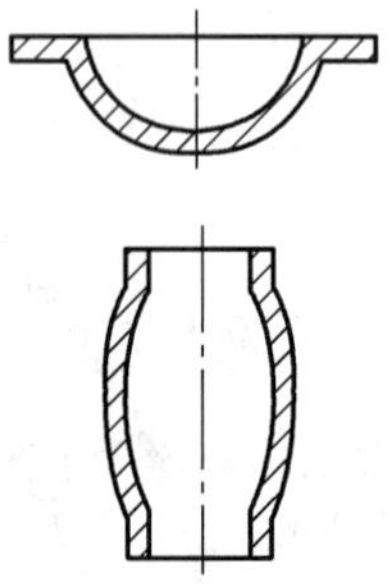

图37　胀形

6.4.7.1

**胀形系数　bulge(bulging)coefficient**

表示胀形时板料的变形程度,其值为最大变形处胀形前后尺寸之比。

6.4.8

**整形　sizing**

将已成形的制件校正成准确的形状和尺寸的方法。

6.4.9

**校平　flattening;levelling**

将不平的坯料或制件放在两块平滑的或带有齿形刻纹的平模板之间加压,使不平整的制件产生反向弯曲变形,从而得到高平直度零件的加工方法。

6.4.9.1

**多辊校平　roller levelling**

使板料从若干个交错布置的辊子间通过,产生反复弯曲变形,从而得到校平(如图38所示)。

6.4.9.2

**拉力校平　patent flattening;stretcher (stretch) levelling;stretcher straightening**

用拉伸的办法使板料变为平直的方法。

6.4.9.3

**轧制校平　temper rolling;roll levelling;skin passing;pinch passing**

以冷轧的办法使板料微量延伸,表面层局部硬化,以防止在进一步加工中出现滑移痕迹。

6.4.10

**拉形　stretch forming**

以钳口夹持板料边缘,通过凸模与钳口相对运动,使板料受拉沿凸模贴模成形的方法(如图39所示)。

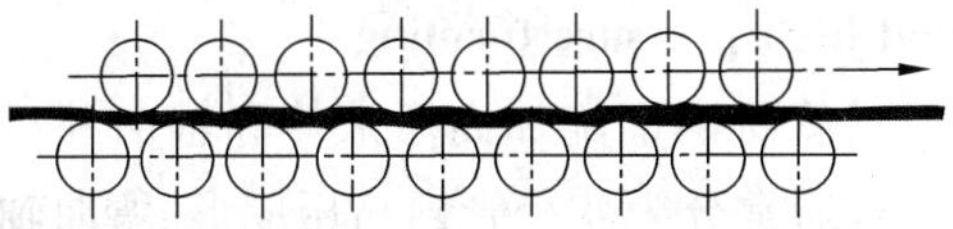

图 38　多辊校平

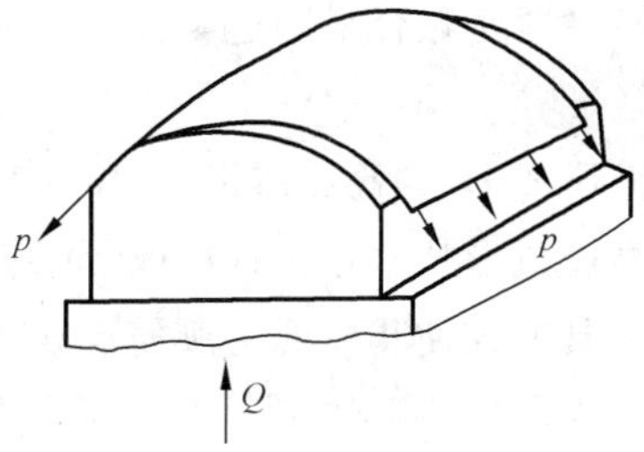


图 39　拉形

6.4.11

**拉张-拉深成形　stretch-draw forming**

在压机两侧设置拉张装置,使板料拉伸到屈服点以上,并在这状态下进行拉深成形的方法。

6.4.12

**爆炸成形　explosive forming**

利用炸药爆炸时所产生的高能冲击波,通过不同介质使坯料产生塑性变形的方法。

6.4.13

**电液成形　electro-hydraulic forming**

利用在液体介质中高压放电时所产生的高能冲击波,使坯料产生塑性变形的方法。

6.4.14

**电磁成形　electro-magnetic forming**

利用电流通过线圈所产生的磁场,其磁力作用于坯料使工件产生塑性变形的方法。

6.4.15

**软模成形　flexible die forming**

用液体、橡胶或气体的压力代替刚性凸模或凹模使板料成形的方法。

6.4.16

**板材液压成形　sheet hydraulic forming**

用液体(水或油)作为传压介质,而使板材按模具形状产生塑性成形的方法。

6.4.17

**气压成形　pneumatic forming**

利用某些材料在特定条件下的高塑性和低流动应力(变形抗力)的特性,可以用低压气体作为传力介质使板材按模具形状成形的工艺方法。

6.4.18

**橡皮成形　rubber pad forming**

利用橡皮作为通用凸模(或凹模)进行板料件成形的方法,为软模成形方法之一。

6.4.19

**液压-橡皮囊成形　hydraulic-rubber-diaphragm forming**

液体压力通过橡皮囊作用于毛坯,使之成形的工序。

6.4.20

**冷冻成形　cryo-forming;cryogenic forming;Ardeform process**

不锈钢板在液氮气氛中进行膨胀扩径加工制造高强压力容器等的成形方法。

6.4.21

**真空成形　vacuum forming**

利用某些板料的高塑性和低的流动应力的特性,将板料与模具之间抽真空,利用大气压力使板料变形并与模膛紧密贴合来制造零件或其毛坯的方法。

6.4.22

**管液压成形(内高压成形)　tube hydroforming (internal high pressure forming)**

内高压成形技术是一种冷成形工艺,是以管材为坯料通过管材内部施加高压液体和轴向补料把管材压入模具型腔使其成形为所需形状的工件。按零件的种类,通常分为变径管内高压成形、弯曲轴线异型截面管内高压成形和多通管内高压成形。

6.4.23

**弹性模成形　springform forming**

以天然橡胶或聚氨酯橡胶为弹性体,作为柔性凹模或凸模,对金属板料施加压力,使其按刚性模(凹模或凸模)成形的工艺方法。

6.4.24

**多点成形　multi-point forming**

用规则排列的基本体(或冲头)点阵代替整体模具,通过改变基本体高度方向的位置坐标,由基本体球头的包络面构成所需的成形曲面,进行板料的快速成形。

6.4.25

**滚印　roll embossing**

使平面状坯料从两个辊子之间通过,从而在坯料表面上滚压出花纹等凹凸形状。

6.4.26

**加强筋　reinforcing bead**

为了提高刚性,在板料或板料工件上压制或滚轧出的向外凸起或向内的凹槽,其长度是宽度的若干倍(如图 40 所示)。

6.5

**金属薄板成形性能　sheet metal formability**

金属薄板对于冲压成形的适应能力。

6.5.1

**抗破裂性　fracture resistance**

金属薄板在冲压成形过程中抵抗破裂的能力,或称狭义成形性能(classic formability)。

6.5.2

**综合成形性能　overall formability**

综合考虑金属薄板在冲压成形过程中抗破裂性、贴模性和定形性时的成形性能称为综合成形性能,或称广义成形性能(universal formability)。

6.5.3

**复合成形性能　complex formability**

金属薄板在两种或两种以上基本冲压成形方式作用下抵抗破裂的能力,如金属薄板在"拉深+胀形"复合成形方式下抵抗破裂的能力。

6.5.4

**模拟成形性能指标　simulated index of formability**

利用模拟试验方法测定的成形性能量值。

6.5.5

**贴模性　fittability**

冲压成形时,金属薄板在加载过程中获得模具形状和尺寸并不产生板面几何缺陷的能力。

6.5.6

**定形性　fixability**

制件脱模后抵抗回弹,保持其既得形状和尺寸的能力。

6.5.7

**扩孔性能　hole expansibility;hole flangability**

扩孔过程中,金属薄板抵抗因孔缘局部伸长变形过大而在垂直于孔缘方向上引起局部开裂的能力。

6.5.8

**胀形性能　expansibility**

胀形成形时,金属薄板在双向拉应力作用下抵抗其厚度减薄而引起局部缩颈或破裂的能力。

6.5.9

**液压胀形试验　hydraulic bulge test;hydraulic bulging test;hydrobulge test**

一种鉴定板材胀形性能的试验方法。用液体压力对板料试样进行胀形,以胀出的最大深度表示板料伸展成形性能的好坏。以此消除了爱利森杯突试验时所产生的摩擦的影响(如图 41 所示)。

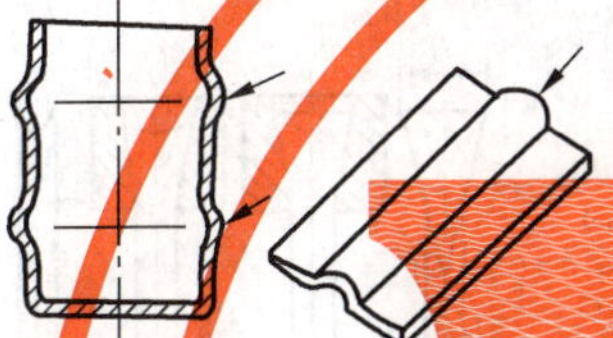

图 40　加强筋

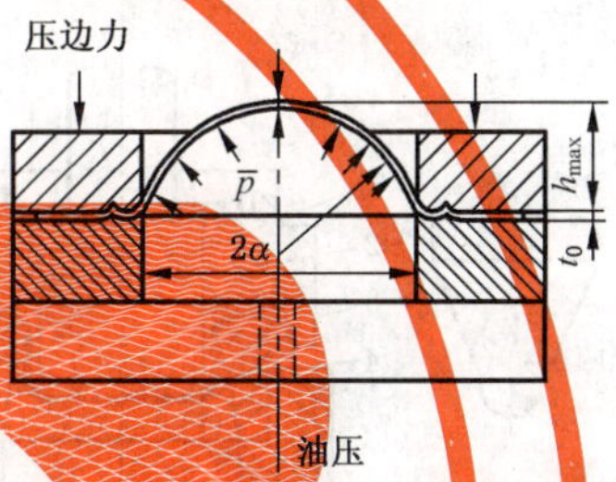


图 41　液压胀形试验

6.5.10

**爱利克森试验　Erichsen(cupping)test**

一种常用的鉴定板材成形的试验方法。用规定的钢球或球状冲头将板料试样压入凹模,直到产生裂纹为止,此时压入的深度值(mm),称为杯突值 $I_E$。板料的 $I_E$ 越大,其伸展成形性能越好(如图 42 所示)。

6.5.11

**福井试验　Fukui test;conical cup test**

一种常用的鉴定板材成形性的试验方法。用规定尺寸的球形冲头把一定尺寸的圆板压入 60°角的锥形凹模孔内,不用压边装置将圆板进行拉深,直到产生裂纹为止,测量产生破裂时锥形杯的外径 $D$,称为锥杯值 CCV。CCV 愈小表示板料性能越好,这种试验方法也称锥形杯突试验(如图 43 所示)。

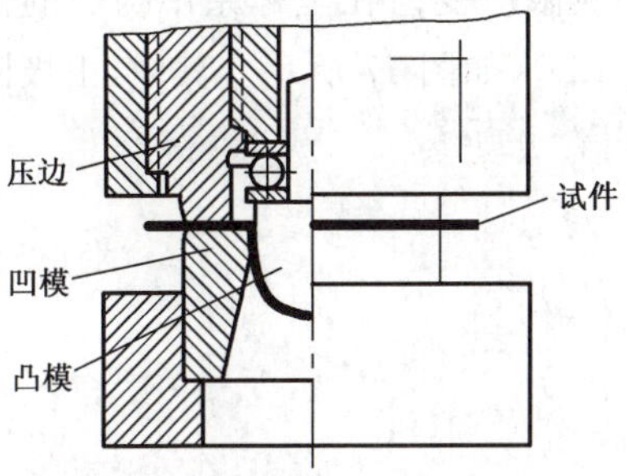


图 42　爱利克森试验

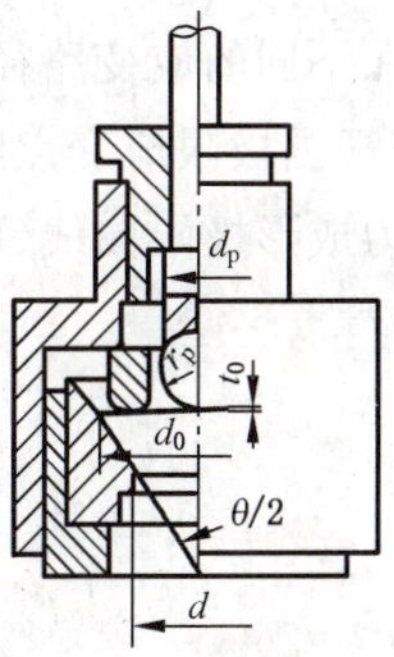


图 43　福井试验

6.5.12

**Swift 试验 Swift cupping test**

用一系列不同直径的圆形毛坯在模具中(如图 44 所示)逐个进行拉深试验,取在侧壁不破坏的条件下所能拉深成功的最大毛坯直径与凸模直径之比作为表示材料拉深性能的指标,称最大拉深程度,用 LDR=$D_{max}/d_p$ 表示。LDR 越大,板材拉深性能越好。该试验方法简单易行,但试验数量大,所得结果容易受试验条件的影响而产生波动。

6.5.13

**拉楔试验 wedge-drawing test**

模拟拉深过程鉴定板料拉深性能的试验方法。将一端为楔形(楔边夹角为 50°)的试件拉过与之相适应的模口(如图 45 所示),使之两侧压缩而成为等宽的矩形板条。设楔形最大宽度为 $B$,等宽矩形的宽度为 $b$,则 $b/B$ 愈小,拉深性能愈好。

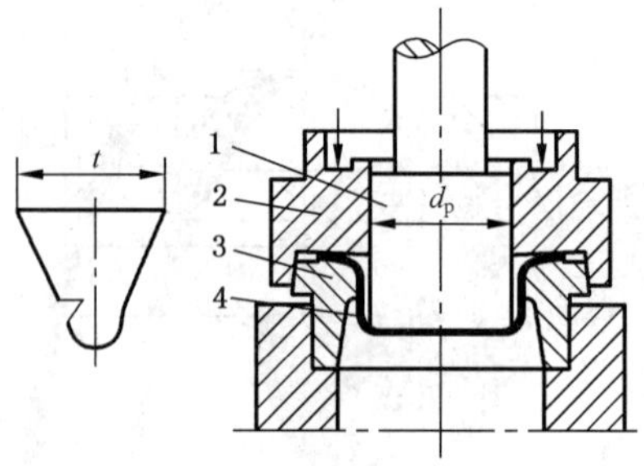


1——冲头;
2——压边圈;
3——凹模;
4——试样。

图 44 Swift 试验

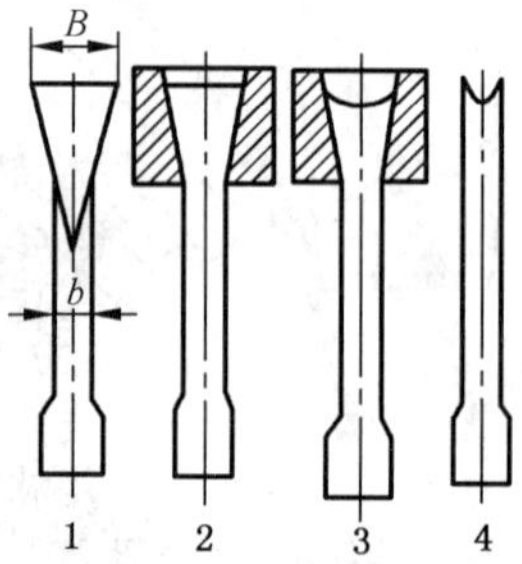


图 45 拉楔试验

6.5.14

**施米德试验 Schmidt test;Schmidt-Engelhardt test**

拉深同一杯形,测得最大拉深力 $P_{max}$,然后加大压边力使危险断面(如图 46 所示)拉断,测得拉断力 $P_P$,利用($P_P-P_{max}$)/$P_{max}$ 判定板料拉深成形性的试验方法。也称 Schmidt-Engelhurdts 法。

6.5.15

**成形极限图与成形极限曲线 forming limit diagram and forming limit curve,FLD and FLC**

金属薄板在不同的应变路径下取得不同的极限应变,这些极限应变值在坐标系中构成的极限应变分布区域,以及根据极限应变点绘成的曲线称为成形极限图(FLD),如图 47 所示。其中,由极限应变点绘成的曲线称为成形极限曲线(FLC)。

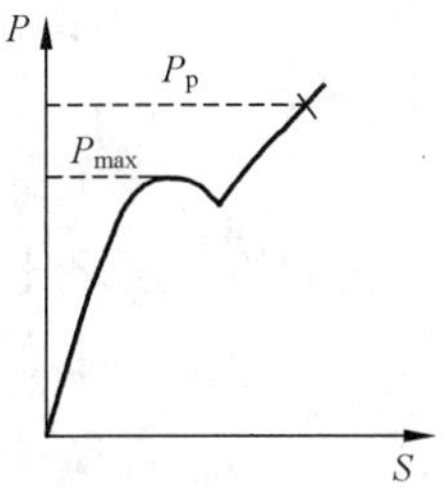


图 46 施米德试验

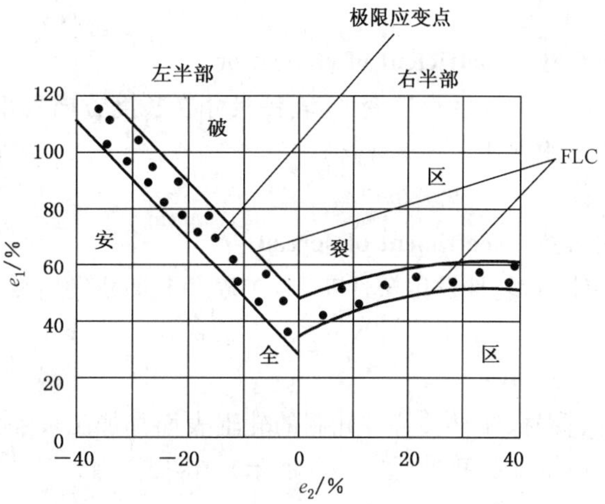


图 47 成形极限图与成形极限曲线

## 7 轧制

7.1

**纵轧 longitudinal rolling**

轧辊轴线相平行，旋转方向相反，轧件作直线运动的轧制。

7.1.1

**周期纵轧 periodic rolling**

纵轧时轧件在轧辊特殊孔型的作用下，其截面形状和尺寸沿全长呈周期性规律变化的轧制方法。

7.1.2

**咬入角 angle of bite entering angle**

轧制开始时，轧件与轧辊表面接触点至轧辊中心连线与上下轧辊轴心连线之间的夹角，亦称轧入角（如图 48 所示中 $\alpha$ 角）。

7.1.3

**中性角 neutral angle**

在纵向轧制中，接触弧上存在前滑区和后滑区，必然存在一个无相对滑动的分界点，该点到轧辊中心的连线与两轧辊中心连线的夹角（如图 48 中 $\alpha'$ 角）。

7.1.4

**前滑 forward slip**

轧件出口速度 $v_1$ 大于轧辊圆周速度 $v_r$ 的现象。通常用前滑系数 $S$ 来定量描述。即

$$S=(v_1-v_r)/v_r \quad \cdots\cdots (21)$$

7.1.5

**后滑 backward slip**

轧件入口速度小于入口断面上的轧辊圆周速度的水平分量的现象。

7.1.6

**展宽 spreading**

轧制时变形区出口的轧件宽度大于入口宽度的现象。

7.1.7

**压下系数 coefficient of draught**

轧制时轧件发生塑性变形，轧件尺寸在高度方向发生变化。轧后的高度与轧前的高度之比。

7.1.8

**延伸系数　coefficient of elongation**

轧制时轧件发生塑性变形,轧件尺寸在长度方向发生变化。轧后的长度与轧前的长度比或轧件轧制前后截面积之比。

7.1.9

**展宽系数　coefficient of spread**

在纵轧中,轧件发生塑性变形,在宽度上尺寸发生变化。轧后的宽度与轧前的宽度之比。

7.1.10

**孔型　groove**

型材、管材、线材及特种轧制的轧辊表面都加工成一定形状的切口,叫做轧槽。由轧辊、轧槽和辊隙组成的几何图形为孔型(如图 49 所示)。

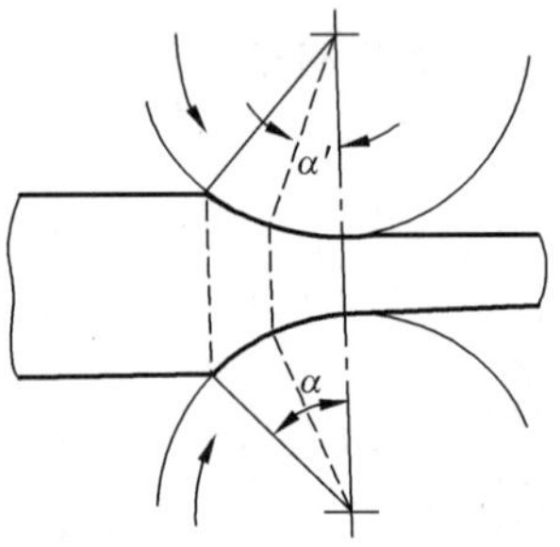


图 48　咬入角和中性角

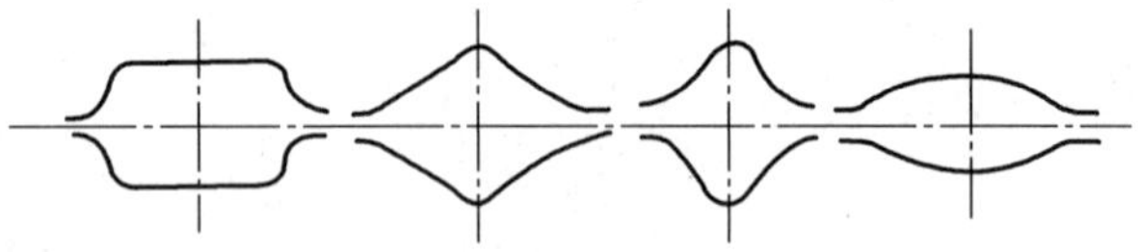

图 49　孔型

7.1.10.1

**孔型系统　groove system**

由钢坯轧成型材,要经过一系列断面几何形状不同的塑性变形方能成材。每个断面形状要通过相应的孔型来实现,这一系列孔型的组合为孔型系统。

7.1.11

**道次　pass**

在一副模具或辊子中间进行的一次操作。

7.1.12

**轧制方向　rolling direction**

坯料通过轧辊不断旋转的轧制,由轧辊旋转形成的方向。

7.1.13

**上压　overdraught**

在纵轧中,上轧辊的圆周速度大于下轧辊的圆周速度,因而发生轧件出轧辊后往下弯曲的现象。

7.1.14

**下压　underdraught**

在纵轧中,下轧辊的圆周速度大于上轧辊的圆周速度,因而发生轧件出轧辊后往上弯曲的现象。

7.1.15

**轧制力　rolling force(load)**

轧制时,轧辊与轧件之间,动态垂直方向的力。

7.1.16

**轧制力矩　rolling torque**

在轧制过程中,使轧辊回转所需要的力矩。

7.1.17

**径向变形量　radial deformation**

轧前坯料半径与轧后轴径半径之差(即轧入深度)。通常用 $\Delta r$ 表示。

7.2

**辊锻　roll forging**

用一对相向旋转的扇形模具使坯料产生塑性变形。坯料被扇形辊锻模咬入后,高度方向受到压缩,少部分金属宽展,大部分金属沿长度方向流动,成形出变截面锻件。从而获得所需锻件或锻坯的锻造工艺(如图 50 所示)。

7.2.1

**制坯辊锻　preforming roll forging;roll forging of blank**

在辊锻机上为长轴类锻件后续模锻提供锻坯的工艺。

7.2.2

**成形辊锻　finishing roll forging**

在辊锻机上实现锻件终成形的锻造工艺。

7.2.3

**增压下辊锻　roll forging under increasing compression**

辊锻楔形件时,采用压下量逐渐增加的辊锻方法。该法使工件高度方向尺寸相应逐渐减小(如图 51 所示)。

7.2.4

**减压下辊锻　roll forging under decreasing compression**

辊锻楔形件时,采用压下量逐渐减少的辊锻方法。该法使工件高度方向尺寸相应逐渐增大(如图 52 所示)。

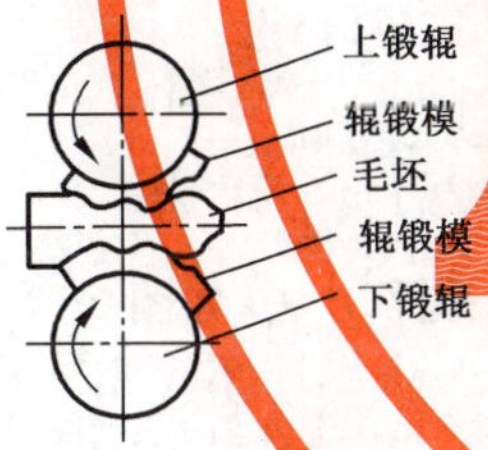


图 50　辊锻

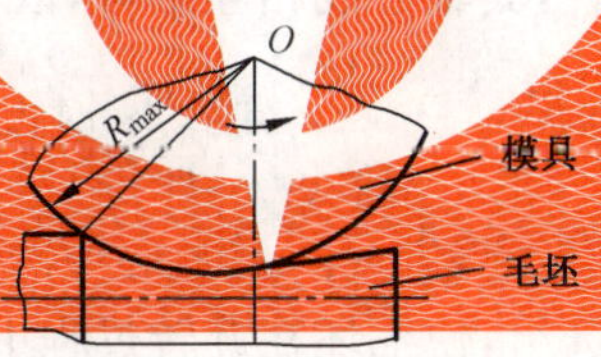


图 51　增压下辊锻

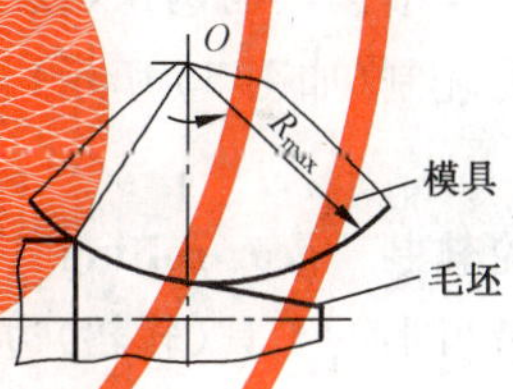


图 52　减压下辊锻

7.2.5

**辊锻型槽系　system of groove for roll forging**

制坯辊锻中根据工艺需要而选用的一系列型槽。常用的型槽系有椭圆-方形,椭圆-椭圆,六角-方形及箱形-矩形等。

7.3

**斜轧　skew rolling;helical rolling**

轧辊相互倾斜配置,以相同方向旋转,轧件在轧辊的作用下反向旋转,同时还作轴向运动,即螺旋运动,这种轧制称为斜轧亦称为螺旋轧制或横向螺旋轧制(如图 54 所示)。

7.3.1

**仿形斜轧　copy skew rolling**

呈三角形配置的三个锥形(或蘑菇形)轧辊。相互倾斜配置同方向旋转,轧件在轧辊的作用下作螺旋运动,仿形板与轧件同步轴向移动。通过仿形板控制三辊辊缝开合而轧制变断面回转件的成形方法(如图 53 所示)。

7.3.2

孔型斜轧　groove skew rolling

两个或三个带有相同螺旋孔型(型槽)的轧辊,相互倾斜,同方向旋转。棒料在孔型的作用下作螺旋运动,并被连续轧制成若干件变断面回转件的成形方法(如图 54 所示)。

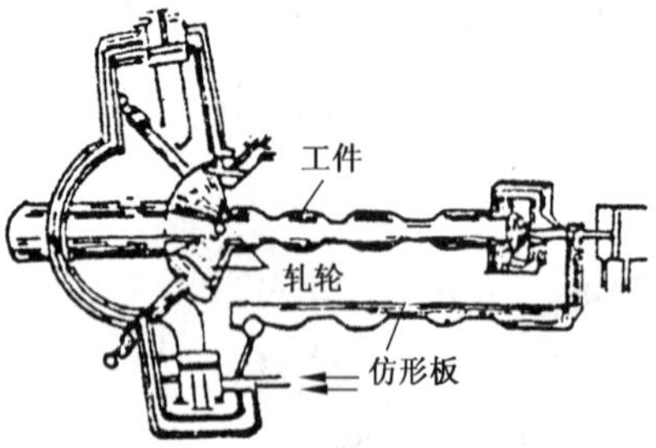


图 53　仿形斜轧

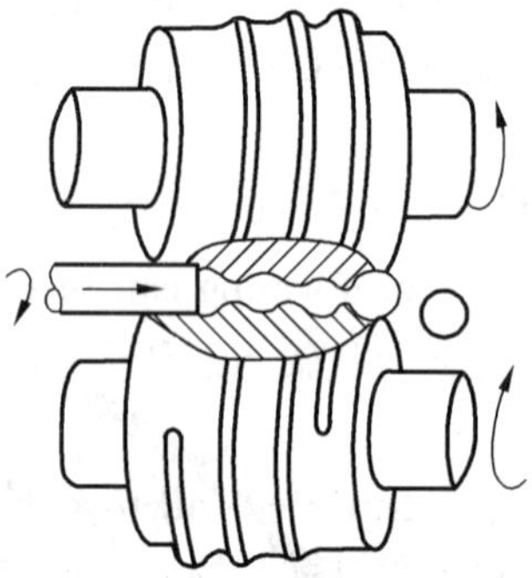

图 54　斜轧与孔型斜轧

7.4

横轧　cross rolling;transverse rolling

轧辊轴线与轧件轴线平行且轧辊与轧件作相对转动的轧制方法。

7.4.1

楔横轧　cross wedge rolling;transverse wedge rolling

带有楔形模具的两个(或三个)轧辊,其轴心线相互平行,以相同的方向旋转。棒料在它的作用下反向旋转的轧制(如图 55 所示)。

7.4.2

齿轮轧制　gear rolling

用带齿形的工具(轧辊)边旋转边进给,使毛坯在旋转过程中形成齿部的成形方法(如图 56 所示)。

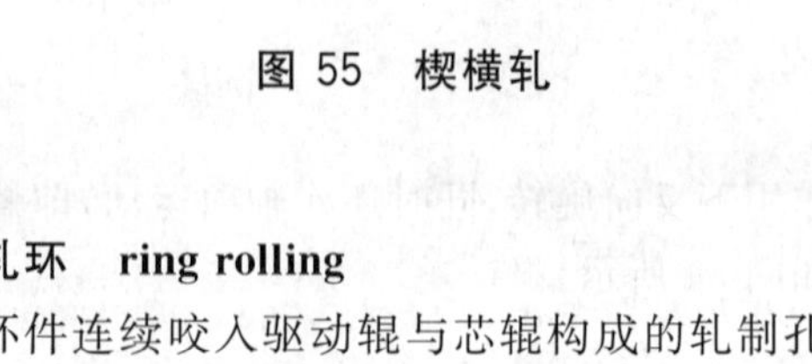

图 55　楔横轧

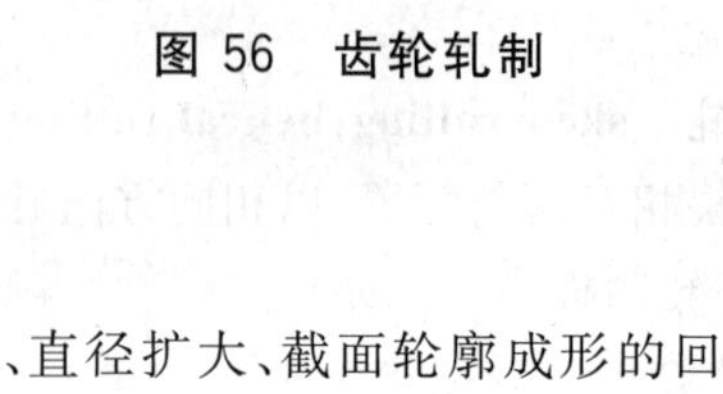


图 56　齿轮轧制

7.4.3

轧环　ring rolling

环件连续咬入驱动辊与芯辊构成的轧制孔型,产生壁厚减小、直径扩大、截面轮廓成形的回转加工技术。轧环又称为辗环、辗扩和扩孔(如图 57 所示)。

7.4.4

车轮轧制　wheel rolling

用轧制工艺生产整体车轮的方法(如图 58 所示)。

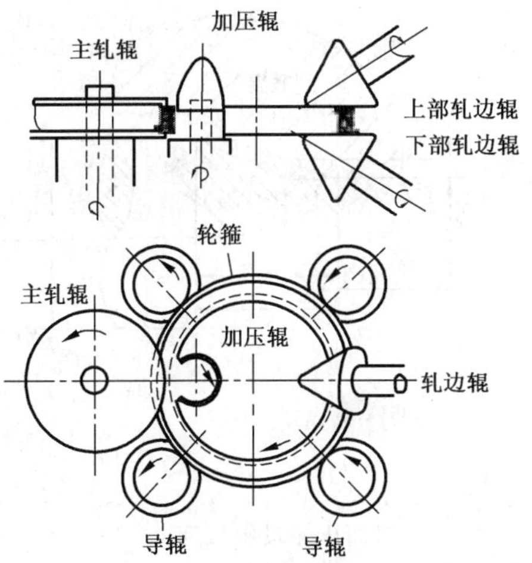


图 57 轧环

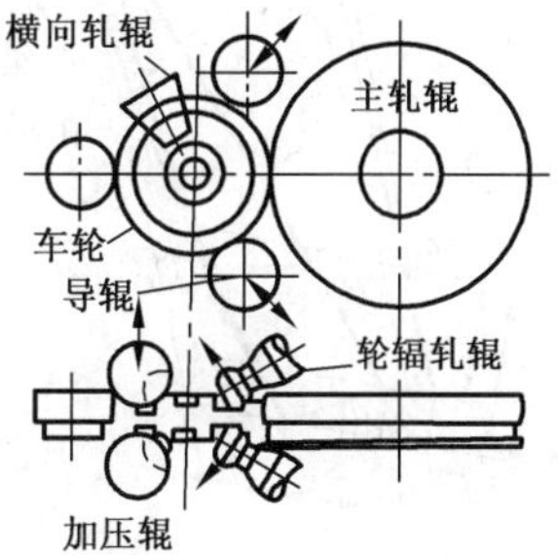


图 58 车轮轧制

7.4.5

**曼纳斯曼效应 Mannesmann effect**

在进行边回转边压缩的锻造和回转连续轧制时，在一定条件下锻件(轧件)心部发生微裂纹、疏松乃至孔腔的现象。这一现象最早被德国的曼纳斯曼兄弟发现。

7.4.6

**旋转条件 rotary condition**

对于斜轧、横轧及楔形横轧等加工方法，轧件能否正常旋转，影响旋转条件的主要因素有：摩擦系数、模具的成型角、展宽角、缩颈条件、疏松条件等。

7.4.7

**轧齐曲线 cut-off curve;curve of rolling neat step shaft**

在楔横轧中，当轧制带有内直角的台肩轴时，轧辊孔型的某一部分应设计成的特殊曲线，也称为截齐曲线(如图 59 所示)。

7.4.8

**轧制半径 rolling radius**

在斜轧与横轧中，轧辊与轧件作相向的回转运动，它们之间只有一点作无滑动的滚动，此点至轧件中心的距离为轧件的轧制半径。此点至轧辊中心的距离为轧辊的轧制半径。

7.4.9

**轧制线 rolling line;axis of rolling**

在横轧、斜轧过程中，轧件回转的轴线。轧制线高于轧机中心线为上轧制。反之为下轧制。

7.4.10

**瞬时展宽量 instantaneous spreading**

在楔横轧的楔展阶段，任一瞬时轧辊楔形模对轧件的单向轴向压入量(如图 60 所示)。

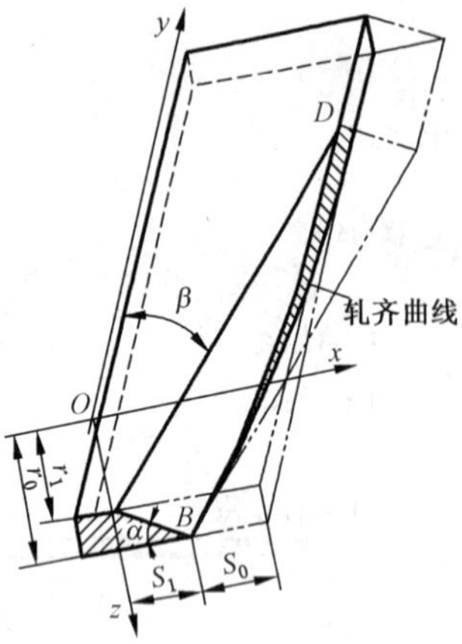


图 59 轧齐曲线

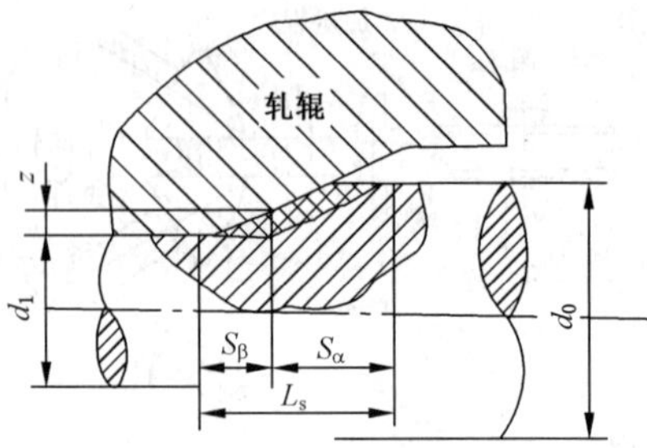


$S_\alpha$——斜面压缩投影长度；

$z$——瞬时径向压下量；

$L_s$——变形区轴向长度；

$S_\beta$——瞬时展宽量。

图 60 瞬时展宽量

7.4.11

**楔展角 spreading angle of wedge tool**

楔形横轧的成形楔由始到终逐渐展宽，展宽速度取决于楔角大小。通常把半楔的楔角定义为楔展角，以 $\beta$ 表示。

7.5

**搓丝 flat die thread rolling**

当两搓板作相对运动时，使其间的坯料轧成螺旋状的沟槽的加工方法。

7.6

**滚丝 thread rolling**

借助滚丝模的旋转，使其间的坯料轧成螺旋形的沟槽的加工方法。

## 8 挤压

8.1

**自由挤压 open extrusion; free extrusion**

挤压加工中坯料部分金属不受模具约束的挤压方法。

8.2

**正挤压 forward extrusion; direct extrusion**

坯料从模孔中流出部分的运动方向与凸模运动方向相同的挤压成形方法(如图 61 所示)。

8.3

**反挤压 backward extrusion; indirect extrusion**

坯料的一部分沿着凹模之间的间隙流出，其流动方向与凸模运动方向相反的挤压成形方法(如图 62 所示)。

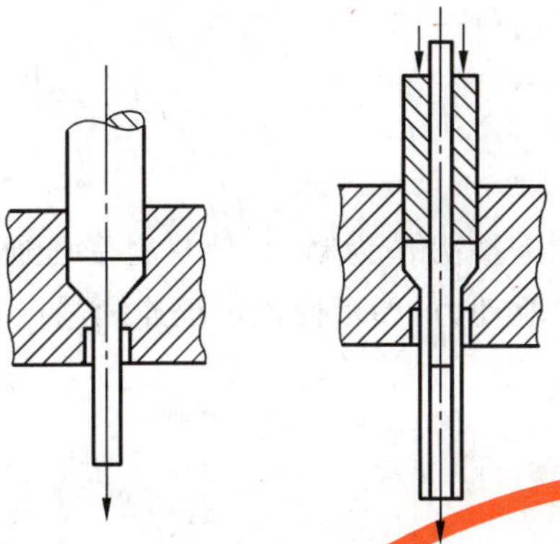

图 61　正挤压

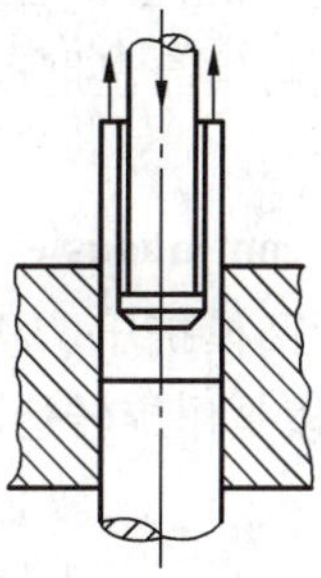

图 62　反挤压

8.4

**复合挤压　combined extrusion**

同时兼有正挤、反挤时金属流动特征的挤压(如图 63 所示)。

8.5

**径向挤压　side way extrusion; lateral extrusion; radial extrution; sideways extrusion**

坯料沿径向挤出的挤压方式(如图 64 所示)。

8.6

**型腔冷挤压　cold extrusion of die cavity; cold hobbing**

利用淬硬凸模挤入经软化退火后的模块内,使之形成与凸模形状一致的型腔的方法。

8.7

**静液挤压　hydrostatic extrusion**

在充满液体介质的挤压筒中,凸模对介质施加压力,由介质对毛坯端面和侧面传递压力,因而完成挤压过程的方法(如图 65 所示)。

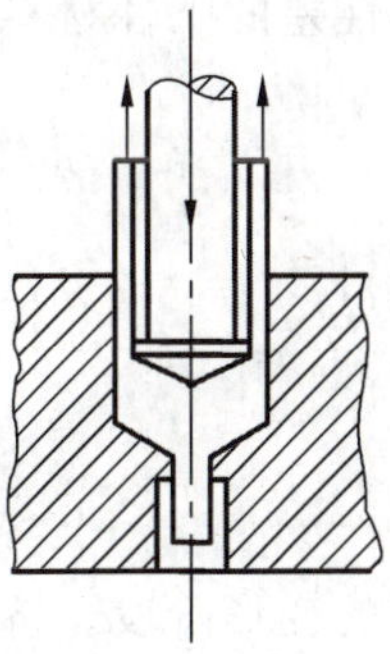

图 63　复合挤压

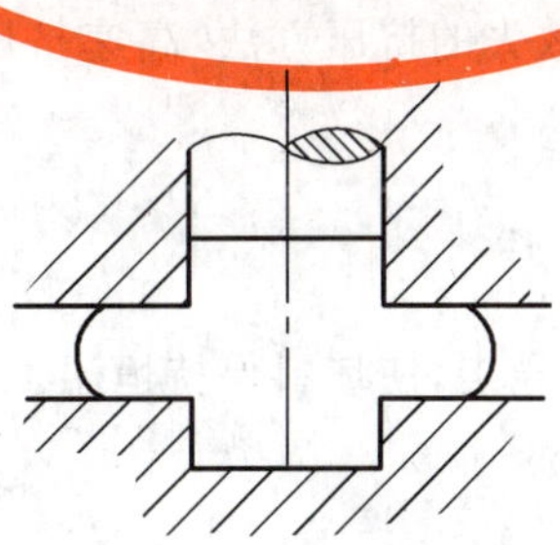

图 64　径向挤压

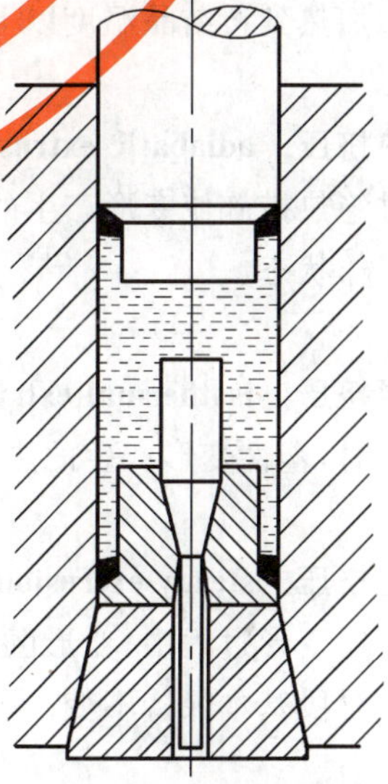

图 65　静液挤压

8.7.1

**温静液挤压　warm hydrostatic extrusion**

坯料加热到再结晶温度以下进行的静液挤压。

8.8

**连续挤压　continuous extrusion**

这是一种无凸模挤压。利用了凹模腔壁与毛坯表面间的摩擦力作为动力，使材料受压通过凹模口而成形，由于凹模是作旋转运动，只要保证在模腔施加足够的驱动力，即可使该过程连续进行。

8.9

**棒料挤压　rod extrusion**

将实心坯料挤压成实心的等截面产品。

8.10

**杯形件挤压　can extrusion；cup extrusion**

将实心毛坯通过挤压筒壁和凸模或挤压工具形成的环形空间挤压成杯形件。

8.11

**管子挤压　tube extrusion**

将空心坯料或带有盲孔的坯料通过凹模孔和芯轴形成的圆环间隙挤压成管子。

8.12

**板材挤压　sheet extrusion**

坯料的宽度比厚度大得多，而且通过凹模时只有厚度方向减小的一种挤压工艺。

8.13

**冷挤压　cold extrusion**

在室温下进行的挤压加工。简称冷挤。

8.14

**温挤压　warm extrusion**

一般情况下，指在高于室温和低于再结晶温度范围内进行的挤压加工。简称温挤。

8.15

**热挤压　hot extrusion**

金属加热到再结晶温度以上进行的挤压加工。简称热挤。

8.16

**绝热挤压　adiabatic extrusion**

通过绝热措施使变形产生的热量不散失的挤压方法，高速挤压或采用散热性差的工件材料都近似于此种工作状态。

8.17

**等温挤压　isothermal extrusion**

挤压时，塑性变形产生的热量迅速传导走，使坯料保持恒温。

8.18

**稳定挤压　steady extrusion**

在挤压变形过程中，变形区的大小及形状不随时间变化而只改变毛坯高度的变形阶段。挤压力在稳定挤压阶段基本保持不变。

8.19

**非稳定挤压　nonsteady extrusion**

挤压变形区的大小、形状以及挤压力都在不断变化的挤压过程。

8.20

**挤压力 extrusion force;extrusion load;press load**

零件挤压时,作用在凸模上的载荷。

8.20.1

**单位挤压力 extrusion pressure**

挤压凸模单位面积上所承受的压力。它是一个平均值,其值等于总的挤压力除以凸模工作部分的水平投影面积。

8.21

**挤压速度 extrusion velocity**

挤压件的挤出部分相对于凹模的速度。

8.21.1

**凸模速度 punch velocity**

凸模相对于凹模的速度。

8.22

**挤压变形程度 deformation degree of extrusion**

挤压前后毛坯截面积变化的比值。

8.22.1

**断面减缩率 area reduction;reduction in area**

挤压变形程度的一种表示方法。用挤压前毛坯横截面积 $F$ 减去挤压后工件横截面积 $f$ 与挤压前毛坯横截面积之比值表示。可写为:

$$\varepsilon_F = (F - f)/F \times 100\% \qquad \cdots\cdots(22)$$

8.22.2

**挤压比 extrusion ratio**

挤压变形程度的一种表示方法。用挤压前毛坯的横截面积与挤压后制品的横截面积之比表示。

8.22.3

**对数挤压比 logarithmic extrusion ratio**

挤压变形程度的一种表示方法。对挤压比取对数。

8.23

**余料 remainder;discard duit**

在挤压成形终了,没有被挤出凹模的那部分坯料。

8.24

**压力-行程特性曲线 load displacement characteristic**

在整个挤压工序中挤压力与凸模位移之间关系的曲线。

8.25

**挤压方向 direction of extrusion**

挤压过程中,金属流动的方向。正挤时在凹模内金属挤出方向与凸模前进方向相同;反挤时在凹模内金属挤压方向与凸模前进方向相反。

8.26

**挤压温度 extrusion temperature**

挤压时,坯料的温度。

8.27

**冷镦挤 cold heading;cold upset-extruding**

冷镦时金属的流动方向与凸模的运动方向垂直,工件的断面积比毛坯的断面积有所增大(如图 66 所示)。

8.28

**镦挤复合　upset-extrusion compound forming**

镦粗与挤压复合成形时，金属的流动方向除了与镦粗相同外，还有一部分金属沿着凸模运动方向或反方向流动(如图 67 所示)。

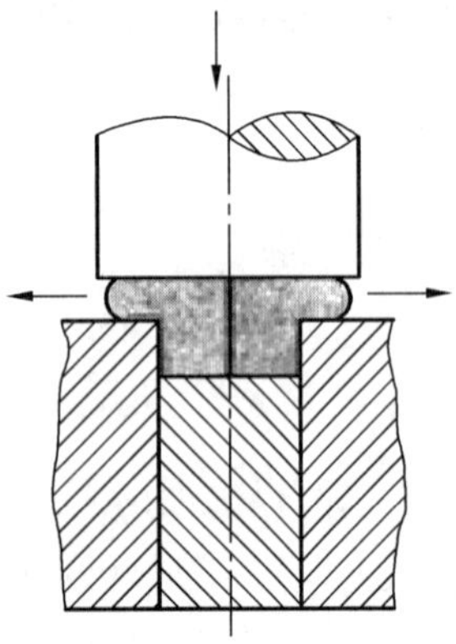

图 66　冷镦挤

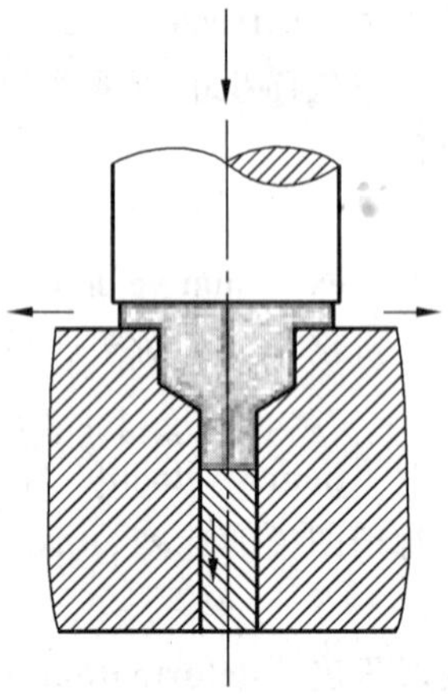

图 67　镦挤复合

## 9　镦锻

9.1

**冷镦　cold heading; cold upsetting**

常温下，在冷镦机上将棒料局部镦粗的加工方法。

9.2

**局部镦锻　local upsetting; upsetting part of its length**

在坯料上轴向加压或锤击，使金属局部产生镦粗变形，局部截面积增大。

9.3

**全长镦锻　overall length upsetting; upsetting the whole of its length**

在坯料上轴向加压或锤击，使金属坯料全长范围内产生压缩变形，截面积增大。

9.4

**单击镦锻　single-blow heading**

只需进行一次镦锻即可得到所需制件横截面尺寸的加工方法。

9.5

**双击镦锻　double-blow heading**

为得到制件所需尺寸，需要在一台冷镦机上进行二次镦锻的加工方法。

9.6

**顶镦　heading; upsetting**

毛坯端部的局部镦粗。

9.7

**冷镦性　cold headability**

冷态镦粗时，材料被加工的容易程度。其含义是变形抗力低、延塑性好，并保持材料内部组织不变。

9.8

**冲击数　number of strokes (blows)**

当镦制毛坯高度与直径之比 $h/d$ 较大时，则在镦制过程中易产生纵向弯曲，形成折皱而使产品报废。因此 $h/d$ 较大时，需多次冲击方能得到合格产品，所需的镦锻次数称为冲击数。

## 10 拉拔

10.1

**无模拉拔 dieless drawing**

不用凹模的拉拔。其办法是对金属坯料施加拉伸负荷的同时进行局部加热。由于加热区的变形阻力小，变形集中在该部分。因此，若将加热区连续移动时，变形区也就移动(如图 68 所示)。

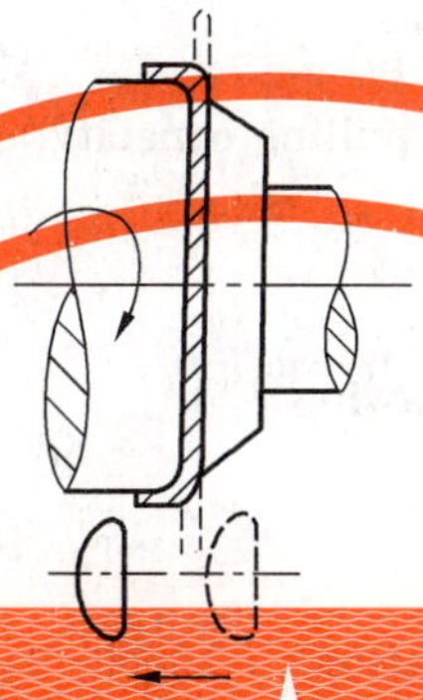

图 68 无模拉拔

10.2

**逆张力拉拔 back tensioned drawing; back tension drawing**

拉拔时，在模具的前方对金属坯料施以牵引力，而在模具后方对坯料施加与拉拔方向(即牵引力方向)相反的张力。

10.3

**冷拔 cold drawing**

常温下的拉拔。

10.4

**热拔 hot drawing**

金属坯料加热到锻造温度以后进行的拉拔。

10.5

**拉丝 wire drawing**

一般是对直径为 0.14 mm～10.00 mm 黑色金属和直径为 0.01 mm～16.00 mm 有色金属的拉拔。

10.6

**温拉丝 worm wire drawing**

将坯料加热到再结晶温度以下进行的拉丝方法。

10.7

**不锻头拉拔 continuous drawing**

为减少冷拔材切头损失，提高冷拔材成材率，在拉拔前不对坯料锻头的拉拔方法。生产中多采用强迫"挤入"法，头尾对焊法等。

10.8

**锻头 tag swaging; pointing of tag end**

为使坯料被钳口夹持的一端顺利喂入拉拔模孔，需预先将坯料端头锻细(或轧细)的工序。也称轧头，捻尖。

10.9

拉拔速度 drawing speed (velocity)

拉拔过程中，材料通过模具出口的速度。

10.10

拉拔道次 drawing passes

由于受已出部分材料强度的限制或为满足一定的产品质量要求，需对材料经过几次拉拔，逐渐缩小断面尺寸，才能达到产品要求。所需拉拔的总次数称为拉拔道次。

10.11

拉拔力 drawing force; drawing load; pulling capacity

在拉拔过程中，使坯料变形所需的牵引力。

10.12

拉拔头数 number of parts in one drawing

一次拉拔中，同时拉拔的根数。

10.13

拉拔总变形量 total drawing deformation

在多次拉拔时，用原材料及制品最终断面尺寸表示的变形量一般用总断面减缩率表示，可写为

$$\Psi=(F_0-F_n)/F_0\times100\% \quad \cdots\cdots(23)$$

式中：

$F_0$、$F_n$——分别为原材料和制件的横断面。

10.14

拉拔道次变形量 drawing deformation for a pass

每一次的拉拔变形量。常用断面减缩率表示。

10.15

拉拔抗力 drawing resistance

拉丝变形的抗力、拔丝时金属与模具的摩擦阻力以及剪切变形抗力的总和。

## 11 旋压

11.1

普通旋压 conventional metal spinning; metal spinning

主要改变坯料直径，而壁厚相应作一定变化的一种成形空心回转体件的旋压方法。

11.1.1

手工旋压；擀形 manual metal spinning; hand metal spinning

用擀棒等旋压工具，借人力进行的一种普通旋压过程。

11.1.2

拉深旋压；拉旋 draw metal spinning

经旋压工具若干道次进给，将板坯成形为杯形件的一种普通旋压方法(如图 69 所示)。

11.1.3

简单拉深旋压；简单拉旋 simple draw metal spinning

经旋压工具一道次进给，将板坯成形为杯形件的拉深旋压过程[如图 70a)所示]。

11.1.4

**多道拉深旋压　multi-passes draw spinning**

经旋压工具多道次进给，将板坯成形为杯形件的拉深旋压过程[如图 70b)所示]。

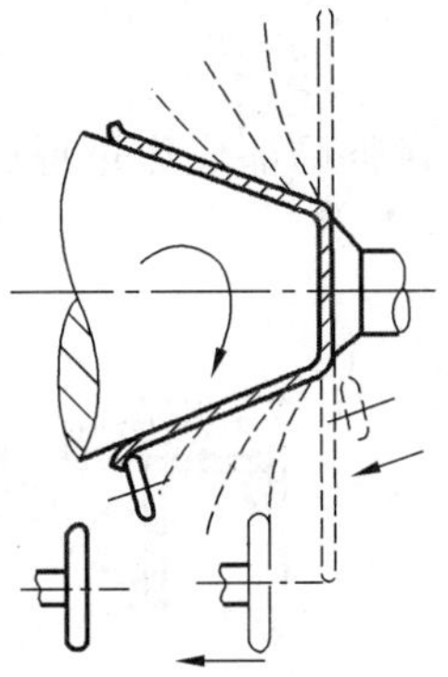

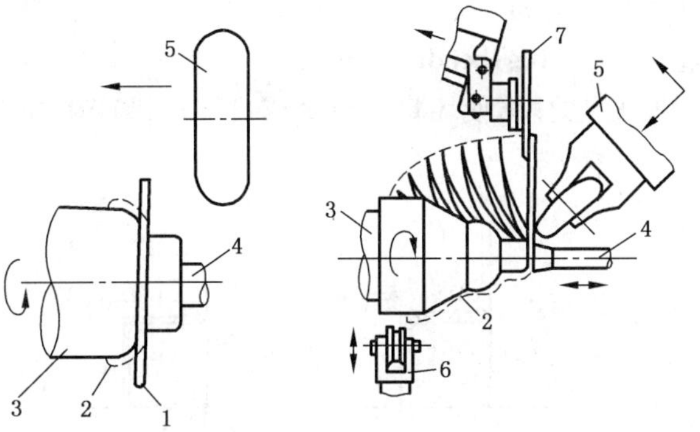

a）　简单拉伸旋涡　　　b）　多道次拉伸旋压

1——板坯；　　5——成形旋轮；

2——工件；　　6——切边轮；

3——芯模；　　7——反推盘。

4——尾顶；

图 69　拉深旋压、拉旋　　　　图 70　普通旋压简图

11.1.5

**扩径旋压；扩旋　expanding；bulging**

使预制坯产生局部径向扩张的一种普通旋压方法。它包含校形[如图 71a)所示]、胀形[如图 71b)所示]、扩口[如图 71c)所示]、压筋[如图 71d)所示]。

11.1.6

**缩径旋压；缩旋　necking in；reducing；spindown**

使预制坯产生局部径向收缩的一种普通旋压方法。它包含缩径[如图 71e)所示]、缩口[如图 71f)所示]、压槽[如图 71g)所示]、滚丝[如图 71h)所示]。

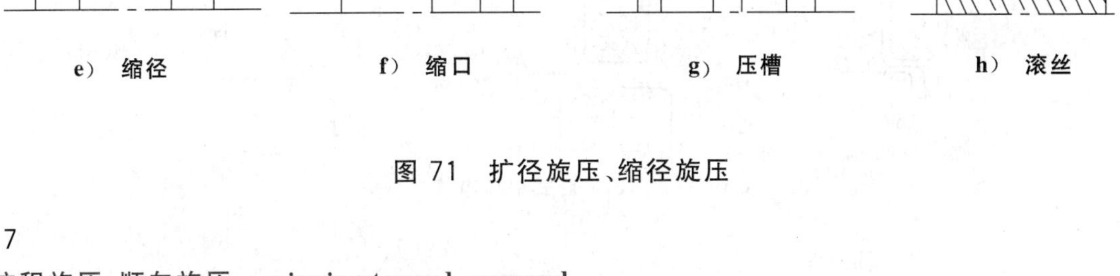

a）　校形　　b）　胀形　　c）　扩口　　d）　压筋

e）　缩径　　f）　缩口　　g）　压槽　　h）　滚丝

图 71　扩径旋压、缩径旋压

11.1.7

**往程旋压；顺向旋压　spinning toward open end**

旋压工具向坯件敞口端进给的普通旋压过程。

11.1.8

**返程旋压;逆向旋压　spinning reverse open end**

旋压工具逆坯件敞口端进给的普通旋压过程。

11.1.9

**卷边　curling;beading**

制梗工艺之一,使坯料的凸缘或口部边沿产生局部卷曲的一种普通旋压局部成形过程(如图72所示)。

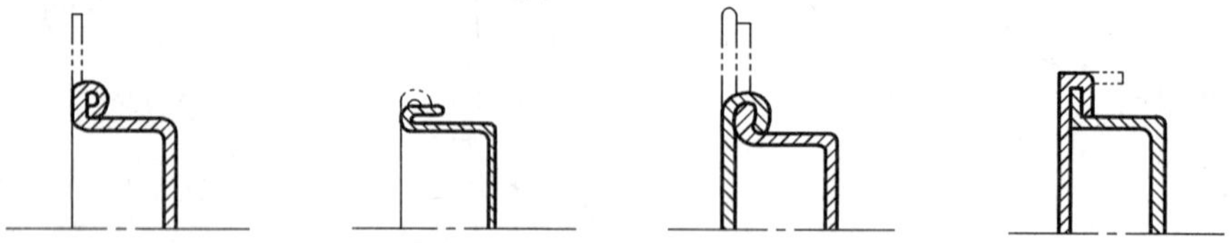

图72　卷边

11.1.10

**咬接　lock seaming**

制梗工艺之一,使多件坯料的凸缘或口部,卧式扁梗咬接[如图73a)所示]、立式扁梗咬接[如图73b)所示]、卧式扁梗咬接[如图73c)所示]等过程而连接的一种普通旋压方法。

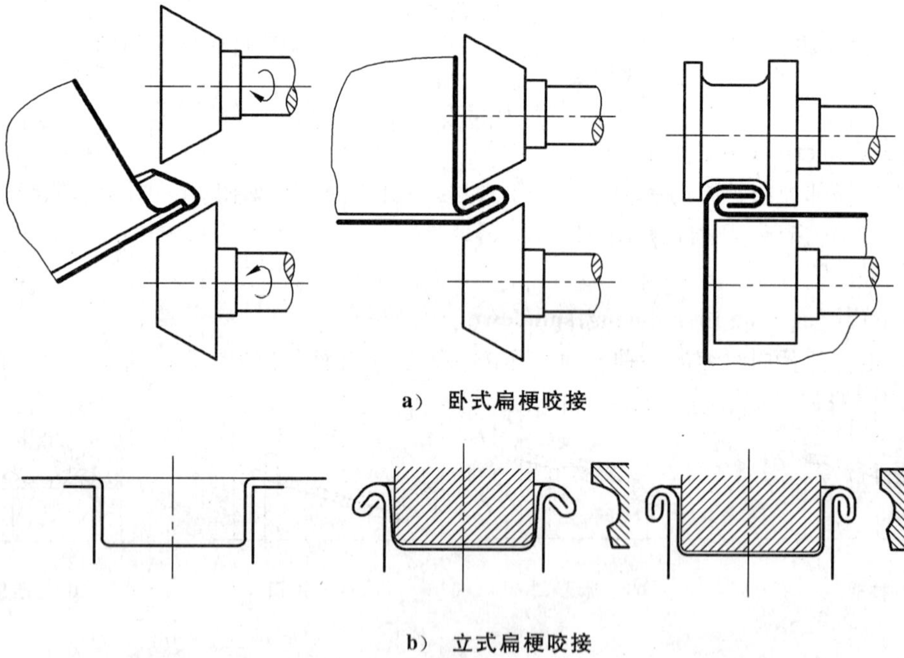

a)　卧式扁梗咬接

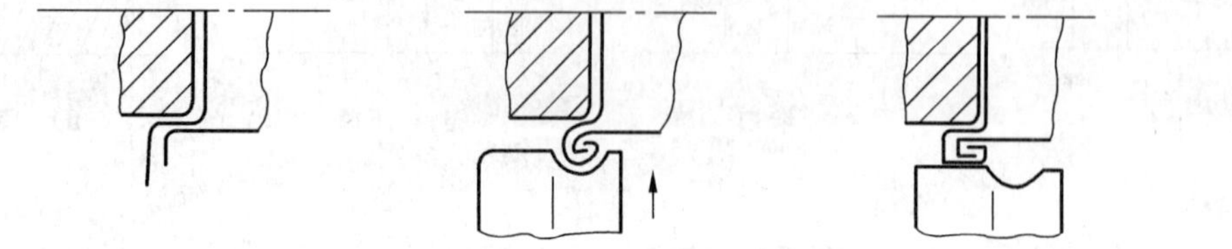

b)　立式扁梗咬接

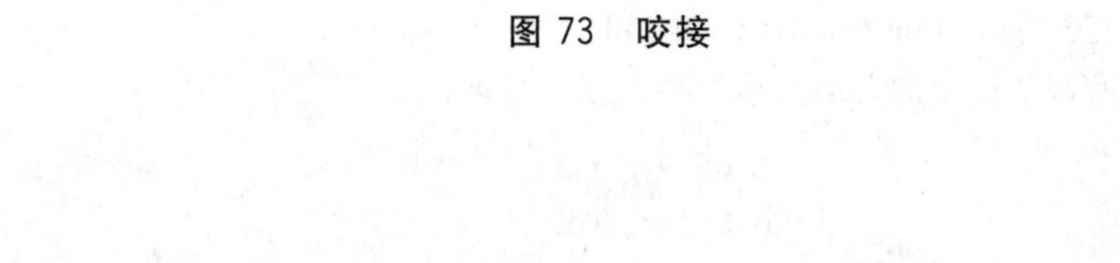

c)　卧式扁梗咬接

图73　咬接

11.1.11

**封口　closing tube end; closing in**

经旋压工具若干道次进给，使管料口部在高速旋转中，借摩擦热或外部加热，缩口、闭合、直至焊牢的一种旋压方法（如图 74 所示）。

11.1.12

**校形　profiling**

使接近工件要求的薄壁回转体过渡坯的尺寸完全达到工件要求的一种普通旋压方法。

11.1.13

**光整；压光　planishing; smoothing; burnishing**

减少薄壁回转体成形件的表面波度和粗糙度，改善其贴模情况的一种旋压方法。

11.1.14

**无芯模旋压　spinning without mandrel**

成形时，坯料的一面为旋压工具，另一面为空气或支撑轮；在支撑轮上不设置与工件对应型面的旋压成形方法（如图 76 所示）。当另一面仅为空气时，也称“空气模旋压”（如图 75 所示）。

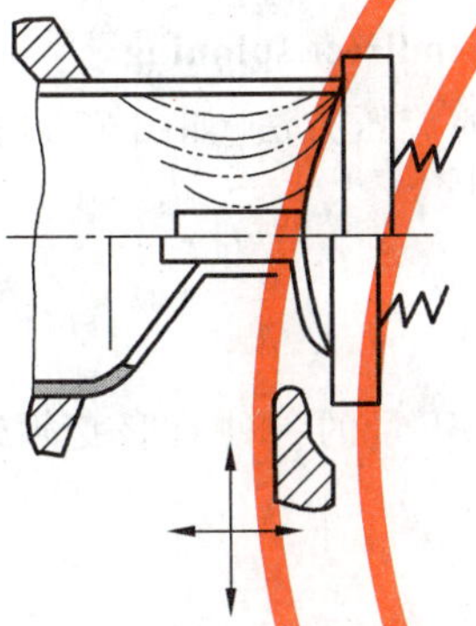

图 74　封口

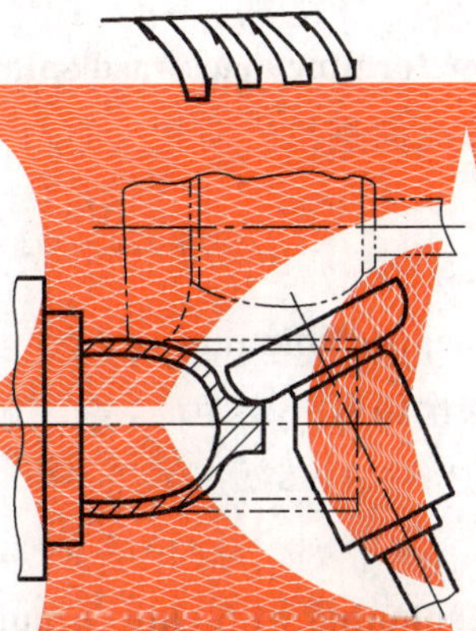

图 75　空气模旋压

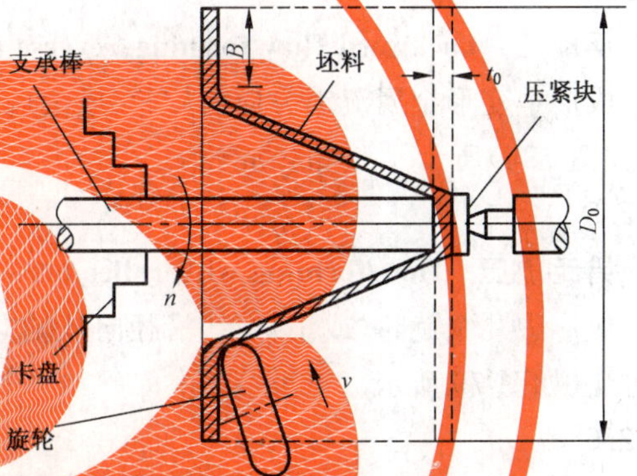


图 76　锥形件无芯模旋压简图

11.2

**变薄旋压　spinning with reduction; power spinning; shear spinning; flow turning; flow forming; shear forming**

**强力旋压**

旋轮绕坯料旋转并进给旋压，加工薄壁空心回转体零件的一种无屑成形工艺。它包括锥形和筒形变薄旋压，正旋压和反旋压等。

11.2.1

**锥形变薄旋压　shear forming; shear spinning; flow turning; cone spinning**

**剪切旋压**

成形锥形和其他直径渐增的空心回转体件的一种变薄旋压方法。成形前后，材料径向位置和轴向厚度基本保持不变。它包含正旋压［如图 77a）所示］和反旋压［如同 77b）所示］。

11.2.2

**筒形变薄旋压　flow forming; cylindrical flow forming; tube spinning**

**流动旋压**

成形筒件的一种变薄旋压方法。成形中，筒状坯料减薄、伸长。它包含正旋压［如图 78a）所示］和反旋压［如图 78b）所示］。

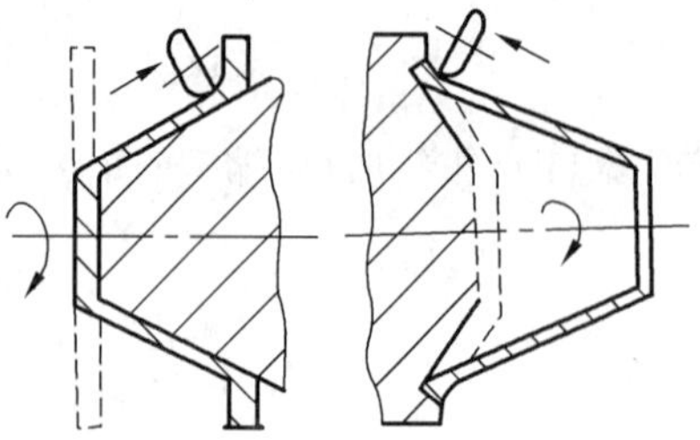

a)　　　　b)

图 77　锥形变薄旋压；剪切旋压

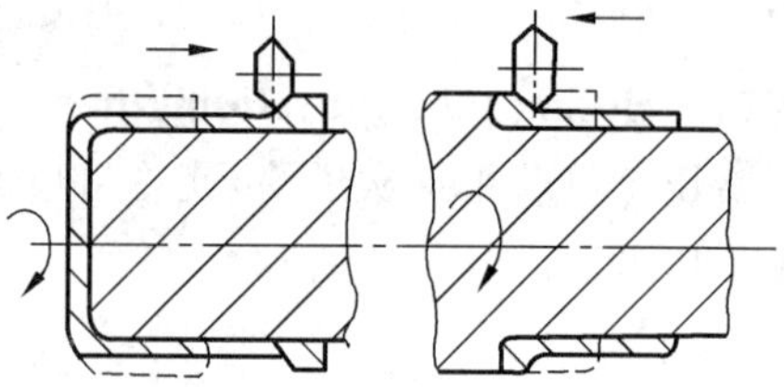

a)　　　　b)

图 78　筒形变薄旋压；流动旋压

11.2.3

**正旋压　forward flow forming；forward spinning；direct spinning**

成形中变形金属流动方向与旋轮（或滚珠盘）纵向进给方向相同的一种变薄旋压方法[如图 77a）所示，如图 78a）所示，如图 82a）所示，如图 82b）所示]。

11.2.4

**反旋压　backward flow forming；reverse flow forming；backward spinning；indirect spinning**

成形中变形金属流动方向与旋轮（或滚珠盘）纵向进给方向相反的一种变薄旋压方法[如图 77b）所示，如图 78b）所示]。

11.2.5

**错距旋压　flow forming with roller offset；stepped spinning**

成形中几个旋轮（或滚珠盘）沿径向从轴向依次错开一定距离，各自分担压下量的一种筒形变薄旋压方法（如图 79 所示）。

11.2.6

**剥皮旋压　flow forming with chip forming；spinning with chip forming**

采用预剖切及大减薄率，使管坯的表面层在成形过程中连续而完整地剥落并形成具有高度光洁表面的管件的一种筒形变薄旋压方法。

11.2.7

**张力旋压　tube spinning with tension；spinning with tension**

在成形中对管端施加张力的管件普通旋压[如图 80a）所示]和变薄旋压[如图 80b）所示]的成形方法。

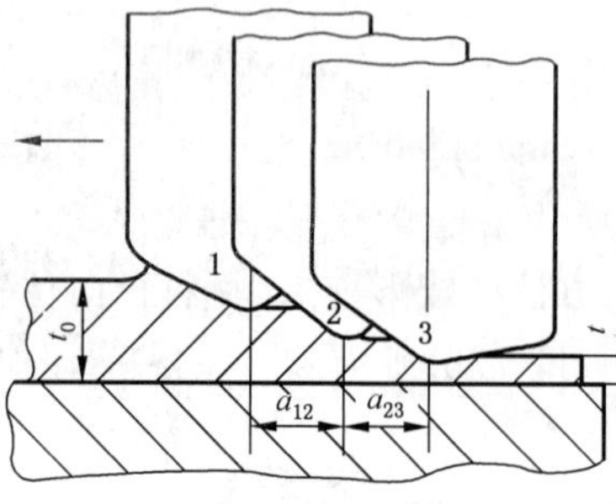


图 79　错距旋压

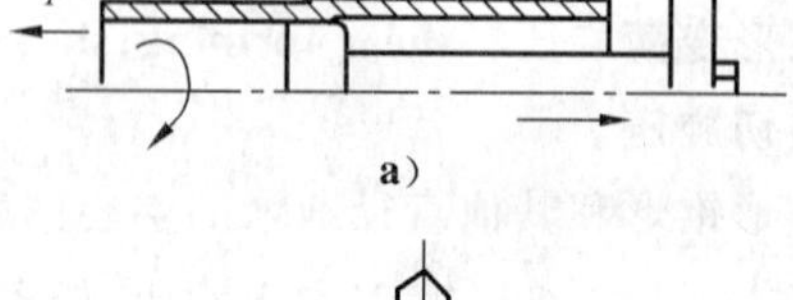


a)

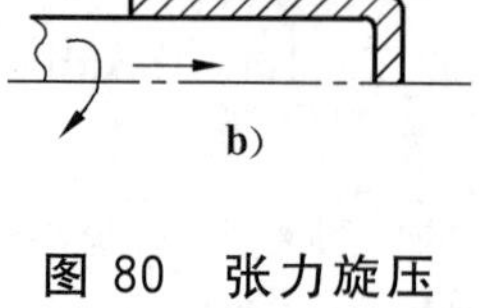


b)

图 80　张力旋压

11.2.8

**环形轮内型旋压　tube spinning with ring roller inner profile**

采用环形旋轮内型成形管坯的普通旋压和变薄旋压的成形方法(如图 81 所示)。

11.2.9

**滚珠旋压　ball spinning**

**钢球旋压**

用有多个滚珠的滚珠盘与管坯相对旋转并沿轴向进给而由滚珠完成的一种管件普通旋压[如图 82a)所示]和变薄旋压[如图 82b)所示]的成形方法。

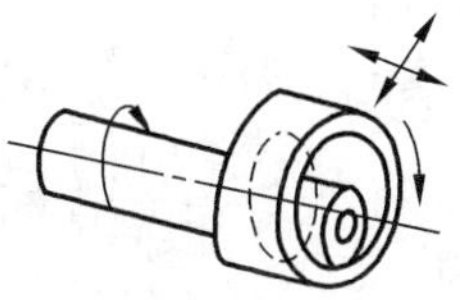

图 81　环形轮内型旋压

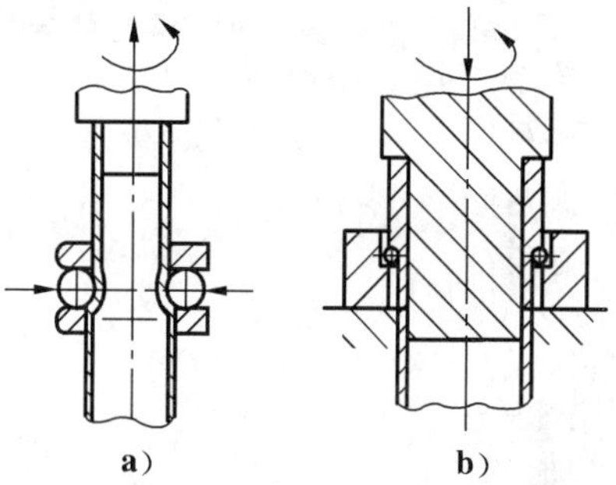

图 82　滚珠旋压;钢球旋压

11.2.10

**内旋压　internal spinning**

在成形过程中,旋压模在坯料之外,旋压工具在坯料之内的普通旋压,如锥形变薄旋压[如图 83a)所示]和筒形变薄旋压[如图 83b)所示]的成形方法。

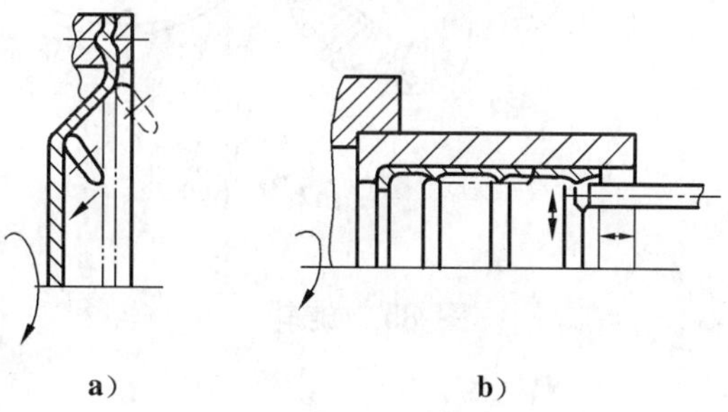

图 83　内旋压

11.2.11

**冷旋压　cold spinning**

在常温条件下进行的旋压过程。

11.2.12

**加热旋压　hot spinning**

在对坯料加热的条件下进行的旋压过程(如图 84 所示)。

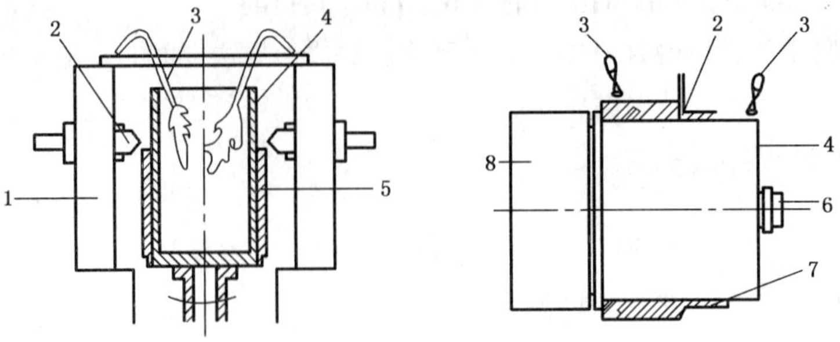


a) 立式旋压内加热　　b) 卧式旋压外加热

1——框架；
2——旋轮；
3——加热枪；
4——芯模；
5——坯料；
6——尾顶；
7——工件；
8——传动箱。

图 84　加热旋压

11.2.13

**旋轧　spin rolling**

在旋压机上对薄壁空心回转体预制坯进行的局部体积成形的旋压方法。它包括表面压花、压字形、压周向、纵向内肋[如图 85a)和 b)所示]，压内、外齿[如图 85c)和 d)所示)、压多楔齿[如图 85e)所示]等过程。

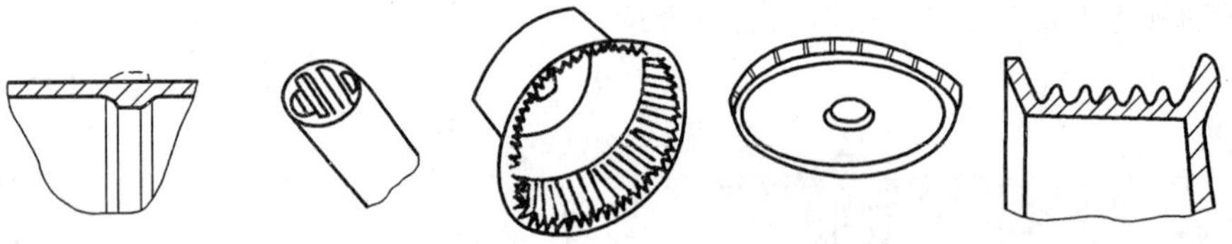

a)　b)　c)　d)　e)

图 85　旋轧

11.3

**[旋压]分离　departing;(spin) separating**

采用旋压工具使薄壁回转体坯、件的材料产生分离的旋压方法，它包含切割、分劈等。

11.3.1

**[旋压]切割　trimming;(spin) shearing;(spin) cutting**

使薄壁回转体坯、件的材料沿周向产生分离的一种旋压分离方法(如图 86 所示)。

11.3.2

**分劈　splitting**

**劈开**

使薄壁回转体坯、件的突缘，沿厚度的垂向，产生局部分劈的一种旋压分离方法(如图 87 所示)。

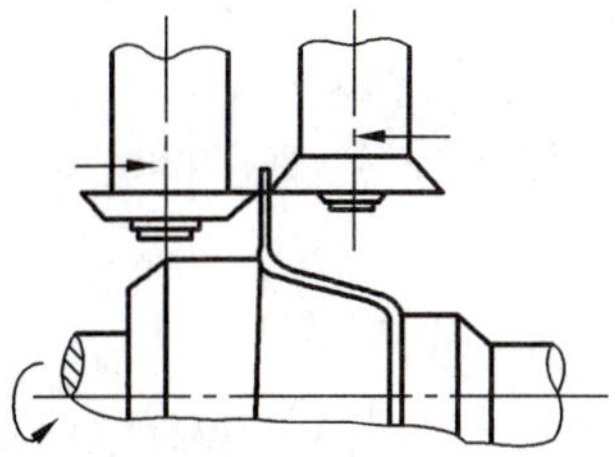

a)

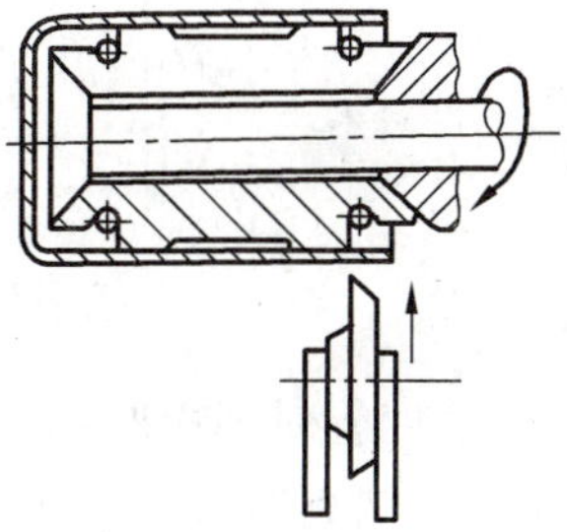

b)

图 86 （旋压）切割

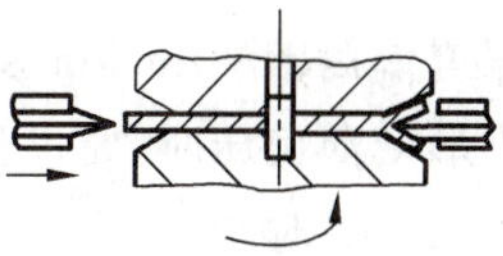

图 87 分劈；劈开

11.4

**可旋性 spinnability**

金属材料经受旋压成形而不破裂或失稳的能力。

11.5

**旋压路径 spinning path**

**旋压轨迹**

在成形循环中，旋压工具顶端工作点所形成的轨迹。

11.6

**旋压道次 spinning pass;**

**旋压工步 spinning step**

在普通旋压和筒形变薄旋压的成形工序中，旋压工具的一个往返行程为一个道次。

11.7

**旋压系数 spinning rate;spinning coefficient**

普通旋压时，坯料和工件的直径比。

11.8

**压下量 thickness reduction;reduction in thickness**

变薄旋压时，坯料壁厚与工件的壁厚差。它包括道次压下量，工序压下量和总压下量。

11.9

**减薄率 percent thickness reduction;reduction of thickness**

变薄旋压时，压下量与坯料壁厚之比。它包括道次减薄率，工序减薄率和总减薄率。

11.10

**进给率 feed rate**

进给率是芯模每转一圈旋轮沿工件母线的进给量。

11.11

**正旋率 sine law**

锥形变薄旋压时，坯料与工件壁厚变化的基本规律。在同一直径上，沿纵向和厚度保持不变。由此得出：

板坯成形[如图 88a)所示]时，$t=t_0\sin\alpha$；

预制坯成形[如图 88b)所示]时，$t_2=t_1(\sin\alpha/\sin\alpha_1)$。

11.12

**旋轮间隙 roller gap;clearance of spinning roller**

旋压工具处于工作位置时，其顶端工作点与旋压模型面之间的间距。

11.13

**退让量　runout;machine runout**

旋压件实际厚度与旋压前调整的间隙值之差。

11.14

**厚度偏离率　thickness deviation**

锥形变薄旋压时,厚度偏高率 $\Delta_t$ 为旋压件实际厚度 $t_{ff}$ 对理论厚度 $t_{ft}$ 的偏差程度 $\Delta_t=(t_{ff}-t_{ft})/t_{ft}$。它包含 $\Delta_t=0$ 时“零偏离”(正旋律旋压),$\Delta_t>0$ 的“正偏离”(欠旋)和 $\Delta_t<0$ 的“负偏离”(过旋)三种情况。

11.15

**进给比　feed rate**

进给比 $f$(mm/r)是旋压工给旋压模具与坯料的进给速度 $v$(mm/min)与转速 $\omega$(r/min)之比。

11.16

**攻角　attacking angle;angle of attack**

旋轮端面与板坯平面的夹角(如图 89 所示)。

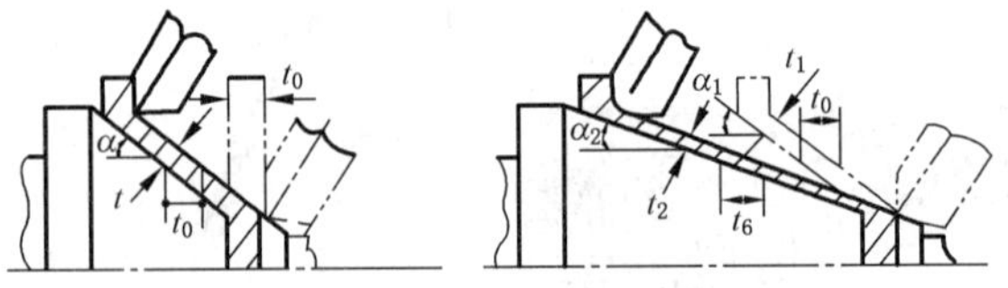

a)　　b)

图 88　正旋律

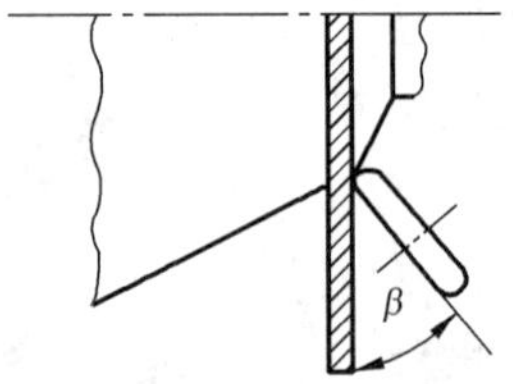

图 89　攻角

11.17

**错距[旋压]　offset**

用两个以上旋轮相互间错开一定距离而旋压成形的一种方法。错距旋压有两种形式:径向错距和轴向错距(如图 90 所示)。

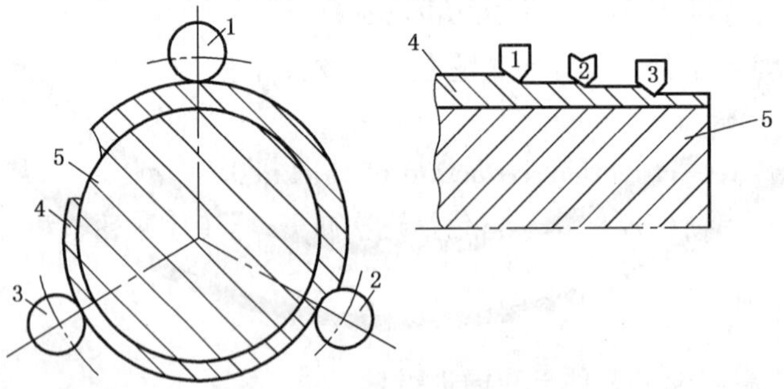

a)　轴向　　b)　径向

1、2、3——旋轮;

4——工件;

5——芯模。

图 90　错距

11.18

**穹起　build-up;piling**

旋压时,坯料在旋压工具顶端的前方形成的局部穹起的现象。

11.19

**堆积　piling; build-up**

旋压时，坯料在旋压工具顶端的前方隆起过度。这时会伴有失稳、起皱、折叠、拉裂、掉皮等疵病。

## 12　其他成形工艺

12.1

**摆动辗压　rotary forging**

上模的轴线与被辗压工件(放在下模)的轴线倾斜一个角度，模具一面绕轴心旋转，一面对坯料进行压缩(每一瞬时仅压缩坯料横截面的一部分)的加工方法(如图 91 所示)。

12.2

**径向锻造　radial forging;**

**旋转锻造　rotary swaging forging**

对轴向旋转送进的棒料或管料施加径向脉冲打击力，锻成沿轴向具有不同横截面制件的工艺方法(如图 92 所示)。

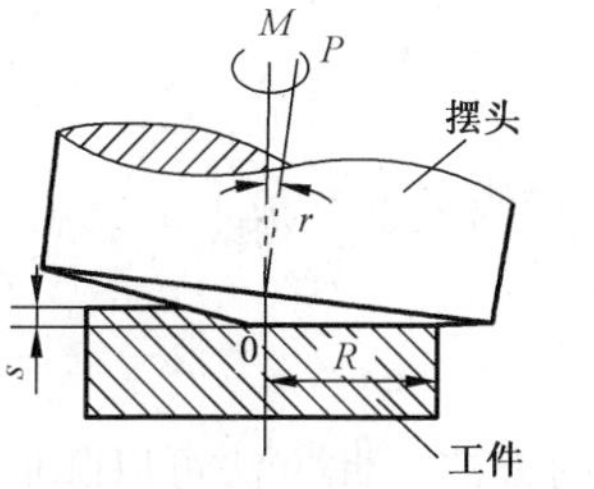


图 91　摆动辗压

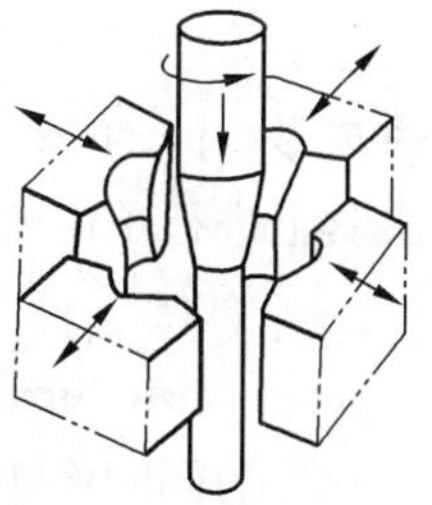

图 92　径向锻造、旋转锻造

12.3

**分流锻造　divided-flow forging**

分流锻造是一种降低模压力、提高坯料充填型腔质量的锻造方法，它是在坯料或模具型腔成形部位建立一个变形金属外流的通道，使得坯料在充满模具型腔的同时，部分多余金属通过分流通道流向分流腔。

12.4

**粉末锻造　powder metal forging**

金属粉末经压实后烧结，再用烧结体作为锻造毛坯的锻造方法。

12.5

**电热镦　electric upset forging**

利用电镦机将长杆形坯料局部加热并镦粗的方法。

12.6

**液态模锻　melted metal squeezing**

将定量的熔化金属倒入凹模型腔内，在金属即将凝固或半凝固状态下(即液、固两相共存)用冲头加压，使其凝固以得到所需形状锻件的加工方法。

12.7

**半固态成形　semi-solid forming**

半固态成形是将凝固过程中的合金通过外场(如强力搅拌等)或内部物理化学作用，即改变初生相形核和长大过程，获得一种由均匀悬浮着一定球状初生相与液态金属共同组成的液固混合浆料，将这种浆料直接进行成形，称为流变成形；而将这种浆料先凝固成坯料，再根据需要将其切分，使切分的坯料重新加热至固液相温度区间而进行的加工成为触变成形。这两种方法均称之为半固体成形。

12.8

**超塑成形　superplastic forming**

利用金属在特定条件(一定的温度条件、一定的变形速度条件、一定的组织条件)下所具有的超塑性(高的塑性和低的变形抗力)来进行塑性加工的方法。

12.9

**蠕变成形　creep forming**

利用金属的热蠕变现象,使材料在小的外力作用下,以极慢的速率变形获得锻压件的特种加工方法。

12.10

**高能成形　high energy forming;high energy rate forming**

利用高能率的冲击波,通过介质使金属板材产生塑性而获得所需形状的方法。

12.11

**喷丸成形　clound burst treatment forming**

利用高速气流喷出细小钢(铁)丸,使板件拱曲而成形的方法。

12.11.1

**预应力喷丸成形　prestress peen forming**

板材先在夹具上进行单向的弹性顶弯,然后对板件的受拉表面喷丸使之成形的方法。

12.12

**超声成形　super sonic forming;ultrasonic forming**

在金属塑性成形的同时将超声振动施加于变形区或模具上的方法。此方法可以降低材料的变形阻力,改善润滑效果,降低摩擦力,使金属成形力大为降低,提高可塑性,适用于难变形金属的成形。

12.13

**热等静压　hot iso-hydrostatic forming;hot isostatic pressing**

在高温密封容器中,对装入包套中的粉末或待压实坯,通过超高压氩气介质,施以各向均等的静压力,从而获得高致密度的坯料或零件的工艺。

12.14

**近等温锻　near isothermal forging**

在大气状态下,模具的加热温度低于坯料温度 30 ℃～80 ℃,采用较高的应变速率进行锻造变形的工艺。

## 13　成形前后工序及质量检验

13.1

**下料　cropping**

在成形前,将原材料切成所需长度或所需几何尺寸的工序。

13.1.1

**热剁下料　hot cropping**

在锻造设备上将加热的原材料用剁刀切断成一定长度坯料的下料方法。

13.1.2

**冷折下料　cold cropping**

将原材料按所需尺寸预先开好缺口,常温下在缺口背面施加压力,使其折断的下料方法。

13.1.3

**锯切下料　sawing**

用锯床将原材料锯成一定长度坯料的下料方法。

13.1.4

**气割下料　oxygen-acetylene cutting**

利用氧-乙炔(或氧-丙烷)氧化火焰将原材料切割成一定长度或一定几何形状的下料方法。

13.1.5

**剪切下料　cropping; shearing**

利用棒料剪切机、剪板机等将原材料剪切成一定长度坯料的下料方法。

13.1.6

**车切下料　cut-off by machining**

在车床上将原材料切断成一定长度坯料的下料方法。

## 13.2　加热

13.2.1

**锻造温度范围　forging temperature interval**

锻件由始锻温度到终锻温度的温度区间。

13.2.2

**锻造温度　forging temperature**

锻造过程中坯料的温度。

13.2.2.1

**始锻温度　initial forging temperature**

开始锻造时坯料的温度。

13.2.2.2

**终锻温度　finishing temperature; final forging temperature**

坯料经过锻造成形,在停锻时锻件的瞬时温度。

13.2.2.3

**温度分布　temperature distribution**

加热的坯料或锻件从表面到心部的温度场。

13.2.3

**加热规范　heating specification; heating schedule**

坯料或锻件在加热过程中,所规定的时间-温度参数。

13.2.4

**加热温度　heating temperature**

坯料或锻件在完成加热出炉时,达到材质规定的锻造或热处理的温度。

13.2.5

**加热速度　heating rate**

在给定温度区间单位时间内工件或介质温度的平均增值。

[GB/T 7232—1999,定义 2.25]

13.2.6

**加热时间　heating time; duration of heating; heat time**

坯料加热到要求的温度时所需的时间。

13.2.7

**保温(均热)　holding;soaking**

工件或加热介质在工艺规定温度下恒温保持一定时间的操作。恒温保持的时间和温度分别称保温时间和保温温度。

[GB/T 7232—1999,定义 2.29]

13.2.8

**预热　preheating**

坯料在远低于规定的加热温度预先进行的加热。

对于燃料及空气在燃烧前使之升温也称为预热。

13.2.9

**氧化皮　scale;oxide skin**

坯料在加热时,铁与炉气中的氧化介质发生化学反应,在坯料表面 FeO,$Fe_3O_4$ 和 $Fe_2O_3$ 等氧化物的总称,又叫铁鳞。

13.2.10

**烧损　scale loss;heating loss**

**火耗**

坯料在加热过程中因生成氧化皮而造成的损失。

13.2.11

**火次　heating number**

整个锻造过程中所需的加热次数。

13.2.12

**火焰加热　flame heating**

利用燃料燃烧产生的火焰来加热坯料的方法。

13.2.13

**电加热　electric heating**

以电为能源加热坯料的方法。它包括间接电加热(电阻炉和盐浴炉等)和直接电加热(接触加热,感应加热等)。

13.2.14

**少无氧化加热　scale-less or free heating**

坯料在加热过程中不形成氧化皮(铁鳞),只有少量氧化膜或没有氧化膜的加热方法。

13.2.15

**加热炉　heating furnace**

加热坯料用的装置。

13.2.16

**手锻炉　smith forging furnace**

把固体燃料放在炉膛内燃烧,坯料置于其中加热的加热炉,也称明火炉。一般供手工锻造,加热小件用。

13.2.17

**火焰炉　flame furnace**

利用燃料燃烧产生的火焰直接加热坯料的加热炉。

13.2.18

**室式炉　batch type furnace**

炉膛由六面体耐火材料组成,其中一面有门的加热炉,也叫箱式炉。

13.2.19

**反射炉　reverberating furnace**

燃料在燃烧室燃烧，生成的火焰靠炉顶反射到加热室加热坯料的加热炉。

13.2.20

**推杆式炉　pusher furnace**

**半连续炉**

炉膛呈长形，用推钢机周期性的把坯料由低温区推向高温区的加热炉。

13.2.21

**转底炉　rotary hearth furnace;rotary wall furnace**

炉顶、炉墙不动，炉底转动的加热炉，一般采用机械化的装出料装置。

13.2.22

**振底炉　shock bottom furnace**

炉底的振动，使被加热坯料在炉内连续送进的机械化加热炉。

13.2.23

**电阻炉　electric furnace of resistance type**

利用电流通过电热体放出热量以辐射方式加热坯料的加热炉。

13.2.24

**无氧化加热炉　anti-oxidation heater;scale-free heating furnace**

炉腔内具有惰性保护气氛，可使坯料或锻件在加热过程中不氧化的加热炉。

13.2.25

**感应加热炉　induction heating furnace**

把锻造用坯料放入电磁线圈内，由感应电流产生的热能使坯料加热的装置。

13.2.25.1

**感应圈　induction coil**

使具有一定形状的线圈，通过一定频率的电流，从而在其内部产生均匀的交变磁场的线圈。

13.2.26

**炉底　hearth**

加热炉中，承受坯料重量的部分。

13.2.27

**炉底强度　intensity of hearth**

单位时间内单位炉底面积承受加热坯料的能力。

13.2.28

**炉墙　furnace wall**

加热炉的炉墙是用耐高温、热传导率低的并只有高强度的材料(砖)砌成的墙体。

13.2.29

**预热带　preheating zone**

加热炉内，对加热坯料进行预热的炉体段。

13.2.30

**烟道　flue**

由加热炉通往废气排放口的通道。

13.2.31

**烟囱　chimney**

为使加热炉中燃料充分燃烧和产生的废气、烟尘向高空排放的通道。

13.2.32

**不完全燃烧　imperfect combustion；incomplete combustion**

加热炉内的燃烧产物中含一氧化碳等可燃混合物的燃烧。

13.2.33

**补料加热作业　progressive heating**

加热的坯料从加热炉中取出后，马上往炉内补充新的未加热坯料的加热操作方法。

13.2.34

**炉钩　hook of furnace**

铁棍的端部弯曲成L字状，主要用在加热时，坯料出炉的工具，如图93所示。

图93　炉钩

13.3

**冷却　cooling；refrigerate**

物体从高温向低温变化的过程。

13.3.1

**冷却规范　refrigeration standard**

冷却过程中温度与时间的关系。通常用冷却时间、温度曲线表示。

13.3.2

**空冷　air cooling**

热态锻件在静止空气中冷却的方法，是冷却速度较快的一种冷却方法。

13.3.3

**堆冷　cooling in heap (pile)**

将热态锻件成堆放在空气中进行冷却的方法。堆冷的冷却速度慢于空冷。

13.3.4

**坑冷　cooling in hole (box)**

将热态锻件放在地坑(或铁箱)中缓慢冷却的方法。其冷却速度较堆冷慢。

13.3.5

**灰砂冷　cooling in dust or sand**

将热态锻件埋入炉渣、灰或砂中缓慢冷却的一种冷却方法。锻件入砂温度一般不应低于500 ℃，冷到150 ℃左右出砂，周围蓄砂厚度不能少于80 mm。冷却速度慢于坑冷。

13.3.6

**炉冷　furnace cooling**

锻后锻件放入炉中缓慢冷却的一种冷却方法。炉冷时根据需要按预定的温度时间曲线进行冷却，其冷却速度小于灰砂冷。

13.3.7

**冷却速度　cooling rate**

热处理冷却过程中在某一指定温度区间或某一温度下，工件温度随时间下降的速率。前者称为平均冷却速度，后者称为瞬时冷却速度。

[GB/T 7232—1999，定义2.44]

13.3.7.1

**临界冷却速度　critical cooling rate**

使钢材淬火硬化的最小冷却速度;即100%生成马氏体的必要的最小冷却速度。

13.4　精整

13.4.1

**切边　clipping;trimming**

经开式模锻加工的锻件终锻后切除飞边的工序。

13.4.2

**冲连皮　wad punching**

带孔的锻件经终锻后,冲除孔内连皮的工序。

13.4.3

**校正　sizing**

为消除锻件在锻后产生的弯曲、扭转等变形,使之符合锻件图技术要求而进行的修整工序。

13.4.4

**热校正　hot sizing**

在热态下进行的校正。热校正通常与模锻同一火次。

13.4.5

**冷校正　cold sizing**

在冷态下进行的校正。冷校正是在锻件清理后进行。

13.5

**热处理　heat treatment**

采用适当的方式对金属材料或工件进行加热、保温和冷却以获得预期的组织结构与性能的工艺。

[GB/T 7232—1999,定义2.1]

13.5.1

**热处理规范　heat treatment procedure;heatment treatment regime**

热处理过程包括加热、保温、冷却三个阶段。热处理过程中各阶段温度和时间的关系。

13.5.2

**锻后热处理　primary heat-treatment**

为了便于机械加工及为最终热处理作准备,对锻后锻件进行的热处理,有时称为预备热处理。

13.5.3

**最终热处理　final heat-treament**

为获得零件使用性能的最后热处理。

13.5.4

**固溶热处理　solution heat treatment**

工件加热至适当温度并保温,使过剩相充分溶解,然后快速冷却以获得过饱和固溶体的热处理工艺。

[GB/T 7232—1999,定义6.1]

13.5.5

**形变热处理;热机械处理　thermo-mechanical treatment;thermo-mechanical processing;deformation heat-treatment**

将塑性变形和热处理结合,以提高工件力学性能的复合工艺。

[GB/T 7232—1999,定义2.18]

13.5.6

**淬火　to harden；to quench；hardening；quenching**

工件加热奥氏体化后以适当方式冷却获得马氏体或(和)贝氏体组织的热处理工艺。最常见的有水冷淬火、油冷淬火、空冷淬火等。

[GB/T 7232—1999，定义 4.1]

13.5.6.1

**锻造余热淬火　quenching from forging heat**

利用锻造后的余热，将锻件随即在介质中进行淬火的操作。

13.5.7

**回火　to temper；tempering**

工件淬硬后加热到 $Ac_1$ 以下的某一温度，保温一定时间，然后冷却到室温的热处理工艺。

[GB/T 7232—1999，定义 5.1]

13.5.8

**退火　to anneal；annealing**

工件加热到适当温度，保温一定时间，然后缓慢冷却的热处理工艺。

[GB/T 7232—1999，定义 3.1]

13.5.8.1

**控制冷却　controlled cooling**

利用锻后自身的热量，控制冷却速度，获得力学性能的过程。

13.5.8.2

**去应力退火　stress relief annealing；stress relieving**

为去除工件塑性变形加工、切削加工或焊接造成的内应力及铸件内存在的残余应力而进行的退火。

[GB/T 7232—1999，定义 3.11]

13.5.8.3

**连续退火　continuous annealing**

坯料在炉中连续通过而进行的退火。

13.5.8.4

**中间退火　intermediate annealing；process annealing**

为消除工件变形强化效应，改善塑性，便于实施后续工序而进行的工序间退火。

[GB/T 7232—1999，定义 3.8]

13.5.8.5

**光亮退火　bright annealing；light annealing**

工件或中间毛坯在保护气氛或真空中进行退火，以防止氧化保持表面光亮的退火。

13.5.9

**时效处理　aging treatment；aged disposal**

工件经固溶处理或淬火后在室温或高于室温的适当温度保温，以达到沉淀硬化的目的。在室温下进行的称自然时效，在高于室温下进行的称人工时效。

[GB/T 7232—1999，定义 6.4]

13.5.10

**扩散硬化　diffusion hardening**

碳、氮等元素从钢铁的表面向心部渗透，使锻件表面硬化现象。

13.5.11

**调质　fully heat-treated;quenching and tempering;quenching and high temperature tempering**

工件淬火并高温回火的复合热处理工艺。

[GB/T 7232—1999,定义 5.13]

13.5.11.1

**锻造调质　forging thermal refining;quenching and high temperature tempering after forging**

钢坯锻造后,其组织为奥氏体状态,从这个温度直接淬火,淬火后进行高温回火,使其组织呈屈氏体或索氏体。这是一种锻后热利用,调节冷却速度获得较好力学性能的热处理方法。

13.5.12

**锻造淬火　direct quenching from forging temperature; thermo-mechanical treatment; working quenching;ausforging**

锻造后钢锻件组织呈奥氏体状态,直接进行淬火的操作。

13.5.13

**渗碳　to carburize;to carbonize;carburizing;carburization**

为提高工件表面的含碳量并在其中形成一定的碳含量梯度,将工件在渗碳介质中加热、保温,使碳原子渗入的化学热处理工艺。

[GB/T 7232—1999,定义 7.1]

13.5.14

**正火　normalizing;normalization**

工件加热奥氏体化后在空气中冷却的热处理工艺。

[GB/T 7232—1999,定义 3.27]

13.5.15

**脱碳　decarburization**

工件加热时,介质中的氧、二氧化碳和水蒸气等与之反应生成氧化物的过程。

[GB/T 7232—1999,定义 14.3]

13.5.16

**均热　soaking**

在材料外部达到所需温度后将其在炉内保温,直到材料内外全部达到均一温度,并且完成所需要的冶金学方面的转变为止。

13.5.17

**浸硫处理　sulfurizing;sulfuration;sulphurizing**

将金属制品浸泡在约 570 ℃的硫化物、氰化物、中性盐等形成的溶液中,数小时后,其表面渗透了硫、氮、炭等元素,从而提高制品的抗粘着、耐磨、抗疲劳能力的处理方法。

13.6

**后处理　after treatment**

对锻件进行表面清理、校直、矫正、去应力应变等工序。

13.6.1

**锻件清理　fettling;chipping**

用手工或机械的方法、化学方法清除锻件表面缺陷,或氧化皮的工序。

13.6.2

**高压水清理　high pressure hydro-peening;high-pressure water descaling**

将高压水喷射到热坯料上使其上的氧化皮骤冷破裂并冲掉的清理方法。

13.6.3

**酸洗　pickling;dipping**

将工件放在一定浓度的酸液中,靠化学腐蚀作用清除氧化皮的一种方法。

13.6.4

**滚筒清理　roller cleaning;tumbling;tumble grinding**

将工件装入旋转的滚筒中,靠相互的撞击和研磨以清除工件表面的氧化皮和毛刺的方法。

13.6.5

**喷砂清理　sand blast cleaning;sand blasting**

用压缩空气为动力将喷砂器中的石英砂从喷嘴中喷出,击落锻件上氧化皮的方法。

13.6.6

**喷丸清理　peening**

将铸铁小弹丸或钢丸用压缩空气吹喷在锻件上,击落氧化皮的方法。

13.6.7

**风铲清理　pneumatic chipping**

用风铲将坯料从锻件(一般指大件)表面缺陷(如裂纹、折纹等)铲除的方法。

13.6.8

**砂轮清理　clearage with grinding wheel**

用砂轮打磨掉各种材料、各种类型坯料和锻件的局部表面缺陷的方法。

13.6.9

**清洗　cleaning**

洗去金属零件的氧化皮、锈迹、油脂或油污等以获得清洁的表面。

13.6.10

**乳化液清洗　emulsion cleaning**

将零件浸入到乳化液中或用喷射乳化液的方法除去油或油脂。乳化液通常用煤油、乳化剂和水配成。

13.6.11

**碱洗　alkaline degreasing;alkaline cleaning**

用碱性溶液喷洗或浸渍脱脂。

13.6.12

**防锈　rust prevention;anti-rust**

在酸洗溶液中加入化学药品以减少对碱性金属的化学作用和氢气的吸留,用以防止锻件的锈蚀。

13.6.13

**钝化　passivating**

一种化学处理方法,用以增加锻件的防锈能力。

13.6.14

**坯料剥皮　peeling**

利用切削加工的方法将热轧棒料表皮去掉。

13.6.15

**去毛刺　snagging**

用手工或机械的方法去掉坯料、锻件残余毛刺的操作。

13.6.16

**去氧化皮　descaling**

用机械或化学方法除去锻件表面的氧化皮。

13.6.17

**吹氧化皮　scale blowing**

锻造操作时，用压缩空气将从锻坯上脱落的氧化皮吹走的清理操作。

## 13.7　锻件缺陷与质量检验

13.7.1

**缩孔　shrinkage cavity**

由于钢锭凝固时体积收缩引起的孔穴。其位于钢锭最后凝固的部分。

13.7.2

**非金属夹杂　non-metallic inclusion**

存在于金属基体内不是作为强化相用的非金属物质，如钢中的氧化物及硫化物。

13.7.3

**偏析　segregation**

铸锭内化学成分不均匀的现象。

13.7.4

**过烧　burning**

加热温度超过始锻温度过多，使晶粒边界出现氧化及熔化的现象。

13.7.5

**过热　over heat (ing)**

金属由于加热温度过高或高温下保持时间过长引起晶粒粗大的现象。

13.7.6

**氢脆　hydrogen brittle (ness)**

金属中含氢量高或在氢介质中工作，因氢入侵而造成金属与合金的脆化现象。

13.7.7

**模锻不足　underpressing**

由于锤击次数少、设备吨位不够，终锻温度低或桥口阻力过大等原因引起的锻件在分模面垂直方向上的尺寸比设计规定尺寸增大。

13.7.8

**缺肉　underfill**

锻件实际尺小(长、宽和高)局部小于锻件图的相应尺寸。

13.7.9

**折叠　lap; overlap**

塑性加工时将坯料已氧化的表层金属汇流贴合在一起压入工件而造成的缺陷。

13.7.10

**错差　mismatch**

模锻件沿分模面的上半部相对于下半部产生了位移的现象。

13.7.11

**裂纹　crack**

由于应力作用而产生的不规则的裂缝。

13.7.11.1

**发纹　hairline crack**

钢中非金属夹杂物、疏松及气孔变形后沿主伸长方向分布的极微细纹缕。

13.7.11.2

**中心裂纹　chevron crack**

圆断面坯料在平砧上经小压缩量拔长时，由于变形不均、温度偏低使轴心部分金属沿径向受附加拉应力而引起的裂纹（如图 94 所示）。

13.7.11.3

**角裂　chink**

矩形断面坯料在平砧上拔长时由于变形及温度不均在棱角处产生的裂纹（如图 95 所示）。

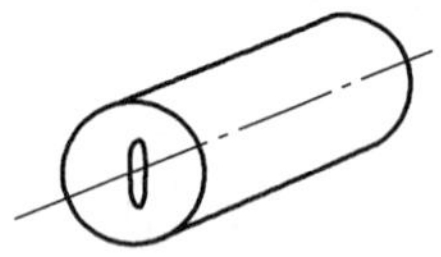

图 94　中心裂纹

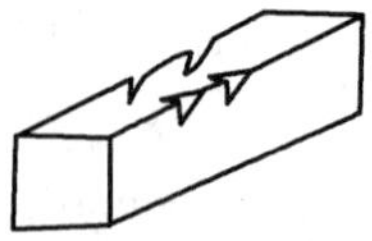

图 95　角裂

13.7.11.4

**龟裂　crazing**

锻模或锻件表面出现的较浅的龟纹状裂纹。

13.7.11.5

**急冷裂纹　rapid cooling crack**

坯料加热后，急剧冷却产生内应力，而生成的裂纹。

13.7.11.6

**急热裂纹　rapid heating crack**

坯料在加热时，温度急剧上升，产生内应力，而生成的裂纹。

13.7.11.7

**时效裂纹　season cracking**

锻造后淬火或淬火、回火过的锻件放置在常温空气中，而产生的裂纹。

13.7.11.8

**淬裂　quenching crack**

锻件淬火时，因淬火应力而产生的裂纹。

13.7.11.9

**应力腐蚀裂纹　stress corrosion cracking**

内部应力与腐蚀环境相互作用，经过一段时间后，产生的晶界裂纹。

13.7.12

**塌角　rollover；shear droop**

冲裁或下料后，刃口附近材料被拉入所形成的圆角。

13.7.13

**壁厚不均　deviation of form；thickness deviation**

筒形锻件的断面厚度不均。

13.7.14

**碰伤　bruise**

锻件和其他制品或器具接触或相碰撞，而产生的表面伤痕。

13.7.15

**凹心缺陷　piping defect**

当坯料通过凹模挤压成棒料时，在最后阶段会产生凹心现象。

13.7.16

**残留飞边 residual flash**

冲切锻件飞边后,锻件上还有没切掉的飞边。

13.7.17

**热胶合 hot gluing**

锻件在成形过程中,模具和材料发热胶着。

13.7.18

**刮痕 scratch**

在和其他物件或零件的运动接触中,被其尖锐的端部所划出的表面伤痕。

13.7.19

**疤皮 shell;scab;sliver;spill**

一种比较薄的金属膜或结疤,不坚牢地附着钢材表面上。

13.7.20

**疲劳破坏 fatigue failure;fatigue fracture**

材料在交变应力作用下引起使内部裂缝逐渐扩展的破坏。

13.7.21

**毛刺 burr**

下料或冲裁后,制品断面一侧边缘出现的尖锐毛边。

13.7.22

**宏观组织 macrostructure**

**低倍组织**

放大倍数低于100倍时所观察到的金相组织。

13.7.23

**显微组织 microstructure**

**高倍组织**

显微镜下放大100倍以上观察到的金相组织。

13.7.24

**晶粒度 grain size**

表示金属材料晶粒大小的物理量。它由单位面积内所包含晶粒个数来度量,也可用直接测量平均直径大小(用 mm 或 μm)来表示。

13.7.25

**荧光探伤 fluorescent inspection;fluorescent crack detection**

一种渗透探伤法。其原理是在紫外线照射下,能使渗入缺陷处的伴有荧光物质的渗透剂显示黄绿色痕迹,此法可检验用肉眼不易观察到的表面裂纹的缺陷,不受材料性能的限制。

13.7.26

**超声波探伤 supersonic inspection;supersonic flaw detecting**

利用超声波遇到界面时发生反射的原理来探测内部缺陷的一种检测方法。超声波可以穿透几米甚至十几米深的金属,此法可应用于大锻件内部无损探伤检验。

13.7.27

**抽样检查 sampling inspection**

从批量生产的锻件中,按规定抽出一定数量的锻件进行检查。其检验结果与标准判据相比,来确定这批锻件是否合格。

## 14 锻造工、模具

14.1

**锻造工具 forging tool**

自由锻造时所用的工具、夹具等。

14.1.1

**摔子 swager;swaging die;tups**

用于锻造回转体或对称锻件的一种简单的胎模。有整形和制坯之分。(GB 9453—2008 中 3.10.1)。

14.1.1.1

**圆摔子 round tup;round swager**

把锻件锻成圆形用的圆形摔子,如图 96 所示。

14.1.1.2

**方摔子 square tup;square swager**

把锻件锻成方形用的摔子,如图 97 所示。

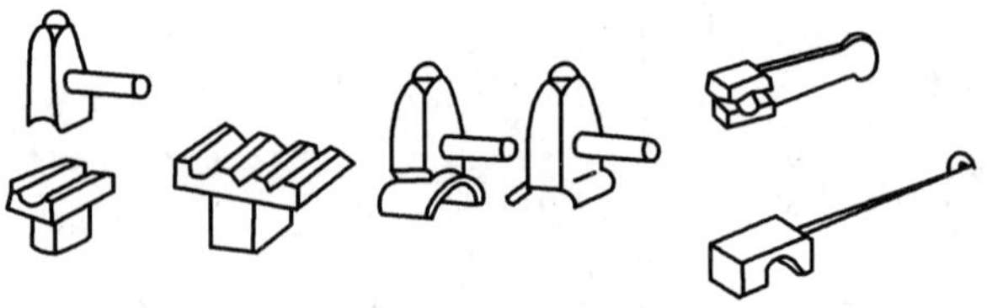

图 96 圆摔子

图 97 方摔子

14.1.1.3

**圆锥摔子 cone tup;cone swager**

把锻件锻成圆锥形用的摔子,如图 98 所示。

14.1.1.4

**箱摔子 box tup;box swager**

锻造带有凸缘的棒材用的摔子,如图 99 所示。

14.1.1.5

**球形摔子 spherical tup;spherical swager**

把坯料的一端或中间锻成球形用的摔子,如图 100 所示。

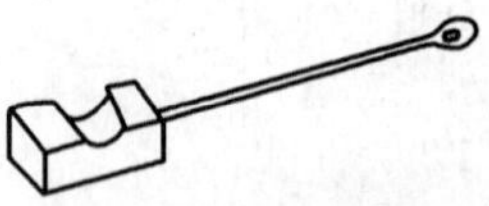

图 98 圆锥摔子

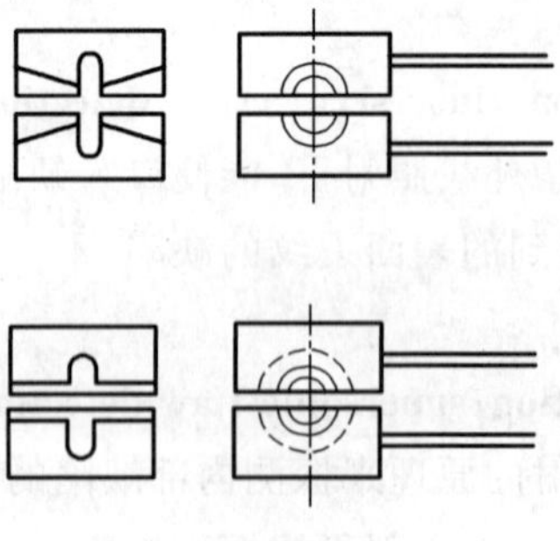

图 99 箱摔子

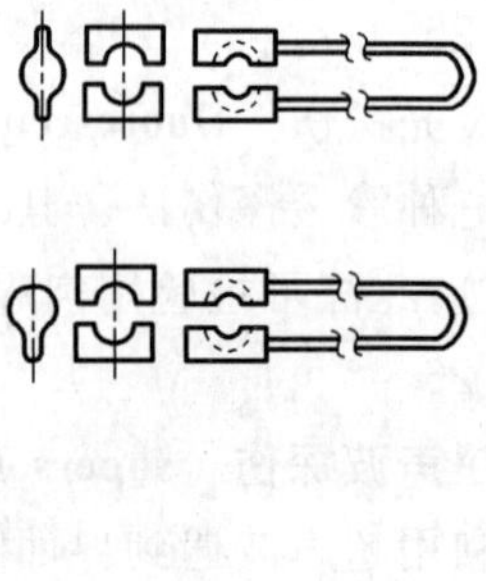

图 100 球形摔子

14.1.1.6

**窝模 snap**

把坯料端部锻成半球面形状用的摔子,如图 101 所示。

14.1.2

**手锤　hand hammer**

在手工锻造时，一只手使用的小锤，常用作锻造时的指挥工具。

14.1.2.1

**大锤　sledge hammer;sledge**

在手工锻造时，需两手同时握紧进行操作的锤。

14.1.3

**砧　anvil**

直接支承锻造工模具的部件。

14.1.3.1

**铁砧　anvil**

手锻时支撑锻造毛坯用的工具(如图102所示)。

14.1.3.2

**平砧　flat anvil**

一般锻造用的砧，与材料接触面为平面，它的形状有正方形和长方形的。

14.1.3.3

**V型砧　V-shaped anvil**

具有V字形状的铁砧，用于粗锻、夹住、弯曲等工序(如图103所示)。

图101　窝模

图102　铁砧

图103　V型砧

14.1.3.4

**移动砧　movable anvil**

锻造中能够纵向、横向自动移动的砧。

14.1.3.5

**旋转砧　rotary anvil**

金属材料的辐宽超出铁砧，如锻造圆盘类锻件，可以一边回转，一边锻造的铁砧。

14.1.4

**夹钳　tongs**

锻造时夹持坯料所使用的工具。

14.1.4.1

**圆口夹钳　round tongs**

夹持圆形坯料用的钳子(沿坯料的轴向夹持)，端部成半圆形，如图104所示。

14.1.4.2

**平口夹钳　flat tongs**

夹持方形坯料用的钳子，其钳口端部为平面形状，如图105所示。

14.1.4.3

**螺帽钳　nut tongs**

用来锻制环形、带孔圆形锻件的钳子，径向夹持，钳口为螺帽状，如图106所示。

14.1.4.4

**棱口钳　square tongs**

用来夹持方形锻坯的钳子,轴向夹紧,钳口做成棱形,如图 107 所示。

图 104　圆口夹钳

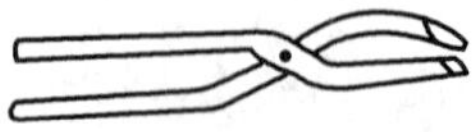

图 105　平口夹钳

图 106　螺帽钳

图 107　棱口钳

14.1.4.5

**门口钳　box tongs**

用来夹持方形锻坯的钳子,轴向夹紧,钳口做成门字形,如图 108 所示。

14.1.4.6

**蟹钳　crab tongs**

钳口做成螃蟹夹子形状的钳子。主要用来夹持厚度较薄的坯料,如图 109 所示。

14.1.4.7

**葫芦钳　quitar-shaped tongs;pear-shaped tongs;gourd-shaped tongs;pick-up tongs**

对阶梯式或直径不同的坯料为了轮换夹持,把钳口做成葫芦形的夹钳,如图 110 所示。

14.1.4.8

**鹭鸶钳　heron-bill tongs**

钳口做成鹭鸶嘴形的钳子,主要用来夹平板坯料,如图 111 所示。

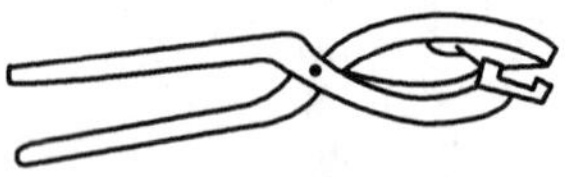

图 108　门口钳

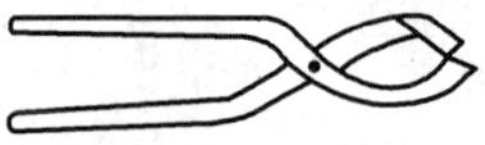

图 109　蟹钳

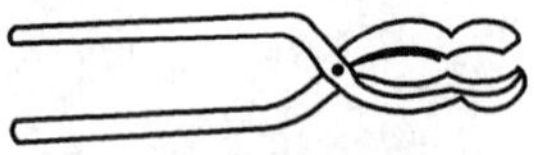

图 110　葫芦钳

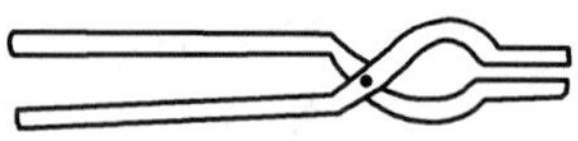

图 111　鹭鸶钳

14.1.4.9

**夹钳体　pincer body**

夹钳的主体零件。

[GB/T 9453—2008,定义 3.6.23]

14.1.4.10

**夹钳片　pincer slice**

安装在夹钳体上,夹持坯料的零件。

[GB/T 9453—2008,定义 3.6.24]

14.1.4.11

**夹箍　fixed ring for tongs**

为使夹钳的柄部不松开,在钳柄上装上的铁环,如图 112 所示。

14.1.4.12

**抱钳　grip tongs**

用于墩粗时夹住工件或夹紧锻模的钳子。

14.1.4.13

**吊钳　gripper;hanging tongs**

吊挂在轨道上用的,夹紧坯料或锻件的钳子,可作搬运、移动用的工具,如图 113 所示。

14.1.4.14

**悬吊钳　hanging tongs**

坯料夹住后，柄的一端用吊车悬吊，作为搬运、移动用的钳子。

14.1.4.15

**抬钳　twin tongs**

通常是两人握住钳子的两端，夹住坯料，作为夹持运输使用的夹钳，如图 114 所示。

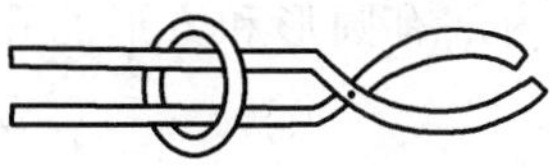

图 112　夹箍

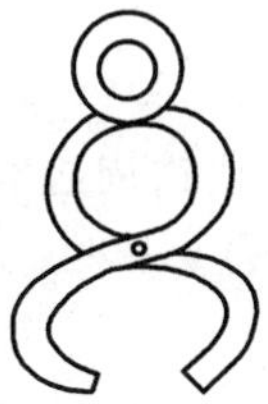

图 113　吊钳

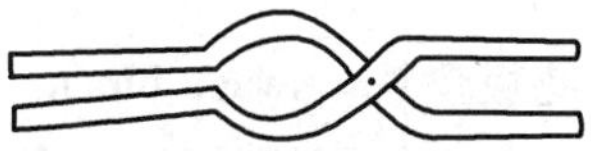

图 114　抬钳

14.1.4.16

**传递夹钳　transfer finger**

将坯料夹紧送至模具适当位置的夹钳。

[GB/T 9453—2008，定义 3.6.22]

14.1.5

**冲子　punch**

在坯料上冲孔使用的锻造工具。按其截面情况有圆冲子、方冲子、扁冲子、实心冲子和空心冲子等。

14.1.5.1

**方冲子　square punch**

冲方孔时用的带有棱角的冲头，如图 115 所示。

14.1.5.2

**圆冲子　round punch**

冲圆孔时用的圆形冲头，如图 116 所示。

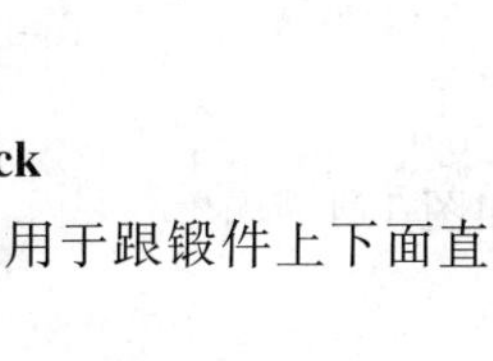


图 115　方冲子

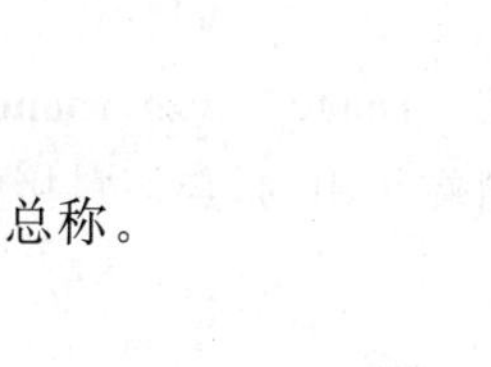


图 116　圆冲子

14.1.6

**垫铁　block**

自由锻时，用于跟锻件上下面直接接触的质量较大的钢制工具的总称。

14.1.6.1

**斜面垫铁　taper block**

锻斜面用的、带有斜面的垫铁。

14.1.6.2

**六边形垫铁　hexagonal block**

为使材料弯曲或成形为六边形，采用从六边形中央分成两半形状的垫铁，如图 117 所示。

14.1.6.3

**V 形垫铁　V-shaped block**

为了使锻件带有角度，将垫铁做出 V 字形。其 V 形倾斜角度有多种，如图 118 所示。

14.1.6.4

**厚度垫铁　thickness block**

自由锻造时，调节材料厚度用的垫铁，将其做成各种厚度的圆形、方形等，如图 119 所示。

14.1.6.5

**花板垫铁　swage block**

锻造小件用的，能进行多种加工的垫铁。垫铁周边有圆形和方形切口，内部有圆形和方形的孔，如图 120 所示。

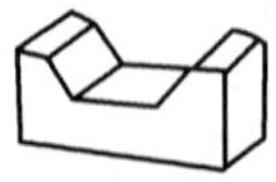

图 117　六边形垫铁

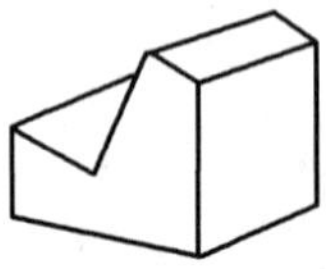

图 118　V 形垫铁

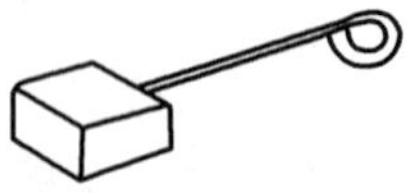

图 119　厚度垫铁

图 120　花板垫铁

14.1.6.6

**漏盘　punching block**

在锻件上冲孔用的垫铁，中心有圆形和方形等孔形。

14.1.6.7

**镦粗垫铁　upset block**

在水压机上镦粗时用的一种工具。

14.1.7

**剁刀　chisel; triangular chisel**

用来切断坯料或压肩锻细的工具总称。按形状和用途分类。

14.1.7.1

**扁平剁刀　flat chisel**

主要用来切断坯料形状，为长方形的剁刀，如图 121 所示。

14.1.7.2

**圆棒剁刀　round chisel**

圆棒料一边旋转、一边进行切断或压肩时用的剁刀，与棒料接触部分做成圆弧形，如图 122 所示。

14.1.7.3

**平刃剁刀　triangular chisel; flat-blade chisel**

主要用于坯料的压印、切断。与坯料接触部分做成锐角形的剁刀，如图 123 所示。

14.1.7.4

**圆刃剁刀　round chisel; round-blade chisel**

切断坯料端头用的，与坯料接触部分做成圆弧锐角形的剁刀，如图 124 所示。

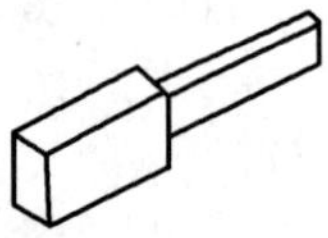

图 121　扁平剁刀

图 122　圆棒剁刀

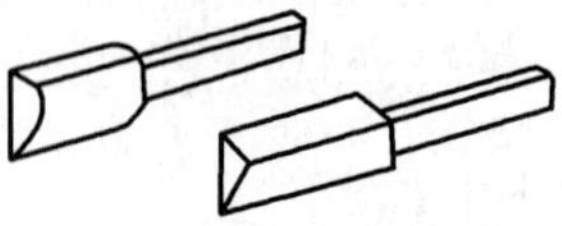

图 123　平刃剁刀

图 124　圆刃剁刀

14.1.8

**压铁　flatter**

只能使坯料延伸，不能镦粗。与材料接触部分使之成形的工具总称。

14.1.8.1

**赶铁　round flatter (half round flatter)**

使坯料部分变形用的，与材料接触部做成圆形或半圆形的压铁，如图 125 所示。

14.1.8.2

**平锤　square end flatter**

为平整锻件的某一部分用，与锻件相接触的面为平面，做成四方形的平锤，如图 126 所示。

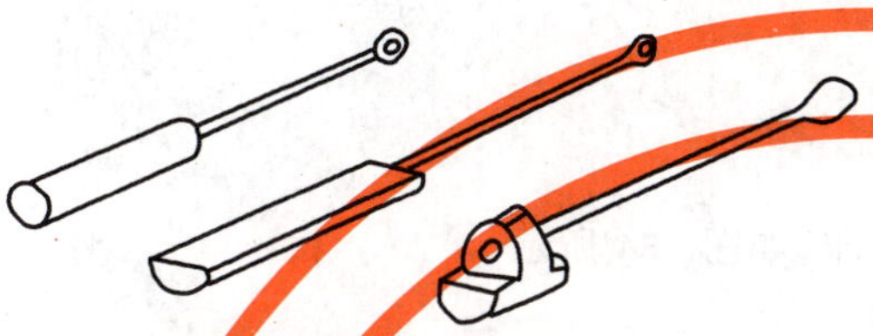

图 125　赶铁

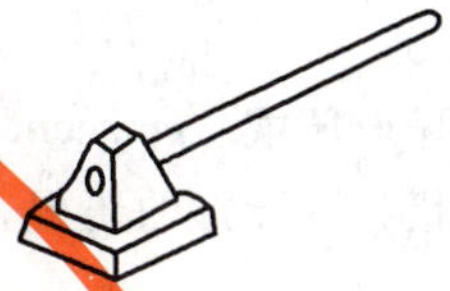

图 126　平锤

14.1.8.3

**平压铁　flat face flatter**

使坯料表面延伸，并平滑时用的平板状的压板。如图 127 所示。

14.1.8.4

**开板　spatula**

把锻件表面压平、压方用的薄平板状的压板。如图 128 所示。

14.1.8.5

**斜压铁　tapered flatter**

把锻件表面压出斜面的斜压板。如图 129 所示。

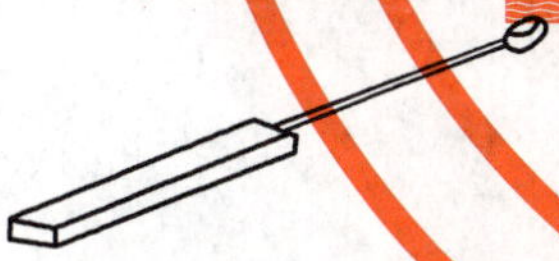

图 127　平压铁

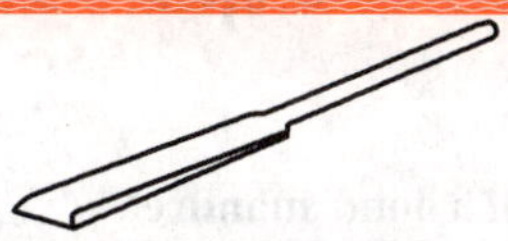

图 128　开板

图 129　斜压铁

14.1.9

**压棍　necking tool**

将坯料的一部分分成几段时，切压这部分坯料的工具总称。

14.1.9.1

**圆压棍　round necking tool**

细长圆棒状的压棍，用于压线而缓坡度的肩，如图 130 所示。

14.1.9.2

**半圆压棍　semi-round necking tool; half round necking tool**

压棍形状为半圆棒状，用来压小坡度的肩，如图 131 所示。

14.1.9.3

**扁方压棍　flat necking tool**

细长扁方形状的压棍，主要用来压板状坯料的肩，如图 132 所示。

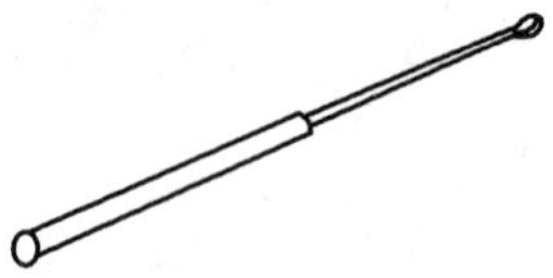

图 130　圆压棍

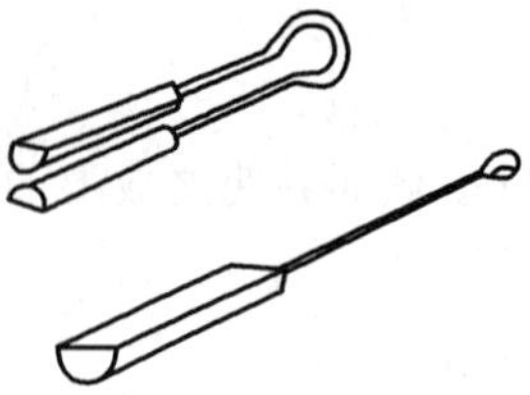

图 131　半圆压棍

图 132　扁方压棍

14.1.9.4

**三角压棍　triangular necking tool**

断面形状为三角棒状的压棍，如图 133 所示。

14.1.9.5

**月牙形压棍　crescent necking tool**

形状为月牙形的压棍，用于在圆棒材的外周压浅印，如图 134 所示。

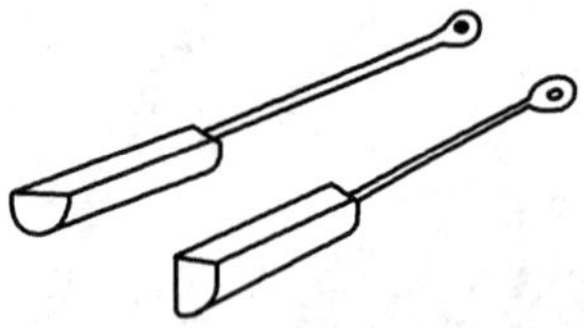

图 133　三角压棍

图 134　月牙形压棍

14.1.10

**芯轴　mandrel**

锻造空心件时控制锻件内径或支撑锻件用的锻造工具。

[GB/T 9453—2008 中 3.9.13]

14.1.10.1

**圆芯轴　round mandrel**

圆棒状的芯轴，如图 135 所示。

14.1.10.2

**半圆芯轴　semi-round mandrel;half round mandrel**

半圆棒状或在一个平面内有一段带有圆弧棱柱状的芯轴，如图 136 所示。

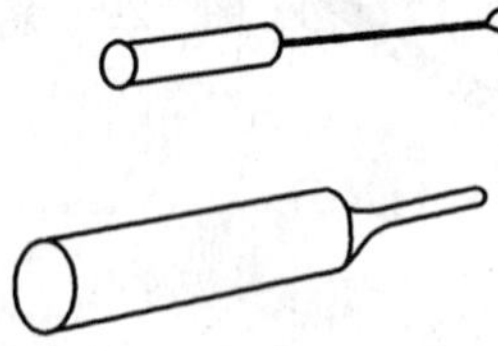

图 135　圆芯轴

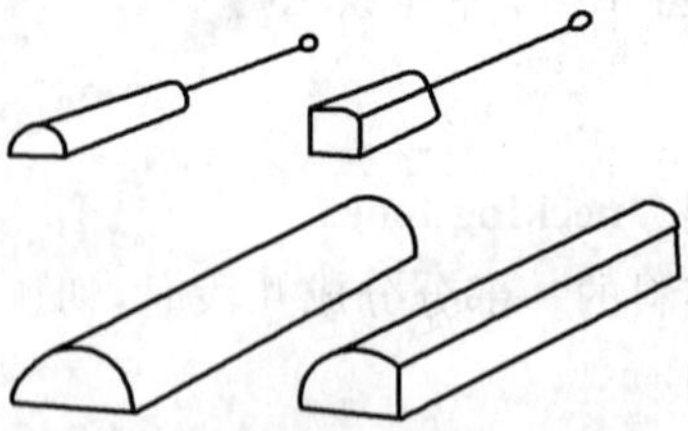

图 136　半圆芯轴

14.1.10.3

**圆锥芯轴　taper mandrel**

带有锥度的圆芯轴，如图 137 所示。

14.1.10.4

**钳把芯轴　porter bar**

锻造大锻件或钢块时，在坯料的端部凹处压入芯棒。锻造过程中便于夹持（一般与链条联合使用）。

14.1.10.5

**马架　mandrel supporter**

圆环件扩孔时支撑芯轴(也称马杠)所用的工具。按其结构可分为整体式和组合式两类,如图 138 所示。

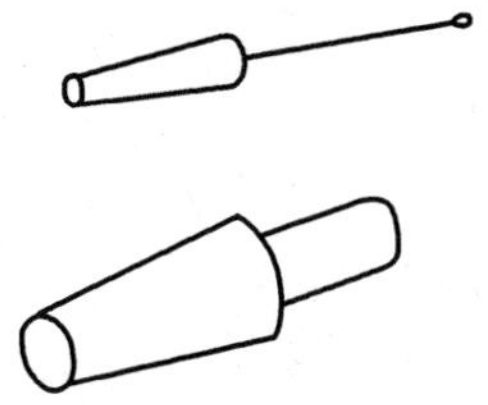

图 137　圆锥芯轴

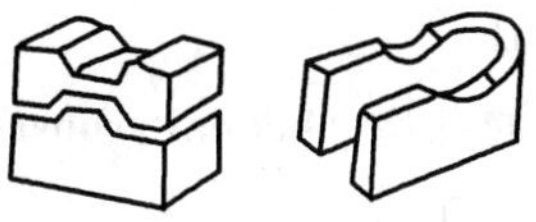

图 138　马架

14.1.11

**刮铲　scratch bar**

将锻件表面氧化皮铲去的工具,如图 139 所示。

14.1.12

**撬棒　lever**

使大锻件在铁砧上作前进、后退、回转运动的钢棒,如图 140 所示。

## 14.2　轧制工模具

14.2.1

**轧辊　roller**

完成旋转轧制成形的主要工具称为轧辊。不同的轧制方式有不同形状的轧辊及其外形。

14.2.2

**辊锻模　roll forge die; roll forming die**

在辊锻机上将毛坯纵轧成形的扇形模具。其中型槽前壁斜度 $\beta_1$,后壁斜度 $\beta_2$ 及型槽包容角 $\varphi$,见图 141 所示。

图 139　刮铲

图 140　撬棒

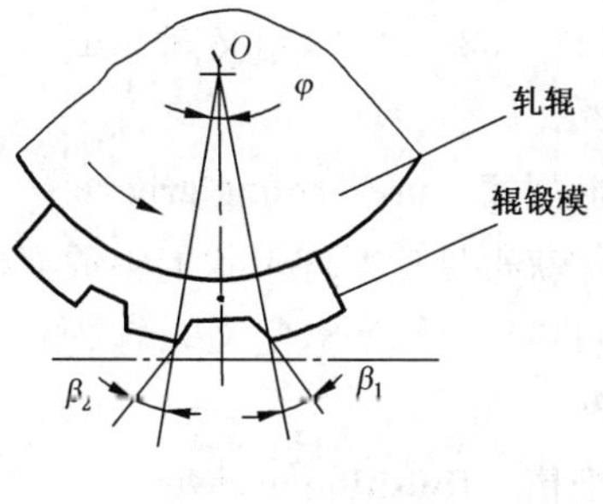


图 141　辊锻模

14.2.2.1

**辊锻线　line of roll forging; line of roll forming**

在辊锻过程中,上下辊锻模作用于坯料截面上的力对某一直线的力矩相等,则称此直线为型槽的中性线。辊锻线是指与型槽中性线相重合的直线,亦即为布置型槽的直线。

14.2.3

**扇形模块　segment; fanlike die block**

安装在辊锻机上,并使材料延伸变形的带有形状模腔的扇形块。

14.2.4

**导板　guide plate;guide**

在纵轧中,为使轧件能正确喂入与抛出,在轧辊的入口与出口设置了专门的导向工具;在斜轧与横轧中,为控制轧件在两轧辊接口相垂直方向的位置,也要设置专门的导向工具。

14.2.5

**斜轧螺旋孔型　helical groove (of the skew rolling)**

在孔型斜轧(如图54)中,两个轧辊都加工成螺旋型槽,它们交叉配置中组成的孔腔。

14.2.6

**基本导程　basic lead**

在多头孔型斜轧的孔型设计与加工中,除需确定基本螺距外,还要确定基本导程。基本导程等于基本螺距 $t$ 乘以螺旋孔型的头数。在孔型加工中,先要按基本导程加工出基本孔型。

14.2.7

**基本螺距　basic screw-pitch**

在孔型斜轧的孔型设计与加工中,被轧产品长度加精整部分凸棱的宽度。

14.2.8

**楔横轧模　wedge rolling tool (ing)**

实现楔横轧的基本成形工具。由楔入段、成形段、精整段、卸载段及切断段组成。

14.2.9

**成形角　forming angle (of wedge tool)**

楔横轧变形楔横截面的底角 $\alpha$。

14.2.10

**型槽系　system of groove**

为获得一定形状的辊锻件所需要的型槽组合系列。

[GB/T 9453—2008,定义2.9]

14.2.10.1

**制坯型槽　blanking groove**

使毛坯沿其长度方向进行金属体积分配的型槽。

[GB/T 9453—2008,定义3.5.1]

14.2.10.2

**预成形型槽　preforming groove**

使制件获得接近锻件形状的辊锻型槽,其作用相当于锤锻模的预锻模膛。

[GB/T 9453—2008,定义3.5.2]

14.2.10.3

**成形型槽　finishing groove**

使制件获得热辊锻件最终形状的型槽,可分为开式型槽、闭式型槽、开式与闭式的组合型槽。

[GB 9453—2008,定义3.5.3]

14.3

**拉拔模具　drawing die**

拉拔用的模具。

14.3.1

**锥形拉模　conical drawing die**

冷拔拉模的一种形式,其模孔由三部分组成:入口锥(1);定径带(2);出口锥(3)(如图142所示)。

14.3.2

**弧形拉模　curvilinear drawing die**

冷拔拉模的一种形式，其模孔母线为弧形，多用于加工小规格冷拔材。

14.3.3

**定径带　calibrating straight**

锥形拉模模孔的重要组成部分，对拉拔材料起均整定径作用，确定定径带直径 $d$ 应考虑到材料出模后的弹复，定径带 $B$ 的尺寸对拉拔力和模具寿命有影响（见图 142）。

14.4

**旋压工具　spinning tool**

在旋压过程中用于对坯料加压使之成形或分离的工具。它与坯料的接触包括滑动式和滚动式。它的形状有板、块、环、棒、轮、球等式样。

14.4.1

**擀棒　forming bar; pry bar**

手工普通旋压时用于对坯料加压的金属或木质棒式旋压工具。

14.4.2

**旋轮　spining roller**

旋压时用于对坯料加压的一种滚动式接触旋压工具。它包括用外型面工作和用内型面工作的，后者为环状。

14.4.3

**旋轮顶端圆角半径；鼻尖半径　roller nose radius**

旋轮最大工作直径处的圆角半径。

14.4.4

**导入角　leading angle; leading-in angle; opening angle**

如图 143 所示典型筒形变薄旋压旋轮型面上使坯料逐渐导入并成形的半锥角 $\gamma$。

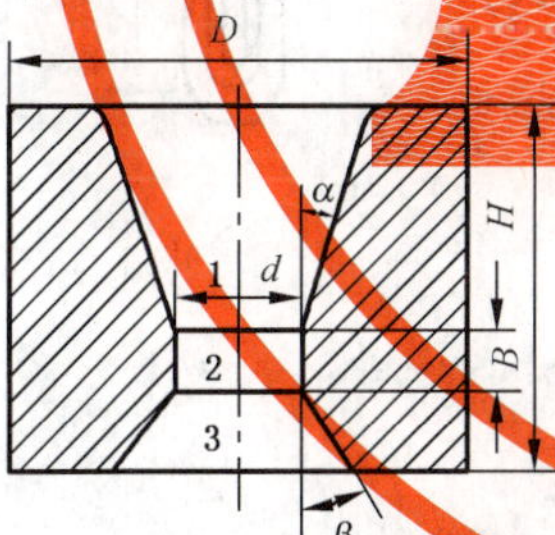


图 142　锥形拉模，定径带

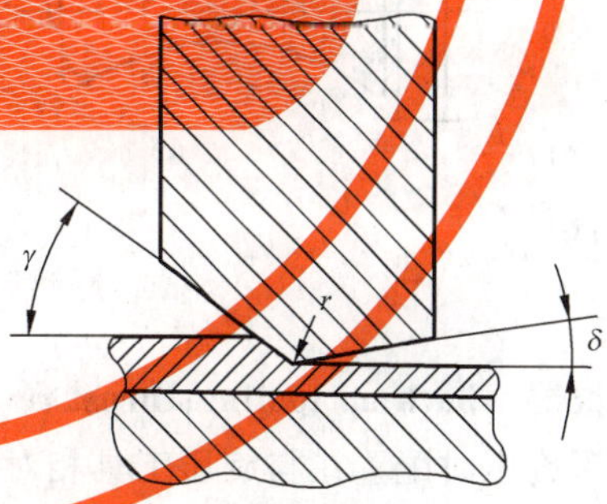


图 143　导入角和引出角

14.4.5

**引出角　trailing angle; leading out angle**

如图 143 所示典型筒形变薄旋压旋轮型面上使坯件逐渐引出而脱离的半锥角 $\delta$。

14.4.6

**旋压模；芯模　former; mandrel; chuck; spinning block; core model**

旋压时，坯料赖以安装、定位、转动并成形的模具。它包括整体式，组合式，偏心式以及“空气模”，“无芯模”等。

14.4.7

**分瓣模　segmental mandrel**

成形型面沿周向分瓣的一种组合式旋压模（见图 144）。

14.4.8

**分段模　sectional mandrel**

成形型面沿轴向分段的一种组合式旋压模(见图 145)。

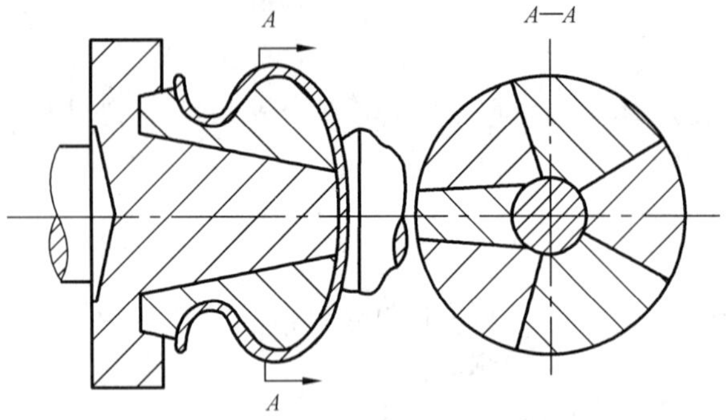


图 144　分瓣模

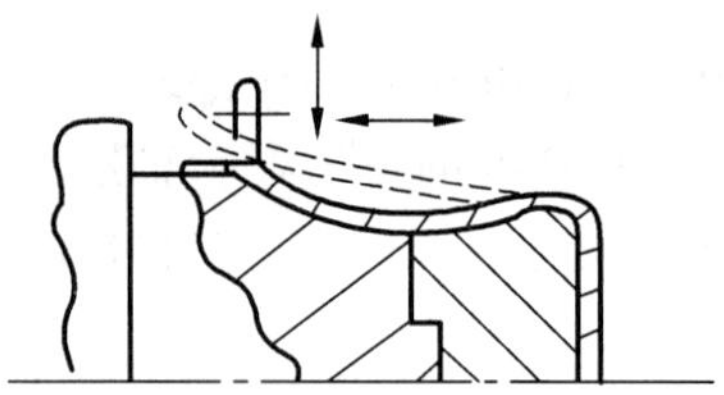

图 145　分段模

14.4.9

**偏心模　eccentric mandrel**

成形模轴线与主轴偏移的一种旋压模(见图 146)。成形模通常为辊式。

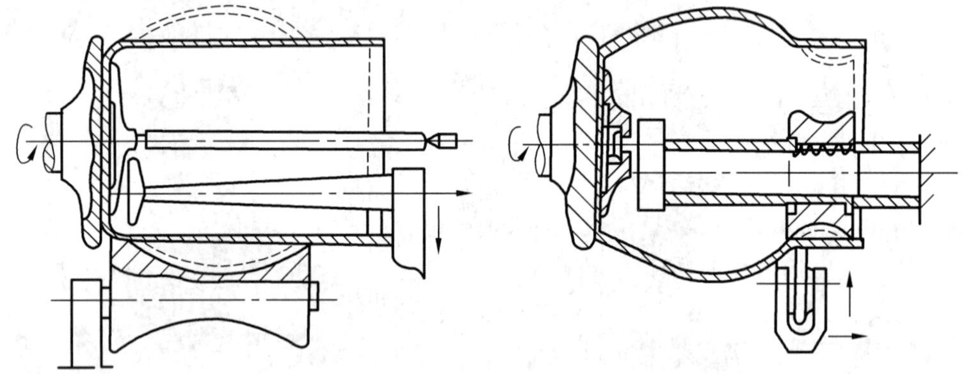

a)　　b)

图 146　偏心模

14.4.10

**反推器　back-up tooling; thrust reversers**

拉深旋压时配置在与旋压工具相对的板坯另一侧,对板坯凸缘施以一定压力以防止其起皱的工具。它包括棒式[见图 147a)]、盘式[见图 147b)]、辊式[见图 147c)]。

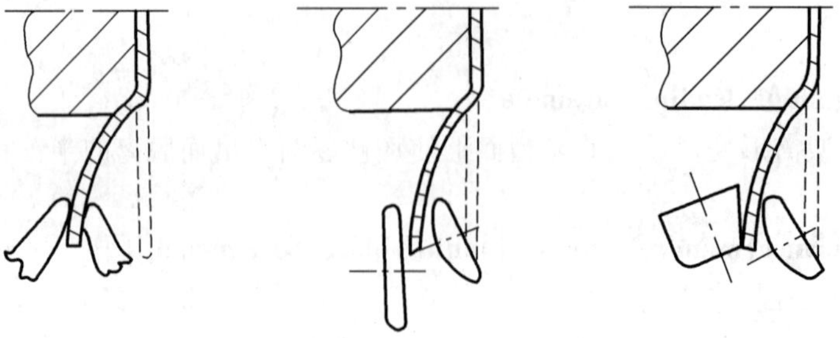

a)　棒式　　b)　盘式　　c)　辊式

图 147　反推器

14.4.11

**尾顶杆 tailed ejector rod**

在旋压时，借以将坯料在模具上压紧的顶杆。

14.4.12

**靠模板 template**

**仿形板**

用于液压仿形旋压机控制旋压工具运动轨迹的模板。

## 15 摩擦与润滑

15.1

**摩擦 friction**

两个接触的物体作相对运动时，接触表面上产生阻抗相对运动的现象。

15.2

**摩擦系数 coefficient of friction**

摩擦力除以接触面上的正压力得到的无因次量，即 $\tau=\mu\sigma_n$ 或两物体之间的摩擦力与其正压力的比值。

15.3

**摩擦力 friction force**

两物体在外力作用下作相对运动时其摩擦表面上的切向阻力。

15.4

**磨损 wear;wearing**

固体摩擦表面上物质不断损耗的过程，表现为物体的尺寸和(或)形状改变。

15.5

**润滑 lubrication**

向摩擦表面供给润滑剂，以减小磨损、表面损伤和摩擦力的措施。

15.6

**磨损率 wear rate**

磨损量与发生磨损所经过的时间之比值。

15.7

**边界润滑 boundary lubrication**

润滑面上的油膜很薄，小于表面粗糙度，局部金属表面透过油膜而直接接触，这时摩擦的大小介于摩擦和流体摩擦之间，这种润滑情况称为边界润滑。

15.8

**液体润滑 liquid lubrication**

坯料和工具的摩擦表面被固体润滑剂隔开的一种润滑形式。

15.9

**固体润滑 solid-film lubrication**

坯料与工具的摩擦表面被固体润滑剂隔开的润滑形式。

15.10

**强制润滑 force feed lubrication**

在压力作用下向摩擦表面供给润滑剂的润滑方法。

15.11

润滑剂　lubricant

为减少表面磨损和摩擦力而施加在摩擦表面上的物质。

15.12

玻璃润滑剂　glass-lubricant;glass-lubricant oil;use of glass as a lubricant

钢、高温合金热挤压或模锻时,常采用玻璃粉、玻璃网作润滑剂以减少坯料与工具之间的摩擦,提高产品质量和模具寿命。玻璃成分不同,其软化点、熔点也不一样,这样可以按合金的加工条件选择合适的玻璃润滑剂。

15.13

水基石墨润滑剂　colloidal graphite mixed with water

利用悬浮剂使石墨颗粒弥散在水中制成浮状润滑剂,也称石墨乳。

15.14

油基润滑剂　oily lubricant;oil lubricant

以矿物油或动植物油为基油(基础油),加上其他附加成分(如添加剂等)配制成的润滑剂。

15.15

水溶性润滑剂　soluble lubricant;soluble oil

水溶性油、乳化油一类的水基润滑剂,如乳化椰子油、乳化鲸鱼油,在金属塑性加工、切削、研磨时能起润滑、冷却作用。

15.16

干燥膜润滑剂　dry film lubricant

为了板料拉深方便,钢板出厂前预先在钢板表面覆上干燥润滑剂薄膜,如:丙烯酸树脂、PTFE 聚乙烯等。

15.17

合成润滑剂　synthetic lubricant

二元酸酯,磷酸酯,硅油等一类的有机合成润滑剂。

15.18

添加剂　additive

为使润滑剂具有某些性能或改善原有性能而添加的成分。

15.19

润滑膜　lubricant film

隔开摩擦表面的润滑薄层。

15.20

磷酸盐处理　phosphating;phosphate coating;phosphate process;phosphating treatment

碳钢坯料冷挤压之前放在磷酸盐、磷酸锌等混合溶液中加热在坯料表面上形成一层磷酸盐薄膜的处理。

15.21

草酸盐处理　oxalating;oxalate coating;oxalate process;oxalate treatment

不锈钢零件冷挤压前放在草酸铁催化剂溶液中加热,得到草酸盐薄膜的处理。

15.22

皂化处理　soap(emulsion)treatment;soap process

用硬脂酸钠或肥皂作为润滑剂进行的润滑处理。皂化处理一般用于磷化处理后的黑色金属和塑性较差的有色金属的润滑。

15.23

拉深润滑剂　drawing compound;drawing lubricant

在拉深工序中用来减少摩擦的润滑材料,主要是含油脂的流体。

15.24

自动润滑处理装置　automatic controlled equipment for phosphate coating

冷锻工艺通常坯料要进行磷酸盐皮膜处理,全过程都是自动化的装置。

## 16　锻压机器及机械化、自动化

### 16.1　锻压机器性能参数

16.1.1

打击　blow

锤头向下运动时所积蓄的动能在极短的时间内(一般只打千分之几秒)释放出来,使锻件获得塑性变形的过程。

16.1.1.1

倾斜打击　blow with inclined hammer

打击时锤头倾斜。

16.1.1.2

硬击　blow"die to die"

打击时,上、下模接触,从而使打击力达到高峰值。

16.1.2

打击效率　blow efficiency

在锤头打击锻件时,坯料塑性变形所吸收的能量与锻锤落下部分所具有的打击能量的比值。

16.1.3

打击能量　blow energy

当锤头进行打击时落下部分所具有的动能。

16.1.4

打击速度　blow speed

锤头打击锻件时所具有的速度。

16.1.5

打击次数　number of blow

从坯料到打成锻件,总打击次数。

16.1.5.1

每分钟打击次数　blows per minute

每分钟锻锤头可能进行全程打击的最高次数。

16.1.6

公称压力　capacity;nominal pressure

曲柄压力机的公称压力(或额定压力、名义压力)是指滑块离下死点前某一特定距离或曲柄旋转到离下死点前某一特定角度时,滑块上所允许承受的最大作用力。

液压机的公称压力是指液压机所能给出的最大压力。

16.1.7

落下部分重量　droping weight;weight of falling

锻锤的活塞、锤杆、锤头和上砧或上模统称为落下部分,其重量称为落下部分重量,也可称为锻锤的吨位。

16.1.8

**锤头行程　hammer stroke**

锤的落下部分或锤头运动所经的距离。

16.1.9

**最大行程　maximum stroke**

滑块行程调节装置的偏心距被调到最大值时,滑块由上死点至下死点的位移。

16.1.10

**顶出行程　ejection stroke**

顶出器在工作过程中可移动的距离。

[GB/T 9453—2008,定义4.11]

16.1.11

**拉深垫行程　die cushion stroke**

拉深垫最大移动距离。

16.1.12

**行程次数　strokes per minute**

滑块一分钟的往复次数。

16.1.13

**工作行程次数　number of working stroke per minute**

包括在上死点时的停止时间,每分钟滑块的往复次数。

16.1.14

**行程长度　stroke of slide;stroke length**

滑块一次行程移动的距离。

16.1.15

**可调行程　adjustable stroke**

机械压力机行程长度可调节的距离。

16.1.16

**行程调节　stroke adjustment**

改变下死点和压力机工作台之间的距离的操作过程。

16.1.17

**空行程　idle stroke**

滑块自上死点向下运动时,至接触工件之前的行程。

16.1.18

**空程速度　closing speed;approach speed**

在空行程时,液压机滑块的速度。

16.1.19

**回程　return stroke**

工作缸排液,回程缸进高压液,活动横梁提升的过程。

16.1.20

**回程速度　opening speed;return speed;speed of return stroke**

活动横梁回程时的运动速度。

16.1.21

**回程压力　pull back capacity;return pressure**

滑块回程时的压力。

16.1.22

**停顿　dwell**

压力机的一个循环中,滑块在载荷下,并在下死点附近静止不动的时间。

16.1.23

**急停止时间　stopping time**

从滑块的急停机构开始动作到滑块停止的时间。

16.1.24

**最长停止时间　maximum stopping time**

从使滑块的运动停止信号送出开始,到滑块停住为止的最长时间。

16.1.25

**上死点　upper dead point;top dead centre**

压力机滑块向上位移的最高位置。

16.1.26

**下死点　lower dead point;bottom dead centre**

压力机滑块向下位移的最低位置,即曲柄转角为0°时的位置。

16.1.27

**最大封闭高度　maximum shut height**

封闭高度调节机构处于上极限位置和滑块处于下死点时,滑块底面至工作台面(不包括工作台垫板)之间的距离。

16.1.28

**最大装模高度　maximum die set height**

封闭高度调节机构处于上极限位置和滑块处于下死点时,滑块底面至工作台垫板上平面之间的距离。

16.1.29

**寸动　inching;adjusting microinching**

能使压力机滑块获得间断的微小位移的一种操作规范。

16.1.30

**喉深　throat depth**

C形机身压力机滑块中心线至机身内侧面的距离。

16.1.31

**工作台尺寸　bed dimension;table size**

工作台的长宽尺寸,用以表示工作台的面积大小。

16.1.32

**最大偏心距　maximum eccentricity**

压力机承受偏心载荷时,所允许的最大偏置量,即锻件的压力中心至压力机中心所允许的最大距离。

16.1.33

**偏心载荷　eccentric load (ing)**

压力机进行加工时,作用在坯料上与压力机中心偏移的成形载荷。

16.1.34

**允许偏心载荷　allowable eccentric load**

滑块的前后左右方向允许的偏心载荷。

16.1.35

**制动力矩　brake torque**

压力机停车时，刹住从动部分运动所需要的力矩。

16.1.36

**公称载重量　nominal capacity of holding weight (manipulator)**

锻造操作机能夹持的最大锻件重量。

16.1.37

**夹持力矩　clamping torque (moment)**

当夹持的锻件重量为公称重量时，锻件重量与锻件重心至钳口销轴中心间距离的乘积。它表明夹持一定重量的锻件时允许的锻件最大长度。

16.1.38

**蒸汽(或空气)耗量　steam (air) consumption**

锻锤工作时，每单位时间内所消耗的蒸汽(或压缩空气)的重量。耗量单位为 kg/h。

16.1.39

**能量曲线　energy curve**

可变速的压力机上，表示飞轮的能量随行程变化的函数曲线。

16.1.40

**顶出力　ejecting force**

顶出器所能给出的作用力。

16.1.41

**卸料力　stripping force**

从凸模或凸凹模上将制件或废料卸下来所需的力。

[GB/T 8845—2008，定义 4.20]

16.1.42

**推件力　ejecting force**

从凹模内顺冲裁力方向将制件或废料推出所需的力。

[GB/T 8845—2008，定义 4.21]

16.1.43

**使用的最大液压力　maximum hydraulic pressure used**

驱动压力机所使用的最大液压力。

16.1.44

**平衡力　capacity of balance; balance force**

相当于滑块及装在滑块下面的模具等的总重量。

16.1.45

**使用气压　air pressure**

供给压力机的压缩空气必要的可用压力。

16.1.46

**惯性下降值　inertial over drop distance**

从滑块的停止信号发生开始，到滑块停住为止，滑块的下降量。

16.1.47

**最大下降速度　maximum descending speed**

滑块向下运动时的最大速度。

16.1.48

**最大上升速度　maximum ascending speed**

滑块上升时的最大速度。

16.1.49

**压力机刚度　press stiffness**

对压力机在负荷下产生的变形的一种度量方法。

## 16.2 锤

16.2.1

**锻锤　forging hammer**

利用工作部分(落下部分或活动部分)所积蓄的动能在下行程时对锻件进行打击使锻件获得塑性变形的锻压机器总称。

16.2.2

**单作用锤　drop hammer**

**落锤**

锤头只靠自重落下进行打击的锻锤。

16.2.3

**双作用锤　double-action hammer**

利用工作介质(如蒸汽、空气或氮气等)既作用于工作缸上腔也作用于工作缸下腔使锤头向上运动或向下运动进行打击。也称动力锤。

16.2.4

**单柱式锤　single frame hammer**

锤身只有一个立柱的锤。

16.2.5

**双柱式锤　double frame hammer**

锤身有两个立柱的锻锤。也称拱式锤。

16.2.6

**桥式锤　bridge-type hammer**

为便于锻造较大锻件,把两个立柱的跨度加大,构成一个桥状机架的双柱锤。

16.2.7

**空气锤　pneumatic hammer; air hammer**

空气锤有压缩缸和工作缸,电机带动压缩缸活塞运动,将压缩空气经旋阀送入工作缸下腔或上腔,驱使锤头向上运动或向下运动并进行打击。

16.2.8

**蒸汽-空气自由锻锤　steam-air forging hammer**

以蒸汽(或压缩空气)为工作介质,驱动锤头上、下运动进行打击,并适应自由锻工艺需要的锻锤。

16.2.9

**蒸汽-空气模锻锤　steam (or air) die forging hammer; steam hammer**

以蒸汽(或压缩空气)为工作介质。驱动锤头上、下运动进行打击,并适应模锻工艺过程需要的锻锤。

16.2.10

**液压锤　hydraulic hammer**

依靠液压和气压共同驱动锤头或单独依靠液压驱动锤头进行打击的锤。

16.2.11

**高速锤　high-energy-rate forging hammer (machine)**

在短时间内释放高能量而使金属成形的一种锻锤，打击速度为 20 m/s 左右。

16.2.12

**夹板锤　board-drop hammer**

落锤的一种。利用相对旋转的两个夹辊压紧锤头上的木板，并借摩擦力带动锤头上升，当放开夹辊时，锤头靠自重落下进行打击。

16.2.13

**模锻空气锤　die forging air hammer**

使机身与砧座连在一起的空气锤，可用于模锻。

16.2.14

**皮带锤　belt drop hammer; belt drop stamp; belt hammer**

落锤的一种。靠电机的转动通过带轮卷绕皮带并拉起锤头。当放开皮带后，则锤头靠自重自由落下，打击锻件。

16.2.15

**对击锤　counter-blow hammer**

用活动的下锤头代替砧座，当上锤头下降时，下锤头同时上升，产生对击使锻件变形，也称无砧座锤。

16.2.16

**落锤　drop hammer; drop stamping**

锤头靠自由落下进行打击的锤。有些国家把有砧座的双作用模锻锤也称为落锤，而在我国仅称为模锻锤。

16.2.17

**内燃锤　petro-forging machine; petroforge machine**

利用内燃机的工作原理而推动活塞和锤头工作的锻锤，也称燃气锤。

16.2.18

**弹簧锤　spring power hammer; spring hammer**

在传动装置和锤头之间设有板簧的锤。

16.2.19

**锤头　ram**

落下部分中固定上砧块或上锻模的部分。连接锤头与活塞的部分是锤杆。活塞、锤杆与锤头总称为落下部分。

16.2.20

**锤身　frame**

用于引导锤头和需要时支承传动装置的机架。

16.2.21

**砧座　anvil block**

安装下砧块并承受打击力的部分。

16.2.22

**基础　foundation**

埋于地下的一个钢筋混凝土结构，它能承受其上所安装的锤或压力机的重量，又能吸收剩余打击能量。

16.2.23

**浮动基础　floating foundation**

锻锤支承在缸体上面,缸体下部设有空气腔的内基础浮动在外基础的液面上,这种结构的基础可减少振动。

16.2.24

**砧垫　sow block;bolster;anvil cap**

固定在砧座上的一个金属垫块,其上安装下模。

16.2.25

**提升皮带　belt;lifting belt**

提升锤头用的一种挠性连接件。

16.3

**液压机　hydraulic press**

用高压液体(通常为水或油)来驱动滑块的压力机。

16.3.1

**手动液压机　hand hydraulic press;hand-operated hydraulic press;manual hydraulic press**

用手动液压泵传动的液压机。

16.3.2

**单臂式液压机　C-frame hydraulic press**

机身是单柱式结构的液压机。

16.3.3

**四柱式液压机　four-column hydraulic press**

由四个立柱与上梁及下梁组成框架机身的液压机。

16.3.4

**多柱式液压机　multi-column hydraulic press**

由多于四个立柱与上梁及下梁组成框架机身的液压机。

16.3.5

**单动液压机　single action hydraulic press**

有一个滑块的液压机。

16.3.6

**双动液压机　double action hydraulic press**

具有两个分别驱动的滑块的液压机。

16.3.7

**三动液压机　triple action hydraulic press**

在双动油压机的底座上装有一个反向运动的滑块的液压机。

16.3.8

**多工位液压机　multi-station transfer hydraulic press**

装有多工位连续自动送料装置的液压机。

16.3.9

**多缸式液压机　multi-cylinder hydraulic press**

具有两个以上工作缸的液压机。

16.3.10

**超高压液压机　superhigh pressure hydraulic press**

一般标准液压机工作介质压力低于 32 MPa,工作压力提高到 45 MPa 甚至 100 MPa 以上工作的液压机。

16.3.11

**油压机　oil hydraulic press**

用油压驱动滑块的液压机。

16.3.12

**快速锻造液压机　high speed forging hydraulic press**

行程次数高(一般为80次/min～120次/min)和工作行程速度快(一般达60 mm/s～120 mm/s)的锻造液压机。

16.3.13

**液压式精冲压力机　hydraulic fine blanking press**

液压式精冲压力机是一种能同时提供压边力、反压力和冲裁力的专用精密冲裁设备,适用于中厚板零件的冲孔、落料、半冲孔等多种冲压工序。

16.3.14

**金属挤压液压机　metal extrusion hydraulic press**

用于黑色金属及有色金属挤压成形(包括正挤压、反挤压和复合挤压等工艺),也可用于模具型腔的挤压、粉末制品的压制和板料拉深成形等工作。

16.3.15

**模膛挤压液压机　hobbing hydraulic press**

模膛挤压液压机主要用于模具型腔内部的精密成形。整机由主机、液压系统、电气操纵箱等部分构成。主机采用预应力钢丝缠绕结构,体积小、重量轻、工作稳定、承载能力大,能自动控制挤压深度,控制系统采用按钮集中控制、设有检测报警、预选显数等自动装置。

16.3.16

**金属屑压块液压机　metal scrap briquette hydraulic press**

能将粉粒状的铸铁屑、钢屑、铜屑、铝屑等直接冷压成圆柱饼块,铸铁屑压制后密度可达5 $t/m^3$～6 $t/m^3$。

16.4

**压力机　press**

一种能使滑块作往复运动,并按所需方向给模具施加一定压力的机器。

16.4.1

**机械压力机　mechanical press**

采用机械传动作为工作机构的压力机,工作机构由曲柄、连杆、滑块等组成。

16.4.2

**开式压力机　C-frame press;gap-frame press;gap press**

具有开式机身,工作台的三个方向是敞开的机械压力机。

16.4.3

**闭式压力机　straight side press**

工作台仅前后敞开,左右有立柱的机械压力机。

16.4.4

**上传动压力机　top drive press**

压力机的传动系统,包括电机及离合器等在滑块上方,即设置在机身上部的压力机。

16.4.5

**下传动压力机　under drive press**

传动系统(包括电机及离合器等)设置在工作台下面的压力机。

16.4.6

**曲柄压力机　crank press**

采用曲柄连杆系统作为工作机构的压力机。

16.4.7

**单点压力机　one point press**

曲柄作用在滑块上的着力点仅有一个，即由一个连杆驱动滑块的压力机。

16.4.8

**双点压力机　two point press**

曲柄作用在滑块上的着力点有两个，即由两个连杆驱动滑块的压力机。

16.4.9

**四点压力机　four point press**

曲柄作用在滑块上的着力点有四个，即由有四个连杆驱动滑块的压力机。

16.4.10

**台式压力机　bench press**

安装在台子或桌上的小型压力机。

16.4.11

**可倾压力机　inclinable press**

机身后部开有通口，并且机身安装成可倾斜的压力机。

16.4.12

**单动压力机　single action press**

通过传动系统仅带动一个滑块运动的压力机。

16.4.13

**双动压力机　double action press**

通过传动系统带动内、外两个滑块运动的压力机。

16.4.14

**三动压力机　triple action press**

具有三个独立、平行移动滑块的压力机，两个滑块在模具空间上方，一个滑块在其下方。

16.4.15

**多工位自动压力机　multi-station transfer press**

在滑块一次行程中，可使工件的各道工序分别在压力机的各个工位同时完成的压力机。

16.4.16

**闭式侧滑块压力机　straight-side press with side slide**

机身内安装有曲柄连杆机构，带动主滑块，机身外通过曲柄连杆机构还带动侧滑块，主滑块与侧滑块由同一曲轴带动。它主要用于切边或其他辅助工序。

16.4.17

**齿轮传动压力机　geared press**

曲轴或偏心轴与动力的连接是通过一对或数对齿轮来实现的压力机。

16.4.18

**肘杆压力机　knuckle joint press**

由肘杆机构驱动滑块运动的压力机。

16.4.19

**精压机　coining press; knuckle joint press**

采用曲柄肘杆机构传动的立式压力机，其特点是滑块工作行程小，变形力大，适用于锻件的精压校平及压印等。

16.4.20

**板冲高速自动压力机　automatic high speed press**

一种高速自动压力机,其滑块每分钟行程次数比公称力相同的通用压力机高好几倍、几十倍甚至更高,一般认为 1 000 kN 以下的曲柄压力机,将行程次数大于 500 次/min 的定为高速压力机。

16.4.21

**冲模回转头压力机　turret punch press**

回转头上安装多个不同形状的模具,可把任何一个模具转到滑块下面,在所规定的位置进行规定的冲压加工的曲柄压力机。

16.4.22

**精密压力机　dieing machine;dieing press**

精密压力机有高速精密压力机和快速精密压力机,有单点型、双点型、有开式和闭式的。适用于薄板零件的冲孔、落料、修边等精密冲压工序。

16.4.23

**冲槽压力机　notching press**

主要用来冲压电动机转子、定子硅钢片槽的专用压力机。

16.4.24

**楔式压力机　wedge press**

用楔块机构驱动滑块的压力机。

16.4.25

**板料自动压力机　sheet automatic press**

带开卷、校平装置与送进装置,可在压力机的一次行程中,以多种模具同时对多个工件进行落料、冲孔、拉深、弯曲、切边等多工序加工,从而获得一个完整零件的压力机。

16.4.26

**精修冲模用压力机　die spotter**

用于模具的最终精修的一种小型压力机,它可示出模具加工的不精确度,可以用来检验模具的配合情况和其性能。

16.4.27

**螺旋压力机　screw press**

靠主螺杆的旋转带动滑块上、下运动,向上实现回程,向下进行锻打的压力机。

16.4.28

**摩擦螺旋压力机　friction screw press**

一般叫摩擦压力机,由电机带动左右两个摩擦轮旋转,通过摩擦力使飞轮和主螺杆旋转,带动滑块上下进行打击。

16.4.29

**电磁螺旋压力机　electro-magnetic screw press**

靠电磁作用使飞轮和主螺杆旋转,带动滑块上下运动进行打击的螺旋压力机。

16.4.30

**液压螺旋压力机　hydraulic screw press**

利用液压传动加速飞轮和螺杆旋转,并使之转变为滑块的上下运动。

16.4.31

**离合器式螺旋压力机　clutch screw press**

此种压力机飞轮和螺杆是分开的,在压力机启动后,飞轮始终保持单项旋转,达到额定转速后允许工作。

16.4.32

**电动螺旋压力机　electric screw press**

电动螺旋压力机是一种节能型精密模锻设备，电机驱动飞轮，经螺杆带动滑块上下运动。具有抗偏载能力强，模具应力小、寿命长、锻件成形精度高等特点，在节能、打击力的精确控制等方面优于传统螺旋压力机。

16.4.33

**平锻机　horizontal forging machine；upsetter**

具有镦锻滑块和夹紧滑块的卧式压力机。按夹紧滑块分模面的方向可分为水平分模面平锻机和垂直分模面平锻机。

16.4.34

**锻造压力机　forging press**

热态金属进行锻造的液压机或机械压力机。

16.4.35

**多向模锻压机　multi-cored forging press；multi-ram forging press**

具有垂直方向和水平方向多滑块的压力机。

## 16.5　其他锻压机器

16.5.1

**剪板机　plane shears；plate shears；plate shearing machine；guillotine shear**

用剪切方法使板料分离的机器。按传动形式分为机械剪板机和液压剪板机。

16.5.1.1

**液压剪板机　hydraulic plate shears；hydraulic guillotine shear；hydraulic plate shearing machine**

用液压驱动的剪板机。

16.5.1.2

**摆式剪板机　pendulum plate shear；swing-type plate shear**

上刀架绕支点摆动的剪板机。

16.5.2

**滚剪机　plate rotary shear**

以滚轮为上下剪刀的，切入板料并将其分离的剪切设备。

16.5.3

**振动剪　nibbling shear**

**冲型剪**

利用高速往复运动的冲头（每分钟行程次数最高可达数千次）对被加工的板料进行逐步冲切以获得所需要的轮廓形状的机器。

16.5.4

**径向锻造机　radial forging machine**

用径向锻造的方法锻制旋转体锻件的机器。

16.5.5

**摆动辗压机　rotary forging press；ratary forging machine**

**摆辗机**

用来进行摆动辗压的专用设备。安装在梁上作旋转运动的摆头是区别于其他锻压机的特有部件。

16.5.6

**轧机　rolling mill**

用作金属轧制加工的机器，操作中使轧件在转动的轧辊间变形，以加工钢坯、型材、板材、管材、线材等。

16.5.7

**齿轮轧机　gear rolling machine**

轧制齿轮的机械。

16.5.8

**楔横轧机　cross wedge rolling mill**

实施楔形模横轧工艺的设备。楔横轧机基本类型有三种:辊式、板式与单辊弧形式。

16.5.8.1

**二辊楔横轧机　cross wedge rolling mill with two rollers;two-roll cross wedge rolling mill**

在两个圆形轧辊上安装楔形模具的轧机。它由电机通过减速、分速带动两个轧辊同向旋转。

16.5.8.2

**三辊楔横轧机　cross wedge rolling mill with three rollers;three-roll cross wedge rolling mill**

在三个圆形轧辊上安装楔形横具的轧机。它由电机通过减速、分速带动三个轧辊同向旋转。

16.5.8.3

**板式楔横轧机　plate cross wedge rolling mill**

在两个平板上安装楔形模具的轧机。两个平板通过液压缸作相对运动。

16.5.9

**辊锻机　forging roll;forge roll**

用于辊锻加工的机器。根据锻辊的支承方式可分为悬臂式、双支承式及复合式。

16.5.10

**旋压机　spinning machine;spinning lathe**

用于旋压加工的机器。包含立式和卧式、手动、液动和数控、通用和专用等形式。

16.5.11

**镦锻机　upsetting machine**

用于局部镦锻的机械压力机(通常为加热镦锻)。

16.5.11.1

**冷镦机　cold header**

用作金属在常温下镦锻加工的机器。

16.5.11.2

**高速热镦机　hot upsetting machine with high speed;hot former**

对热棒料进行切断、镦锻、成形、修边等多道工序,制成工件的高速锻造用的曲柄压力机。

16.5.11.3

**多工位自动镦锻机　multistation automatic header**

三个工位以上的自动镦锻机。

16.5.11.4

**电热镦机　electric upset forging machine**

将金属棒料在局部接触加热过程中进行镦锻的机床。

16.5.12

**自动切边机　automatic trimmer**

对镦锻制品进行切边加工的机器。

16.5.13

**自动滚丝机　automatic thread roller**

用于圆柱毛坯滚制螺纹的机器。

16.5.14

**自动搓丝机　automatic flat-die thread rolling machine; automatic thread rolling machine; automatic coil thread roller**

用一对搓丝板在零件杆部搓制螺纹或沟槽的自动锻压机。

16.5.15

**自动冲压弯曲机　automatic stamping and bending machine; automatic bender**

**自动弯曲机**

将带材或线材冲切并弯曲成形的自动锻压机。

16.5.16

**自动卷簧机　automatic spring winding machine; automatic spring coiling machine**

工作循环连续自动卷制弹簧的锻压机。

16.5.17

**万能折弯机　universal folding machine**

手动板料弯曲机械，更换不同模具可进行 V 型、U 型、盒型及半圆型等工件的弯曲。

16.5.17.1

**板料折弯机　press brake**

以模具的相对运动折弯板材的机器。

16.5.17.2

**液压板料折弯机　hydraulic press brake**

用液压驱动滑块的板料折弯机。

16.5.17.3

**板料折弯剪切机　combined press brake and guillotine shear**

滑块运动时，下部用一个刀片相对另一个刀片作往复直线运动剪切板料，上部以模具的相对运动折弯板材的机器。

16.5.18

**辗扩机　ring rolling machine**

对环形毛坯进行辗扩的机器。

16.5.19

**挤压机　extrusion press**

挤压金属材料的压力机。有立式、卧式。

16.5.20

**拉拔机　drawing machine**

金属在常温下拉拔加工的机器，其能力以机器的最大拉拔力表示。

16.5.21

**拉形机　stretching machine; stretching former**

实现拉形工艺过程的专用机床（如图 148 所示）。主要部件为钳口与拉伸油缸，工作台与升降油缸。

16.5.22

**喷丸机　shot blast chamber (machine)**

一种实现喷丸清理、强化成形工艺的专用机床（如图 149 所示）。主要包括喷丸机头，丸的回收系统与板件工作台。喷丸采用高速气流。

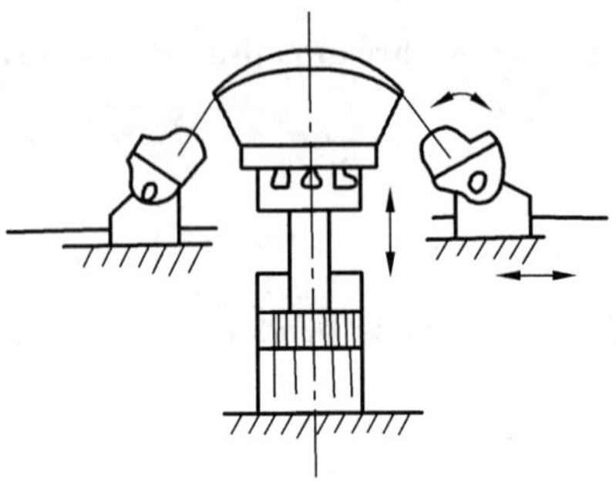

图 148　拉形机

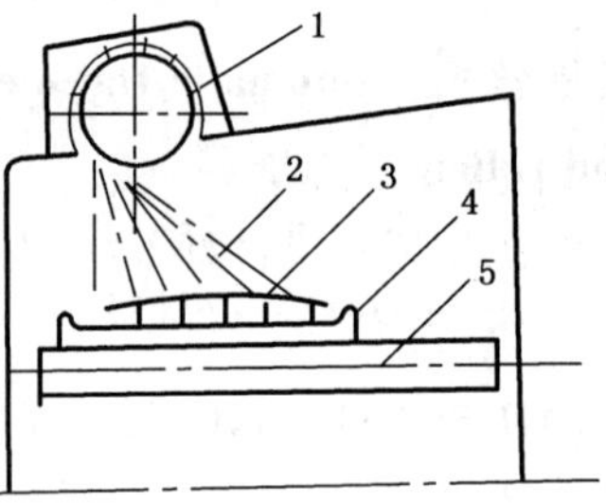


1——叶轮；2——钢丸；3——壁板；
4——托架；5——滚棒。

图 149　喷丸机

16.5.23

**辊式校平机　roller leveler**

让板材通过几列辊子之间，使板材变形得到校正的装置。

16.5.24

**钢坯剪切机　billet shears**

用一对刀刃对材料进行剪断的机械。

16.5.24.1

**棒料剪切机　billet shearing machine；bar（rod）shearing machine**

从棒料截取坯料的剪切机。

16.5.24.2

**棒料台架　bar rack**

将棒材往切断机里自动送进的台架。

16.5.25

**带锯床　hand sawing machine**

用回转运动的环形锯带对钢材进行锯断的机床。

16.5.26

**金属锯床　sawing machine；metal sawing machine**

用往复运动的锯条对钢材进行锯断的机床。

16.5.27

**气割装置　gas cutting device**

用燃烧的气体对金属材料进行熔断切割的装置。

## 16.6　压力机主要构件

16.6.1

**机身　frame**

将压力机的主要部件联成一个整体，工作时承受全部变形力的部件（如图 150 所示）。按结构形式分为整体机身和组合机身，按制造工艺分为铸造机身和焊接机身。

16.6.1.1

**C 型机身　C-frame**

形状像 C 字的机身。可以从前、左、右三个方向进行操作。

16.6.1.2

**封闭机身　straight side frame**

形状呈框形，两侧立柱直立的机身。

16.6.1.3

**整体式封闭机身　straight-side one-piece frame；integral straight side frame**

压力机的机身是一整体的封闭框架。

16.6.1.4

**组合式封闭机身　straight-side assembled frame；combined straight side frame**

通常分为上横梁、立柱、底座几部分，用拉杆组装成为封闭机身。

16.6.2

**工作台　table；bed**

闭式组合机身中的一个组成部分（如图 150 所示），与两个立柱及横梁用拉紧螺拴拉紧组成一封闭框架，承受变形力。

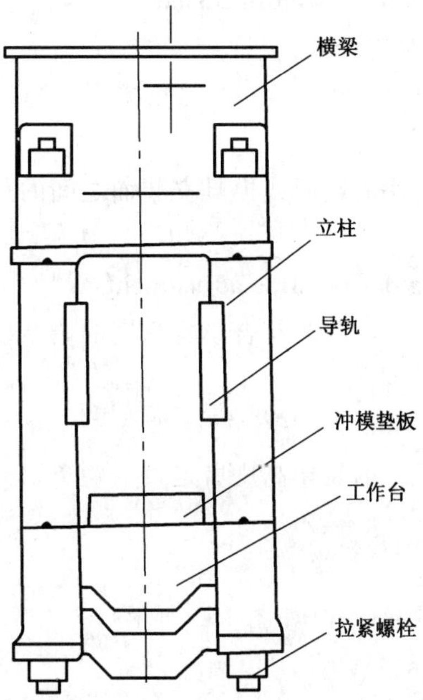


图 150　机身

16.6.2.1

**移动工作台　moving bolster**

能移出压力机的工作台，便于模具装卸。

16.6.2.2

**工作台板　bolster plate；bolster**

固定在压力机底座面上的平板，其上有钻孔或 T 型槽，供固定下模或模座用。

16.6.3

**滑块　slide；ram**

安装模具，往复运动的部分。

16.6.3.1

**内滑块　inner slide；inner ram；inner-ram plate**

双动压力机两个滑块中的内侧的滑块。也称主滑块。

16.6.3.2

**外滑块 outer slide;outer ram**

双动压力机两个滑块中的外侧的滑块。又称压边滑块。

16.6.3.3

**下滑块 lower slide**

三动压力机上的第三滑块(也称第三滑块)。

16.6.3.4

**压边滑块 blank holder slide**

多动压力机的外滑块。

16.6.3.5

**长滑块 long slide**

这种滑块长宽比例,比一般滑块的大,为的是承受载荷时,减少倾斜。

16.6.3.6

**滑块尺寸 dimension of slide;slide face dimension**

安装模具的滑块表面的前后、左右尺寸。

16.6.3.7

**滑块间距 slide separation**

多动压力机上的内滑块和外滑块的底面或模具安装面之间的距离。

16.6.3.8

**滑块调节装置 slide adjusting device;slide adjustment**

调节滑块位置使滑块与垫板之间的距离符合模具高度的调节装置。

16.6.3.9

**滑块调节量 adjustment of a slide**

滑块从最大的封闭高度调到最小的装模高度所走过的距离。

16.6.4

**导轨 guide**

保证滑块运动具有一定方向的导向件(如图 150 所示)。

16.6.4.1

**导轨镶条 gibs**

滑块往复运动的导向部分,可用以调整导轨的间隙。

16.6.5

**曲轴 crank shaft**

把回转运动转变为滑块往复运动的轴。

16.6.6

**连杆 connecting rod (bar)**

连接滑块、柱塞等,使其往复运动的零件。

16.6.7

**肘杆 toggle link**

把回转运动转变为滑块往复运动的连杆。一般用来驱动精压机的滑块。

16.6.8

**横梁 crown**

组合式机身的上梁,通常内装传动部件(如图 150 所示)。

16.6.9

**立柱 upright**

组合式机身的侧柱，通常装有滑块的导向部件(如图150所示)。

16.6.10

**螺杆 screw**

与连杆连接，用来调节滑块位置的螺杆。螺旋压力机中用于滑块的往复运动。

16.6.11

**拉紧螺拴 tie rod**

用来组装组合机身的两端带螺纹的杆件(如图150所示)。

16.6.12

**底座 bed**

闭式机身的一部分，承受冲压压力的基础件。通常上面安装垫板、模具等。

16.6.13

**脚踏板 pedal**

操纵刚性离合器动作的脚踏杠杆或驱动滑动的脚踏板杠杆。

16.6.14

**飞轮 fly wheel**

压力机传动系统中，借助于旋转角速度的变化，可以储存和释放能量的零件。

16.6.14.1

**飞轮能量 fly wheel energy**

在飞轮允许的速度降低的范围内，压力机可以作功的能量。

16.6.15

**曲柄连杆机构 crank link mechanism**

由曲轴、连杆、滑块组成的机构(如图151所示)。曲轴作旋转运动，通过连杆把曲轴的旋转运动转变为滑块的直线往复运动。

16.6.16

**曲柄肘杆机构 toggle mechanism; crank toggle mechanism**

由曲轴、连杆、上肘杆、下肘杆及滑块组成的机构(如图152所示)。上下肘杆分别与机身上的固定垫块及滑块相连，连杆通过销轴同时与二肘杆相铰接，当曲轴转动时，通过连杆及肘杆使滑块作直线往复运动。

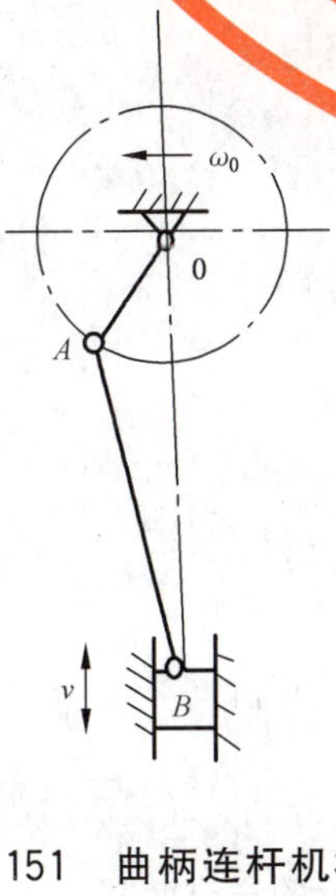


图151 曲柄连杆机构

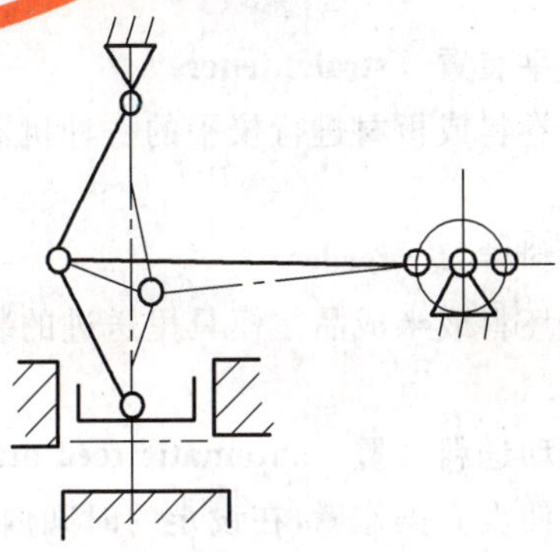

图152 曲柄肘杆机构

16.6.17

**气垫 cushion;pneumatic cushion;air cushion**

利用压缩空气进行顶件和压边的一种装置。

16.6.17.1

**液压气垫 hydropneumatic cushion**

利用压缩空气来控制进油或排油以完成顶件或压边的一种装置。

16.6.18

**多片式摩擦离合器 multi-disc friction clutch**

用数片摩擦片做成的摩擦离合器。

## 16.7 锻压机械化、自动化

16.7.1

**机械化 mechanization**

在生产过程中采用一些机械、电动、气动、液压传动等装置或其他装备代替某些人工操作,以减轻劳动强度和提高生产率。

16.7.2

**自动化 automation**

采用某些装置和机器全部代替人工操作,使生产过程顺序地组织在一个能够自动检测、自动控制、自动调节和自动管理的统一系统中。

16.7.3

**锻造自动线 automatic forging line**

由自动操作的主机和辅机按锻造工艺流程用自动传送装置连接起来无需人工操作的锻造生产线。

16.7.4

**机械手 mechanical hand;robot;mechanical operated arm**

模仿人手按预定程序工作的机械装置,它由手爪、手腕、手臂、立柱、驱动系统和控制系统组成。

16.7.5

**冲压自动线 automated press line;automatic press line**

若干台压力机和辅机用传送装置按冲压工艺流程连接起来无需人工操作的一种冲压生产线。

16.7.6

**开卷装置 unwinder;decoiler**

利用电机驱动将卷料展开的一种装置。

16.7.7

**校平装置 straightener**

将卷料或板材进行校平的一种机器设备。

16.7.8

**送料装置 feeder**

把坯料或半成品往模具里送进的装置。

16.7.8.1

**自动送料装置 automatic feed attachment**

即使没有操作者,在设定的时间内,把坯料往锻压设备里送进的装置。

16.7.8.2

**半自动送料装置 semi-automatic feed attachment**

操作者必须要往装置里不断地送料,压力机才能连续自动地运行的送进装置。

16.7.8.3

**盘式送料装置　dial feeder**

将加工件放在有分度的回转台上，送到模具中的装置。

16.7.8.4

**料斗式自动送料装置　automatic magazine feeder**

预先装在料斗中的坯料，从底部一件一件送到模具中的装置。

16.7.8.5

**多工位送料装置　multi-station feeder**

把前一工位的制件夹持送到下一工位，实现多工位连续自动加工的装置。

16.7.8.6

**推板式自动送料装置　automatic pusher feeder**

由推板把坯料一件一件送到模具中的装置。

16.7.8.7

**夹持式送料装置　gripper feeder; slide feeder**

利用送料夹持器将条料或卷料夹紧向前送进，到位后由定位夹持器夹紧定位，送料夹持器松开，退回原位。

16.7.8.8

**辊式送料装置　roller feeder**

利用一对或两对辊子将板料或卷料夹住，当辊子转动时，借助二者间的摩擦力将材料送进。

16.7.8.9

**钩式送料装置　hook feeder**

利用作往复运动的送料钩将冲裁后的搭边钩住，通过压力机驱动送料钩将材料牵引送进。

16.7.8.10

**回转式送料装置　rotary feeder**

利用带有等距离分布的孔或槽的圆盘，在回转中将工件逐个送入工作位置的一种装置。

16.7.8.11

**夹板式送料装置　holding plate feeder**

配合多工位压力机作工位间传送工件的装置。夹板装在工作台内侧，其上安装有钳爪，可做夹紧、送进、松开、退回等平面运动。

16.7.8.12

**板坯送料装置　sheet loader; sheet feeding device; sheet feeder**

把大小一定的板坯垛叠，逐一地送到压力机里的装置。

16.7.8.13

**交错送料装置　zigzag feeder**

把板材交错地送进的送料装置。

16.7.8.14

**校正送料装置　leveler feeder; levelling feeder**

校平与辊式送料组合在一起的送料装置。

16.7.8.15

**压力机间送料装置　shuttle feeder**

在两台压力机之间，与压力机同步往复运动，夹持着制件从一台压力机转送到另一台压力机中的送料装置。

16.7.8.16

**分度送进　index feed**

用分度送进装置进行送料。

16.7.8.17

**上料机构　feed mechanism**

在机械化或自动化装置中,将坯料输送至准备加工的位置。

16.7.8.18

**螺旋振动上料器　helical vibration feeder**

利用振动,使坯料沿螺旋料道顺序排列,启动上升以达到上料目的的一种装置。

16.7.8.19

**料斗给料器　hopper feeder**

投放在料斗中的坯料被料斗分离排列整齐,再通过喂料器顺次送向模具的装置。

16.7.8.20

**送料节距　feeding pitch**

在送料过程中,坯料每次送进的距离。

16.7.8.21

**送进速度　feeding speed**

送进装置中滑块在一个周期内,卷材或工件在模具中往送进方向移动的平均速度。

16.7.8.22

**送料方向　feed direction**

毛坯或条料进入模具的方向。

16.7.8.23

**送料中心高度　feed level**

带自动送料装置的压力机垫板上平面到被传送的材料或制件中心线的高度。

16.7.8.24

**送进精度　feed pitch error**

带料或工件实际送进长度与标准规定的送进长度的误差界限值。

16.7.8.25

**送进长度　feed length**

一次送进,坯料向送进方向移动的距离。

16.7.8.26

**送料轮　drawing-in roller;feeding roller**

送料用的滚轮。

[GB 9453—2008,定义 3.6.21]

16.7.8.27

**夹送辊　pinch roll**

为送进板料或棒料,对板料或棒料上下均施以一定的压力,并按规定的方向和长度反复送进的夹辊。

16.7.8.28

**料斗　hopper**

储存工件的一种容器,工件在送向加工位置以前,无秩序地储存在该容器内。

16.7.8.29

**料匣　magazine**

一种储存工件的容器，工件在该容器内准确地定好方位，以便送入加工位置。

16.7.8.30

**料架　reel**

支承卷料，以便进行开卷的装置。

16.7.8.31

**转轴式卷料架　stock reel; reel for strip**

用于支持卷料，其枢轴可以回转的架子，卷料由此架上拉出并送入加工工位。

16.7.8.32

**滚轮式卷料架　roller reel**

带有几个滚轮的卷料架，卷料外圆支承在这些滚轮上。

16.7.8.33

**导料管　feeding pipe**

送料时起导向作用的管子。

[GB/T 9453—2008，定义 3.6.20]

16.7.9

**真空吸料装置　blank vacuum absorbing device**

利用真空泵或压缩空气使橡胶皮或软质塑料皮与板料间形成真空而吸住板料，以便提升和输送的一种装置。

16.7.10

**皮带输送机　belt conveyer**

锻造工序间输送工件的一种装置，由皮带、滚筒、电机、减速器等组成。

16.7.11

**板式输送机　plate conveyer**

热模锻生产中实现工序间输送的一种机械装置，辅送带由链板组成，电动机经减速器，并由链轮驱动链板，将放在链板上的工件输送到预定的位置。

16.7.12

**链式输送机　chain conveyer**

热模锻生产中实现工序间输送的机械装置，它由电动机、减速器、链轮、电引链、钩爪等组成。

16.7.13

**悬挂输送链　suspension conveyer chain**

安装在一定高度，通过输送链的运动，将悬挂在链上的工件运到下一工序或车间的机械输送装置。

16.7.14

**滑道　slip way**

一种倾斜的平面滑板，依靠工件自重沿着滑道输送工件至预定的位置。

16.7.15

**滚道　roller conveyer**

利用滚柱的滚动输送工件的一种装置。安装在支架上的滚柱由电机驱动，或在倾斜的滚道支架上靠工件自重移动。

16.7.16

**横移装置　traverser; traverse device**

台车与坯料、锻件、制品等一起横向移动的装置。

16.7.17

**吊链　turning chain;sling chain**

大型自由锻造时,使坯料回转、移动的链条装置。

16.7.18

**推料机构　pusher**

采用气动、液压等方式移动坯料的一种装置。这种机构多用于加热炉的进、出料。

16.7.19

**锻造操作机　manipulator for forging;forging manipulator**

用于夹持钢锭或坯料进行锻造操作及辅助操作的机械设备。该设备可进退、旋转、升降、摆动所夹持的坯料。操作机分有轨的和无轨的,有机械传动、液压传动和混合传动的。

16.7.20

**快锻操作机　quick forging manipulator**

一种动作快,运动精度高的操作机,与快锻液压机配套使用两者组成快锻机组通过数控装置实现联动操作。

16.7.21

**翻转装置　turn-over device**

在冲压过程中,根据工艺要求将半成品翻转一定角度再送到下一道工序加工的装置。

16.7.22

**锻造翻钢机　forging manipulator**

一种用于大钢锭锻造时的翻料装置,常用于水压机车间。使用时,将该装置悬挂于吊车的吊钩上,由电机单独驱动。

16.7.23

**自动司锤装置　hammer automatic operating device**

将气动或液压伺服机构安装在操纵系统中以代替人工司锤的装置。

16.7.24

**快速换砧装置　quick anvil change equipment**

在水压机锻造中,为了缩短换砧的辅助时间,利用气动插销,实现快速换砧的一种装置。

16.7.25

**出件装置　output device**

将冲压完成的工件或半成品从模具中自动排出的装置。

16.7.25.1

**出件机械手　extractor;extracting mechanical robot**

装在压力机上的机械手,在压力机的工作行程终了后,将工件从模具中取出,并摆动一定角度将工件放在压力机以外的规定位置上。

16.7.26

**摇臂式卸料装置　swing arm extractor;swing-arm press unloader**

用机械、油压或气动驱动的带夹具摇臂,从压力机中取出制件的装置。

16.7.27

**喷气卸件装置　air ejector**

喷射空气把轻型冲压件吹出的装置。

16.7.28

**接件装置　workpiece catcher**

利用各种杆件机构或气动、液压机构,使接件器进入上下模之间,将模具中排出的工件接住的装置。

16.7.29

**理件装置 workpiece arrangement device**

利用滑槽依靠自重或采用其他机构将冲压后的工件进行整理和堆装，以及用连续模冲压时将工件和废料分离与整理的一种装置。

16.7.30

**顶出器 ejector**

为了从模具中取出工件或满足其他工艺要求而在底座、滑块中间或一侧设置的顶出装置。

16.7.31

**坯料堆垛装置 piler**

把冲裁的坯料堆垛在一起的装置。

16.7.32

**废料处理装置 waste treatment device**

卷料经冲压后，将废料切断或重新卷绕的装置。

16.7.32.1

**废料切断装置 scrap cutter**

把从压力机送出的连续的废料切断成便于处理形状的装置。

16.7.32.2

**废料卷筒 scrap reel**

把压力机送出的废料卷起来的装置。

16.7.33

**除氧化皮装置 descaler**

加热生成氧化皮，锻造前除去氧化皮的装置。

16.7.34

**快速换模装置 quick die change device**

生产中，为使换模工作能快速完成，常采用移动工作台，预先在机外装好模具，或采用更换模具台板以及采用气动或液压自动夹紧机构等。

16.7.35

**模具抬起装置 die lifter**

为了换模，让模具从垫板上抬起的装置。

16.7.36

**自动定长装置 automatic sizing mechanism**

将棒料或线材等在设定的切断长度进行切断的装置。这种装置一边进行定长动作一边与端面处理装置联动，进行自动计算。定长动作、端面处理动作均是为了决定挡块放置的位置。

16.8

**安全装置 safety device**

保护压力机操作者安全的装置。

16.8.1

**自动保护装置 automatic safety device**

当出现异常情况时，借助于机械或电器机构，使保护装置动作或机器自动停车的保险装置。

16.8.2

**拨手式安全装置 sweep safety device;sweep guard**

用一个同滑块动作联动的防护板等把处在危险区域的身体某部分拨出，以确保人身安全的装置。

16.8.3

**双手操作式安全装置　two hand control safety device**

为确保两手的位置离开作业区，必须双手同时操作按钮，才能启动滑块的装置。

16.8.4

**拉手式安全装置　pull-out safety device；pull-out guard**

为了安全，用绳索把手腕同滑块连结起来，使其在滑块下降时把手从危险区位拉出的装置。

16.8.5

**活动栅栏式安全装置　movable barrier safety device；movable-barrier device**

滑块工作时的危险区域用防护板等遮档起来，确保安全的装置。

16.8.6

**固定栅栏式装置　fixed-barrier-type guard；fixed barrier guard**

用固定的栅栏将危险区围起来，确保安全的装置。

16.8.7

**光电式安全装置　fortelectric type sensing safety device；photoelectric safety device**

为确保离开作业点的一个安全距离，在这个位置设置光幕，当手进入非安全区光线被遮挡时就可检测出来，并发出停机信号的装置。

16.8.8

**安全联锁　safety interlock**

一种装置与另一种装置相互制约，在压力机工作程序错误时，防止压力机开动。

16.8.9

**防振装置　vibration insulation；anti-vibration mounting；vibration isolation equipment**

一种设置在压力机的安装面上，使机械产生的振动传不到地基上的装置。其防振材料有金属弹簧、橡胶、空气、液体等。

16.8.10

**过载卸荷装置　overload relief device**

为卸去压力机构件或工模具上的过载的机构。

16.8.10.1

**剪切销　shear pin**

当工作载荷具有过大的扭转力矩时，为防止机器的破损，在保护部分的驱动侧方插入剪切销，一旦过载，剪切销被切断，起到防止损伤作用。

16.8.11

**平衡装置　balancing device**

用来平衡滑块、连杆和上模重量的装置。它可防止滑块下行程时快落造成传动系统撞击，也可防止制动器失灵或连杆等断裂时造成人身事故。

16.8.12

**寸动装置　microinching device**

使滑块微量、慢速运动的装置。

16.8.13

**防止滑块下落装置　anti-falling device**

液压机停止时，防止滑块因自重落下的装置。

16.8.14

**紧急上升　emergency ascending**

给出急停或紧急停止信号时，及时让滑块从所在位置上升，主要用于液压机。

16.8.15

**紧急停止　emergency stop**

用紧急停止按钮让滑块停止。

16.8.16

**上死点停止　upper dead point stop**

停在曲轴的上死点。

16.8.17

**缓冲垫闭锁　cushion lock**

压力机滑块到达它向上行程的某个预定位置前，将缓冲垫保持在它行程下位的一种装置。

16.8.18

**安全柱　safety block; safety plug**

停机维修时为防止滑块下落，放入上、下模之间的支承柱。

## 汉语拼音索引

**H**

**K**



**L**

Q



R



S

**T**

Y

**Z**

***α***



***β***

# 英文对应词索引

## A

## C

D

E

**F**

G



H

I

**M**

P

## Q



## R

## S

## T

U

ICS 77.150.10
H 61

# 中华人民共和国国家标准

GB/T 8545—2012
代替 GB/T 8545—1987

# 铝及铝合金模锻件的尺寸偏差及加工余量

**Die forgings of aluminium and aluminium alloy—Dimensional tolerance and machining allowance**

2012-12-31 发布 2013-10-01 实施

中华人民共和国国家质量监督检验检疫总局
中国国家标准化管理委员会 发布

# 前　言

本标准按照 GB/T 1.1—2009 给出的规则起草。

本标准代替 GB/T 8545—1987《铝及铝合金模锻件的尺寸偏差及加工余量》。本标准与 GB/T 8545—1987 相比，主要技术变化如下：

——将原“与模具型腔有关尺寸”修改为“非跨模尺寸”；

——将原“与模具型腔无关尺寸”修改为“跨模尺寸”；

——增加了不切边模锻件的残余毛边量要求；

——删除了投影面积的计算方法；

——删除了角度偏差的近似计算方法；

——加严了 A 级非跨模尺寸偏差；

——加严了 A 级跨模尺寸偏差；

——加严了错移量要求；

——修改了工艺圆角半径允许偏差；

——修改了模锻件的加工余量要求。

本标准使用重新起草法参考 EN 586.3:2001《铝及铝合金锻件　第 3 部分：尺寸偏差》编制，与 EN 586.3:2001 的一致性程度为非等效。

本标准由全国有色金属标准化技术委员会(SAC/TC 243)归口。

本标准负责起草单位：西南铝业(集团)有限责任公司、中国有色金属工业标准计量质量研究所。

本标准参加起草单位：东北轻合金有限责任公司、山东南山铝业股份有限公司。

本标准主要起草人：方清万、阙基容、曾庆华、陈丽华、李瑞山、殷勇、左宏卿、潘哲。

# 铝及铝合金模锻件的尺寸偏差及加工余量

## 1 范围

本标准规定了铝及铝合金模锻件尺寸偏差及加工余量。
本标准适用于铝及铝合金模锻件。

## 2 尺寸偏差

### 2.1 非跨模尺寸及偏差

2.1.1 非跨模尺寸是指尺寸不跨过分模面，且不受模具欠压量影响的模锻件结构尺寸。如图1所示的"*L*"尺寸。

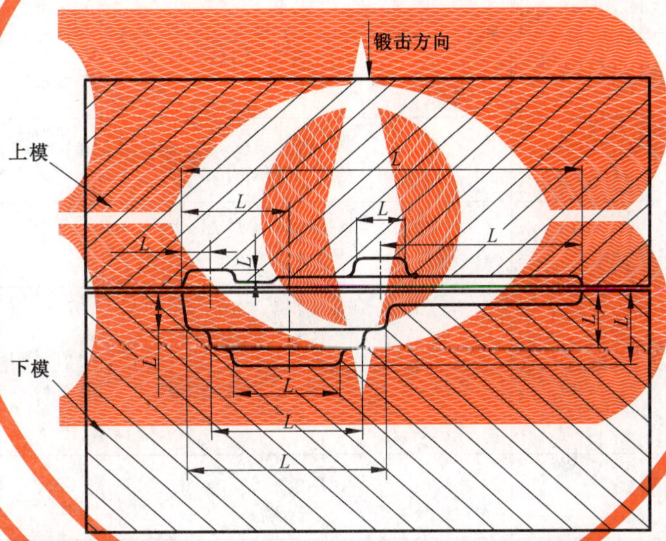


图1 非跨模尺寸示意图

2.1.2 非跨模尺寸偏差应符合表1的规定。需要表1中的A级时，应由供需双方协商并在模锻件图、订货单(或合同)中注明。未注明时按B级。

2.1.3 非跨模尺寸允许偏差的应用举例：如图2所示的凸耳型模锻件，其两凸耳中心距(*L*)为160 mm，要求的尺寸偏差等级为B级，由表1查出*L*为160 mm时的允许偏差为±0.9 mm，所以，两凸耳中心距的允许偏差为±0.9 mm。

单位为毫米

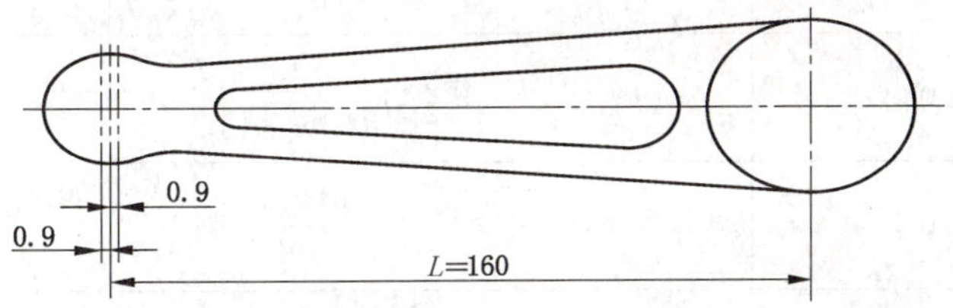


图2 凸耳中心距(*L*)的确定

表 1　非跨模尺寸的允许偏差

单位为毫米

| 非跨模尺寸(L) | 非跨模尺寸(L)的允许偏差 | |
|---|---|---|
| | B级 | A级 |
| ≤3.0 | +0.5<br>−0.3 | ±0.1 |
| >3.0～6.0 | +0.5<br>−0.3 | ±0.2 |
| >6.0～10.0 | +0.5<br>−0.3 | ±0.2 |
| >10.0～18.0 | +0.6<br>−0.3 | ±0.3 |
| >18.0～30.0 | +0.7<br>−0.4 | ±0.3 |
| >30.0～50.0 | +0.8<br>−0.5 | ±0.4 |
| >50.0～80.0 | +1.0<br>−0.6 | ±0.5 |
| >80.0～120.0 | +1.2<br>−0.8 | ±0.7 |
| >120.0～180.0 | +1.4<br>−1.0 | ±0.9 |
| >180.0～250.0 | +1.7<br>−1.3 | ±1.0 |
| >250.0～315.0 | +2.0<br>−1.4 | ±1.2 |
| >315.0～400.0 | +2.2<br>−1.6 | ±1.3 |
| >400.0～500.0 | +2.4<br>−1.8 | ±1.5 |
| >500.0～630.0 | +2.8<br>−2.0 | ±1.7 |
| >630.0～800.0 | +3.0<br>−2.0 | ±2.0 |
| >800.0～1 000.0 | +3.4<br>−2.2 | ±2.3 |
| >1 000.0～1 250.0 | +3.8<br>−2.4 | ±2.5 |
| >1 250.0～1 600.0 | +4.2<br>−2.6 | ±2.5 |
| >1 600.0～2 000.0 | +4.6<br>−2.8 | ±2.5 |

**表 1（续）**

单位为毫米

| 非跨模尺寸（$L$） | 非跨模尺寸（$L$）的允许偏差 | |
|---|---|---|
| | B 级 | A 级 |
| >2 000.0～2 500.0 | +5.2<br>−3.0 | +4.6<br>−3.0 |
| >2 500.0～3 150.0 | +6.4<br>−3.8 | +5.4<br>−3.6 |
| >3 150.0～4 000.0 | +8.0<br>−4.8 | +7.4<br>−4.2 |
| >4 000.0～5 000.0 | +9.2<br>−5.8 | +8.8<br>−5.5 |
| >5 000.0～6 300.0 | +12.0<br>−6.5 | +10.5<br>−6.0 |

## 2.2 跨模尺寸及偏差

2.2.1 跨模尺寸是指尺寸跨过分模面，且受模具欠压量影响的尺寸。如图 3 所示的“$H$”尺寸。

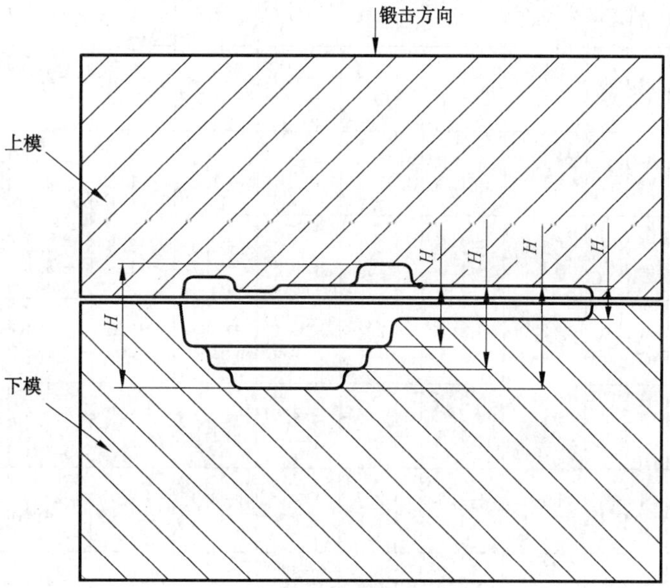


**图 3 跨模尺寸示意图**

2.2.2 跨模尺寸偏差应符合表 2 或表 3 的规定。需要表 3 中的 A 级时，应由供需双方协商并在模锻件图、订货单（或合同）中注明。未注明时按表 2 中的 B 级。

**表 2　跨模尺寸的允许偏差——B 级**

| 跨模尺寸(*H*)/mm | 锻击方向下列投影面积(单位为 $cm^2$)下的跨模尺寸(*H*)允许偏差/mm | | | | | | | | | | | | |
|---|---|---|---|---|---|---|---|---|---|---|---|---|---|
| | ≤25 | >25~50 | >50~100 | >100~200 | >200~400 | >400~800 | >800~1 200 | >1 200~2 000 | >2 000~4 000 | >4 000~6 000 | >6 000~9 000 | >9 000~14 000 | >14 000~22 000 |
| ≤3.0 | +0.5<br>−0.3 | +0.5<br>−0.4 | — | — | — | — | — | — | — | — | — | — | — |
| >3.0~6.0 | +0.5<br>−0.3 | +0.6<br>−0.4 | +0.7<br>−0.4 | +0.8<br>−0.5 | — | — | — | — | — | — | — | — | — |
| >6.0~10.0 | +0.5<br>−0.3 | +0.7<br>−0.4 | +0.8<br>−0.5 | +0.9<br>−0.5 | +0.9<br>−0.6 | +1.0<br>−0.7 | +1.1<br>−0.8 | — | — | — | — | — | — |
| >10.0~18.0 | +0.8<br>−0.5 | +0.9<br>−0.5 | +0.9<br>−0.6 | +1.0<br>−0.7 | +1.1<br>−0.8 | +1.2<br>−0.8 | +1.4<br>−1.0 | +1.6<br>−1.1 | +1.8<br>−1.2 | +2.0<br>−1.3 | +2.3<br>−1.5 | +2.6<br>−1.7 | +2.7<br>−1.9 |
| >18.0~30.0 | +0.9<br>−0.6 | +1.0<br>−0.7 | +1.1<br>−0.7 | +1.1<br>−0.8 | +1.2<br>−0.8 | +1.4<br>−1.0 | +1.6<br>−1.1 | +1.8<br>−1.2 | +2.0<br>−1.3 | +2.3<br>−1.5 | +2.5<br>−1.7 | +2.8<br>−1.9 | +3.1<br>−2.1 |
| >30.0~50.0 | +1.0<br>−0.7 | +1.1<br>−0.7 | +1.2<br>−0.8 | +1.2<br>−0.9 | +1.4<br>−1.0 | +1.6<br>−1.1 | +1.8<br>−1.2 | +2.1<br>−1.3 | +2.3<br>−1.4 | +2.5<br>−1.6 | +2.7<br>−1.8 | +3.0<br>−2.0 | +3.3<br>−2.2 |
| >50.0~80.0 | +1.1<br>−0.8 | +1.2<br>−0.8 | +1.2<br>−0.9 | +1.3<br>−0.9 | +1.5<br>−1.0 | +1.7<br>−1.1 | +1.9<br>−1.3 | +2.2<br>−1.5 | +2.4<br>−1.6 | +2.6<br>−1.7 | +2.9<br>−1.9 | +3.2<br>−2.2 | +3.5<br>−2.4 |
| >80.0~120.0 | +1.3<br>−1.0 | +1.3<br>−1.0 | +1.4<br>−1.0 | +1.5<br>−1.1 | +1.6<br>−1.1 | +1.8<br>−1.2 | +2.0<br>−1.3 | +2.3<br>−1.5 | +2.5<br>−1.7 | +2.8<br>−1.9 | +3.1<br>−2.1 | +3.4<br>−2.3 | +3.7<br>−2.5 |
| >120.0~180.0 | +1.5<br>−1.0 | +1.5<br>−1.0 | +1.6<br>−1.1 | +1.7<br>−1.1 | +1.8<br>−1.2 | +1.9<br>−1.3 | +2.1<br>−1.4 | +2.4<br>−1.6 | +2.6<br>−1.8 | +3.0<br>−2.0 | +3.3<br>−2.2 | +3.7<br>−2.5 | +4.0<br>−2.7 |
| >180.0~250.0 | +1.7<br>−1.3 | +1.7<br>−1.3 | +1.8<br>−1.3 | +1.9<br>−1.3 | +2.0<br>−1.3 | +2.1<br>−1.4 | +2.2<br>−1.5 | +2.5<br>−1.7 | +2.8<br>−1.9 | +3.2<br>−2.1 | +3.6<br>−2.4 | +4.0<br>−2.7 | +4.4<br>−3.0 |
| >250.0~315.0 | +2.0<br>−1.4 | +2.0<br>−1.4 | +2.0<br>−1.4 | +2.0<br>−1.4 | +2.2<br>−1.4 | +2.3<br>−1.5 | +2.4<br>−1.6 | +2.7<br>−1.8 | +3.0<br>−2.0 | +3.4<br>−2.3 | +3.8<br>−2.5 | +4.2<br>−2.8 | +4.6<br>−3.1 |
| >315.0~400.0 | +2.2<br>−1.6 | +2.2<br>−1.6 | +2.2<br>−1.6 | +2.2<br>−1.6 | +2.4<br>−1.6 | +2.5<br>−1.7 | +2.6<br>−1.7 | +2.9<br>−1.9 | +3.2<br>−2.1 | +3.6<br>−2.4 | +4.0<br>−2.7 | +4.4<br>−2.9 | +4.8<br>−3.2 |
| >400.0~500.0 | +2.4<br>−1.8 | +2.4<br>−1.8 | +2.4<br>−1.8 | +2.5<br>−1.8 | +2.6<br>−1.8 | +2.7<br>−1.8 | +2.8<br>−1.9 | +3.1<br>−2.1 | +3.4<br>−2.3 | +3.8<br>−2.5 | +4.2<br>−2.8 | +4.7<br>−3.1 | +5.2<br>−3.4 |
| >500.0~630.0 | +2.8<br>−2.0 | +2.8<br>−2.0 | +2.8<br>−2.0 | +2.8<br>−2.0 | +2.8<br>−2.0 | +2.9<br>−2.0 | +3.0<br>−2.0 | +3.3<br>−2.2 | +3.7<br>−2.5 | +4.1<br>−2.7 | +4.5<br>−3.0 | +5.0<br>−3.3 | +5.5<br>−3.6 |
| >630.0~800.0 | +3.0<br>−2.0 | +3.0<br>−2.0 | +3.0<br>−2.0 | +3.0<br>−2.0 | +3.0<br>−2.0 | +3.0<br>−2.0 | +3.2<br>−2.1 | +3.5<br>−2.3 | +3.9<br>−2.6 | +4.3<br>−2.9 | +4.8<br>−3.2 | +5.3<br>−3.5 | +5.8<br>−3.8 |
| >800.0~1 000.0 | +3.4<br>−2.2 | +3.4<br>−2.2 | +3.4<br>−2.2 | +3.4<br>−2.2 | +3.4<br>−2.2 | +3.4<br>−2.2 | +3.4<br>−2.3 | +3.7<br>−2.5 | +4.2<br>−2.8 | +4.7<br>−3.1 | +5.1<br>−3.4 | +5.6<br>−3.7 | +6.1<br>−4.0 |
| >1 000.0~1 250.0 | +3.8<br>−2.4 | +3.8<br>−2.4 | +3.8<br>−2.4 | +3.8<br>−2.4 | +3.8<br>−2.4 | +3.8<br>−2.4 | +3.8<br>−2.5 | +4.0<br>−2.7 | +4.5<br>−3.0 | +5.1<br>−3.3 | +5.5<br>−3.6 | +5.9<br>−3.9 | +6.4<br>−4.3 |

**表 3 跨模尺寸的允许偏差——A 级**

| 跨模尺寸(*H*)/mm | 锻击方向下列投影面积(单位为 cm²)下的跨模尺寸(*H*)允许偏差/mm | | | | | | | | | | | | |
|---|---|---|---|---|---|---|---|---|---|---|---|---|---|
| | ≤25 | >25<br>~50 | >50<br>~100 | >100<br>~200 | >200<br>~400 | >400<br>~800 | >800<br>~1 200 | >1 200<br>~2 000 | >2 000<br>~4 000 | >4 000<br>~6 000 | >6 000<br>~9 000 | >9 000<br>~14 000 | >14 000<br>~22 000 |
| ≤3.0 | +0.3<br>−0.1 | — | — | — | — | — | — | — | — | — | — | — | — |
| >3.0<br>~6.0 | +0.3<br>−0.2 | +0.3<br>−0.3 | +0.4<br>−0.3 | +0.7<br>−0.5 | — | — | — | — | — | — | — | — | — |
| >6.0<br>~10.0 | +0.3<br>−0.3 | +0.5<br>−0.3 | +0.5<br>−0.3 | +0.8<br>−0.5 | +1.0<br>−0.5 | +1.1<br>−0.7 | — | — | — | — | — | — | — |
| >10.0<br>~18.0 | +0.4<br>−0.3 | +0.5<br>−0.3 | +0.6<br>−0.4 | +0.9<br>−0.6 | +1.1<br>−0.7 | +1.2<br>−0.8 | +1.3<br>−0.8 | +1.4<br>−0.9 | +1.5<br>−1.0 | +1.6<br>−1.0 | — | — | — |
| >18.0<br>~30.0 | +0.5<br>−0.3 | +0.6<br>−0.4 | +0.7<br>−0.4 | +1.0<br>−0.7 | +1.2<br>−0.8 | +1.3<br>−0.8 | +1.4<br>−0.9 | +1.6<br>−1.0 | +1.6<br>−1.1 | +1.7<br>−1.1 | +1.7<br>−1.2 | +1.8<br>−1.2 | — |
| >30.0<br>~50.0 | +0.5<br>−0.4 | +0.7<br>−0.4 | +0.8<br>−0.5 | +1.1<br>−0.8 | +1.3<br>−0.9 | +1.4<br>−1.0 | +1.5<br>−1.0 | +1.7<br>−1.1 | +1.7<br>−1.2 | +1.8<br>−1.2 | +1.8<br>−1.3 | +1.9<br>−1.3 | +1.9<br>−1.4 |
| >50.0<br>~80.0 | +0.7<br>−0.4 | +0.8<br>−0.5 | +0.8<br>−0.6 | +1.3<br>−0.9 | +1.4<br>−1.0 | +1.6<br>−1.0 | +1.7<br>−1.1 | +1.8<br>−1.2 | +1.9<br>−1.2 | +1.9<br>−1.3 | +2.0<br>−1.3 | +2.0<br>−1.4 | +2.1<br>−1.4 |
| >80.0<br>~120.0 | +0.8<br>−0.6 | +0.9<br>−0.6 | +1.0<br>−0.8 | +1.4<br>−1.0 | +1.6<br>−1.0 | +1.7<br>−1.2 | +1.8<br>−1.2 | +1.9<br>−1.3 | +2.0<br>−1.4 | +2.0<br>−1.5 | +2.1<br>−1.5 | +2.1<br>−1.6 | +2.2<br>−1.6 |
| >120.0<br>~180.0 | +1.3<br>−0.9 | +1.4<br>−1.0 | +1.5<br>−1.0 | +1.6<br>−1.1 | +1.7<br>−1.2 | +1.9<br>−1.2 | +1.9<br>−1.3 | +2.1<br>−1.4 | +2.2<br>−1.4 | +2.2<br>−1.5 | +2.2<br>−1.6 | +2.3<br>−1.6 | +2.4<br>−1.7 |
| >180.0<br>~250.0 | +1.6<br>−1.0 | +1.6<br>−1.1 | +1.7<br>−1.2 | +1.8<br>−1.2 | +1.9<br>−1.3 | +2.0<br>−1.3 | +2.1<br>−1.4 | +2.2<br>−1.4 | +2.3<br>−1.5 | +2.3<br>−1.6 | +2.3<br>−1.7 | +2.4<br>−1.7 | +2.5<br>−1.8 |
| >250.0<br>~315.0 | +1.7<br>−1.2 | +1.9<br>−1.2 | +1.9<br>−1.3 | +2.0<br>−1.3 | +2.0<br>−1.4 | +2.2<br>−1.4 | +2.2<br>−1.5 | +2.3<br>−1.5 | +2.3<br>−1.6 | +2.3<br>−1.7 | +2.3<br>−1.8 | +2.4<br>−1.8 | +2.5<br>−1.9 |
| >315.0<br>~400.0 | +1.9<br>−1.3 | +2.0<br>−1.3 | +2.0<br>−1.4 | +2.1<br>−1.4 | +2.2<br>−1.4 | +2.2<br>−1.5 | +2.3<br>−1.5 | +2.3<br>−1.6 | +2.4<br>−1.6 | +2.4<br>−1.7 | +2.4<br>−1.8 | +2.5<br>−1.8 | +2.6<br>−1.9 |
| >400.0<br>~500.0 | +2.2<br>−1.4 | +2.2<br>−1.5 | +2.2<br>−1.5 | +2.3<br>−1.5 | +2.3<br>−1.5 | +2.3<br>−1.6 | +2.4<br>−1.6 | +2.5<br>−1.6 | +2.5<br>−1.6 | +2.5<br>−1.7 | +2.5<br>−1.8 | +2.6<br>−1.8 | +2.7<br>−1.9 |
| >500.0<br>~630.0 | +2.4<br>−1.6 | +2.4<br>−1.6 | +2.5<br>−1.6 | +2.5<br>−1.6 | +2.5<br>−1.6 | +2.5<br>−1.6 | +2.5<br>−1.6 | +2.5<br>−1.7 | +2.5<br>−1.7 | +2.5<br>−1.8 | +2.5<br>−1.9 | +2.6<br>−2.0 | +2.7<br>−2.1 |
| >630.0<br>~800.0 | +2.5<br>−1.7 | +2.5<br>−1.7 | +2.5<br>−1.7 | +2.5<br>−1.7 | +2.5<br>−1.7 | +2.5<br>−1.7 | +2.5<br>−1.7 | +2.5<br>−1.7 | +2.5<br>−1.7 | +2.5<br>−1.8 | +2.6<br>−1.9 | +2.7<br>−1.9 | +2.8<br>−2.0 |
| >800.0<br>~1 000.0 | +2.7<br>−1.8 | +2.7<br>−1.8 | +2.7<br>−1.8 | +2.7<br>−1.8 | +2.7<br>−1.8 | +2.7<br>−1.8 | +2.7<br>−1.8 | +2.7<br>−1.8 | +2.7<br>−1.8 | +2.7<br>−1.9 | +2.8<br>−2.0 | +2.8<br>−2.1 | +2.9<br>−2.2 |
| >1 000.0<br>~1 250.0 | +2.9<br>−1.9 | +2.9<br>−1.9 | +2.9<br>−1.9 | +2.9<br>−1.9 | +2.9<br>−1.9 | +2.9<br>−1.9 | +2.9<br>−1.9 | +2.9<br>−1.9 | +2.9<br>−1.9 | +2.9<br>−2.0 | +3.0<br>−2.1 | +3.1<br>−2.2 | +3.2<br>−2.3 |

2.2.3 跨模尺寸的允许偏差以最大跨模尺寸的允许偏差确定。如图 3 所示的所有 *H* 尺寸中,选择最大的 *H* 尺寸,对应表 2 或表 3 直接查出对应的偏差值,则该偏差值为所有 *H* 尺寸的偏差值。示例

如下：

示例 1：

模锻件的投影面积为 250 $cm^2$，最大跨模尺寸 *H* 为 17 mm，跨模尺寸的偏差等级为 A 级，由表 3 查出偏差为$^{+1.1}_{-0.7}$ mm，则该模锻件所有跨模尺寸对应的尺寸偏差均为$^{+1.1}_{-0.7}$ mm。

示例 2：

模锻件的投影面积为 250 $cm^2$，最大跨模尺寸 *H* 为 17 mm，跨模尺寸的偏差等级为 B 级，由表 2 查出偏差为$^{+1.1}_{-0.8}$ mm，则该模锻件所有跨模尺寸对应的尺寸偏差均为$^{+1.1}_{-0.8}$ mm。

## 2.3 错移及偏差

2.3.1 错移是指锻件的轮廓线因模具错位，沿分模面产生的相对位移(*N*)。如图 4 所示。

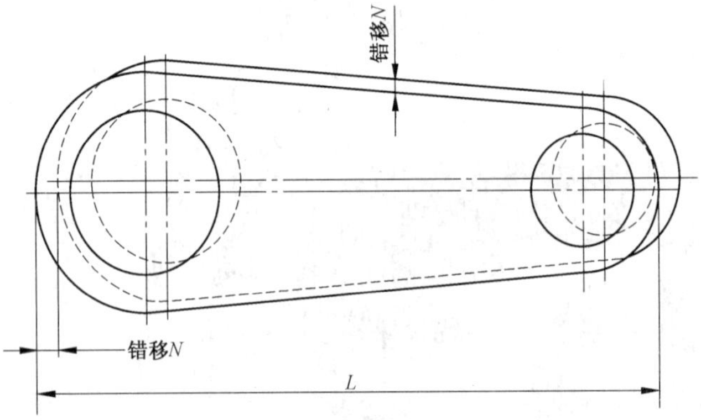


a) 锻件错移俯视图

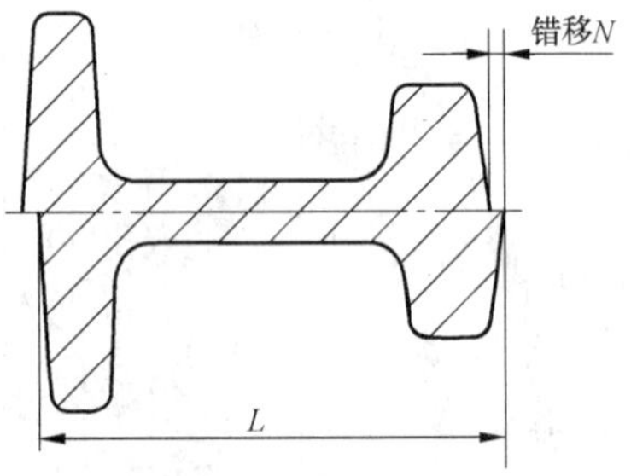


b) 锻件错移剖视图

图 4 错移示意图

2.3.2 锻件的错移应符合表 4 的规定。

表 4 允许错移量

单位为毫米

| 垂直于锻击方向的最大名义尺寸(*L*) | 允许错移量(*N*) |
|---|---|
| ≤50.0 | ≤0.3 |
| >50.0～120.0 | ≤0.4 |
| >120.0～315.0 | ≤0.6 |
| >315.0～630.0 | ≤0.8 |
| >630.0～1 250.0 | ≤1.0 |
| >1 250.0～2 000.0 | ≤1.4 |
| >2 000.0～3 150.0 | ≤1.6 |
| >3 150.0～6 300.0 | ≤2.0 |

2.3.3 错移是设计锻件极限尺寸的重要依据。例如图 4b)所示模锻件中的名义尺寸 *L* 为 80 mm，非跨模尺寸允许偏差的等级为 A 级，由表 4 中查得最大错移为 0.4 mm，由表 1 查得非跨模尺寸的允许偏差为±0.5 mm，则该 *L* 尺寸的最大极限尺寸为 80.9(即：80+0.4+0.5)mm，最小极限尺寸为 79.1(即：

80－0.4－0.5)mm。

## 2.4 斜向尺寸及偏差

2.4.1 斜向尺寸是指倾斜于分模面并受模具错移和欠压量影响的尺寸。如图 5 所示厚度为 $a$ 的尺寸。

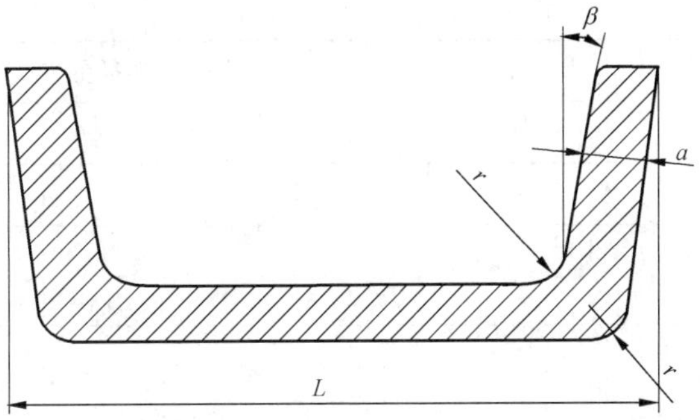


图 5 斜向尺寸示意图

2.4.2 斜向尺寸允许偏差与壁厚的允许错移量和跨模尺寸允许偏差有关,按式(1)计算:

$$M = N + P\tan\beta \qquad (1)$$

式中:

$M$ ——斜向尺寸允许偏差,单位为毫米(mm);

$N$ ——壁厚的允许错移量,单位为毫米(mm);

$P$ ——跨模尺寸的允许偏差,单位为毫米(mm);

$\beta$ ——模锻斜度,单位为度(°)。

例如:

图 6a)所示的模锻件,其投影面积为 120 $cm^2$,最大跨模尺寸为 10 mm,垂直于锻击方向的最大名义尺寸($L$)为 50 mm,斜向尺寸的壁厚($a$)为 8 mm,模锻斜度($\beta$)为 10°,跨模尺寸的允许偏差为 A 级。由表 3 查出跨模尺寸允许偏差为 $^{+0.8}_{-0.5}$ mm,从表 4 查出允许错移为 0.3 mm,则斜向尺寸的正偏差值为 +0.44(即:0.3+0.8×tan10°=0.44) mm,斜向尺寸的负偏差值为－0.39(即:－0.3－0.5×tan10°=－0.39) mm。因此,模锻件在该处的斜向尺寸偏差为 $^{+0.44}_{-0.39}$ mm。同时可以确定,该斜向尺寸的最大极限尺寸为 8.44 mm,最小极限尺寸为 7.61 mm,如图 6b)所示。

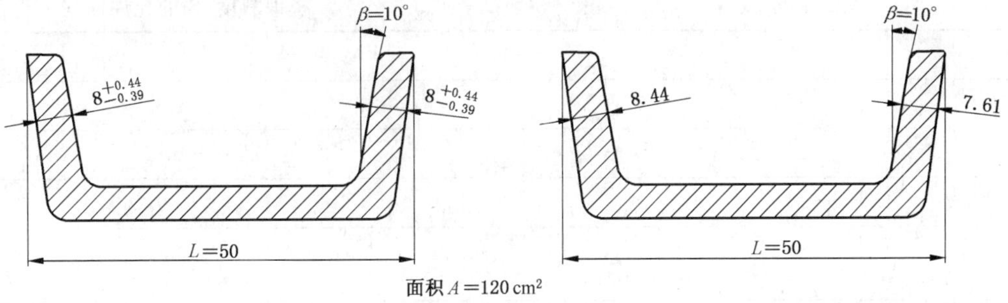


a) 设计尺寸　　　　b) 实际允许尺寸

图 6 模锻件斜向尺寸设计实例图

## 2.5 工艺圆角半径及偏差

2.5.1 工艺圆角是指为了改善锻造工艺和提高模具寿命,锻造时便于出模,金属易于充填型腔,提高产品内部和表面质量所规定的无坐标圆角，如图 5 所示 $r$。

2.5.2 工艺圆角半径偏差应符合表 5 的规定，需要高精级时应在图纸、订货单(或合同)中注明，未注明时按普通级。

表 5 工艺圆角半径的允许偏差

单位为毫米

| 工艺圆角半径($r$) | 工艺圆角半径的允许偏差 | |
|---|---|---|
| | 普通级 | 高精级 |
| ≤2.0 | ±1.0 | ±1.0 |
| >2.0～4.0 | +2.0<br>−1.0 | ±1.0 |
| >4.0～6.0 | +3.0<br>−1.5 | ±1.0 |
| >6.0～8.0 | +4.0<br>−2.0 | ±1.0 |
| >8.0～10.0 | +5.0<br>−2.5 | ±1.0 |
| >10.0～20.0 | +6.0<br>−3.0 | ±10%$r$ |
| >20.0～35.0 | +7.0<br>−4.0 | ±10%$r$ |
| >35.0～50.0 | +8.0<br>−5.0 | ±10%$r$ |
| >50.0 | — | ±10%$r$ |

## 2.6 模锻斜度偏差

模锻斜度(如图 5 中的 $\beta$)偏差应符合表 6 的规定。

表 6 模锻斜度允许偏差

| 模锻斜度($\beta$) | 模锻斜度($\beta$)的允许偏差 |
|---|---|
| 0° | ±15′ |
| 1° | ±30′ |
| 2° | ±45′ |
| 3° | ±1°00′ |
| 5° | +1°30′<br>−1°00′ |
| 7° | ±1°30′ |
| 10° | +2°00′<br>−1°45′ |
| 12° | +2°30′<br>−2°00′ |
| 15° | +3°00′<br>−2°30′ |

## 2.7 角度偏差

除模锻斜度外，模锻件上的角度偏差应符合表 7 的规定。

**表 7 角度允许偏差**

| 角度的短边尺寸[a]/mm | 角度允许偏差 |
|---|---|
| ≤10.0 | ±2° |
| >10.0～50.0 | ±1° |
| >50.0～120.0 | ±45′ |
| >120.0～315.0 | ±30′ |
| >315.0～630.0 | ±20′ |
| >630.0～1 250.0 | ±15′ |
| >1 250.0～2 000.0 | ±12′ |
| >2 000.0～3 150.0 | ±10′ |
| >3 150.0～6 300.0 | ±5′ |

[a] 角度的短边尺寸指该角度两夹边中较短夹边的长度。

## 2.8 翘曲

模锻件允许翘曲应根据模锻件垂直于锻击方向的最大名义尺寸确定，并应符合表 8 的规定。

**表 8 允许翘曲**

单位为毫米

| 垂直于锻击方向的最大名义尺寸(*L*) | 允许翘曲 | |
|---|---|---|
| | 未时效硬化锻件 | 时效硬化锻件 |
| ≤50.0 | ≤0.3 | ≤0.8 |
| >50.0～120.0 | ≤0.6 | ≤1.0 |
| >120.0～315.0 | ≤1.0 | ≤1.3 |
| >315.0～630.0 | ≤1.4 | ≤2.2 |
| >630.0～1 250.0 | ≤1.9 | ≤2.6 |
| >1 250.0～2 000.0 | ≤2.5 | ≤3.5 |
| >2 000.0～3 150.0 | ≤3.5 | ≤4.5 |
| >3 150.0～6 300.0 | ≤5.0 | ≤6.0 |

## 2.9 残余毛边量

模锻件的残余毛边量是指沿分模面方向模锻件的本体边缘至残留毛边边缘的距离。模锻件残余毛边量应符合表 9 的规定。

表 9　允许的残余毛边量

单位为毫米

| 垂直于锻击方向的最大名义尺寸(L) | 允许的残余毛边量 | |
|---|---|---|
| | 切边模锻件 | 不切边模锻件 |
| ≤50.0 | ≤0.4 | ≤2.0 |
| >50.0～120.0 | ≤0.6 | ≤2.0 |
| >120.0～315.0 | ≤1.0 | ≤2.0 |
| >315.0～630.0 | ≤1.5 | ≤3.0 |
| >630.0～1 250.0 | ≤2.0 | ≤4.0 |
| >1 250.0～2 000.0 | ≤2.5 | ≤5.0 |
| >2 000.0～3 150.0 | ≤3.0 | ≤6.0 |
| >3 150.0～6 300.0 | ≤3.5 | ≤7.0 |

### 2.10　顶出器痕迹的凸峰和凹陷

使用顶出器在模锻件上造成的凹凸痕迹应符合表 10 的规定。

表 10　顶出痕迹的凸峰和凹陷

| 投影面积/$cm^2$ | 顶出痕迹的凸峰或凹陷/mm |
|---|---|
| ≤100 | ≤0.4 |
| >100～200 | ≤0.7 |
| >200～400 | ≤1.1 |
| >400～800 | ≤1.5 |
| >800～1 200 | ≤1.9 |
| >1 200～2 000 | ≤2.3 |
| >2 000～4 000 | ≤2.7 |
| >4 000～6 000 | ≤3.2 |
| >6 000～9 000 | ≤3.7 |
| >9 000～1 4000 | ≤4.5 |
| >14 000～22 000 | ≤5.3 |

## 3　加工余量

模锻件的单面加工余量应符合表 11 的规定。

**表 11 单面加工余量**

单位为毫米

| 模锻件的最大边长(跨模尺寸或非跨模尺寸) | 单面加工余量[a] |
|---|---|
| ≤50.0 | 1.0 |
| >50.0～120.0 | 1.3 |
| >120.0～250.0 | 1.6 |
| >250.0～400.0 | 2.0 |
| >400.0～630.0 | 3.0 |
| >630.0～1 000.0 | 3.5 |
| >1 000.0～1 250.0 | 4.0 |
| >1 250.0～1 600.0 | 4.5 |
| >1 600.0～2 000.0 | 5.0 |
| >2 000.0～2 500.0 | 6.0 |
| >2 500.0～3 150.0 | 7.0 |
| >3 150.0～4 000.0 | 8.0 |
| >4 000.0～5 000.0 | 9.0 |
| >5 000.0～6 300.0 | 10.0 |

[a] 根据机加工需要，表中余量值可适当增大或减小。

ICS 13.220.50
C 80

# 中华人民共和国国家标准

GB 8624—2012
代替 GB 8624—2006

# 建筑材料及制品燃烧性能分级

**Classification for burning behavior of building materials and products**

2012-12-31 发布　　2013-10-01 实施

中华人民共和国国家质量监督检验检疫总局
中国国家标准化管理委员会　发布

# 前　言

**本标准第4章、第5章和6.1为强制性的，其余为推荐性的。**

本标准按照GB/T 1.1—2009给出的规则起草。

本标准代替GB 8624—2006《建筑材料及制品燃烧性能分级》。与GB 8624—2006相比，除编辑性修改外主要技术变化如下：

——修改了前言、引言以及部分术语和定义，删除了符号与缩写；

——修改了燃烧性能等级的划分和分级判据(见第4、5章，2006版第4、10、11章)；

——增加了建筑用制品的燃烧性能分级(见5.2)；

——删除了试验方法、试验原理和试样制备、分级试验数量、建筑制品(除铺地材料以外)的试验、铺地材料试验、本分级的应用范围(见2006版第5、6、7、8、9、13章)；

——修改了燃烧性能等级标识，以及附加信息和标识(见第6章、附录B，2006版第4、12章)；

——删除原附录A、附录B、附录C的内容，补充了新附录A、附录B、附录C的内容。

本标准参考了EN 13501-1:2007《建筑制品和构件的火灾分级　第1部分：用对火反应试验数据的分级》。

本标准由中华人民共和国公安部提出。

本标准由全国消防标准化技术委员会防火材料分技术委员会(SAC/TC 113/SC 7)归口。

本标准负责起草单位：公安部四川消防研究所。

本标准参加起草单位：建筑材料工业技术监督研究中心、中国建筑材料科学研究总院、中国建筑科学研究院防火研究所、中国林业科学研究院木材工业研究所、拜耳材料科技(中国)有限公司、阿乐斯绝热材料(广州)有限公司、欧文斯科宁(中国)投资有限公司、亚罗弗保温材料(上海)有限公司、上海阿姆斯壮建筑制品有限公司、河北华美化工建材集团有限公司、常州晶雪冷冻设备有限公司、金发科技股份有限公司、烟台万华聚氨酯股份有限公司、南京法宁格节能科技有限公司。

本标准主要起草人：李风、赵成刚、卢国建、曾绪斌、邓小兵、刘松林、刘武强、刘海波、马道贞、陈志林。

本标准历次版本发布情况为：

——GB 8624—1988、GB 8624—1997、GB 8624—2006。

# 引　言

GB 8624 于 1988 年首次发布，其后参照西德标准 DIN 4102-1：1981《建筑材料和构件的火灾特性　第 1 部分：建筑材料燃烧性能分级的要求和试验》，对其进行了第 1 次修订，发布了修订版 GB 8624—1997。作为我国建筑材料燃烧性能的分级准则，GB 8624—1997 在评价材料燃烧性能及其分级、指导防火安全设计、实施消防监督、执行建筑设计防火规范等方面发挥了重要作用。

2006 年，参照欧盟标准委员会(CEN)制定的 EN 13501-1：2002《建筑制品和构件的火灾分级　第 1 部分：采用对火反应试验数据的分级》，对 GB 8624 进行了第 2 次修订，发布了修订版 GB 8624—2006。与 1997 版相比，GB 8624—2006 在建筑材料及制品燃烧性能分级及其判据方面发生了较大变化，燃烧性能分级由 1997 版的 A、$B_1$、$B_2$、$B_3$ 四级，改变为 A1、A2、B、C、D、E、F 七级。

从 GB 8624—2006 实施情况看，存在燃烧性能分级过细，与我国当前工程建设实际不相匹配等问题。为增强标准的应用性和协调性，对 GB 8624 进行了第 3 次修订。本标准明确了建筑材料及制品燃烧性能的基本分级仍为 A、$B_1$、$B_2$、$B_3$，同时建立了与欧盟标准分级 A1、A2、B、C、D、E、F 的对应关系，并采用了欧盟标准 EN 13501-1：2007 的分级判据。

# 建筑材料及制品燃烧性能分级

## 1 范围

本标准规定了建筑材料及制品的术语和定义、燃烧性能等级、燃烧性能等级判据、燃烧性能等级标识和检验报告。

本标准适用于建设工程中使用的建筑材料、装饰装修材料及制品等的燃烧性能分级和判定。

## 2 规范性引用文件

下列文件对于本文件的应用是必不可少的。凡是注日期的引用文件,仅注日期的版本适用于本文件。凡是不注日期的引用文件,其最新版本(包括所有的修改单)适用于本文件。

GB/T 2406.2 塑料 用氧指数法测定燃烧行为 第2部分:室温试验

GB/T 2408 塑料 燃烧性能的测定 水平法和垂直法

GB/T 5169.16 电子电工产品着火危险试验 第16部分:试验火焰50 W水平与垂直火焰试验方法

GB/T 5454 纺织品 燃烧性能试验 氧指数法

GB/T 5455 纺织品 燃烧性能试验 垂直法

GB/T 5464 建筑材料不燃性试验方法

GB/T 5907 消防基本术语 第一部分

GB/T 8333 硬质泡沫塑料燃烧性能试验方法 垂直燃烧法

GB/T 8626 建筑材料可燃性试验方法

GB/T 8627 建筑材料燃烧或分解的烟密度试验方法

GB/T 11785 铺地材料的燃烧性能测定 辐射热源法

GB/T 14402 建筑材料及制品的燃烧性能 燃烧热值的测定

GB/T 16172 建筑材料热释放速率试验方法

GB/T 17596 纺织品 织物燃烧试验前的商业洗涤程序

GB 17927.1 软体家具 床垫和沙发 抗引燃特性的评定 第1部分:阴燃的香烟

GB/T 20284 建筑材料或制品的单体燃烧试验

GB/T 20285 材料产烟毒性危险分级

GB/T 27904 火焰引燃家具和组件的燃烧性能试验方法

## 3 术语和定义

GB/T 5907界定的以及下列术语及定义适用于本文件。

3.1

**制品 product**

要求给出相关信息的建筑材料、复合材料或组件。

3.2

**材料 material**

单一物质或均匀分布的混合物,如金属、石材、木材、混凝土、矿纤、聚合物。

3.3

**管状绝热制品 linear pipe thermal insulation product**

具有绝热性能的圆形管道状制品。如橡塑保温管、玻璃纤维保温管。

3.4

**匀质制品 homogeneous product**

由单一材料组成的,或其内部具有均匀密度和组分的制品。

3.5

**非匀质制品 non-homogeneous product**

不满足匀质制品定义的制品。由一种或多种主要或次要组分组成的制品。

3.6

**主要组分 substantial component**

非匀质制品的主要构成物质。如:单层面密度≥1.0 $kg/m^2$ 或厚度≥1.0 mm 的一层材料。

3.7

**次要组分 non-substantial component**

非匀质制品的非主要构成物质。如:单层面密度<1.0 $kg/m^2$ 且单层厚度<1.0 mm 的材料。两层或多层次要组分直接相邻(中间无主要组分),当其组合满足次要组分要求时,可视作一个次要组分。

3.8

**内部次要组分 internal non-substantial component**

两面均至少接触一种主要组分的次要组分。

3.9

**外部次要组分 external non-substantial component**

有一面未接触主要组分的次要组分。

3.10

**铺地材料 flooring**

可铺设在地面上的材料或制品。

3.11

**基材 substrate**

与建筑制品背面(或底面)直接接触的某种制品,如混凝土墙面等。

3.12

**标准基材 standard substrate**

可代表实际应用基材的制品。

3.13

**燃烧滴落物/微粒 flaming droplets/particles**

在燃烧试验过程中,从试样上分离的物质或微粒。

3.14

**临界热辐射通量 critical heat flux**

**CHF**

火焰熄灭处的热辐射通量或试验 30 min 时火焰传播到的最远处的热辐射通量。

3.15

**燃烧增长速率指数 fire growth rate index**

**FIGRA**

试样燃烧的热释放速率值与其对应时间比值的最大值,用于燃烧性能分级。

3.16

**$FIGRA_{0.2MJ}$**

当试样燃烧释放热量达到0.2 MJ时的燃烧增长速率指数。

3.17

**$FIGRA_{0.4MJ}$**

当试样燃烧释放热量达到0.4 MJ时的燃烧增长速率指数。

3.18

**烟气生成速率指数 smoke growth rate index**

**SMOGRA**

试样燃烧烟气产生速率与其对应时间比值的最大值。

3.19

**烟气毒性 smoke toxicity**

烟气中的有毒有害物质引起损伤/伤害的程度。

3.20

**损毁材料 damaged material**

在热作用下被点燃、碳化、熔化或发生其他损坏变化的材料。

3.21

**热值 calorific value**

单位质量的材料完全燃烧所产生的热量，以J/kg表示。

3.22

**总热值 gross calorific potential**

单位质量的材料完全燃烧，燃烧产物中所有的水蒸气凝结成水时所释放出来的全部热量。

3.23

**持续燃烧 sustained flaming**

试样表面或其上方持续时间大于4 s的火焰。

## 4 燃烧性能等级

建筑材料及制品的燃烧性能等级见表1。

**表1 建筑材料及制品的燃烧性能等级**

| 燃烧性能等级 | 名　称 |
|---|---|
| A | 不燃材料(制品) |
| $B_1$ | 难燃材料(制品) |
| $B_2$ | 可燃材料(制品) |
| $B_3$ | 易燃材料(制品) |

## 5 燃烧性能等级判据

### 5.1 建筑材料

#### 5.1.1 平板状建筑材料

平板状建筑材料及制品的燃烧性能等级和分级判据见表2。表中满足A1、A2级即为A级，满足

B 级、C 级即为 $B_1$ 级，满足 D 级、E 级即为 $B_2$ 级。

对墙面保温泡沫塑料，除符合表 2 规定外应同时满足以下要求：$B_1$ 级氧指数值 OI≥30%；$B_2$ 级氧指数值 OI≥26%。试验依据标准为 GB/T 2406.2。

**表 2　平板状建筑材料及制品的燃烧性能等级和分级判据**

<table>
<tr><th colspan="2">燃烧性能等级</th><th colspan="2">试验方法</th><th>分级判据</th></tr>
<tr><td rowspan="5">A</td><td rowspan="2">A1</td><td colspan="2">GB/T 5464[a] 且</td><td>炉内温升 $\Delta T \leqslant 30$ ℃；<br>质量损失率 $\Delta m \leqslant 50\%$；<br>持续燃烧时间 $t_f = 0$</td></tr>
<tr><td colspan="2">GB/T 14402</td><td>总热值 PCS≤2.0 MJ/kg[a,b,c,e]；<br>总热值 PCS≤1.4 MJ/m² [d]</td></tr>
<tr><td rowspan="3">A2</td><td>GB/T 5464[a] 或</td><td rowspan="2">且</td><td>炉内温升 $\Delta T \leqslant 50$ ℃；<br>质量损失率 $\Delta m \leqslant 50\%$；<br>持续燃烧时间 $t_f \leqslant 20$ s</td></tr>
<tr><td>GB/T 14402</td><td>总热值 PCS≤3.0 MJ/kg[a,e]；<br>总热值 PCS≤4.0 MJ/m² [b,d]</td></tr>
<tr><td colspan="2">GB/T 20284</td><td>燃烧增长速率指数 $FIGRA_{0.2\,MJ} \leqslant 120$ W/s；<br>火焰横向蔓延未到达试样长翼边缘；<br>600 s 的总放热量 $THR_{600\,s} \leqslant 7.5$ MJ</td></tr>
<tr><td rowspan="4">$B_1$</td><td rowspan="2">B</td><td colspan="2">GB/T 20284 且</td><td>燃烧增长速率指数 $FIGRA_{0.2\,MJ} \leqslant 120$ W/s；<br>火焰横向蔓延未到达试样长翼边缘；<br>600 s 的总放热量 $THR_{600\,s} \leqslant 7.5$ MJ</td></tr>
<tr><td colspan="2">GB/T 8626<br>点火时间 30 s</td><td>60 s 内焰尖高度 Fs≤150 mm；<br>60 s 内无燃烧滴落物引燃滤纸现象</td></tr>
<tr><td rowspan="2">C</td><td colspan="2">GB/T 20284 且</td><td>燃烧增长速率指数 $FIGRA_{0.4\,MJ} \leqslant 250$ W/s；<br>火焰横向蔓延未到达试样长翼边缘；<br>600 s 的总放热量 $THR_{600\,s} \leqslant 15$ MJ</td></tr>
<tr><td colspan="2">GB/T 8626<br>点火时间 30 s</td><td>60 s 内焰尖高度 Fs≤150 mm；<br>60 s 内无燃烧滴落物引燃滤纸现象</td></tr>
<tr><td rowspan="3">$B_2$</td><td rowspan="2">D</td><td colspan="2">GB/T 20284 且</td><td>燃烧增长速率指数 $FIGRA_{0.4\,MJ} \leqslant 750$ W/s</td></tr>
<tr><td colspan="2">GB/T 8626<br>点火时间 30 s</td><td>60 s 内焰尖高度 Fs≤150 mm；<br>60 s 内无燃烧滴落物引燃滤纸现象</td></tr>
<tr><td>E</td><td colspan="2">GB/T 8626<br>点火时间 15 s</td><td>20 s 内的焰尖高度 Fs≤150 mm；<br>20 s 内无燃烧滴落物引燃滤纸现象</td></tr>
<tr><td>$B_3$</td><td>F</td><td colspan="3">无性能要求</td></tr>
<tr><td colspan="5">[a] 匀质制品或非匀质制品的主要组分。<br>[b] 非匀质制品的外部次要组分。<br>[c] 当外部次要组分的 PCS≤2.0 MJ/m² 时，若整体制品的 $FIGRA_{0.2\,MJ} \leqslant 20$ W/s、LFS＜试样边缘、$THR_{600\,s} \leqslant 4.0$ MJ并达到 s1 和 d0 级，则达到 A1 级。<br>[d] 非匀质制品的任一内部次要组分。<br>[e] 整体制品。</td></tr>
</table>

### 5.1.2 铺地材料

铺地材料的燃烧性能等级和分级判据见表 3。表中满足 A1、A2 级即为 A 级，满足 B 级、C 级即为 $B_1$ 级，满足 D 级、E 级即为 $B_2$ 级。

**表 3 铺地材料的燃烧性能等级和分级判据**

<table>
<tr><th colspan="2">燃烧性能等级</th><th colspan="2">试验方法</th><th>分级判据</th></tr>
<tr><td rowspan="5">A</td><td rowspan="2">A1</td><td colspan="2">GB/T 5464[a] 且</td><td>炉内温升 $\Delta T \leqslant 30$ ℃；<br>质量损失率 $\Delta m \leqslant 50\%$；<br>持续燃烧时间 $t_f = 0$</td></tr>
<tr><td colspan="2">GB/T 14402</td><td>总热值 PCS≤2.0 MJ/kg[a,b,d]；<br>总热值 PCS≤1.4 MJ/m$^2$ [c]</td></tr>
<tr><td rowspan="3">A2</td><td>GB/T 5464[a] 或</td><td rowspan="2">且</td><td>炉内温升 $\Delta T \leqslant 50$ ℃；<br>质量损失率 $\Delta m \leqslant 50\%$；<br>持续燃烧时间 $t_f \leqslant 20$ s</td></tr>
<tr><td>GB/T 14402</td><td>总热值 PCS≤3.0 MJ/kg[a,d]；<br>总热值 PCS≤4.0 MJ/m$^2$ [b,c]</td></tr>
<tr><td colspan="2">GB/T 11785[e]</td><td>临界热辐射通量 CHF≥8.0 kW/m$^2$</td></tr>
<tr><td rowspan="4">$B_1$</td><td rowspan="2">B</td><td colspan="2">GB/T 11785[e] 且</td><td>临界热辐射通量 CHF≥8.0 kW/m$^2$</td></tr>
<tr><td colspan="2">GB/T 8626<br>点火时间 15 s</td><td>20 s 内焰尖高度 Fs≤150 mm</td></tr>
<tr><td rowspan="2">C</td><td colspan="2">GB/T 11785[e] 且</td><td>临界热辐射通量 CHF≥4.5 kW/m$^2$</td></tr>
<tr><td colspan="2">GB/T 8626<br>点火时间 15 s</td><td>20 s 内焰尖高度 Fs≤150 mm</td></tr>
<tr><td rowspan="4">$B_2$</td><td rowspan="2">D</td><td colspan="2">GB/T 11785[e] 且</td><td>临界热辐射通量 CHF≥3.0 kW/m$^2$</td></tr>
<tr><td colspan="2">GB/T 8626<br>点火时间 15 s</td><td>20 s 内焰尖高度 Fs≤150 mm</td></tr>
<tr><td rowspan="2">E</td><td colspan="2">GB/T 11785[e] 且</td><td>临界热辐射通量 CHF≥2.2 kW/m$^2$</td></tr>
<tr><td colspan="2">GB/T 8626<br>点火时间 15 s</td><td>20 s 内焰尖高度 Fs≤150 mm</td></tr>
<tr><td>$B_3$</td><td>F</td><td colspan="3">无性能要求</td></tr>
<tr><td colspan="5">[a] 匀质制品或非匀质制品的主要组分。<br>[b] 非匀质制品的外部次要组分。<br>[c] 非匀质制品的任一内部次要组分。<br>[d] 整体制品。<br>[e] 试验最长时间 30 min。</td></tr>
</table>

### 5.1.3 管状绝热材料

管状绝热材料的燃烧性能等级和分级判据见表 4。表中满足 A1、A2 级即为 A 级，满足 B 级、C 级

即为 $B_1$ 级，满足 D 级、E 级即为 $B_2$ 级。

当管状绝热材料的外径大于 300 mm 时，其燃烧性能等级和分级判据按表 2 的规定。

**表 4 管状绝热材料燃烧性能等级和分级判据**

| 燃烧性能等级 | | 试验方法 | | 分级判据 |
|---|---|---|---|---|
| A | A1 | GB/T 5464[a] 且 | | 炉内温升 $\Delta T \leqslant 30$ ℃；<br>质量损失率 $\Delta m \leqslant 50\%$；<br>持续燃烧时间 $t_f = 0$ |
| | | GB/T 14402 | | 总热值 PCS≤2.0 MJ/kg[a,b,d]；<br>总热值 PCS≤1.4 $MJ/m^2$[c] |
| | A2 | GB/T 5464[a] 或 | 且 | 炉内温升 $\Delta T \leqslant 50$ ℃；<br>质量损失率 $\Delta m \leqslant 50\%$；<br>持续燃烧时间 $t_f \leqslant 20$ s |
| | | GB/T 14402 | | 总热值 PCS≤3.0 MJ/kg[a,d]；<br>总热值 PCS≤4.0 $MJ/m^2$[b,c] |
| | | GB/T 20284 | | 燃烧增长速率指数 $FIGRA_{0.2\,MJ} \leqslant 270$ W/s；<br>火焰横向蔓延未到达试样长翼边缘；<br>600 s 内总放热量 $THR_{600\,s} \leqslant 7.5$ MJ |
| $B_1$ | B | GB/T 20284 且 | | 燃烧增长速率指数 $FIGRA_{0.2\,MJ} \leqslant 270$ W/s；<br>火焰横向蔓延未到达试样长翼边缘；<br>600 s 内总放热量 $THR_{600\,s} \leqslant 7.5$ MJ |
| | | GB/T 8626<br>点火时间 30 s | | 60 s 内焰尖高度 Fs≤150 mm；<br>60 s 内无燃烧滴落物引燃滤纸现象 |
| | C | GB/T 20284 | | 燃烧增长速率指数 $FIGRA_{0.4\,MJ} \leqslant 460$ W/s；<br>火焰横向蔓延未到达试样长翼边缘；<br>600 s 内总放热量 $THR_{600\,s} \leqslant 15$ MJ |
| | | GB/T 8626 且<br>点火时间 30 s | | 60 s 内焰尖高度 Fs≤150 mm；<br>60 s 内无燃烧滴落物引燃滤纸现象 |
| $B_2$ | D | GB/T 20284 且 | | 燃烧增长速率指数 $FIGRA_{0.4\,MJ} \leqslant 2\,100$ W/s；<br>600 s 内总放热量 $THR_{600\,s} < 100$ MJ |
| | | GB/T 8626<br>点火时间 30 s | | 60 s 内焰尖高度 Fs≤150 mm；<br>60 s 内无燃烧滴落物引燃滤纸现象 |
| | E | GB/T 8626<br>点火时间 15 s | | 20 s 内焰尖高度 Fs≤150 mm；<br>20 s 内无燃烧滴落物引燃滤纸现象 |
| $B_3$ | F | 无性能要求 | | |

[a] 匀质制品和非匀质制品的主要组分。

[b] 非匀质制品的外部次要组分。

[c] 非匀质制品的任一内部次要组分。

[d] 整体制品。

## 5.2 建筑用制品

5.2.1 建筑用制品分为四大类：

——窗帘幕布、家具制品装饰用织物；

——电线电缆套管、电器设备外壳及附件；

——电器、家具制品用泡沫塑料；

——软质家具和硬质家具。

5.2.2 窗帘幕布、家具制品装饰用织物等的燃烧性能等级和分级判据见表5。耐洗涤织物在进行燃烧性能试验前，应按 GB/T 17596 的规定对试样进行至少5次洗涤。

**表5 窗帘幕布、家具制品装饰用织物燃烧性能等级和分级判据**

| 燃烧性能等级 | 试验方法 | 分级判据 |
|---|---|---|
| $B_1$ | GB/T 5454<br>GB/T 5455 | 氧指数 OI≥32.0%；<br>损毁长度≤150 mm，续燃时间≤5 s，阴燃时间≤15 s；<br>燃烧滴落物未引起脱脂棉燃烧或阴燃 |
| $B_2$ | GB/T 5454<br>GB/T 5455 | 氧指数 OI≥26.0%；<br>损毁长度≤200 mm，续燃时间≤15 s，阴燃时间≤30 s；<br>燃烧滴落物未引起脱脂棉燃烧或阴燃 |
| $B_3$ | 无性能要求 | |

5.2.3 电线电缆套管、电器设备外壳及附件的燃烧性能等级和分级判据见表6。

**表6 电线电缆套管、电器设备外壳及附件的燃烧性能等级和分级判据**

| 燃烧性能等级 | 制品 | 试验方法 | 分级判据 |
|---|---|---|---|
| $B_1$ | 电线电缆套管 | GB/T 2406.2<br>GB/T 2408<br>GB/T 8627 | 氧指数 OI≥32.0%；<br>垂直燃烧性能 V-0 级；<br>烟密度等级 SDR≤75 |
| | 电器设备外壳及附件 | GB/T 5169.16 | 垂直燃烧性能 V-0 级 |
| $B_2$ | 电线电缆套管 | GB/T 2406.2<br>GB/T 2408 | 氧指数 OI≥26.0%；<br>垂直燃烧性能 V-1 级 |
| | 电器设备外壳及附件 | GB/T 5169.16 | 垂直燃烧性能 V-1 级 |
| $B_3$ | 无性能要求 | | |

5.2.4 电器、家具制品用泡沫塑料的燃烧性能等级和分级判据见表7。

**表7 电器、家具制品用泡沫塑料燃烧性能等级和分级判据**

| 燃烧性能等级 | 试验方法 | 分级判据 |
|---|---|---|
| $B_1$ | GB/T 16172[a]<br>GB/T 8333 | 单位面积热释放速率峰值≤400 kW/m²；<br>平均燃烧时间≤30 s，平均燃烧高度≤250 mm |
| $B_2$ | GB/T 8333 | 平均燃烧时间≤30 s，平均燃烧高度≤250 mm |
| $B_3$ | 无性能要求 | |
| [a] 辐射照度设置为 30 kW/m²。 | | |

5.2.5 软质家具和硬质家具的燃烧性能等级和分级判据见表8。

**表8 软质家具和硬质家具的燃烧性能等级和分级判据**

| 燃烧性能等级 | 制品类别 | 试验方法 | 分级判据 |
| --- | --- | --- | --- |
| $B_1$ | 软质家具 | GB/T 27904<br>GB 17927.1 | 热释放速率峰值≤200 kW；<br>5 min内总热释放量≤30 MJ；<br>最大烟密度≤75%；<br>无有焰燃烧引燃或阴燃引燃现象 |
| | 软质床垫 | 附录A | 热释放速率峰值≤200 kW；<br>10 min内总热释放量≤15 MJ |
| | 硬质家具[a] | GB/T 27904 | 热释放速率峰值≤200 kW；<br>5 min内总热释放量≤30 MJ；<br>最大烟密度≤75% |
| $B_2$ | 软质家具 | GB/T 27904<br>GB 17927.1 | 热释放速率峰值≤300 kW；<br>5 min内总热释放量≤40 MJ；<br>试件未整体燃烧；<br>无有焰燃烧引燃或阴燃引燃现象 |
| | 软质床垫 | 附录A | 热释放速率峰值≤300 kW；<br>10 min内总热释放量≤25 MJ |
| | 硬质家具 | GB/T 27904 | 热释放速率峰值≤300 kW；<br>5 min内总热释放量≤40 MJ；<br>试件未整体燃烧 |
| $B_3$ | 无性能要求 | | |

[a] 塑料座椅的试验火源功率采用20 kW，燃烧器位于座椅下方的一侧，距座椅底部300 mm。

## 6 燃烧性能等级标识

6.1 经检验符合本标准规定的建筑材料及制品，应在产品上及说明书中冠以相应的燃烧性能等级标识：

——GB 8624 A级；

——GB 8624 $B_1$级；

——GB 8624 $B_2$级；

——GB 8624 $B_3$级。

6.2 建筑材料及制品燃烧性能等级的附加信息和标识见附录B。

## 7 分级检验报告

分级检验报告应包括下述内容：

——检验报告的编号和日期；

——检验报告的委托方；

——发布检验报告的机构；

——建筑材料及制品的名称和用途；
——建筑材料及制品的详尽描述，包括对相关组分和组装方法等的详细说明或图纸描述；
——试验方法及试验结果；
——分级方法；
——结论：建筑材料及制品的燃烧性能等级；
——检验报告相关说明，参见附录C；
——报告责任人和机构负责人的签名。

# 附 录 A
（规范性附录）
# 床垫热释放速率试验方法

## A.1 适用范围

本附录提供了一种测量床垫热释放速率和总热释放量的方法。本附录适用于床垫，不适用于枕头、毯子或者其他床上用品。

## A.2 仪器和设备

### A.2.1 概述

试验设备为开放式量热计，主要由样品支架、排烟系统、点火源、测试系统等组成。试验样品放置于样品支架上，样品支架位于集烟罩下方中心，如图A.1所示。

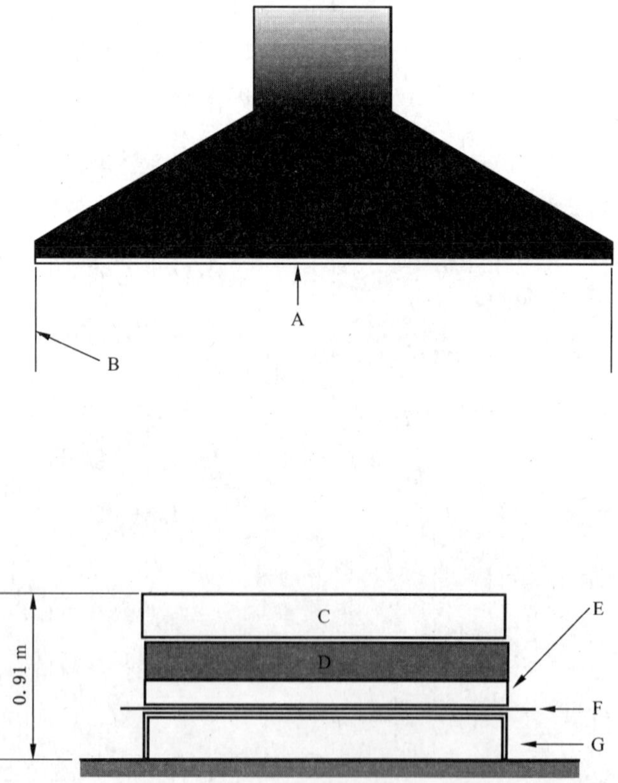


说明：

A——集烟罩；
B——集烟罩裙板；
C——床垫；
D——床托；
E——样品支架；
F——硅酸钙板或纤维水泥板；
G——可升降支撑平台。

**图 A.1 试样位置**

### A.2.2 样品支架

A.2.2.1 样品支架用于支撑试样，表面应平整，没有毛刺。样品支架由 40 mm 宽的角钢焊接而成，其外部尺寸不能超出试样边缘 5 mm。样品支架除两个横档外应完全敞开，每个横档宽 25 mm，位于长度方向 1/3 处。若放置的试样下垂高度超过 19 mm，应增加横档数量来阻止样品下垂。

A.2.2.2 样品支架高 115 mm，其高度可调节，以便燃烧器距离样品支架支撑面的距离不小于 25 mm。

A.2.2.3 样品支架支撑在硅酸钙板或纤维水泥板上，板的厚度 13 mm，长度和宽度均大于试样尺寸 200 mm，且表面清洁无可燃物残留。若有必要，可在样品支架下方放置可升降支撑平台。

### A.2.3 排烟系统

排烟系统由集烟罩及排烟管道构成，用于吸收床垫燃烧产生的全部烟气。排烟管道中安装有气体取样管、热电偶、差压变送器及烟气测试系统等。

### A.2.4 点火源

#### A.2.4.1 概要

点火源包括两个 T 形燃烧器，见图 A.2 和图 A.3。其中一个 T 形燃烧器在床垫的顶面施加火焰（水平燃烧器），另一个 T 形燃烧器在床垫的侧面施加火焰（垂直燃烧器）。燃烧器由不锈钢管构成，钢管的直径 12.7 mm，壁厚 0.89 mm。每个燃烧器均可调节与试样表面之间的距离。燃气为纯度 95%以上的丙烷气。

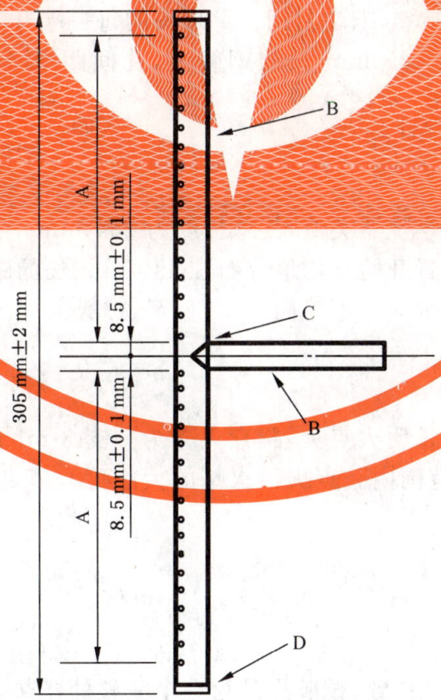


说明：

A——17 个孔平均分布在 135 mm 长钢管上，水平向上 5°；

B——不锈钢管；

C——90°T 形连接；

D——燃烧器两端密封。

图 A.2 水平燃烧器

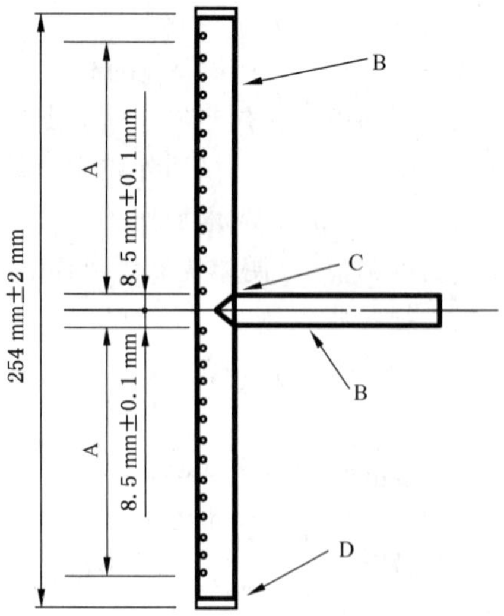


说明：

A——14 个孔平均分布在 110 mm 长钢管上，水平向上 5°；

B——不锈钢管；

C——90°T 形连接；

D——燃烧器两端密封。

**图 A.3 垂直燃烧器**

### A.2.4.2 水平燃烧器

水平燃烧器的 T 形头长 305 mm，末端封闭。T 形头的每一端开 17 个孔，从燃烧器 T 形头的中间 8.5 mm 的位置开始平均分布在 135 mm 长的钢管上，孔间距 8.5 mm。孔的直径为 1.45 mm～1.53 mm。孔的方向为水平向上 5°，见图 A.2。

### A.2.4.3 垂直燃烧器

垂直燃烧器的 T 形头与水平燃烧器类似，其总长度为 254 mm。T 形头的每一端开 14 个孔，从燃烧器 T 形头的中间 8.5 mm 的位置开始平均地分布在 110 mm 长的钢管上，孔间距 8.5 mm。孔的直径为 1.45 mm～1.53 mm。孔的方向为水平向上 5°，见图 A.3。

### A.2.4.4 长明火点火器

每个 T 形燃烧器头部有一个长明火点火器，点火器为一支 3 mm 的铜管，独立供燃气。点火端设置在距离 T 形头中央 10 mm 的范围内。点火器火焰的大小可调节，应避免在试验开始前直接作用于试样。

## A.3 试样

试样尺寸应与实际使用的床垫一致，试验样品为一个完整的床垫（包括床托）。床垫顶部距离地面总高度不大于 910 mm。

## A.4 试验

### A.4.1 试验环境

试验室应具有足够大的空间，避免热辐射对周围物体的影响。试验室内应保持气流均匀稳定，避免周围空气流对试验结果的影响,应确保距离试样顶部 0.5 m 处的空气流速不超过 0.5 m/s。

**A.4.2 状态调节**

试验前试样应该在温度 23 ℃±2 ℃,湿度 50%±5%的环境中状态调节至少 48 h。状态调节前应撤除包装,试样应从状态调节室取出后 20 min 内进行试验。

**A.4.3 燃气流量**

试验前,将水平燃烧器和垂直燃烧器的燃烧时间分别设置为 70 s 和 50 s,点燃长明火点火器,调节火焰长度约为 10 mm,同时点燃两个燃烧器,丙烷气压力保持为 140 kPa±5 kPa,调节水平燃烧器的丙烷流量为 12.9 L/min±0.1 L/min,垂直燃烧器的丙烷流量为 6.6 L/min±0.05 L/min。调节稳定后,关闭燃烧器和长明火点火器。

**A.4.4 燃烧器的放置和调整**

调节燃烧器位置,使 T 形燃烧器位于床垫长度方向中部 300 mm 范围内,燃烧器管平行于床垫表面,水平燃烧器距床垫上表面 39.0 mm,垂直燃烧器距床垫侧表面 42.0 mm。水平燃烧器的一端与床垫边缘齐平,垂直燃烧器竖直放置,其中心与床垫的下表面或者床垫与床托的接触面齐平,见图 A.4。

**A.4.5 试验程序**

**A.4.5.1** 从状态调节室取出试样,将试样放在样品支架的中心。若有床托,床垫应放在床托上部的中心,且与床托边缘齐平。可在支架下边缘设置落物盘以接收样品燃烧脱落物。

**A.4.5.2** 点燃长明火点火器。

**A.4.5.3** 在点燃燃烧器前 2 min 开始记录数据。

**A.4.5.4** 点燃两个燃烧器,开始计时,试验时间为 30 min。确保燃气流量在试验过程中保持稳定。

**A.4.5.5** 点火开始 50 s 时,熄灭垂直燃烧器,70 s 时,熄灭水平燃烧器和长明灯,移走燃烧器,继续观察样品燃烧现象。

**A.4.5.6** 当试验进行 30 min 或试样无任何燃烧迹象,如无任何可见烟气、持续火焰、闷烧或阴燃,可结束试验并记录试验时间。

**A.4.6 试验现象**

在整个试验过程中,应记录相关试验现象及时间,包括熔融滴落、火势急剧增大的时间、试样是否烧穿等现象。

## A.5 试验结果

试验完成后,记录样品的热释放速率峰值和点火开始最初 10 min 内的总热释放量。

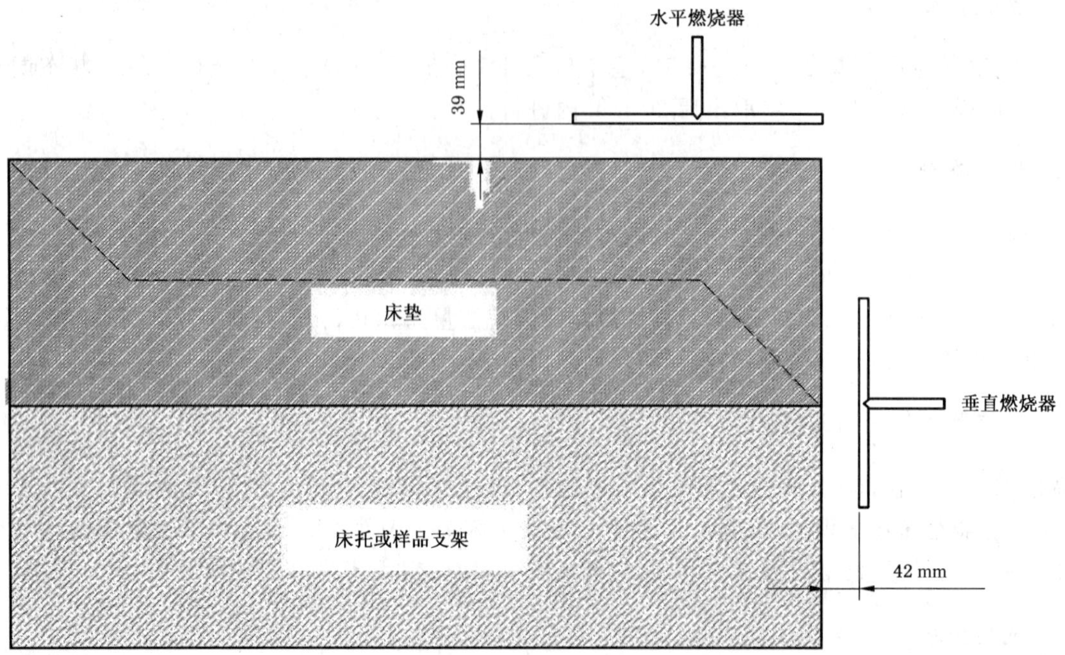


a） 侧视图

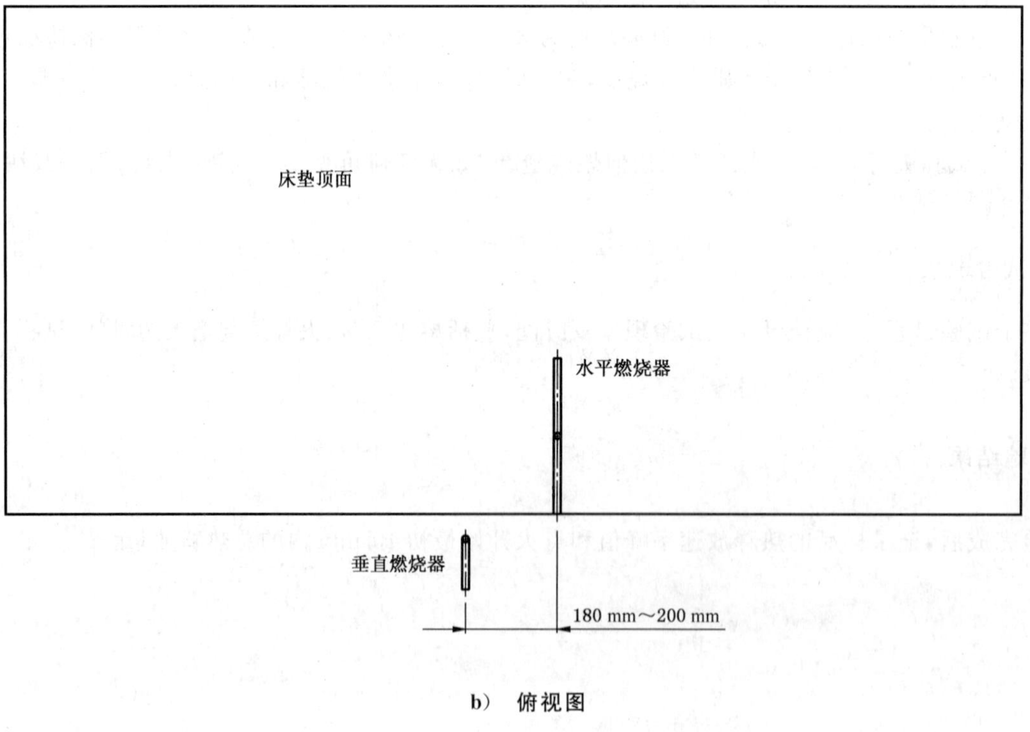


b） 俯视图

图 A.4 水平燃烧器和垂直燃烧器位置

# 附　录　B
（规范性附录）
# 燃烧性能等级的附加信息和标识

## B.1　附加信息

**B.1.1**　建筑材料及制品燃烧性能等级附加信息包括产烟特性、燃烧滴落物/微粒等级和烟气毒性等级。

**B.1.2**　A2级、B级和C级建筑材料及制品应给出以下附加信息：

——产烟特性等级；

——燃烧滴落物/微粒等级(铺地材料除外)；

——烟气毒性等级。

**B.1.3**　D级建筑材料及制品应给出以下附加信息：

——产烟特性等级；

——燃烧滴落物/微粒等级。

**B.1.4**　产烟特性等级按GB/T 20284或GB/T 11785试验所获得的数据确定，见表B.1。

**B.1.5**　燃烧滴落物/微粒等级通过观察GB/T 20284试验中燃烧滴落物/微粒确定，见表B.2。

**B.1.6**　烟气毒性等级按GB/T 20285试验所获得的数据确定，见表B.3。

**表B.1　产烟特性等级和分级判据**

| 产烟特性等级 | 试验方法 | 分级判据 | |
|---|---|---|---|
| s1 | GB/T 20284 | 除铺地制品和管状绝热制品外的建筑材料及制品 | 烟气生成速率指数 SMOGRA≤30 $m^2/s^2$；试验 600 s 总烟气生成量 $TSP_{600\ s}$≤50 $m^2$ |
| | | 管状绝热制品 | 烟气生成速率指数 SMOGRA≤105 $m^2/s^2$；试验 600 s 总烟气生成量 $TSP_{600\ s}$≤250 $m^2$ |
| | GB/T 11785 | 铺地材料 | 产烟量≤750 %×min |
| s2 | GB/T 20284 | 除铺地制品和管状绝热制品外的建筑材料及制品 | 烟气生成速率指数 SMOGRA≤180 $m^2/s^2$；试验 600 s 总烟气生成量 $TSP_{600\ s}$≤200 $m^2$ |
| | | 管状绝热制品 | 烟气生成速率指数 SMOGRA≤580 $m^2/s^2$；试验 600 s 总烟气生成量 $TSP_{600\ s}$≤1 600 $m^2$ |
| | GB/T 11785 | 铺地材料 | 未达到s1 |
| s3 | GB/T 20284 | 未达到s2 | |

**表B.2　燃烧滴落物/微粒等级和分级判据**

| 燃烧滴落物/微粒等级 | 试验方法 | 分级判据 |
|---|---|---|
| d0 | GB/T 20284 | 600 s内无燃烧滴落物/微粒 |
| d1 | | 600 s内燃烧滴落物/微粒，持续时间不超过10 s |
| d2 | | 未达到d1 |

表 B.3 烟气毒性等级和分级判据

| 烟气毒性等级 | 试验方法 | 分 级 判 据 |
|---|---|---|
| t0 | GB/T 20285 | 达到准安全一级 $ZA_1$ |
| t1 | | 达到准安全三级 $ZA_3$ |
| t2 | | 未达到准安全三级 $ZA_3$ |

## B.2 附加信息标识

当按照 B.1 规定需要显示附加信息时，燃烧性能等级标识为：

GB 8624□(□-□，□，□)

- ——烟气毒性等级(t0、t1、t2)
- ——燃烧滴落物/微粒等级(d0、d1、d2)
- ——产烟特性等级(s1、s2、s3)
- ——燃烧性能等级(A2、B、C、D)
- ——燃烧性能等级(A、$B_1$、$B_2$、$B_3$)

**示例**：GB 8624 $B_1$(B-s1，d0，t1)，表示属于难燃 $B_1$ 级建筑材料及制品，燃烧性能细化分级为 B 级，产烟特性等级为 s1 级，燃烧滴落物/微粒等级为 d0 级，烟气毒性等级为 t1 级。

# 附 录 C
（资料性附录）
检验报告相关说明

## C.1 建筑材料及制品的实际应用

试验安装由建筑材料及制品的最终应用状态确定，制品的燃烧性能等级与实际应用状态相关，应根据制品的最终应用条件，确定试验的基材及安装方式。试验应选用标准基材，当采用实际使用或代表其实际使用的非标准基材时，应明确应用范围，即试验结果仅限于制品在实际应用中采用相同的基材。对于粘结于基材的制品，试验结果的应用由粘结方式来确定，粘贴方式和粘接剂的属性、用量等由试验委托单位提供。

## C.2 试样厚度

对于在实际应用中有多种不同厚度的制品，当密度等可能影响燃烧性能的参数不变时，若最大厚度和最小厚度制品燃烧性能等级相同，则认为在中间厚度的制品也满足该燃烧性能等级，否则，应对每一厚度的制品进行判定。

## C.3 特别说明

对于以下材料：混凝土、矿物棉、玻璃纤维、石灰、金属（铁、钢、铜）、石膏、无有机混合物的灰泥、硅酸钙材料、天然石材、石板、玻璃、陶瓷，任何一种材料含有的均匀分散的有机物含量不超过1%（质量和体积），可不通过试验即认为满足A1级的要求。对于由以上一种或多种材料分层复合的材料或制品，当胶水含量不超过0.1%（质量和体积）时，认为该制品满足A1级的要求。

## 参 考 文 献

[1] GB/T 25207 火灾试验 表面制品的实体房间火试验方法
[2] ISO 12949 床垫热释放速率试验方法
[3] EN 13501-1:2007 建筑制品和构件的火灾分级 第1部分:采用对火反应试验数据的分级

ICS 25.040.20
J 50

# 中华人民共和国国家标准

GB/T 8870.1—2012/ISO 6983-1:2009
代替 GB/T 8870—1988

# 自动化系统与集成　机床数值控制　程序格式和地址字定义　第1部分:点位、直线运动和轮廓控制系统的数据格式

**Automation systems and integration—Numerical control of machines—Program format and definitions of address words—Part 1:Data format for positioning, line motion and contouring control systems**

(ISO 6983-1:2009,IDT)

2012-12-31 发布　　2013-06-01 实施

中华人民共和国国家质量监督检验检疫总局
中国国家标准化管理委员会　发布

# 前　言

GB/T 8870《自动化系统与集成　机床数值控制　程序格式和地址字定义》分为两个部分：

——第1部分：点位、直线运动和轮廓控制系统的数据格式；

——第2部分：辅助功能的编码(1～8类)[技术报告]。

本部分为GB/T 8870的第1部分，第2部分为技术报告正计划发布。

本部分使用翻译法等同采用ISO 6983-1:2009《自动化系统与集成　机床数值控制　程序格式和地址字定义　第1部分：点位、直线运动和轮廓控制系统的数据格式》。

本部分按照GB/T 1.1—2009给出的规则起草。

与本部分中规范性引用的国际文件有一致性对应关系的我国文件如下：

——GB/T 8129—1997　工业自动化系统　机床数值控制　词汇(ISO 2806:1994,IDT)。

本部分与GB/T 8870—1988相比，在结构上进行调整如下：

——通常使用的准备(G)和辅助(M)功能代码在统一标准进行编组(见附录E)；

——地址索引中增加轴索引(见6.2.1)；

——对于现存的编程方法规定了新的数据格式，螺旋线插补(见7.3)；暂停(见13章)；螺纹切削(见11章)。

本部分作下列编辑修改：

——删除了ISO 6983-1:2009的前言和引言，将适用的内容转为本部分的引言。

——增加附录NA(资料性附录)"永久未指定代码的特殊应用"，以指导使用。

本部分代替GB/T 8870—1988《机床数值控制　点位、直线运动和轮廓控制系统的数据格式》。

本部分的某些内容可能涉及专利。本部分的发布机构不承担识别这些专利的责任。

本部分由中国机械工业联合会提出。

本部分由全国自动化系统与集成标准化技术委员会(SAC/TC 159)归口。

本部分起草单位：北京机床研究所、北京化工大学、北京航天数控系统有限公司、北京发那科机电有限公司、广州数控设备有限公司、广州市诺信数字测控设备有限公司。

本部分主要起草人：梁若琼、杜瑞芳、许文娟、张莉彦、邵国安、沈烈。

本部分所代替标准的发布情况为：

——GB/T 8870—1988。

# 引　言

GB/T 8870 描述的是在不同的数据存储介质里对于机床控制程序的一个字地址编程格式。例如：穿孔纸带、磁性介质、通用串行总线(USB)棒、硬盘、软盘、随机存取存储器(RAM)等，或由远程数据源提供。GB/T 8870 涵盖可变程序段格式，不包括机械设计。

GB/T 8870 适用于机械/机床数值控制(NC)的控制程序的程序格式分类。而且同样用于各种几何分类和机械间的交互对话。

用 GB/T 8870 的程序格式分类一般基于“G 代码编程”或“ISO 编程”。

按照 GB/T 8870 的要求不能保证不同的机械/机床之间的机械控制程序的互换性。附录 D 中阐述了一些附加考虑的要求，以保证它们的互换性。

# 自动化系统与集成　机床数值控制 程序格式和地址字定义 第1部分:点位、直线运动和轮廓控制系统的数据格式

## 1　范围

GB/T 8870 的本部分对机床数值控制中所用的点位、直线运动和轮廓控制系统的数据格式提出了要求和建议,有助于协调系统设计,使零件加工图所要求的程序种类最少,从而促进程序编制技术的统一,并且在型号、加工工艺、功能、尺寸和精度等相同分类的数控机床间,使其输入程序具有互换性。希望用一个简单的格式对单纯的数值控制机械的编程,对更复杂的机械只是做系统的有步骤的延伸。

本部分不适用于造船工业专用的火焰切割机和绘图机的数值控制。它们的相关格式(“ESSI 格式”)在 ISO 6852 中说明。

## 2　规范性引用文件

下列文件对于本文件的应用是必不可少的。凡是注日期的引用文件,仅注日期的版本适用于本文件。凡是不注日期的引用文件,其最新版本(包括所有的修改单)适用于本文件。

ISO 2806　工业自动化系统　机床数值控制　词汇(Industrial automation systems—Numerical control of machines—Vacabulary)

## 3　术语和定义

ISO 2806 界定的术语和定义适用于本文件。

## 4　程序格式

加工程序由数据程序段组成,包括控制系统的命令组,程序段由若干个字组成,每一个字是控制系统的一个具体指令。

“程序段结束”字符用来终止每个数据程序段,并置于第一个数据程序段之前。

“程序开始”字符应置于包括“程序段结束”字符在内的所有控制数据之前,并建议将其作为“绝对重置停止”字符。

所有字母、数字和专用字符应符合附录 A。打印加工程序时可打印出这些字符。附录 A 中的“非打印”字符,除 LF/NL(程序段结束)字符外,控制装置予以忽略。

如果存在任一组字符,处理时与本部分要求不一致时,则该组字符应在括号内(控制暂停—控制恢复),但其中不能含有“:”或“%”字符。这组字符可以显示,例如用于指导操作者。

需要识别加工程序时,该识别标志应紧接在“程序开始”字符之后,第一个“程序段结束”字符之前。如果识别标志中有字母时,则全部识别标志应在括号内。需要识别的是加工程序号,必须放置在紧跟第一个“程序段结束”字符之后的位置,如果程序号大于系统的存储和显示能力时,则显示最低有效数字。

程序中允许开始加工处都要使用对准码。使用时,该码应按6.3的规定。对准功能字符“:”可用作中间重置停止字符。

“/”(斜线)字符是由操作者选择确认的“跳过任选程序段”功能。使用时,该字符应在紧接“顺序号”字的前面。

格式的一般分类用于列举系统和机床配置的性能。这种分类法称为“一般格式分类”,其说明在附录B中。

程序段中的数据分类用于规定系统和机床配置的程序编制细节。这种分类法称为“详细格式分类”,其说明在附录C中。

对于位置和长度的值,可使用公制和英制两种长度单位。

当系统可使用两种计量单位制的加工程序时,准备功能代码应表明其代码数据是公制值还是英制值。

控制方式由下面G代码(准备功能代码)中的一个选定:

G70——英制数据输入。

G71——公制数据输入。

## 5 格式的组成

### 5.1 数据程序段

一个数据程序段组成如下:

a) 顺序号字;

b) 数据字。

选择打印数据列表时,卷标字符应插入两个字之间,但可以被控制系统忽略。

### 5.2 数据字

数据字应按如下顺序表示,并且在一个程序段内不能重复,虽然现有的控制系统允许非尺寸字重复,但是为使加工程序有最大限度的互换性,应不采用这种重复。

顺序如下:

a) 准备功能字“G”;

b) 尺寸字。尺寸字按如下顺序排列:X、Y、Z、U、V、W、P、Q、R、A、B、C;

c) “插补或螺纹切削导程”字I、J、K,这些字仅用于一组指定坐标轴,应将其置于该组字之后;这些字应符合第7章或第11章的规定;

d) “进给功能”字(或几个字)。用于一个坐标轴或几个坐标轴的进给功能字,应放在使用它的最后一个尺寸字之后或插补参数字之后。这些字应符合6.3的规定;

e) “主轴速度功能”字(或几个字);

f) “刀具功能”字(或几个字);

g) “辅助功能”字(或几个字)。

### 5.3 省略字

在具体的程序段数据中,某些字可省略。而被省略字所表示的关于机床功能的状态没有改变。因此,“程序段结束”字符可用在任一完整的字之后。对于仅在一个程序段起作用的指令,需要时可以重复。

# 6 字

## 6.1 一般说明

地址字符是字的第一个符号。如果需要,其后是代数符号,然后是数字数据。地址字符应符合附录A的规定。

隐含小数点的位置在详细格式分类中规定(见附录C)。所有控制系统都应该允许隐含小数点编程。系统也可使用显小数点编程。

在任何一个加工程序中,隐小数点和显小数点格式不能混用。

在显小数点格式中,没有小数点的字应理解为整数。显小数点格式的识别方法在详细格式分类中规定(见附录C)。

为了减少隐小数点格式的数据量,不论前零或尾零都可省略,推荐省略前零。

零省略在详细格式分类中规定(见附录C)。

显小数点格式中,小数点前的前零和小数点后的尾零都可省略。

**示例1:**

X1030 代表在 *X* 轴方向 1 030 mm 的尺寸。

**示例2:**

X.03 代表在 *X* 轴方向 0.03 mm 的尺寸。

两种小数点格式中,仅为零的数至少用一个零表示。

## 6.2 地址索引

### 6.2.1 轴索引

对于更多轴机床,可能用到地址索引。地址的索引数字直接跟在地址字符的后面。索引字是无符号大于零(0)的整数。最大的索引数值在机床描述中规定。前导零可以省略。

用等号(=)分开索引字数值与地址字数值。

**示例:**G00 X1=123.456 Y1=234 Z2=10.1 F100 S1 000

如果存在与任何索引地址无关的地址,索引地址可以和非索引地址混用。

**注:**这种轴索引用于ISO 841(GB/T 19660)。

### 6.2.2 一般索引

对于更多轴机床,辅助轴、主轴、刀库等也可能用到地址索引。地址的索引数字直接跟在地址字符的后面。索引字是无符号大于零的整形数。最大的索引数值在机床描述中规定。前导零可以省略。没有进行G代码的索引。

用等号(=)分开索引字数值与地址字数值。

**示例:**G00 X1=123.456 Y1=234 Z1=10.1 F1=100 M1=3 S1=1 000

如果存在与任何索引地址无关的地址,索引地址可以和非索引地址混用。

索引也可以用于具有多个工作组的机床。工作组可以用地址索引的成组的轴系统来识别。

**示例:**

——X1=,Y1=,Z1=,G1=,M1=,S1=,……在第一轴系统(工作组1);

——X2=,Y2=,Z2=,G2=,M2=,S2=,……在第二轴系统(工作组2)。

## 6.3 尺寸字

尺寸字可使用绝对和增量(相对)两种尺寸字。控制方式的选定应按下述G代码之一选定:

a) G90——绝对尺寸；

b) G91——增量尺寸。

所有线性尺寸用毫米(或英寸)及小数点表示。

角度尺寸用度和度的小数部分表示，或转数及转数的小数部分表示。推荐使用用度及度的小数部分来表示角度尺寸。

代数符号(+或—)是尺寸字的一部分，并在地址字符之后，数字字符之前。如代数符号省略时，则认为是正号(+)。对于负的绝对尺寸字，以及带增量字的负方向运动的情形，则必须使用负号(—)。

程序中所用的线性尺寸和角度尺寸的分辨率由详细格式分类规定(见附录C)。

### 6.4 非尺寸字

#### 6.4.1 顺序号

顺序号的位数由详细格式分类规定(见附录C)。如果加工程序中，是通过特殊控制设备给出的顺序号字的位数大于规定的位数，则显示最低有效位。

程序中允许开始加工处，推荐使用对准功能码代替顺序号的地址字符N。

#### 6.4.2 准备功能

准备功能由地址字符G后面跟代码数表示，其规定见附录E。

#### 6.4.3 进给功能

进给功能的位数由详细格式分类规定(见附录C)。进给功能类型由下面的准备功能(G)代码选择：

a) G93——反比时间进给；

b) G94——每分钟进给；

c) G95——每转进给。

当进给与主轴速度无关时，应以毫米/分钟(或英寸/分钟)为单位，用数字直接表示矢向运动；当进给与主轴速度有关时，应以毫米/分钟(或英寸/分钟)为单位，用数字直接表示矢向运动；当进给仅用在回转运动时，应以度/分钟为单位，用数字直接表示矢向运动。

当直线和回转坐标可进行联动插补并与主轴速度无关时，矢向运动的速度可用进给指令表示。该进给指令是执行该段程序的时间倒数，并且等于向量速度(用毫米/分钟或英寸/分钟表示)除以刀具轨迹的向量距离(用毫米或英寸表示)。如设备要求改变详细格式分类时，则F字的格式改变应予说明。进给也可以规定为沿着刀具路径的有向运动速度。

准备功能G00代码用于快速定位(见附录E)。

另外，如F字用在横向往复运动的情况下，则该代码应在详细格式分类中规定，并且可定义为模态或非模态。

对于能与主要坐标轴联动或顺序运动的互相依存的坐标轴的任意组合，用F字符作进给字的地址字符。对能与主要坐标轴联动的无关的坐标轴，用E字符作进给字的地址字符。

还有一种习惯，进给功能可用随进给速度值增加而增加的两位代码数表示。

#### 6.4.4 主轴功能

主轴功能的数字位数在详细格式分类中规定(见附录C)。有必要的地方，用下面的准备功能G代码选择主轴速度功能的类型：

G96——恒线速度；

G97——每分钟转数。

当用数字表示 RPM 时,该数字直接用每分钟主轴转数表示旋转。

当用数字表示线速度时(见第 12 章),该数表示毫米/分钟(或英寸/分钟)数。

主轴速度功能可用随主轴速度值增加而增加的两位代码数表示。

### 6.4.5 刀具功能

T 字可用来选择刀具,也可用 T 字选择刀具补偿偏置。当用其他字选择刀具补偿偏置时,可用 D 字。如果用 T 字和 D 字时,应在详细格式分类中指定(见附录 C)。

### 6.4.6 辅助功能

辅助功能用代码数表示,其规定见附录 E。

### 6.4.7 参数

对于柔性的编程方法,计算轴的数值或者设定子程序参数是必要的。这些方面的各种应用会在手册里说明。即:

——可以用作参数的地址字符:P、Q、R;

——允许做的运算,例如:算术、三角、逻辑;

——用于参数的存储地址。

在这些情况中,参数索引就是参数存储的位置,地址索引是强制的。

示例 1:

R11=22.2(参数 R11 的取值设定为 22.2)

示例 2:

R29=R9+R15(两参数的取值相加,结果保存在参数 R29 中)

示例 3:

X2=105+R9(X2 的位置是 105 与参数 R9 的取值之和)

## 7 插补的编程方法

### 7.1 规则

插补是指对给定曲线进行的预先设定的分割。被分割的小部分叫做“插补段”,且可用一个或几个程序段给定。确定一个插补段所需数据应满足下面一个或几个规则:

a) 用一个适当的 G 代码确定曲线的函数类型,即直线、圆弧或抛物线;

b) 每一个插补段的起点与前一个插补段的终点重合,然而在新的程序段中该点不需重复。该插补段上其后各点的坐标要用单独的程序段给定,并且使用有效的尺寸地址,如 X、Y 或 Z;

c) 插补参数应该用 I、J 和 K 编址,并用它们确定各种插补类型所定义的曲线的几何性质;

d) 在插补参数字要求代数符号时,该代数符号应在地址字符之后,数字字符之前。如果该代数符号省略,则认为是正号。

### 7.2 直线插补

直线插补段应用一个程序段定义,该程序段包括:

a) G 功能字(如果当前尚未起用时),G01 直线插补;

b) 终点坐标用尺寸字表示(见 6.3)。

图 1 中的例子是表示插补段的几何性质,并给出编程的坐标值的例子。

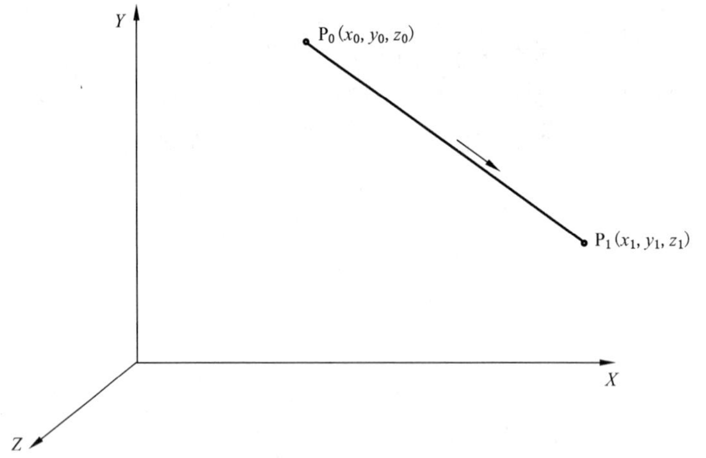


用终点坐标(G01XYZF)

| 绝对尺寸 | 增量尺寸 |
|---|---|
| $X=x_1$<br>$Y=y_1$<br>$Z=z_1$ | $X=x_1-x_0$<br>$Y=y_1-y_0$<br>$Z=z_1-z_0$ |

**图1 在 *XY* 平面由 $P_0$ 运动到 $P_1$ 的直线插补举例**

## 7.3 圆弧插补

在平行于三个主坐标平面之一的平面上,圆弧插补确定一个圆弧插补段。图2中的例子给出一个典型的圆弧插补段的几何性质,并给出编程的坐标和插补值的示例。沿给定插补段(直到整个圆弧)的圆弧插补应在一个程序段内编程。或者,在圆弧插补程序编制中,对每个程序段来说,一个插补段可以仅限于一个象限。

程序段应包括:

a) G功能字(如果当前尚未起用时),G02表示顺时针圆弧插补(CW);G03表示逆时针圆弧插补(CCW)。

b) 终点坐标可用绝对尺寸或增量尺寸表示,并使用有效尺寸地址编址,如X、Y或Z。

c) 插补参数用I、J和K编址,它们定义了圆弧中心。

不管尺寸字是增量的或绝对的,I、J和K字是从圆弧起点到圆心的增量(相对)尺寸,如下为:

——I表示平行于 *X* 轴的尺寸;

——J表示平行于 *Y* 轴的尺寸;

——K表示平行于 *Z* 轴的尺寸。

对于圆弧插补时不需要代数符号的系统,在插补字中可以忽略任何代数符号字符。作为还可以采用的方法,I、J和K可用尺寸字同样的方式编程。

当同时进行圆弧插补和直线插补时(被称为"螺旋插补"),圆弧插补平面应由准备功能选择。插补程序段由附加的第三个尺寸字规定,该尺寸字说明直线运动的终点。

**示例:**N10G17　(选择平面)

N15G1 G90 X0 Y0 Z0 F50　(直线插补到X0 Y0 Z0)

N20G2 X20 Y20 I20 J0 Z10　(沿顺时针螺旋插补90°)

运动速度是这样决定的,在同样的时间内完成两个运动(圆弧和直线)。

需要用准备功能G选择三个主要基准平面之一时,则该代码选取应符合附录E。

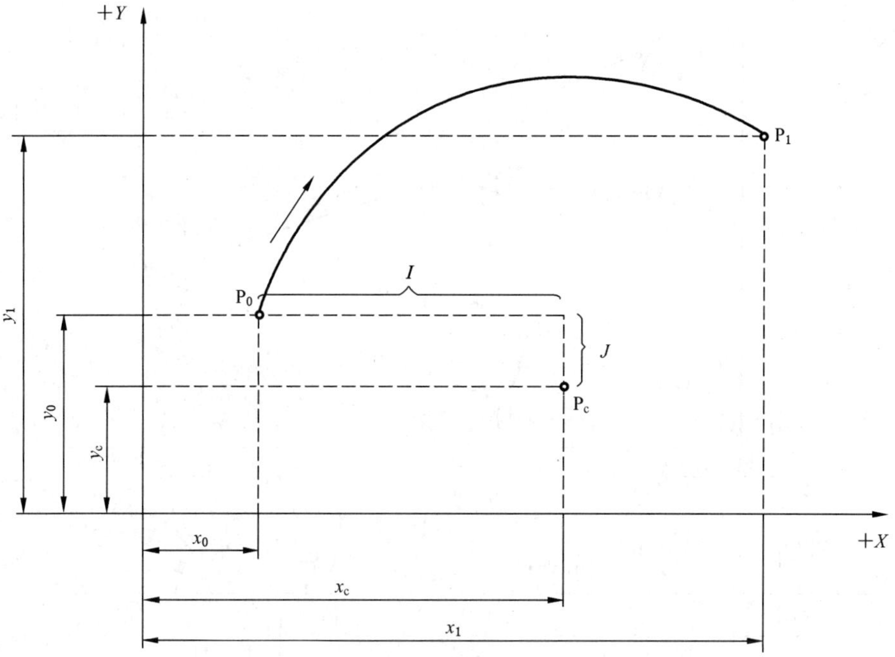


G02XYIJF

| 绝　对　尺　寸 | 相对尺寸 |
|---|---|
| $X=x_1$ | $X=x_1-x_0$ |
| $Y=y_1$ | $Y=y_1-y_0$ |
| $I=x_c-x_0$ | $I=x_c-x_0$ |
| $J=y_c-y_0$ | $J=y_c-y_0$ |

**图 2　在 *XY* 平面从 $P_0$ 点到 $P_1$ 点的圆弧插补**

## 7.4　抛物线插补

7.4.1　抛物线插补可在任一平面上定义一个抛物线插补段

推荐应用三个点定义一个插补区间的方法编程。中间点和终点应该用两个连续程序段编程。图 3 中的例子表示一个插补段的几何性质，并给出一个编程坐标值的含义的例子。第一个程序段应包括：

a)　G 功能字(如果当前尚未启用时)：G06 表示抛物线插补；

b)　中间点坐标。

其后的程序段是终点坐标。所有点的坐标可用绝对尺寸或增量尺寸表示，并可用任何有效尺寸地址编址，例如 X、Y 或 Z。

7.4.2　插补段也可用插补参数在一个程序段内定义。

该程序段包括：

a)　准备功能 G(如果当前尚未启用时)：G06 表示抛物线插补；

b)　终点坐标用绝对尺寸或增量尺寸表示，并可用任何有效尺寸地址编址，如 X、Y 或 Z；

c)　插补参数用 I、J、K 编址。

I、J、K 是切线交点的坐标。

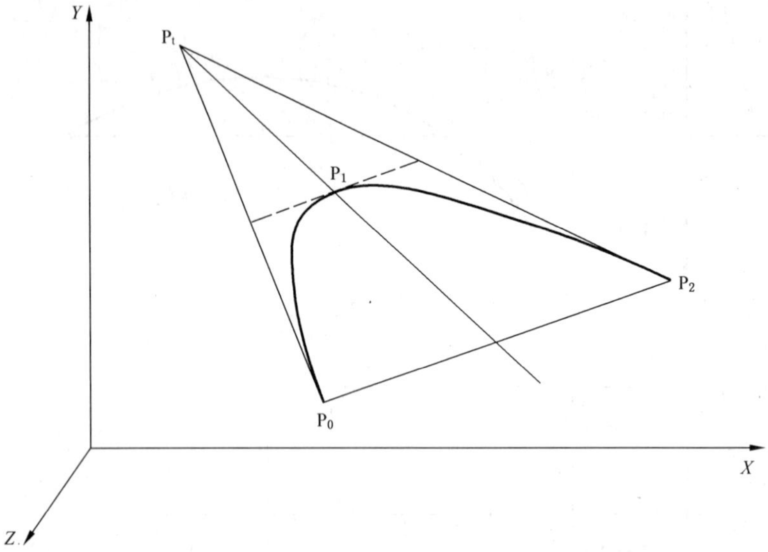


用中间点(G06YXZF)和终点(XYZ)

| 程序段 | 绝对尺寸 | 增量尺寸 |
|---|---|---|
| 第一段 | $X=x_1$ | $X=x_1-x_0$ |
| | $Y=y_1$ | $Y=y_1-y_0$ |
| | $Z=z_1$ | $Z=z_1-z_0$ |
| 第二段 | $X=x_2$ | $X=x_2-x_1$ |
| | $Y=y_2$ | $Y=y_2-y_1$ |
| | $Z=z_2$ | $Z=z_2-z_1$ |

说明：

$P_0$——开始点；

$P_t$——切线交点；

$P_1$——中间点(平行于 $P_0$,$P_2$ 切点)；

$P_2$——终点。

**图 3 用两个连续程序段实现三坐标抛物线插补**

## 8 刀具长度偏置和刀具偏置

刀具长度偏置能使刀具在 $Z$ 轴上运动一个距离，其大小等于输入到控制装置中的偏置值。偏置值及其符号可用手动数据输入开关或其他方法输入。

刀具偏置时(通常用于车床)能使刀具沿指定坐标(通常是 $X$ 和 $Z$)运动一个距离，偏置值输入方式同上描述。

不用准备功能码也可以实现偏置运动。用刀具功能数字可以选择刀具偏置的数值，其值为零时可以取消刀具偏置。

## 9 刀具半径(直径)偏置

刀具半径(直径)偏置能使刀具沿 $X$ 轴和 $Y$ 轴运动相同的距离，其值应预先输入到控制装置中(对于直径偏置是一半)。偏置距离以及相应的符号可用手动数据输入开关或其他方法输入。

控制装置应提供准备功能代码，用以标志开始偏置的程序段。

推荐使用准备功能代码 G43 正刀具偏置和 G44 负刀具偏置(见附录 E),表示开始偏置,并表示从指令坐标尺寸中加上还是减去偏置值。作为 G43/G44 的选项,地址 D 可用于表示正刀具偏置。可以用 G40 取消刀具偏置(见附录 E)。

## 10 刀具补偿

当控制系统具有刀具补偿功能时,可根据实际的刀具尺寸来修改刀具轨迹。刀具补偿用于下面轮廓控制模式:

——直线插补;

——圆弧插补。

补偿参数可用手动数据输入或其他方法写入到控制系统存储器中。如果不使用单独 D 地址说明,存储的位置将由 T 字识别。补偿范围在控制系统规格说明中规定。刀具补偿可用于包括圆弧插补的连续运动程序中。但不能在圆弧插补程序段中开始或取消补偿。

控制系统提供准备功能 G40、G41 和 G42(在附录 E 中说明这些代码)。当执行的 T 字的取值非零时,从包含 G41 或 G42 的程序段开始补偿,并应用到其后程序段的所有运动,直到 G40 出现为止。在另外的 T 字或 D 字出现前,使用 G40 可取消原补偿。

## 11 螺纹切削

当控制系统具有螺纹切削性能时,则需要的数据是坐标运动、导程及准备功能代码。

执行恒导程螺纹切削的准备功能及完成后程序恢复详见附录 E(G33 螺纹切削)。

X、Y 和 Z 尺寸字应按 6.2 的规定使用。

沿 $X$ 轴导程所用的地址字符是 I,沿 $Y$ 轴是 J,沿 $Z$ 轴是 K。地址 F 或 E 可代替 I、J、K 指定导程。

导程尺寸用主轴转一周时的毫米数(或英寸数)及其小数部分。导程的位数由详细格式分类规定(见附录 C),导程不需要代数符号。

在恒导程螺纹切削时不需进给功能字,因而不予编程。

对于变导程螺纹,I、J 和 K 应是初始导程尺寸。螺纹每转增加或减少的比率用毫米每转平方或英寸每转平方表示,并用字符 F 编址。如果 F 字按上述使用时,应在详细格式分类中予以规定。另外,I、J 或 K(初始导程)和 F(导程增加或减少的比率)和地址 F 可用于指定初始导程,地址 K 指定沿导程每转增加或减少的比率。

## 12 恒线速度

当控制系统具有恒线速度性能时,用准备功能代码 S 字表示(见 5.3)。

准备功能 G96 为恒线速度开始操作,G97 使 S 字恢复到"每分钟转数"的状态。

如果需要对主轴速度进行限制,则应用 G92 和 S 字编程,S 字的数字定义了主轴速度(RPM)的最大值。准备功能 G92 和 S 字应在含有调用恒线速度 G96 的程序段之前的程序段中编程。

## 13 暂停

运动之间的延迟,应在含有 G04 的单独程序段中编程。暂停持续时间推荐使用 F 字、P 字或 X 字。如果 G94 有效时,则延迟时间是秒;如果 G95 有效时,则延迟时间是主轴转数。

推荐暂停时间单位为 0.1 秒或 0.1 转,或者由详细格式分类规定。延迟也可用其他方法确定。

## 14 复位状态

### 14.1 概述

在辅助功能 M02(程序结束)或 M30(数据结束)被读出之后,电源接通时,系统应设定为如下操作方式。其他的情形应在详细格式分类中规定。

### 14.2 点到点和直线运动控制

控制系统通电后的如下操作状态是:

——G00 点位;

——G40 取消刀具补偿/刀具半径偏置;

——G71 公制数据;

——G80 取消固定循环;

——G90 绝对尺寸数据;

——G94 每分钟进给。

### 14.3 车削以外的轮廓控制

控制系统通电后的如下操作状态是:

——G01 直线插补;

——G17 选择 *XY* 平面;

——G40 取消刀具补偿/刀具半径偏置;

——G71 公制数据;

——G80 取消固定循环;

——G90 绝对尺寸数据;

——G94 每分钟进给。

### 14.4 车削的轮廓控制

控制系统通电后的如下操作状态是:

——G01 直线插补;

——G40 取消刀具补偿/刀具半径偏置;

——G71 公制数据;

——G80 取消固定循环;

——G90 绝对尺寸数据;

——G94 每分钟进给;

——G97 每分钟转数。

# 附 录 A
# （规范性附录）
# GB/T 1988 引用的字符表

本附录中设定的字符包括第八信息道上的奇偶校验位(用于偶校验)。表 A.1 中的字符仅为机床数值控制中用到的字符。

**表 A.1 地址字符**

| 字 符 | GB/T 1988 参考 | 意 义 |
| --- | --- | --- |
| A | 4/1 | 关于 $X$ 轴的角度尺寸 |
| B | 4/2 | 关于 $Y$ 轴的角度尺寸 |
| C | 4/3 | 关于 $Z$ 轴的角度尺寸 |
| D | 4/4 | 第二刀具功能 |
| E | 4/5 | 第二进给功能 |
| F | 4/6 | 第一进给功能 |
| G | 4/7 | 准备功能 |
| H | 4/8 | 未指定 |
| I | 4/9 | 平行于 $X$ 轴螺纹导程的插补参数 |
| J | 4/10 | 平行于 $Y$ 轴螺纹导程的插补参数 |
| K | 4/11 | 平行于 $Z$ 轴螺纹导程的插补参数 |
| L | 4/12 | 未指定 |
| M | 4/13 | 辅助功能 |
| N | 4/14 | 顺序号 |
| O | 4/15 | 未指定 |
| P | 5/0 | 平行于 $X$ 轴的第三尺寸或参数 |
| Q | 5/1 | 平行于 $Y$ 轴的第三尺寸或参数 |
| R | 5/2 | 平行于 $Z$ 轴的第三尺寸或参数 |
| S | 5/3 | 主轴转速功能 |
| T | 5/4 | 第一刀具功能 |
| U | 5/5 | 平行于 $X$ 轴的第二尺寸 |
| V | 5/6 | 平行于 $Y$ 轴的第二尺寸 |
| W | 5/7 | 平行于 $Z$ 轴的第二尺寸 |
| X | 5/8 | 基本 $X$ 轴尺寸 |
| Y | 5/9 | 基本 $Y$ 轴尺寸 |
| Z | 5/10 | 基本 $Z$ 轴尺寸 |

表 A.1（续）

| 字　　符 | GB/T 1988 参考 | 意　　义 |
|---|---|---|
| 0 | 3/0 | 0 |
| 1 | 3/1 | 1 |
| 2 | 3/2 | 2 |
| 3 | 3/3 | 3 |
| 4 | 3/4 | 4 |
| 5 | 3/5 | 5 |
| 6 | 3/6 | 6 |
| 7 | 3/7 | 7 |
| 8 | 3/8 | 8 |
| 9 | 3/9 | 9 |
| % | 2/5 | 程序开始 |
| ( | 2/8 | 控制暂停[a] |
| ) | 2/9 | 控制恢复[a] |
| + | 2/11 | 加号 |
| , | 2/12 | 逗号 |
| — | 2/13 | 减号 |
| . | 2/14 | 小数点 |
| / | 2/15 | 跳过任选程序段 |
| : | 3/10 | 对准功能 |
| = | 3/13 | 等号(用于轴索引) |
| TAB | 0/9 | 分隔符[b] |
| LF/NL | 0/10 | 程序段结束[b] |
| CR | 0/13 | 回车[b] |
| SP | 2/0 | 空格[b] |
| DEL | 7/15 | 删除[b] |

[a] 见第 4 章。

[b] 非打印字符。

# 附 录 B
## （规范性附录）
## 一般格式分类

### B.1 概述

格式分类包含如下两组字符。

### B.2 第一组

第一组包括两个字母字符，一个字符与点位/直线运动/轮廓有关，另一个字符与测量单位有关，如下所示：

a) 与点位/直线运动/轮廓有关的字符

“P”——仅用点位，或

“L”——点位和直线运动，或

“D”——点位、直线运动和轮廓，或

“C”——仅用轮廓。

b) 与测量单位有关的字符

“M”——公制计量单位，或

“I”——英制计量单位，或

“N”——控制装置可接受公制和英制两种计量单位。

### B.3 第二组

第二组字符包括三位数字，表示机床和控制系统的几何特性，如下所示：

a) 第一位数字表示由数字和符号（即由限位开关）控制的运动数目；

b) 第二个数字表示由尺寸字控制的运动数目；

c) 第三位数字表示联动的运动数目。

### B.4 示例

分类“PM322”表示的控制系统具有如下特性：

P——仅用点位“P”；

M——公制计量单位“M”；

3——控制系统控制三个运动；

2——数字数据控制的两个运动（第三，$Z$ 轴，由限位开关）；

2——两个联动的定位运动。

# 附 录 C
（规范性附录）
详细格式分类

详细格式分类规定系统要求的字及其长度，并详细规定编程序时所用的字符，其顺序如下：

a) 程序开始字符用“%”（百分号）表示；

b) 对准功能字符用“:”（冒号）表示；

c) 跳过任选程序段字符用“/”（斜线）表示；

d) 显小数点用“DS”(.)表示；

e) 系统里地址字可以使用任意字母，并按正确顺序记录。

每个尺寸字的地址符后跟三位数字：

——第一位零表示前零，可省略；

——第二位数字表示小数点前的十进制十位数；

——第三位数字表示小数点后的十位数。

如果要求代数符号时，则正号(+)应插入在地址字符和第一个数字之间。如果尾零被省略，而不是前零，这个零(0)是最后一位而不是第一位。

以十进制数给定的非尺寸字，可用尺寸字同样的方式编码，例如：插补参数、进给和主轴速度功能等。

其他非尺寸字，在地址字符后可有两位数字。如果前零可省略时，则第一位数字是零，最后一位表示这个字的最多位数。如果尾零被省略，而不是前零，这个零(0)是最后一位而不是第一位。

如果某个条件的变化改变了字的详细格式分类时，则应根据该条件说明其变化。

程序段结束字符用星号“*”表示。

**示例**：%:/DS N03 G02X+053Y+053Z+053 F031 504 T04 M02(暂停条件的F字变为FO22)。

上面示例表示系统具有显小数点、程序开始、对准功能和跳过任选程序段的特性。对下列几种数据字一般禁止前零：

——三位数字顺序号；

——两位数字准备功能；

——有代数符号的X尺寸，小数点左边五位，右边三位；

——有代数符号的Y尺寸，小数点左边五位，右边三位；

——有代数符号的Z尺寸，小数点左边五位，右边三位；

——四位数进给率，小数点左边三位，右边一位(在暂停程序段中，变为小数点左边两位、右边两位)；

——四位数主轴功能；

——四位数刀具功能；

——两位数辅助功能。

**注**：程序格式不提供空格字符。上面示例中元素间的空格只是为了文本清晰。

# 附 录 D
## （规范性附录）
## 程序互换性说明

本附录是指导用户使不同的机床和控制系统（即数控系统）间的程序具有互换性。

必须规定，机床有相同或相似的结构、能力，控制系统应有相同的程序格式分类。

在性能不同的复杂机床之间，程序互换性的可能性很小。例如，多主轴机床或具有变导程螺纹切削方式的车床。

然而，当不需要这些机床的复杂能力时，符合 GB/T 8870 本部分要求的这些机床上对一个工件编程的互换性是可能的。

互换性的程度取决于机床在功能、能力、范围、马力、坐标轴的几何关系、准备功能、辅助功能、刀具功能及其他因素。

应考虑机床坐标轴的动态特性，如最大速度阶跃能力和拐角能力等。

应分析机床功能码（如 M、S、T 码），以确保所要求的机床功能能够实现，其中包括换刀装置、夹紧、托盘交换、主轴等辅助代码的初始顺序。

当主轴变速或刀具转位时，推荐在数据程序段中使用“选择停止”代码（M01），例如，在有些机床上需要用手动实现。当功能必须用手动操作时，则应选择“选择停止”。不能识别程序中这些机床功能代码的控制器应该忽略它们，为了保护操作者、机床和工件要权衡选择结果。

关于进给和速度的编码，程序编制者必须重新检查进给速度和主轴速度，以确定在互换的系统间是否能正确的操作。

关于非程序编制功能，一些功能一般由操作者控制的，如镜像、坐标轴互换、刀具补偿量、浮动零点或零点偏置等类似功能。

所用到的 G 和 M 代码，特别是没有明确定义的代码（见附录 E），为了互换性必须核对。

某些控制系统允许在一个程序中有多个准备功能字。为了最大限度的互换性，每个程序段仅包含一个准备功能字。

# 附 录 E
## （规范性附录）
## 准备功能和辅助功能代码

### E.1 准备功能代码的编程

准备功能代码由字母G后面跟两位整数(无符号)表示(见表E.1)。一些现代系统将G代码数字扩展到三位或者更多,但是因为不同用途,这样可能不一致。因此本部分只包含常用的两位数字的G代码。

**表 E.1 准备功能代码的分配**

| 代码 | 功 能 | 描 述 | 作用范围[a] |
|---|---|---|---|
| G00 | 快速定位 | 以最大的进给速度运动到编程点的一种控制方式,例如快速,进给倍率;前面编程的进给速度可以忽略但不被取消,并且不同轴的运动可以是非线性的 | FRC(a) |
| G01 | 直线插补 | 用于斜线或直线运动的控制方式。利用同一程序段中的信息使两个或更多的轴同时运动,产生的速度与移动距离成比例 | FRC(a) |
| G02 | 顺时针圆弧插补圆弧<br>圆弧插补的说明 | 当运动平面从与其正交的轴的负方向看,刀具相对工件的轨迹是顺时针的圆弧的圆弧插补。<br>是一种轮廓控制方式,利用同一个程序段中的信息产生圆弧或圆,通过控制器控制各轴的速度,形成不同的圆弧 | FRC(a) |
| G03 | 逆时针圆弧插补圆弧 | 当运动平面从与其正交的轴的负方向看,刀具相对工件的轨迹是逆时针的圆弧的圆弧插补 | FRC(a) |
| G04 | 暂停 | 编程或设定的持续时间的延迟,不是循环或连续的;例如不是互锁或保持 | TBO |
| G05 | 未指定[b] | | DDFC |
| G06 | 抛物线插补 | 是一种轮廓控制方式,利用一个或多个程序段的信息产生抛物线插补段,通过控制器控制各轴的速度,形成不同的弧形 | FRC(a) |
| G07～G08 | 未指定[b] | | DDFC |
| G09 | 精确停[c] | 用于程序段结束之后停止各轴运动(短时间) | TBO |
| G10～G16 | 未指定[b] | | DDFC |
| G17<br>G18<br>G19 | 选择 *XY* 平面<br>选择 *ZX* 平面<br>选择 *ZY* 平面 | 为一些功能指定平面,例如:圆弧插补、刀具补偿和其他要求等 | FRC(b)<br>FRC(b)<br>FRC(b) |
| G20～G24 | 未指定[b] | | DDFC |

**表 E.1(续)**

| 代码 | 功　能 | 描　　述 | 作用范围[a] |
|---|---|---|---|
| G25～G29 | 永久不指定[d] | | DDFC |
| G30～G32 | 未指定[b] | | DDFC |
| G33<br>G34<br>G35 | 螺纹切削,恒导程<br>螺纹切削,增导程[c]<br>螺纹切削,减导程[c] | 为机床需要螺纹切削时的方式选择<br>导程恒定增加<br>导程恒定减小 | FRC(a) |
| G36～G39 | 永久不指定[d] | | DDFC |
| G40 | 取消刀具补偿 | 取消所有(直径或半径)的刀具补偿或刀具偏置指令 | FRC(d) |
| G41<br>G42 | 刀具补偿,左<br>刀具补偿,右 | 从相对刀具运动方向上,看刀具路径的刀具补偿方向 | FRC(d) |
| G43<br>G44 | 刀具偏置,正[c]<br>刀具偏置,负[c] | 表示增加到相关程序段或几个程序段中坐标尺寸上的刀具偏置的数值 | FRC(＊d) |
| G45～G52 | 未指定[b] | | DDFC |
| G53 | 取消尺寸偏移[c] | 禁止任何程序中的零点偏移 | FRC(f) |
| G54～G59 | 零点偏移[c,e] | 替代与机床数据有关的编程零点 | FRC(f) |
| G60 | 精确停[c] | 在每一个程序段后,停止轴的运动(短时间) | FRC(g) |
| G61～G62 | 未指定[b] | | DDCF |
| G63 | 攻丝[c] | 特定情况下的选择,在格式分类中定义 | TBO |
| G64 | 连续路径方式[c] | 轴以编程的进给速度连续运动两个或更多个程序段(每个程序段后无精确停) | FRC(g) |
| G65～G69 | 未指定[b] | | DDCF |
| G70<br>G71 | 英制尺寸输入[c]<br>公制尺寸输入[c] | 尺寸输入的选择方式 | FRC(m) |
| G72～G73 | 未指定[b] | | DDCF |
| G74 | 回参考点[c] | 用于将程序段中指定的轴移动到参考点 | TBO |
| G75～G79 | 未指定[b] | | DDCF |
| G80 | 取消固定循环 | 固定循环停止 | FRC(e) |
| G81～G89 | 固定循环[f] | 为机床轴和主轴预先设定一系列操作来完成一些动作,例如:镗孔、钻孔、攻丝或其中组合等 | FRC(e) |
| G90<br>G91 | 绝对尺寸[c]<br>增量尺寸[c] | 是相对指定原点或是相对前一个编程位置的插补尺寸的控制方式 | FRC(i) |
| G92 | 寄存器预置[c] | 通过编程数据字修改或设置寄存器。不产生运动 | TBO |
| G93<br>G94<br>G95 | 反比时间进给<br>每分钟进给<br>每转进给 | 进给输入是执行程序段时间的倒数。<br>进给速度的单位是毫米/分钟或英寸/分钟。<br>进给速度的单位是毫米/转或英寸/转 | FRC(k) |

表 E.1(续)

| 代码 | 功 能 | 描 述 | 作用范围[a] |
|---|---|---|---|
| G96<br><br>G97 | 恒线速度<br><br>每分钟转数[c] | 主轴速度代码规定恒线速度用米/分钟或英尺/分钟表示,并自动控制主轴速度保持编程值。主轴速度代码规定主轴速度用每分钟转数来表示 | FRC(l) |
| G98～G99 | 未指定[b] | | DDFC |
| G100～G999 | 未指定[b] | 三位 G 代码 | DDFC |

[a] 本表使用缩写的含义如下:

DDFC——在详细格式分类中定义。

FRC(a)——功能保持到被相同字母的一组指令(模态)取消或禁止。出现(＊d)的情况时,被不带 d 字母或 d 在括弧之中命名的命令之一取消和禁止功能。

TBO——仅仅这个程序段:功能只作用在出现的程序段中。

[b] 具有单独用途的未指定代码,在未来的标准或新版本中,这些未指定的准备功能代码可能分配特定的含义。

[c] 当该代码没有用于描述的用途或控制器没有提供该功能时,该未指定代码会用于其他用途。

[d] 永久未指定代码或有单独用途或在将来的新版本中也不打算使用的代码(补充说明见附录 F)。

[e] 以前指定的轴。

[f] 见表 E.2。

表 E.2 固定循环

| 固定循环代码 | 切削进入 | 在底部 | | 移动到进给开始 | 典型用途 |
|---|---|---|---|---|---|
| | | 暂停 | 主轴 | | |
| G81 | 进给 | — | — | 快速 | 钻中心孔、钻孔 |
| G82 | 进给 | 是 | — | 快速 | 钻孔、锪孔 |
| G83 | 断续的 | — | — | 快速 | 钻深孔 |
| G84 | 主轴正转 | — | 反转 | 进给 | 攻丝 |
| G85 | 进给 | — | — | 进给 | 镗孔 |
| G86 | 启动主轴旋转 | — | 停 | 快速 | 镗孔 |
| G87 | 启动主轴旋转 | — | 停 | 手动 | 镗孔 |
| G88 | 启动主轴旋转 | 是 | 停 | 手动 | 镗孔 |
| G89 | 进给 | 是 | — | 进给 | 镗孔 |

## E.2 通用辅助功能(M)代码的编程

### E.2.1 M 代码的编程原则

M 代码的编码原则描述如下:

a) M 代码由两位数字代码表示,如果需要可以用三位数字代码。

b) 在机床数控系统中不需要定义所有的 M 功能,只设置两位数字代码。在这样情况下,控制器没有考虑三位数字,并且也不会出现在程序中。

c) 对于与 M 功能相一致的指定任务类群,位数(个,十,百)分配用 2 位数代码(最大)使用起来更方便一些。在同一应用中不允许使用同一代码表示不同功能。

d) 表 E.3 定义了通用的辅助功能 M 代码，它们在所有类群中具有相同的定义。

e) 定义的每个 M 代码被分配到百位的指定的类群中(见 E.2.2)。

### E.2.2 M 功能分类

M 功能分类，将在 ISO/TR 6983-2 中描述，如下所示：

——0 类：NC 通用指令；

——1 类：铣床、卧式镗床和车削中心；

——2 类：车床、立式车床、立式镗床和车削中心；

——3 类：磨床和测量机床；

——4 类：火焰、等离子、激光、水流切割和线切割放电加工机床；

——5 类：多托盘、多动力头、多主轴及相关操作；

——6 类：冲压和步冲轮廓机床；

——7 类：永久不指定表示可用于单独的(定制)应用；

——8 类：用于代码扩充。

**表 E.3 M 功能代码(0 类)**

| 代码 | 功 能 | 描 述 | 注释[a] |
|---|---|---|---|
| M00 | 程序停 | 这是一个辅助功能的命令，完成该程序段指令后，取消主轴或其他功能(例如：冷却功能)并停止进一步处理。 | AAM TBO |
| M01 | 任选停(需设计) | 这是一个辅助功能的命令，与程序停相似，但控制器可以忽略该指令，除非操作者之前按下使该指令生效的按键。 | AAM TBO |
| M02 | 程序结束 | 这是一个指示工件完成的辅助功能，完成程序所有指令后，取消主轴或其他功能(例如：冷却功能)。用于控制器和/或机床复位。 | AAM TBO |
| M03 | 主轴顺时针转动 | 这是一个辅助功能的命令，开启主轴顺时针转动。主轴(转动)速度用 S 字指定。 | FRC |
| M04 | 主轴逆时针转动 | 这是一个辅助功能的命令，开启主轴逆时针转动，主轴(转动)速度用 S 字指定。 | FRC |
| M05 | 主轴停止 | 这是一个辅助功能的命令，取消主轴转动。 | FRC |
| M06 | 换刀 | 执行手动或自动换刀的命令，不包括刀具选择。可以或者不可以自动关闭冷却和主轴。 | DDFC TBO |
| M07 | | 见 ISO/TR 6983-2。 | |
| M08 | | 见 ISO/TR 6983-2。 | |
| M09 | | 见 ISO/TR 6983-2。 | |
| M10 | 夹紧工件 | 适合机床滑板、工件、夹具、主轴等。 | DDFC |
| M11 | 松开工件 | | TBO |
| M30 | 数据结束 | 这是辅助功能，完成该程序段所有指令后，取消主轴或其他功能(例如：冷却功能)。用于控制器和/或机床复位。控制器复位到程序开始字符。 | AAM TBO |
| M48[b] | 取消 M49 | | |

表 E.3(续)

| 代码 | 功 能 | 描 述 | 注释[a] |
|---|---|---|---|
| M49[b] | 倍率无效 | 这是一个辅助功能,解除手动的主轴或进给倍率,使参数回到编程值。 | AAM |
| M60[b] | 更换工件 | 这是一个辅助功能,更换工件或改变方向。在完成该程序段所有指令后,取消主轴和冷却功能。 | AWM<br>TBO |

[a] 本表中注释栏使用的缩写含义如下:

——AAM 运动之后的作用:完成本程序段所有指令的运动后功能起作用;

——AWM 运动中起作用:与本程序段指令运动同时功能起作用;

——DDFC 在详细格式分类中命名;

——FRC(a)功能保持到删除为止:功能保持到被随后的相关指令取消或代替(模态);

——TBO 仅此程序段:只作用在出现的程序段。

[b] 这些 M 代码用于特定用途。

# 附 录 NA
# （资料性附录）
# 永久未指定代码的特殊应用

**NA.1** 在附录E中表E.1里准备功能代码分配中，G25～G29和G36～G39两个代码区段为永久未指定使用。但在我国的数控技术具体应用时，已习惯地将其中一些代码做了指定。见表NA.1和表NA.2。

**表 NA.1 代码 G25～G29 的分配**

| 代码 | 功 能 | 描 述 |
|---|---|---|
| G27 | 返回参考点检测 | 检查为返回到参考点而编写的程序是否正确返回到参考点的功能 |
| G28 | 自动返回至参考点 | 使已指定的轴，经过中间点自动地返回到参考点 |
| G29 | 从参考点移动 | 使已指定的轴，从参考点经过中间点后移动到指定位置 |

**表 NA.2 代码 G36～G39 的分配**

| 代码 | 功 能 | 描 述 |
|---|---|---|
| G37 | 刀具长度自动测定 | 通过指定G37刀具开始向测量位置移动，中途减速，一直移动到来自测量设备的测量位置到达信号被输出为止（也即，当刀具到达测量位置时，刀具移动停止）。刀具到达测量位置时的坐标值与被G37指令的坐标值之间的差，被加到当前的刀具长度补偿值上 |
| G39 | 刀具半径补偿拐角圆弧插补 | 在刀具半径补偿或刀尖半径补偿中，通过在偏置方式下指定G39，即可在拐角处进行补偿值作为半径的拐角圆弧插补 |
| G36、G38未分配。 | | |

**NA.2** 部分代码功能描述与表E.1在应用习惯上有不同。见表NA.3。

**表 NA.3 代码 G53～G59 和 G92 的分配**

| 代码 | 功 能 | 描 述 |
|---|---|---|
| G53 | 机械坐标系的选择 | 选择机床机械坐标系，参考点返回之后正确建立 |
| G54 | 工件坐标系 1选择 | 工件坐标系1～工件坐标系6在接通电源后，参考点返回之后正确建立 |
| G54.1 | 选择附加工件坐标系 | |
| G55 | 工件坐标系 2选择 | |
| G56 | 工件坐标系 3选择 | |
| G57 | 工件坐标系 4选择 | |
| G58 | 工件坐标系 5选择 | |
| G59 | 工件坐标系 6选择 | |
| G92 | 工件坐标系的设定/主轴最高转速 钳制 | 指定G92 IP_：使目前时刻的刀具上的一个点（如刀尖）成为一个指定的坐标值。<br>指定G92 S_：在恒线速度控制时，主轴最大转速被钳制在S_ |
| G92.1 | 工件坐标系预置 | 将由于手动干预而偏移的工件坐标系预置为工件坐标系的功能 |

# 参 考 文 献

[1] ISO/IEC 646 Information technology—ISO 7-bit coded character set for information interchange

[2] ISO 841 Industrial automation systems and integration—Numerical control of machines—Coordinate system and motion nomenclature (GB/T 19660)

[3] ISO 6582 Shipbuilding—Numerical control of machines—ESSI format (GB/T 22217)

[4] ISO/TR 6983-2[1)] Automation systems and integration—Numerical control of machines—Program format and definition of address words—Part 2:Coding of miscellaneous functions M (class 1 to 8)

1) 即将出版。

ICS 29.020
K 43

# 中华人民共和国国家标准

GB/T 8905—2012
代替 GB/T 8905—1996

# 六氟化硫电气设备中气体管理和检测导则

**The guide for management and measuring $SF_6$ gas in electrical equipment**

(IEC 60480:2004,Guidelines for the checking and treatment of sulfur hexafluoride($SF_6$)taken from electrical equipment and specification for its re-use,MOD)

2012-11-05 发布 2013-02-01 实施

中华人民共和国国家质量监督检验检疫总局
中国国家标准化管理委员会 发布

# 前　言

本标准根据GB/T 1.1—2009给出的规则起草。

本标准代替GB/T 8905—1996《六氟化硫电气设备中气体管理和检测导则》。

本标准与GB/T 8905—1996相比，主要有以下差别：

——增加了术语和定义；

——增加了六氟化硫对环境的影响；

——增加了六氟化硫对健康与安全的影响；

——增加了重复使用六氟化硫的质量规范；

——增加了六氟化硫分析方法；

——增加了六氟化硫回收气体的处理、存储和运输；

——增加了附录A、附录B、附录C和附录D四个资料性附录；

——删除了气体的鉴别。

本标准使用重新起草法修改采用IEC 60480:2004《从电气设备中取出的六氟化硫气体的检测和处理导则》(英文版)。

本标准附录C列出了本标准章条编号与IEC 60480章条编号的对照一览表。有关技术性差异已编入正文中并在它们所涉及的条款的页边空白处用垂直单线标识。在附录D中给出了这些技术性差异及其原因的一览表。

对于IEC 60480本标准还做了以下编辑性修改：

——IEC 60480一律改成GB/T 8905；

——删除了IEC 60480的前言和引言；

——回收气体杂质最大容许水平更改为交接试验时的要求。

本标准由中国电力企业联合会提出并归口。

本标准负责起草单位：中国电力科学研究院。

本标准参加起草单位：广东电网电力科学研究院、重庆电力试验研究院、安徽省电力科学研究院、宁夏电力科技教育工程院、福建省电力试验研究院、华东电力试验研究院、江西省电力科学研究院、湖北省电力试验研究院、海南电网电力试验研究所、天津电力科学研究院、广西电网电力科学研究院、东北电力科学研究院、河南省郑州大学、上海思源电气有限公司。

本标准主要起草人：姚唯建、姚强、朱芳菲、刘汉梅。

本标准参加起草人：苏镇西、马国柱、郑东升、彭伟、稂业员、袁平、黎斌、汪献忠、裘吟君、郭军科、黄云光、祁炯、金鑫、张桂贤、田勇。

本标准所代替标准的历次版本发布情况为：

——GB 8905—1988、GB/T 8905—1996。

# 六氟化硫电气设备中气体管理和检测导则

## 1 范围

本标准规定了六氟化硫电气设备中气体管理和检测的方法，给出了六氟化硫电气设备维护、检修和解体过程中回收气体的重复使用技术，推荐了六氟化硫气体的回收工艺及重复使用气体应达到的质量标准。

本标准适用于设备运行和检修中六氟化硫气体的试验、管理及处理。

对电气设备中六氟化硫气体管理和检测的一些具体规定，按其相关标准执行。

## 2 规范性引用文件

下列文件对于本文件的应用是必不可少的。凡是注日期的引用文件，仅注日期的版本适用于本文件。凡是不注日期的引用文件，其最新版本(包括所有的修改单)适用于本文件。

GB/T 2900.5 电工术语 绝缘固体、液体和气体 (GB/T 2900.5—2002,eqv IEC 60050(212):1990)

GB/T 2900.13 电工术语 可信性与服务质量(GB/T 2900.13—2008,IEC 60050(191):1990、Amend.1:1999 And Amend.2:2002,IDT)

GB/T 12022 工业六氟化硫(GB/T 12022—2006,IEC 376:1971;IEC 376A:1973;IEC 376B:1974,MOD)

GB 50150 电气装置安装工程 电气设备交接试验标准

DL/T 596 电力设备预防性试验规程

IEC 60050(441) 国际电工词典 第441章 开关设备控制设备和熔断器(International electrotechnical vocabulary—Part 441:Chapter 441:Switchgear,controlgear and fuses)

IEC 60050(826) 国际电工词典 第826章 建筑物的电气设备(International electrotechnical vocabulary—Part 826:Electrical installations)

IEC 60376:2005 电气设备用六氟化硫技术规范(Specification of technical grade sulfur hexafluoride ($SF_6$) for use in electrical equipment)

IEC/TR 62271-303 高压开关设备和控制设备 第303部分:六氟化硫的使用和操作(High-voltage switchgear and controlgear—Part 303: Use and handling of sulphur hexafluoride ($SF_6$))

## 3 术语和定义

GB/T 2900.5、GB/T 2900.13、IEC 60050(441)和IEC 60050(826)界定的以及下列术语和定义适用于本文件。

### 3.1 通用术语

#### 3.1.1

**电气设备 electrical equipment**

任何用于发电、变电、输电、配电和利用电能的装置，例如：发电机、变压器、测量设备、保护装置、导线材料等各种装置。

3.1.2

**外壳　enclosure**

能防止设备受到某些外部影响并在各个方面防止直接接触的部件。

3.1.3

**维修　maintenance**

使设备保持或重新处于能完成所需功能状态的行为,包括所有技术、管理及监督方面的行为。

## 3.2　材料方面

3.2.1

**绝缘材料　insulating material**

具有极低导电率用于隔离不同电位的固体材料。

3.2.2

**绝缘气体　insulating gas**

具有极低导电率用于隔离不同电位的气体材料。

3.2.3

**电极　electrode**

用作具有不同导电率介质的导电界面的导电部件。

3.2.4

**储存罐　reservoir**

存储容器。

## 3.3　环境方面

3.3.1

**新的六氟化硫($SF_6$)　new sulfur hexafluoride**

没有使用过的,符合标准要求的六氟化硫气体。

3.3.2

**使用过的六氟化硫($SF_6$)气体　used sulfur hexafluoride**

已充入电气设备中,设备通电后经过运行,可能已受杂质污染的六氟化硫气体。

3.3.3

**未使用过的六氟化硫($SF_6$)气体　unused sulfur hexafluoride**

从未充入电气设备中的六氟化硫气体(例如:已经被转入储存罐中的气体)。

3.3.4

**气体分解产物　gaseous decomposition products**

绝缘气体在使用中产生的分解物。

3.3.5

**气体回收　recovery**

将气体由电气设备中转移到回收装置或储存罐中。

3.3.6

**再生　reclaiming**

采用物理和化学的方法从绝缘液体或气体中去除可溶的或不可溶的污染物,使其尽可能达到新的六氟化硫质量标准的工艺。

3.3.7

**固体吸附剂　solid adsorbent**

可以用来吸附杂质的固体物质。

3.3.8

**再生装置　reclaimer**

对使用过的气体进行处理,使其能达到被现场再利用的气体净化装置。

3.3.9

**重复使用　re-use**

将回收或再生的气体,用于新投运的或运行的电气设备中。

3.3.10

**最终处理　final disposal**

对气体进行无害化处理或用于其他用途的处理。

3.3.11

**再生气体　reclaimed gas**

用再生装置处理过的气体。

## 4　六氟化硫的一般性质

### 4.1　一般性质

六氟化硫是化合物,其分子式为 $SF_6$,在常温常压下(20 ℃和 100 kPa)为气态,密度为 6.07 $kg/m^3$(约为空气密度的 5 倍)。当六氟化硫到达临界温度 45.54 ℃时,它不能再被压缩为液态。六氟化硫的压力/温度/密度曲线参照 IEC/TR 62271-303。

六氟化硫无色、无味、无毒,常以液态形式用储罐运输。

尽管六氟化硫无毒,却不能维持生命,充六氟化硫的设备需抽尽后才能进入,同样原因,因六氟化硫比空气重,所以易在较低的地方沉积,例如电缆沟,可能沉积很高浓度的该气体,因此有必要在这些地方采取措施以防止窒息。

六氟化硫用于电气输、配电电气设备的灭弧(组合电器、断路器、变压器、电缆等);也用于非电气场合如冶炼、电子产品、科学仪器设备等。

### 4.2　电气特性

六氟化硫是强电负性气体,即捕捉自由电子的倾向很强。它物理特性独特,在 20 ℃温度下,高绝缘强度(绝缘强度为 89 V/(m/Pa),约是空气的 3 倍)、高灭弧能力(约是空气的 10 倍)以及高热导性(约是空气的 2 倍)。

六氟化硫已被成功应用于高中压电气开关及设备中,作电流保护及绝缘。

### 4.3　相容性

纯净六氟化硫化学惰性,常温下受热稳定。和氮气相似,六氟化硫在高达 180 ℃环境中,与电气设备中的金属能很好地相容。可在高于 180 ℃的情况下操作。但六氟化硫有可能会分解,特别是在有接触反应性材料的情况下,可能会产生一些与设备不兼容的副产物,至于特殊个别应用场合,则需单独评估。

## 5 杂质的种类及其来源

### 5.1 概述

运行电气设备中的六氟化硫气体含有若干种杂质，其中部分来自新的六氟化硫气体(在合成制备过程中残存的杂质和在加压充装过程中混入的杂质)，部分来自设备运行和故障过程中。

表1列举了主要的杂质及其来源。

**表1 六氟化硫主要杂质及其来源**

| 六氟化硫的使用状态 | 杂质产生的原因 | 可能产生的杂质 |
|---|---|---|
| 新的六氟化硫气体 | 生产过程中产生 | Air，Oil，$H_2O$，$CF_4$，可水解氟化物，HF，氟烷烃 |
| 检修和运行维护 | 泄漏和吸附能力差 | Air，Oil，$H_2O$ |
| 绝缘的缺陷 | 局部放电：电晕和火花 | HF，$SO_2$，$SOF_2$，$SOF_4$，$SO_2F_2$ |
| 开关设备 | 电弧放电 | $H_2O$，HF，$SO_2$，$SOF_2$，$SOF_4$，$SO_2F_2$，$CuF_2$，$SF_4$，$WO_3$，$CF_4$，$AlF_3$ |
| | 机械磨损 | 金属粉尘，微粒 |
| 内部电弧放电 | 材料的熔化和分解 | Air，$H_2O$，HF，$SO_2$，$SOF_2$，$SOF_4$，$SO_2F_2$，$SF_4$，$CF_4$，金属粉尘，微粒，$AlF_3$，$FeF_3$，$WO_3$，$CuF_2$ |

### 5.2 来自检修和运行中的杂质

设备在充气和抽真空时可能混入空气和水蒸气。水分也可能从设备的内部表面或从绝缘材料释放到气体中。气体处理设备(真空泵和压缩机)中的油也可能进入到六氟化硫气体中。

### 5.3 由于绝缘的缺陷产生的杂质

由于局部放电导致六氟化硫气体分解，产生六氟化硫的分解产物，例如 $SF_5$，$SF_4$ 和 F，这些杂质再与 $O_2$ 和 $H_2O$ 发生反应，形成化合物，这些化合物主要有 HF，$SO_2$，$SOF_2$，$SOF_4$ 和 $SO_2F_2$。

### 5.4 开关设备中产生的杂质

在电流开断期间，由于高温电弧的存在，导致六氟化硫分解产物、电极合金及有机材料的蒸发物或其他杂质的形成。另外，这些产物之间发生的化学反应，也是形成杂质的原因之一。这些副产物的量取决于设备的结构、设备开断次数和固体吸附剂的使用情况。开关设备中也可能含有触头开断接触摩擦产生的微粒和金属粉尘。

### 5.5 内部电弧产生的杂质

电弧放电很少发生，在故障设备中发现的杂质和经常开断的设备中存在的杂质很类似，区别在于杂质的数量。当杂质达到一定的数量时，就会产生潜在的毒性。另外，金属材料在高温下会产生汽化，可以形成更多的反应产物。

## 6 六氟化硫对环境的影响

### 6.1 概述

人类的活动已经影响到地球的环境。由于这种影响取决于人类活动的规模及所涉及的材料，因此，必须考虑六氟化硫气体的使用对环境产生的影响。

### 6.2 六氟化硫对生态系统的影响

六氟化硫是惰性气体，它在水中的溶解度非常低，对地表及地下水均没有危害，不会在生态循环中积累。因此，六氟化硫不会严重危害生态系统。

### 6.3 六氟化硫对臭氧层的影响

六氟化硫气体对同温层的臭氧没有破坏作用。

### 6.4 六氟化硫的温室效应

六氟化硫的温室效应作用与其他气体相比仅占千分之一，因此六氟化硫对温室效应的影响很小。

### 6.5 六氟化硫的分解产物

六氟化硫的分解产物不会大量释放到大气中。当设备的使用寿命结束时，六氟化硫可以被处理成自然界中存在的中性产物，对当地环境无不利影响。

六氟化硫分解产物不能直接排放或丢弃到环境中。

### 6.6 结论

电气设备中使用的六氟化硫对全球环境和生态系统的影响很小。然而在使用六氟化硫电气设备时仍需要加强维护和管理，将其对环境的影响降至最小。

## 7 六氟化硫对健康与安全的影响

### 7.1 概述

纯净的六氟化硫气体是无毒无害的。原则上吸入20%氧气和80%纯净的六氟化硫混合气体没有不良反应。但是建议工作环境中的六氟化硫气体的含量应低于1 000 $\mu L/L$(此值与毒性无关，而是对大气中非自然存在的无毒、无害气体所规定的极限值)。这个数值对工作时间是每周5天，每天8小时的工作人员是安全的。

### 7.2 使用六氟化硫的预防措施

#### 7.2.1 六氟化硫的窒息性

由于六氟化硫气体的密度大约是空气的5倍，因此，大量释放在工作环境中的六氟化硫气体会聚集在低凹的区域，造成此区域的空气被其所取代，区域内氧气的含量下降。如果氧气的含量低于16%，在此区域内工作的人员会产生窒息。特别是那些低于地面、通风不良或没有通风设备的区域，例如：电缆输送管、电缆沟、检查坑和排水系统。依靠空气流动和通风设备，工作环境中的六氟化硫含量在一段时间后会降低到允许的水平。

#### 7.2.2 机械故障的损伤

由于设备中，六氟化硫气体的压力高于大气压力，所以在设备处理时要特别注意预防工作人员在机械故障中受到伤害。

#### 7.2.3 冻伤

压缩的六氟化硫气体如果被迅速释放，气体在突然扩散中温度会迅速降低。六氟化硫气体温度可能降低到0 ℃以下。在向设备充气时，如果没有一定的保护措施，工作人员很可能被喷射出来的低温气体冻伤。

## 7.3 运行设备中六氟化硫分解产物的毒性

六氟化硫电气设备中由于放电和热分解导致含有有毒的分解产物。

人接触分解产物后眼、鼻、喉区会出现发红、发痒和轻度疼痛等炎症反应，或伴有皮肤搔痒。其反应程度因人体质而异。

## 7.4 六氟化硫气体泄漏对健康的影响

正常情况下，六氟化硫气体是密封在电气设备中的，有毒的分解产物会被吸附剂吸附，或吸附在设备内壁，泄漏会使六氟化硫分解物进入工作环境，对工作人员的人身安全会产生危害。

# 8 运行设备重复使用六氟化硫的质量规范

## 8.1 从电气设备回收六氟化硫进行处理的判定流程图

图1规定了将 $SF_6$ 从设备中回收，经过适当的处理后可达到重复使用的判定程序。

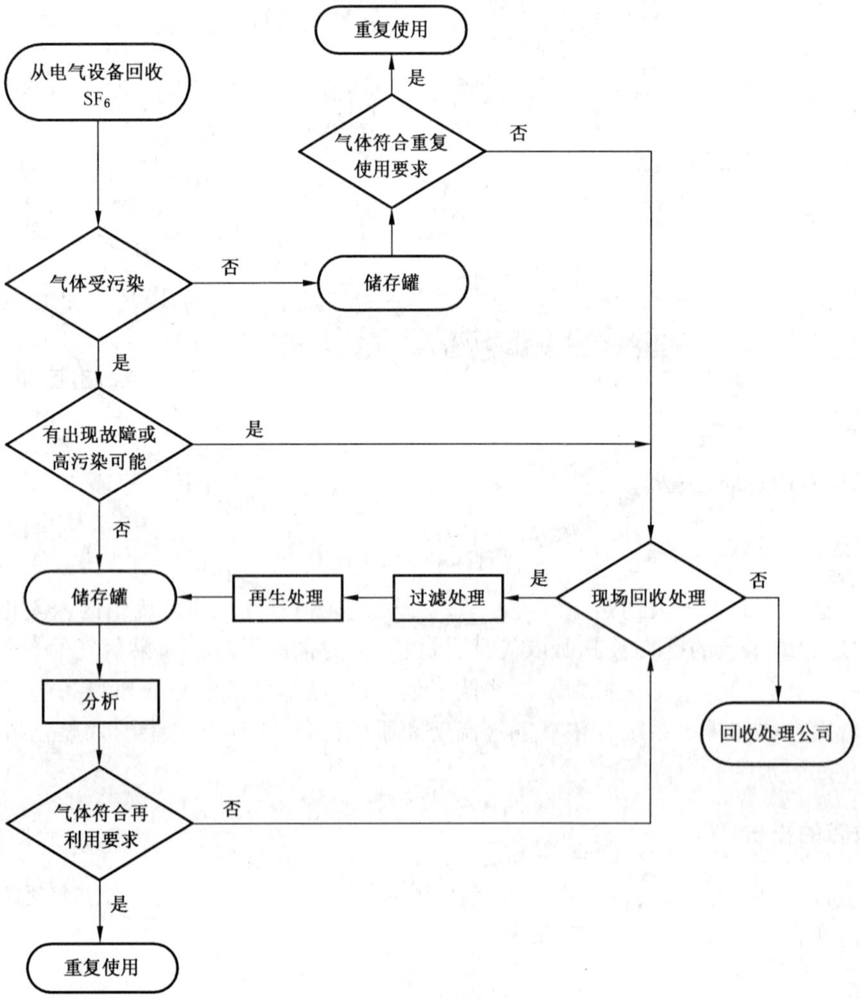


图1 回收六氟化硫气体流程图

### 8.2 重复使用的六氟化硫杂质最大容许含量

回收气体杂质最大容许水平应符合表5的要求。

对使用过的气体进行分析的取样方法见附录A中A.1。

对六氟化硫气体中含有的水或分解产物,能否在现场处理,完全取决于使用的再生处理装置的过滤性能。如果六氟化硫气体在现场无法回收再生时,应将六氟化硫气体送往生产厂家或送去有资质处理六氟化硫气体的公司进行回收再生。

受到空气和四氟化碳污染的六氟化硫气体,如果空气和四氟化碳浓度超过表5列出的最大容许限值,应进行净化再生处理,清除空气和四氟化碳。

## 9 六氟化硫分析方法

### 9.1 概述

六氟化硫气体分析应使用气态样品。附录A列出了取样和分析方法。六氟化硫气体的分析分为现场分析和实验室分析。新六氟化硫气体实验室分析方法见GB/T 12022。

### 9.2 现场分析方法

现场分析技术是快速、简便的气体检测方法,如果气体需要重复使用或在现场回收,使用现场分析技术,只需要使用很少量的六氟化硫气体,可保障工作人员的人身健康和安全。

评价设备中气体能否直接重复使用或需回收再利用的步骤见图2。

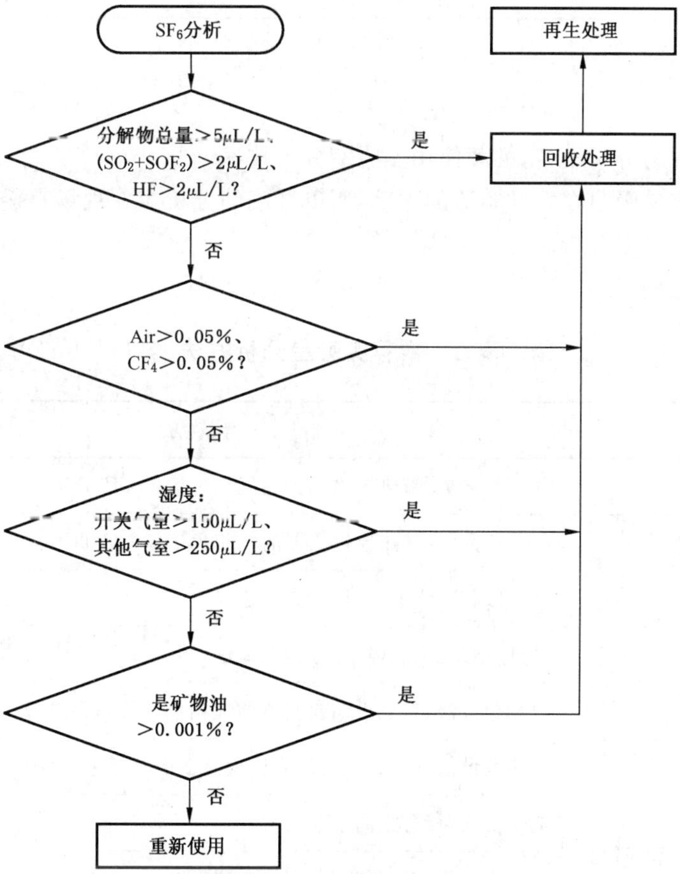


图2 现场分析流程图

现场分析方法见表2。对于所有的现场分析仪器，操作人员应认真阅读其使用说明书并注意分析仪器的精度和可靠性。

从安全的角度出发，首先要分析的组份是$SO_2$、$SOF_2$和HF。这样可对使用过的六氟化硫气体的危险性进行评估，同时又可保护分析仪器免受腐蚀。

**表2 推荐现场分析方法**

| 分析顺序 | | 杂　质 | 有效的方法(设备) |
|---|---|---|---|
| 1 | a | 气体分解物：$SO_2$,$SOF_2$,$SO_2F_2$ | 气体检测管法 |
| | | | 气相色谱法(带热导检测器的便携式气相色谱仪 GC-TCD) |
| | | | 电化学传感器 |
| | b | HF | 气体检测管法 |
| 2 | | 空气和$CF_4$ | 气相色谱法(带热导检测器的便携式气相色谱仪 GC-TCD) |
| 3 | | 湿度 | 电解法 |
| | | | 冷凝露点法 |
| | | | 电阻电容法 |
| | | | 气体检测管法 |
| 4 | | 油 | 气体检测管法 |

## 9.3 实验室分析方法

如果没有有效的现场分析设备，推荐使用实验室分析技术。

因为样品中水分容易吸附在采样容器的内壁，所以湿度的分析应在现场直接从设备中取样测试，不推荐对采集样品进行实验室分析。

实验室分析方法见表3。

**表3 推荐实验室分析方法**

| 杂　质 | 有效方法(设备) |
|---|---|
| 空气：$O_2$和$N_2$ | 气相色谱法(带热导检测器的气相色谱仪 GC-TCD) |
| $CF_4$ | 气相色谱法(带热导检测器的气相色谱仪 GC-TCD) |
| | 红外吸收光谱法(红外分光光谱仪) |
| 矿物油 | 红外吸收光谱法(红外分光光谱仪) |
| | 气相色谱法(带氢火焰检测器的气相色谱仪 GC-FID) |
| 气体分解物：$SO_2$、$SOF_2$、$SO_2F_2$、$SF_4$、HF | 气相色谱法(带热导、火焰光度检测器的气相色谱仪 GC-FPD) |
| | 离子交换色谱法(离子色谱仪) |
| | 红外吸收光谱法(红外分光光谱仪) |

## 10 六氟化硫的分析项目、周期与标准

### 10.1 新六氟化硫分析项目及质量指标

新六氟化硫(包括再生气体)的分析项目及质量指标见表4。

**表4 新六氟化硫(包括再生气体)分析项目及质量指标**

| 项目 | | 单位 | 指标 |
|---|---|---|---|
| 六氟化硫 | | %(重量比) | ≥99.9 |
| 空气 | | %(重量比) | ≤0.04 |
| 四氟化碳 | | %(重量比) | ≤0.04 |
| 湿度(20 ℃) | 重量比 | %(重量比) | ≤0.000 5 |
| | 露点(101 325 Pa) | ℃ | ≤−49.7 |
| 酸度(以HF计) | | %(重量比) | ≤0.000 02 |
| 可水解氟化物(以HF计) | | %(重量比) | ≤0.000 10 |
| 矿物油 | | %(重量比) | ≤0.000 4 |
| 毒性 | | | 生物试验无毒 |

### 10.2 投运前、交接时六氟化硫分析项目及质量指标

投运前、交接时六氟化硫分析项目及质量指标见表5。

**表5 投运前、交接时六氟化硫分析项目及质量指标(不包括混合气体)**

| 序号 | 项目 | 周期 | 单位 | 标准 |
|---|---|---|---|---|
| 1 | 气体泄漏 | 投运前 | %年 | ≤0.5 |
| 2 | 湿度(20 ℃) | 投运前 | μL/L | 灭弧室≤150<br>非灭弧室≤250 |
| 3 | 酸度(以HF计) | 必要时 | %(重量比) | ≤0.000 03 |
| 4 | 四氟化碳 | 必要时 | %(重量比) | ≤0.05 |
| 5 | 空气 | 必要时 | %(重量比) | ≤0.05 |
| 6 | 可水解氟化物(以HF计) | 必要时 | %(重量比) | ≤0.000 1 |
| 7 | 矿物油 | 必要时 | %(重量比) | ≤0.001 |
| 8 | 气体分解产物 | 必要时 | <5 μL/L,或($SO_2$+$SOF_2$)<2 μL/L、HF<2 μL/L | |

### 10.3 运行中六氟化硫分析项目及质量指标

运行中六氟化硫气体分析项目及质量指标见表6。

表6　运行中六氟化硫分析项目及质量指标(不包括混合气体)

| 序号 | 项　　目 | 周期 | 单　位 | 标　　准 |
|---|---|---|---|---|
| 1 | 气体泄漏 | 必要时 | %/年 | ≤0.5 |
| 2 | 湿度(20 ℃) | 1～3年/次；<br>必要时 | μL/L | 灭弧室≤300<br>非灭弧隔室≤500 |
| 3 | 酸度(以HF计) | 必要时 | %(重量比) | ≤0.000 03 |
| 4 | 四氟化碳 | 必要时 | %(重量比) | ≤0.1 |
| 5 | 空气 | 必要时 | %(重量比) | ≤0.2 |
| 6 | 可水解氟化物(以HF计) | 必要时 | %(重量比) | ≤0.000 1 |
| 7 | 矿物油 | 必要时 | %(重量比) | ≤0.001 |
| 8 | 气体分解产物 | 必要时 | 注意设备中的分解产物变化增量 | |

## 11　六氟化硫的管理

### 11.1　新气的质量管理

在电气设备充气前应确认六氟化硫气体质量合格，每批次具有出厂质量检测报告，每瓶具有出厂合格证。在电气设备充气前应进行抽样复检，抽样复检要符合GB/T 12022中有关规定。

### 11.2　运行中六氟化硫的管理

11.2.1　在室内的六氟化硫设备应安装通风换气设施，运行人员经常出入的室内设备场所每班至少换气15 min，换气量应达3～5倍的空间体积，抽风口应安置在室内下部。对工作人员不经常出入的设备场所，在进入前应先通风15 min。

11.2.2　在室内的六氟化硫设备安装场所的地面应安装带报警装置的氧量仪和六氟化硫浓度仪。空气中氧含量应大于18%，氧量仪在空气中含氧量降至18%时应报警。六氟化硫浓度仪在空气中六氟化硫含量达到1 000 μL/L时发出警报。如发现报警时应通风、换气。

11.2.3　运行设备如发现表压下降应分析原因，必要时对设备进行全面检漏，若发现有漏气点应及时处理。

11.2.4　运行设备若发现湿度超出标准，应进行干燥、净化处理。

### 11.3　设备解体时六氟化硫的管理

11.3.1　设备解体前需对气体全面分析，以确定其有害成分含量，制定防毒措施。通过气体回收装置将六氟化硫气体全部回收。

11.3.2　工作人员在处理使用过的六氟化硫气体时，应配备安全防护用具(手套、防护眼镜、防护服和专用防毒呼吸器)。

11.3.3　从事处理使用过的六氟化硫气体的工作人员应熟悉六氟化硫气体分解产物的性质，了解其对健康的危害性。对这些人员应给予专门的安全培训(包括急救指导)。

11.3.4　处理六氟化硫气体时，应当明示工作场所注意事项，说明禁火、禁烟、禁止高于200 ℃的加热和无专门预防措施的焊接。

### 11.4 吸附剂的管理

#### 11.4.1 吸附剂的活化处理

吸附剂在安装前应进行活化处理，处理温度按生产厂家要求执行。

#### 11.4.2 吸附剂的安装

应尽量缩短吸附剂从干燥容器或密封容器内取出直至安装完毕之间的时间。吸附剂安装完后，应立即抽真空。

#### 11.4.3 解体设备中吸附剂的处理

解体设备中更换下来的吸附剂不应再生，应使用20%的氢氧化钠溶液浸泡后交专业处理公司处理。

#### 11.4.4 吸附剂的存放

吸附剂应防潮、防水、置于干燥处保管。

### 11.5 六氟化硫容器的管理

对生产六氟化硫气体部门使用六氟化硫容器的要求见GB/T 12022有关规定。

六氟化硫气瓶在存放时要有防晒、防潮的遮盖措施。贮存气瓶的场所应宽敞，通风良好，且不准靠近热源及有油污的地方。气瓶安全帽、防震圈应齐全，气瓶应分类存放、注明明显标志，存放气瓶应竖放，固定、标志向外，运输时可卧放。

使用后的六氟化硫气瓶应留存余气，关紧阀门，盖紧瓶帽。

## 12 六氟化硫回收气体的处理、存储和运输

### 12.1 概述

六氟化硫气体的回收包括对电气设备中正常的、部分分解或污染的六氟化硫气体的回收。

下面几种情况六氟化硫气体应回收：

——设备压力过高时；

——在对设备进行维护、检修、解体时；

——设备构件需要更换时。

### 12.2 六氟化硫回收处理设备

12.2.1 可采用气体回收装置、专用存储罐或存储钢瓶回收六氟化硫气体。

12.2.2 在回收污染严重的六氟化硫气体时，可选用装有再生净化处理装置的气体回收装置。

### 12.3 处理使用过的六氟化硫的安全要求

处理使用过的六氟化硫气体的安全要求见11.3设备解体时的管理。

### 12.4 使用过的六氟化硫的储存运输

12.4.1 使用过的六氟化硫气体可临时存储在合适的钢瓶或气体容器中，这些容器应使用特殊的颜色标志，以免与存储新气的容器混淆。

12.4.2 曾存储使用过的六氟化硫气体的钢瓶，任何时候都不能用来充装或运输六氟化硫新气。

12.4.3 由于含有惰性气体（氮气、氧气等），使用过的六氟化硫气体在充装时，充装系数比充六氟化硫新气时低。气瓶压力设计为 8 MPa 时，使用过的六氟化硫气体可用 1 kg/L 的充装系数来充装。

12.4.4 对新的、未使用过的六氟化硫气体和使用过的六氟化硫气体的存储、运输，应遵守GB/T 12022的有关规定，也可参见附录 B。

# 附　录　A
## （资料性附录）
## 对不同分析方法（现场和实验室）的描述

### A.1　采样

#### A.1.1　一般要求

从储存罐中采集的六氟化硫样品应具有代表性，样品应当取自液态的六氟化硫，如果在储存罐中没有液态六氟化硫，那么所采集的样品只能代表气态的六氟化硫。

在从储存罐中采样之前，储存罐与分析设备或与六氟化硫气体采气瓶的所有连接部分均应抽真空。如果是使用长而细的管子采样，则管路连接部分应用储存罐中的气体吹扫，以确保从储存罐中采集的六氟化硫气体样品具有代表性。

采样时，连接材料应尽可能选择不锈钢或其他不发生化学反应的材料，以减少采样过程中的反应和污染。分析样品不能通过过滤器（分子筛、氧化铝），否则会改变气体的成分。为确保样品不受粉尘的污染，可使用粉尘过滤器。

为了减少六氟化硫气体对大气的排放，同时限制有毒分解产物对人体的危害，可使用收集袋或类似的装置（图 A.1 和图 A.2）。收集袋中的气体也应回收。

图 A.1 和图 A.2 表示现场取样的连接方式。

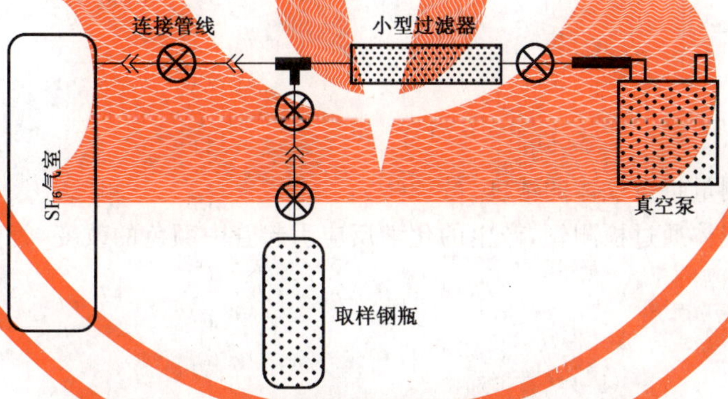


图 A.1　抽真空气体取样装置

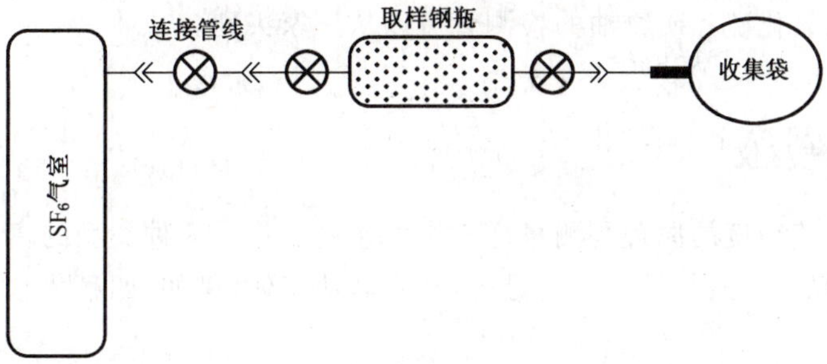


图 A.2　冲洗气体取样装置

#### A.1.2 在线分析采样

所有在线分析方法，都需要直接连接。连接管路应是不锈钢管，一般外径 3 mm～6 mm，长度不超过 2 m。管路两端应有自封接头或阀门密封，防止管路不使用时被空气污染。

#### A.1.3 实验室分析采样

采样气瓶的容积范围为 150 mL～500 mL（用傅立叶变换红外分析仪分析可能需要 1 000 mL）。所有与采样有关的容器和阀门的材料都应选用不锈钢或耐腐蚀材料，例如 PTFE（聚四氟乙烯）。容器和连接件应能承受 5 MPa 的高压。

推荐使用以下流程，去除采样瓶中的杂质（见图 A.1）：

a) 加热容器到 100 ℃，抽真空持续 1 h；

b) 使用前，关闭阀门，并且使容器完全冷却到室温；

c) 使用干燥氮气冲洗，并抽空氮气；

d) 重复操作，并且保持容器真空状态。

对于直接连接，将容器与取样口连接起来。第一次容器充满气体后，需等待 1 min，然后抽空，再次充满。样气充满容器后，应关闭阀门，以避免在运往实验室的途中由于阀门未关而跑气。最好有自封接头，这样有利于样气的处理。

如果按照图 A.2 的方式采集六氟化硫气体，为防止六氟化硫气体排放到大气中，应使用一个收集袋或者类似的装置收集气体。采样前先用六氟化硫气体冲洗容器后再采样。

### A.2 在线分析

#### A.2.1 气体检测管

##### A.2.1.1 原理

气体检测管用来测量特定气体的浓度。

一定量的特定的气体通过检测管，产生的化学反应引起管中颜色的改变，管壁上校准的刻度可指示待测组分的浓度。

##### A.2.1.2 使用条件

检测管生产厂家为每种类型的检测管提供说明，诸如：气体量，流速和环境条件。因为这种检测方法依赖于颜色的变化，最好通过与一个新检测管作对比，对颜色变化的长度作标记。检测管有一定的保存期限，应按照厂家的说明，对检测管进行保存。

水蒸气，氟化氢，二氧化硫和矿物油的检测管可以从厂家买到。

测量精度约为：±15%～±25%。

#### A.2.2 六氟化硫气体纯度仪

该设备测量六氟化硫纯度的原理是测量样气中声速的变化。这种类型的密度计经校准通常用来测量纯六氟化硫在空气中的百分比（精度大约是±1%），其他气体（例如：四氟化碳，分解产物）的存在可能会影响检测精度。

#### A.2.3 湿度计

可以使用以下类型的仪器：

a） 电解式湿度仪：

气体通过仪器时气体中的水被电解，产生稳定的电解电流，通过测量该电流大小来测定气体的湿度。

b） 冷凝式露点仪：

冷凝式露点仪测量气体在冷却镜面产生结霜（露）时的温度称为露点。露点对应的饱和水蒸气压得到湿度的质量比。

c） 电子式湿度仪：

当被测气体通过电子湿度仪的传感器时，气体湿度的变化引起传感器电阻、电容量的改变，从而测得气体湿度值。

**注意**：测量含有氢氟酸的六氟化硫气体湿度会损坏仪器。

## A.3 实验室分析法

### A.3.1 气相色谱分析

#### A.3.1.1 总则

目前的色谱仪能够分析本标准中提到的大部分六氟化硫气体的杂质成分。在色谱柱中样品组分得到分离，不同的组分通过色谱柱时，有不同的流出时间，这就形成了色谱的谱图。出峰时间对应于样品组分，峰高或峰面积正比于组分含量（见图 A.3）。

#### A.3.1.2 有热导检测器的气相色谱仪

##### A.3.1.2.1 总则

热导检测器可以分析空气，$CF_4$，$CO_2$，$SF_6$ 和 $SOF_2$，但是对 $SO_2F_2$ 和 $SO_2$ 的测定比较困难。热导检测器不能分析 HF，因为色谱分析技术不能检测到 HF。

##### A.3.1.2.2 注意事项

IEC 60376 介绍了使用热导检测器的气相色谱仪的分析方法。下面推荐的方法可以提高其测量精度。

a） 与使用玻璃的手动进样注射器比较，应首选自动进样器。自动进样器使用了一个环形定量管（0.1 mL～1 mL）和一个六通阀。六通阀提供与采样瓶连接的进样口。

b） 采用程序升温法（典型值：60 ℃～180 ℃），可提高微量杂质的分离度。用这种方法，在色谱图里可以看到样品气中水蒸气所对应的峰。但是用这种方法测定水分，不能准确定量。

c） 为了保证色谱仪处于最佳工作状态，要求色谱仪经常开机或长期运行。否则，在初次使用时，需要定期注入以空气或六氟化硫气体作底气，含标准浓度的特定气体（含量为几百 μL/L）的混合气体，来校准仪器。

##### A.3.1.2.3 典型的色谱仪使用条件

推荐使用下列条件与参数：

a） 载气

氦气或氢气（10 mL/min～25 mL/min，$H_2$ 的分辨率稍好）；流速应适合所用色谱柱的类型。

b） 色谱柱

不锈钢柱，长 3 m～4 m，内径 3 mm，内装多孔聚合物 Porapak Q（80～100 目）。

毛细管柱(Poraplot 类型),20 m～30 m,内径 0.53 mm。

GS GasPro (J &W),60 m,内径 0.32 mm。

c) 设置

初始温度:60 ℃～80 ℃。

最终温度:120 ℃～180 ℃。

加热速率:10 ℃/min～20 ℃/min。

图 A.3 是典型的 $SF_6$ 杂质及其分解产物的色谱图。

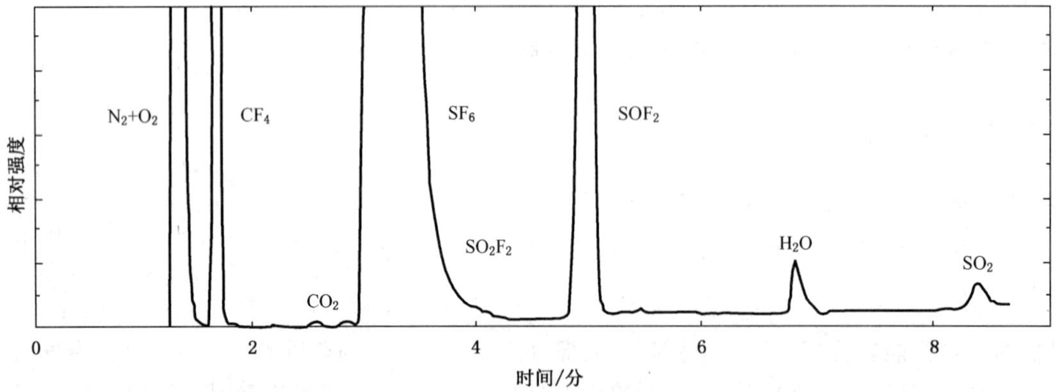


**图 A.3 典型的六氟化硫分解产物的气相色谱图**
**(用 Porapak Q 柱进行分析)**

**A.3.1.2.4 校准**

热导检测器对上述 $SF_6$ 分解产物的响应值应进行校准。由于 $SF_6$ 分解产物的不稳定性和不容易取得,校准是很困难的。

在特定的检测条件下,热导检测器对空气、六氟化硫或者是四氟化碳的响应值容易得到,其他分解产物的响应值,可以从相对质量校正因子表中得到(见表 A.1)

**表 A.1 热导检测器相对质量校正因子**

| 气 体 | TCD 相对校正因子(见注) |
|---|---|
| Air | 0.48±0.08 |
| $CF_4$ | 0.76±0.06 |
| $CO_2$ | 0.56±0.08 |
| $SF_6$ | 1.0 |
| $SO_2F_2$ | 0.78±0.08 |
| $SOF_2$ | 0.68±0.08 |
| $SO_2$ | 0.45±0.05 |
| $H_2O$ | 0.5±0.2 |

**A.3.1.3 带氢火焰检测器的气相色谱仪(FID)**

六氟化硫中油含量可用以下方法测量,这种方法可用来测 $C_{10}$ 到 $C_{50}$ 的石油烃类。油可以通过用环己烷萃取获得,通过一个高温的氢火焰检测器,最小检出限可以达到 4 μg 油/L 环己烷。六氟化硫气体中油的最小检出限取决于通过吸收瓶的六氟化硫的量以及用来萃取的环己烷的体积。

要得到最佳结果,推荐使用下列条件:

——色谱柱:不锈钢柱,长 5 m;0.53 mm 内径;0.15 μm 厚的膜;

——载气:高纯氦 15 mL/min;

——氢火焰检测器辅助气体:高纯氢为 30 mL/min,空气为 300 mL/min。

石油烃 $C_{10}-C_{24}$ 及 $C_{24}-C_{50}$ 两个范围分别使用 n-$C_{16}$ 环己烷和 n-$C_{36}$ 环己烷来进行校准。

**A.3.1.4 离子色谱分析法**

离子色谱建立在离子交换柱的基础上。它可以用来分析下列分解产物:$SO_2$,$SOF_2$,$SO_2F_2$,$SF_4$,HF。碳酸盐淋洗液有很低的背景值和高灵敏度。

**A.3.2 红外光谱法**

**A.3.2.1 原理**

一束红外光线在直接照射样品物质后到达光敏检测器将被削弱,透过光的强度形成了物质样品的红外吸收光谱。

吸收光谱中峰值的大小、形状及位置可以用来判定样品气体的性质和含量。

六氟化硫中的许多杂质都可以由红外吸收来定性,除了氧和氮以外;双原子气体和单原子气体(如氩气)都没有有效的红外吸收光谱。由于六氟化硫光谱干涉,可能会使得一些杂质变得无法辨认。但光谱频率范围在 580 $cm^{-1}$ 以下的杂质不受六氟化硫光谱的干扰,是可分辨的。

**A.3.2.2 傅立叶变换红外分光光度计(FTIR)**

FTIR 分光光度计是一种快速的高效的分析方法。所有红外光谱被多次测量并求平均数以减少噪声的影响。通过有效的光谱来对样品成分做出定性和定量的分析。

**A.3.2.3 吸收池**

样品气体被导入到分光光度计的吸收池进行分析。吸收池最好用不锈钢材料以减少样品中 HF 的腐蚀。最好安装至少 500 cm 的 KBr 盐窗用来让红外线射入。为了使吸收池的体积最小化,在吸收池中安装许多折射镜,以获得更长的光通道,光通道的长度决定了分光光度计在吸收频率范围内的信噪比和最小检出限。

**A.3.2.4 分析**

光谱分析的方法是建立在吸光度和浓度之间的线性关系基础之上的。线性范围取决于使用的仪器和仪器的吸光系数。

**A.3.2.5 气体的吸收率**

六氟化硫杂质的主要的吸收峰的吸收率如表 A.2 所示。

**表 A.2 六氟化硫及其杂质的吸收峰参数**

| 杂质种类 | 光波数/$cm^{-1}$ | 峰吸收率$\times 10^{-6}$(kPa×mL/L×m)$^{-1}$ |
|---|---|---|
| $SO_2$ | 491,494,497,500,503,506 | ～1,1 |
| $SOF_2$ | 530,808 | 12,46 |
| $SO_2F_2$ | 539,544,552 | 21,25,15 |
| $SOF_4$ | 570,752 | 4,8 |
| $SF_4$ | 532,730 | 9,80 |
| $CF_4$ | 1 283,2 186 | 550,2.2 |
| HF | 3 644,3 693 | 太小而至于不能被量化 |
| 矿物油 | 2 930 | 不可以用 |
| $SF_6$ | 610,860,950,1 260,1 560 | 未给出 |

水蒸气的存在谱图中可以观察到水蒸气的存在,但是很难用 FTIR 来做定量的分析。矿物油的检测方法可以在 IEC 60376:2005 的附录 A 中查到。

表 A.2 中的吸收峰值可以作为选择和校准压力条件以及样品光谱的光通道长度的参考。

**注意**:六氟化硫的存在能改变光谱的外观,使之变宽以及在一些情况下峰点移动。杂质的参考光谱应当在类似于样品条件下获得。

典型的六氟化硫杂质的光谱图见图 A.4。

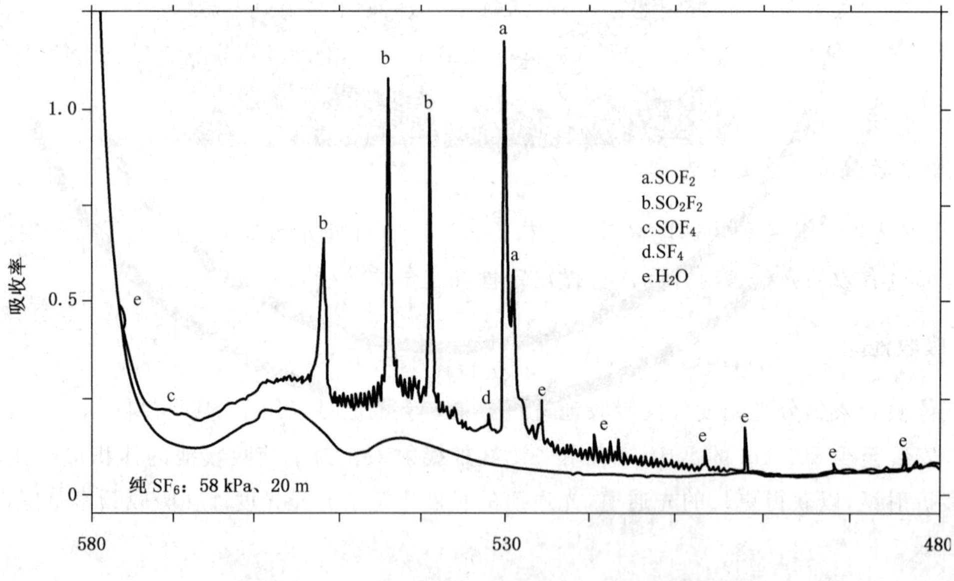


**图 A.4 六氟化硫及其杂质的红外光谱图**

# 附 录 B
# （资料性附录）
# 推荐的现场回收程序及六氟化硫容器的运输

除去杂质是现场回收的主要目的。设备运行中的污染物可使用过滤器吸收。过滤器可以是六氟化硫气体回收装置的一部分，也可以是单独使用的过滤器。

## B.1 过滤器要求

过滤器应满足以下要求：

——能够可靠地除去所提及的杂质；

——过滤器是滤筒型的，以利于安全使用和方便处理；

——过滤器进出口用自密封连接；

——更换过滤器不需要拆卸任何装置、管道或别的连接件以避免产生泄漏；

——更换过滤器采用净化操作。

## B.2 回收方法

回收的六氟化硫质量应符合相应标准的要求。

正常操作中形成的杂质都可以在现场去除。表 B.1 列出了杂质的类型以及推荐的去除杂质的方法。

以下类型的吸附材料可以用于除去六氟化硫气体中杂质（见表 B.2）。

**表 B.1 推荐采用的净化方法**

| 类型 | 运行中污染物 | （水分水蒸气） | 气态分解物 | 固态分解物 | 与空气和四氟化碳的混合气体 | 矿物油 |
|---|---|---|---|---|---|---|
| 方法 | 回收方法 | 分子筛吸附 | 活性氧化铝吸收 | 过滤器过滤 | 六氟化硫气体分离装置 | 活性碳过滤器 |

**表 B.2 可使用的各种典型的吸附剂**

| 吸附剂种类 | 可吸附的污染物 |
|---|---|
| 分子筛 4A | $H_2O$、$SO_2$、$SOF_2$、$SF_4$ |
| 分子筛 13X | $H_2O$、$SO_2$、$SOF_2$、$SF_4$（还有部分 $SF_6$） |
| 活性氧化铝 | $H_2O$、$SO_2$、$SOF_2$、$SF_4$、HF |
| 碱石灰 | $H_2O$、$SO_2F_2$、HF |
| 活性碳 | 油（蒸）气 |

通过回收设备的处理，气体会被净化并经最后检测。如果回收的气体符合在电气设备中再使用的要求，就可以通过充气和真空设备进行直接充气。这种处理适用于正常运行的电气设备中的气体。

如果气体的检查结果不符合要求，则气体回收方法应按照杂质的含量和类型改进。一般，在现场净化气体最常用的方法是使用回收装置加分离净化装置对气体再生处理。如果气体不能再使用的话，就应对气体作最终处理。气体应被送往六氟化硫制造厂家或者六氟化硫气体回收部门处理。

## B.3 使用过的六氟化硫容器的公路运输

对使用过的六氟化硫气体，一般的公路运输标记的规定在表B.3中给出。同时应遵循当地规范。

本标准没有详细说明有危险的分解产物的最小浓度或者总量。如果有必要的话可参照当地的规定和法规。

**表B.3 六氟化硫气体运输规范标志汇总**

| 类别 | 含无毒无腐蚀性副产物的六氟化硫气体可能符合本标准 | 含有毒无腐蚀性副产物的六氟化硫气体不符合本标准 | 含有毒无腐蚀性副产物的六氟化硫气体不符合本标准 |
|---|---|---|---|
| 联合编号(UN) | 3163 液化气 | 3162 液化有毒气 | 3308 液化有毒有腐蚀性的气体 |
| 等级分类 | 2A | 2T | 2TC |
| 危险品标志 | 2 | 6.1 | 6.1+8 |
| 最终标志内容 | UN 3163 液化气<br>n.o.s.2,2$^{e}$A | UN 3162 液化气<br>n.o.s.2,2$^{e}$ T | UN 3308 液化气<br>n.o.s.2,2$^{e}$ TC |

# 附 录 C
（资料性附录）
# 本标准章条编号与 IEC 60480:2004 章条编号对照

本标准章条编号与 IEC 60480 章条编号对照见表 C.1。

表 C.1 章条编号的对照

| IEC 60480:2004 章条编号与标题内容 | 本标准章条编号与标题内容 |
|---|---|
| 1 范围 | 1 范围 |
| 2 引用标准 | 2 规范性引用文件 |
| 3 定义 | 3 术语和定义 |
| 3.1 通用术语 | 3.1 通用术语 |
| 3.2 材料方面 | 3.2 材料方面 |
| 3.3 环境方面 | 3.3 环境方面 |
| 4 六氟化硫的典型应用 | 4 六氟化硫的一般性质 |
| | 4.1 一般性质 |
| | 4.2 电气特性 |
| | 4.3 相容性 |
| 5 杂质种类及其来源 | 5 杂质的种类及其来源 |
| 5.1 概述 | 5.1 概述 |
| 5.2 检修和运行中的杂质 | 5.2 来自检修和运行中的杂质 |
| 5.3 绝缘缺陷产生的杂质 | 5.3 由于绝缘的缺陷产生的杂质 |
| 5.4 开关设备中产生的杂质 | 5.4 开关设备中产生的杂质 |
| 5.5 内部故障电弧产生的杂质 | 5.5 内部电弧产生的杂质 |
| 6 环境方面 | 6 六氟化硫对环境的影响 |
| 6.1 概述 | 6.1 概述 |
| 6.2 对生态环境的影响 | 6.2 六氟化硫对生态环境的影响 |
| 6.3 臭氧损耗 | 6.3 六氟化硫对臭氧层的影响 |
| 6.4 温室效应 | 6.4 六氟化硫的温室效应 |
| 6.5 分解产物 | 6.5 六氟化硫的分解产物 |
| 6.6 结论 | 6.6 结论 |
| 7 健康与安全 | 7 六氟化硫对健康与安全的影响 |
| 7.1 概述 | 7.1 概述 |
| 7.2 对六氟化硫采取的安全措施 | 7.2 使用六氟化硫的预防措施 |
| 7.3 对使用过的六氟化硫必须采取的安全措施 | 7.3 运行设备中六氟化硫分解产物的毒性 |
| 7.4 健康的考虑 | 7.4 六氟化硫气体泄漏对健康的影响 |
| 8 重复使用六氟化硫的质量规范 | 8 运行设备重复使用六氟化硫的质量规范 |

表 C.1（续）

| IEC 60480:2004 章条编号与标题内容 | 本标准章条编号与标题内容 |
|---|---|
| 8.1 从电气设备中抽取六氟化硫处理的判定流程 | 8.1 从电气设备回收六氟化硫进行处理的判定流程图 |
| 8.2 重复使用六氟化硫的最大杂质接受水平 | 8.2 重复使用的六氟化硫杂质最大容许含量 |
| 9 六氟化硫分析方法 | 9 六氟化硫分析方法 |
| 9.1 概述 | 9.1 概述 |
| 9.2 现场分析 | 9.2 现场分析方法 |
| 9.3 实验室分析 | 9.3 实验室分析方法 |
| | 10 六氟化硫的分析项目、周期与标准 |
| | 10.1 新六氟化硫分析项目及质量指标 |
| | 10.2 投运前、交接时六氟化硫分析项目和质量指标 |
| | 10.3 运行中六氟化硫分析项目和质量指标 |
| | 11 六氟化硫的管理 |
| | 11.1 新气的质量管理 |
| | 11.2 运行中六氟化硫的管理 |
| | 11.3 设备解体时六氟化硫的管理 |
| | 11.4 吸附剂的管理 |
| | 11.5 六氟化硫容器的管理 |
| 10 处理、储存及运输 | 12 六氟化硫回收气体的处理、存储和运输 |
| 10.1 概述 | 12.1 概述 |
| 10.2 气体处理设备 | 12.2 六氟化硫回收处理设备 |
| 10.3 一般安全要求 | 12.3 处理使用过的六氟化硫的安全要求 |
| 10.4 设备内 $SF_6$ 气体的条件 | 12.4 使用过的六氟化硫的储存运输 |
| 10.5 从设备内抽取使用过的 $SF_6$ 气体 | |
| 10.6 使用过的 $SF_6$ 气体的存储和运输 | |
| 附录 A 对不同的分析方法(现场和实验室)的概述 | 附录 A 对不同分析方法(现场和实验室)的描述 |
| 附录 B 推荐的现场回收方法 | 附录 B 推荐的现场回收程序及六氟化硫容器的运输 |
| | 附录 C 本标准章条编号与 IEC 60480:2004 章条编号对照 |
| | 附录 D 本标准与 IEC 60480 技术性差异及其原因 |

表 C.2 图表编号的对照

| IEC 60480:2004 表图的编号与内容 | 本标准表图的编号与内容 |
|---|---|
| 表 1 $SF_6$ 杂质的来源 | 表 1 六氟化硫主要杂质及其来源 |
| 表 2 最大可接受杂质水平 | 取消 |
| 表 3 现场分析方法 | 表 2 推荐现场分析方法 |

**表 C.2（续）**

| IEC 60480:2004 表图的编号与内容 | 本标准表图的编号与内容 |
|---|---|
| 表 4　实验室分析方法 | 表 3　推荐实验室分析方法 |
| | 表 4　新六氟化硫(包括再生气体)分析项目及质量指标 |
| | 表 5　投运前、交接时六氟化硫分析项目及质量指标(不包括混合气体) |
| | 表 6　运行中六氟化硫分析项目及质量指标(不包括混合气体) |
| 表 5　热导检测器相对校正因子 | 表 A.1　热导检测器相对质量校正因子 |
| 表 6　$SF_6$ 及其污染物吸收峰的频率 | 表 A.2　六氟化硫及其杂质的吸收峰参数 |
| 表 7　建议采用的回收方法 | 表 B.1　推荐采用的净化方法 |
| 表 8　用于各种 $SF_6$ 杂质的典型吸附剂 | 表 B.2　可使用的各种典型的吸附剂 |
| 表 9　$SF_6$ 气体运输规范标志汇总 | 表 B.3　六氟化硫气体运输规范标志汇总 |
| | 表 C.1　章条编号的对照 |
| | 表 C.2　图表编号的对照 |
| | 表 D.1　各章条及附录的技术性差异及其原因 |
| | 表 D.2　图表的技术性差异及其原因 |
| 图 1　回收 $SF_6$ 气体流程图 | 图 1　回收六氟化硫气体流程图 |
| 图 2　现场分析决策流程图 | 图 2　现场分析流程图 |
| 图 3　$SF_6$ 取样装置-抽真空 | 图 A.1　抽真空气体取样装置 |
| 图 4　$SF_6$ 取样装置-冲洗气体 | 图 A.2　冲洗气体取样装置 |
| 图 5　典型的 $SF_6$ 分解物气相色谱图 | 图 A.3　典型的六氟化硫分解产物的气相色谱图 |
| 图 6　$SF_6$ 混合气的红外光谱图 | 图 A.4　六氟化硫及其杂质的红外光谱图 |

## 附　录　D
（资料性附录）
## 本标准与 IEC 60480 技术性差异及其原因

本标准与 IEC 60480:2004 技术性差异及其原因见表 D.1。

**表 D.1　各章条及附录的技术性差异及其原因**

<table>
<tr><th>本标准章条编号与标题内容</th><th>与 IEC 60480:2004 技术性差异</th><th>原　　因</th></tr>
<tr><td>1　范围</td><td>增加了：<br>本标准规定了六氟化硫电气设备中气体管理和检测的方法。<br>本标准是通用标准。对电气设备中六氟化硫气体管理和检测的一些具体规定，按其相关标准执行</td><td>为适应我国国情，考虑本国家标准所涉及的实际内容，将本次修订前的 GB/T 8905 的有关条款保留修改后增加列入</td></tr>
<tr><td>2　规范性引用文件</td><td>增加引用了：<br>GB/T 12022 工业六氟化硫</td><td>以适应我国国情。<br>列入在本国家标准中涉及的有关国家标准和行业标准</td></tr>
<tr><td>3　术语和定义</td><td>增加了：<br>气体分解物、再生和再生气体的定义</td><td>考虑实用性</td></tr>
<tr><td>4　六氟化硫的一般性质</td><td>4　六氟化硫的典型应用</td><td>引用 IEC 60376 的条款</td></tr>
<tr><td>8.2　重复使用的六氟化硫杂质最大容许含量</td><td>采用 10.2 中表 5 的内容</td><td>以适应我国的实际情况</td></tr>
<tr><td>10　六氟化硫气体的分析项目、周期与标准</td><td rowspan="4">本部分为增加的章节</td><td rowspan="4">GB/T 8905 在修订中采用与国际标准 IEC 60480 的一致性程度为“修改采用”的原则。按照 MOD 的有关规定，考虑到原 GB/T 8905 对我国六氟化硫电气设备监督管理的实际作用，将原 GB/T 8905 的有关气体检测的周期与标准内容修订后增加</td></tr>
<tr><td>10.1　新六氟化硫分析项目和质量指标</td></tr>
<tr><td>10.2　投运前、交接时六氟化硫分析项目及质量指标</td></tr>
<tr><td>10.3　运行中六氟化硫分析项目及质量指标</td></tr>
<tr><td>11　六氟化硫的管理</td><td rowspan="6">本部分为增加的章节。<br>其中 11.4 设备解体时的气体管理内容增加了 IEC 60480 的 10.3 的有关内容</td><td rowspan="6">GB/T 8905 在修订中采用与国际标准 IEC 60480 的一致性程度为“修改采用”的原则。按照 MOD 的有关规定，考虑到原 GB/T 8905 对我国六氟化硫电气设备监督管理的实际作用，将原 GB/T 8905 的有关气体监督管理的内容修订后增加。<br>其中 11.4 设备解体时的气体管理内容增加了 IEC 60480 的 10.3 的有关内容</td></tr>
<tr><td>11.1　新气的质量管理</td></tr>
<tr><td>11.2　运行中六氟化硫的管理</td></tr>
<tr><td>11.3　设备解体时六氟化硫的管理</td></tr>
<tr><td>11.4　吸附剂的管理</td></tr>
<tr><td>11.5　六氟化硫容器的管理</td></tr>
</table>

表 D.1（续）

| 本标准章条编号与标题内容 | 与 IEC 60480:2004 技术性差异 | 原　　因 |
|---|---|---|
| 12　六氟化硫回收气体的处理、存储和运输 | 本部分对应于 IEC 60480 的条款 10，仅按内容对条款作了编排修改。<br>12.1 对应 IEC 60480 的 10.1<br>12.2 对应 IEC 60480 的 10.2<br>12.3 对应 IEC 60480 的 10.3<br>12.4 对应 IEC 60480 的 10.6 | 将 IEC 60480 的条款 10 在内容上加以合并整理，以适应全文要求 |
| 12.1　概述 | | |
| 12.2　六氟化硫回收处理设备 | | |
| 12.3　处理使用过的六氟化硫的安全要求 | | |
| 12.4　使用过的六氟化硫的存储运输 | | |
| 附录 C 本标准章条编号与 IEC 60480:2004 章条编号对照 | 新增加 | 按采用国际标准的有关规定，在附录中列出技术性差异及原因 |
| 附录 D 本标准与 IEC 60480 技术性差异及其原因 | 新增加 | |

**表 D.2　图表的技术性差异及其原因**

| 本部分表图的编号与内容 | 与 IEC 60480 技术性差异 | 原　　因 |
|---|---|---|
| IEC 60480 中表 2 | 删除 | 不采用 |
| 表 4　新六氟化硫气体（包括再生气体）分析方法及质量指标 | 增加 | 正文增加了第 10 章，相应增加表 4，表 5 和表 6 |
| 表 5　投运前、交接时六氟化硫分析方法及质量指标（不包括混合气体） | 增加 | |
| 表 6　运行中六氟化硫分析方法及质量指标（不包括混合气体） | 增加 | |
| 表 C.1　章条编号的对照 | 增加 | 按修改采用国际标准（MOD）要求增加差异标识 |
| 表 C.2　图表编号的对照 | 增加 | |
| 表 D.1　各章条及附录的技术性差异及其原因 | 增加 | |
| 表 D.2　图表的技术性差异及其原因 | 增加 | |

ICS 75.100
E 34

# 中华人民共和国国家标准

GB/T 8926—2012
代替 GB/T 8926—1988

# 在用的润滑油不溶物测定法

**Standard test method for insolubles in used lubricating oils**

2012-11-05 发布 2013-03-01 实施

中华人民共和国国家质量监督检验检疫总局
中国国家标准化管理委员会 发布

# 前　言

本标准按照 GB/T 1.1—2009 给出的规则起草。

本标准代替 GB/T 8926—1988《用过的润滑油不溶物测定法》，本标准与 GB/T 8926—1988 相比，除编辑性修改外主要技术变化如下：

——将标准名称修改为《在用的润滑油不溶物测定法》；

——增加了第 2 章"规范性引用文件"；

——第 3 章增加了"凝聚"术语和定义(见 3.3)；

——在 5.2 离心机中增加了防爆要求，以确保试验的安全性；

——本标准删除了 GB/T 8926—1988 中有关 50 mL 离心管的内容(1988 年版第 3 章、第 7 章和第 8 章)，只采用 100 mL 带刻度离心管，且增加了校正 100mL 锥形离心管的内容(见 5.1)；

——本标准在第 7 章取样中以注的形式增加"若样品是清晰和透明且明显无沉淀物，上述过滤步骤可省略"(见 7.2 后注)；

——本标准试样与溶剂混合采用"离心管用塞子塞紧并振动直到混合物混合均匀"(见第 8 章)，GB/T 8926—1988 试样与溶剂混合采用"玻璃棒搅拌试样和溶剂，使其混合均匀"(1988 年版第 7 章)；

——本标准在试验步骤中增加了"注：当进行易燃物质操作时，出于安全考虑应使用能制冷的离心机或者使用带有螺帽和密封的离心管"(见 8.1.2 后注)；

——增加了偏差内容(见 12.2)；

——删除了 GB/T 8926—1988 附录 A"各种旋转直径离心机的旋转速度"，将此部分内容写入本标准第 5 章仪器中。

本标准使用重新起草法修改采用美国试验与材料协会标准 ASTM D893:2005(2010)《在用的润滑油不溶物测定法》。

本标准与 ASTM D893:2005(2010)的技术性差异及其原因如下：

——删除了 ASTM D893:2005(2010)中 1.4 有关单位制内容的说明，因本标准单位均为国际单位制单位；

——将 ASTM D893:2005(2010)中 1.5 警告内容放到标准正文开头，以符合国家标准编写要求；

——为方便使用，本标准第 2 章将 ASTM D893:2005(2010)中的引用标准修改为相应的我国现行国家标准和行业标准：将 ASTM D1193《试剂水的规格》修改为 GB/T 6682—2008《分析实验室用水规格和试验方法》、ASTM D4057《石油和石油产品手工取样法》修改为 GB/T 4756《石油液体手工取样法》、将 ASTM D4177《石油和石油产品自动取样法》修改为 SY/T 5317《石油液体管线自动取样法》；

——为了符合国家标准编写要求，将 ASTM D893:2005(2010)中的第 5 章意义和用途内容作为本标准的引言，随后章条序号作相应修改；

——在"5.1 离心管"后增加"注：日常分析时也可使用由耐热玻璃制成的，容量为 100 mL 带刻度的普通离心管"，ASTM D893:2005(2010)只采用 100 mL 锥形、带刻度离心管，因普通离心管可同样满足日常分析的测定要求，且更易获得；

——在 5.2 离心机中增加了防爆要求，以确保试验的安全性；

——在第 5 章仪器中增加了"5.5 量筒：带刻度，容量为 100 mL"，便于试验操作；

——本标准使用"95%乙醇"(见 6.4)代替 ASTM D893:2005(2010)中 7.4 的"变性乙醇"，两种试

剂性能一致；

——删除了 ASTM D893：2005(2010)中的第 14 章关键词，因该部分内容不属于国家标准的内容。

本标准由全国石油产品和润滑剂标准化技术委员会(SAC/TC 280)提出。

本标准由全国石油产品和润滑剂标准化技术委员会润滑油换油指标分技术委员会(SAC/TC 280/SC 6)归口。

本标准起草单位：中国石油化工股份有限公司石油化工科学研究院。

本标准主要起草人：陈洁、杨婷婷、郭涛。

本标准所代替标准的历次版本发布情况为：

——GB/T 8926—1988。

# 引　言

正戊烷不溶物可以包括某些从油和(或)添加剂分解产生的油不溶物和某些油不溶胶质。

甲苯不溶物可能来自:(1)外部污染;(2)从燃料、油品和添加剂分解产生的碳和高度碳化的物质;或(3)发动机磨损和腐蚀的物质。

正戊烷不溶物、甲苯不溶物(加或不加凝聚剂)和不溶胶质的显著变化,是导致润滑系统出现问题的原因之一。

测得的不溶物也能帮助评价在用油的性能或帮助确定引起设备故障的原因。

# 在用的润滑油不溶物测定法

**警告：本标准涉及某些有危险性的材料、操作和设备，但是无意对与此有关的所有安全问题都提出建议。因此，使用者在应用本标准之前应建立适当的安全和保护措施，并确定相关规章限制的适用性。**

## 1 范围

1.1 本标准规定了测定在用的润滑油中正戊烷不溶物和甲苯不溶物的两种方法。

1.2 本标准方法A适用于在用润滑油不加凝聚剂的正戊烷不溶物和甲苯不溶物的测定。本方法采用离心法将油—溶剂混合物中不溶物分离开。

1.3 本标准方法B适用于含有清净分散剂的在用润滑油，测定加入凝聚剂的凝聚后正戊烷不溶物和凝聚后甲苯不溶物。除方法A分离的物质外，本方法还可分离一些细小的可能悬浮在油中的物质。

注：由于方法A和方法B经常得出不同的数值，因此，由方法A和方法B得到的结果不适于互相比较。当对一个样品定期测定结果进行比较，或比较两个或更多实验室的测定结果时，使用同一方法。

## 2 规范性引用文件

下列文件对于本文件的应用是必不可少的。凡是注日期的引用文件，仅注日期的版本适用于本文件。凡是不注日期的引用文件，其最新版本(包括所有的修改单)适用于本文件。

GB/T 4756 石油液体手工取样法(GB/T 4756—1998，eqv ISO 3170：1988)

GB/T 6682—2008 分析实验室用水规格和试验方法(ISO 3696：1987，MOD)

SY/T 5317 石油液体管线自动取样法(SY/T 5317—2006，ISO 3171：1988，IDT)

## 3 术语和定义

下列术语和定义适用于本文件。

3.1

**正戊烷不溶物 pentane insolubles**

在用油的分析中，在用油与正戊烷混合后，分离出来的物质。

注：在本标准中，分离的方法采用离心法。

3.2

**甲苯不溶物 toluene insolubles**

在用油的分析中，正戊烷不溶物中不溶解于甲苯的物质。

3.3

**凝聚 coagulate**

造成物质黏性和稠度发生改变成为黏稠物质的现象。

3.4

**凝聚后正戊烷不溶物 coagulated pentane insolubles**

在用油的分析中，将凝聚剂加入正戊烷和在用油中后，分离出来的物质。

注：凝聚剂的加入使一些细小的物质分离出来，这些物质原本由于油中清净分散剂的特性悬浮于油中。

3.5

**凝聚后甲苯不溶物 coagulated toluene insolubles**

在用油的分析中，经凝聚并分离出来的不溶于正戊烷和甲苯的物质。

3.6

**不溶胶质　insoluble resins**

在用油的分析中，分离出来的溶于甲苯、但不溶于正戊烷的物质。

注：可以采用方法A或方法B从正戊烷不溶物中减去甲苯不溶物计算得到。

3.7

**在用油　used oil**

装入设备(如发动机、齿轮箱、变压器或涡轮机)中的油品，无论该设备是否运转过。

注：本标准中是指已用于设备润滑的油品。

## 4　方法概要

### 4.1　方法A

将一份有代表性的在用润滑油试样与正戊烷混合，离心分离后，倾倒出上层油溶液，用正戊烷洗涤沉淀物两次，干燥，再称重，得到正戊烷不溶物。测甲苯不溶物时，把另一份试样与正戊烷混合，并离心分离；将沉淀物用正戊烷洗涤两次，用甲苯-乙醇溶液洗涤一次，再用甲苯洗涤一次，然后干燥不溶解物质，并称重，得到甲苯不溶物。

### 4.2　方法B

将一份有代表性的在用润滑油试样与正戊烷-凝聚剂溶液混合，离心分离后，用正戊烷洗涤沉淀物两次，干燥，再称重，得到凝聚后的正戊烷不溶物。测凝聚后的甲苯不溶物时，把另一份试样与正戊烷-凝聚剂溶液混合，并离心分离；将沉淀物用正戊烷洗涤两次，用甲苯-乙醇溶液洗涤一次，再用甲苯洗涤一次，然后干燥不溶解物质，并称重，得到凝聚后的甲苯不溶物。

## 5　仪器

5.1　离心管：锥形，尺寸应符合图1要求，由耐热玻璃制成。刻度要求见图1，刻度应清晰，且收缩嘴应能用木塞塞紧。刻度误差和各种校正标记的最小刻度见表1，离心管应使用20 ℃蒸馏水进行校正。

注：日常分析也可使用由耐热玻璃制成的，容量为100 mL带刻度的普通离心管。

5.2　离心机：防爆，应能满足正常使用的所有安全要求。在一定的速度下能旋转两个或更多的装有试样的离心管，这个速度应能控制在离心管末端给出600～700相对离心力(rcf)。旋转头、耳轴环和耳轴杯(包括橡胶垫)应该有良好的结构，以承受离心机的最大离心力。离心时，耳轴杯和橡胶垫应能坚固地支撑着离心管。离心机应该由一个坚固的金属挡板或盒子围起来，避免发生危险。离心机旋转头的转速 $n$(r/min)按式(1)计算：

$$n = 1337\sqrt{\mathrm{rcf}/d} \qquad\cdots\cdots(1)$$

式中：

rcf——相对离心力600～700；

$d$ ——旋转直径，在旋转时两个相对离心管末端之间的距离，单位为毫米(mm)。

表2给出了离心机旋转直径和旋转速度的对应关系。

5.3　烘箱：防爆，能维持温度在105 ℃±3 ℃。

5.4　天平：称量100 mL烧杯和离心管时，天平感量为0.5 mg。称量试样时，天平感量为0.1 g。

5.5 量筒:带刻度,容量为 100 mL。

单位为毫米

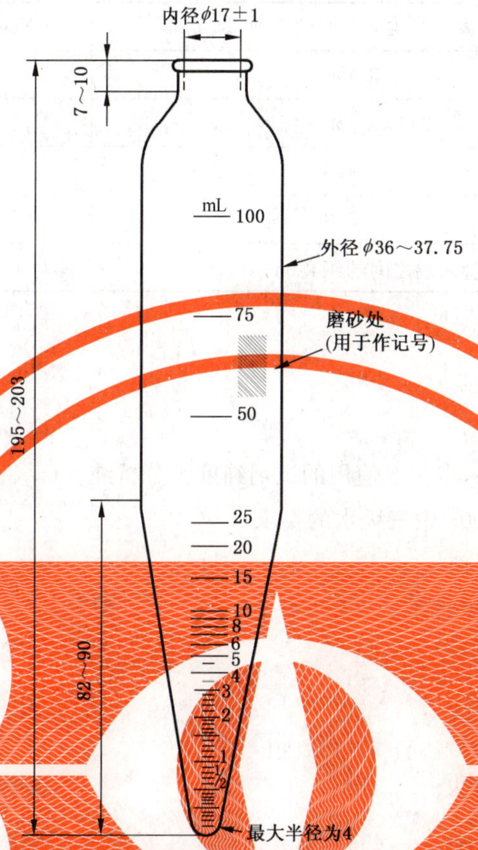


图 1 锥型离心管

表 1 锥型离心管校正误差

| 范围/mL | 最小刻度刻线/mL | 刻度最大允许误差/mL |
|---|---|---|
| 0~0.1 | 0.05 | ±0.02 |
| >0.1~0.3 | 0.05 | ±0.03 |
| >0.3~0.5 | 0.05 | ±0.05 |
| >0.5~1.0 | 0.1 | ±0.05 |
| >1.0~2.0 | 0.1 | ±0.10 |
| >2.0~3.0 | 0.2 | ±0.10 |
| >3.0~5.0 | 0.5 | ±0.20 |
| >5.0~10.0 | 1.0 | ±0.50 |
| >10~25 | 5.0 | ±1.0 |
| >25~100 | 25.0 | ±1.0 |

表 2 适用于不同旋转直径离心机的旋转速度

| 旋转直径[a]/mm | 在相对离心力为 600 时的转速/(r/min) | 在相对离心力为 700 时的转速/(r/min) |
|---|---|---|
| 483 | 1 490 | 1 610 |
| 508 | 1 450 | 1 570 |
| 533 | 1 420 | 1 530 |
| 559 | 1 390 | 1 500 |
| [a] 表示旋转直径，两个相对离心管末端之间的距离(mm)。 | | |

## 6 试剂与材料

6.1 试剂的纯度：除特殊要求外，本标准使用的试剂纯度为分析纯。

6.2 水：应符合 GB/T 6682—2008 中三级水的要求。

6.3 正丁基二乙醇胺：作为凝聚剂。

**警告：如果吸入或吞咽对身体有害。**

6.4 95%乙醇。

**警告：易燃。**

6.5 正戊烷。

**警告：极易燃，蒸气会造成着火。**

6.6 异丙醇。

**警告：易燃。**

6.7 甲苯。

**警告：易燃，蒸气有害。**

6.8 甲苯-乙醇溶液：洗涤溶液，1 体积甲苯与 1 体积 95%乙醇溶剂混合而成。

**警告：易燃。**

6.9 正戊烷-凝聚剂溶液：将 50 mL 正丁基二乙醇胺和 50 mL 异丙醇加入 1 L 正戊烷溶剂中混合而成。

**警告：由于在用油在贮存时可能发生明显的变化，因此，样品应该在从润滑系统中取出后尽快进行试验，并应注明取样时间和试验日期。**

## 7 取样

7.1 除非另有规定，取样应按照 GB/T 4756 或 SY/T 5317 进行。

7.2 将在用油在原装容器中加热至 60 ℃±5 ℃，摇动直到所有沉淀物在油中均匀地悬浮。如果原装容器是不透明材料制成，或如果装样量已超过容器的四分之三体积，则将全部样品转移到一个至少比样品体积大三分之一的透明玻璃瓶中，剧烈地摇动原装容器中的样品，将所有痕量沉淀物从原装容器转移到透明玻璃瓶中。在所有沉淀物完全悬浮起来后，用一个 150 μm 滤网过滤全部样品或适量试样，以除去大的污染颗粒。

注：若样品是清晰和透明且明显无沉淀物，上述过滤步骤可省略。

## 8 方法 A:不加凝聚剂的正戊烷和甲苯不溶物

### 8.1 正戊烷不溶物

8.1.1 将一个清洁的离心管放到 105 ℃±3 ℃烘箱中干燥 30 min,在干燥器中冷却,并称重,精确至1 mg。将已准备好的 10.0 g±0.1 g 试样加入离心管中,并在离心管中加入正戊烷,使其充满至 100 mL 刻线处,离心管用塞子塞紧并振动直到混合物混合均匀。不要将混合物放置时间超过 3 h。

8.1.2 打开塞子,使用带有喷嘴的洗瓶,用最少量的正戊烷清洗塞子上的不溶物到离心管中。平衡每一对已充满试样和溶剂的离心管的质量,将离心管放入离心机两对称的旋转头中,在按式(1)计算所得相对离心力为 600～700 时对应离心机旋转头的转速下(见表 2),离心 20 min±1 min。在不扰动或分散沉淀物的条件下,倾倒上层清液,使留在离心管中的液体不超过 3 mL。

注:当进行易燃物质操作时,出于安全考虑应使用能制冷的离心机或者使用带有螺帽和密封的离心管。

8.1.3 在离心管中加入 10 mL±1 mL 正戊烷。用干净金属丝将离心管底部所有不溶物破碎并松动,用适量正戊烷冲洗黏附在金属丝上的不溶物到离心管中,直至充满离心管 50 mL 刻线处。在离心管上塞紧塞子并振动直到混合物混合均匀。打开塞子用最少量的正戊烷清洗塞子上的不溶物到离心管中。平衡每一对离心管的质量,将离心管放入离心机两对称的旋转头中,在按式(1)计算所得相对离心力为 600～700 时对应离心机旋转头的转速下(见表 2),离心 20 min±1 min。小心地倒出上层清液,避免搅动离心管底部的不溶物。

8.1.4 重复 8.1.3 规定的试验步骤。

8.1.5 将含有洗涤过沉淀物的离心管放入 105 ℃±3 ℃烘箱中干燥 30 min,在干燥器中冷却并称重,精确至 1 mg。

8.1.6 当沉淀物较重时,如果将离心管直接放到烘箱中,可能会有飞溅现象。在这种情况下,离心管在放入烘箱之前,沉淀物可以在室温或稍高温度下自然地进行局部干燥。

### 8.2 甲苯不溶物

8.2.1 取一份新试样,重复 8.1.1～8.1.4 试验步骤,沉淀并离心分离正戊烷不溶物,但不要对离心管中正戊烷不溶物进行干燥。

8.2.2 将 10 mL±1 mL 甲苯-乙醇溶液加入离心管中,用干净金属丝将离心管底部所有不溶物破碎并松动,用适量甲苯-乙醇溶液冲洗黏附在金属丝上的不溶物到离心管中,直至充满离心管 50 mL 刻线处。在离心管上塞紧塞子并振动直到混合物混合均匀。打开塞子,用最少量的甲苯冲洗塞子上的不溶物到离心管中。平衡每一对离心管的质量,将离心管放入离心机两对称的旋转头中,在按式(1)计算相对离心力为 600～700 时对应离心机旋转头的转速下(见表 2),离心 10 min～ 20 min,直到没有可见的悬浮物浮在溶液中。小心地倒出离心管上层清液,注意不要扰动沉淀物。

8.2.3 用甲苯代替甲苯-乙醇溶液,重复 8.2.2 试验步骤。

8.2.4 将离心管放入 105 ℃±3 ℃烘箱中干燥 1 h,在干燥器中冷却并称重,精确至 1 mg。

## 9 方法 B:加凝聚剂的凝聚后正戊烷不溶物和凝聚后甲苯不溶物

### 9.1 凝聚后正戊烷不溶物

9.1.1 按照 8.1.1 和 8.1.2 试验步骤进行试验,只是在 8.1.1 试验步骤中用正戊烷处改用正戊烷-凝聚剂溶液。用正戊烷按8.1.3和8.1.4洗涤沉淀物两次，按8.1.5干燥并称重离心管。

9.1.2 如果知道试样中含有水，或者胶质沉淀物中有水，试验前应先将试样放到开口烧杯中，在105 ℃±3 ℃烘箱中进行干燥后对试样进行测定。

### 9.2 凝聚后甲苯不溶物

按照8.1.1和8.1.2试验步骤进行试验，只是在8.1.1试验步骤中用正戊烷处改用正戊烷-凝聚剂溶液。用正戊烷按8.1.3和8.1.4洗涤沉淀物两次，按照8.2.2和8.2.3用甲苯-乙醇溶液和甲苯洗涤沉淀物，按8.2.4干燥并称重离心管。

## 10 计算

10.1 在用油中的不溶物(质量分数)$w$(%)，按式(2)计算：

$$w = 10(B - A) \qquad \cdots\cdots(2)$$

式中：

$A$——清洁、干燥的空离心管质量，单位为克(g)；

$B$——干燥后不溶物和离心管的质量，单位为克(g)。

## 11 结果表示

11.1 如果使用方法A(见第8章)，则报告试样的正戊烷不溶物和甲苯不溶物，用质量分数(%)表示。

11.2 如果使用方法B(见第9章)，则报告试样的凝聚后正戊烷不溶物和凝聚后甲苯不溶物，用质量分数(%)表示。

11.3 不溶胶质或凝聚后不溶胶质可以根据方法A或方法B报告，即正戊烷不溶物中减去甲苯不溶物来表示。

## 12 精密度和偏差

### 12.1 精密度

按下述规定判断试验结果的可靠性(95%的置信水平)。

#### 12.1.1 重复性，*r*

在同一实验室，由同一操作者使用同一仪器，按相同方法，对同一试样连续测定所得的两个试验结果之差，不应超过下列数值：

12.1.1.1 方法A正戊烷不溶物和方法B凝聚后正戊烷不溶物(见表3)。

表3

| 不溶物(质量分数)/% | 重复性(质量分数)/% |
|---|---|
| 0.0～1.0 | 0.07 |
| >1.0 | 平均值的10% |

12.1.1.2 方法A甲苯不溶物和方法B凝聚后甲苯不溶物(见表4)。

表 4

| 不溶物(质量分数)/% | 重复性(质量分数)/% |
|---|---|
| 0.1 | 0.068 |
| 0.2 | 0.097 |
| 0.3 | 0.12 |
| 0.4 | 0.14 |
| 0.5 | 0.15 |
| 0.6 | 0.17 |
| 0.7 | 0.18 |
| 0.8 | 0.19 |

注：甲苯不溶物和凝聚后甲苯不溶物的重复性数据由式(3)计算：

$$r = 0.216\sqrt{I} \quad \cdots\cdots(3)$$

式中：

$I$——甲苯不溶物的平均值或凝聚后甲苯不溶物的平均值。

12.1.2 **再现性，*R***

在不同实验室，不同操作者使用不同的仪器，按相同方法，对同一试样测定所得的两个单一、独立的结果之差，不应超过下列数值：

12.1.2.1 方法 A 正戊烷不溶物和方法 B 凝聚后正戊烷不溶物(见表 5)。

表 5

| 不溶物(质量分数)/% | 再现性(质量分数)/% |
|---|---|
| 0.0～1.0 | 0.10 |
| >1.0 | 平均值的 15% |

12.1.2.2 方法 A 甲苯不溶物(见表 6)。

表 6

| 不溶物(质量分数)/% | 再现性(质量分数)/% |
|---|---|
| 0.1 | 0.14 |
| 0.2 | 0.20 |
| 0.3 | 0.24 |
| 0.4 | 0.28 |
| 0.5 | 0.31 |
| 0.6 | 0.34 |
| 0.7 | 0.37 |

表 6（续）

| 不溶物(质量分数)/% | 再现性(质量分数)/% |
|---|---|
| 0.8 | 0.39 |
| 0.9 | 0.42 |
| 1.0 | 0.44 |
| 1.1 | 0.46 |

注：甲苯不溶物的再现性数据由式(4)计算：

$$R_1 = 0.441\sqrt{I_A} \qquad (4)$$

式中：

$I_A$——甲苯不溶物的平均值。

12.1.2.3 方法B凝聚后甲苯不溶物(见表7)。

表 7

| 不溶物(质量分数)/% | 再现性(质量分数)/% |
|---|---|
| 0.1 | 0.30 |
| 0.2 | 0.43 |
| 0.3 | 0.53 |
| 0.4 | 0.60 |
| 0.5 | 0.68 |
| 0.6 | 0.74 |
| 0.7 | 0.80 |
| 0.8 | 0.86 |
| 0.9 | 0.91 |
| 1.0 | 0.96 |
| 1.1 | 1.00 |

注 1：凝聚后甲苯不溶物的再现性数据由式(5)计算：

$$R_2 = 0.957\sqrt{I_B} \qquad (5)$$

式中：

$I_B$——凝聚后甲苯不溶物的平均值。

注 2：由于本标准这部分实验室之间的精密度(再现性 $R_2$)较差，因此方法B凝聚后甲苯不溶物结果不适合进行实验室之间结果的比较。

## 12.2 偏差

由于不溶物的质量分数仅在本标准中定义，因此，本方法试验步骤无偏差。

ICS 87.040
G 50

# 中华人民共和国国家标准

GB/T 9264—2012/ISO 16862:2003
代替 GB/T 9264—1988

# 色漆和清漆　抗流挂性评定

## Paints and varnishes—Evaluation of sag resistance

(ISO 16862:2003,IDT)

2012-12-31 发布　　2013-08-01 实施

中华人民共和国国家质量监督检验检疫总局
中国国家标准化管理委员会　发布

# 前　言

本标准按照GB/T 1.1—2009给出的规则起草。

本标准代替GB/T 9264—1988《色漆流挂性的测定》，与GB/T 9264—1998相比，除编辑性修改外主要技术变化如下：

——改变了标准的适用范围，前版只适用于色漆，现版适用于所有的液体涂料（见第1章，1988版第1章）；

——改变了流挂仪的参数（见附录A，1988版3.1）；

——对于触变性涂料增加了预剪切处理（见7.2.2）；

——增加了使用喷枪施涂的测试方式（见7.3）；

——改变了流挂仪测定法结果的表示方法（见8.2，1988版第5章）。

本标准使用翻译法等同采用ISO 16862:2003《色漆和清漆　抗流挂性评定》。

与本标准中规范性引用的国际文件有一致性对应关系的我国文件如下：

GB/T 3186—2006　色漆、清漆和色漆与清漆用原材料　取样(ISO 15528:2000，IDT)

GB/T 6753.2—1986　涂料表面干燥试验　小玻璃球法（GB/T 6753.2—1986，eqv ISO 1517:1973）

GB/T 9271—2008　色漆和清漆　标准试板(ISO 1514:2004，MOD)

GB/T 9278—2008　涂料试样状态调节和试验的温湿度(ISO 3270:1984，IDT)

GB/T 9751.1—2008　色漆和清漆　用旋转黏度计测定黏度　第1部分：以高剪切速率操作的锥板黏度计(ISO 2884-1:1999，IDT)

GB/T 13452.2—2008　色漆和清漆　漆膜厚度的测定(ISO 2808:2007，IDT)

GB/T 20777—2006　色漆和清漆　试样的检查和制备(ISO 1513:1992，IDT)

本标准由中国石油和化学工业联合会提出。

本标准由全国涂料和颜料标准化技术委员会(SAC/TC 5)归口。

本标准起草单位：中海油常州涂料化工研究院、嘉宝莉化工集团股份有限公司、山东乐化漆业股份有限公司。

本标准主要起草人：顾辉旗、林霞、沈孝忠。

本标准所代替标准的历次版本发布情况为：

——GB/T 9264—1988。

# 色漆和清漆　抗流挂性评定

## 1　范围

本标准规定了一种采用施涂在底材上并以垂直位置放置来评定色漆、清漆和类似的涂覆材料抗流挂性的方法。

涂料按以下方式施涂后，可进行抗流挂性的评定：

a)　用带刻度的流挂涂布器在水平放置的试板上刮涂，然后把试板垂直放置，

或者

b)　用喷枪在以垂直位置放置的底材上喷涂施工。

注：刷涂或者辊涂方式如果能形成均匀的涂层，也能够使用。

本标准只适用于液体涂料。

## 2　规范性引用文件

下列文件对于本文件的应用是必不可少的。凡是注日期的引用文件，仅注日期的版本适用于本文件。凡是不注日期的引用文件，其最新版本(包括所有的修改单)适用于本文件。

ISO 1513　色漆和清漆　试样的检查和制备(Paints and varnishes—Examination and preparation of samples for testing)

ISO 1514　色漆和清漆　标准试板(Paints and varnishes—Standard panels for testing)

ISO 1517　色漆和清漆　表面干燥试验　小玻璃球法(Paints and varnishes—surface-drying test—Ballotini method)

ISO 2808　色漆和清漆　漆膜厚度的测定(Paints and varnishes—Determination of film thickness)

ISO 2884-1　色漆和清漆　用旋转黏度计测定黏度　第1部分：以高剪切速率操作的锥板粘度计(Paints and varnishes—Determination of viscosity using rotary viscometers—Part 1：Cone-and-plate viscometer operated at a high rate of shear)

ISO 2884-2　色漆和清漆　用旋转黏度计测定黏度　第2部分：以规定速率工作的盘形或球形黏度计(Paints and varnishes—Determination of viscosity using rotary viscometers—Part2：Disc or ball viscometer operated at a specified speed)

ISO 3270　色漆、清漆及其原材料　试样状态调节和试验的温湿度(Paints and varnishes and their raw materials— Temperatures and humidities for conditioning and testing)

ISO 15528　色漆、清漆和色漆与清漆用原材料　取样(Paints, varnishes and raw materials for paints and varnishes—Sampling)

## 3　术语和定义

下列术语和定义适用于本文件。

3.1

**抗流挂性　sag resistance**

在规定的施涂条件、规定的底材和规定的环境条件下，倾斜放置的样板在干燥过程中不会产生流动

趋势的最大湿膜厚度,以微米表示。

注1:这种流动被称为流挂。

注2:流挂的典型表观特征通常有流淌状、泪滴状、幕状和垂挂状。

## 4 仪器

4.1 带刻度的流挂涂布器:为了得到适当厚度的条状涂层,该涂布器具有如附录A中给出的规定间隙深度的凹槽。带刻度的流挂涂布器符合附录A的规定。

4.2 喷涂装置:根据涂料施涂需要,可选用无气喷涂装置或有气喷涂装置。

4.3 湿膜厚度测定仪:有合适的范围。

4.4 搅拌器。

## 5 取样

按ISO 15528的规定,取受试产品的代表性样品。

按ISO 1513规定,检查和制备试验样品。

## 6 试板

按ISO 1514的规定处理标准试板。

注:对于采用带刻度的流挂涂布器的测定方法来说,最好使用玻璃板,因为它能提供一个平整的平面,在其上面用该涂布器刮涂能得到厚度均匀的条状涂层。在弯曲的底材上,涂布器刮涂操作就会前后不一致。

## 7 步骤

### 7.1 测试条件

除非另有规定或商定,试验应在ISO 3270规定的温度(23±2)℃、相对湿度(50±5)%的标准条件下进行。

当按照7.2.3和7.3.3施涂时,涂料不发生流挂的涂膜厚度可能会不同。用这些方法得到的流挂数值取决于施涂时的剪切速率和温度。相对湿度对湿固化涂料和水性涂料的影响特别大。双组分涂料的流挂趋势另外还要受到从组分混合到施工之间时间间隔的影响。

### 7.2 使用带刻度的流挂涂布器施涂

#### 7.2.1 原理

试验时,在两块试板上施涂受试涂料,并沿试板刮拉流挂涂布器。将试板垂直放置,记下每块试板上没有流挂痕迹的最厚的一条涂膜,在第三块试板上测量每一条涂膜的实际湿膜厚度。

#### 7.2.2 通则

当用刷涂或其他实际施工方法施涂触变性漆时会发生结构变化,为重现这一过程,在用刮涂法进行流挂试验时,必须有一个预剪切过程。因此程序应包括施涂之前涂料的预剪切过程。旋转速度与搅拌时间应由有关双方商定。

注1:ASTM D 4400中给出了预剪切程序的例子,这是一个与采用流挂涂布器等效的采用刮刀的方法。

刮涂后得到的湿膜厚度取决于涂料的黏度、流变性和刮涂速度，其数值小于刮涂器的间隙深度。因此，必须测定施涂时实际的湿膜厚度并记录不发生流挂的最大间隙深度和湿膜厚度。

注 2：如果试验是以质量控制为目的，以通过/不通过来表示，那么可以不必进行实际湿膜厚度的测量。

选择能刮涂出一定范围湿膜厚度的带刻度的流挂涂布器，其中应包括为受试产品规定的湿膜厚度。可能必须通过试验来决定最适合的范围。

注 3：例如，抗流挂性值约为湿膜厚 60 μm 的触变性厚膜涂料，应使用最大间隙深度为 450 μm 的刮涂器。对于按 GB/T 6753.4—1998 用孔径为 4 mm 的流出杯测得的流出时间约为 60 s 和抗流挂性值约为 60 μm 的聚氨酯面漆涂料来说，使用最大间隙深度为 150 μm 的刮涂器就足够了。

必须确保试板清洁且干燥。如有需要，用合适的溶剂清洗，并用干净的纸巾或不起毛的布擦干。

### 7.2.3 操作

水平放置试板，并使之固定在置于牢固表面的一张纸上。

将带刻度的流挂涂布器放在水平试板的一端，其间隙缺口向下。

进行商定的预剪切程序(见 7.2.2)，立即将足够的涂料对着刮涂器靠近各间隙缺口的边缘处倒下，避免形成气泡。确保有足够的涂料可使刮涂器刮拉至少 100 mm 长距离而形成合适的漆膜条带，将过量的涂料刮到试板的底端和下面的纸上。

必要时使用导向板，立即以恒定的速度和稳定的向下压力使刮涂器刮拉过湿涂料，以清楚地形成互相分开的湿漆条带。如果湿漆条不直或没有形成清晰明确的边缘，弃去该试板，并用新试板重复施涂。

注：ASTM D 823 中给出了自动施涂涂膜的方法示例。

立即把试板垂直放置，漆条呈水平，并且使最小涂膜厚度的条带在最上面。

在第二块试板上重复施涂程序。

用第三块试板重复施涂程序，保持刮涂用力和速度恒定，并使试板仍然处于水平位置，立即按照 ISO 2808 中的规定测量每个漆条中心的湿膜厚度。

在 7.1 的条件下使空气干燥型涂料达到 ISO 1517 中的表干状态。

对于烘烤型磁漆来说，应按制造商说明书的规定让涂层于干燥箱中闪干，然后在商定的温度下烘烤。在整个干燥过程中，试板都应该垂直放置。

### 7.2.4 测定

如果允许涂膜闪干，通过识别每块试板上没有流挂的最下面(最厚)的漆条来评定抗流挂性。评定仅以施涂涂料的中间部分为准，弃去条带在刮涂开始和终了的部分(正常为 10 mm)，这里的涂膜厚度可能不一致。

在第三块试板上进行湿膜厚度测量，测定没发生流挂的流挂涂布器的最大间隙深度处对应的实际湿膜厚度。

注：由于涂料流变性不同，流挂可在施涂后立即发生或施涂几分钟后发生，所以重要的是在施涂与测定之间要留有充分的时间，以保证在稍后的时间内该涂料不会流挂。

## 7.3 使用喷枪施涂

### 7.3.1 原理

垂直放置一块试板，并喷涂厚度均匀的受试涂料。在试板上画一条横线，在一定时间后，记录任何流挂的痕迹。重复试验，增加或减少涂膜厚度，直至得到没有流挂痕迹的最大厚度的涂膜为止。

### 7.3.2 通则

在喷涂施工时，得到的无流挂涂膜的厚度取决于施工方法(例如，高压压缩空气喷涂、有空气支持或无空气支持的无气喷涂)和标准的施工黏度。查阅制造商的说明书来确定喷涂受试涂料采用的合适喷嘴和喷束扇面的大小。

试板应是该涂料实际上很常用的底材试板,或采用商定的底材,最小尺寸是 100 mm×300 mm。如有必要,该涂料可调节至施工黏度,报告稀释剂的添加量,以质量或体积分数表示[见第 10 章,f)项],并按 ISO 2884 的一个部分标准测定黏度。

### 7.3.3 操作

注 1:由于用喷枪获得均匀的涂膜厚度更为困难,建议用喷枪喷涂涂料人员应对操作此设备具有足够的经验。

垂直放置试板,并仔细地将涂料均匀地喷涂于试板上,喷得要求的湿膜厚度的涂层。

按 ISO 2808 验证湿膜厚度的均匀性。任何显示有涂膜厚度不均匀迹象的试板都不得用于评定。

读取湿膜厚度测量值后立即横跨试板画一根水平细线,距离顶端约 150 mm,但要避开湿膜厚度测量流下的痕迹,划透湿膜并显露出底材。在试验报告中列入划线的标称宽度。

注 2:采用湿膜测厚仪的非重要边来画此线是方便的,前提是不会有损伤测厚仪的可能,例如不要在喷砂处理的试板上。

立即再校核水平划线上方处的湿膜厚度并记录测量值。

注 3:在试板反面记录膜厚测量值是方便的。如涂覆几块试板时,这样做可减少发生混淆的可能性。

从喷涂区立即取出试板,使涂膜于垂直位置闪干。按 7.3.4 规定检查流挂痕迹。

### 7.3.4 测定

划水平线后立即检查试板的流挂痕迹,经过适宜的闪干时间后也检查试板的流挂痕迹。

注:根据涂料流变性的不同,流挂几乎可以在施涂后立即观察到,或需要几分钟时间才可观察到。涂料一旦表干,就可以重新检查所有的试板。

如果膜厚超过涂料抗流挂的厚度,则水平划线将开始被填满,移动或完全消失,即发生了流挂。

评定整块试板区域的诸如泪珠状、流淌状和流挂状等缺陷情况,包括划线标记处的情况。

用一块新的试板重新喷涂和测定,如果在第一块试板上观察到有流挂迹象时,喷涂较低的湿膜厚度,或者如果没有观察到流挂痕迹时,喷涂较高的湿膜厚度。

按需要进行重复测定,直至测得无流挂痕迹的最高湿膜厚度为止。

## 8 结果的表示

### 8.1 通则

梳状湿膜厚度测定仪具有高度呈台阶式均匀变化的齿。因此只可能是将测厚仪上得到的最高值作为抗流挂性值。例如,如果测厚仪有以 25 μm 高度间隔变化的齿,且在测厚仪上得到的最高湿膜厚度值为 250 μm,则实际抗流挂性值介于 250 μm 和 275 μm 之间。

### 8.2 使用带刻度的流挂涂布器的方法

对于使用带刻度的流挂涂布器的方法,报告未观察到流挂的最高间隙深度,用微米表示,以及相应于该间隙深度的实际测得的湿膜厚度,以微米表示。如果两块试板得到的结果不同,则报告两结果中较小值作为抗流挂性的结果。

如果两块试板得到的结果之差大于流挂涂布器上的一个间隙深度时,则应重新进行测试。

### 8.3 喷涂施工法

对于喷涂施工法,报告未观察到流挂的湿膜厚度,以微米表示。

## 9 精确度

在 ASTM D 4400 中给出了使用刮刀的相关方法的精密度的数据。

## 10 试验报告

试验报告至少应包括以下内容：

a） 识别受试产品所需的全部细节；
b） 注明本标准及注明它的发布日期；
c） 按 7.2 或 7.3 中描述的施工方法，如果按 7.3，应描述使用的施工方法和在试板上划的线宽；
d） 待测涂料涂覆的底材；
e） 试验过程中的温度和相对湿度；
f） 涂料的黏度、加入稀释剂的类型和数量(如有的话)；
g） 使用的预剪切过程；
h） 干燥条件；
i） 没有出现流挂的最大湿膜厚度，以微米表示；
j） 任何与规定的试验方法的不同之处和任何附加的条件；
k） 观察的任何其他的缺陷；
l） 试验日期。

# 附 录 A
## （规范性附录）
## 带刻度的流挂涂布器刀口

在图 A.1 和 A.2 中有带刻度的流挂涂布器刀口的例子。涂布器刀口不一定必须符合下面给出的任一设计方案，但是应该符合以下尺寸规定：

——涂布器内间隙凹槽宽度应是统一的并且该宽度应限制在 6.00 mm～6.35 mm 之间，容许偏差为±0.25mm；

——涂布器内间隙凹槽之间的间隔应是统一的，应为间隙凹槽宽度的 25%，容许偏差为±0.25 mm；

——从涂布器的一端到另一端，间隙凹槽深度应呈均匀的阶梯式变化。

单位为毫米

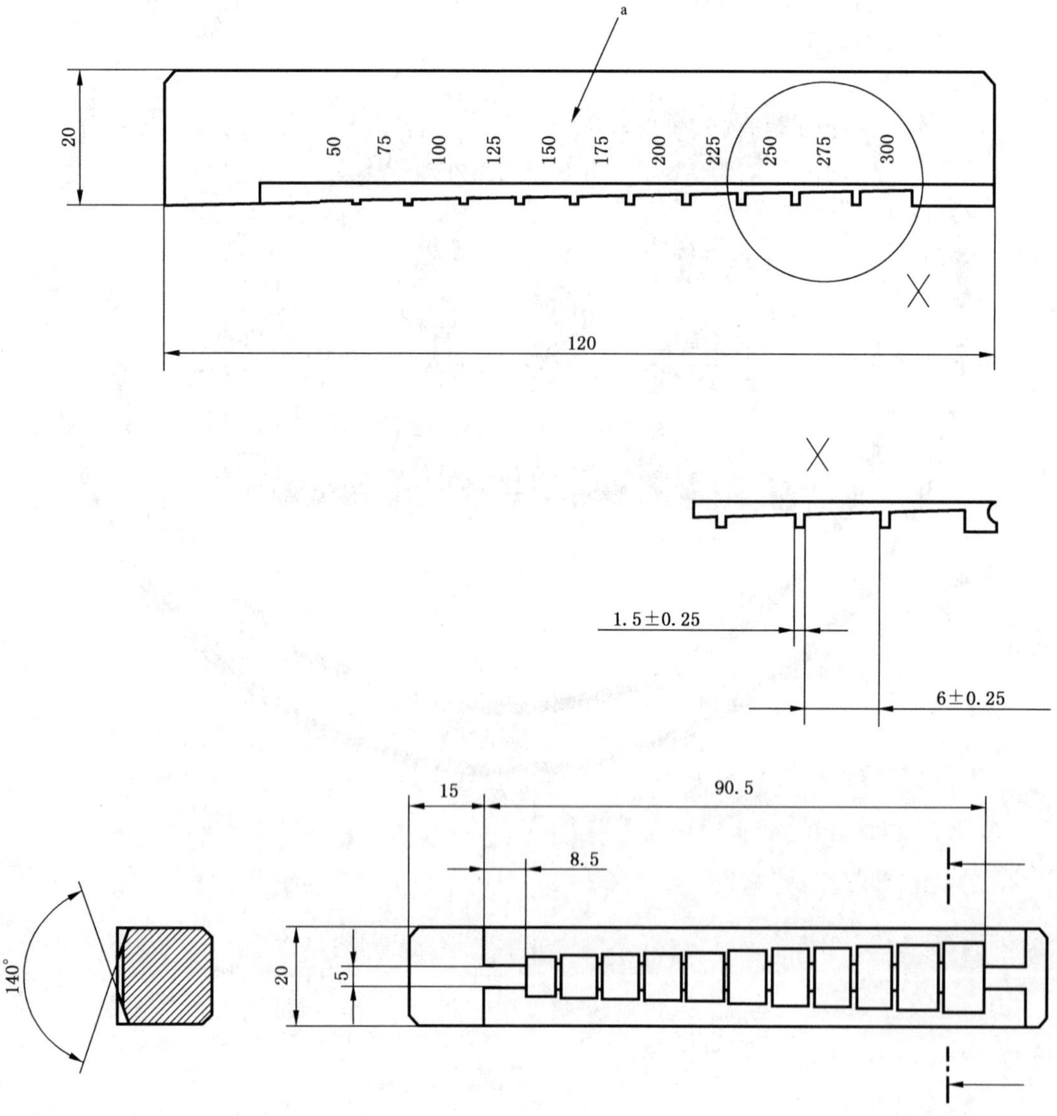


[a] 典型凹槽深度测量值(μm)。

图 A.1 带刻度的流挂涂布器刀口(类型 1)

单位为毫米

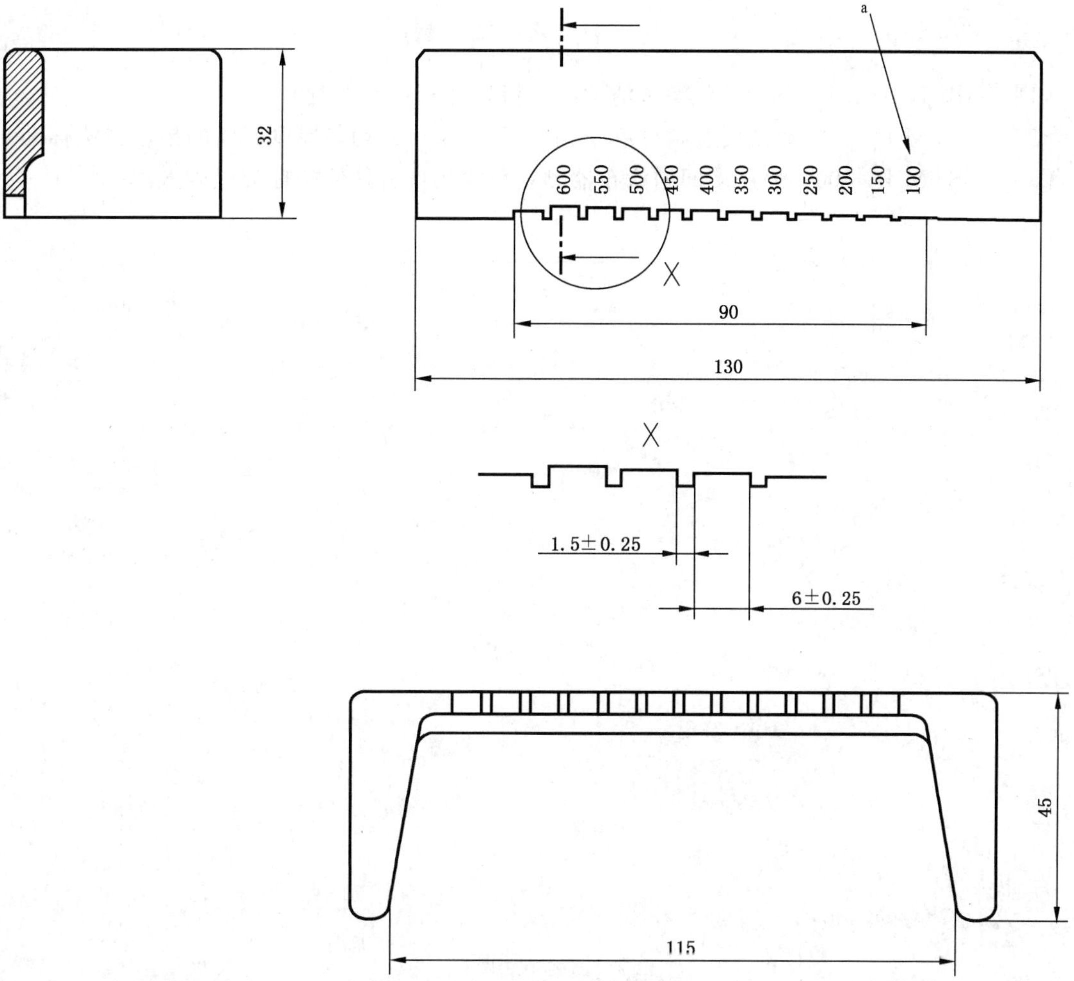


[a] 典型凹槽深度测量值(μm)。

**图 A.2　带刻度的流挂涂布器刀口(2 型)**

## 参 考 文 献

[1] GB/T 6753.4—1998 色漆和清漆 用流出杯测定流出时间
[2] ASTM D 823 在试板上制得色漆、清漆和相关产品均匀厚度漆膜的推荐方法标准
[3] ASTM D 4400 使用多凹槽涂布器测定色漆的抗流挂性的标准试验方法

ICS 71.100.40
G 72

# 中华人民共和国国家标准

GB/T 9292—2012
代替 GB/T 9292—1988

# 表面活性剂 高温条件下分散染料染聚酯织物用匀染剂的移染性测试法

**Surface active agents—Method of testing of the migration action of levelling agents for disperse dyes on dyeing polyester textiles under high temperature condition**

(DIN 54290 Teil 1:1988,MOD)

2012-06-29 发布　　2012-12-01 实施

中华人民共和国国家质量监督检验检疫总局
中国国家标准化管理委员会　发布

# 前　　言

本标准按照 GB/T 1.1—2009 给出的规则起草。

本标准代替 GB/T 9292—1988《表面活性剂　高温条件下分散染料染聚酯织物用匀染剂的移染性测试法》，与原标准相比较主要技术变化如下：

——增加了前言；

——增加了术语和定义(见第 3 章)；

——增加了移染工作过程一览表(见 7.7)；

——删除了染浴配制表(1988 版的 8.4.1)；

——增加了“实验报告”(见第 9 章)。

本标准使用重新起草法修改采用 DIN 54290 Teil 1:1988《在高温条件下，分散染料染聚酯织物用匀染剂的移染性测试》。

本标准与 DIN 54290 Teil 1:1988 相比较，主要技术变化如下：

——萃取仪器不再使用德国标准，而使用索氏萃取器(见第 6 章，1988 版的 5.2)；

——在“试剂及材料”章节中，材料为聚酯标准贴衬织物，不指定具体生产企业(见 5.9，1988 版的 5.1)。

本标准由中国石油和化学工业联合会提出。

本标准由全国化学标准化技术委员会(特种)界面活性剂分技术委员会(SAC/TC 63/SC 8)归口。

本标准起草单位：浙江皇马化工集团有限公司、绍兴市质量技术监督检测院。

本标准主要起草人：王伟松、唐福伟、王胜利、鲍国芳。

本标准于 1988 年首次发布。

# 表面活性剂 高温条件下分散染料染聚酯织物用匀染剂的移染性测试法

## 1 范围

本标准规定了在高温条件下分散染料染聚酯织物用的匀染剂其移染性测定法,从而可评价该类匀染剂的应用性能。

本标准适用于表面活性剂、纺织、印染、染料等行业。

## 2 规范性引用文件

下列文件对于本文件的应用是必不可少的。凡是注日期的引用文件,仅注日期的版本适用于本文件。凡是不注日期的引用文件,其最新版本(包括所有的修改单)适用于本文件。

GB 209—2006　工业用氢氧化钠

GB/T 693—1996　化学试剂　三水合乙酸钠(乙酸钠)

GB/T 1628—2008　工业用冰乙酸

GB/T 4841.1　染料染色标准深度色卡　1/1

GB/T 6682—2008　分析实验室用水规格和试验方法

GB/T 7568.4—2002　纺织品　色牢度试验　聚酯标准贴衬织物规格

HG/T 2074—2004　保险粉(连二亚硫酸钠)

HG/T 2562—2006　分散剂 N

## 3 术语和定义

下列术语和定义适用于本标准。

3.1

**移染值　migration value**

未经染色的织物(衬布)在移染后测得的染料浓度与已染色的织物(原染布)在移染后所测得的染料浓度之比值。

3.2

**移染效应　migration effect**

加入匀染剂处理后测得的移染值与未加匀染剂处理测得的移染值之比,并以此值来衡量匀染剂的移染性能。

3.3

**空白浴　blank bath**

一种处理浴,含有本标准染色中要用的试剂和助剂,但不含有染料。

3.4

**高温染色　high temperature dyeing**

染色过程(在水中)是在加压下,在大气沸点之一的温度进行的,主要在 120 ℃～140 ℃。

3.5

**匀染剂 levelling agent**

促使染料均匀分布在织品上的产品。

3.6

**移染法 migration method**

染色助剂的一种特性,促使在织物上分布不均匀的染料迁移。

3.7

**平衡作用 balancing action**

染色助剂的一种特性,在同一批中存在不同条件时(如:材料不同,温度不同)能抑制不均匀性的产生或减轻不均匀性。

3.8

**加速作用 acceleration**

染色助剂的特性,提高染料上染速度,由此染色只需较短的染色时间,在染色时间一定时,由于助剂的加速作用,也能改善给色量。

3.9

**抑染作用 retarding effect**

染色助剂的一种特性,减慢染料至被染物的上染速度。

3.10

**滞留作用 hysteresis**

染色助剂的特性,在染色平衡时,能降低染浴吸尽。

3.11

**标准深度 standard depth**

一种公认的深度标准系列,并定义中等深度为 1/1 标准深度,同一标准深度的颜色,在视觉判断上是相等的。使色牢度等可在同一基础上进行比较。目前已发展为 2/1、1/3、1/6、1/12 及 1/25 共六档标准深度。

## 4 原理

匀染剂的移染作用是在染色中使织物上分布不均匀的染料由高浓度向低浓度转移,从而达到匀染目的。

本测试法是将原染布与同质同量的衬布叠在一起,置于有匀染剂的空白浴中。在容器密闭状态下,温度 120 ℃处理 1 h,再经还原清洗热定型后,测定两块织物上染料浓度,由此计算出该匀染剂的移染值及移染效应,从而评定匀染剂的移染性能。

## 5 试剂及材料

### 5.1 蒸馏水

符合 GB/T 6682—2008 实验室用水三级水的技术要求。

### 5.2 分散剂 N

符合 HG/T 2562—2006 的技术要求。

10%分散剂 N 溶液:100 mL 溶液中含粉状分散剂 N 10 g。

### 5.3 化学试剂冰乙酸

符合 GB/T 1628—2008 的技术要求。

10%乙酸溶液:每 100 mL 溶液中含冰乙酸 10 g。

### 5.4 化学试剂三水合乙酸钠(乙酸钠)

符合 GB/T 693—1996 的技术要求。

10%乙酸钠溶液:每 100 mL 溶液中含结晶乙酸钠 10 g。

### 5.5 化学试剂氢氧化钠

符合 GB 209—2006 的技术要求。

氢氧化钠溶液($\rho$=1.357):每 100 mL 溶液中含氢氧化钠 44.1 g。

### 5.6 保险粉(连二亚硫酸钠)

符合 HG/T 2074—2004 的技术要求。

### 5.7 一氯化苯

符合化学纯的技术要求。

### 5.8 分散蓝 3RT

国际公认名为 C.I.分散蓝 148。

### 5.9 纺织品色牢度试验聚酯标准贴衬织物规格

符合 GB/T 7568.4—2002 的技术要求。

## 6 仪器与设备

一般实验室设备及以下仪器:

——分光光度计;

——酸度计;

——索氏萃取器;

——实验室用高温高压染色机。

## 7 实验步骤

### 7.1 匀染剂试样溶液的配制

称取匀染剂试样 10 g(精确至 0.001 g)溶于 50 mL 水中,移入 100 mL 容量瓶中,用水稀释至 100 mL 备用。

### 7.2 分散蓝 3RT 染料悬浮液配制

准确称取分散蓝 3RT 染料 1 g(精确至 0.001 g),用少量水打浆。然后在搅拌下加入约 70 mL 水(温度为 40 ℃~50 ℃),使分散蓝 3RT 染料充分分散。冷却至室温后,移入 100 mL 容量瓶中,用水稀释至刻度,摇匀,备用。

### 7.3 工作曲线的绘制

作分散蓝 3RT 染料一氯化苯溶液浓度与吸光度关系的工作曲线。

上述分散蓝 3RT 染料用一氯化苯作为溶剂。设分散蓝 3RT 染料溶液浓度为 0.5 mg 染料/100 mL 一氯化苯、1.0 mg 染料/100 mL 一氯化苯、1.5 mg 染料/100 mL 一氯化苯、2.0 mg 染料/100 mL 一氯化苯、2.5 mg 染料/100 mL 一氯化苯五档。用分光光度计在波长 $\lambda_{max}$ 为 590 nm，测出它们相对应的吸光度，并绘制工作曲线。如图 1 所示。

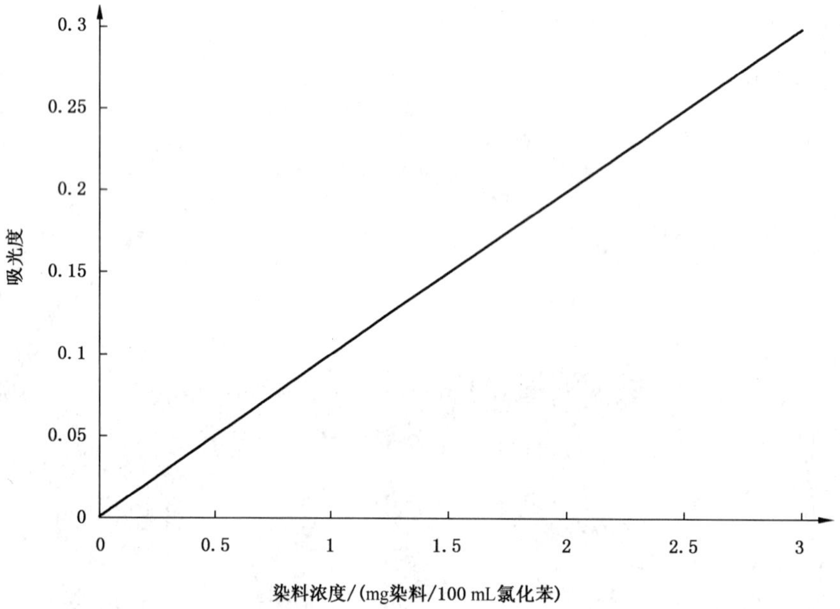


图 1 工作曲线图

注：染料是指分散蓝 3RT。

### 7.4 原染布(1/1 标准深度)的制备

#### 7.4.1 1/1 标准深度的确定

按照 GB/T 4841.1 的规定进行。

#### 7.4.2 染浴制备

浴比 1∶40。每升染浴含 10%分散剂溶液 10 mL、10%乙酸钠溶液 10 mL 以及按 1/1 标准深度所需分散蓝 3RT 染料量来配制，在配制过程中，当染浴接近所需体积时，用乙酸溶液调节到 pH 为 4.5 后，再将染浴调整到最终体积。

#### 7.4.3 染色

开启染色机，升温至 50 ℃。将染浴置于染色机中，并放入织物，将染色机密闭。在 40 min 内升温至 130 ℃，保温 90 min，然后冷却至室温，取出织物，用冷水冲洗 10 min。

#### 7.4.4 后处理

##### 7.4.4.1 还原清洗

染样在下列条件下进行还原清洗：

——保险粉：2 g/L；

——氢氧化钠溶液（$\rho$=1.357）：4 mL/L；

——浴比 1∶100。温度 50 ℃，处理 15 min。水洗，乙酸中和，再水洗，然后在室温下干燥。

#### 7.4.4.2 热定型

将织物在 160 ℃热空气中处理 1 min。

## 7.5 移染性试验

### 7.5.1 空白浴制备

浴比 1∶40。用五只染色玻璃管，各管内配方如表 1 所示（用量按每升空白浴计算）。

**表 1 空白浴制备配方表**

单位为毫升

| 编号 | 10%分散剂溶液 | 10%乙酸钠溶液 | 10%匀染剂溶液 |
|---|---|---|---|
| 1 | 10 | 10 | 2.5 |
| 2 | 10 | 10 | 5 |
| 3 | 10 | 10 | 10 |
| 4 | 10 | 10 | 20 |
| 5 | 10 | 10 | — |

注：第 5 号管内不加匀染剂，作为空白试验。在各管用水加至接近所需体积时，用乙酸溶液调节 pH 为 4.5 后，再用水加到所需体积。

### 7.5.2 移染织物的准备

将原染布与同质同量的衬布相叠，原染布在外层，两块一起卷在染色筒上，用棉纱线钉好，使其在染色中不会散开。

### 7.5.3 移染

开启染色机，升温至 50 ℃，加入空白浴及移染织物，密闭染色机。升温至 120 ℃，保温 1 h。冷却，按 7.4.4 进行后处理。

## 7.6 织物上分散蓝 3RT 染料浓度的测定（萃取法）

在萃取器中放入 0.2 g（精确至 0.001 g）移染后织物，用 100 mL 一氯化苯进行萃取，直至织物几乎无色，冷却至室温，将萃取液倒入 100 mL 容量瓶中，用一氯化苯稀释至刻度，即用分光光度计在 $\lambda_{max}$ 为 590 nm 处测定各萃取液的吸光度，用一氯化苯空白溶液作参比。根据测定的吸光度，从工作曲线上找到相应的分散蓝 3RT 染料溶液浓度。萃取液中的一氯化苯可回收使用。

## 7.7 移染工作过程一览表

移染工作过程一览表见表 2。

表 2 移染工作过程一览表

| 序号 | 处理方法 | 时间/min | 温度 | 染浴组成 | 仪器 |
|---|---|---|---|---|---|
| 1 | 预染 | 40 | 50 ℃～130 ℃ | $X$%,C.I.分散蓝 148 | 实验室染色仪 |
| | | 90 | 130 ℃ | 1 g/L 分散剂 pH=4.5;1∶40 | pH 计 |
| 2 | 染色还原清洗 | 15 | 50 ℃ | 4 mL/L NaOH 溶液 | 烧杯 |
| | | | | 2 g/L 保险粉 | |
| 3 | 淋洗 | 10 | 热+冷 | 醋酸的、中性的 | 烧杯 |
| 4 | 干燥 | 50～60 | 室温 | 自然晾干 | 流动空气 |
| 5 | 移染实验 | 60 | 120 ℃ | $X$ g/L 匀染剂,1 g/L 分散剂 | 实验室染色仪<br>pH 计 |
| | | | | 1 g/L 醋酸钠 | |
| | | | | pH=4.5;1∶40 | |
| 6 | 移染后还原清洗 | 15 | 50 ℃ | 4 mL/L NaOH 溶液 | 烧杯 |
| | | | | 2 g/L 保险粉 | |
| 7 | 淋洗 | 10 | 室温 | 醋酸的、中性的 | 烧杯 |
| 8 | 干燥 | 50～60 | 室温 | 自然晾干 | 流动空气 |
| 9 | 后定型 | 1 | 160 ℃ | 热空气 | 暖箱 |
| 10 | 染料萃取 | 萃取至织物无色 | 室温 | 100 mL 一氯化苯 | 萃取器 |
| 11 | 光度测量 | 5～10 | 室温 | 萃取液 | 光度计 |

## 8 测试结果

### 8.1 计算

#### 8.1.1 移染值(%)

未经染色的织物(衬布)在移染后测得的分散蓝 3RT 染料浓度与已染色的织物(原染布)在移染后所测得的分散蓝 3RT 染料浓度之比值为移染值。以百分率(%)表示。按式(1)计算：

$$M=\frac{E_B}{E_A}\times 100 \qquad \cdots\cdots(1)$$

式中：

$E_B$ ——0.2 g 衬布上分散蓝 3RT 染料含量,mg 分散蓝 3RT 染料/100 mL 一氯化苯；

$E_A$ ——0.2 g 原染布上分散蓝 3RT 染料含量,mg 分散蓝 3RT 染料/100 mL 一氯化苯。

#### 8.1.2 移染效应

加入匀染剂后测得的移染值与未加匀染剂(空白试验)测得的移染值之比为移染效应。按式(2)计算：

$$m=\frac{M_E}{M_O} \qquad \cdots\cdots(2)$$

式中：

$M_E$ ——加入匀染剂后而得的移染值；

$M_O$——未加匀染剂而得的移染值。

## 8.2 评定

所用匀染剂是中等浓度(1%～4%,以织物重量计),按下述标准评定匀染剂的移染性能:

——$m>3$,移染性强;

——$m=2\sim3$,适宜;

——$m<2$,弱;

——$m<1$,说明匀染剂使分散蓝 3RT 染料移染性下降。

## 8.3 图解说明

### 8.3.1 移染效应与匀染剂用量的关系作图

移染效应($m$)作为纵坐标,匀染剂用量(mL)作为横坐标。曲线表示出移染效应的提高取决于所测试的匀染剂用量。

### 8.3.2 原染布经移染并萃取后,萃取液吸光度与匀染剂用量的关系作图

萃取液吸光度作为纵坐标,匀染剂用量作为横坐标。曲线表示出匀染剂的加入究竟使原染布褪色多少。

## 9 实验报告

在实验报告中,应至少包括以下内容:

——匀染剂及分散蓝 3RT 染料的种类和标志;

——按 8.3 作图解说明;

——要考虑可能存在的误差;

——实验数据。

ICS 17.220
L 85

# 中华人民共和国国家标准

GB/T 9317—2012
代替 GB/T 9317～9318—1988

# 脉冲信号发生器通用规范

## General specification for pulse signal generator

2012-12-31 发布 2013-06-01 实施

中华人民共和国国家质量监督检验检疫总局
中国国家标准化管理委员会 发布

# 前　言

本标准按照 GB/T 1.1—2009 给出的规则起草。

本标准代替 GB/T 9317—1988《脉冲信号发生器技术条件》、GB/T 9318—1988《脉冲信号发生器测试方法》。

本标准与 GB/T 9317—1988《脉冲信号发生器技术条件》、GB/T 9318—1988《脉冲信号发生器测试方法》相比，主要变化如下：

——增加了部分术语及定义；

——增加了输出通道时滞、脉冲电平稳定时间、触发延迟等参数的试验方法。

本标准由中华人民共和国工业和信息化部提出。

本标准由全国电子测量仪器标准化技术委员会(SAC/TC 153)归口。

本标准起草单位：电子科技大学。

本标准主要起草人：黄建国、付在明、师奕兵、田书林。

本标准所替代标准的历次版本发布情况为：

——GB/T 9317—1988；

——GB/T 9318—1988。

# 脉冲信号发生器通用规范

## 1 范围

本标准规定了脉冲信号发生器的术语、产品分类、要求、试验方法、检验规则、标志、包装、运输和贮存等。

本标准适用于脉冲信号发生器,作为产品设计、鉴定、生产、使用、测试的技术依据,也是制定脉冲信号发生器产品标准的依据。

本标准不适用于具有连续或脉冲式正弦输出的信号发生器、电视信号发生器、函数发生器、任意波形发生器、数据发生器等。

## 2 规范性引用文件

下列文件对于本文件的应用是必不可少的。凡是注日期的引用文件,仅注日期的版本适用于本文件。凡是不注日期的引用文件,其最新版本(包括所有的修改单)适用于本文件。

GB/T 191 包装储运图示标志

GB/T 3047.6 电子设备台式机箱基本尺寸系列

GB/T 6587—2012 电子测量仪器通用规范

GB/T 11463—1989 电子测量仪器可靠性试验

GB/T 18268.1 测量、控制和实验室用的电设备 电磁兼容性要求 第1部分:通用要求

## 3 术语和定义

下列术语和定义适用于本文件。

### 3.1 脉冲信号

3.1.1

**脉冲 pulse**

自第一个额定状态出发到达第二个额定状态,最终又回到第一个额定状态的一种电信号。

3.1.2

**双脉冲 double pulse**

一个周期内出现极性相同的两个脉冲波形,通常称为“双脉冲”,其两个脉冲的宽度可以不同。

3.1.3

**脉冲序列 stream pulses**

连续重复的一系列的脉冲波形。

3.1.4

**群脉冲 burst pulse**

一个周期内出现脉冲个数大于2且有限的脉冲信号。

3.1.5

**脉冲极性 pulse polarity**

描述脉冲波形两个额定状态对应电平相互关系的波形参数,第一额定状态高于第二额定状态则脉

冲为负极性脉冲，反之为正极性脉冲。

3.1.6

**双极性脉冲　bipolar pulse**

一个周期内出现极性相反的两个脉冲波形。

3.1.7

**互补脉冲信号　differential pulse**

电平、幅度、脉宽和周期均相等而极性相反的两路同步脉冲信号(见图 1)。

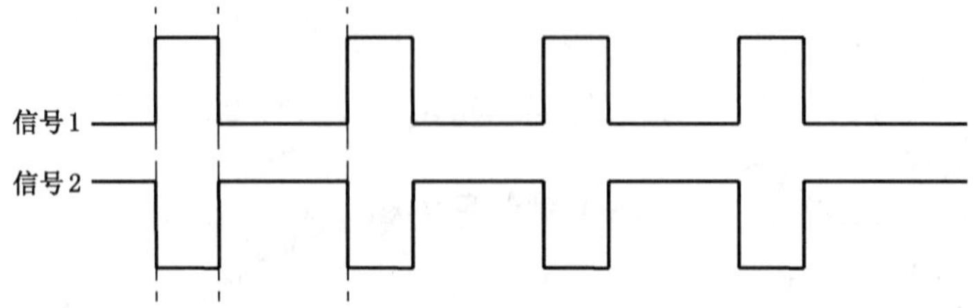


图 1

3.1.8

**脉冲波形　pulse waveform**

脉冲信号作为时间函数的图形表示或形象化表示(见图 2)。

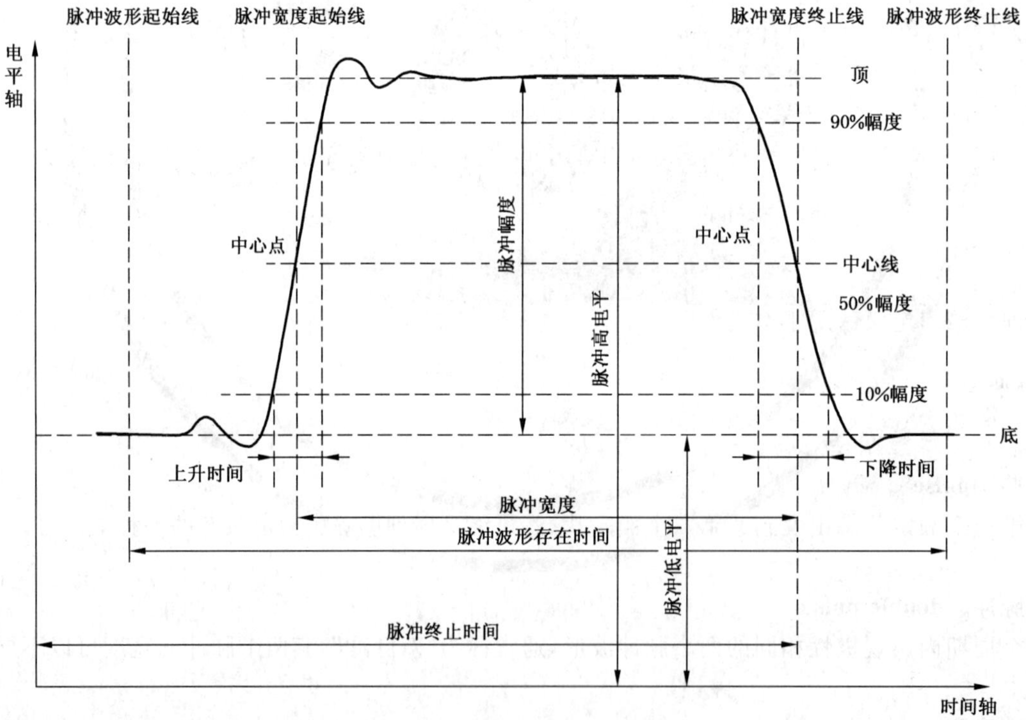


图 2

3.1.9

**过渡状态　transition state**

脉冲波形的第一额定状态和第二额定状态之间的部分，包括前沿和后沿。

3.1.10

**前沿　leading edge**

表示脉冲波形由第一额定状态向第二额定状态转变过程的过渡波形。正脉冲的前沿为上升沿，负脉冲的前沿为下降沿。

3.1.11

**后沿 trailing edge**

表示脉冲波形由第二额定状态回到第一额定状态过程的过渡波形。正脉冲的后沿为下降沿,负脉冲的后沿为上升沿。

## 3.2 脉冲信号发生器

3.2.1

**脉冲信号发生器 pulse signal generator**

脉冲信号发生器是由仪器输出端直接或通过传输线以脉冲形式提供电信号的一种仪器。

3.2.2

**触发 trigger**

用某一信号启动预定信号或预定相位的一种过程。触发一般包含边沿触发和门控触发。

### 3.2.3 工作模式

3.2.3.1

**连续模式 continuous mode**

脉冲信号发生器主振信号为触发信号的工作方式。

3.2.3.2

**触发模式 trigger mode**

非脉冲信号发生器主振信号为触发信号的工作方式。

### 3.2.4 触发方式

3.2.4.1

**边沿触发 edge trigger**

在外部边沿信号控制条件下,开始和结束输出主脉冲信号的触发方式。

3.2.4.2

**门控触发 gated trigger**

在外部闸门信号控制条件下,开始和结束输出主脉冲信号的触发方式。

3.2.5

**外部时钟 external clock**

采用频率更加精确的外部时钟信号源,代替脉冲信号发生器内部时钟信号,可以提高信号频率精度。

3.2.6

**参考频率输入 reference frequency input**

提供频率更加准确的外部参考频率信号,代替内部时钟单元的参考频率。以此提高周期精度与分辨力、改善抖动,实现仪器间的同步。

3.2.7

**参考频率输出 reference frequency output**

输出高精度频率的时钟信号,为外部提供参考时钟或同步时基信号。

### 3.3 脉冲信号发生器参数

见图 3。

3.3.1

**脉冲周期　pulse period**

连续重复的脉冲波形中相邻两个脉冲的上升沿 50％幅度处的时间间隔。

3.3.2

**群脉冲重复周期　burst pulse period**

在一系列周期的群脉冲中，某个群脉冲的第一个脉冲波形的起始时间与下一个群脉冲第一个脉冲波形的起始时间之间的时间间隔。

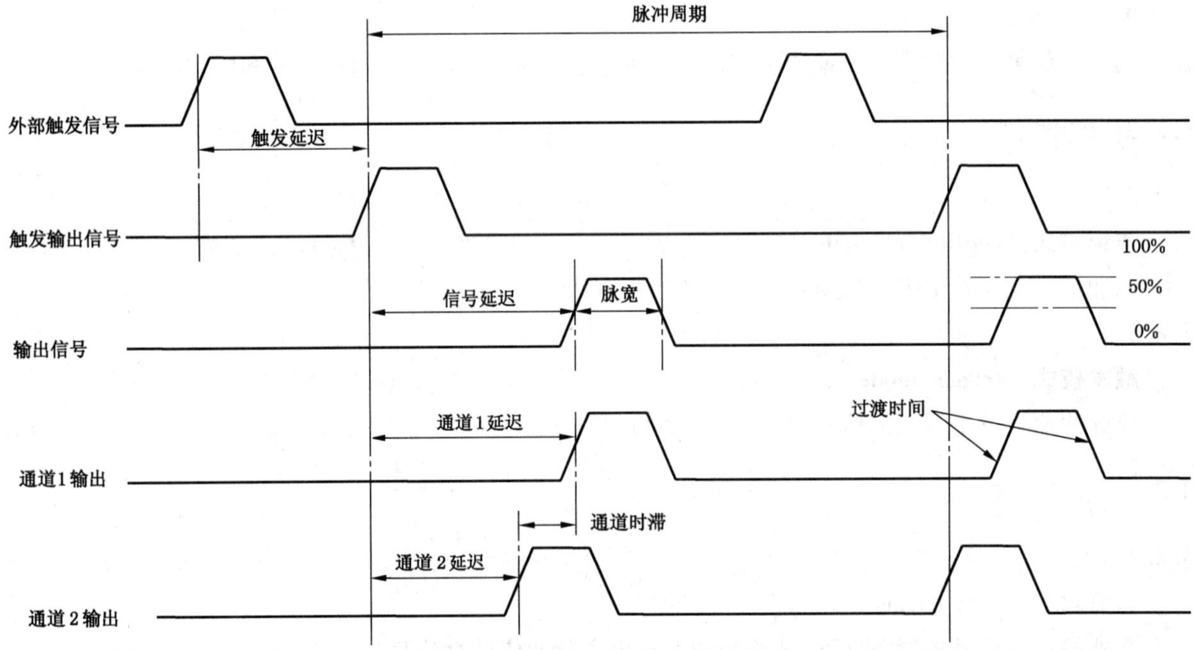


图 3

3.3.3

**脉冲宽度　pulse width**

脉冲前沿 50％幅度处与脉冲后沿 50％幅度处之间的时间间隔。

3.3.4

**占空比　duty cycle**

通常指周期的脉冲序列中脉冲宽度与脉冲周期的百分比。

3.3.5

**开关比　switch ratio**

通常指周期的脉冲序列中脉冲宽度与脉冲间隔之比。

3.3.6

**上升/下降时间　rise/fall time**

脉冲信号电平由 10％(90％)幅度处上升(下降)到 90％(10％)幅度处所经历的时间(见图 4)。

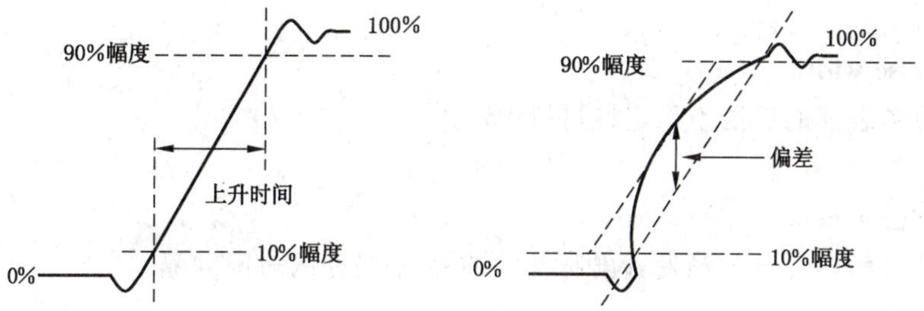


图 4

3.3.7

**上升/下降沿线性度　linearity of rise/fall edge**

通过上升/下降沿上10%幅度点与90%幅度点连接直线，上升/下降沿与该直线的最大电平偏差。该偏差通常以幅度的百分数来表征(同图4)。

3.3.8

**快速沿　fast edge**

仪器能够提供的脉冲信号最小上升/下降时间称为脉冲快速沿，快速沿一般不能控制。

3.3.9

**可变沿　controllable edge**

脉冲信号的上升/下降时间能够按照一定分辨力进行调整。

3.3.10

**抖动(延迟、周期、脉宽)　jitter**

一个脉冲沿相对于参考脉冲沿的短期不稳定性，通常以均方根值给出。包括延迟抖动、周期抖动和脉宽抖动(见图5)。

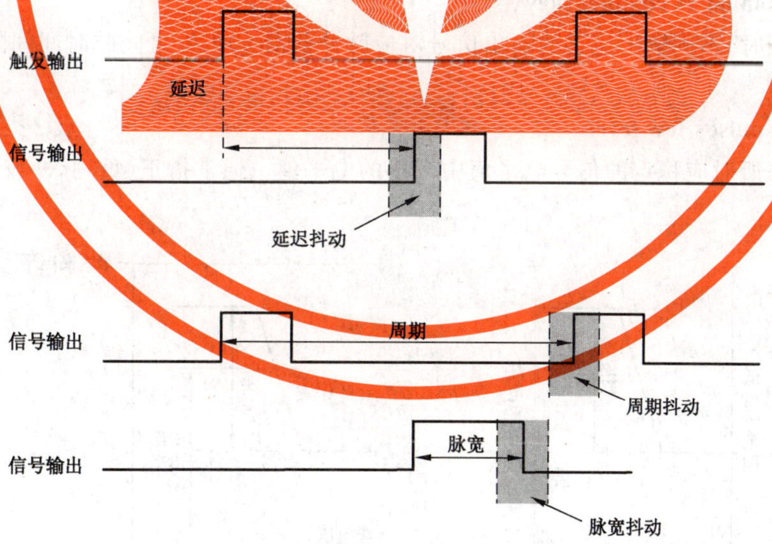


图 5

3.3.10.1

**延迟抖动　delay jitter**

以触发输出脉冲信号前沿为参考表征的输出脉冲前沿的不稳定性(同图5)。

3.3.10.2

**周期抖动　period jitter**

以起始脉冲前沿为参考，其他脉冲前沿的不稳定性(同图5)。

3.3.10.3

**脉宽抖动　pulse width jitter**

以前沿作为参考表征的后沿不稳定性(同图5)。

3.3.11

**触发延迟　trigger delay**

外触发输入信号的触发点与触发输出脉冲的前沿50%处的时间间隔。

3.3.12

**信号延迟　signal delay**

输出脉冲信号与触发输出脉冲信号的前沿50%处之间的时间间隔。信号延迟通常应包括固定延迟与可变延迟部分(见图6)。

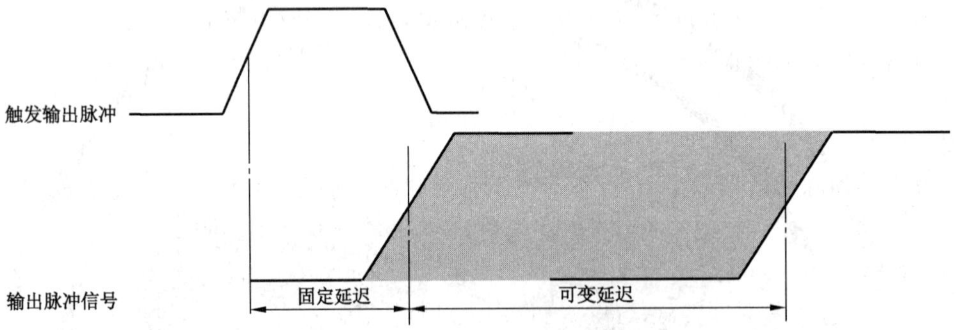


图6

3.3.13

**通道时滞　channel to channel skew**

延迟设定相同时,不同输出通道的输出信号对应脉冲前沿50%处之间的时间间隔。

3.3.14

**脉冲低电平　pulse's low level**

两个额定状态所对应稳定的信号电平值中较小的电平值。通常指正(负)脉冲波形底(顶)的对应电平(见图7)。

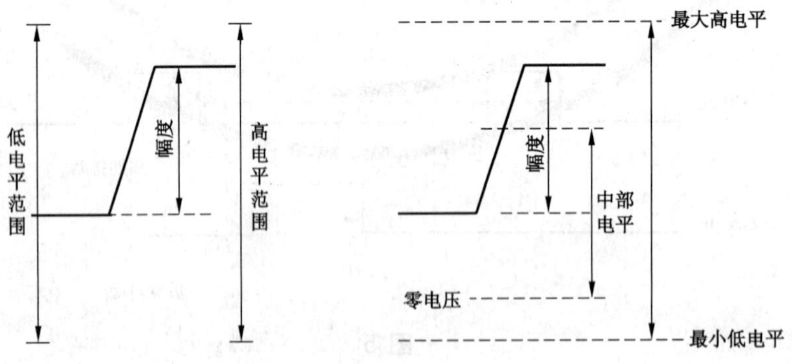


图7

3.3.15

**脉冲高电平　pulse's high level**

两个额定状态所对应稳定的信号电平值中较大的电平值。通常指正(负)脉冲波形顶(底)的对应电平(同图7)。

3.3.16

**幅度平坦度　amplitude flatness**

在某一指定幅度输出条件下输出信号幅度随输出频率的相对起伏值。

3.3.17

**脉冲偏置　pulse offset**

经过脉冲波形 50％幅度处的电平参考线对应的电平值。

3.3.18

**前冲　preshoot**

主要指脉冲上升或者下降沿前的脉冲瞬时电平极大值的失真，表现为瞬时电平高于脉冲高电平或低于脉冲低电平(见图 8)。

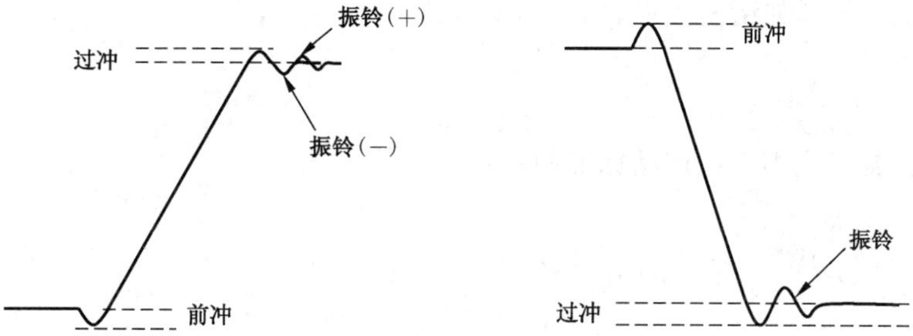


图 8

3.3.19

**过冲　overshoot**

主要指脉冲上升或者下降沿后的脉冲瞬时电平极大值的失真，表现为瞬时电平高于脉冲高电平或低于脉冲低电平(同图 8)。

3.3.20

**振铃　ringing**

叠加在脉冲波形上阻尼振荡式的特征失真，向上/向下偏离设定值。通常这种失真发生在上升/下降沿之后(同图 8)。

3.3.21

**倾斜　slope**

脉冲波形中，其顶部或底部斜率不为零的失真，可正可负。

3.3.22

**电平稳定时间　level stabilization time**

脉冲电平由 90％幅度到稳定为 100％幅度处所需时间(见图 9)。

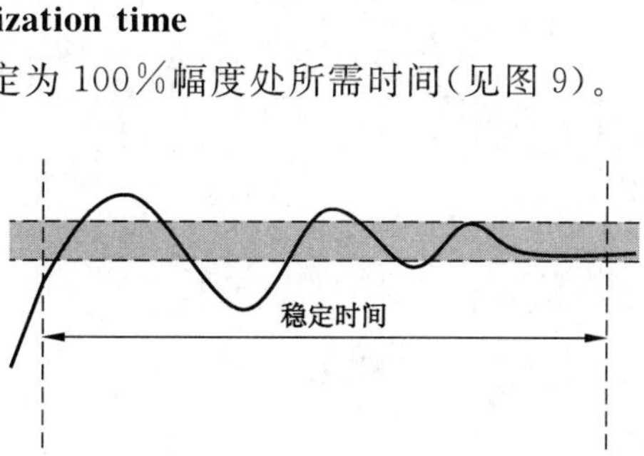


图 9

3.3.23

**输出阻抗 output impedance**

当内部电路是电能的一个负载而不是电能的一个源时，输出端所呈现的阻抗。输出阻抗为50Ω的称为低阻抗源，1 MΩ的称为高阻抗源。

## 4 产品分类

### 4.1 按功能分类

按输出脉冲频率——如高(低)重复频率等。

按输出脉冲功率——如大(小)幅度脉冲、大(小)功率脉冲等。

按工作特性的精度——如精密延迟、标准幅度等。

### 4.2 按结构分类

如台式、板卡式、装架式等。在产品标准中应标明结构形式。

## 5 要求

### 5.1 一般要求

#### 5.1.1 外观与结构

仪器的结构应完整，外观无明显机械损伤和镀涂破坏现象；各控制件均应安装正确、牢固可靠、操作灵活。

#### 5.1.2 外形尺寸

应以宽(W)高(H)深(D)的顺序给出脉冲信号发生器的最大外形尺寸。

#### 5.1.3 重量

整机重量或分别给出主机、插入单元、附件的重量应在产品标准中规定。

#### 5.1.4 供电电源

应符合GB/T 6587—2012的有关规定，产品标准应规定脉冲信号发生器的供电电压范围、频率范围及电源功耗。

#### 5.1.5 预热时间

预热时间应在产品标准中规定。

### 5.2 性能特性

#### 5.2.1 仪器功能

##### 5.2.1.1 通道数

脉冲信号发生器能够提供的最大通道数和可选通道数应在产品标准中规定。

5.2.1.2 **接口功能**

脉冲信号发生器具有的接口功能，如USB、GPIB、LAN等应在产品标准中规定。

5.2.1.3 **输出信号类型**

应具有单脉冲、双脉冲、群脉冲等中的一种或多种输出信号类型。

5.2.1.4 **工作模式**

脉冲信号发生器应具有连续、触发等中的一种或多种工作模式。

5.2.1.5 **触发方式**

脉冲信号发生器应具有边沿触发、门控触发等中的一种或多种触发模式。

5.2.1.6 **脉冲极性**

应给出输出脉冲的脉冲极性。

5.2.2 **频率特性**

5.2.2.1 **脉冲频率(周期)**

应给出输出脉冲频率(周期)的有效范围(或额定值)，并给出允许的输出误差，在频率(周期)范围较大时，可以分段给出指标值。

5.2.2.2 **频率(周期)调整方式**

除特别要求外，频率调整方式应为连续可调，应给出最高分辨力或最小步进。

5.2.3 **幅度、电平特性**

5.2.3.1 **幅度**

应给出输出脉冲的幅度范围和允许的误差，并给出最高分辨力或最小步进。

5.2.3.2 **幅度平坦度**

在输出脉冲频率(周期)的最大范围内，应给出允许的输出幅度变化值。

5.2.3.3 **脉冲高/低电平**

应分别给出输出脉冲的高/低电平的范围和允许的误差，并给出最高分辨力或最小步进。

5.2.4 **时间特性**

5.2.4.1 **脉冲宽度**

应给出输出脉冲宽度的范围、分辨力(可调步进)以及允许的误差。

5.2.4.2 **上升/下降时间**

5.2.4.2.1 **上升/下降时间可变**

在规定上升/下降时间可以调整情况下(划档可调或连续可调或分档连续可调)，应给出上升/下降时间的可变范围、误差及分辨力。

5.2.4.2.2 上升/下降时间不可变

在规定上升/下降时间不可调的情况下，应给出上升/下降时间的最大值。

5.2.4.2.3 快速沿

具有快速沿功能的脉冲信号发生器，应给出快速沿最大限定值。

5.2.4.2.4 上升/下降沿线性度

如有要求，应给出上升/下降沿的线性度。

5.2.4.3 脉冲延迟

应给出输出脉冲延迟的范围和允许的延迟误差，在延迟调整范围较大时，可以分段给出指标值。应给出延迟调整方式为划档可调或连续可调。如为连续可调，应给出最高分辨力或最小步进。

5.2.4.4 抖动

如有要求，应给出脉冲信号发生器允许的周期抖动、延迟抖动、脉宽抖动的最大值。

5.2.4.5 占空比/开关比

对于周期性的脉冲序列，可以给出占空比/开关比中的百分比范围、最高分辨力与最大误差。

5.2.4.6 通道时滞

如果脉冲信号发生器具有两个以上通道时，应给出通道时滞的最大值。

5.2.4.7 脉冲电平稳定时间

有此要求时，应给出脉冲信号发生器输出电平稳定时间所允许的最大值。

5.2.5 阻抗特性

应按照 50 Ω 或具体高阻输出阻抗给出具体值，同时应给出允许的误差。

5.2.6 触发特性

5.2.6.1 触发输入

应给出脉冲信号发生器触发输入脉冲信号频率范围、脉宽范围（或最小门控信号宽度）、幅度范围、电平范围及输入阻抗值，必要时可以给出相应的误差。

5.2.6.2 触发输出

应给出脉冲信号发生器触发输出脉冲信号的脉宽、幅度、电平、输出阻抗。

5.2.6.3 触发延迟

应给出脉冲信号发生器触发延迟的最大时间。

5.2.7 波形失真特性

有此要求时，可给出脉冲波形中的前冲、过冲、振铃、倾斜等特征参量指标要求。

5.2.8 外时钟与参考频率特性

5.2.8.1 外时钟输入

应给出外时钟频率的范围和幅度范围。

5.2.8.2 参考频率输入(外时基输入)

应给出参考频率输入的额定值,一般需要同时给出其幅度要求。

5.2.8.3 参考频率输出(内时基输出)

应给出参考频率输出的额定值,一般需要同时给出其幅度要求。

5.3 安全

脉冲信号发生器的安全要求应符合 GB/T 6587—2012 的规定。

除非另有规定,脉冲信号发生器应至少进行以下的安全试验:

——接触电流试验;

——介电强度试验;

——保护接地试验。绝缘电阻,泄漏电流及试验电压的数值应在产品标准中规定。

5.4 环境适应性

脉冲信号发生器的环境要求应符合 GB/T 6587—2012 的要求,脉冲信号发生器的环境级别和运输流通等级应在产品标准中规定。

5.5 电磁兼容性

脉冲信号发生器的电磁兼容性应符合 GB/T 18268.1 的有关规定。

5.6 可靠性

平均故障间隔时间(MTBF)应在产品标准中规定。

## 6 试验方法

6.1 试验要求

6.1.1 对脉冲信号发生器的性能特性进行检测时,应按照产品标准规定的额定工作条件,并在不打开机箱的情况下进行,若有特殊情况必须打开机箱才能测试时,应在产品标准中说明。

6.1.2 试验用的标准测试仪器和设备应经过计量部门检定合格,并应稳定可靠和处于有效期内。

6.1.3 试验室的环境条件(以下称为正常条件)若无特殊规定,应在下列测试用标准大气条件下进行:

a) 温度:15 ℃～30 ℃;

b) 相对湿度:(25～75)%RH;

c) 气压:86 kPa～106 kPa。

6.2 一般要求的试验

6.2.1 外观与结构检查

检查脉冲信号发生器的外观与结构时,采用观察法及手动操作法进行。

6.2.2 外形尺寸检查

检查脉冲信号发生器的外形尺寸时，用量器测量尺寸并与图纸核对的方法进行，并应符合 GB/T 3047.6。

6.2.3 重量检查

检查脉冲信号发生器的重量时，用磅秤秤其重量。

6.2.4 供电电源电压、频率和功率试验

6.2.4.1 供电电源电压和频率试验

按 GB/T 6587—2012 中 5.12 的规定进行。

6.2.4.2 电源消耗功率试验

在脉冲信号发生器的额定电源电压下测量其电流，求得消耗功率。测试方法由产品标准具体规定。

6.2.5 预热时间

应满足产品标准要求。

6.3 性能特性测试

6.3.1 仪器功能

6.3.1.1 通道数

6.3.1.1.1 测试方框图

测试框图见图 10。

图 10

6.3.1.1.2 测试步骤

a) 连接脉冲信号发生器与示波器；
b) 设置脉冲信号发生器输出信号参数，在示波器上观察信号是否与设置相符并满足产品标准要求；
c) 按照步骤 a)、b)分别测试所有通道，并用目测法观察通道数量是否符合产品标准要求。

6.3.1.2 接口功能

根据产品标准对接口功能进行检验。

6.3.1.3 输出信号类型

按照图 10 连接脉冲信号发生器与示波器，设置脉冲信号发生器的输出信号类型，在示波器上观察

信号是否满足产品标准要求。

6.3.1.4 工作模式

按照图10连接脉冲信号发生器与示波器，脉冲信号发生器的工作模式设置为连续模式，在示波器上应观测到符合相应设置参数的连续信号。

具有触发模式的脉冲信号发生器，只有在外触发输入时，才能在示波器上观测到符合相应设置参数的脉冲输出信号，而在没有触发输入时应无脉冲信号输出。

6.3.1.5 触发方式

6.3.1.5.1 边沿触发

6.3.1.5.1.1 测试方框图

测试框图见图11。

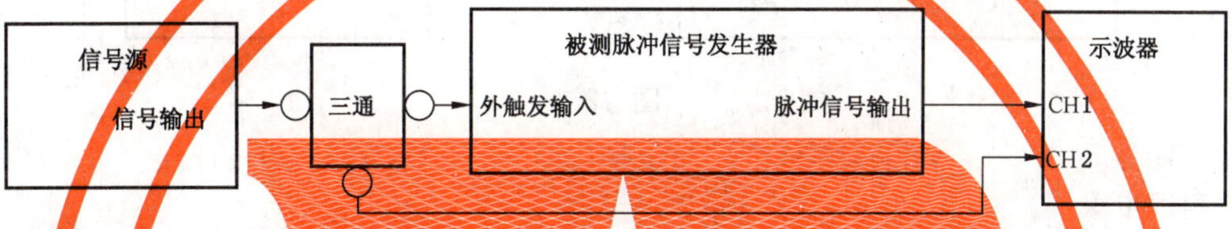


图 11

6.3.1.5.1.2 测试步骤

a) 连接信号源、脉冲信号发生器与示波器；
b) 信号源输出设置为满足脉冲信号发生器触发要求的信号；脉冲信号发生器的工作模式设置为触发模式，触发方式设置为边沿触发；示波器采用CH2作为触发源并设置为单次触发模式，触发位置置于屏幕正中；
c) 在信号源输出关闭状态下，脉冲信号发生器输出使能，此时示波器和脉冲信号发生器处于等待触发状态；
d) 信号源输出使能，脉冲信号发生器和示波器同时被触发，在示波器上可观测到触发边沿后为符合参数设置要求的脉冲输出信号，触发边沿前应无信号。

6.3.1.5.2 门控触发

6.3.1.5.2.1 测试方框图

测试框图同图11。

6.3.1.5.2.2 测试步骤

a) 连接信号源、脉冲信号发生器与示波器；
b) 信号源输出设置为满足脉冲信号发生器触发要求的连续脉冲信号；脉冲信号发生器的工作模式设置为触发模式，触发方式设置为门控触发；示波器采用CH2作为触发源并设置为单次触发模式，触发位置置于屏幕前部三分之一处附近，适当调节时基保证在屏幕上能观测到触发信号一个以上的完整波形；
c) 在信号源输出关闭状态下，脉冲信号发生器输出使能，此时示波器和脉冲信号发生器处于等待触发状态；

d) 信号源输出使能,脉冲信号发生器和示波器同时被触发,在示波器上可观测到门控触发信号门内有符合参数设置要求的脉冲信号,门外应无信号。

6.3.1.6 脉冲极性

按照图10连接脉冲信号发生器与示波器,设置脉冲信号发生器的输出脉冲极性,在示波器上观察脉冲信号极性是否与设置一致。

6.3.2 频率特性(频率范围、频率误差和频率分辨力)

6.3.2.1 测试方框图

测试框图见图12。

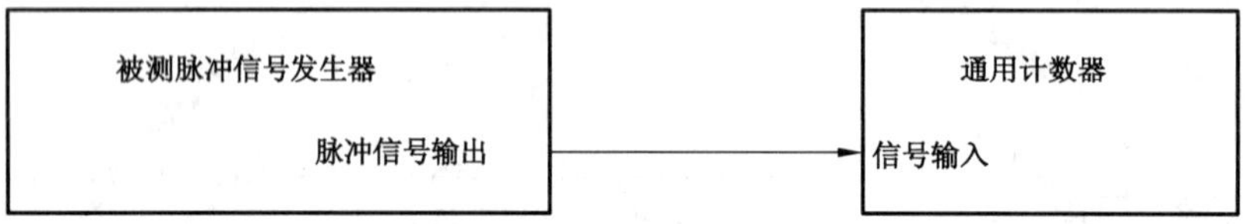


图 12

6.3.2.2 测试步骤

a) 连接脉冲信号发生器与通用计数器;
b) 脉冲信号发生器设置为连续输出模式,调节输出信号幅度使其在通用计数器的允许测量范围内;
c) 根据脉冲信号发生器输出信号的频率范围,选择设置不同的频率值(应包括最大和最小频率点),记录通用计数器的读数,根据产品标准规定的方法计算频率误差;
d) 脉冲信号发生器输出信号频率设置为适当的频率值,记录通用计数器的读数,以最小步进(最高分辨力)改变脉冲信号发生器的输出频率,在通用计数器上观测到的频率步进应与设置值吻合。

6.3.3 幅度、电平特性

6.3.3.1 幅度(范围、误差、分辨力)

6.3.3.1.1 测试方框图

测试框图同图10。

6.3.3.1.2 测试步骤

a) 连接脉冲信号发生器与示波器;
b) 脉冲信号发生器设置为连续输出模式;
c) 根据脉冲信号发生器输出信号的幅度范围,选择设置不同的幅度值(应包括最大和最小幅度),记录示波器上观测到的脉冲幅度值,计算幅度误差,其最大误差应满足产品标准的要求;
d) 脉冲信号发生器输出信号幅度设置为适当值,记录示波器上观测到的幅度值,以最小步进(最高分辨力)改变脉冲信号发生器的输出幅度,在示波器上观测到的幅度步进应与设置值吻合。

6.3.3.2 幅度平坦度

6.3.3.2.1 测试方框图

测试框图同图10。

6.3.3.2.2 测试步骤

a) 连接脉冲信号发生器与示波器；
b) 脉冲信号发生器设置为连续输出模式，输出幅度设置为产品标准规定的指定值；
c) 选择一个频率步进值，在输出频率范围内连续改变输出频率，并在每次改变频率时观测输出信号幅度，分别记录测得的输出幅度的最大值和最小值，其差值与设置幅度的比值即为脉冲信号发生器的幅度相对平坦度。

6.3.3.3 脉冲高低/电平

6.3.3.3.1 测试方框图

测试框图同图10。

6.3.3.3.2 测试步骤

a) 连接脉冲信号发生器与示波器；
b) 脉冲信号发生器设置为连续输出模式，幅度设置为适当值；
c) 根据脉冲信号发生器输出信号的高/低电平范围，选择设置不同的高/低电平值(应包括最大和最小高/低电平)，记录示波器上观测到的脉冲高/低电平值，计算电平误差；
d) 脉冲信号发生器输出信号高/低电平设置为适当值，记录示波器上观测到的高/低电平，以最小步进(最高分辨力)改变脉冲信号发生器输出信号的高/低电平，在示波器上观测到的高/低电平步进应与设置值吻合。

6.3.4 时间特性

6.3.4.1 脉冲宽度

6.3.4.1.1 测试方框图

测试框图同图10。

6.3.4.1.2 测试步骤

a) 连接脉冲信号发生器与示波器；
b) 脉冲信号发生器设置为连续输出模式，幅度设置为适当值；
c) 根据脉冲信号发生器输出脉冲宽度范围，选择设置不同的脉冲宽度值(应包括最大和最小脉冲宽度)，记录示波器上观测到的脉冲宽度，计算宽度误差；
d) 脉冲信号发生器输出脉冲宽度设置为适当值，记录示波器上观测到的脉冲宽度，以最小步进(最高分辨力)改变脉冲信号发生器输出脉冲宽度，在示波器上观测到的脉冲宽度步进应与设置值吻合。

6.3.4.2 上升/下降时间

6.3.4.2.1 测试方框图

测试框图同图10。

6.3.4.2.2 测试步骤

a) 连接脉冲信号发生器与示波器；
b) 脉冲信号发生器设置为连续输出模式，输出幅度设置为最大值的50%（根据具体产品标准要求可适当改变）；
c) 若脉冲信号发生器输出脉冲上升/下降时间不可变，则直接在示波器上观测脉冲上升/下降时间应满足产品标准要求；
d) 若脉冲信号发生器输出脉冲上升/下降时间可变，则按步骤e)～f)测试；
e) 根据脉冲信号发生器输出脉冲上升/下降时间范围，选择设置不同的脉冲上升/下降时间（应包括最大和最小上升/下降时间），记录示波器上观测到的脉冲上升/下降时间，计算上升/下降时间误差，其最大误差应满足产品标准的要求；
f) 脉冲信号发生器输出脉冲上升/下降时间设置为适当值，记录示波器上观测到的脉冲上升/下降时间，以最小步进（最高分辨力）改变脉冲信号发生器输出脉冲上升/下降时间，在示波器上观测到的脉冲上升/下降时间步进应与设置值吻合，并满足产品标准的要求；
g) 脉冲信号发生器正常输出脉冲信号，调节示波器时基与触发位置，使上升沿或下降沿接近一屏宽度，测量10%和90%幅度处的电平值（分别对应 $t_1$ 和 $t_N$ 时刻的电平值 $V_0$ 和 $V_N$），并在此两点间等时间间隔选取若干点（对应时刻 $t_1, t_2, \cdots, t_{N-1}$，建议$(N-1)$大于10）记录其电平值（分别记为 $V_{m1}, V_{m2}, \cdots, V_{m(N-1)}$；以 $V_0$ 和 $V_N$ 作为起点和终点做一直线（见图4），并求得该直线上对应 $t_1, t_2, \cdots, t_{N-1}$时刻的电平值（分别记为 $V_1, V_2, \cdots, V_{(N-1)}$；分别计算 $\Delta V_i$（$\Delta V_i = V_i - V_{mi}$），所有 $\Delta V_i$ 中最大值即为脉冲上升/下降沿的非线性度。

6.3.4.3 脉冲延迟（范围、误差和分辨力）

6.3.4.3.1 测试方框图

测试框图见图13。

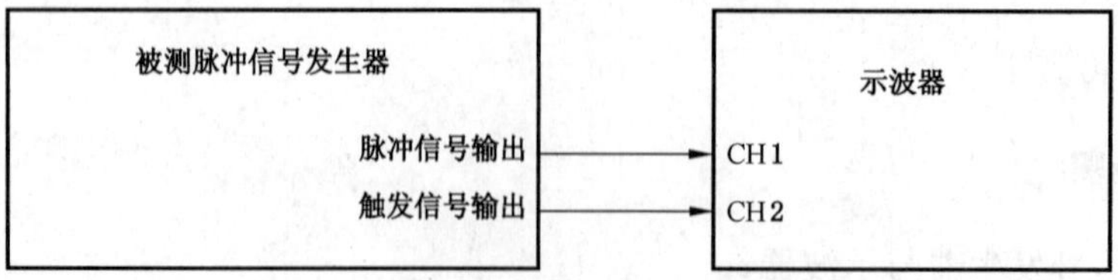


图13

6.3.4.3.2 测试步骤

a) 连接脉冲信号发生器与示波器；
b) 脉冲信号发生器设置为连续输出模式，幅度设置为适当值；
c) 根据脉冲信号发生器输出脉冲延迟范围，选择设置不同的脉冲延迟值（应包括最大和最小脉冲延迟），记录示波器上观测到的脉冲延迟，计算延迟误差，其最大误差应满足产品标准的要求；

d) 脉冲信号发生器输出脉冲延迟设置为适当值，记录示波器上观测到的脉冲延迟，以最小步进（最高分辨力）改变脉冲信号发生器输出脉冲延迟，在示波器上观测到的脉冲延迟步进应与设置值吻合。

#### 6.3.4.4 抖动

##### 6.3.4.4.1 延迟抖动

###### 6.3.4.4.1.1 测试框图

测试框图同图 13。

###### 6.3.4.4.1.2 测试步骤

a) 连接脉冲信号发生器与示波器；

b) 脉冲信号发生器输出延迟设置为适当值，以触发输出信号的前沿作为示波器的触发点；

c) 在示波器上观察对应脉冲波形的前沿（见图 5）的最大晃动值 $\Delta T_{d1}$（见图 14），该值即为输出脉冲信号的延迟抖动。

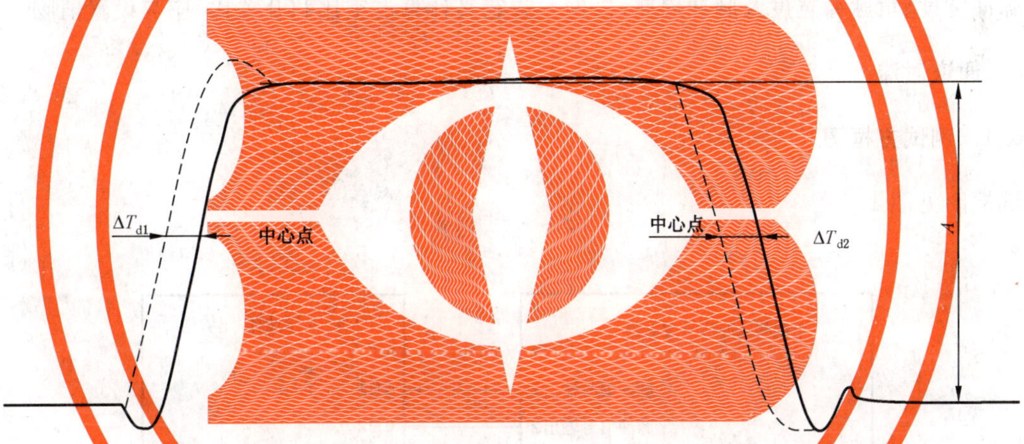


图 14

##### 6.3.4.4.2 周期抖动

###### 6.3.4.4.2.1 测试框图

测试框图同图 10。

###### 6.3.4.4.2.2 测试步骤

a) 连接脉冲信号发生器与示波器；

b) 脉冲信号发生器输出脉冲的周期设置为适当值，以输出脉冲波形的前沿作为示波器的触发点；

c) 在示波器上观察后一个相邻脉冲波形前沿（同图 5）的最大晃动值 $\Delta T_{d1}$（同图 14），该值即为输出脉冲信号的周期抖动。

6.3.4.4.3 脉宽抖动

6.3.4.4.3.1 测试框图

测试框图同图 10。

6.3.4.4.3.2 测试步骤

a) 连接脉冲信号发生器与示波器；
b) 脉冲信号发生器输出脉冲的宽度设置为适当值，以输出脉冲波形的前沿作为示波器的触发点；
c) 在示波器上观察该脉冲波形后沿（同图 5）的最大晃动值 $T_{d2}$（同图 14），该值即为输出脉冲信号的脉宽抖动。

6.3.4.5 占空比/开关比

按图 10 连接脉冲信号发生器与示波器，设置脉冲信号发生器输脉冲的占空比和周期；在示波器上测试正脉冲宽度、负脉冲宽度及脉冲周期；根据参数定义计算占空比和开关比，应与设置值吻合。

6.3.4.6 通道时滞

6.3.4.6.1 测试方框图

测试框图见图 15。

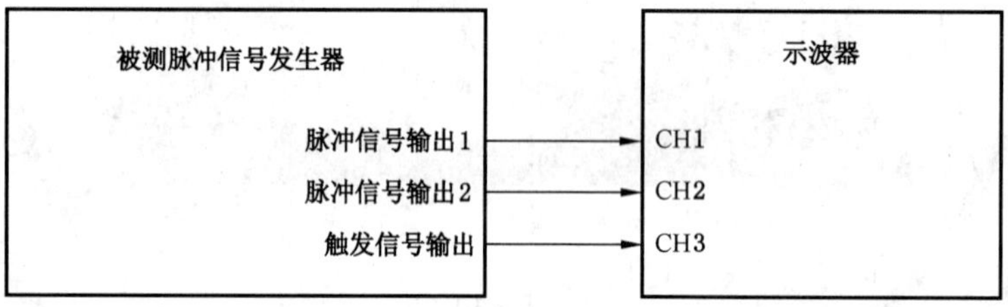


图 15

6.3.4.6.2 测试步骤

a) 连接脉冲信号发生器与示波器；
b) 将脉冲信号发生器的所有通道的信号延迟设置为相同；
c) 在示波器上分别测试并记录所有通道输出脉冲的延迟时间；其中最大延迟时间和最小延迟时间的差值即为通道时滞。

6.3.4.7 脉冲电平稳定时间

6.3.4.7.1 测试方框图

测试框图同图 10。

6.3.4.7.2 测试步骤

a) 连接脉冲信号发生器与示波器；
b) 脉冲信号发生器输出脉冲的频率和高/低电平设置为适当值；
c) 在示波器上测试脉冲电平从 90%幅度到稳定的 100%幅度的时间最大值。

6.3.5 阻抗特性

6.3.5.1 测试方框图

测试框图见图 16。

6.3.5.2 测试步骤

a) 连接脉冲信号发生器与示波器；
b) 脉冲信号发生器输出幅度设置为适当值，开关 S 置为断开状态；
c) 在示波器上观测脉冲信号幅度；
d) 开关 S 闭合，观察示波器上的信号幅度变化，调整电阻 R 的值，直到示波器上信号幅度为开关闭合前幅度的 50%；
e) 此时电阻 R 的值即为脉冲信号发生器的输出阻抗值。

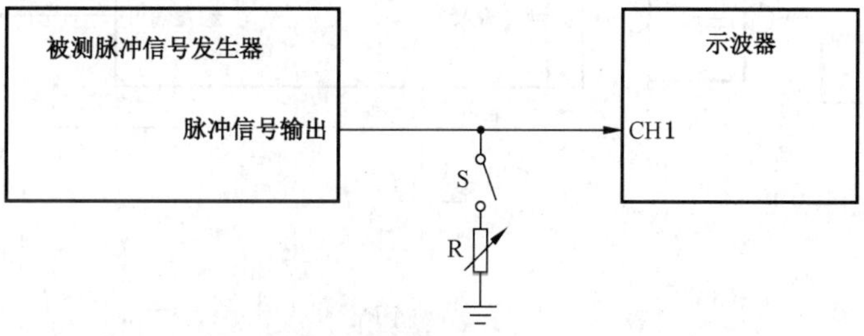


图 16

6.3.6 触发特性

6.3.6.1 触发输入

6.3.6.1.1 测试方框图

测试框图同图 11。

6.3.6.1.2 测试步骤

a) 连接信号源、脉冲信号发生器和示波器；
b) 脉冲信号发生器的工作模式设置为触发模式；
c) 脉冲信号发生器输出使能并等待触发；
d) 按照产品标准要求调节信号源的输出频率、脉宽、幅度和电平，并输出；
e) 在脉冲信号输出正常时，在示波器上测试触发信号的频率、脉宽、幅度和电平。

6.3.6.2 触发输出

6.3.6.2.1 测试方框图

测试框图同图 13。

6.3.6.2.2 测试步骤

a) 连接脉冲信号发生器与示波器；
b) 脉冲信号发生器设置适当频率，并选择触发输出信号的幅度和电平；
c) 在示波器上观测脉冲信号和触发输出信号的频率、幅度、电平，测试结果应满足产品标准要求；
d) 按图 16 连接方式，连接脉冲信号发生器触发输出与示波器，按照 6.3.5 的方法测试触发输出通道的输出阻抗。

6.3.6.3 触发延迟

6.3.6.3.1 测试方框图

测试框图见图 17。

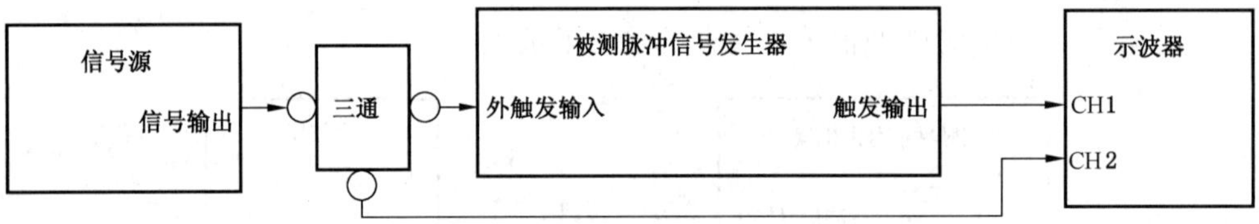


图 17

6.3.6.3.2 测试步骤

a) 连接信号源、脉冲信号发生器与示波器；
b) 脉冲信号发生器的工作模式设置为触发模式；示波器采用 CH2 作为触发源并设置为单次触发模式，触发位置置于屏幕正中；信号源输出设置为满足脉冲信号发生器触发要求的信号；
c) 脉冲信号发生器输出使能并等待触发，信号源输出使能，示波器和脉冲信号发生器同时触发；
d) 在示波器上测试触发输入与触发输出信号之间的延迟。

6.3.7 波形失真特性

6.3.7.1 测试方框图

测试框图同图 10。

6.3.7.2 测试步骤

a) 连接脉冲信号发生器与示波器；
b) 脉冲信号发生器设置为连续工作模式；
c) 调节示波器以显示一个完整周期的脉冲波形，测试前冲、前过冲、后过冲、振铃、倾斜（见图 18a））；

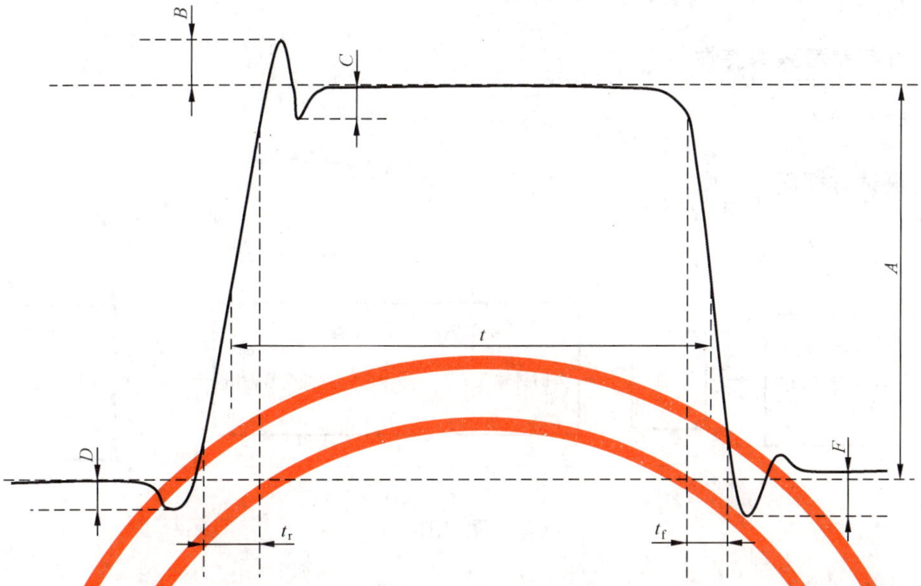


a)

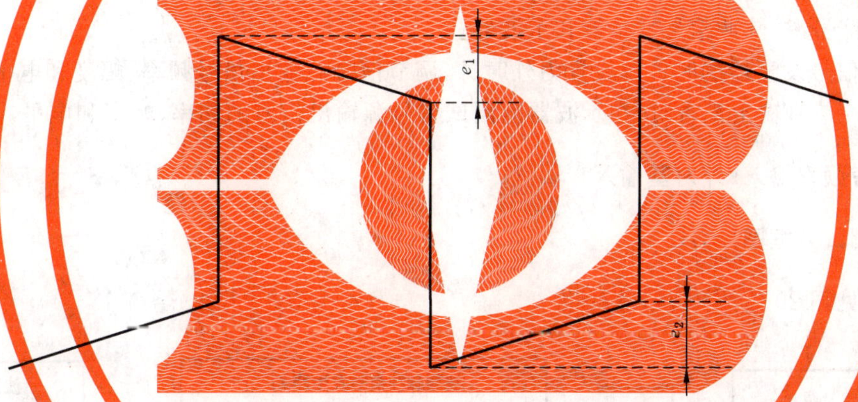


b)

$A$——脉冲幅度； $B$——前过冲； $C$——振铃； $D$——预冲；
$F$——后过冲； $t$——脉宽； $t_r$——上升时间； $t_f$——下降时间；
$e_1$——高电平倾斜； $e_2$——低电平倾斜； $e$——倾斜($e_1$ 和 $e_2$ 中较大的一个)

图 18

d) 并根据式(1)、式(2)、式(3)、式(4)、式(5)分别计算前冲百分比、前过冲百分比、后过冲百分比、振铃百分比、倾斜百分比。

前冲：
$$S_d = \frac{D}{A} \times 100\% \qquad (1)$$

前过冲：
$$S_b = \frac{B}{A} \times 100\% \qquad (2)$$

后过冲：
$$S_f = \frac{F}{A} \times 100\% \qquad (3)$$

振铃：
$$S_c = \frac{C}{A} \times 100\% \qquad (4)$$

倾斜：
$$S_e = \frac{e}{A} \times 100\% \qquad (5)$$

式(5)中,$e$ 为 $e_1$ 和 $e_2$ 中较大者(见图 18b))。

6.3.8 外时钟与参考频率特性

6.3.8.1 外时钟输入

6.3.8.1.1 测试方框图

测试框图见图 19。

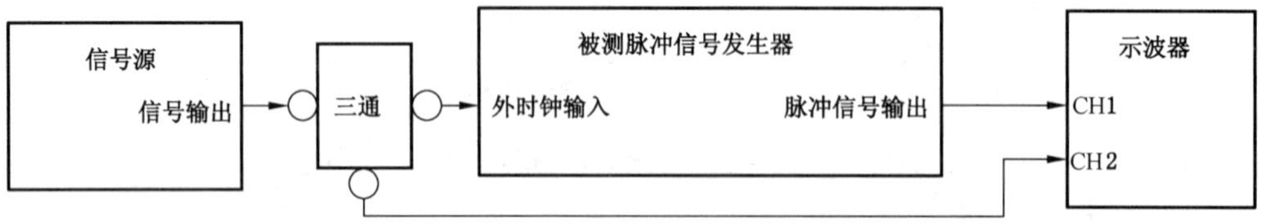


图 19

6.3.8.1.2 测试步骤

a) 连接信号源、脉冲信号发生器和示波器;
b) 脉冲信号发生器的时钟源设置为外时钟,调节信号源输出信号频率、幅度和电平;
c) 当脉冲信号输出正常时,在示波器上测试信号源输出信号的频率、幅度和电平。

6.3.8.2 参考频率输入(外时基输入)

6.3.8.2.1 测试方框图

测试框图见图 20。

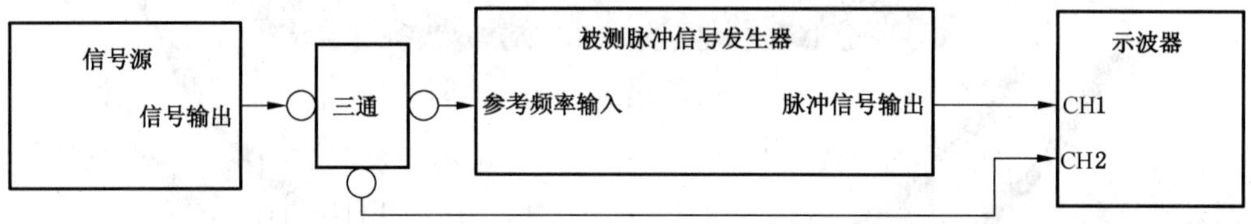


图 20

6.3.8.2.2 测试步骤

a) 连接信号源、脉冲信号发生器和示波器;
b) 脉冲信号发生器的参考频率设置为外时基方式,调节信号源输出信号频率、幅度和电平;
c) 当脉冲信号输出正常时,在示波器上测试信号源输出信号的频率、幅度和电平。

6.3.8.3 参考频率输出(内时基输出)

6.3.8.3.1 测试方框图

测试框图见图 21。

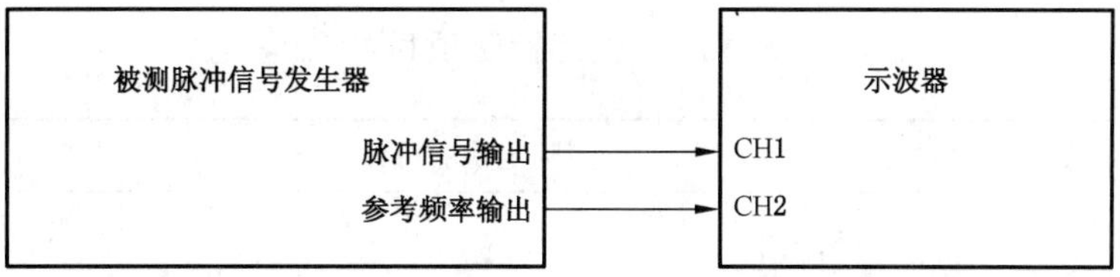


图 21

#### 6.3.8.3.2 测试步骤

a) 连接脉冲信号发生器和示波器；

b) 脉冲信号发生器设置为连续模式，参考时基频率输出使能；

c) 当脉冲信号输出正常时，在示波器上测试参考频率输出信号的频率、幅度和电平。

### 6.4 安全

按 GB/T 6587—2012 中 5.8 的规定进行。

### 6.5 环境适应性

按产品标准规定的环境级别和运输流通等级及 GB/T 6587—2012 的试验方法进行。

### 6.6 电磁兼容性试验

应按 GB/T 18268.1 的规定进行。

### 6.7 可靠性试验

应按照 GB/T 11463—1989 的规定进行检查。

## 7 检验规则

### 7.1 检验分类

本标准的检验分为鉴定检验和质量一致性检验。

### 7.2 检验条件

应符合 GB/T 6587—2012 中 5.2 的规定。

### 7.3 缺陷判定

应在产品标准中规定，并符合 GB/T 6587—2012 的规定。

### 7.4 鉴定检验

应符合 GB/T 6587—2012 中 6.3 的规定。

#### 7.4.1 鉴定检验项目和顺序

检验项目应符合表 1 规定，顺序应符合 GB/T 6587—2012 中表 9 的规定。

**表 1 鉴定检验项目**

| 序号 | 检验项目 | 鉴定检验分组 | | | | | | | | | | | 要求章条号 | 试验方法章条号 |
|---|---|---|---|---|---|---|---|---|---|---|---|---|---|---|
| | | A 组 | | B 组 | C 组 | | | | | D 组 | E 组 | F 组 | | |
| | | 工作前检验 | 主要性能特性测试 | 非主要性能特性测试 | 低温高温湿度 | 振动 | 机械冲击 | 电源 | 运输包装 | 电磁兼容 | | 可靠性 | | |
| 1 | 外观与结构 | ● | — | — | ● | ● | ● | ● | ● | — | — | ● | 5.1.1 | 6.2.1 |
| 2 | 外形尺寸 | — | — | — | — | — | — | — | — | — | ● | — | 5.1.2 | 6.2.2 |
| 3 | 重量 | — | — | — | — | — | — | — | — | — | ● | — | 5.1.3 | 6.2.3 |
| 4 | 供电电源电压、频率和功率 | — | — | — | — | — | — | ● | — | — | — | — | 5.1.4 | 6.2.4 |
| 5 | 通道数 | — | ● | — | — | — | — | — | — | — | — | — | 5.2.1.1 | 6.3.1.1 |
| 6 | 接口功能 | — | — | ● | — | — | — | — | — | — | — | — | 5.2.1.2 | 6.3.1.2 |
| 7 | 输出信号类型 | — | — | ● | — | — | — | — | — | — | — | — | 5.2.1.3 | 6.3.1.3 |
| 8 | 工作模式 | — | ● | — | — | — | — | — | — | — | — | — | 5.2.1.4 | 6.3.1.4 |
| 9 | 触发方式 | — | — | ○ | — | — | — | — | — | — | — | — | 5.2.1.5 | 6.3.1.5 |
| 10 | 脉冲极性 | — | — | ○ | — | — | — | — | — | — | — | — | 5.2.1.6 | 6.3.1.6 |
| 11 | 频率特性 | — | ● | — | ● | ● | ● | ● | ● | — | — | ● | 5.2.2 | 6.3.2 |
| 12 | 幅度 | — | ● | — | ● | ● | ● | ● | — | — | — | ○ | 5.2.3.1 | 6.3.3.1 |
| 13 | 幅度平坦度 | — | ● | — | — | — | — | — | — | — | — | — | 5.2.3.2 | 6.3.3.2 |
| 14 | 脉冲高/低电平 | — | ● | — | ○ | ○ | ○ | — | — | — | — | — | 5.2.3.3 | 6.3.3.3 |
| 15 | 脉冲宽度 | — | ● | — | ● | ● | ● | — | — | — | — | — | 5.2.4.1 | 6.3.4.1 |
| 16 | 上升/下降时间 | — | — | ● | — | — | — | — | — | — | — | — | 5.2.4.2 | 6.3.4.2 |
| 17 | 输出脉冲延迟 | — | ● | — | ● | ● | ● | — | — | — | — | — | 5.2.4.3 | 6.3.4.3 |
| 18 | 抖动 | — | — | ● | — | — | — | — | — | — | — | — | 5.2.4.4 | 6.3.4.4 |
| 19 | 占空比/开关比 | — | — | ● | — | — | — | — | — | — | — | — | 5.2.4.5 | 6.3.4.5 |
| 20 | 通道时滞 | — | ● | — | — | — | — | — | — | — | — | — | 5.2.4.6 | 6.3.4.6 |
| 21 | 脉冲电平稳定时间 | — | — | ○ | — | — | — | — | — | — | — | — | 5.2.4.7 | 6.3.4.7 |
| 22 | 阻抗特性 | — | ● | — | — | — | — | — | — | — | — | — | 5.2.5 | 6.3.5 |
| 23 | 触发输入信号 | — | — | ○ | — | — | — | — | — | — | — | — | 5.2.6.1 | 6.3.6.1 |
| 24 | 触发输出信号 | — | — | ○ | — | — | — | — | — | — | — | — | 5.2.6.2 | 6.3.6.2 |
| 25 | 触发延迟 | — | — | ● | — | — | — | — | — | — | — | — | 5.2.6.3 | 6.3.6.3 |
| 26 | 波形失真特性 | — | ● | — | — | — | — | — | — | — | — | — | 5.2.7 | 6.3.7 |
| 27 | 外时钟输入 | — | — | ○ | — | — | — | — | — | — | — | — | 5.2.8.1 | 6.3.8.1 |

**表 1（续）**

| 序号 | 检验项目 | 鉴定检验分组 | | | | | | | | | | | 要求章条号 | 试验方法章条号 |
|---|---|---|---|---|---|---|---|---|---|---|---|---|---|---|
| | | A组 | | B组 | C组 | | | | | D组 | E组 | F组 | | |
| | | 工作前检验 | 主要性能特性测试 | 非主要性能特性测试 | 低温高温湿度 | 振动 | 机械冲击 | 电源 | 运输包装 | 电磁兼容 | | 可靠性 | | |
| 28 | 参考频率输入 | — | — | ○ | — | — | — | — | — | — | — | — | 5.2.8.2 | 6.3.8.2 |
| 29 | 参考频率输出 | — | — | ○ | — | — | — | — | — | — | — | — | 5.2.8.3 | 6.3.8.3 |
| 30 | 安全 | ● | — | — | — | — | — | — | — | — | — | — | 5.3 | 6.4 |
| 31 | 环境适应性 | — | — | — | ● | ● | ● | ● | — | — | — | — | 5.4 | 6.5 |
| 32 | 电磁兼容性 | — | — | — | — | — | — | — | — | ● | — | — | 5.5 | 6.6 |
| 33 | 可靠性 | — | — | — | — | — | — | — | — | — | — | ● | 5.6 | 6.7 |

注：

● ——表示应作的项目。

○ ——表示有要求时应作的项目。

— ——表示不作的项目。

## 7.4.2 鉴定检验抽样

### 7.4.2.1 A 组检验

随机抽取 5 台样品进行。

### 7.4.2.2 B 组检验

在已通过 A 组检验的 5 台样品中进行。

### 7.4.2.3 C 组检验

在已通过 A 组和 B 组检验的样品中抽取 3 台进行。

### 7.4.2.4 D 组检验

在已通过 A 组和 B 组检验的样品中抽取 1 台进行。

### 7.4.2.5 E 组检验

在已通过 A 组和 B 组检验的样品中抽取 1 台进行。

### 7.4.2.6 F 组检验

在已通过 A 组和 B 组检验的样品上至少选取 2 台进行。

## 7.4.3 鉴定检验合格判据

应符合 GB/T 6587—2012 中 6.3.3 的规定。

## 7.5 质量一致性检验

应符合 GB/T 6587—2012 中 6.4 的规定。

### 7.5.1 检验项目和顺序

应按表 2 中规定项目进行,顺序应符合 GB/T 6587—2012 中表 9 的规定。

**表 2 质量一致性检验项目**

| 序号 | 检验项目 | 质量一致性检验分组 | | | | | | | | | | | 要求章条号 | 试验方法章条号 |
|---|---|---|---|---|---|---|---|---|---|---|---|---|---|---|
| | | A 组 | | B 组 | C 组 | | | | | D 组 | E 组 | F 组 | | |
| | | 工作前检验 | 主要性能特性测试 | 非主要性能特性测试 | 低温高温湿度 | 振动 | 机械冲击 | 电源 | 运输包装 | 电磁兼容 | | 可靠性 | | |
| 1 | 外观与结构 | ● | — | — | ● | ● | ● | ● | ● | — | — | ○ | 5.1.1 | 6.2.1 |
| 2 | 外形尺寸 | — | — | — | — | — | — | — | — | — | ● | — | 5.1.2 | 6.2.2 |
| 3 | 重量 | — | — | — | — | — | — | — | — | — | ● | — | 5.1.3 | 6.2.3 |
| 4 | 供电电源电压、频率和功率 | — | — | — | — | — | — | ● | — | — | — | — | 5.1.4 | 6.2.4 |
| 5 | 通道数 | — | ○ | — | — | — | — | — | — | — | — | — | 5.2.1.1 | 6.3.1.1 |
| 6 | 接口功能 | — | ○ | — | — | — | — | — | — | — | — | — | 5.2.1.2 | 6.3.1.2 |
| 7 | 输出信号类型 | — | ● | — | — | — | — | — | — | — | — | — | 5.2.1.3 | 6.3.1.3 |
| 8 | 工作模式 | — | ● | — | — | — | — | — | — | — | — | — | 5.2.1.4 | 6.3.1.4 |
| 9 | 触发方式 | — | — | ○ | — | — | — | — | — | — | — | — | 5.2.1.5 | 6.3.1.5 |
| 10 | 脉冲极性 | — | — | ○ | — | — | — | — | — | — | — | — | 5.2.1.6 | 6.3.1.6 |
| 11 | 频率特性 | — | ● | — | ● | ● | ● | ● | — | — | — | ○ | 5.2.2 | 6.3.2 |
| 12 | 幅度 | — | ● | — | ● | ● | ● | ● | — | — | — | ○ | 5.2.3.1 | 6.3.3.1 |
| 13 | 幅度平坦度 | — | ○ | — | — | — | — | — | — | — | — | — | 5.2.3.2 | 6.3.3.2 |
| 14 | 脉冲高/低电平 | — | ● | — | ○ | ○ | ○ | — | — | — | — | — | 5.2.3.3 | 6.3.3.3 |
| 15 | 脉冲宽度 | — | ● | — | ● | ● | ● | — | — | — | — | — | 5.2.4.1 | 6.3.4.1 |
| 16 | 上升/下降时间 | — | — | ● | — | — | — | — | — | — | — | — | 5.2.4.2 | 6.3.4.2 |
| 17 | 脉冲延迟 | — | ● | — | ● | ● | ● | — | — | — | — | — | 5.2.4.3 | 6.3.4.3 |
| 18 | 抖动 | — | — | ● | — | — | — | — | — | — | — | — | 5.2.4.4 | 6.3.4.4 |
| 19 | 占空比/开关比 | — | — | ○ | — | — | — | — | — | — | — | — | 5.2.4.5 | 6.3.4.5 |
| 20 | 通道时滞 | — | ● | — | — | — | — | — | — | — | — | — | 5.2.4.6 | 6.3.4.6 |
| 21 | 脉冲电平稳定时间 | — | — | ● | — | — | — | — | — | — | — | — | 5.2.4.7 | 6.3.4.7 |
| 22 | 阻抗特性 | — | — | ● | — | — | — | — | — | — | — | — | 5.2.5 | 6.3.5 |
| 23 | 触发输入信号 | — | — | ● | — | — | — | — | — | — | — | — | 5.2.6.1 | 6.3.6.1 |
| 24 | 触发输出信号 | — | — | — | — | — | — | — | — | — | — | — | 5.2.6.2 | 6.3.6.2 |

**表 2（续）**

| 序号 | 检验项目 | 质量一致性检验分组 | | | | | | | | | | | 要求章条号 | 试验方法章条号 |
|---|---|---|---|---|---|---|---|---|---|---|---|---|---|---|
| | | A 组 | | B 组 | C 组 | | | | | D 组 | E 组 | F 组 | | |
| | | 工作前检验 | 主要性能特性测试 | 非主要性能特性测试 | 低温高温湿度 | 振动 | 机械冲击 | 电源 | 运输包装 | 电磁兼容 | | 可靠性 | | |
| 25 | 触发延迟 | — | — | ● | — | — | — | — | — | — | — | — | 5.2.6.3 | 6.3.6.3 |
| 26 | 波形失真特性 | — | ● | — | — | — | — | — | — | — | — | — | 5.2.7 | 6.3.7 |
| 27 | 外时钟输入 | — | — | ○ | — | — | — | — | — | — | — | — | 5.2.8.1 | 6.3.8.1 |
| 28 | 参考频率输入 | — | — | ○ | — | — | — | — | — | — | — | — | 5.2.8.2 | 6.3.8.2 |
| 29 | 参考频率输出 | — | — | ○ | — | — | — | — | — | — | — | — | 5.2.8.3 | 6.3.8.3 |
| 30 | 安全 | ● | — | — | — | — | — | — | — | — | — | — | 5.3 | 6.4 |
| 31 | 环境适应性 | — | — | — | ● | ● | ● | ● | — | — | — | — | 5.4 | 6.5 |
| 32 | 电磁兼容性 | — | — | — | — | — | — | — | — | ○ | — | — | 5.5 | 6.6 |
| 33 | 可靠性 | — | — | — | — | — | — | — | — | — | — | ○ | 5.6 | 6.7 |

注：
● ——表示应作的项目。
○ ——表示有要求时应作的项目。
— ——表示不作的项目。

### 7.5.2 A 组检验

A 组检验是对检验批的全部产品进行的非破坏性试验，检查最易受工艺或生产技能变化影响的性能特性，以及对操作控制等的安全特性要求。

#### 7.5.2.1 抽样方案

每批产品均应按表 2 和产品标准的规定逐台进行，产品标准中应规定允许的轻缺陷数和重缺陷数。

#### 7.5.2.2 合格判据

根据检验结果，累计缺陷数不超过产品标准的规定值时，则判批产品 A 组检验合格；若检验中出现缺陷数累计超过产品标准的规定值时，拒收该批产品，允许修复后重新交付检验；不允许出现致命缺陷。

### 7.5.3 B 组检验

B 组检验是对产品非主要性能特性进行的抽样检验，其检验项目应在产品标准中规定。

#### 7.5.3.1 抽样方案

应符合 GB/T 6587—2012 中 6.4.3 的规定。

7.5.3.2 合格判据

根据检验结果，按抽样方案判定，当缺陷数小于产品标准规定的不合格判定数时，则判 B 组检验合格，将批中不合格品修复后继续试验；当缺陷数等于或大于产品标准规定的不合格判定数时，判该批产品 B 组检验不合格。

7.5.4 C 组检验

C 组检验是对产品的环境和电源的试验。符合下列情况之一时，均应进行 C 组检验：

a） 批量生产的产品，其生产间断时间大于 6 个月时，每批应进行 C 组检验；

b） 连续生产的产品，每年应进行一次 C 组检验；

c） 改变主要设计、工艺、元器件及材料时需要进行 C 组检验。

7.5.4.1 抽样方案

应符合 GB/T 6587—2012 中 6.4.4 的规定。

7.5.4.2 合格判据

根据检验和试验结果，按抽样方案判明 C 组检验合格与否；当缺陷数小于产品标准规定的合格判定数时，判 C 组检验合格；允许将不合格品修复后进行试验；当缺陷数等于或大于产品标准规定的不合格判定数时，则判 C 组检验不合格。

7.5.5 D 组检验

有规定时，应进行 D 组检验。D 组检验是对产品进行特殊环境和电磁兼容性试验。

7.5.5.1 抽样方案

D 组检验样品应从已通过 A 组和 B 组检验的产品中随机抽取，除非产品标准另有规定，其抽样与 C 组样品抽取方法相同。

7.5.5.2 合格判据

a） 除非产品标准另有规定，与 C 组检验合格判据相同；

b） 电磁兼容性试验不合格应拒收该批产品。

7.5.6 E 组检验

E 组检验的样品应在通过 A 组和 B 组检验的产品中随机抽取。

7.5.6.1 抽样方案

应符合 GB/T 6587—2012 中 6.4.6 的规定。

7.5.6.2 合格判据

按产品标准中的规定，当缺陷数不大于合格判定数时，则判 E 组检验合格。当缺陷数等于或大于合格判定数时，则判 E 组检验不合格。

7.5.7 **F组检验**

有规定时,应按 GB/T 6587—2012 中 6.4.7 的规定进行可靠性试验。

7.5.7.1 **抽样方案**

试验样品应在已通过 A 组和 B 组检验的产品中随机抽取。产品标准应按 GB/T 11463—1989 中表 3 的规定选取样品数量。

7.5.7.2 **合格判据**

应符合 GB/T 11463—1989 中第 7 章和第 8 章的规定。

7.5.8 **质量一致性检验合格判据**

每一检验均应符合本标准和产品标准的要求,除非订购方另有许可,A 组至 F 组检验均应合格,则质量一致性检验合格。

## 8 标志、包装、运输、贮存

### 8.1 标志

8.1.1 **产品标志**

产品标志起码应具有下列内容:

a) 厂名、商标;

b) 型号、名称及出厂编号。

8.1.2 **外包装标志**

包装箱上起码应标志下列内容:

a) 厂名、商标、厂址;

b) 型号、名称;

c) 装箱年、月;

d) 毛重及包装箱的外形尺寸;

e) "怕雨"和"向上"等图示标志应符合 GB/T 191 的规定。

### 8.2 包装

8.2.1 脉冲信号发生器的包装应根据产品的具体情况,从简易包装、防雨包装、防潮包装、防震包装要求中,由产品标准规定一种包装方法或者兼有几种要求的包装方法。

8.2.2 产品标准应对内包装物和外包装箱的材料作出具体规定。

8.2.3 产品标准应对产品随机文件作出规定,如:

a) 产品合格证;

b) 产品使用说明书;

c) 装箱单;

d) 随机备附件清单;

e) 其他有关技术资料。

## 8.3 运输

脉冲信号发生器按规定装入包装箱后,可用各种无强烈振动的交通工具运输,运输中不应受雨、霜、雾直接影响,按标志“向上”放置,并不受挤压、撞击等损伤。

## 8.4 贮存

包装好的脉冲信号发生器应贮存在通风干燥、无腐蚀性气体的库房中。产品标准中还应规定贮存条件和堆码高度。

ICS 33.160.20
M 74

# 中华人民共和国国家标准

GB/T 9374—2012
代替 GB/T 9374—1988

# 声音广播接收机基本参数

## Basic parameters for sound broadcasting receivers

2012-12-31 发布　　　　2013-06-01 实施

中华人民共和国国家质量监督检验检疫总局
中国国家标准化管理委员会　发布

# 前 言

本标准按照 GB/T 1.1—2009 给出的规则起草。

本标准替代 GB/T 9374—1988《声音广播接收机基本参数》。

本标准与 GB/T 9374—1988 相比较，主要变化如下：

——增加了前言；

——提高了极限指标的要求，特别是 A 类；

——减少了测量项目；

——修改补充了附录 A；

——增加了附录 B；

——此次修订，部分引用 GB/T 15294—1994《高保真调频广播调谐器最低性能要求》的条款并做了技术性修改。

本标准由中华人民共和国工业和信息化部提出。

本标准由全国音频、视频及多媒体系统与设备标准化委员会(SAC/TC 242)归口。

本标准负责起草单位：北京无线电厂。

本标准参与起草单位：工业和信息化部电子技术标准化研究所、工业和信息化部电视电声研究所、广东省电子电器产品监督检验所、广东省电子行业协会、东莞市德生通用电气制造有限公司、中山市力泰电子工业有限公司、广州市锐丰建业灯光音响器材有限公司、深圳市宝安奋达实业有限公司、深圳市漫步者科技股份有限公司、佛山市三水好帮手电子科技有限公司、广州市银光电子工业有限公司。

本标准主要起草人：俞锡良。

本标准参与起草人：李良玉、刘超英、郁文、李泰桢、祁家堃、梁鸿飞、王湘、梁伟、王庚、邱敏华、曾德钧、李兰强、顾焰、郭毅刚。

本标准所代替标准的历次版本发布情况为：

——GB/T 9374—1988。

# 声音广播接收机基本参数

## 1 范围

本标准规定了声音广播接收机的基本参数、分类、极限指标及相应的测量条件。

本标准适用于声音广播接收机(以下简称收音机)和调谐器,也适用于收录机的收音部分;但不适用于特殊机种(例如汽车收音机等)和签订协议的产品及玩具收音机,也不适用于数字收音机。

## 2 规范性引用文件

下列文件对于本文件的应用是必不可少的。凡是注日期的引用文件,仅注日期的版本适用于本文件。凡是不注日期的引用文件,其最新版本(包括所有的修改单)适用于本文件。

GB/T 2846 调幅广播收音机测量方法

GB/T 6163 调频广播接收机测量方法

GB/T 15294—1994 高保真调频广播调谐器最低性能要求

IEC 60315-3 各种发射类别的无线电接收机的测量方法 第3部分:调幅声音广播发射接收机(Methods of measurement on radio receivers for various classes of emission—Part 3:Receivers for amplitude-modulated sound-broadcasting emissions)

## 3 收音机的基本参数

### 3.1 调幅收音机

调幅收音机的基本参数及测量条件,以表1列出。

表1 调幅收音机基本参数

| 序号 | 基本参数 | 计量单位 | 极限指标 | | | 测量条件 | 说明 |
|---|---|---|---|---|---|---|---|
| | | | A类 | B类 | C类 | | |
| 1 | 频率范围<br>中 波<br>短 波 | <br>kHz<br>MHz | <br>526.5～1 606.5<br>2.3～26.1 | | | 测量频率:在频率范围两端极限位置;<br>调幅度:30%;<br>输入电平:实测噪限灵敏度;<br>调谐方法:输出最大;<br>输出功率:不大于额定输出功率 | 短波波段划分及其频率范围可在产品标准中规定 |
| 2 | 噪限灵敏度<br>磁性或框形天线<br>外接或拉杆天线 | <br>mV/m<br>μV | <br>1.0<br>100 | <br>3.0<br>300 | <br>6.0<br>600 | 测量频率:三点优选测量频率;<br>调幅度:30%;<br>调谐方法:输出最大;<br>输出功率:标准输出功率;<br>信噪比:26 dB(去调制法) | 1. 磁性天线小于或等于140 mm的A类机灵敏度要求1.5 mV/m;<br>2. 磁性天线小于或等于55 mm的C类机信噪比为20 dB;<br>3. 短波测量频率可在产品标准中规定 |

**表 1（续）**

<table>
<tr><th rowspan="2">序号</th><th rowspan="2">基本参数</th><th rowspan="2">计量单位</th><th colspan="3">极限指标</th><th rowspan="2">测量条件</th><th rowspan="2">说　明</th></tr>
<tr><th>A 类</th><th>B 类</th><th>C 类</th></tr>
<tr><td>3</td><td>单信号选择性</td><td>dB</td><td>36</td><td>16</td><td>10</td><td>测量频率:1 000 kHz<br>偏调:±9 kHz;<br>调幅度:30%;<br>输入电平:实测噪限灵敏度;<br>调谐方法:输出最大;<br>输出功率:标准输出功率</td><td>只有两个中频单调谐回路的 C 类机要求 6 dB</td></tr>
<tr><td>4</td><td>中频抑制</td><td>dB</td><td>45</td><td>20</td><td>—</td><td>测量频率:中波低端标称频率点;<br>调幅度:30%;<br>输入电平:实测噪限灵敏度;<br>调谐方法:输出最大;<br>输出功率:标准输出功率</td><td>有二次变频时需分别测第一中频和第二中频</td></tr>
<tr><td>5</td><td>镜像抑制<br>中波<br>短波:≤12 MHz<br>≤18 MHz<br>>18 MHz</td><td>dB</td><td><br>50<br>20<br>16<br>10</td><td><br>20<br>6<br>3<br>1</td><td>—</td><td>测量频率:各波段高端标称频率点;<br>调幅度:30%;<br>输入电平:实测噪限灵敏度;<br>调谐方法:输出最大;<br>输出功率:标准输出功率</td><td>有二次变频时需分别测第一中频镜像和第二中频镜像</td></tr>
<tr><td>6</td><td>假响应抑制</td><td>dB</td><td>40</td><td>20</td><td>—</td><td>测量频率:1 000 kHz;<br>调幅度:30%;<br>输入电平:实测噪限灵敏度;<br>调谐方法:输出最大;<br>输出功率:标准输出功率</td><td>高本振测 $f_o - f_i/2$<br>低本振测 $f_o + f_i/2$<br>($f_o$ 为本振频率,$f_i$ 为中频,有二次变频时 $f_i$ 包括第一中频和第二中频,分别测量)</td></tr>
<tr><td rowspan="3">7</td><td>整机频率特性<br>(对 1 kHz<br>的下降)</td><td>Hz</td><td>100～<br>4 000<br>63～<br>4 000<br>40～<br>4 000</td><td>200～<br>3 150<br>140～<br>3 150<br>100～<br>3 150</td><td>400～<br>2 500<br>280～<br>2 500<br>200～<br>2 500</td><td rowspan="3">测量频率:1 000 kHz;<br>调制频率:所选音频范围的频率;<br>调幅度:30%;<br>输入电平:10 mV/m 或 1 mV;<br>调谐方法:输出最大;<br>输出功率:0.25 倍额定输出功率</td><td rowspan="3">测量声压频率特性时,音调可在高低音提升和衰减位置各测一次,并计算其间最小不均匀度</td></tr>
<tr><td>电压</td><td rowspan="2">dB</td><td colspan="3">下限频率:6<br>上限频率:10</td></tr>
<tr><td>声压</td><td>产品标准规定</td><td colspan="2">—</td></tr>
</table>

表 1（续）

| 序号 | 基本参数 | 计量单位 | 极限指标 A类 | 极限指标 B类 | 极限指标 C类 | 测量条件 | 说　　明 |
|---|---|---|---|---|---|---|---|
| 8 | 整机谐波失真 | % | | | | 测量频率：1 000 kHz；<br>调制频率：所选定音频范围内1倍频程优选测量频率及两端极限频率；<br>调幅度：80%（电源电压≤3 V为60%）；<br>输入电平：10 mV/m或1 mV；<br>调谐方法：输出最大；<br>输出功率：标准输出功率 | 1. 离两端极限频率以内间距小于或等于1/3倍频程的优选频率点免测；<br>2. 测量声压谐波失真时为额定输出功率 |
| | 电压 | | 3 | 6 | 10 | | |
| | 声压 | | 产品标准规定 | — | | | |
| 9 | 整机最大有用功率 | W | 产品标准规定，实测时不低于规定值 | | | 测量频率：1 000 kHz；<br>调幅度：80%；<br>输入电平：10 mV/m或1 mV；<br>调谐方法：输出最大；<br>输出功率：失真10%时输出功率 | 1. 具有双声道的收音机，应分别以每个声道表示和测量；<br>2. 调谐器不测此项 |
| 10 | 降压特性 | — | 有载交流电源电压降到额定值的0.8倍；<br>有载直流电源电压降到额定值的0.6倍；<br>输出不小于标准输出功率，且在无信号输入时全部频率范围内不应有自激啸叫声 | | | 测量频率：1 000 kHz；<br>调幅度：30%；<br>输入电平：10 mV/m或1 mV；<br>调谐方法：输出最大；<br>音量：最大位置；<br>音调：各种位置 | 直流电源电压小于或等于3 V时降到额定值的0.8倍 |

## 3.2　调频收音机

调频收音机的基本参数及测量条件，以表2列出。

**表 2　调频收音机基本参数**

| 序号 | 基本参数 | 计量单位 | 极限指标 | | | 测量条件 | 说　明 |
|---|---|---|---|---|---|---|---|
| | | | A类 | B类 | C类 | | |
| 1 | 频率范围 | MHz | 87～108 | | | 测量频率:在频率范围两端极限位置;<br>频偏:±75 kHz;<br>输入电平:小于限幅电平;<br>调谐方法:输出最大;<br>输出功率:不大于额定输出功率 | 校园调频广播频率范围优先采用76 MHz～84 MHz |
| 2 | 噪限灵敏度 | μV | 10 | 20 | 40 | 测量频率:三点优选测量频率;<br>频偏:±75 kHz;<br>调谐方法:噪声最小;<br>输出功率:标准输出功率;<br>信噪比:30 dB(去调制法) | — |
| 3 | 双信号选择性 | dB | 20 | 6 | — | 测量频率:98 MHz<br>偏调:±400 kHz;<br>频偏:±75 kHz;<br>输入电平:70 dBf;<br>调谐方法:失真最小;<br>输出功率:标准输出功率 | 1. C类机在产品标准中规定单信号选择性指标;<br>2. 70 dBf用75 Ω有载端电压表示时为870 μV或59 dB(μV) |
| 4 | 调幅抑制 | dB | 35 | 24 | — | 测量频率:98 MHz;<br>调制频率:1 kHz;<br>频偏:±75 kHz;<br>调制频率:400 Hz;<br>调幅度:30%;<br>输入电平:70 dBf;<br>调谐方法:失真最小;<br>输出功率:标准输出功率(同时调制法) | 1. 可微调信号发生器,使调幅抑制最好;<br>2. 如限于仪器条件,1 kHz和400 Hz可以互换 |
| 5 | 镜像抑制 | dB | 40 | 14 | — | 测量频率:87 MHz、108 MHz;<br>频偏:±75 kHz;<br>输入电平:小于限幅电平;<br>调谐方法:噪声最小;<br>输出功率:标准输出功率 | 1. 高本振测108 MHz低本振测87 MHz;<br>2. A类调谐器要求50 dB |
| 6 | 假响应抑制 | dB | 50 | 32 | — | 测量频率:98 MHz;<br>频偏:±75 kHz;<br>输入电平:小于限幅电平;<br>调谐方法:噪声最小;<br>输出功率:标准输出功率(已调信号法) | 高本振测 $f_o-f_i/2$<br>低本振测 $f_o+f_i/2$<br>($f_o$ 为本振频率,$f_i$ 为中频) |

表 2（续）

| 序号 | 基本参数 | 计量单位 | 极限指标 A类 | 极限指标 B类 | 极限指标 C类 | 测量条件 | 说明 |
|---|---|---|---|---|---|---|---|
| 7 | 整机频率特性（对 1 kHz 的下降） | Hz | 100～8 000<br>63～10 000<br>40～12 500 | 200～5 000<br>140～6 300<br>100～8 000 | 400～3 150<br>280～4 000<br>200～5 000 | 测量频率：98 MHz；<br>调制频率：所选定音频范围的频率；<br>频偏：±75 kHz；<br>输入电平：70 dBf；<br>调谐方法：失真最小；<br>输出功率：1 kHz 时 0.25 倍额定输出功率（直接调制法） | 1. 不加预加重网络测量，再用标准 50 μs 预加重特性修正；<br>2. 也可加 50 μs 预加重网络测量，但先用 15 kHz 调制频率调整到 0.25 倍额定输出功率；<br>3. 测量声压频率特性时音调可在高低音提升和衰减位置各测一次并计算其间最小不均匀度。调谐器不测此项；<br>4. A 类调谐器的电压频率特性要求 40 Hz～12 500 Hz±1.5 dB |
| | 电压 | dB | 3 | 6 | | | |
| | 声压 | | 产品标准规定 | — | | | |
| 8 | 整机谐波失真<br>电压 | % | 2 | 5 | 8 | 测量频率：98 MHz；<br>调制频率：所选定音频范围内 1 倍频程优选测量频率及两端极限的频率；<br>频偏：±75 kHz；<br>输入电平：70 dBf；<br>调谐方法：失真最小；<br>输出功率：标准输出功率 | 1. 调制频率最高不超过 5 kHz<br>2. 离两端极限频率以内间距小于或等于 1/3 倍频程的优选频率点免测；<br>3. 测量声压谐波失真时为额定输出功率；<br>4. A 类调谐器要求 1% |
| | 声压 | | 产品标准规定 | — | | | |
| 9 | 整机最大有用功率 | W | 产品标准规定（应和调幅部分所规定的一致）实测时不低于规定值 | | | 测量频率：98MHz；<br>频偏：±75 kHz；<br>输入电平：70 dBf；<br>调谐方法：失真最小；<br>输出功率：失真 10%输出功率 | 1. 具有双声道的收音机，应以每个声道分别表示和测量；<br>2. 调谐器不测此项 |
| 10 | 降压特性 | — | 有载交流电源电压降到额定值的 0.8 倍；<br>有载直流电源电压降到额定值的 0.6 倍；<br>输出不小于标准输出功率，且在无信号输入时全部频率范围内不应有自激啸叫声 | | | 调制频率：98 MHz；<br>频偏：±75 kHz；<br>输入电平：70 dBf；<br>调谐方法：输出最大；<br>音量：最大位置；<br>音调：各种位置 | 直流电源电压小于或等于 3 V 时降到额定值的 0.8 倍 |

表 2（续）

| 序号 | 基本参数 | 计量单位 | 极限指标 | | | 测量条件 | 说　明 |
|---|---|---|---|---|---|---|---|
| | | | A 类 | B 类 | C 类 | | |
| 11 | 点灯灵敏度 | μV | 30 | 60 | 120 | 测量频率：三点优选测量频率；<br>调制信号：立体声（L＝－R）信号；<br>频偏：±67.5 kHz<br>导频频偏：±6.75 kHz；<br>调谐方法：输出最大；<br>输出功率：不大于额定输出功率 | 立体声指示灯刚亮时的输入电压 |
| 12 | 分离度 | dB | 30 | 20 | 12 | 测量频率：98 MHz；<br>调制信号：立体声 L 或 R 信号；<br>频偏：±67.5 kHz；<br>导频频偏：±6.75 kHz；<br>输入电平：70 dBf；<br>调谐方法：失真最小；<br>输出功率：标准输出功率 | 1. 测量 $(U_L)_L/(U_L)_R$ 和 $(U_R)_R/(U_R)_L$；<br>2. 具有不可断开的立体声展宽电路时，分离度的要求在产品标准中规定；<br>3. 可微调收音机使分离度最大；<br>4. 若左右扬声器中心距离小于或等于 0.3 m 及用耳机时，A 类要求 20 dB，B 类要求 14 dB，C 类不作要求 |
| 13 | 平衡度 | dB | 2 | 3 | 4 | 测量频率：98 MHz；<br>调制信号：立体声（L＝－R）信号；<br>频偏：±67.5kHz；<br>导频频偏：±6.75 kHz；<br>输入电平：70 dBf；<br>输出功率：左声道额定输出功率；<br>调谐方法：失真最小；<br>平衡：标称平衡位置（标称平衡度法） | — |
| 14 | 导频和副载波抑制<br>19 kHz<br>38 kHz | dB | <br>40<br>46 | <br>20<br>26 | — | 测量频率：98 MHz；<br>调制信号：立体声（L＝－R）信号；<br>频偏：±67.5 kHz；<br>导频频偏：±6.75 kHz；<br>输入电平：70 dBf；<br>调谐方法：失真最小；<br>输出功率：额定输出功率 | — |

### 3.3 补充说明

声音广播接收机的基本参数和测量条件的补充说明见附录A。

## 4 收音机的分类

基本参数的极限指标,除某些通用者外,分为A、B、C三类。其中接收性能部分,即表1或表2中的第(2~6)项及表2中的第(11~14)项,应保持同类设计。保真度部分,即表1或表2中的第(7~9)项,亦应保持同类设计。而接收性能部分和保真度部分之间,可以同类或异类设计,根据产品具体情况合理选配。在同一台收音机中,调幅和调频部分的类别,原则上应取得一致。但受条件限制时,接收性能部分也可以相邻异类设计。

对生产型标准的有关规定和说明参见附录B。

## 5 测量方法

### 5.1 调幅收音机的测量方法

调幅收音机的测量方法,按GB/T 2846进行。

### 5.2 调频收音机的测量方法

调频收音机的测量方法,按GB/T 6163进行。

## 6 测量用标准大气条件及电源要求

除特别规定外,所有收音机均在下列大气条件和电源要求下进行。

——环境温度:15 ℃~35 ℃;

——相对湿度:25%~75%;

——大气压力:86 kPa~106 kPa;

——交流电源:电压额定值±10%;

电源频率:50 Hz±0.5 Hz;

——直流电源:电压额定值±5%。

# 附　录　A
## （规范性附录）
## 基本参数和测量条件的补充说明

### A.1　与调制相关的说明

在测量条件中，调制频率除特别规定外，均为 1 kHz，调制度均指有信号的调制度。输出功率除表 1 或表 2 中的第 7 项、第 8 项外均为 1 kHz 调制频率的输出功率。测灵敏度时三点优选测量频率：MW 为 560 kHz、1 000 kHz、1 600 kHz，FM 为 88 MHz、98 MHz、108 MHz，SW 由产品标准自定。电压的表示方式也可用 dB(μV)表示(即 1 μV=0 dB)。

### A.2　与中频相关的说明

——AM：450 kHz、455 kHz 或 465kHz，以及二次变频的第一中频；

——FM：10.7 MHz 或其他频率，以上中频及允差均在产品标准中规定。

### A.3　与灵敏度中所列电压值相关的说明

灵敏度中所列电压值，调幅收音机为模拟天线网络输入端的电压。调频收音机为模拟天线网络输出端的电压。调频收音机天线输入端的负载为 75 Ω，如负载为其他阻值时，按下式换算：

$$U=U_0\sqrt{R/75}$$

式中：

$U_0$——75 Ω 时的有载端电压；

$R$ ——实际所用的负载阻值。

### A.4　与天线相关的说明

在产品标准中应说明该产品适用何种天线，以及检测时用何种模拟天线网络。此外，各种计权网络、滤波器和电压表的应用均按 GB/T 2846 和 GB/T 6163 中的规定执行。

### A.5　与调谐方法相关的说明

调谐方法在调幅部分按 IEC 60315-3 的规定，一律改为“输出最大”的方法，废除其他的调谐方法。调频部分仍保留输出最大、噪声最小、失真最小三种调谐方法，在各项参数的测量条件中分别列出。

### A.6　与输出功率相关的说明

额定输出功率系列见表 A.1，可按低于所用扬声器额定功率的适当倍数，在产品标准中合理规定。

表 A.1

| | | | |
|---|---|---|---|
| 额定输出功率系列/W | 0.05<br>0.10<br>0.25 | 0.5<br>1.0<br>2.0 | 5<br>10<br>20 |

标准输出功率见表 A.2。

表 A.2

| 额定输出功率/W | 0.05～0.25 | 0.5～5 | >5 |
|---|---|---|---|
| 标准输出功率/mW | 5 | 50 | 500 |

在耳机插座处测量性能时，额定输出功率为 1 mW，标准输出功率为 0.25 mW。

## A.7 与音调控制相关的说明

表 1 和表 2 的音调位置，除有特别规定者外，均为平直位置。不再在各项参数的测量条件中列出。音调的平直位置，按 IEC 60315-3 的规定，是指用 100 Hz、1 kHz、10 kHz 3 个频率的信号，以相同电压分别输入低放，将音调控制器调到 3 个信号输出电压相同的位置，在无争议时也可放在标称平直位置，即音调刻度中心位置，或多段音调控制器都放在 0 dB 位置。

多段音调控制器的高低音提升位置，测量中规定以 1 000 Hz 钮在 0 dB 处及边缘两钮在最大提升处所构成的 V 字形位置。高低音衰减位置为 1 000 Hz 钮在 0 dB 处及边缘两钮在最大衰减处所构成的倒 V 字形位置。

## A.8 关于声互调失真的说明

为使电压频率特性和声压频率特性基本相关，在整机频率特性中的音频范围系列中，所选定的音频范围的下限频率，应与所用扬声器的谐振频率相接近。但不宜将具有较大有用功率的低端频率范围落入或低于扬声器的谐振频率，以免引起较大的声互调失真。

## A.9 关于性能优化的 3 个开关的说明

具有中频宽窄带开关、远近程开关和软静噪开关等的收音机，在检测时可放在对性能指标有利的位置，各在测量结果中说明。

## A.10 关于声道测量的说明

调频立体声收音机测量时，表 2 中的第(1～10)项，仍和单声道测法相同，只在左声道输出端测量，有"单声道/立体声"开关时，放在"单声道"位置。表 2 中的第(11～14)项立体声项目，应测量左右声道，并取其中较差的数值。平衡电位器除表 2 中第 13 项应放在标称平衡位置处，其余各项可调到左、右声道平衡位置或放在标称平衡位置。只具有低频双声道的收音机，测量方法同上。标称平衡位置是指平衡旋钮刻度中心位置，或指左右声道分开的音量旋钮放在相同音量刻度位置。

**A.11 关于交直流收音机测量的说明**

交直流收音机应在交流和直流两种状态下分别测量其结果。

**A.12 关于调谐器的说明**

关于调谐器可分别对待，如果调谐器是单独生产，并无低放配套，且调谐器中兼有调幅和调频装置，可按A类、B类两种状态设计和检测。(若调谐器只是调频高保真的装置，则属于GB/T 15294—1994的范畴)。检测部门测量以上这些独立的调谐器时，可在调谐器输出端外接一个按产品标准中规定的负载电阻，并按产品标准中规定的输出电压进行测量。如果调谐器和功放器联合配套生产，则可将两者联合进行A类、B类的设计和检测。

**A.13 关于自动频率控制的说明**

具有自动频率控制的收音机，应将自控功能切断，若没有切断开关，只能在自控状态下进行测量，需在测量结果中注明。

**A.14 关于不同调谐方式的收音机的说明**

用机械传动调谐和指针刻度盘指示频率的收音机或调谐器，应在产品标准中规定其刻度误差要求。数字显示的收音机和C类直拨式调谐的小袖珍机不作要求。关于指针回差和旋钮回差，以及自动搜索调谐收音机的预选频率误差等，可在产品标准中规定和说明。

**A.15 与电源消耗相关的说明**

电源消耗应在产品标准中加以规定，要注明静态和整机最大有用功率输出时的动态电流或功耗用。

**A.16 与高频机震抑制相关的说明**

关于高频机震抑制，暂不列入表1和表2中，由产品标准规定，质检部门可以抽测，测量方法按GB/T 2846和GB/T 6163的规定进行，音调控制器可放在高低音衰减位置，指标要求为−3 dB。

**A.17 与带室外天线的收音机相关的说明**

对需用室外天线的收音机，应在产品标准中规定冲击放电的承受能力。

**A.18 与校园广播频率相关的说明**

校园调频广播可在48.5 MHz～72.5 MHz和76 MHz～84 MHz的频率范围内进行，但优先采用76 MHz～84 MHz的频率范围。如果兼有校园广播频率范围的收音机为工厂正式产品，其基本参数和指标等仍适用本标准。如为非正式产品，则由校园广播站自行规定。

### A.19 与本振辐射相关的说明

关于本振辐射，这是属于IEC/CISPR(国际无线电干扰特别委员会)标准的范畴，国内也已有等同或参照的相关标准。

### A.20 与其他标准的协调性相关的说明

在本标准的测量条件中，若与新修订的GB/T 2846和GB/T 6163测量方法中的测量条件有不一致的情况时，均按新修订的国标测量方法进行。

# 附 录 B
# （资料性附录）
# 对生产型企业标准的有关规定和说明

## B.1 范围

本附录只对不公开的生产型企业标准中，有关分类方法、参数项目和电声配合等问题的规定和说明，不涉及产品标准的其他内容。

## B.2 对生产型企业标准的基本要求

为便于质检部门了解产品情况和执行检测，生产型企业标准中首先说明在产品设计中所确定的前提条件。

### B.2.1 对产品名称的内容要求

收音机或调谐器的类别：按本标准规定，在同一台收音机中，可能出现由A、B、C各种组合的3个字母的分类表达形式，第一位字母为调幅接收性能的类别、第二位字母为调频接收性能的类别，第3位字母为保真度部分的类别。其中调幅和调频接收性能之间可以是同类或相邻异类，而保真度部分与所用扬声器有关，来确定独立的类别，参看B.2.5。（调谐器的保真度部分和扬声器无直接关系，推荐按实际电性能在生产型企业标准中规定。）以上述3个字母的分类规定，在生产型企业标准中说明，质检部门按企标所规定的各部分类别和指标测量其性能。在对外公开的贸易型产品标准中，可以按产品技术含量和特色由产品标准自行宣称，与上述规定无关。

### B.2.2 对天线和网络相关内容的要求

在生产型企业标准中应规定所使用的天线和检测时适用哪类模拟天线网络。

### B.2.3 对中频相关内容的要求

在生产型企业标准中应规定中频。

### B.2.4 对功率相关内容的要求

额定输出功率、标准输出功率、整机最大有用功率及所用扬声器或耳机的额定阻抗和额定功率。

### B.2.5 关于整机电压频率特性的音频范围

所选用的整机电压频率特性的音频范围：本标准中整机频率特性A、B、C三类中各有三组音频范围可选择，是为了适应收音机中可能采用直径大小不同的扬声器，以达到电压频率特性和声压频率特性的合理配置。（见附录A中A.8）。当扬声器确定，并知道其谐振频率后，即可选定整机电压频率特性的音频范围系列中的一组频率范围，使其低端频率能与扬声器的谐振频率相适应，从而也确定了保真度部分的类别。整机最大有用功率则按扬声器的额定功率做出合理的配置。

## B.3 在产品标准中写入的基本参数项目

### B.3.1 本标准中的项目

本标准 AM 的表 1 中的第 10 项和 FM 的表 2 中的第 14 项(如非立体声则只列入 FM 前 10 项),其极限指标不低于本标准的规定。

### B.3.2 刻度误差、回差及自动搜索电台频率的预选频率误差

刻度误差、回差及自动搜索电台频率的预选频率误差(指标自定)。

### B.3.3 静态电流和整机最大有用功率输出时的动态电流

静态电流和整机最大有用功率输出时的动态电流(指标自定,也可以测量功耗)。

## B.4 可自选的项目参数

注:在生产型企业标准中,下列参数项目可自选(指标自定),没有特别指出的均为 AM 和 FM 共有的参数项目。

a) 实用灵敏度(只限 FM);
b) 信噪比;
c) 立体声信噪比(只限 FM);
d) 50 dB 信噪比灵敏度(只限 FM);
e) 俘获比(只限 FM);
f) 自动增益控制特性(只限 AM);
g) 单信号啸叫;
h) 调制交流声;
i) 高频机震抑制;
j) 偏调失真;
k) 调谐频率变化;
l) 射频互调抑制;
m) 辅助信道(SCA)抑制(只限 FM);
n) 冲击放电的承受能力;
o) 本振辐射;
p) 在国标测量方法的其他参数项目中,企业认为需要写入的项目(指标自定)。

## B.5 关于增加的参数项目

在产品标准中增加的参数项目,其测量方法仍按 GB/T 2846 和 GB/T 6163 进行。

## B.6 关于主观视听方法的使用

在不具备声压特性测量条件下,可用主观试听方法改善音质,见 GB/T 9375—1988。

**B.7 关于收音机上各种外接插座之类**

关于收音机上各种外接插座之类，请参看有关接口的国家标准，由生产型企业标准自定。

生产型企业标准无需将 GB/T 9374 内容照抄一遍，将 B.2 的内容写清楚，以及将 B.3～B.4 参数项目和指标列出即可。其他如测量条件、说明、附录 A 等内容只要引用 GB/T 9374、GB/T 2846、GB/T 6163 中的有关条款名称写出即可。

## 参 考 文 献

［1］ GB/T 9375—1988 收音机、录音机听音试验

ICS 31.220.10
L 23

# 中华人民共和国国家标准

GB/T 9393—2012
代替 GB/T 9393—1988

# $S_Z^T3$ 型电子测量仪器用电源连接器

$S_Z^T3$ type power supply connector for electronic measurement instrument

2012-12-31 发布　　2013-06-01 实施

中华人民共和国国家质量监督检验检疫总局
中国国家标准化管理委员会　发布

# 前　言

本标准按照 GB/T 1.1—2009 给出的规则起草。

本标准代替 GB/T 9393—1988《$S_Z^T$3 型电子测量仪器用连接器》。

本标准与 GB/T 9393—1988 相比，主要差异如下：

——本标准涉及的连接器仅为连接电源用，为与其他类型连接器加以区别，将本标准名称改为《$S_Z^T$3型电子测量仪器用电源连接器》；

——将所有技术要求集中编排作为第 4 章，而试验方法集中编排作为第 5 章；

——第 5 章　试验方法中所有试验方法均按相关新标准进行修订；

——对自由连接器配套使用的导线提出了要求（见 4.13）。

本标准由中华人民共和国工业和信息化部提出。

本标准由全国电子测量仪器标准化技术委员会（SAC/TC 153）归口。

本标准起草单位：中国人民解放军空军雷达学院、浙江慧亿科技开发有限公司武汉分公司。

本标准主要起草人：梅昌义、朱忠尼、亓迎川、金国明、王荣、虞振强。

本标准所代替标准的历次版本发布情况为：

——GB/T 9393—1988。

# $S_Z^T3$ 型电子测量仪器用电源连接器

## 1 范围

本标准规定了 $S_Z^T3$ 型电子测量仪器用单相两极带接地电源连接器(以下简称连接器)的技术要求、试验方法和包装、标志、运输、贮存要求等。

本标准适用于电子测量仪器及类似用途的计算机、办公电器所使用的电源连接器。

## 2 规范性引用文件

下列文件对本文件的应用是必不可少的,凡是注明日期的引用文件,仅注日期的版本适用于本文件。凡是不注日期的引用文件,其最新版本(包括所有的修改单)适用于本文件。

GB/T 191—2008 包装储运图示标志

GB 1002—2008 家用和类似用途单相插头插座 型式、基本参数和尺寸

GB/T 1184—1996 形状和位置公差 未注公差值

GB/T 2423.2—2008 电工电子产品环境试验 第2部分:试验方法 试验B:高温

GB/T 2423.3—2006 电工电子产品环境试验 第2部分:试验方法 试验Cab:恒定湿热试验

GB/T 2423.28—2005 电工电子产品环境试验 第2部分:试验方法 试验T:锡焊

GB/T 2828.1—2003 计数抽样检验程序 第1部分:按接收质量限(AQL)检索的逐批检验抽样计划

GB/T 2829—2002 周期检验计数抽样程序及表(适用于对过程稳定性的检验)

GB/T 4210—2001 电工术语 电子设备用机电元件

GB/T 5023.5 额定电压450/750 V及以下聚氯乙烯绝缘电缆 第5部分:软电缆(软线)

GB/T 5095.2—1997 电子设备用机电元件 基本试验规程及测量方法 第2部分:一般检查、电连续性和接触电阻测试、绝缘试验和电压应力试验

GB/T 5095.7—1997 电子设备用机电元件 基本试验规程及测量方法 第7部分:机械操作试验和密封性试验

## 3 术语和定义

GB/T 4210—2001 界定的以及下列术语和定义适用于本文件。

3.1

**连接器 connector**

与相应的插合元件进行连接和分离的元件。

3.2

**自由连接器 free connector**

装接导线或电缆的连接器。

3.3

**固定连接器　fixed connector**

安装在硬质板面上的连接器。

## 4　要求

### 4.1　总则

4.1.1　电子测量仪器用电源连接器应符合本标准和相应产品标准的所有要求。本标准的要求与相应产品标准不一致时，应以相应产品标准为准。

4.1.2　对连接器有特殊要求时，应在相应产品标准中补充规定。

### 4.2　结构和外形

4.2.1　电源连接器由自由端连接器和固定连接器两部分组成，其中自由端连接器又包括用导线连成一体的自由连接器和电源插头端两部分，固定连接器为安装于电子测量仪器上的部分。

4.2.2　电源连接器在结构上应能做到：自由连接器与固定连接器插合时，接地接触对应先连接，然后，载流接触对才带电。自由连接器与固定连接器分离时，载流接触对在接地接触对断开之前断开。

4.2.3　自由连接器的外形不作规定，但其接触对离边缘的距离应符合防触电要求。

4.2.4　固定连接器可有开关、小型管状熔断管和电源滤波器等其他功能，但应配合得当，不得影响其与自由连接器的基本功能和安全。

4.2.5　基本参数与尺寸

4.2.5.1　自由连接器的结构外形与基本参数尺寸应符合 GB 1002—2008 中相关规定和图 1 的规定。

单位为毫米

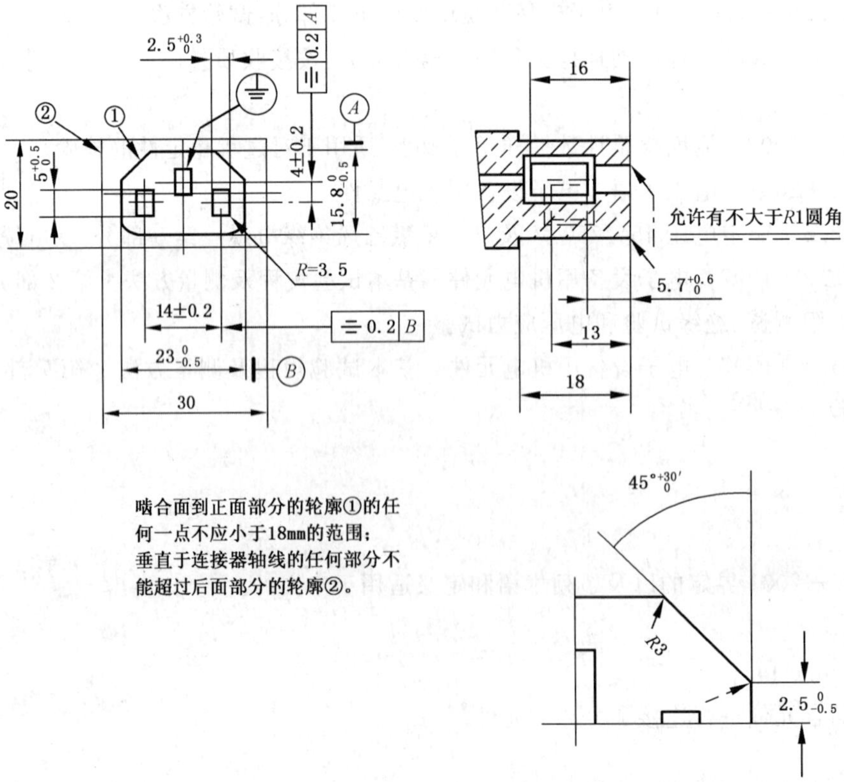


图 1　自由连接器的结构外形与参数尺寸

4.2.5.2 带安装突缘和安装孔的固定连接器的结构外形和基本参数尺寸应符合图2的规定，嵌入设备外表面的固定连接器的基本参数尺寸应符合图3的规定。

单位为毫米

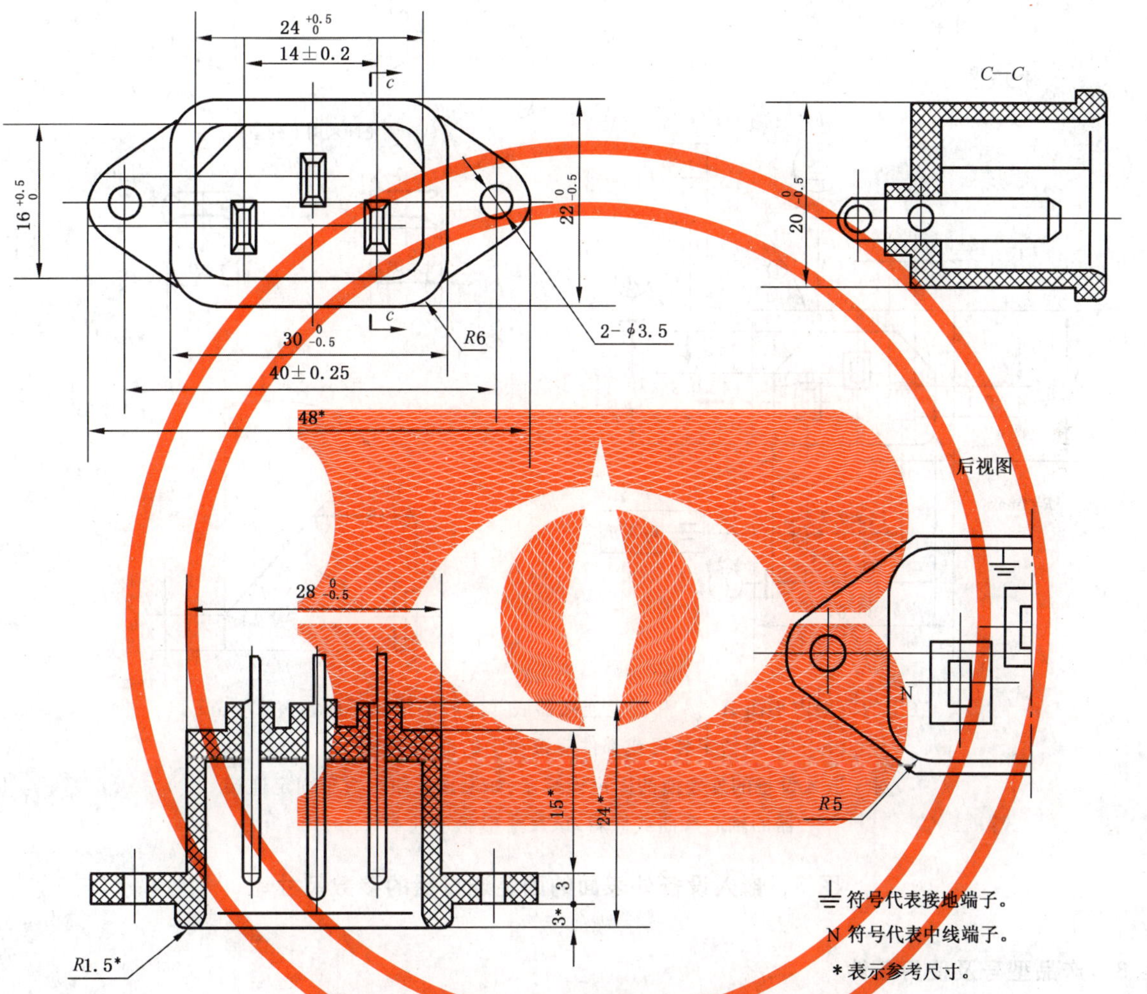


图2 带安装突缘和安装孔的固定连接器的结构外形与参数尺寸

单位为毫米

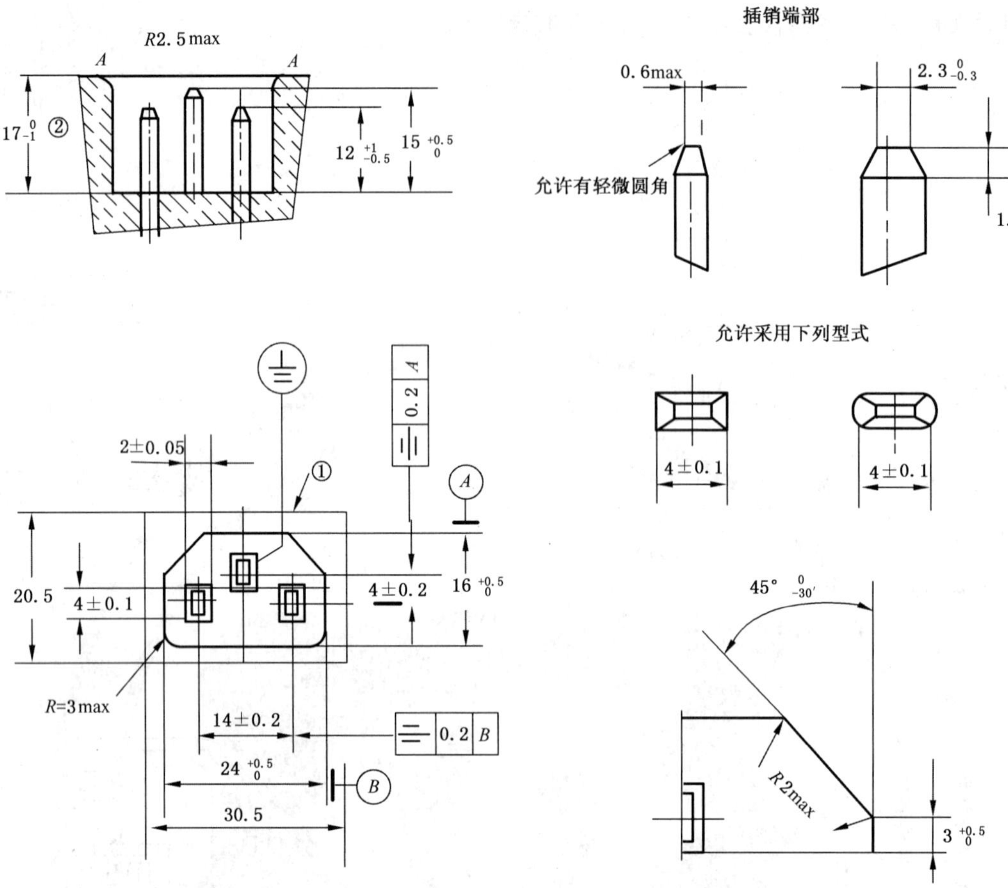


在①的范围内平面 A—A 和固定连接器底部之间的距离不应超过 17 mm，
但锁定装置或部件应该在①的范围之内；
对于嵌入设备的外表面的固定连接器，如果该表面相对于固定连接
器的轴心弯曲或倾斜，该尺寸不能超过 17 mm。

**图 3　嵌入设备外表面的固定连接器的参数尺寸**

## 4.3　产品型号及使用条件

4.3.1　产品型号的组成如表 1 所示。

**表 1**

| 序号 | 分　类 | 内　容 | 标志代号 |
|---|---|---|---|
| 1 | 主称代号 | 自由连接器 | ST |
| | | 固定连接器 | SZ |
| 2 | 结构类型序号 | — | 3 |
| 3 | 间隔线 | — | — |
| 4 | 额定电流(A) | 4,6,10 | 4,6,10 |
| 5 | 间隔线 | — | — |
| 6 | 导线长度(m) | 2,2.5,3 | 2,2.5,3 |
| 7 | 自由连接器形式 | 弯、直两种 | W(直的不标) |

4.3.2　型号的组成示例

a)　自由连接器

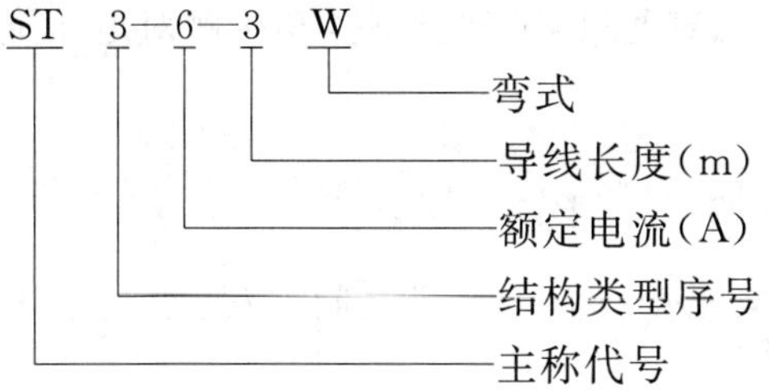


b)　固定连接器

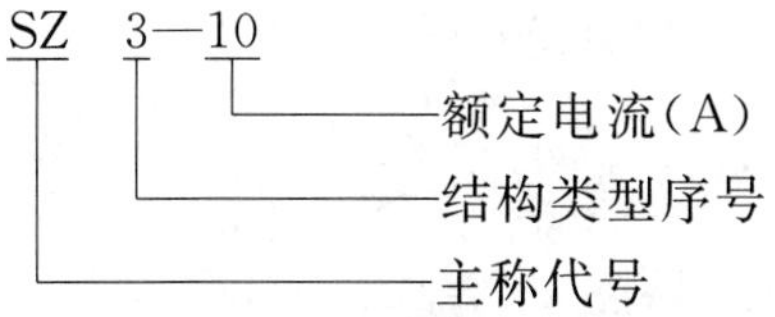


国内生产的同类型电子测量仪器用电源连接器，即使不采用表 1 中规定的型号，但基本参数尺寸应符合本标准的规定。

4.3.3　额定电负荷与导线截面积如表 2 所示。

**表 2**

| 额定电流/A | 额定电压/V | 最小导线标称截面积/mm² |
|---|---|---|
| 4 | 250 | 0.5 |
| 6 | 250 | 0.75 |
| 10 | 250 | 1.0 |

4.3.4　使用环境温度

本标准规定的连接器使用环境温度为：−10 ℃～+55 ℃。

### 4.4　外观质量

连接器塑料件表面应无气泡、裂纹、明显变形和擦伤，接触件应无锈蚀和明显毛刺。标志应清晰牢固。

### 4.5　插入和拔出力

自由连接器与固定连接器的插入和拔出力应在 10 N～50 N 之间。

### 4.6　绝缘电阻

连接器所有相邻接触对之间以及任一接触对与外壳或固定装置之间的绝缘电阻应为：

常态大于或等于 100 MΩ；

高温大于或等于 50 MΩ；

潮湿大于或等于 5 MΩ。

### 4.7　温升

连接器在通以 125％的额定电流后，其导电和接地接触件的温升不超过 45 ℃。

## 4.8 接触对电压降

自由连接器与固定连接器的接地接触对、载流接触对通以额定电流后，其接触对电压降皆不超过15 mV。

## 4.9 耐电压

连接器所有相邻接触对之间，以及任何接触对与外壳或固定装置之间，应能承受下述试验电压1 min的作用，而无击穿和闪络。

——常态 50 Hz 2 000 V有效值；
——湿热 50 Hz 1 500 V有效值；
——寿命 50 Hz 1 500 V有效值。

## 4.10 高温

自由连接器在温度为+70 ℃，固定连接器在温度为+100 ℃的高温条件下，持续2 h作用后，外观质量、绝缘电阻应符合4.4、4.6的规定。

## 4.11 恒定湿热

连接器应能经受40 ℃±2 ℃，相对湿度为90%～96%的潮湿作用48 h后，外观质量、绝缘电阻和耐电压应符合4.4、4.6、4.9的规定。

## 4.12 撞击

固定连接器应经受图4所示弹簧起动撞击试验装置的撞击12次，试验后不得有损坏现象。

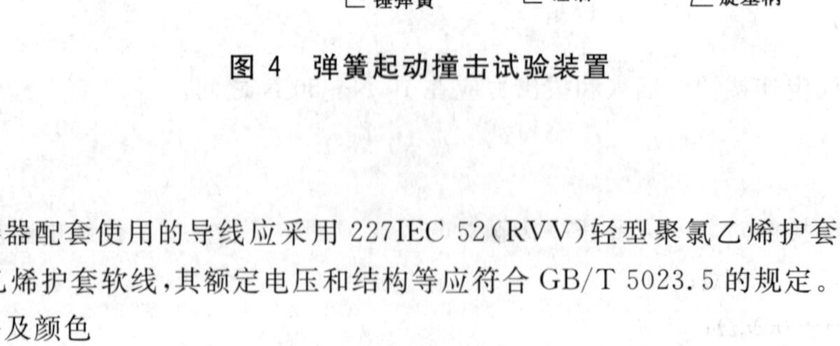


图4 弹簧起动撞击试验装置

## 4.13 导线

4.13.1 自由连接器配套使用的导线应采用227IEC 52(RVV)轻型聚氯乙烯护套软线或227IEC 53(RVV)普通聚氯乙烯护套软线，其额定电压和结构等应符合GB/T 5023.5的规定。

4.13.2 芯线规格及颜色

4.13.2.1 采用227IEC 52(RVV)型芯线规格最小标称截面积为3×0.5 $mm^2$ 和3×0.75 $mm^2$ 两种；采用227IEC 53(RVV)型芯线规格最小标称截面积为3×0.75 $mm^2$ 和3×1.0 $mm^2$ 两种。

4.13.2.2 芯线颜色

地线：黄绿双色；相线：棕色；中线：淡蓝色或黑色、棕色、浅蓝色。

### 4.14 拉力试验

自由连接器护线部位的导线应能承受 60 N 的力拉动 100 次，试验后保证电接触的可靠。

### 4.15 弯曲试验

自由连接器护线部位的导线应承受表 3 规定的弯曲试验。

表 3

| 导线标称截面积/mm² | 拉力/N | 弯曲次数 |
|---|---|---|
| 0.5 | 6.5 | 20 000 |
| 0.75 | 10 | 20 000 |
| 1.0 | 20 | 20 000 |

试验后不应有损坏现象，护套不应与主体分离，软线绝缘不应磨损，断开的绞合线不应刺破绝缘，试验期间试验电流不应中断，导线之间无短路。

### 4.16 锡焊性

#### 4.16.1 可焊性

固定连接器接线端表面应易于被熔融焊料润湿。

#### 4.16.2 耐焊接热

固定连接器经焊接试验后，其绝缘基体应无变形。

### 4.17 机械寿命

自由连接器、固定连接器在承受 4 000 次插拔寿命试验后，外观质量、耐电压应符合 4.4、4.9 的规定，并且不得有影响进一步使用的磨损、接触件的损坏、电器和机械连接的松动。

### 4.18 老化

连接器在正常大气压力下，自由悬挂在通风的加热箱中，在温度为 80 ℃±2 ℃的加热箱中放置 168 h，然后恢复至环境温度进行检查，不应有肉眼可见的裂纹，其材料不应有发软变质现象，外观质量应符合 4.4 的规定。

## 5 试验方法

### 5.1 结构与外形

按 GB/T 5095.2—1997 中第 2 章规定进行外形尺寸检查或用标准量规测量(见附录 A)。这些量规的粗糙度全部为 $\stackrel{0.8}{\bigtriangledown}$，硬度为 HRC 58～62，量规的平行度、垂直度和对称度等形位公差按 GB/T 1184—1996 中规定公差的 7 级。

### 5.2 外观质量

按 GB/T 5095.2—1997 中第 1 章规定进行外观检查。

### 5.3 插入和拔出力

按 GB/T 5095.7—1997 中第 2 章规定试验插入和拔出力。

### 5.4 耐电压

按 GB/T 5095.2—1997 中第 12 章规定试验耐电压。

### 5.5 绝缘电阻

按 GB/T 5095.2—1997 中第 11 章规定试验绝缘电阻。

### 5.6 导线

直观检查导线的型号规格及芯线颜色。

### 5.7 包装

目视检查和测量电源连接器的包装。

### 5.8 标志

目视检查电源连接器的标志。

### 5.9 温升

在无外界气流、强烈阳光和其他热辐射作用的室内进行。将载流接触件和接地接触件用 1 $mm^2$ 导线串联接入电路中，通电 1 h 后，用热电偶或变色指示器测量电接触部分温度。

### 5.10 恒定湿热

按 GB/T 2423.3—2006 的规定进行恒定湿热试验。

### 5.11 弯曲试验

在导线自由端悬挂规定重物，把试品插入插头部分固定在如图 5 所示的弯曲试验机上。自中心线各 45°角摆动，试验时载流接触件要通以规定的额定电流（接地线不通电流）和电压，摆动频率 60 次/分。当弯折到要求次数的一半后，需将试品转动 90°，弯折时无论向前或向后都算为一次动作。

### 5.12 锡焊性

#### 5.12.1 可焊性

按 GB/T 2423.28—2005 中试验 Ta 的规定，选用温度为 235 ℃的焊槽法。

试验后应进行外观检查。

#### 5.12.2 耐焊接热

按 GB/T 2423.28—2005 中试验 Tb 的规定，选用温度为 260 ℃的焊槽法。

### 5.13 撞击

图 4 所示试验装置由三部分组成，主体、撞击元件和弹簧承载释放锥体。主体包括外壳、撞击元件的导轨，释放机械装置和牢固地固定在那里的所有部件，装配件的质量为 1 250 g。撞击元件包括锤头，

锥杆和旋塞柄，装配件的质量为 250 g。锤头有半径为 100 mm 洛氏硬度为 HR100 的聚酰胺半球形撞击面，以此固定在锤杆上；当撞击元件在释放点上时，锥尖到锥体正面的平面距离为 20 mm，锤体质量为 60 g，当释放夹片在撞击元件的释放点上时，锤体弹簧应施加 20 N 的力。调节锤头的弹簧使得压缩和施加的力的乘积等于 1 000 mm・N，压缩约为 20 mm，撞击部位选择在最薄弱地方四处，每处连续撞击 3 次。

## 5.14 高温

按 GB/T 2423.2—2001 中试验 Ba 或 Bb 的规定进行，当达到规定的持续时间后，将试品取出箱外在正常的大气条件下恢复 1 h 后测量。

单位为毫米

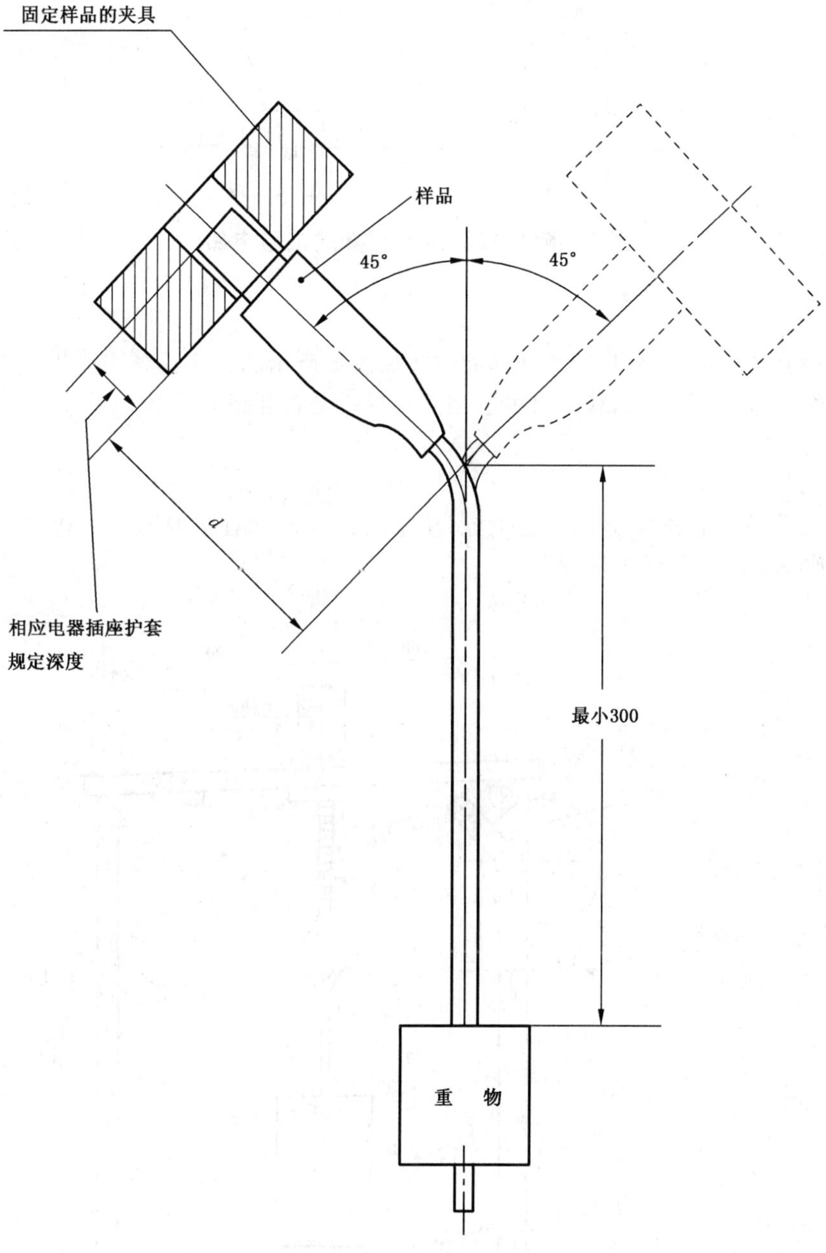


图 5 弯曲试验机

5.15 老化

用一块干的粗纹布包着食指，以 5 N 力压在样品上，样品上不应留下布的任何痕迹，样品的材料也不应粘附在布上。5 N 力可用如下方法获得，即把样品放在天平的一个盘上，另一个盘负载着样品的重量后再加 500 g 砝码，然后用包着干布的食指按压在样品上，使其恢复平衡。

5.16 接触对电压降

按图 6 线路通以规定电流进行测量，自由连接器插入固定连接器后，三个接触件应分别接入线路进行测量，测量部位为自由连接器、固定连接器的接触对。

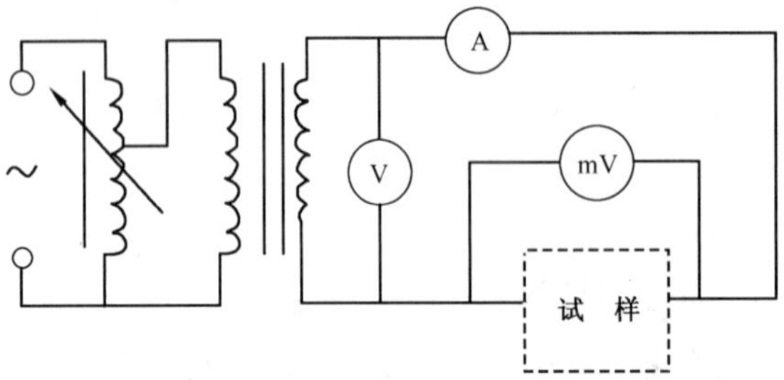


图 6 测量接触对电压降的试验电路

5.17 拉力试验

在导线自由端悬挂配重砝码，然后把试样固定在如图 7 所示的专用设备上。以 1 次/s 的频率转动偏心轮，经 100 次转动后取下样品，检查自由连接器与导线是否开路。

5.18 机械寿命

在专用寿命试验设备上进行，通入规定电流(功率因数 0.95 以上)，插拔 1 000 次，然后在不通电情况下插拔 3 000 次，插拔速度 30 次/min。

单位为毫米

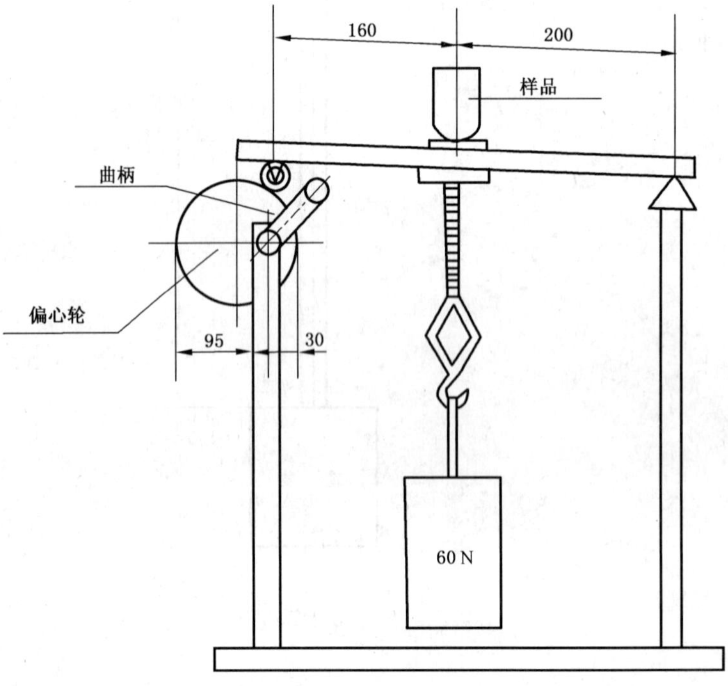


图 7 拉力试验装置

# 6 检验规则

## 6.1 检验条件

除非另有规定，其测量和试验均在温度为 15 ℃～35 ℃、相对湿度为 25%～75%、大气压力为 86 kPa～106 kPa 的测量或试验用标准大气条件下进行。

## 6.2 检验分类

检验分逐批检验和周期检验两类。

## 6.3 逐批检验

### 6.3.1 抽样

根据 GB/T 2828.1—2003 的表 1 中的一般检验水平Ⅱ的正常检验一次抽样方案随机抽取样品。

### 6.3.2 程序

按表 4 中规定的检验项目和顺序进行，按第 6 章要求检查包装时，抽检一个包装箱及其三个包装盒。

表 4

| 序号 | 检验项目 | 要求章条号 | 试验方法章条号 | 合格质量水平 AQL | |
|---|---|---|---|---|---|
| | | | | 轻缺陷 | 重缺陷 |
| 1 | 结构与外形 | 4.2 | 5.1 | 4.0 | 1.0 |
| 2 | 外观质量 | 4.4 | 5.2 | | |
| 3 | 插入和拔出力 | 4.5 | 5.3 | | 4.0 |
| 4 | 耐电压 | 4.9 | 5.4 | | |
| 5 | 绝缘电阻 | 4.6 | 5.5 | | |
| 6 | 导线 | 4.13 | 5.6 | | |
| 7 | 包装 | 7.1 | 5.7 | | |
| 8 | 标志 | 7.2 | 5.8 | | |

注：轻不合格品指不会严重降低元件预期工作的能力，或者虽然轻微地偏离规范但是几乎不影响元件预期工作的能力。如：表面粗糙度差；外表及外形尺寸不正确，但不妨碍插合和安装；轻微加工划痕。通常不会因轻不合格品而拒收，但应在试验报告中注明；
重不合格品指不符合规定要求的元件，即：
a) 可能引起过早严重失效的元件；和（或）
b) 严重降低预期工作能力的元件。如：
接触件故障，不能与配对件插合；零件不全；标志不正确；安装孔尺寸错误；材料用错；接触件表面质量差。严禁将重不合格品提交给用户。

### 6.3.3 合格

若不合格数小于或等于合格判定数，则该批产品为合格。

#### 6.3.4 不合格

若不合格品数大于不合格判定数,则交收检验不合格,此时对不合格品可以进行返修,剔除不合格品后再进行复验,在复验时应加严检查,复验仍不合格,则整批退回制造单位,不得再次提交。

### 6.4 周期检验

周期检验每半年进行一次,在改变结构工艺和更换材料或停产半年以上又恢复生产时亦需进行。

#### 6.4.1 抽样

从当前生产的并经交收检验合格的产品中,根据 GB/T 2829—2002 中判别水平Ⅲ的一次抽样方案,随机抽取样品 12 只。

#### 6.4.2 程序

将 12 只样品分成三组,每组 4 只,按表 5 中规定的检验项目、组别、条款,不合格质量水平 RQL 顺序进行。

全部样品应首先按交收检验项目见表 4 进行检验,若有不合格品应以合格品换取才能进行周期检验,不合格原因写入检验报告,但不作为周期检验结果的鉴定依据。

#### 6.4.3 不合格

如有二个样品不合格,则周期检验不合格,该批产品停止验收,同时应分析原因,采取措施、消除疵病,直到新的例行试验合格后,才能恢复验收。

#### 6.4.4 样品处理

经过周期检验的产品,不得作为合格品交付使用单位。

表 5

| 组别 | 顺序 | 检验项目 | 要求章条号 | 试验方法<br>章条号 | 不合格质量水平 RQL |
|---|---|---|---|---|---|
| 1 | 1 | 温升 | 4.7 | 5.9 | 30 |
| | 2 | 恒定湿热 | 4.11 | 5.10 | |
| | 3 | 弯曲 | 4.15 | 5.11 | |
| | 4 | 锡焊性 | 4.16 | 5.12 | |
| 2 | 5 | 撞击 | 4.12 | 5.13 | |
| | 6 | 高温 | 4.10 | 5.14 | |
| | 7 | 老化 | 4.18 | 5.15 | |
| | 8 | 接触对电压降 | 4.8 | 5.16 | |
| 3 | 9 | 拉力试验 | 4.14 | 5.17 | |
| | 10 | 机械寿命 | 4.17 | 5.18 | |

#### 6.4.5 检验报告

根据订货方的要求,可提供周期检验报告。

## 7 包装、标志、运输和贮存

### 7.1 包装

7.1.1 自由连接器、固定连接器应分别用塑料袋或其他材料包好放在硬纸盒内。

7.1.2 包装盒应放在干燥的、防潮的、防尘和防霉的箱中，成品放在箱内塞紧而不宜晃动，箱内应有装箱单。

### 7.2 标志

7.2.1 产品上应有标明商标及额定值的耐久性标志，且清晰可辨。常用标志如下：

——额定电流，安培(A)；

——额定电压，伏特(V)；

——电源性质的符号，交流电(～)；

——生产厂或销售商的名称、商标或识别标志；

——型号(可以是产品目录编号)；

——中线：N；相线：L；地线：⏚。

固定连接器允许不标额定值。

7.2.2 产品标记由名称、型号及本标准编号组成。例如：

自由连接器　ST3-6-2W　GB/T 9393—2012

固定连接器　SZ3-10　GB/T 9393—2012

7.2.3 装箱单及包装箱的外表应相应注明产品的名称、型号、数量以及包装者、日期、检验印章等。包装箱上还应有符合 GB/T 191—2008 中规定的相应运输要求的标志。

### 7.3 运输

包装成箱的连接器，在避免雨雪直接淋袭的条件下，可用任何运输工具运输。

### 7.4 贮存

包装成箱的连接器，应在环境温度 $-10$ ℃～$+40$ ℃，相对湿度不大于 80%，周围空气中没有酸、碱或其他腐蚀性气体的库房中保管。

## 附 录 A
## 检验量规
## （规范性附录）

检验量规见图 A.1、图 A.2、图 A.3。

单位为毫米

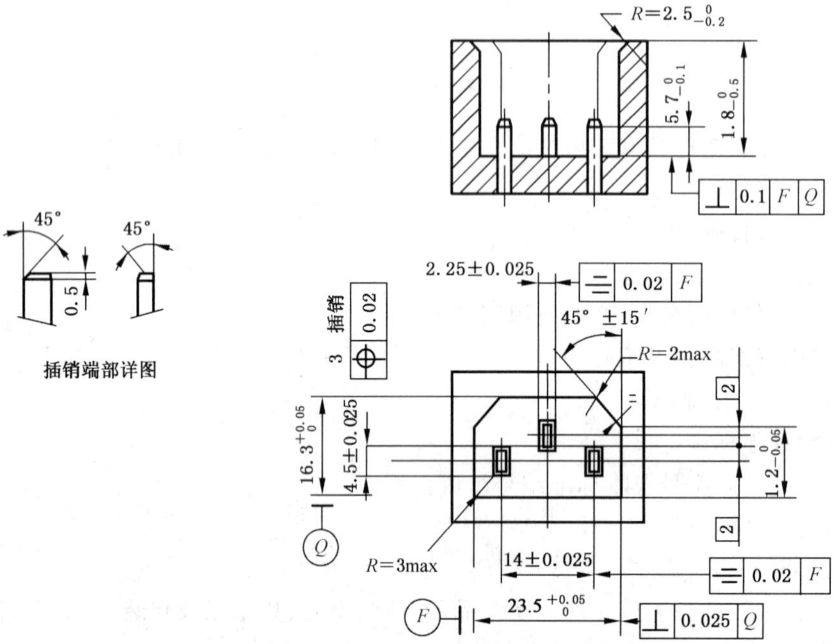


图上未注出的形位公差，精度按 GB/T 1184—1996 规定选用。

**图 A.1 自由连接器检验量规（适用于额定电流 10 A）**

单位为毫米

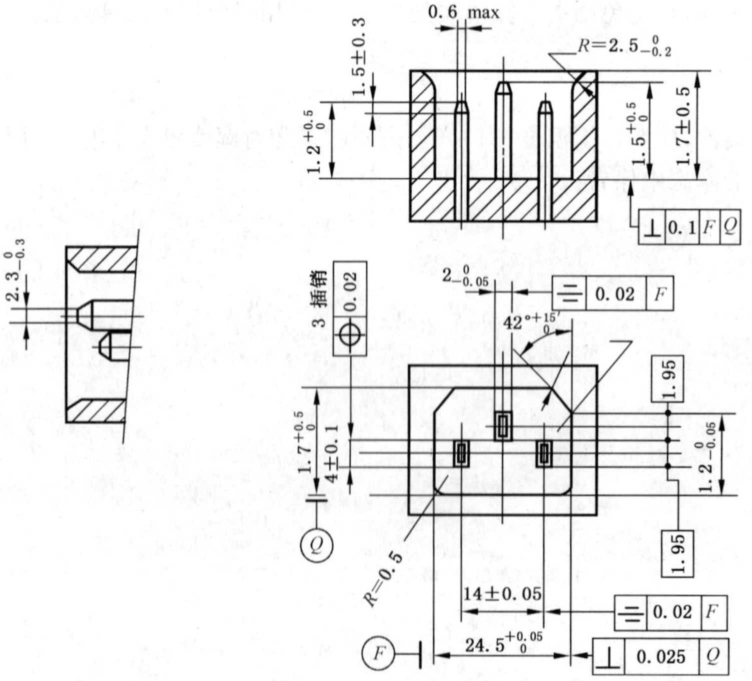


图上未注出的形位公差，精度按 GB/T 1184—1996 规定选用。

**图 A.2 自由连接器检验量规（适用于额定电流 4 A、6 A）**

单位为毫米

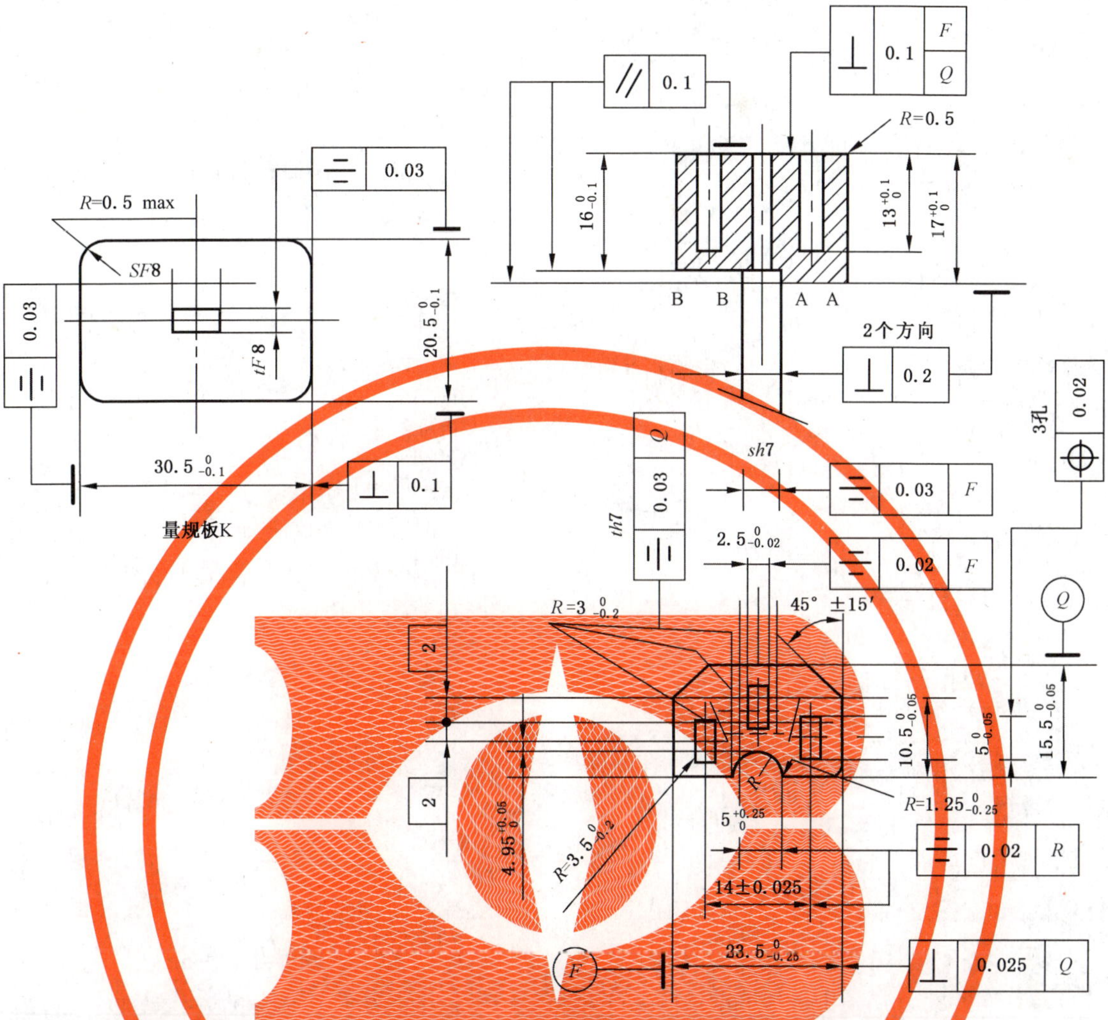


量规板 K 与量规焊"S""t"的尺寸及 K 板厚度可任意，但 h7、F8 的公差应遵守。

图上未注出的形位公差精度按 GB/T 1184—1996 规定选用。

**图 A.3　固定连接器检验量规**